Springer-Lehrbuch

Springer
Berlin
Heidelberg
New York
Hongkong
London
Mailand
Paris
Tokio

Grundkurs Theoretische Physik

Band 1
Klassische Mechanik
6. Auflage
ISBN: 3-540-42115-7

Band 2
Analytische Mechanik
5. Auflage
ISBN: 3-540-42112-2

Band 3
Elektrodynamik
7. Auflage
ISBN: 3-540-20509-8

Band 4
Spezielle Relativitätstheorie, Thermodynamik
5. Auflage
ISBN: 3-540-42116-5

Band 5/1
Quantenmechanik – Grundlagen
6. Auflage
ISBN: 3-540-40071-0

Band 5/2
Quantenmechanik – Methoden und Anwendungen
5. Auflage
ISBN: 3-540-40072-9

Band 6
Statistische Physik
5. Auflage
ISBN: 3-540-20505-5

Band 7
Viel-Teilchen-Theorie
5. Auflage
ISBN: 3-540-42020-7

Wolfgang Nolting

Grundkurs Theoretische Physik 3

Elektrodynamik

7. Auflage

Mit 224 Abbildungen
und 73 Aufgaben mit vollständigen Lösungen

Springer

Professor Wolfgang Nolting
Humboldt-Universität zu Berlin
Institut für Physik
Newtonstraße 15
12489 Berlin
Deutschland
nolting@physik.hu-berlin.de

Umschlagabbildung: siehe Seite 429

Die 5. Auflage des Buches erschien im Verlag Vieweg, Braunschweig/Wiesbaden

Bibliografische Information der Deutschen Bibliothek
Die Deutsche Bibliothek verzeichnet diese Publikation in der Deutschen Nationalbibliografie; detaillierte bibliografische Daten sind im Internet über <http://dnb.ddb.de> abrufbar.

ISBN 3-540-20509-8 Springer-Verlag Berlin Heidelberg New York

ISBN 3-540-42113-0 6. Auflage Springer-Verlag Berlin Heidelberg New York

Springer-Verlag ist ein Unternehmen von Springer Science+Business Media

springer.de

Innentypografie: deblik, Berlin
Satz und Umbruch: LE-TEX Jelonek, Schmidt & Vöckler GbR, Leipzig
Einbandgestaltung: *design & production* GmbH, Heidelberg

Gedruckt auf säurefreiem Papier 56/3111 - 5 4 3 2 SPIN 11603511

Allgemeines Vorwort

Die sieben Bände der Reihe „*Grundkurs Theoretische Physik*“ sind als direkte Begleiter zum Hochschulstudium Physik gedacht. Sie sollen in kompakter Form das wichtigste theoretisch-physikalische Rüstzeug vermitteln, auf dem aufgebaut werden kann, um anspruchsvollere Themen und Probleme im fortgeschrittenen Studium und in der physikalischen Forschung bewältigen zu können.

Die Konzeption ist so angelegt, dass der erste Teil des Kurses,

Klassische Mechanik (Band 1)
Analytische Mechanik (Band 2)
Elektrodynamik (Band 3)
Spezielle Relativitätstheorie, Thermodynamik (Band 4),

als Theorieteil eines „*Integrierten Kurses*“ aus Experimentalphysik und Theoretischer Physik, wie er inzwischen an zahlreichen deutschen Universitäten vom ersten Semester an angeboten wird, zu verstehen ist. Die Darstellung ist deshalb bewusst ausführlich, manchmal sicher auf Kosten einer gewissen Eleganz, und in sich abgeschlossen gehalten, sodass der Kurs auch zum Selbststudium ohne Sekundärliteratur geeignet ist. Es wird nichts vorausgesetzt, was nicht an früherer Stelle der Reihe behandelt worden ist. Dies gilt inbesondere auch für die benötigte Mathematik, die vollständig so weit entwickelt wird, dass mit ihr theoretisch-physikalische Probleme bereits vom Studienbeginn an gelöst werden können. Dabei werden die mathematischen Einschübe immer dann eingefügt, wenn sie für das weitere Vorgehen im Programm der Theoretischen Physik unverzichtbar werden. Es versteht sich von selbst, dass in einem solchen Konzept nicht alle mathematischen Theorien mit absoluter Strenge bewiesen und abgeleitet werden können. Da muss bisweilen ein Verweis auf entsprechende mathematische Vorlesungen und vertiefende Lehrbuchliteratur erlaubt sein. Ich habe mich aber trotzdem um eine halbwegs abgerundete Darstellung bemüht, sodass die mathematischen Techniken nicht nur angewendet werden können, sondern dem Leser zumindest auch plausibel erscheinen.

Die mathematischen Einschübe werden natürlich vor allem in den ersten Bänden der Reihe notwendig, die den Stoff bis zum Physik-Vordiplom beinhalten. Im zweiten Teil des Kurses, der sich mit den modernen Disziplinen der Theoretischen Physik befasst,

Quantenmechanik: Grundlagen (Band 5/1)
Quantenmechanik: Methoden und Anwendungen (Band 5/2)
Statistische Physik (Band 6)
Viel-Teilchen-Theorie (Band 7),

sind sie weitgehend überflüssig geworden, insbesondere auch deswegen, weil im Physik-Studium inzwischen die Mathematik-Ausbildung Anschluss gefunden hat. Der frühe Beginn der Theorie-Ausbildung bereits im ersten Semester gestattet es, die *Grundlagen der Quantenmechanik* schon vor dem Vordiplom zu behandeln. Der Stoff der letzten drei Bände kann natürlich nicht mehr Bestandteil eines *„Integrierten Kurses“* sein, sondern wird wohl überall in reinen Theorie-Vorlesungen vermittelt. Das gilt insbesondere für die *„Viel-Teilchen-Theorie“*, die bisweilen auch unter anderen Bezeichnungen wie *„Höhere Quantenmechanik“* etwa im achten Fachsemester angeboten wird. Hier werden neue, über den Stoff des Grundstudiums hinausgehende Methoden und Konzepte diskutiert, die insbesondere für korrelierte Systeme aus vielen Teilchen entwickelt wurden und für den erfolgreichen Übergang zu wissenschaftlichem Arbeiten (Diplom, Promotion) und für das Lesen von Forschungsliteratur inzwischen unentbehrlich geworden sind.

In allen Bänden der Reihe *„Grundkurs Theoretische Physik“* sollen zahlreiche Übungsaufgaben dazu dienen, den erlernten Stoff durch konkrete Anwendungen zu vertiefen und richtig einzusetzen. Eigenständige Versuche, abstrakte Konzepte der Theoretischen Physik zur Lösung realer Probleme aufzubereiten, sind absolut unverzichtbar für den Lernenden. Ausführliche Lösungsanleitungen helfen bei größeren Schwierigkeiten und testen eigene Versuche, sollten aber nicht dazu verleiten, *„aus Bequemlichkeit“* eigene Anstrengungen zu unterlassen. Nach jedem größeren Kapitel sind Kontrollfragen angefügt, die dem Selbsttest dienen und für Prüfungsvorbereitungen nützlich sein können.

Ich möchte nicht vergessen, an dieser Stelle allen denen zu danken, die in irgendeiner Weise zum Gelingen dieser Buchreihe beigetragen haben. Die einzelnen Bände sind letztlich auf der Grundlage von Vorlesungen entstanden, die ich an den Universitäten in Münster, Würzburg, Osnabrück, Valladolid (Spanien), Warangal (Indien) sowie in Berlin gehalten habe. Das Interesse und die konstruktive Kritik der Studenten bedeuteten für mich entscheidende Motivation, die Mühe der Erstellung eines doch recht umfangreichen Manuskripts als sinnvoll anzusehen. In der Folgezeit habe ich von zahlreichen Kollegen wertvolle Verbesserungsvorschläge erhalten, die dazu geführt haben, das Konzept und die Ausführung der Reihe weiter auszubauen und aufzuwerten.

Die ersten Auflagen dieser Buchreihe sind im Verlag Zimmermann-Neufang entstanden. Ich kann mich an eine sehr faire und stets erfreuliche Zusammenarbeit erinnern. Danach erschien die Reihe bei Vieweg. Die Übernahme der Reihe durch den Springer-Verlag im Januar 2001 hat dann zu weiteren professionellen Verbesserungen im Erscheinungsbild des *„Grundkurs Theoretische Physik“* geführt. Herrn Dr. Kölsch und seinem Team bin ich schon jetzt für viele Vorschläge und Anregungen sehr dankbar. Meine Manuskripte scheinen in guten Händen zu liegen.

Berlin, im April 2001 *Wolfgang Nolting*

Vorwort zu Band 3

Der dritte Band des „*Grundkurs Theoretische Physik*" befasst sich mit der Elektrodynamik. Gegenstand derselben ist die

Analyse der Gesetzmäßigkeiten, denen elektromagnetische Phänomene im Raum und in der Zeit unterliegen.

Wie die *Klassische Mechanik* beruht auch die *Elektrodynamik* auf einem Satz von *Basisdefinitionen* und Grunderfahrungstatsachen (*Axiomen*), die zusammengefasst die Postulate der Theorie darstellen. Für die *Elektrodynamik* übernehmen die

Maxwell-Gleichungen

die fundamentale Rolle, die die *newtonschen Axiome* in der *Klassischen Mechanik* spielen. Die Gesamtheit aller elektromagnetischen Phänomene lässt sich auf diese Gleichungen zurückführen.

Für die Darstellung der *Elektrodynamik* bieten sich zwei verschiedene Vorgehensweisen an. In der *deduktiven* Formulierung werden die *Maxwell-Gleichungen* zusammen mit dem *lorentzschen Kraftgesetz* an den Anfang gestellt und daraus dann Schritt für Schritt alle experimentell überprüfbaren Aussagen zum Elektromagnetismus abgeleitet. Die *induktive* Methode geht von einigen wenigen, grundlegenden Experimenten aus, um mit diesen die Maxwell-Gleichungen zu begründen. Beide Wege haben ihre Vor- und Nachteile. Ich habe mich in dem vorliegenden Band für den *induktiven* Weg entschieden.

Dabei ergibt sich zunächst dasselbe Problem wie insbesondere auch zu Beginn des ersten Bandes dieser Reihe (*Klassische Mechanik*). Es wird die zur Formulierung der *Theoretischen Elektrodynamik* unvermeidliche Mathematik bereitzustellen sein. Für die *Klassische Mechanik* waren vor allem Kenntnisse der *Vektoralgebra* vonnöten, die in Kap. 1 von Band 1 deshalb in kompakter, aber auch ausführlicher Weise erarbeitet wurden. Für die *Elektrodynamik* von zentraler Bedeutung ist der Begriff des *Feldes*, insbesondere der des Vektorfeldes, mit dem wir uns ebenfalls zu Beginn von Band 1 ausführlich beschäftigt haben. Das mathematische Rüstzeug für die Untersuchung solcher Vektorfelder stellt die *Vektoranalysis* zur Verfügung. Hierzu reicht das im Mechanik-Band Erlernte allerdings bei weitem nicht aus. Es bedarf einer Vertiefung und Ergänzung, mit der wir diesen dritten Band deshalb beginnen müssen. Vorausgesetzt wird für diese mathematischen Vorbereitungen allerdings lediglich das, was in den Bänden 1 und 2 bereits behandelt wurde.

Der „*Grundkurs Theoretische Physik*" ist im Zusammenhang mit Vorlesungen zu einem „*Integrierten Kurs*" aus Experimental- und Theoretischer Physik entstanden, die ich vor einigen Jahren an der Universität Münster gehalten habe. Das animierende Interesse der Studenten an meinem Vorlesungsskript hatte mich damals dazu verleitet, besondere Mühe in die Darstellung zu investieren. Der dritte Band zur *Elektrodynamik* ist zunächst beim Verlag Zimmermann-Neufang erschienen und in den folgenden fünf Auflagen stets durch Korrekturen, die ich aufmerksamen Lesern und Mitarbeitern zu verdanken habe, verbessert worden. Dieser Band, wie auch die anderen Bände der Reihe, ist als direkter Begleiter des Grundstudiums Physik gedacht, also für den Studenten und weniger für den Dozenten geschrieben. Um ein Selbststudium ohne aufwändige Sekundärliteratur zu ermöglichen, wird bisweilen bewusst auf Eleganz verzichtet, um stattdessen das Wesentliche detailliert zu präsentieren und zu üben. Kontrollfragen und zahlreiche Übungsaufgaben sollen dem Studierenden helfen, mit den Prinzipien und Techniken der Theoretischen Physik vertraut zu werden.

Seit Januar 2001 wird die Buchreihe vom Springer-Verlag herausgegeben. Ich bin dem Verlag für das Akzeptieren des Buchkonzepts und für die stets erfreuliche und professionelle Zusammenarbeit sehr dankbar.

Berlin, im Januar 2004 *Wolfgang Nolting*

Inhaltsverzeichnis

1

Kapitel 1

Mathematische Vorbereitungen

1

1 Mathematische Vorbereitungen

Wir wollen in diesem Kapitel zunächst die für praktische Anwendungen wichtige diracsche δ-Funktion einführen. Es folgen Betrachtungen über Taylor-Entwicklungen für Felder und über Flächenintegrale. Anschließend setzen wir uns mit der Vektoranalysis auseinander.

1.1 Diracsche δ-Funktion

1.1

Um die Einführung der δ-Funktion zu motivieren, denken wir an die Klassische Mechanik zurück. Das *Konzept des Massenpunktes* hatte sich unter bestimmten Voraussetzungen als recht nützlich erwiesen. Der Schwerpunktsatz (s. Kap. 3.1.1, Bd. 1) besagt z. B., dass sich der Schwerpunkt eines Massenpunktsystems so bewegt, als ob die gesamte Masse in ihm vereinigt wäre und alle äußeren Kräfte allein auf ihn wirken würden. Nach (4.4, Bd. 1) lässt sich die Masse M eines Körpers über ein Volumenintegral durch die Massendichte $\rho(\boldsymbol{r})$ ausdrücken:

$$M = \int\limits_V \mathrm{d}^3 r \, \rho(\boldsymbol{r}) \; .$$

Wie sieht nun aber die Massendichte eines Massenpunktes aus? Sie darf nur in einem Punkt von Null verschieden sein,

$$\rho(\boldsymbol{r}) = 0 \quad \forall \boldsymbol{r} \neq \boldsymbol{r}_0 \; ,$$

das Volumenintegral

$$\int\limits_V \mathrm{d}^3 r \, \rho(\boldsymbol{r})$$

soll jedoch trotzdem endlich sein, falls $\boldsymbol{r}_0$ im Volumen V liegt. Wir symbolisieren $\rho(\boldsymbol{r})$ deshalb wie folgt:

$$\rho(\boldsymbol{r}) = M \, \delta(\boldsymbol{r} - \boldsymbol{r}_0) \tag{1.1}$$

und fordern:

$$\int\limits_V \mathrm{d}^3 r \, \delta(\boldsymbol{r} - \boldsymbol{r}_0) = \begin{cases} 1 \, , & \text{falls } \boldsymbol{r}_0 \in V \\ 0 & \text{sonst} \, , \end{cases} \tag{1.2}$$

$$\delta(\boldsymbol{r} - \boldsymbol{r}_0) = 0 \quad \forall \boldsymbol{r} \neq \boldsymbol{r}_0 \; . \tag{1.3}$$

(1.2) und (1.3) sind die Definitionsgleichungen für die diracsche δ-Funktion (kurz: δ-Funktion). Man darf das Integral (1.2) offensichtlich nicht als gewöhnliches Riemann-Integral verstehen. Da wegen (1.3) das effektive Integrationsintervall die Breite Null hat, müsste das Integral eigentlich verschwinden. Man hilft sich deshalb manchmal mit der Vorstellung, dass für $\boldsymbol{r} = \boldsymbol{r}_0$ die δ-Funktion den Wert ∞ annimmt, sodass aus $0 \cdot \infty$ etwas Endliches resultiert. Dies ist lediglich eine Hilfsvorstellung. Die δ-Funktion ist keine Funktion im üblichen mathematischen Sinne, die jedem Wert ihres Argumentes einen bestimmten Funktionswert zuordnet. Sie ist vielmehr durch die Gleichungen (1.2) und (1.3) **definiert.** Man bezeichnet sie deshalb als **uneigentliche** Funktion oder als **Distribution.** Die zugehörige exakte mathematische Theorie heißt **Distributionstheorie.** Sie übersteigt den Rahmen unserer einführenden Darstellung, die sich mit Plausibilitätsbetrachtungen zufrieden geben muss. Dabei beschränken wir uns zunächst auf den eindimensionalen Fall.

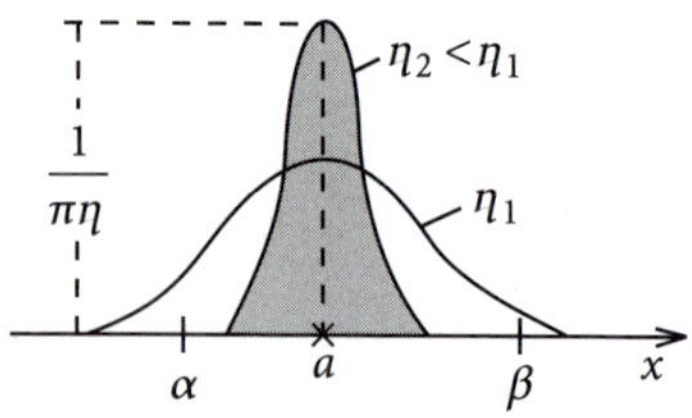

Abb. 1.1. Veranschaulichung der δ-Funktion als Grenzfunktion einer Folge von Lorentz-Kurven

Betrachten Sie eine Folge von **Lorentz-Kurven** (Abb. 1.1)

$$L_\eta(x-a) = \frac{1}{\pi}\frac{\eta}{\eta^2+(x-a)^2}\,, \quad (\eta > 0)\,. \tag{1.4}$$

Für die Höhe des Maximums bei $x = a$ gilt

$$\frac{1}{\pi\eta} \underset{\eta\to 0^+}{\longrightarrow} \infty$$

und für die Breite des Peaks (*Halbwertsbreite*)

$$2\eta \underset{\eta\to 0^+}{\longrightarrow} 0\,.$$

Die Fläche unter der Lorentz-Kurve beträgt

$$\int\limits_\alpha^\beta \mathrm{d}x \left[\frac{1}{\pi}\frac{\eta}{\eta^2+(x-a)^2}\right] = \frac{1}{\pi}\left[\arctan\left(\frac{\beta-a}{\eta}\right) - \arctan\left(\frac{\alpha-a}{\eta}\right)\right]$$

$$\underset{\eta\to 0^+}{\longrightarrow} \begin{cases} 1\,, & \text{falls } \alpha < a < \beta\,, \\ 0 & \text{sonst } (a \neq \alpha, \beta)\,. \end{cases}$$

Für $\eta \to 0^+$ wird L_η unendlich schmal. Es ist deshalb:

$$\lim_{\eta \to 0^+} L_\eta(x-a) = 0 \quad \forall x \neq a \,, \tag{1.5}$$

$$\lim_{\eta \to 0^+} \int\limits_\alpha^\beta L_\eta(x-a)\,\mathrm{d}x = \begin{cases} 1\,, & \text{falls } \alpha < a < \beta\,, \\ 0 & \text{sonst } (a \neq \alpha, \beta)\,. \end{cases} \tag{1.6}$$

Wichtig ist die Reihenfolge von Integration und Grenzübergang in (1.6), die **nicht** vertauscht werden darf. Wenn wir das beachten, können wir *abkürzend* schreiben:

$$\delta(x-a) = \lim_{\eta \to 0^+} \frac{1}{\pi} \frac{\eta}{\eta^2 + (x-a)^2} \tag{1.7}$$

mit

$$\delta(x-a) = 0 \quad \forall x \neq a \,,$$

$$\int\limits_\alpha^\beta \mathrm{d}x\,\delta(x-a) = \begin{cases} 1\,, & \text{falls } \alpha < a < \beta\,, \\ 0 & \text{sonst } (a \neq \alpha, \beta)\,. \end{cases} \tag{1.8}$$

Man kann die δ-Funktion auch durch andere Grenzprozesse darstellen (s. Aufgaben!), wobei diese nur (1.5) und (1.6) erfüllen müssen.

Über (1.5) bis (1.7) verifiziert man die folgenden Eigenschaften der δ-Funktion:

1. $f(x)$ sei eine in der Umgebung von $x = a$ stetige Funktion. Dann gilt:

$$\int\limits_\alpha^\beta f(x)\,\delta(x-a)\,\mathrm{d}x = \begin{cases} f(a)\,, & \text{falls } \alpha < a < \beta\,, \\ 0 & \text{sonst } (a \neq \alpha, \beta)\,. \end{cases} \tag{1.9}$$

Beweis Mit dem Mittelwertsatz der Integralrechnung folgt zunächst:

$$F_\eta(a) = \int\limits_\alpha^\beta L_\eta(x-a) f(x)\,\mathrm{d}x = f(\xi) \int\limits_\alpha^\beta L_\eta(x-a)\,\mathrm{d}x\,, \quad \xi \varepsilon [\alpha, \beta]\,.$$

Für $\eta \to 0^+$ wird $L_\eta(x-a)$ zu einem beliebig scharfen Peak um a. $F_\eta(a)$ ändert sich nicht, wenn man das Integrationsintervall auf den Bereich beschränkt, in dem L_η von Null verschieden ist. ξ muss in diesem effektiven Integrationsbereich liegen, der sich für $\eta \to 0^+$ auf den Punkt a zusammenzieht:

$$\lim_{\eta \to 0^+} F_\eta(a) = f(a) \lim_{\eta \to 0^+} \int\limits_\alpha^\beta L_\eta(x-a)\,\mathrm{d}x\,.$$

Mit (1.6) folgt dann (1.9).

2.

$$\delta\left[f(x)\right] = \sum_i \frac{1}{\left|f'(x_i)\right|}\,\delta(x - x_i)\ , \tag{1.10}$$

x_i: **einfache** Nullstelle von $f(x); f(x_i) = 0; f'(x_i) \neq 0$.
Den Beweis führen wir als Übung (Aufgabe 1.7.3). Man erkennt folgende Spezialfälle:

a)

$$\delta(ax) = \frac{1}{|a|}\,\delta(x)\ , \tag{1.11}$$

b)

$$\delta\left(x^2 - a^2\right) = \frac{1}{2|a|}\left[\delta(x-a) + \delta(x+a)\right]\ . \tag{1.12}$$

3.

$$g(x)\delta(x-a) = g(a)\delta(x-a)\ , \tag{1.13}$$

$$x\delta(x) = 0\ . \tag{1.14}$$

4.

$$\int\limits_{-\infty}^{x} \mathrm{d}\bar{x}\,\delta(\bar{x}) = \Theta(x) = \begin{cases} 1 & \text{für } x > 0\ , \\ 0 & \text{für } x < 0 \end{cases} \tag{1.15}$$

Stufenfunktion.

5. **Ableitung** der δ-Funktion $[a \in (\alpha\beta)]$:

$$\int\limits_{\alpha}^{\beta} \delta'(x-a)f(x)\,\mathrm{d}x = f(x)\,\delta(x-a)\Big|_{\alpha}^{\beta} - \int\limits_{\alpha}^{\beta} \delta(x-a)f'(x)\,\mathrm{d}x = -f'(a)\ .$$

Diese *formale* partielle Integration führt, da $f(x)$ lediglich differenzierbar sein muss, sonst aber beliebig sein darf, zu der folgenden Identität:

$$f(x)\,\delta'(x-a) = -f'(a)\delta(x-a)\ . \tag{1.16}$$

6. Man kann die δ-Funktion auch als Ableitung der Stufenfunktion auffassen:

$$\delta(x-a) = \frac{\mathrm{d}}{\mathrm{d}x}\Theta(x-a)\ . \tag{1.17}$$

Es gilt nämlich:

$$\int_{\alpha}^{\beta} \frac{\mathrm{d}}{\mathrm{d}x}\Theta(x-a)\,\mathrm{d}x = \Theta(x-a)\Big|_{\alpha}^{\beta} = \begin{cases} 1\,, & \text{falls } \alpha < a < \beta\,, \\ 0 & \text{sonst}\,, \end{cases}$$

$$\frac{\mathrm{d}}{\mathrm{d}x}\Theta(x-a) = 0 \quad \forall x \neq a\,.$$

Dies sind aber die beiden Definitionsgleichungen der δ-Funktion.

7. **Mehrdimensionale δ-Funktion** Die dreidimensionale δ-Funktion ist durch (1.2) und (1.3) definiert.

   a) **Kartesische Koordinaten:**

$$\boldsymbol{r} = (x, y, z)\,; \qquad \boldsymbol{r}_0 = (x_0, y_0, z_0)$$

$$\int_V \mathrm{d}^3 r \ldots \longrightarrow \iiint_V \mathrm{d}x\,\mathrm{d}y\,\mathrm{d}z \ldots$$

Ansatz:

$$\delta(\boldsymbol{r}-\boldsymbol{r}_0) = \gamma(x,y,z)\,\delta(x-x_0)\,\delta(y-y_0)\,\delta(z-z_0)\,.$$

$\gamma(x,y,z)$ muss so gewählt werden, dass (1.2) erfüllt ist:

$$\int_V \mathrm{d}^3 r\,\delta(\boldsymbol{r}-\boldsymbol{r}_0) = \iiint_V \mathrm{d}x\,\mathrm{d}y\,\mathrm{d}z\,\gamma(x,y,z)\,\delta(x-x_0)\,\delta(y-y_0)\,\delta(z-z_0) =$$

$$= \gamma(x_0,y_0,z_0) \iiint_V \delta(x-x_0)\,\delta(y-y_0)\,\delta(z-z_0)\,\mathrm{d}x\,\mathrm{d}y\,\mathrm{d}z =$$

$$= \begin{cases} \gamma(x_0,y_0,z_0)\,, & \text{falls } \boldsymbol{r}_0 \in V\,, \\ 0 & \text{sonst}\,. \end{cases}$$

Dies bedeutet:

$$\gamma = 1$$

und damit:

$$\delta(\boldsymbol{r}-\boldsymbol{r}_0) = \delta(x-x_0)\,\delta(y-y_0)\,\delta(z-z_0)\,. \tag{1.18}$$

   b) **Krummlinige Koordinaten** (u, v, w):

   Nach (1.239, Bd. 1) gilt für das Volumenelement:

$$\mathrm{d}^3 r = \mathrm{d}x\,\mathrm{d}y\,\mathrm{d}z = \underbrace{\frac{\partial(x,y,z)}{\partial(u,v,w)}}_{\text{Funktionaldeterminante}}\,\mathrm{d}u\,\mathrm{d}v\,\mathrm{d}w\,.$$

Wir machen einen ähnlichen **Ansatz** wie unter a):

$$\delta(\boldsymbol{r}-\boldsymbol{r}_0) = \gamma(u,v,w)\,\delta(u-u_0)\,\delta(v-v_0)\,\delta(w-w_0)\,. \tag{1.19}$$

Wegen (1.2) ist dann zu erfüllen:

$$\int\limits_V d^3r\,\delta(\boldsymbol{r}-\boldsymbol{r}_0) = \iiint\limits_V du\,dv\,dw \frac{\partial(x,y,z)}{\partial(u,v,w)}\,\gamma(u,v,w)\,\delta(u-u_0)\,\cdot$$

$$\cdot\,\delta(v-v_0)\,\delta(w-w_0) \overset{!}{=} 1\,, \quad \text{falls } \boldsymbol{r}_0 \in V\,.$$

Daran lesen wir ab:

$$\gamma = \left(\left.\frac{\partial(x,y,z)}{\partial(u,v,w)}\right|_{\boldsymbol{r}_0}\right)^{-1}\,. \tag{1.20}$$

Beispiele:
Kugelkoordinaten (r, ϑ, φ) (s. (1.263), Bd. 1):

$$\delta(\boldsymbol{r}-\boldsymbol{r}_0) = \frac{1}{r_0^2 \sin\vartheta_0}\,\delta(r-r_0)\,\delta(\vartheta-\vartheta_0)\,\delta(\varphi-\varphi_0)\,. \tag{1.21}$$

Zylinderkoordinaten (ϱ, φ, z) (s. (1.255), Bd. 1):

$$\delta(\boldsymbol{r}-\boldsymbol{r}_0) = \frac{1}{\varrho_0}\,\delta(\varrho-\varrho_0)\,\delta(\varphi-\varphi_0)\delta(z-z_0)\,. \tag{1.22}$$

Die große Bedeutung der δ-Funktion für die Theoretische Physik wird sehr bald klar werden. Man sollte sich deshalb unbedingt mit ihr vertraut machen.

Wir haben in (1.6), (1.8) und (1.9) Einschränkungen bezüglich der Randpunkte des Integrationsintervalles machen müssen. Bisweilen lässt man diese Einschränkung weg, da die Darstellung von $\delta(x-a)$ als Grenzwert einer Funktionen-Folge (1.6) zu

$$\int\limits_\alpha^\beta dx\,\delta(x-a) f(x) = \frac{1}{2} f(a)\,, \quad \text{falls } a = \alpha \text{ oder } a = \beta \tag{1.23}$$

führt.

1.2

1.2 Taylor-Entwicklung

Häufig ist es für den Physiker unumgänglich, gewisse mathematische Funktionen in bestimmten, interessierenden Bereichen zu vereinfachen, um für ein gegebenes physikalisches Problem zu konkreten Resultaten zu gelangen. Diese Vereinfachung muss *physikalisch sinnvoll* sein, d. h., sie darf das eigentliche Resultat nicht zu grob verfälschen. Insbesondere wäre eine verlässliche Fehlerabschätzung wünschenswert.

Betrachten wir zunächst Funktionen einer Variablen $f = f(x)$. Wenn diese beliebig oft differenzierbar sind, was wir voraussetzen wollen, dann lassen sie sich häufig in eine sogenannte **Potenzreihe**

$$f(x) = \sum_{n=0}^{\infty} a_n x^n$$

entwickeln, wobei die Koeffizienten a_n durch das Verhalten der Funktion im Punkt $x = 0$ bestimmt sind:

$$a_0 = f(0) \; ; \quad a_1 = f'(0) \; ; \quad a_2 = \frac{1}{1 \cdot 2} f''(0) \; ; \; \ldots \; ; \quad a_n = \frac{1}{n!} f^{(n)}(0) \; ; \; \ldots \, .$$

Also gilt mit $0! = 1! = 1$:

$$f(x) = \sum_{n=0}^{\infty} \frac{1}{n!} f^{(n)}(0) x^n \, . \tag{1.24}$$

Man sagt, man habe $f(x)$ in eine **Taylor-Reihe** um den Punkt $x = 0$ entwickelt. Entscheidende Voraussetzung ist neben der beliebig häufigen Differenzierbarkeit, dass die Reihe konvergiert. Die Werte der Variablen x, für die das der Fall ist, definieren den **Konvergenzbereich** der Potenzreihe.

In einer **konvergenten** Reihe müssen notwendig die Beträge der Summanden mit wachsenden Potenzen der Variablen gegen Null gehen. Dies ermöglicht eine Näherung für $f(x)$ durch Reihenabbruch nach endlich vielen Termen:

$$f(x) = \underbrace{\sum_{n=0}^{m} a_n x^n}_{\text{Näherungspolynom } m\text{-ten Grades}} + \underbrace{R_m(x)}_{\text{Restglied}} \, . \tag{1.25}$$

Wann abgebrochen wird, hängt vom Genauigkeitsanspruch ab.

Beispiel

$$f(x) = \sin x \, ,$$

$$\left.(\sin x)^{(2n)}\right|_{x=0} = (-1)^n \sin 0 = 0 \, ,$$

$$\left.(\sin x)^{(2n+1)}\right|_{x=0} = (-1)^n \cos 0 = (-1)^n \, .$$

Das ergibt mit (1.24):

$$\sin x = \sum_{n=0}^{\infty} (-1)^n \frac{x^{2n+1}}{(2n+1)!} = x - \frac{x^3}{3!} + \frac{x^5}{5!} - \ldots$$

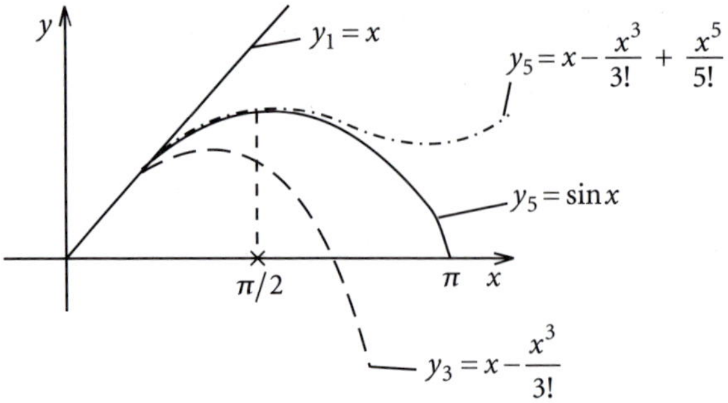

Abb. 1.2. Verschiedene Näherungen für die Sinusfunktion durch Mitnahme unterschiedlich vieler Terme der exakten Reihenentwicklung

Der Bereich befriedigender Näherung wächst offensichtlich mit n (Abb. 1.2).

Sinnvoll ist die Darstellung der Funktion $f(x)$ durch ein Näherungspolynom natürlich nur dann, wenn

$$R_m(x) \underset{m\to\infty}{\longrightarrow} 0 .$$

Das ist in vielen praktischen Anwendungen leider nicht eindeutig vorhersagbar. Man kennt verschiedene Abschätzungen für das Restglied, z. B. die nach Lagrange:

$$R_m(x) = f^{(m+1)}(\xi)\frac{x^{m+1}}{(m+1)!} , \quad 0 < \xi < x . \tag{1.26}$$

Wir können den Wert $\xi_0 \in (0, x)$, bei dem die rechte Seite maximal wird, nehmen, um eine obere Schranke für R_m anzugeben.

Wollen wir $f(x)$ statt um $x = 0$ um eine beliebige Stelle $x = x_0$ entwickeln, so muss (1.24) abgewandelt werden:

$$u = x - x_0 \Rightarrow f(x) = f(u + x_0) \equiv g(u) .$$

$g(u)$ entwickeln wir um $u = 0$:

$$g(u) = \sum_{n=0}^{\infty} \frac{1}{n!} g^{(n)}(0)u^n ,$$

$$g^{(n)}(0) = f^{(n)}(0 + x_0) .$$

Die Verallgemeinerung zu (1.25) lautet also:

$$f(x) = \sum_{n=0}^{\infty} \frac{1}{n!} f^{(n)}(x_0)(x - x_0)^n . \tag{1.27}$$

Für die Elektrodynamik wichtig ist die

Taylor-Entwicklung von Feldern,

also von Funktionen mehrerer Veränderlicher.

Es sei $\varphi(\boldsymbol{r})$ ein skalares Feld. Wir wollen $\varphi(\boldsymbol{r}+\Delta\boldsymbol{r})$ um $\boldsymbol{r}$ entwickeln:

$$\varphi(\boldsymbol{r}+\Delta\boldsymbol{r}) = \varphi(x_1+\Delta x_1, x_2+\Delta x_2, x_3+\Delta x_3) \equiv F(t=1)\,.$$

Dabei haben wir definiert:

$$F(t) = \varphi(x_1+\Delta x_1 t, x_2+\Delta x_2 t, x_3+\Delta x_3 t) = \varphi(\boldsymbol{r}+\Delta\boldsymbol{r}t)\,.$$

Nach (1.24) gilt:

$$F(t) = \sum_{n=0}^{\infty} \frac{1}{n!} F^{(n)}(0) t^n\,.$$

Über die Kettenregel folgt:

$$F'(0) = \sum_{j=1}^{3} \frac{\partial\varphi}{\partial x_j} \Delta x_j\,,$$

$$F''(0) = \sum_{j,k} \Delta x_j \Delta x_k \frac{\partial^2}{\partial x_k \partial x_j} \varphi(\boldsymbol{r})\,,$$

$$= \left(\sum_j \Delta x_j \frac{\partial}{\partial x_j}\right)^2 \varphi(\boldsymbol{r})$$

$$\vdots$$

$$F^{(n)}(0) = \left(\sum_j \Delta x_j \frac{\partial}{\partial x_j}\right)^n \varphi(\boldsymbol{r})\,.$$

Damit folgt die **Taylor-Reihe** für skalare Felder:

$$\begin{aligned}\varphi(\boldsymbol{r}+\Delta\boldsymbol{r}) &= \sum_{n=0}^{\infty} \frac{1}{n!} \left(\sum_{j=1}^{3} \Delta x_j \cdot \frac{\partial}{\partial x_j}\right)^n \varphi(\boldsymbol{r}) = \\ &= \sum_{n=0}^{\infty} \frac{1}{n!} \left(\Delta\boldsymbol{r}\cdot\nabla\right)^n \varphi(\boldsymbol{r}) = \\ &= \exp\left(\Delta\boldsymbol{r}\cdot\nabla\right)\varphi(\boldsymbol{r})\,.\end{aligned} \tag{1.28}$$

Wir erhalten ein Näherungspolynom m-ten Grades für $\varphi(\boldsymbol{r}+\Delta\boldsymbol{r})$, wenn wir die Taylor-Reihe nach m Summanden abbrechen. Für das Restglied gilt nach (1.26):

$$R_m = R_m(t=1) = F^{(m+1)}(\xi)\frac{1}{(m+1)!}\,, \quad 0<\xi<1\,.$$

Dies bedeutet:

$$R_m = \frac{1}{(m+1)!} \left(\sum_{j=1}^{3} \Delta x_j \frac{\partial}{\partial x_j} \right)^{m+1} \varphi(\boldsymbol{r} + \xi \Delta \boldsymbol{r}) \; . \tag{1.29}$$

Beispiel Wir wollen

$$\varphi(\boldsymbol{r}) = \frac{\alpha}{|\boldsymbol{r} - \boldsymbol{r}_0|} \qquad \text{(Coulomb-Potential einer Punktladung)}$$

um $\boldsymbol{r} = 0$ entwickeln. $\boldsymbol{r}$ übernimmt hier die Rolle von $\Delta \boldsymbol{r}$ in (1.28):

$n = 0$:

$$\varphi_0 = \varphi(\boldsymbol{r} = 0) = \frac{\alpha}{r_0} \; , \tag{1.30}$$

$n = 1$:

$$\frac{\partial}{\partial x_j} \frac{\alpha}{|\boldsymbol{r} - \boldsymbol{r}_0|} = -\frac{\alpha}{|\boldsymbol{r} - \boldsymbol{r}_0|^2} \frac{\partial}{\partial x_j} |\boldsymbol{r} - \boldsymbol{r}_0| = -\frac{\alpha}{|\boldsymbol{r} - \boldsymbol{r}_0|^2} \frac{x_j - x_{j0}}{|\boldsymbol{r} - \boldsymbol{r}_0|}$$

$$\Rightarrow \sum_j x_j \frac{\partial}{\partial x_j} \varphi(0) = \frac{\alpha}{r_0^3} \sum_j x_j x_{j0} \; ,$$

$$\varphi_1 = \frac{\alpha}{r_0^3} (\boldsymbol{r} \cdot \boldsymbol{r}_0) \; , \tag{1.31}$$

$n = 2$:

$$\sum_{j,k} x_j x_k \frac{\partial^2}{\partial x_k \partial x_j} \frac{\alpha}{|\boldsymbol{r} - \boldsymbol{r}_0|} = \sum_{j,k} x_j x_k \frac{\partial}{\partial x_k} \left[-\frac{\alpha}{|\boldsymbol{r} - \boldsymbol{r}_0|^3} \left(x_j - x_{j0} \right) \right] =$$

$$= \sum_{j,k} x_j x_k \left[\frac{-\alpha \, \delta_{kj}}{|\boldsymbol{r} - \boldsymbol{r}_0|^3} + \frac{3\alpha}{|\boldsymbol{r} - \boldsymbol{r}_0|^5} (x_j - x_{j0})(x_k - x_{k0}) \right] \; ,$$

$$\left(\sum_{j=1}^{3} x_j \frac{\partial}{\partial x_j} \right)^2 \varphi(0) = \sum_{jk} x_j x_k \left(-\frac{\alpha \, \delta_{kj}}{r_0^3} + 3\alpha \frac{x_{j0} x_{k0}}{r_0^5} \right) =$$

$$= \alpha \left[3 \frac{(\boldsymbol{r} \cdot \boldsymbol{r}_0)^2}{r_0^5} - \frac{r^2}{r_0^3} \right] \; ,$$

$$\varphi_2 = \frac{1}{2} \frac{\alpha}{r_0^5} \left[3 (\boldsymbol{r} \cdot \boldsymbol{r}_0)^2 - r^2 r_0^2 \right] \; . \tag{1.32}$$

Damit haben wir die Entwicklung

$$\varphi(\boldsymbol{r}) = \frac{\alpha}{|\boldsymbol{r}-\boldsymbol{r}_0|} = \alpha\left[\frac{1}{r_0} + \frac{\boldsymbol{r}\cdot\boldsymbol{r}_0}{r_0^3} + \frac{1}{2}\frac{3(\boldsymbol{r}\cdot\boldsymbol{r}_0)^2 - r^2r_0^2}{r_0^5} + \cdots\right] \tag{1.33}$$

gefunden, die wir später benutzen werden.

1.3 Flächenintegrale

1.3

Im Zusammenhang mit der Definition der Arbeit in Abschn. 2.4.1, Bd. 1 haben wir das **Linienintegral** kennen gelernt. Das **Volumenintegral** wurde in Abschn. 4.2, Bd. 1 eingeführt. Ein weiteres Mehrfachintegral ist das **Flächenintegral**, das in der Elektrodynamik häufig angewendet wird und deshalb etwas ausführlicher besprochen werden soll.

1.3.1 Orientierte Flächenelemente

Der Ortsvektor aller Punkte einer Raumkurve lässt sich als Funktion **eines** Parameters schreiben. Entsprechend werden Flächen durch **zwei** Parameter dargestellt:

$$F = \{\boldsymbol{r}(u,v)\,; \quad u,v \in D\}\,. \tag{1.34}$$

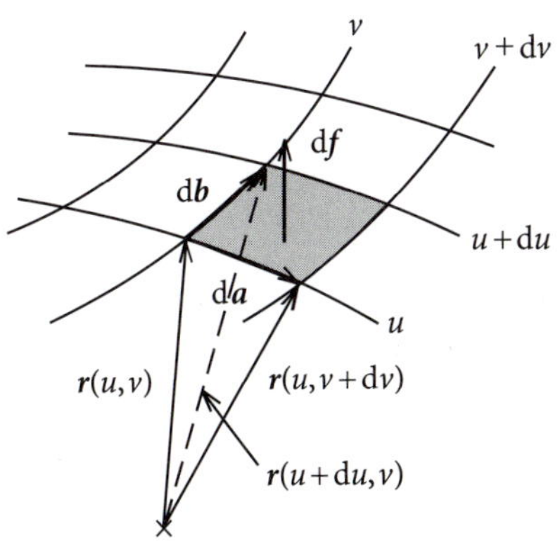

Abb. 1.3. Darstellung eines orientierten Flächenelements

Dies kann man sich wie folgt verdeutlichen: Wir halten zunächst u fest und variieren v. Dies ergibt eine bestimmte Raumkurve. Dann ändern wir u auf $u + \mathrm{d}u$; wir erhalten durch erneute Variation von v eine zweite Raumkurve usw. Eine weitere Kurvenschar erhalten wir, wenn wir v festhalten und u variieren. Dies entspricht im Übrigen den in Abschn. 1.5.1, Bd. 1 eingeführten Koordinatenlinien eines passend gewählten krummlinigen Koordinatensystems. Wir können somit die gesamte Fläche F in kleine Flächenstücke zerlegen.

Wir geben jedem Flächenelement $\mathrm{d}f$ eine **Orientierung**, fassen $\mathrm{d}f$ also als Vektor auf, und zwar so, dass $\mathrm{d}f$ senkrecht auf dem Flächenelement steht. Dies lässt natürlich noch zwei weitere Möglichkeiten zu. Bei Oberflächen $S(V)$ eines Raumbereiches V werden wir stets vereinbaren, dass der Flächenvektor *nach außen* zeigt. Nun gilt, eventuell bis auf das Vorzeichen:

$$\mathrm{d}\boldsymbol{f} = \mathrm{d}\boldsymbol{a} \times \mathrm{d}\boldsymbol{b} \,,$$

$$\mathrm{d}\boldsymbol{a} = \boldsymbol{r}(u, v + \mathrm{d}v) - \boldsymbol{r}(u, v) \approx \frac{\partial \boldsymbol{r}}{\partial v}\,\mathrm{d}v \,,$$

$$\mathrm{d}\boldsymbol{b} = \boldsymbol{r}(u + \mathrm{d}u, v) - \boldsymbol{r}(u, v) \approx \frac{\partial \boldsymbol{r}}{\partial u}\,\mathrm{d}u \,.$$

Wir können die entsprechenden Taylor-Entwicklungen jeweils nach dem linearen Term abbrechen:

$$\mathrm{d}\boldsymbol{f} = \left(\frac{\partial \boldsymbol{r}}{\partial v} \times \frac{\partial \boldsymbol{r}}{\partial u}\right) \mathrm{d}u\,\mathrm{d}v \,. \tag{1.35}$$

Die Vektoren

$$\boldsymbol{r}_v = \frac{\partial \boldsymbol{r}}{\partial v} \quad \text{und} \quad \boldsymbol{r}_u = \frac{\partial \boldsymbol{r}}{\partial u}$$

spannen eine Ebene auf, die im Punkt $\boldsymbol{r}(u, v)$ tangential zur Fläche F orientiert ist. Man nennt sie deshalb die

Tangentialebene

mit der

Flächennormalen

$$\boldsymbol{n}(\boldsymbol{r}) = \frac{\boldsymbol{r}_v \times \boldsymbol{r}_u}{|\boldsymbol{r}_v \times \boldsymbol{r}_u|} \,. \tag{1.36}$$

Für das Flächenelement gilt damit:

$$\mathrm{d}\boldsymbol{f} = \mathrm{d}f\,\boldsymbol{n}(\boldsymbol{r}) \,.$$

Beispiele

1) Kugeloberfläche

Parameterdarstellung:

$$F = \left\{\boldsymbol{r} = \boldsymbol{r}(r = R; \vartheta, \varphi) \,; \quad 0 \le \vartheta \le \pi \,, \quad 0 \le \varphi \le 2\pi\right\} \,.$$

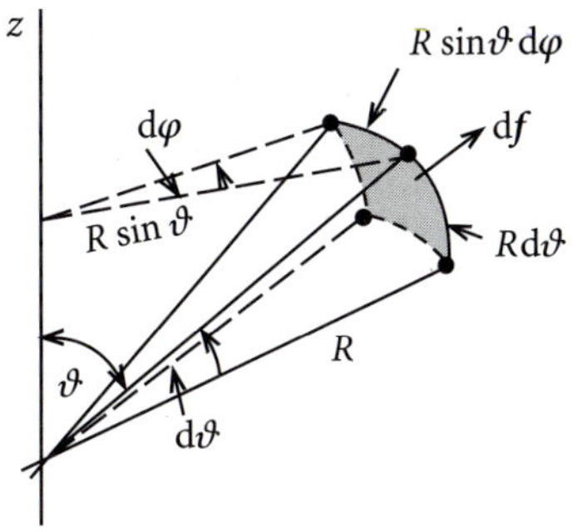

Abb. 1.4. Orientiertes Flächenelement auf der Kugeloberfläche

Mit den Transformationsformeln ((1.261), Bd. 1),

$$x = R\sin\vartheta\cos\varphi\,,$$

$$y = R\sin\vartheta\sin\varphi\,,$$

$$z = R\cos\vartheta\,,$$

folgt:

$$\frac{\partial \boldsymbol{r}}{\partial\vartheta} = R(\cos\vartheta\cos\varphi, \cos\vartheta\sin\varphi, -\sin\vartheta)\,,$$

$$\frac{\partial \boldsymbol{r}}{\partial\varphi} = R(-\sin\vartheta\sin\varphi, \sin\vartheta\cos\varphi, 0)\,.$$

Dies bedeutet nach ((1.265), Bd. 1):

$$\frac{\partial \boldsymbol{r}}{\partial\vartheta} = R\boldsymbol{e}_\vartheta\,; \qquad \frac{\partial \boldsymbol{r}}{\partial\varphi} = R\sin\vartheta\boldsymbol{e}_\varphi\,.$$

Mit $\boldsymbol{e}_\vartheta \times \boldsymbol{e}_\varphi = \boldsymbol{e}_r$ ergibt sich dann für das Flächenelement der Kugeloberfläche:

$$\mathrm{d}\boldsymbol{f} = \left(R^2\sin\vartheta\,\mathrm{d}\vartheta\,\mathrm{d}\varphi\right)\boldsymbol{e}_r\,. \tag{1.37}$$

Es ist radial nach außen gerichtet (s. Bild).

2) Zylindermantelfläche

Parameter-Darstellung:

$$F = \left\{\boldsymbol{r} = \boldsymbol{r}(\varrho = R, \varphi, z)\,; \quad 0 \le \varphi \le 2\pi\,, \quad -L/2 \le z \le +L/2\right\}\,.$$

Mit den Transformationsformeln ((1.253), Bd. 1),

$$x = R\cos\varphi\,,$$

$$y = R\sin\varphi\,,$$

$$z = z\,,$$

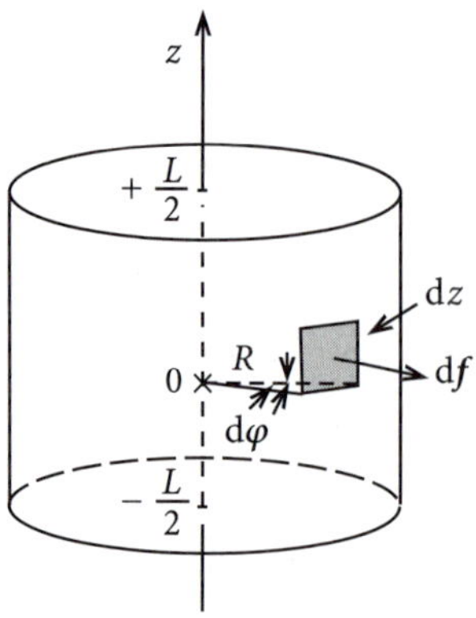

Abb. 1.5. Orientiertes Flächenelement auf einem Zylindermantel

ergibt sich:

$$\frac{\partial \boldsymbol{r}}{\partial \varphi} = R(-\sin\varphi, \cos\varphi, 0) = R\boldsymbol{e}_\varphi ,$$

$$\frac{\partial \boldsymbol{r}}{\partial z} = (0, 0, 1) = \boldsymbol{e}_z .$$

Einsetzen in (1.35) führt mit $\boldsymbol{e}_\varphi \times \boldsymbol{e}_z = \boldsymbol{e}_\varrho$ zu

$$\mathrm{d}\boldsymbol{f} = (R\,\mathrm{d}\varphi\,\mathrm{d}z)\boldsymbol{e}_\varrho . \tag{1.38}$$

Eine geschickte Darstellung des Flächenelementes erfordert die Wahl eines geeigneten Koordinatensystems. Deswegen ist es wichtig, sich an die Methode der Variablentransformation zu erinnern, die in Abschn. 1.5.1, Bd. 1 eingeführt wurde.

1.3.2 Flächenintegrale

Gegeben sei ein Vektorfeld

$$\boldsymbol{a}(\boldsymbol{r}) = \big(a_1(\boldsymbol{r}), a_2(\boldsymbol{r}), a_3(\boldsymbol{r})\big)$$

und ein Volumen V mit der geschlossenen Oberfläche $S(V)$. In der Elektrodynamik interessiert häufig die Frage, wie *stark* $\boldsymbol{a}(\boldsymbol{r})$ die Oberfläche $S(V)$ von innen nach außen oder umgekehrt durchsetzt.

1.3.1 **Definition 1.3.1** Fluss von $\boldsymbol{a}(\boldsymbol{r})$ durch die Fläche S:

$$\varphi_S(\boldsymbol{a}) = \int\limits_S \boldsymbol{a}(\boldsymbol{r}) \cdot \mathrm{d}\boldsymbol{f} . \tag{1.39}$$

An jeder Stelle der Fläche S ist das Skalarprodukt aus dem Vektorfeld $\boldsymbol{a}(\boldsymbol{r})$ und dem Flächenelement $\mathrm{d}\boldsymbol{f}$ zu bilden, wobei letzteres die Richtung der nach außen gerichteten Normalen hat. Der Fluss ist also eine skalare Größe und das Flächenintegral ein Spezialfall der in Abschn. 4.2, Bd. 1 besprochenen Mehrfachintegrale.

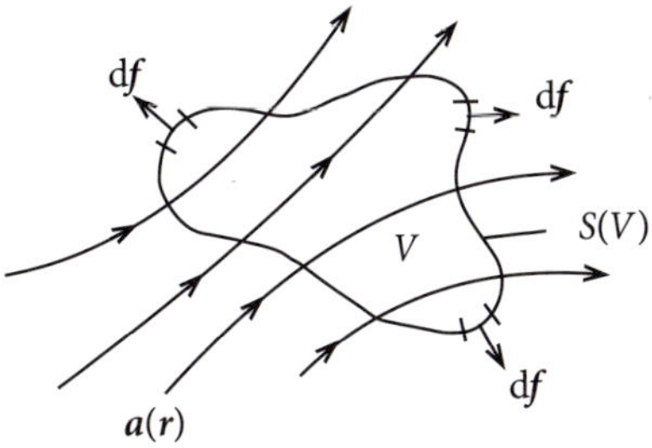

Abb. 1.6. Zur Definition des Flusses eines Vektorfeldes $\boldsymbol{a}(\boldsymbol{r})$ durch die Oberfläche S eines Volumens V

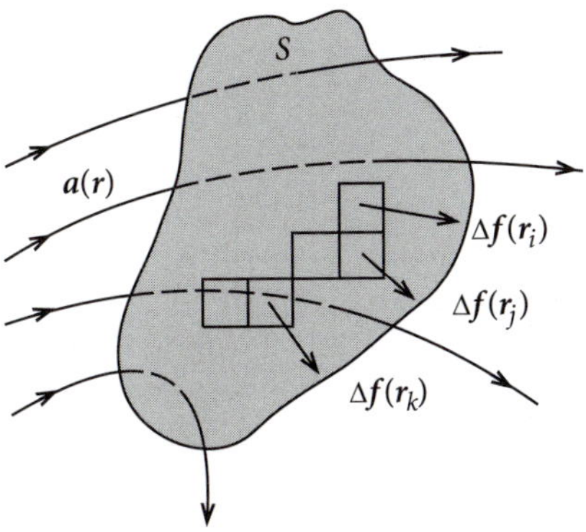

Abb. 1.7. Fluss eines Vektorfeldes durch infinitesimale Flächenelemente

Untersuchen wir das Flächenintegral in (1.39) noch etwas genauer. Zu einer näherungsweisen Berechnung zerlegen wir die Fläche S in viele kleine Flächenelemente $\Delta \boldsymbol{f}(\boldsymbol{r}_i)$, wobei das Argument $\boldsymbol{r}_i$ angeben soll, an welcher Stelle auf S das Flächenelement zu finden ist. Es ist dann

$$\boldsymbol{a}(\boldsymbol{r}_i) \cdot \Delta \boldsymbol{f}(\boldsymbol{r}_i)$$

der Fluss durch das Flächenelement $\Delta \boldsymbol{f}(\boldsymbol{r}_i)$. Sind die Flächenelemente hinreichend klein, so können wir das Feld $\boldsymbol{a}$ auf $\Delta \boldsymbol{f}$ als homogen annehmen, also durch einen repräsentativen Wert $\boldsymbol{a}(\boldsymbol{r}_i)$ ersetzen. Einen Näherungsausdruck für den gesamten Fluss $\varphi_S(\boldsymbol{a})$ des Feldes $\boldsymbol{a}$ durch die Fläche S erhalten wir durch Addition aller Teilflüsse durch die Flächen $\Delta \boldsymbol{f}(\boldsymbol{r}_i)$,

$$\varphi_S(\boldsymbol{a}) \simeq \sum_i \boldsymbol{a}(\boldsymbol{r}_i) \cdot \Delta \boldsymbol{f}(\boldsymbol{r}_i) \,,$$

der sich durch Verfeinerung der Teilflächen $\Delta \boldsymbol{f}$ immer weiter verbessern lässt. Der Limes dieser Riemann-Summen der Teilflüsse bei beliebig fein werdender Flächenaufteilung heißt **Flächenintegral:**

$$\varphi_S(\boldsymbol{a}) = \int_S \boldsymbol{a}(\boldsymbol{r}) \cdot \mathrm{d}\boldsymbol{f} = \lim_{n\to\infty} \sum_{i=1}^{n} \boldsymbol{a}(\boldsymbol{r}_i) \cdot \Delta \boldsymbol{f}(\boldsymbol{r}_i) \,. \tag{1.40}$$

Voraussetzung dabei ist, dass dieser Grenzwert unabhängig von der Art der Parzellenaufteilung existiert. So muss die konkrete Gestalt der Teilfläche Δf beim Grenzübergang beliebig sein.

Das Oberflächenintegral über eine **geschlossene** Fläche wird durch ein spezielles Integralzeichen symbolisiert:

$$\varphi_{S(V)}(\boldsymbol{a}) = \oint_{S(V)} \boldsymbol{a}(\boldsymbol{r}) \cdot \mathrm{d}\boldsymbol{f} \,. \tag{1.41}$$

Beispiele

1) Fluss eines homogenen Feldes durch einen Quader

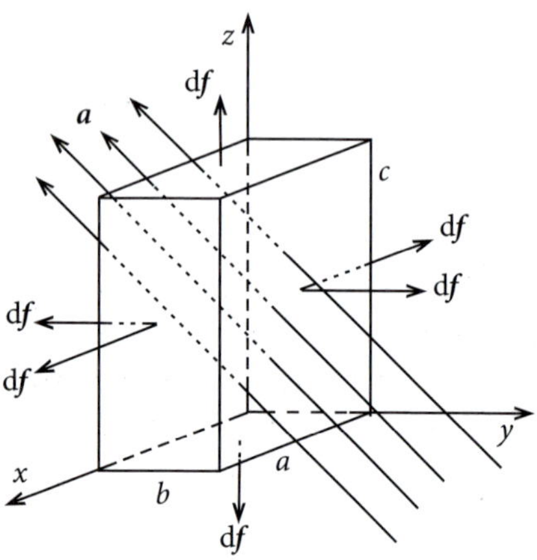

Abb. 1.8. Fluss eines homogenen Vektorfeldes $\boldsymbol{a}(\boldsymbol{r})$ durch einen Quader

$$\boldsymbol{a} = (a_x, a_y, a_z) \; ; \quad a_x, a_y, a_z \quad \text{const}$$

$$\oint_{S(V)} \boldsymbol{a} \cdot \mathrm{d}\boldsymbol{f} = ab\, a_z - ab\, a_z + ca\, a_y - ca\, a_y + cb\, a_x - cb\, a_x = 0 \,.$$

Der Fluss eines homogenen Feldes durch einen Quader ist also Null. Dies lässt sich bei homogenen Feldern offensichtlich auf beliebige, geschlossene Flächen verallgemeinern: *Das, was in das Volumen V hineinfließt, fließt auch wieder heraus.*

2) Fluss eines radialsymmetrischen Feldes durch Kugeloberfläche

$$\boldsymbol{a}(\boldsymbol{r}) = a(r)\boldsymbol{e}_r \quad \text{(Zentralfeld)} \,.$$

Für df gilt (1.37):

$$\varphi(\boldsymbol{a}) = R^2 a(R) \int_0^{\pi} \int_0^{2\pi} \sin\vartheta \, d\vartheta \, d\varphi = 2\pi a(R) R^2 (-\cos\vartheta)\Big|_0^{\pi}$$

$$\Rightarrow \varphi(\boldsymbol{a}) = 4\pi R^2 a(R) \,. \tag{1.42}$$

3) Fluss durch allgemeine Flächen

S werde durch u, v parametrisiert. Dann folgt mit (1.35):

$$\varphi_S(\boldsymbol{a}) = \int_S \boldsymbol{a}\left[\boldsymbol{r}(u,v)\right] \cdot \left(\frac{\partial \boldsymbol{r}}{\partial v} \times \frac{\partial \boldsymbol{r}}{\partial u}\right) du \, dv \,. \tag{1.43}$$

Das verbleibende Zweifachintegral wird nach den Regeln des Abschn. 4.2, Bd. 1 gelöst.

1.4 Differentiationsprozesse für Felder

1.4

Nachdem wir uns im letzten Abschnitt mit Integrationsmethoden befasst haben, besprechen wir nun die für Felder relevanten Differentiationsprozesse. Die Divergenz („div“) und die Rotation („rot“) von Vektorfeldern wurden bereits in Abschn. 1.3, Bd. 1 eingeführt. Sie sollen hier noch einmal auf andere Weise dargestellt werden.

1.4.1 Integraldarstellung der Divergenz

Wir führen die folgenden Überlegungen anhand eines physikalischen Beispiels. $\Delta V(\boldsymbol{r})$ sei ein Volumen mit dem Punkt $\boldsymbol{r}$ im Innern. In diesem befinde sich die elektrische Ladung $\Delta Q(\boldsymbol{r})$. An positiven Ladungen (*Quellen*) entspringen die Feldlinien der elektrischen Feldstärke $\boldsymbol{E}$, an negativen Ladungen (*Senken*) enden sie. Wenn die Oberfläche $S(\Delta V)$ eine positive Ladungsdichte umschließt, dann ist der Fluss

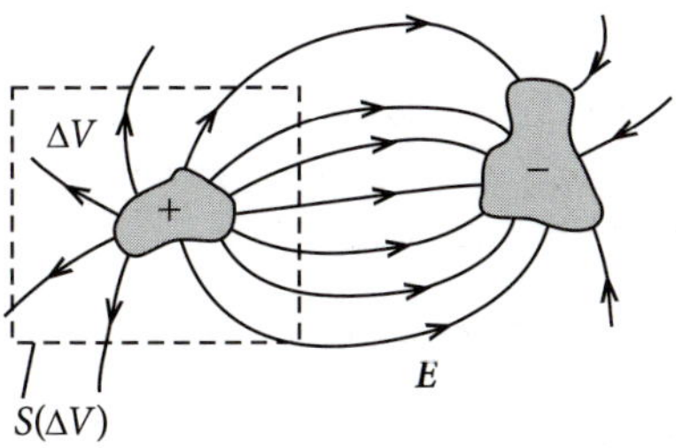

Abb. 1.9. Positive und negative Ladungen als Quellen und Senken eines elektrischen Feldes

von $\boldsymbol{E}$ durch $S(\Delta V)$ der eingeschlossenen Ladung ΔQ proportional. Man nennt deshalb

$$\frac{1}{\Delta V} \oint\limits_{S(\Delta V)} \boldsymbol{E} \cdot \mathrm{d}\boldsymbol{f} \quad \textit{die mittlere Quelldichte des Feldes } \boldsymbol{E} \textit{ in } \Delta V \; .$$

Wir interessieren uns für die Quelldichte in einem bestimmten Raumpunkt $\boldsymbol{r}$, die wir über ein immer kleiner werdendes $\Delta V(\boldsymbol{r})$ um $\boldsymbol{r}$ bestimmen. Wir behaupten, dass diese dann mit der in (1.150, Bd. 1) definierten **Divergenz** des $\boldsymbol{E}$-Feldes identisch ist:

$$\operatorname{div} \boldsymbol{E} = \lim_{\Delta V \to 0} \frac{1}{\Delta V} \oint\limits_{S(\Delta V)} \boldsymbol{E} \cdot \mathrm{d}\boldsymbol{f} \; . \tag{1.44}$$

Wir betrachten eine Folge von Volumina ΔV_n, die um den Punkt $\boldsymbol{r}_0$ zentriert sein mögen und sich für $n \to \infty$ auf diesen zusammenziehen. Der Einfachheit halber denken wir dabei an Quader mit den Kantenlängen Δx_n, Δy_n, Δz_n, die für $n \to \infty$ gegen Null streben:

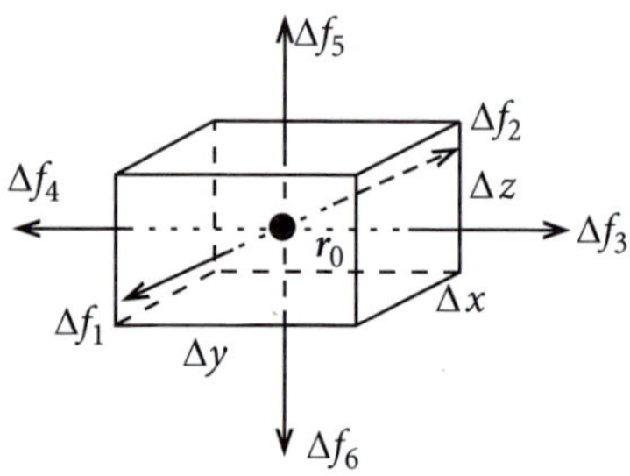

Abb. 1.10. Veranschaulichung einer speziellen Volumenfolge zur Begründung der Integraldarstellung der Divergenz

$$\Delta \boldsymbol{f}_1 = \Delta y \, \Delta z \, \boldsymbol{e}_x = -\Delta \boldsymbol{f}_2 \; ,$$

$$\Delta \boldsymbol{f}_3 = \Delta x \, \Delta z \, \boldsymbol{e}_y = -\Delta \boldsymbol{f}_4 \; ,$$

$$\Delta \boldsymbol{f}_5 = \Delta x \, \Delta y \, \boldsymbol{e}_z = -\Delta \boldsymbol{f}_6 \; .$$

Für den Fluss von $\boldsymbol{E}$ durch die Quaderflächen gilt:

$$\begin{aligned}
\oint\limits_{S(\Delta V)} \boldsymbol{E} \cdot \mathrm{d}\boldsymbol{f} = {} & \iint \mathrm{d}y \, \mathrm{d}z \left[E_x \left(x_0 + \frac{1}{2}\Delta x, y, z \right) - E_x \left(x_0 - \frac{1}{2}\Delta x, y, z \right) \right] + \\
& + \iint \mathrm{d}x \, \mathrm{d}z \left[E_y \left(x, y_0 + \frac{1}{2}\Delta y, z \right) - E_y \left(x, y_0 - \frac{1}{2}\Delta y, z \right) \right] + \\
& + \iint \mathrm{d}x \, \mathrm{d}y \left[E_z \left(x, y, z_0 + \frac{1}{2}\Delta z \right) - E_z \left(x, y, x_0 - \frac{1}{2}\Delta z \right) \right] .
\end{aligned}$$

Auf den Integranden wenden wir nun die Taylor-Entwicklung (1.27) an:

$$\oint\limits_{S(\Delta V)} \boldsymbol{E} \cdot \mathrm{d}\boldsymbol{f} = \iint \mathrm{d}y\,\mathrm{d}z \left[\frac{\partial E_x}{\partial x}(x_0, y, z)\Delta x + 0(\Delta x^3) \right] +$$

$$+ \iint \mathrm{d}x\,\mathrm{d}z \left[\frac{\partial E_y}{\partial y}(x, y_0, z)\Delta y + 0(\Delta y^3) \right] +$$

$$+ \iint \mathrm{d}x\,\mathrm{d}y \left[\frac{\partial E_z}{\partial z}(x, y, z_0)\Delta z + 0(\Delta z^3) \right] .$$

Mit dem Mittelwertsatz der Integralrechnung und

$$\Delta V = \Delta x\, \Delta y\, \Delta z$$

können wir schreiben:

$$\frac{1}{\Delta V} \oint\limits_{S(\Delta V)} \boldsymbol{E} \cdot \mathrm{d}\boldsymbol{f} = \frac{\partial E_x}{\partial x}(x_0, y_1, z_1) + 0(\Delta x^2) + \frac{\partial E_y}{\partial y}(x_2, y_0, z_2) + 0(\Delta y^2) +$$

$$+ \frac{\partial E_z}{\partial z}(x_3, y_3, z_0) + 0(\Delta z^2) .$$

Dabei sind:

$$x_2, x_3 \in \left[x_0 - \frac{1}{2}\Delta x, x_0 + \frac{1}{2}\Delta x \right] ,$$

$$y_1, y_3 \in \left[y_0 - \frac{1}{2}\Delta y, y_0 + \frac{1}{2}\Delta y \right] ,$$

$$z_1, z_2 \in \left[z_0 - \frac{1}{2}\Delta z, z_0 + \frac{1}{2}\Delta z \right] .$$

Beim Grenzübergang $\Delta V \to 0$ müssen diese Zwischenwerte gegen x_0, y_0 bzw. z_0 streben und die Korrekturterme verschwinden. Dies bedeutet:

$$\lim_{\Delta V \to 0} \frac{1}{\Delta V} \oint\limits_{S(\Delta V)} \boldsymbol{E} \cdot \mathrm{d}\boldsymbol{f} = \frac{\partial E_x}{\partial x}(\boldsymbol{r}_0) + \frac{\partial E_y}{\partial y}(\boldsymbol{r}_0) + \frac{\partial E_z}{\partial z}(\boldsymbol{r}_0) =$$

$$= \operatorname{div} \boldsymbol{E}(\boldsymbol{r}_0) . \qquad (1.45)$$

Unsere Ableitung mithilfe einer Folge von Quadern stellt natürlich eine gewisse Einschränkung dar. In der *Theorie der Differentialformen* wird der allgemeine Fall mithilfe bestimmter Abbildungstheoreme auf die obige Situation zurückgeführt. Damit lässt sich zeigen, dass die Integraldarstellung (1.44) der Divergenz für **jede** Folge von sich auf den Punkt $\boldsymbol{r}_0$ zusammenziehenden Volumina gültig ist.

Rechenregeln für die **Divergenz** sind in ((1.151), Bd. 1) bis ((1.152), Bd. 1) aufgeführt. Die allgemeine Darstellung in **krummlinigen Koordinaten** gibt ((1.250), Bd. 1).

Wir wollen die Ergebnisse dieses Abschnitts noch etwas verallgemeinern. Dazu setzen wir in (1.44) $\boldsymbol{E} = \boldsymbol{a}\varphi$ ($\boldsymbol{a}$: konstanter Vektor; $\varphi(\boldsymbol{r})$: skalares Feld). Nach (1.153, Bd. 1) gilt dann zunächst:

$$\operatorname{div}(\boldsymbol{a}\varphi) = \boldsymbol{a} \operatorname{grad} \varphi + \varphi \underbrace{\operatorname{div} \boldsymbol{a}}_{=0} .$$

Dies ergibt, da $\boldsymbol{a}$ beliebig, mit (1.44):

$$\operatorname{grad} \varphi = \nabla\varphi = \lim_{\Delta V \to 0} \frac{1}{\Delta V} \oint\limits_{S(\Delta V)} \mathrm{d}\boldsymbol{f}\, \varphi . \tag{1.46}$$

Wählen wir stattdessen $\boldsymbol{E} = \boldsymbol{a} \times \boldsymbol{b}(\boldsymbol{r})$, wobei $\boldsymbol{a}$ wieder konstant sein möge und $\boldsymbol{b}(\boldsymbol{r})$ ein hinreichend oft differenzierbares Vektorfeld ist, so folgt mit

$$\operatorname{div}\left[\boldsymbol{a} \times \boldsymbol{b}(\boldsymbol{r})\right] = \boldsymbol{b}(\boldsymbol{r}) \cdot \underbrace{\operatorname{rot} \boldsymbol{a}}_{=0} - \boldsymbol{a} \cdot \operatorname{rot} \boldsymbol{b}(\boldsymbol{r}) = -\boldsymbol{a} \cdot \operatorname{rot} \boldsymbol{b}(\boldsymbol{r})$$

nach Einsetzen in (1.44):

$$-\boldsymbol{a} \cdot \operatorname{rot} \boldsymbol{b}(\boldsymbol{r}) = \lim_{\Delta V \to 0} \frac{1}{\Delta V} \oint\limits_{S(\Delta V)} \mathrm{d}\boldsymbol{f} \cdot [\boldsymbol{a} \times \boldsymbol{b}(\boldsymbol{r})] =$$

$$= \lim_{\Delta V \to 0} \frac{1}{\Delta V} \boldsymbol{a} \cdot \oint\limits_{S(\Delta V)} \boldsymbol{b}(\boldsymbol{r}) \times \mathrm{d}\boldsymbol{f} .$$

Da $\boldsymbol{a}$ beliebig ist, können wir ablesen:

$$\operatorname{rot} \boldsymbol{b}(\boldsymbol{r}) = \nabla \times \boldsymbol{b}(\boldsymbol{r}) = \lim_{\Delta V \to 0} \frac{1}{\Delta V} \oint\limits_{S(\Delta V)} \mathrm{d}\boldsymbol{f} \times \boldsymbol{b}(\boldsymbol{r}) . \tag{1.47}$$

Aus (1.44), (1.46) und (1.47) gewinnen wir die folgende allgemeine

Flächenintegraldarstellung des Nabla-Operators

$$\nabla \bigcirc \ldots = \lim_{\Delta V \to 0} \frac{1}{\Delta V} \oint\limits_{S(\Delta V)} \mathrm{d}\boldsymbol{f} \bigcirc \ldots . \tag{1.48}$$

Dabei steht

$$\bigcirc = \cdot \text{ für skalare Felder } \varphi ,$$

$$= \bullet \text{ oder } \times \text{ für Vektorfelder } \boldsymbol{E}, \boldsymbol{b} .$$

1.4.2 Integraldarstellung der Rotation

Wir haben die Rotation, die einem Vektorfeld $\boldsymbol{a}(\boldsymbol{r})$ ein anderes Vektorfeld

$$\boldsymbol{b}(\boldsymbol{r}) = \mathrm{rot}\ \boldsymbol{a}(\boldsymbol{r})$$

zuordnet, mit (1.158, Bd. 1) bereits eingeführt. Wir suchen nun, wie im letzten Abschnitt für die Divergenz, eine entsprechende Integraldarstellung, die die geometrische Bedeutung der Rotation verdeutlicht.

Definition 1.4.1 1.4.1

$$\boldsymbol{a}(\boldsymbol{r}): \text{ Vektorfeld },$$

$$C: \text{ geschlossene, doppelpunktfreie Kurve } (\textit{Weg}) ,$$

$$Z_C(\boldsymbol{a}) = \oint\limits_C \boldsymbol{a} \cdot \mathrm{d}\boldsymbol{r} : \textbf{ Zirkulation} \text{ von } \boldsymbol{a}(\boldsymbol{r}) \text{ entlang des Weges } C . \qquad (1.49)$$

Das zur Berechnung von Z_C benötigte Linienintegral wurde in Abschn. 2.4.1, Bd. 1 eingeführt.

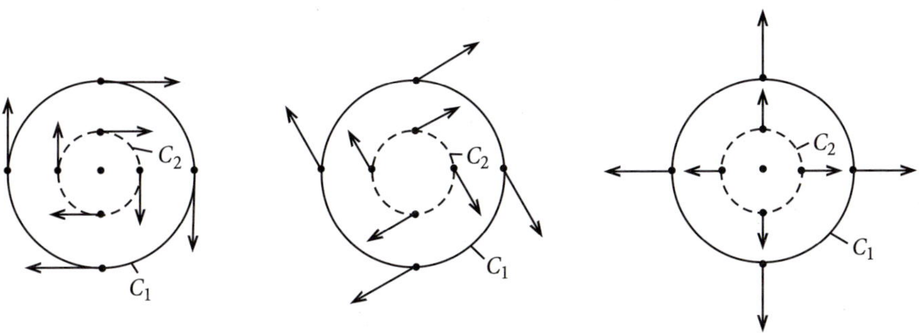

Abb. 1.11. Vektorfelder mit unterschiedlichen Wirbelstärken längs der kreisförmigen Wege C_1 und C_2

Die Zirkulation ist anschaulich ein Maß für die **Wirbelstärke** des Vektorfeldes $\boldsymbol{a}(\boldsymbol{r})$ innerhalb der vom Weg C umschlossenen Fläche F_C. Man interpretiere $\boldsymbol{a}$ z. B. als das Geschwindigkeitsfeld einer strömenden Flüssigkeit. In Abb. 1.11 ist für das links gezeichnete Feld die Zirkulation längs der kreisförmigen Wege C_1, C_2 maximal, während sie für das Feld rechts verschwindet.

Wir wissen bereits aus Abschn. 2.4.2, Bd. 1, dass $Z_C(\boldsymbol{a})$ genau dann Null ist, wenn rot $\boldsymbol{a} \equiv 0$ gilt. Es ist deshalb zu erwarten, dass zwischen Zirkulation und Rotation ein Zusammenhang besteht, den wir ableiten wollen.

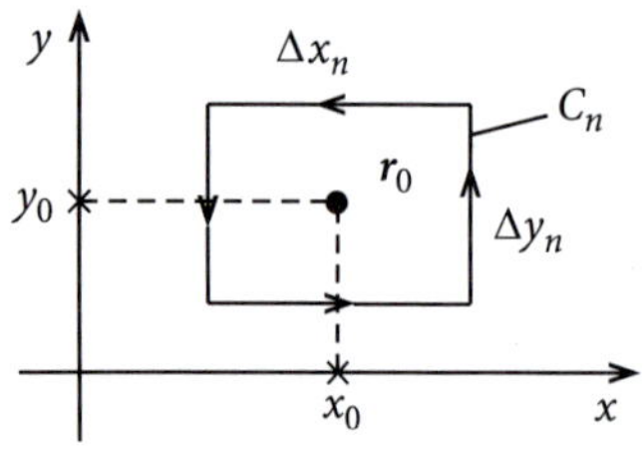

Abb. 1.12. Veranschaulichung einer speziellen Folge von geschlossenen Wegen zur Kurvenintegraldarstellung der Rotation

C_n: Folge von geschlossenen, ebenen Kurven, die sich für $n \to \infty$ auf den Punkt $\boldsymbol{r}_0$ zusammenziehen.

F_{C_n} sei die von C_n umschlossene Fläche. Wir berechnen zunächst die Zirkulation

$$Z_{C_n}(\boldsymbol{a}) = \oint\limits_{C_n} \boldsymbol{a} \cdot \mathrm{d}\boldsymbol{r}$$

für eine spezielle Folge von Wegen C_n, nämlich für Rechtecke in der x, y-Ebene mit Kantenlängen Δx_n, Δy_n, die mathematisch positiv durchlaufen werden. Die Flächennormalen weisen also in z-Richtung:

$$Z_{C_n}(\boldsymbol{a}) = \int\limits_{x_0-\frac{1}{2}\Delta x_n}^{x_0+\frac{1}{2}\Delta x_n} \mathrm{d}x \left\{a_x\left(x, y_0 - \frac{1}{2}\Delta y_n, z_0\right) - a_x\left(x, y_0 + \frac{1}{2}\Delta y_n, z_0\right)\right\} +$$

$$+ \int\limits_{y_0-\frac{1}{2}\Delta y_n}^{y_0+\frac{1}{2}\Delta y_n} \mathrm{d}y \left\{a_y\left(x_0 + \frac{1}{2}\Delta x_n, y, z_0\right) - a_y\left(x_0 - \frac{1}{2}\Delta x_n, y, z_0\right)\right\} =$$

$$= \int\limits_{x_0-\frac{1}{2}\Delta x_n}^{x_0+\frac{1}{2}\Delta x_n} \left\{-\frac{\partial a_x}{\partial y}(x, y_0, z_0)\Delta y_n + 0\left(\Delta y_n^3\right)\right\} +$$

$$+ \int\limits_{y_0-\frac{1}{2}\Delta y_n}^{y_0+\frac{1}{2}\Delta y_n} \mathrm{d}y \left\{\frac{\partial a_y}{\partial x}(x_0, y, z_0)\Delta x_n + 0\left(\Delta x_n^3\right)\right\} .$$

Im letzten Schritt haben wir die Taylor-Entwicklung angewendet. Nutzen wir schließlich noch den Mittelwertsatz der Integralrechnung aus, wobei

$$\bar{x} \in \left[x_0 - \frac{1}{2}\Delta x_n, x_0 + \frac{1}{2}\Delta x_n\right] \; ; \quad \bar{y} \in \left[y_0 - \frac{1}{2}\Delta y_n, y_0 + \frac{1}{2}\Delta y_n\right]$$

sein sollen, dann folgt weiter:

$$Z_{C_n}(\boldsymbol{a}) = -\frac{\partial a_x}{\partial y}(\bar{x}, y_0, z_0)\Delta x_n \Delta y_n + 0\left(\Delta x_n \Delta y_n^3\right) +$$

$$+ \frac{\partial a_y}{\partial x}(x_0, \bar{y}, z_0)\Delta x_n \Delta y_n + 0\left(\Delta y_n \Delta x_n^3\right) .$$

Beim Grenzübergang $n \to \infty$,

$$\Delta x_n \to 0 , \quad \Delta y_n \to 0 ; \quad F_{C_n} = \Delta x_n \Delta y_n \to 0 ,$$

zieht sich der Weg C_n auf den Punkt $\boldsymbol{r}_0$ zusammen. Die Zwischenwerte $\bar{x}, \bar{y}$ gehen in x_0, y_0 über:

$$\lim_{n\to\infty} \frac{Z_{C_n}}{F_{C_n}} = \left[-\frac{\partial a_x}{\partial y}(\boldsymbol{r}_0) + \frac{\partial a_y}{\partial x}(\boldsymbol{r}_0)\right] + \lim_{n\to\infty}\left[0\left(\Delta y_n^2\right) + 0\left(\Delta x_n^2\right)\right] =$$

$$= \left(\frac{\partial a_y}{\partial x} - \frac{\partial a_x}{\partial y}\right)(\boldsymbol{r}_0) = \left[\nabla \times \boldsymbol{a}(\boldsymbol{r}_0)\right]_z .$$

Nach ((1.158), Bd. 1) stellt die rechte Seite gerade die z-Komponente der Rotation von $\boldsymbol{a}$ dar.

Wir können nun dieselbe Überlegung für Folgen von Flächen F_{C_n} wiederholen, die in x- bzw. y-Richtung orientiert sind, und erhalten dann entsprechend die x- und y-Komponenten der Rotation. Das lässt sich in der folgenden wichtigen **Kurvenintegraldarstellung** der Rotation zusammenfassen:

$$\boldsymbol{n} \cdot \text{rot } \boldsymbol{a}(\boldsymbol{r}) = \lim_{F_C \to 0} \frac{1}{F_C} \oint_C \boldsymbol{a} \cdot \mathrm{d}\boldsymbol{r} , \tag{1.50}$$

$\boldsymbol{n}$: Flächennormale von F_C.

Man kann die Rotation als *Flächendichte der Zirkulation* interpretieren.

Rechenregeln für die **Rotation** sind in ((1.159), Bd. 1) bis ((1.165), Bd. 1) aufgelistet. Die Darstellung in beliebigen **krummlinigen Koordinaten** folgt aus ((1.252), Bd. 1).

Wir haben im letzten Abschnitt aus der Integraldarstellung der Divergenz eine allgemeine Form des Nabla-Operators als Flächenintegral ableiten können. Dies gelingt auch mit Kurvenintegralen. Es sei

$$\boldsymbol{a}(\boldsymbol{r}) = \boldsymbol{b} \cdot \varphi(\boldsymbol{r}) ,$$

wobei $\boldsymbol{b}$ ein konstanter Vektor ist und $\varphi(\boldsymbol{r})$ ein skalares Feld; dann gilt mit (1.161, Bd. 1):

$$\text{rot } \boldsymbol{a} = \varphi \underbrace{\text{rot } \boldsymbol{b}}_{=0} + (\text{grad } \varphi) \times \boldsymbol{b} = (\text{grad } \varphi) \times \boldsymbol{b}$$

$$\Rightarrow \boldsymbol{n} \cdot \text{ rot } \boldsymbol{a} = \boldsymbol{n} \cdot (\nabla\varphi \times \boldsymbol{b}) = \boldsymbol{b} \cdot (\boldsymbol{n} \times \nabla\varphi) .$$

Da $\boldsymbol{b}$ beliebig ist, folgt hiermit aus (1.50):

$$\boldsymbol{n} \times \nabla\varphi = \lim_{F_C \to 0} \frac{1}{F_C} \oint_C \varphi(\boldsymbol{r})\,\mathrm{d}\boldsymbol{r}\,. \tag{1.51}$$

Es sei andererseits

$$\boldsymbol{a}(\boldsymbol{r}) = \boldsymbol{b} \times \boldsymbol{E}(\boldsymbol{r})\,.$$

Dann folgt durch mehrfaches Ausnutzen der zyklischen Invarianz des Spatproduktes:

$$\begin{aligned} \boldsymbol{n} \cdot \operatorname{rot} \boldsymbol{a} = \boldsymbol{n} \cdot \left[\nabla \times (\boldsymbol{b} \times \boldsymbol{E})\right] &= \left[\nabla \times (\boldsymbol{b} \times \boldsymbol{E})\right] \cdot \boldsymbol{n} = \\ &= (\boldsymbol{n} \times \nabla) \cdot (\boldsymbol{b} \times \boldsymbol{E}) = -(\boldsymbol{n} \times \nabla) \cdot (\boldsymbol{E} \times \boldsymbol{b}) = \\ &= -\boldsymbol{b} \cdot \left[(\boldsymbol{n} \times \nabla) \times \boldsymbol{E}\right] \end{aligned}$$

(∇ wirkt nur auf $\boldsymbol{E}$!),

$$\left[\boldsymbol{b} \times \boldsymbol{E}(\boldsymbol{r})\right] \cdot \mathrm{d}\boldsymbol{r} = (\boldsymbol{E} \times \mathrm{d}\boldsymbol{r}) \cdot \boldsymbol{b} = -\boldsymbol{b} \cdot (\mathrm{d}\boldsymbol{r} \times \boldsymbol{E})\,.$$

Setzen wir das Ergebnis in (1.50) ein, so folgt:

$$(\boldsymbol{n} \times \nabla) \times \boldsymbol{E} = \lim_{F_C \to 0} \frac{1}{F_C} \oint_C \mathrm{d}\boldsymbol{r} \times \boldsymbol{E}(\boldsymbol{r})\,. \tag{1.52}$$

Aus (1.50), (1.51) und (1.52) gewinnen wir eine allgemeine

Kurvenintegraldarstellung des Nabla-Operators:

$$(\boldsymbol{n} \times \nabla) \bigtriangleup \ldots = \lim_{F_C \to 0} \frac{1}{F_C} \oint_C \mathrm{d}\boldsymbol{r} \bigtriangleup \ldots\,, \tag{1.53}$$

wobei $\bigtriangleup$:

$$\begin{aligned} \cdot\, \varphi(\boldsymbol{r}) &\iff (1.51)\,, \\ \times\, \boldsymbol{E}(\boldsymbol{r}) &\iff (1.52)\,, \\ \bullet\, \boldsymbol{a}(\boldsymbol{r}) &\iff (1.50)\,. \end{aligned}$$

1.5 Integralsätze

1.5.1 Der gaußsche Satz

Bei der Einführung der Divergenz in Abschn. 1.4.1 hatten wir gefunden:

$$\oint_{S(\Delta V)} \boldsymbol{E} \cdot \mathrm{d}\boldsymbol{f} = \Delta V \operatorname{div} \boldsymbol{E}(\boldsymbol{r}) + \Delta V \cdot O\left(\Delta V^{2/3}\right) .$$

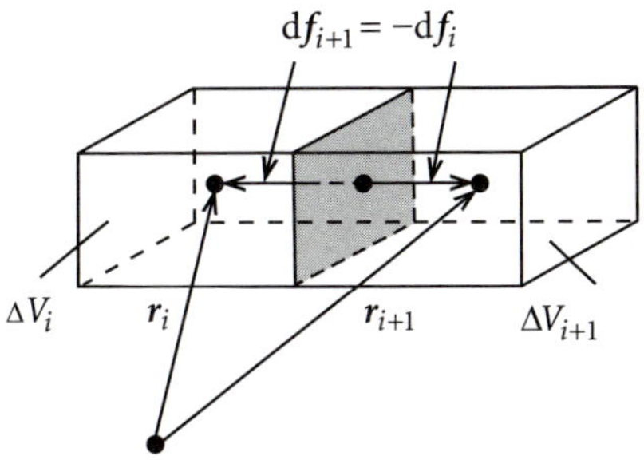

Abb. 1.13. Begründung des gaußschen Satzes über den Fluss des Vektorfeldes $\boldsymbol{E}$ durch die Oberflächen infinitesimal kleiner Volumina

Der Rest verschwindet beim Grenzübergang $\Delta V \to 0$. Wir legen nun an ein erstes Teilvolumen $\Delta V_i(\boldsymbol{r}_i)$ einen weiteren Quader, $\Delta V_{i+1}\left(\boldsymbol{r}_{i+1}\right)$, der mit ΔV_i eine Seitenfläche gemeinsam haben möge:

$$\oint_{S(\Delta V_i)} \boldsymbol{E} \cdot \mathrm{d}\boldsymbol{f} + \oint_{S(\Delta V_{i+1})} \boldsymbol{E} \cdot \mathrm{d}\boldsymbol{f} = \Delta V_i \operatorname{div} \boldsymbol{E}(\boldsymbol{r}_i) + \Delta V_{i+1} \operatorname{div} \boldsymbol{E}(\boldsymbol{r}_{i+1}) + \text{Rest} .$$

Der Beitrag der gemeinsamen Seitenfläche zu den Flächenintegralen auf der linken Seite der Gleichung hebt sich wegen der entgegengesetzten Richtungen der entsprechenden Flächennormalen gerade heraus. Es bleibt das Oberflächenintegral über die *Einhüllende* des Gesamtvolumens. Das Verfahren können wir fortsetzen und auf diese Weise ein vorgegebenes Volumen V mit lauter kleinen Quadern ΔV_i ausfüllen. Die Beiträge der gemeinsamen Seitenflächen fallen heraus, und wir erhalten einen Näherungsausdruck für den Fluss des Vektorfeldes $\boldsymbol{E}$ durch die Oberfläche $S(V)$:

$$\oint_{S(V)} \boldsymbol{E} \cdot \mathrm{d}\boldsymbol{f} \approx \sum_{i=1}^{n} \operatorname{div} \boldsymbol{E}(\boldsymbol{r}_i)\, \Delta V_i + \sum_{i=1}^{n} \Delta V_i \; O\left(\Delta V_i^{2/3}\right) .$$

Wir können nun die Zerlegung immer feiner werden lassen. Dabei ändert sich auf der linken Seite nichts, während auf der rechten Seite der erste Summand zu einer typischen *Riemann-Summe* und damit zu einem Volumenintegral (Abschn. 4.2, Bd. 1) wird. Die Korrektur auf der rechten Seite strebt gegen Null:

$$\left| \sum_{i=1}^{n} \Delta V_i \; O\left(\Delta V_i^{2/3}\right) \right| \le \sum_{i=1}^{n} \Delta V_i \left| \max_i \; O\left(\Delta V_i^{2/3}\right) \right| \underset{n\to\infty}{\longrightarrow} 0 .$$

Damit folgt schließlich der

gaußsche Satz:

Seien $\boldsymbol{E}(\boldsymbol{r})$ ein hinreichend oft differenzierbares Vektorfeld und V ein Volumen mit geschlossener Oberfläche $S(V)$, dann gilt:

$$\int_V \operatorname{div} \boldsymbol{E}(\boldsymbol{r})\, \mathrm{d}^3 r = \oint_{S(V)} \boldsymbol{E} \cdot \mathrm{d}\boldsymbol{f} \,. \tag{1.54}$$

Dieser außerordentlich nützliche Satz verknüpft Volumeneigenschaften eines Vektorfeldes mit dessen Oberflächeneigenschaften. – Wir schließen einige **Bemerkungen** an:

a) Wirbelfluss durch eine geschlossene Fläche:

$$\oint_{S(V)} \operatorname{rot} \boldsymbol{a} \cdot \mathrm{d}\boldsymbol{f} = \int_V \underbrace{\operatorname{div} \operatorname{rot} \boldsymbol{a}}_{=0}\, \mathrm{d}^3 r = 0 \,. \tag{1.55}$$

b) Ist $\boldsymbol{j}$ die Stromdichte (*Strom pro Fläche*), dann ist $\oint_{S(V)} \boldsymbol{j} \cdot d\boldsymbol{f}$ der Strom durch die Oberfläche des Volumens V. Ist schließlich ϱ die Ladungsdichte (*Ladung pro Volumen*) und damit $\partial/\partial t \int_V \varrho\, \mathrm{d}^3 r$ die zeitliche Änderung der Gesamtladung in V, dann muss die zeitliche Änderung der Ladung in dem Volumen V dem Ladungsstrom durch die Oberfläche entgegengesetzt gleich sein:

$$\int_V \mathrm{d}^3 r \frac{\partial \varrho}{\partial t} + \oint_{S(V)} \boldsymbol{j} \cdot \mathrm{d}\boldsymbol{f} \overset{!}{=} 0 \,.$$

Mit dem gaußschen Satz folgt daraus:

$$\int_V \mathrm{d}^3 r \left(\frac{\partial \varrho}{\partial t} + \operatorname{div} \boldsymbol{j} \right) = 0 \,.$$

Diese Relation gilt für **beliebige** Volumina V, was nur bei

$$\frac{\partial \varrho}{\partial t} + \operatorname{div} \boldsymbol{j} = 0 \tag{1.56}$$

richtig sein kann. Dies ist die fundamentale **Kontinuitätsgleichung**, deren physikalischer Inhalt uns später noch eingehend beschäftigen wird.

c) Wir leiten den gaußschen Satz für **skalare** Felder ab. Dazu setzen wir in (1.54)

$$\boldsymbol{E}(\boldsymbol{r}) = \boldsymbol{A}\, \varphi(\boldsymbol{r})$$

ein, wobei $\boldsymbol{A}$ ein beliebiger konstanter Vektor und $\varphi(\boldsymbol{r})$ ein skalares Feld sind. Mit ((1.153), Bd. 1) bilden wir die Divergenz:

$$\operatorname{div} \boldsymbol{E}(\boldsymbol{r}) = \varphi(\boldsymbol{r}) \underbrace{\operatorname{div} \boldsymbol{A}}_{=0} + \boldsymbol{A} \cdot \operatorname{grad} \varphi \,.$$

Dieses ergibt in (1.54), da $\boldsymbol{A}$ ein beliebiger Vektor ist:

$$\int_V \operatorname{grad} \varphi \, \mathrm{d}^3 r = \oint_{S(V)} \varphi \, \mathrm{d}\boldsymbol{f} \, . \tag{1.57}$$

d) Setzen wir nun

$$\boldsymbol{E}(\boldsymbol{r}) = \boldsymbol{A} \times \boldsymbol{b}(\boldsymbol{r}) \, ,$$

wobei $\boldsymbol{A}$ wiederum ein konstanter Vektor und $\boldsymbol{b}(\boldsymbol{r})$ ein Vektorfeld sind. Wir nutzen

$$\operatorname{div}(\boldsymbol{A} \times \boldsymbol{b}) = \boldsymbol{b} \cdot \underbrace{\operatorname{rot} \boldsymbol{A}}_{=0} - \boldsymbol{A} \cdot \operatorname{rot} \boldsymbol{b}$$

aus und finden damit:

$$\oint_{S(V)} \mathrm{d}\boldsymbol{f} \cdot (\boldsymbol{A} \times \boldsymbol{b}) = -\boldsymbol{A} \cdot \oint_{S(V)} \mathrm{d}\boldsymbol{f} \times \boldsymbol{b} \, ,$$

$$\int_V \operatorname{div}(\boldsymbol{A} \times \boldsymbol{b}) \, \mathrm{d}^3 r = -\boldsymbol{A} \cdot \int_V \operatorname{rot} \boldsymbol{b} \, \mathrm{d}^3 r \, .$$

Wegen (1.54) gilt dann:

$$\int_V \operatorname{rot} \boldsymbol{b} \, \mathrm{d}^3 r = \oint_{S(V)} \mathrm{d}\boldsymbol{f} \times \boldsymbol{b} \, . \tag{1.58}$$

(1.54), (1.57) und (1.58) sind verschiedene Formulierungen des gaußschen Satzes, die man wie folgt zusammenfassen kann:

$$\oint_{S(V)} \mathrm{d}\boldsymbol{f} \bigcirc \ldots = \int_V \mathrm{d}^3 r \, \nabla \bigcirc \ldots \tag{1.59}$$

Dabei steht wie in (1.48):

$$\bigcirc = \cdot \text{ für skalare Felder } \varphi \, ,$$

$$= \bullet \text{ oder } \times \text{ für Vektorfelder } \boldsymbol{E}, \boldsymbol{b} \, .$$

1.5.2 Der stokessche Satz

Mit einer Beweisidee, die der des letzten Abschnitts sehr ähnlich ist, leiten wir nun einen Satz ab, der für ein beliebiges Vektorfeld das Linienintegral über den Rand einer beliebig großen und beliebig orientierten Fläche mit dem entsprechenden Flächenintegral verknüpft.

Die Fläche F sei durch die Randkurve C begrenzt. Es muss sich dabei nicht notwendig um eine **ebene** Fläche handeln. Sie kann jedoch näherungsweise durch n

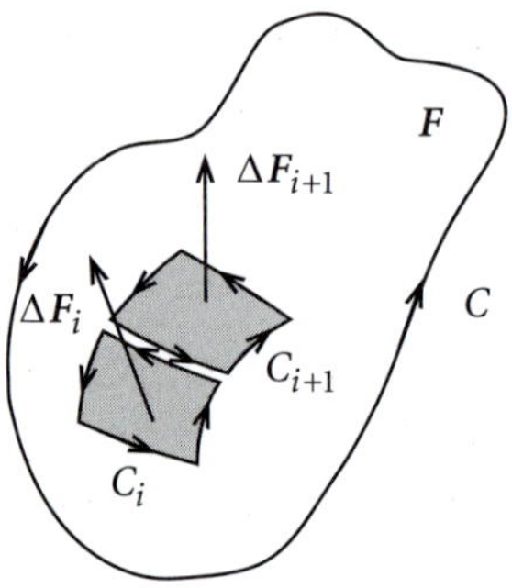

Abb. 1.14. Begründung des stokesschen Satzes über die Zirkulation eines Vektorfeldes auf den Rändern infinitesimal kleiner, orientierter Flächenelemente

Flächenelemente $\Delta \boldsymbol{F}_i$ dargestellt werden, die so klein sein mögen, dass wir sie einzeln als **eben** ansehen können. Die Richtungen der einzelnen Flächenelemente brauchen dagegen **nicht** übereinzustimmen. Sie seien berandet durch Kurven C_i, die mit $\Delta \boldsymbol{F}_i$ eine Rechtsschraube bilden.

Auf dem Weg zur Integraldarstellung (1.50) der Rotation hatten wir als Zwischenergebnis gefunden:

$$\Delta \boldsymbol{F}_i \cdot \operatorname{rot} \boldsymbol{a}(\boldsymbol{r}_i) + \Delta F_i \; O(\Delta F_i) = \oint_{C_i} \boldsymbol{a} \cdot \mathrm{d}\boldsymbol{r} \, .$$

Das Flächenelement $\Delta \boldsymbol{F}_{i+1}$ hat mit $\Delta \boldsymbol{F}_i$ ein gemeinsames Berandungsstück, das auf C_i und C_{i+1} jedoch antiparallel durchlaufen wird. Addiert man zu der letzten Gleichung die entsprechende Gleichung für $i+1$, so fällt der Beitrag dieses Stückes zum gesamten Linienintegral heraus. Übrig bleibt das Integral für die die Gesamtfläche $\Delta \boldsymbol{F}_i \vee \Delta \boldsymbol{F}_{i+1}$ einschließende Randkurve $C_{i+(i+1)}$. Addiert man die n Flächenelemente auf, so erhält man:

$$\sum_{i=1}^{n} \Delta \boldsymbol{F}_i \cdot \operatorname{rot} \boldsymbol{a}(\boldsymbol{r}_i) + \sum_{i=1}^{n} \Delta F_i \; O(\Delta F_i) = \oint_{C_{1+2+\ldots+n}} \boldsymbol{a} \cdot \mathrm{d}\boldsymbol{r} \, .$$

Wir machen nun die Flächenaufteilung immer feiner und füllen damit F immer exakter auf. Der Korrekturterm auf der linken Seite verschwindet dann in die Grenze $n \to \infty$:

$$\sum_{i=1}^{n} \Delta F_i \; O(\Delta F_i) \leq F \cdot \max_i |O(\Delta F_i)| \underset{n \to \infty}{\longrightarrow} 0 \, .$$

Der erste Summand ist dann wieder eine übliche *Riemann-Summe*, und der Weg $C_{1+2+\ldots+n}$ wird mit C identisch. Dies ergibt schlussendlich den

Stokesschen Satz:

Seien $\boldsymbol{a}(\boldsymbol{r})$ ein hinreichend oft differenzierbares Vektorfeld und F eine Fläche mit dem Rand $C(F) = \partial F$, dann gilt:

$$\int\limits_{\partial F} \boldsymbol{a} \cdot \mathrm{d}\boldsymbol{r} = \int\limits_{F} \operatorname{rot} \boldsymbol{a} \cdot \mathrm{d}\boldsymbol{f} \,. \tag{1.60}$$

Wir wollen auch hier eine erste **Diskussion** dieses fundamentalen Satzes anschließen.

a) **Wegunabhängigkeit von Kurvenintegralen** Bei der Diskussion konservativer Kräfte $\boldsymbol{F}$ in Abschn. 2.4.2, Bd. 1 hatten wir als mögliche Kriterien für die Existenz eines Potentials

$$\operatorname{rot} \boldsymbol{F} \equiv 0 \quad \text{und} \quad \oint\limits_{C} \boldsymbol{F} \cdot \mathrm{d}\boldsymbol{r} = 0$$

gefunden. Die Äquivalenz lässt sich mit dem stokesschen Satz leicht beweisen: Es gelte $\oint_C \boldsymbol{F} \cdot d\boldsymbol{r} = 0$ für **beliebige** geschlossene Wege C und damit mit dem stokesschen Satz $\oint_{F_C} \operatorname{rot} \boldsymbol{F} \cdot d\boldsymbol{f} = 0$ für **beliebige** Flächen F_C. Dies ist aber nur bei $\operatorname{rot} \boldsymbol{F} \equiv 0$ möglich.

b) **Wirbelfluss durch eine geschlossene Fläche**

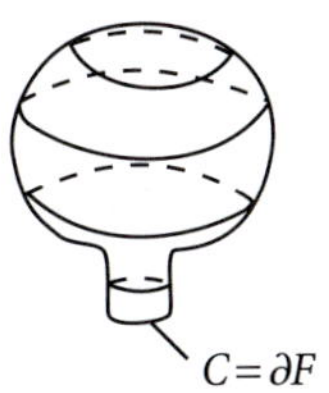

Abb. 1.15. Zur Berechnung des Flusses eines Rotationsfeldes durch eine geschlossene Fläche

Eine **geschlossene** Fläche kann man sich durch Zusammenziehen des Randes $C = \partial F$ auf einen Punkt entstanden denken. Dann ist aber

$$\oint\limits_{\partial F} \boldsymbol{a} \cdot \mathrm{d}\boldsymbol{r} = 0 \,,$$

da die Rand**länge** gegen Null geht. Nach (1.60) folgt dann:

$$\oint\limits_{F} \operatorname{rot} \boldsymbol{a} \cdot \mathrm{d}\boldsymbol{f} = 0 \tag{1.61}$$

für **jedes** Vektorfeld $\boldsymbol{a}(\boldsymbol{r})$. Dasselbe Ergebnis haben wir in (1.55) aus dem gaußschen Satz ableiten können.

c) **Spezielles Beispiel**
Es sei

$$\boldsymbol{a}(\boldsymbol{r}) = \frac{1}{2} \boldsymbol{B} \times \boldsymbol{r} \,; \quad \boldsymbol{B} = \text{const} \,.$$

Es gilt dann (s. Aufgabe 1.7.21d):

$$\text{rot}\, \boldsymbol{a}(\boldsymbol{r}) = \boldsymbol{B} \,.$$

Dies führt mit dem stokesschen Satz zu

$$\int\limits_{\partial F} \boldsymbol{a} \cdot \mathrm{d}\boldsymbol{r} = \int\limits_{F} \text{rot}\, \boldsymbol{a} \cdot \mathrm{d}\boldsymbol{f} = \boldsymbol{B} \cdot \int\limits_{F} \mathrm{d}\boldsymbol{f} = BF_{\perp} \,. \tag{1.62}$$

Der Wert des Integrals stellt sich als unabhängig von der Gestalt des Randes ∂F heraus, also auch als unabhängig von der Form der Fläche $\boldsymbol{F}$. Es geht nur die Projektion $F_{\perp}$ der Fläche senkrecht zu $\boldsymbol{B}$ ein.

d) **Stokesscher Satz für skalare Felder**

Wir setzen

$$\boldsymbol{a}(\boldsymbol{r}) = \boldsymbol{A}\, \varphi(\boldsymbol{r}) \,,$$

wobei $\boldsymbol{A}$ ein beliebiger konstanter Vektor und $\varphi(\boldsymbol{r})$ ein skalares Feld sind, und benutzen ((1.151), Bd. 1):

$$\text{rot}\, \boldsymbol{a} = \varphi \cdot \underbrace{\text{rot}\, \boldsymbol{A}}_{=0} + \text{grad}\, \varphi \times \boldsymbol{A} \,.$$

Dies ergibt in (1.60):

$$\boldsymbol{A} \cdot \int\limits_{\partial F} \varphi\, \mathrm{d}\boldsymbol{r} = \int\limits_{F} \mathrm{d}\boldsymbol{f} \cdot (\text{grad}\, \varphi \times \boldsymbol{A}) = \boldsymbol{A} \cdot \int\limits_{F} \mathrm{d}\boldsymbol{f} \times \text{grad}\, \varphi \,.$$

Es folgt, da $\boldsymbol{A}$ beliebig ist:

$$\int\limits_{\partial F} \varphi\, \mathrm{d}\boldsymbol{r} = \int\limits_{F} \mathrm{d}\boldsymbol{f} \times \text{grad}\, \varphi \,. \tag{1.63}$$

e) **Stokesscher Satz für Vektorfelder**

Wir setzen nun

$$\boldsymbol{a}(\boldsymbol{r}) = \boldsymbol{A} \times \boldsymbol{b}(\boldsymbol{r}) \,,$$

wobei $\boldsymbol{A}$ wieder ein beliebiger konstanter Vektor ist. Durch mehrfaches Anwenden der zyklischen Invarianz des Spatproduktes ergibt sich dann:

$$\int\limits_{\partial F} (\boldsymbol{A} \times \boldsymbol{b}) \cdot \mathrm{d}\boldsymbol{r} = \boldsymbol{A} \cdot \int\limits_{\partial F} \boldsymbol{b} \times \mathrm{d}\boldsymbol{r} \overset{(1.60)}{=} \int\limits_{F} \text{rot}\, (\boldsymbol{A} \times \boldsymbol{b}) \cdot \mathrm{d}\boldsymbol{f} =$$

$$= \int\limits_{F} [\nabla \times (\boldsymbol{A} \times \boldsymbol{b})] \cdot \mathrm{d}\boldsymbol{f} = \int\limits_{F} (\mathrm{d}\boldsymbol{f} \times \nabla) \cdot (\boldsymbol{A} \times \boldsymbol{b}) =$$

$$= -\int\limits_{F} (\mathrm{d}\boldsymbol{f} \times \nabla) \cdot (\boldsymbol{b} \times \boldsymbol{A}) = -\boldsymbol{A} \cdot \int\limits_{F} [(\mathrm{d}\boldsymbol{f} \times \nabla) \times \boldsymbol{b}(\boldsymbol{r})]$$

(∇ wirkt nur auf $\boldsymbol{b}(\boldsymbol{r})$!).
Wir haben damit gefunden:

$$\int\limits_{\partial F} \mathrm{d}\boldsymbol{r} \times \boldsymbol{b}(\boldsymbol{r}) = \int\limits_{F} (\mathrm{d}\boldsymbol{f} \times \nabla) \times \boldsymbol{b}(\boldsymbol{r}) \,. \tag{1.64}$$

(1.60), (1.63) und (1.64) sind verschiedene Versionen des stokesschen Satzes, die wir symbolisch wie folgt zusammenfassen können:

$$\int\limits_{\partial F} \mathrm{d}\boldsymbol{r} \,\triangle \ldots = \int\limits_{F} (d\boldsymbol{f} \times \nabla)\triangle \,. \tag{1.65}$$

Das Symbol $\triangle$ ist wie in (1.53) zu verstehen:

$$\triangle: \quad \cdot\, \varphi(\boldsymbol{r}) \Longleftrightarrow (1.63)\,,$$

$$\cdot\, \boldsymbol{a}(\boldsymbol{r}) \Longleftrightarrow (1.60)\,,$$

$$\times\, \boldsymbol{b}(\boldsymbol{r}) \Longleftrightarrow (1.64)\,.$$

1.5.3 Die greenschen Sätze

Als einfache Anwendungen des gaußschen Satzes lassen sich zwei wertvolle Aussagen ableiten, die man als greensche Sätze, greensche Theoreme oder greensche Identitäten bezeichnet.

φ, ψ seien zwei mindestens zweimal stetig differenzierbare, skalare Felder und V ein Volumen mit geschlossener Oberfläche $S(V)$. Wir definieren das Vektorfeld

$$\boldsymbol{E}(\boldsymbol{r}) = \varphi(\boldsymbol{r}) \text{ grad } \psi(\boldsymbol{r})$$

und wenden darauf den gaußschen Satz (1.54) an. Dazu benötigen wir div $\boldsymbol{E}$, wofür wir (1.153, Bd. 1) und (1.154, Bd. 1) ausnutzen:

$$\begin{aligned} \operatorname{div} \boldsymbol{E}(\boldsymbol{r}) &= \operatorname{div}(\varphi \text{ grad } \psi) = \varphi \operatorname{div} \text{grad } \psi + \text{grad } \psi \cdot \text{grad } \varphi = \\ &= \varphi \Delta \psi + \nabla \psi \cdot \nabla \varphi \,. \end{aligned}$$

Wir führen noch die (ortsabhängige!) Flächennormale $\boldsymbol{n}(\boldsymbol{r})$ ein,

$$\mathrm{d}\boldsymbol{f} = \boldsymbol{n}\, \mathrm{d}f \,,$$

und haben dann:

$$\boldsymbol{E} \cdot \mathrm{d}\boldsymbol{f} = \varphi(\nabla \psi \cdot \boldsymbol{n})\, \mathrm{d}f \,.$$

1.5.1 **Definition 1.5.1 Normalableitung** von ψ auf $S(V)$:

$$\nabla \psi \cdot \boldsymbol{n} \equiv \frac{\partial \psi}{\partial n} \,. \tag{1.66}$$

Mit diesen Vorbereitungen liefert der gaußsche Satz (1.54) die

1. greensche Identität:

$$\int\limits_V \left(\varphi \Delta \psi + (\nabla \psi \cdot \nabla \varphi)\right) \mathrm{d}^3 r = \oint\limits_{S(V)} \varphi \frac{\partial \psi}{\partial n} \mathrm{d}f \,. \tag{1.67}$$

Vertauscht man in unserer Ableitung die Felder φ und ψ und zieht die sich dann ergebende greensche Identität von (1.67) ab, so folgt die

2. greensche Identität:

$$\int\limits_V (\varphi \Delta \psi - \psi \Delta \varphi) \, \mathrm{d}^3 r = \oint\limits_{S(V)} \left(\varphi \frac{\partial \psi}{\partial n} - \psi \frac{\partial \varphi}{\partial n}\right) \mathrm{d}f \,. \tag{1.68}$$

Setzt man schließlich noch in (1.67) $\varphi \equiv 1$, so folgt eine weitere nützliche Identität:

$$\int\limits_V \Delta \psi \, \mathrm{d}^3 r = \oint\limits_{S(V)} \frac{\partial \psi}{\partial n} \mathrm{d}f \,. \tag{1.69}$$

1.6
1.6 Zerlegungs- und Eindeutigkeitssatz

Wir wollen in diesem Kapitel zwei Sätze beweisen, die für Vektorfelder von großer Bedeutung sind. Zusammengefasst besagen sie, dass unter gewissen Voraussetzungen jedes Vektorfeld $\boldsymbol{a}(\boldsymbol{r})$ **eindeutig** durch sein Quellenfeld div $\boldsymbol{a}$ und sein Wirbelfeld rot $\boldsymbol{a}$ bestimmt ist. Oder anders ausgedrückt: Jedes Vektorfeld lässt sich **eindeutig** als Summe eines wirbelfreien und eines quellenfreien Anteils darstellen. Zum Beweis dieser Aussagen sind einige Vorbereitungen notwendig:

Behauptung:

$$\delta(\boldsymbol{r} - \boldsymbol{r}') = -\frac{1}{4\pi} \Delta \frac{1}{|\boldsymbol{r} - \boldsymbol{r}'|} \,. \tag{1.70}$$

Beweis Wir haben zu zeigen, dass diese Darstellung der δ-Funktion die beiden Relationen (1.2) und (1.3) erfüllt:

a) $\boldsymbol{r} \neq \boldsymbol{r}', \quad \delta(\boldsymbol{r}-\boldsymbol{r}') = 0$:

$$\Delta \frac{1}{|\boldsymbol{r}-\boldsymbol{r}'|} = \operatorname{div}\operatorname{grad}\frac{1}{|\boldsymbol{r}-\boldsymbol{r}'|} = \operatorname{div}\frac{\boldsymbol{r}-\boldsymbol{r}'}{|\boldsymbol{r}-\boldsymbol{r}'|^3} =$$

$$\stackrel{(1.153,\,\text{Bd. 1})}{=} \frac{\operatorname{div}(\boldsymbol{r}-\boldsymbol{r}')}{|\boldsymbol{r}-\boldsymbol{r}'|^3} + (\boldsymbol{r}-\boldsymbol{r}')\cdot\operatorname{grad}\frac{1}{|\boldsymbol{r}-\boldsymbol{r}'|^3} =$$

$$\stackrel{(1.156,\,\text{Bd. 1})}{=} \frac{3}{|\boldsymbol{r}-\boldsymbol{r}'|^3} - 3(\boldsymbol{r}-\boldsymbol{r}')\cdot\frac{\boldsymbol{r}-\boldsymbol{r}'}{|\boldsymbol{r}-\boldsymbol{r}'|}\frac{1}{|\boldsymbol{r}-\boldsymbol{r}'|^4} =$$

$$= 0\,.$$

Damit ist die Eigenschaft (1.3) verifiziert.

b)

$$\int\limits_V \mathrm{d}^3r\,\delta(\boldsymbol{r}-\boldsymbol{r}') = \begin{cases} 1\,, & \text{falls } \boldsymbol{r}' \in V\,, \\ 0 & \text{sonst}\,, \end{cases}$$

$$\int\limits_V \mathrm{d}^3r\,\Delta_r \frac{1}{|\boldsymbol{r}-\boldsymbol{r}'|} \stackrel{\bar{\boldsymbol{r}}=\boldsymbol{r}-\boldsymbol{r}'}{=} \int\limits_{\bar{V}} \mathrm{d}^3\bar{r}\,\Delta_{\bar{r}}\frac{1}{\bar{r}}\,.$$

Wegen a) ist der Integrand für $\bar{\boldsymbol{r}} \neq 0$ Null. Dies führt zu der ersten Schlussfolgerung

$$\int\limits_{\bar{V}} \mathrm{d}^3\bar{r}\,\Delta_{\bar{r}}\frac{1}{\bar{r}} = 0\,, \qquad \text{falls } \bar{\boldsymbol{r}} = 0 \notin \bar{V}\,.$$

Enthält $\bar{V}$ den Nullpunkt, so können wir offensichtlich, ohne den Wert des Integrals zu ändern, $\bar{V}$ durch eine Kugel, deren Mittelpunkt im Ursprung liegt, ersetzen:

$$\int\limits_{\bar{V}} \mathrm{d}^3\bar{r}\,\Delta_{\bar{r}}\frac{1}{\bar{r}} = \int\limits_{V_K} \mathrm{d}^3\bar{r}\,\operatorname{div}\left(\operatorname{grad}_{\bar{r}}\frac{1}{\bar{r}}\right) \stackrel{(1.54)}{=} \int\limits_{S(V_K)} \mathrm{d}\bar{\boldsymbol{f}}\cdot\left(-\frac{1}{\bar{r}^2}\boldsymbol{e}_{\bar{r}}\right) =$$

$$\stackrel{(1.37)}{=} \int\limits_0^{2\pi}\mathrm{d}\bar{\varphi}\int\limits_0^{\pi}\sin\bar{\vartheta}\,\mathrm{d}\bar{\vartheta}\,\bar{r}_0^2\,\boldsymbol{e}_{\bar{r}}\left(-\frac{1}{\bar{r}_0^2}\boldsymbol{e}_{\bar{r}}\right) = -4\pi\,.$$

$\bar{r}_0$ ist der Radius der Kugel. Wir haben also insgesamt gefunden:

$$\int\limits_V \mathrm{d}^3r\,\Delta\frac{1}{|\boldsymbol{r}-\boldsymbol{r}'|} = \begin{cases} -4\pi\,, & \text{falls } \boldsymbol{r}' \in V\,, \\ 0\,, & \text{falls } \boldsymbol{r}' \notin V\,. \end{cases} \tag{1.71}$$

Dies entspricht (1.3). Die Behauptung (1.70) ist damit bewiesen.

Zerlegungssatz

$\boldsymbol{a}(\boldsymbol{r})$ sei ein im ganzen Raum definiertes Vektorfeld, das einschließlich seiner Ableitungen im Unendlichen mit *hinreichend hoher* Ordnung gegen Null strebt. Dann lässt sich $\boldsymbol{a}(\boldsymbol{r})$ als Summe eines rotationsfreien (*longitudinalen*) und eines divergenzfreien (*transversalen*) Anteils schreiben:

$$\boldsymbol{a}(\boldsymbol{r}) = \boldsymbol{a}_\mathrm{l}(\boldsymbol{r}) + \boldsymbol{a}_\mathrm{t}(\boldsymbol{r}) \,, \tag{1.72}$$

$$\mathrm{rot}\, \boldsymbol{a}_\mathrm{l} = \boldsymbol{0} \,; \quad \mathrm{div}\, \boldsymbol{a}_\mathrm{t} = 0 \,. \tag{1.73}$$

Der transversale Anteil ist dabei durch die Rotation von $\boldsymbol{a}(\boldsymbol{r})$, der longitudinale durch die Divergenz von $\boldsymbol{a}(\boldsymbol{r})$ festgelegt:

$$\boldsymbol{a}_\mathrm{l}(\boldsymbol{r}) = \mathrm{grad}\; \alpha(\boldsymbol{r}) \,, \tag{1.74}$$

$$\boldsymbol{a}_\mathrm{t}(\boldsymbol{r}) = \mathrm{rot}\; \boldsymbol{\beta}(\boldsymbol{r}) \,, \tag{1.75}$$

$$\alpha(\boldsymbol{r}) = -\frac{1}{4\pi} \int \mathrm{d}^3 r' \, \frac{\mathrm{div}\, \boldsymbol{a}(\boldsymbol{r}')}{|\boldsymbol{r} - \boldsymbol{r}'|} \,, \tag{1.76}$$

$$\boldsymbol{\beta}(\boldsymbol{r}) = \frac{1}{4\pi} \int \mathrm{d}^3 r' \, \frac{\mathrm{rot}\; \boldsymbol{a}(\boldsymbol{r}')}{|\boldsymbol{r} - \boldsymbol{r}'|} \,. \tag{1.77}$$

Beweis Für die folgenden Umformungen werden wir mehrfach die früher abgeleiteten Formeln

$$\mathrm{rot}\, \mathrm{rot}\, \boldsymbol{A} = \mathrm{grad}\, (\mathrm{div}\, \boldsymbol{A}) - \Delta \boldsymbol{A} \qquad ((1.165), \text{Bd. } 1) \,,$$

$$\mathrm{div}(\varphi \boldsymbol{A}) = \varphi \; \mathrm{div}\, \boldsymbol{A} + \boldsymbol{A} \cdot \mathrm{grad}\; \varphi \qquad ((1.153), \text{Bd. } 1)$$

verwenden. Falls nicht eindeutig ist, auf welche Variablen die Differentialoperatoren wirken, werden die Symbole mit zusätzlichen Indizes versehen:

$$\frac{1}{4\pi} \mathrm{rot}_r\, \mathrm{rot}_r \int \mathrm{d}^3 r' \, \frac{\boldsymbol{a}(\boldsymbol{r}')}{|\boldsymbol{r} - \boldsymbol{r}'|} =$$

$$= \frac{1}{4\pi} \mathrm{grad}_r \int \mathrm{d}^3 r' \, \underset{r}{\mathrm{div}} \frac{\boldsymbol{a}(\boldsymbol{r}')}{|\boldsymbol{r} - \boldsymbol{r}'|} - \frac{1}{4\pi} \int \mathrm{d}^3 r' \, \Delta_r \frac{\boldsymbol{a}(\boldsymbol{r}')}{|\boldsymbol{r} - \boldsymbol{r}'|} =$$

$$= \frac{1}{4\pi} \mathrm{grad}_r \int \mathrm{d}^3 r' \left\{ \frac{1}{|\boldsymbol{r} - \boldsymbol{r}'|} \underbrace{\underset{r}{\mathrm{div}}\, \boldsymbol{a}(\boldsymbol{r}')}_{=0} + \boldsymbol{a}(\boldsymbol{r}') \cdot \mathrm{grad}_r \frac{1}{|\boldsymbol{r} - \boldsymbol{r}'|} \right\} +$$

$$+ \int \mathrm{d}^3 r' \boldsymbol{a}(\boldsymbol{r}') \delta(\boldsymbol{r} - \boldsymbol{r}') =$$

$$= \boldsymbol{a}(\boldsymbol{r}) - \frac{1}{4\pi} \mathrm{grad}_r \int \mathrm{d}^3 r' \, \boldsymbol{a}(\boldsymbol{r}') \cdot \mathrm{grad}_{r'} \frac{1}{|\boldsymbol{r} - \boldsymbol{r}'|} =$$

$$= \boldsymbol{a}(\boldsymbol{r}) - \frac{1}{4\pi}\,\mathrm{grad}_r \int \mathrm{d}^3r'\,\underset{r'}{\mathrm{div}}\left(\boldsymbol{a}(\boldsymbol{r}')\frac{1}{|\boldsymbol{r}-\boldsymbol{r}'|}\right) +$$

$$+ \frac{1}{4\pi}\,\mathrm{grad}_r \int \mathrm{d}^3r'\,\frac{\mathrm{div}_{r'}\,\boldsymbol{a}(\boldsymbol{r}')}{|\boldsymbol{r}-\boldsymbol{r}'|} =$$

$$= \boldsymbol{a}(\boldsymbol{r}) - \boldsymbol{a}_\mathrm{l}(\boldsymbol{r}) - \frac{1}{4\pi}\,\mathrm{grad}_r \int\limits_{S(V\to\infty)} \mathrm{d}\boldsymbol{f}' \cdot \frac{\boldsymbol{a}(\boldsymbol{r}')}{|\boldsymbol{r}-\boldsymbol{r}'|}\ .$$

Im letzten Schritt haben wir den gaußschen Satz ausgenutzt. Da nach Voraussetzung das Vektorfeld $\boldsymbol{a}(\boldsymbol{r})$ im Unendlichen *hinreichend rasch* verschwinden soll, liefert das Oberflächenintegral keinen Beitrag:

$$\boldsymbol{a}(\boldsymbol{r}) = \boldsymbol{a}_\mathrm{l}(\boldsymbol{r}) - \frac{1}{4\pi}\,\mathrm{rot}_{\,r}\,\mathrm{rot}_{\,r} \int \mathrm{d}^3r'\,\frac{\boldsymbol{a}(\boldsymbol{r}')}{|\boldsymbol{r}-\boldsymbol{r}'|}\ .$$

Wir formen den letzten Summanden noch etwas weiter um:

$$\mathrm{rot}_{\,r} \int \mathrm{d}^3r'\,\frac{\boldsymbol{a}(\boldsymbol{r}')}{|\boldsymbol{r}-\boldsymbol{r}'|} =$$

$$\overset{(1.161,\,\text{Bd. 1})}{=} \int \mathrm{d}^3r'\left(\frac{1}{|\boldsymbol{r}-\boldsymbol{r}'|}\underbrace{\mathrm{rot}_{\,r}\boldsymbol{a}(\boldsymbol{r}')}_{=0} - \boldsymbol{a}(\boldsymbol{r}') \times \mathrm{grad}_{\,r}\frac{1}{|\boldsymbol{r}-\boldsymbol{r}'|}\right) =$$

$$= \int \mathrm{d}^3r'\,\boldsymbol{a}(\boldsymbol{r}') \times \mathrm{grad}_{\,r'}\frac{1}{|\boldsymbol{r}-\boldsymbol{r}'|} =$$

$$= -\int \mathrm{d}^3r'\,\mathrm{rot}_{\,r'}\left(\frac{\boldsymbol{a}(\boldsymbol{r}')}{|\boldsymbol{r}-\boldsymbol{r}'|}\right) + \int \mathrm{d}^3r'\,\frac{\mathrm{rot}\;\boldsymbol{a}(\boldsymbol{r}')}{|\boldsymbol{r}-\boldsymbol{r}'|} =$$

$$\overset{(1.58)}{=} -\int\limits_{S(V\to\infty)} \mathrm{d}\boldsymbol{f}' \times \frac{\boldsymbol{a}(\boldsymbol{r}')}{|\boldsymbol{r}-\boldsymbol{r}'|} + 4\pi\boldsymbol{\beta}(\boldsymbol{r})\ .$$

Das Oberflächenintegral verschwindet auch in diesem Fall, und es bleibt:

$$\frac{1}{4\pi}\,\mathrm{rot}_{\,r}\,\mathrm{rot}_{\,r} \int \mathrm{d}^3r'\,\frac{\boldsymbol{a}(\boldsymbol{r}')}{|\boldsymbol{r}-\boldsymbol{r}'|} = \mathrm{rot}\;\boldsymbol{\beta}(\boldsymbol{r}) = \boldsymbol{a}_\mathrm{t}(\boldsymbol{r})\ .$$

Damit ist der Zerlegungssatz (1.72) bewiesen.

Eindeutigkeitssatz

Das Vektorfeld $\boldsymbol{a}(\boldsymbol{r})$ ist **eindeutig** festgelegt, wenn für alle Raumpunkte

$$\mathrm{div}\,\boldsymbol{a}(\boldsymbol{r}) \quad \textit{Quellen}\ ,$$

$$\mathrm{rot}\;\boldsymbol{a}(\boldsymbol{r}) \quad \textit{Wirbel}$$

bekannt sind.

Beweis Es gebe zwei Vektorfelder $\boldsymbol{a}_1(\boldsymbol{r})$, $\boldsymbol{a}_2(\boldsymbol{r})$ mit

$$\operatorname{div} \boldsymbol{a}_1(\boldsymbol{r}) = \operatorname{div} \boldsymbol{a}_2(\boldsymbol{r}) \ ,$$

$$\operatorname{rot} \ \boldsymbol{a}_1(\boldsymbol{r}) = \operatorname{rot} \ \boldsymbol{a}_2(\boldsymbol{r}) \ .$$

Für den Differenzenvektor

$$\boldsymbol{D}(\boldsymbol{r}) = \boldsymbol{a}_1(\boldsymbol{r}) - \boldsymbol{a}_2(\boldsymbol{r})$$

gilt dann:

$$\operatorname{div} \boldsymbol{D} = 0 \ ; \qquad \operatorname{rot} \ \boldsymbol{D} = \boldsymbol{0} \ .$$

Letztere Beziehung impliziert

$$\boldsymbol{D} = \nabla \psi \ ,$$

sodass aus der ersten folgt:

$$\Delta \psi = 0 \ .$$

Wir benutzen die 1. greensche Identität für $\varphi = \psi$ (1.67):

$$\int \left[\psi \, \Delta \psi + (\nabla \psi)^2\right] \, \mathrm{d}^3 r = \oint\limits_{S(V \to \infty)} \psi \, \nabla \psi \cdot \mathrm{d}\boldsymbol{f} = 0 \ .$$

Das Oberflächenintegral verschwindet wegen der getroffenen Annahmen bezüglich des Verhaltens der Felder im Unendlichen. Es bleibt:

$$\int (\nabla \psi)^2 \, \mathrm{d}^3 r = 0 \iff \nabla \psi = \boldsymbol{0} = \boldsymbol{D} \ .$$

Daraus folgt die Behauptung $\boldsymbol{a}_1(\boldsymbol{r}) = \boldsymbol{a}_2(\boldsymbol{r})$.

Schlussfolgerungen

1. Ein wirbelfreies Feld (rot $\boldsymbol{a} = 0$) ist ein Gradientenfeld! Nach (1.72) und (1.74) gilt nämlich:

$$\boldsymbol{a}(\boldsymbol{r}) = \boldsymbol{a}_l(\boldsymbol{r}) = \operatorname{grad} \ \alpha(\boldsymbol{r}) \ .$$

2. Ein quellenfreies Feld (div $\boldsymbol{a} = 0$) ist ein Rotationsfeld! Aus (1.72) und (1.75) folgt:

$$\boldsymbol{a}(\boldsymbol{r}) = \boldsymbol{a}_t = \operatorname{rot} \ \boldsymbol{\beta}(\boldsymbol{r}) \ .$$

3. Im Allgemeinen ist $\boldsymbol{a}(\boldsymbol{r})$ eine Überlagerung aus Rotations- und Gradientenfeld:

$$\boldsymbol{a}(\boldsymbol{r}) = \text{grad}\ \alpha(\boldsymbol{r}) + \text{rot}\ \boldsymbol{\beta}(\boldsymbol{r})\ .$$

4. Das **skalare Potential** $\alpha(\boldsymbol{r})$ bestimmt sich aus den Quellen von $\boldsymbol{a}(\boldsymbol{r})$:

$$\Delta\alpha(\boldsymbol{r}) = \text{div}\,\boldsymbol{a}(\boldsymbol{r})\ . \tag{1.78}$$

5. Das **Vektorpotential** $\boldsymbol{\beta}(\boldsymbol{r})$ bestimmt sich aus den Wirbeln von $\boldsymbol{a}(\boldsymbol{r})$:

$$\Delta\boldsymbol{\beta}(\boldsymbol{r}) = -\,\text{rot}\ \boldsymbol{a}(\boldsymbol{r})\ . \tag{1.79}$$

1.7 Aufgaben

1.7

Aufgabe 1.7.1

1.7.1

Zeigen Sie, dass sich die diracsche δ-Funktion $\delta(x-a)$ als Grenzwert der Funktionenfolge

$$f_\eta(x-a) = \frac{1}{\sqrt{\pi\eta}} \exp\left(-\frac{(x-a)^2}{\eta}\right)$$

für $\eta \to 0^+$ schreiben lässt.

Aufgabe 1.7.2

1.7.2

Verifizieren Sie die folgenden Darstellungen der δ-Funktion:

$$\lim_{\eta\to 0^+} \text{Im}\ \frac{1}{(x-a) \mp \mathrm{i}\eta} = \pm\pi\delta(x-a)$$

(Im: Imaginärteil).

Aufgabe 1.7.3

1.7.3

$g(x)$ sei eine differenzierbare Funktion mit einfachen Nullstellen $x_n\,[g(x_n) = 0$, $g'(x_n) \neq 0]$. Beweisen Sie die folgende Identität:

$$\delta\left(g(x)\right) = \sum_n \frac{1}{\left|g'(x_n)\right|}\,\delta(x - x_n)\ .$$

1.7.4

Aufgabe 1.7.4

Berechnen Sie die folgenden Integrale:

1. $$\int_{-2}^{+5} (x^2 - 5x + 6)\,\delta(x-3)\,\mathrm{d}x\,,$$

2. $$\int_{\alpha}^{\beta} \big(f(x) - f(a)\big)\,\delta(x-a)\,\mathrm{d}x\,,$$

3. $$\int_{0}^{\infty} x^2\,\delta(x^2 - 3x + 2)\,\mathrm{d}x\,,$$

4. $$\int_{0}^{+\infty} \ln x\,\delta'(x-a)\,\mathrm{d}x\,,$$

5. $$\int_{0}^{\pi} \sin^3\vartheta\,\delta\left(\cos\vartheta - \cos\frac{\pi}{3}\right)\,\mathrm{d}\vartheta\,.$$

1.7.5

Aufgabe 1.7.5

Wie lautet die zweidimensionale δ-Funktion

1. in kartesischen Koordinaten,
2. in ebenen Polarkoordinaten?

1.7.6

Aufgabe 1.7.6

Bestimmen Sie die Taylor-Reihen der folgenden skalaren Felder:

1. $\varphi(\boldsymbol{r}) = \exp(\mathrm{i}\,\boldsymbol{k}\cdot\boldsymbol{r}) \quad (\boldsymbol{k} = \text{const})\,,$
2. $\varphi(\boldsymbol{r}) = |\boldsymbol{r} - \boldsymbol{r}_0| \quad$ (bis zur zweiten Ordnung) .

Aufgabe 1.7.7 1.7.7

Integrieren Sie die Funktion

$$f(x,y) = x^2 y^3$$

1. über das Dreieck $(0,0) - (1,0) - (1,1)$,
2. über den Kreis um den Nullpunkt mit dem Radius R,
3. über die von dem Kreis um den Nullpunkt mit Radius R, der positiven x- und der positiven y-Achse berandete Fläche.

Aufgabe 1.7.8 1.7.8

Berechnen Sie für das Rechteck mit den Eckpunkten $\left(b, \frac{a}{\sqrt{2}}, 0\right)$, $\left(0, \frac{a}{\sqrt{2}}, 0\right)$, $\left(0, 0, \frac{a}{\sqrt{2}}\right)$, $\left(b, 0, \frac{a}{\sqrt{2}}\right)$

1. das vektorielle Flächenelement $d\boldsymbol{f}$,
2. den Vektor der Gesamtfläche $\boldsymbol{F}$,
3. den Fluss des Feldes

$$\boldsymbol{a}(\boldsymbol{r}) = \left(y^2,\ 2xy,\ 3z^2 - x^2\right)$$

durch die Fläche $\boldsymbol{F}$ des Rechtecks.

Aufgabe 1.7.9 1.7.9

Berechnen Sie den Fluss des Vektorfeldes $\boldsymbol{a}(\boldsymbol{r})$ durch die Oberfläche einer Kugel mit dem Radius R um den Koordinatenursprung:

df=dS

1. $\boldsymbol{a}(\boldsymbol{r}) = 3\dfrac{\boldsymbol{r}}{r^2}$,

2. $\boldsymbol{a}(\boldsymbol{r}) = \dfrac{(x, y, z)}{\sqrt{\alpha + x^2 + y^2 + z^2}}$,

3. $\boldsymbol{a}(\boldsymbol{r}) = (3z,\ x,\ 2y)$.

Kugel: 4πR²

1.7.10

Aufgabe 1.7.10

Berechnen Sie für das Vektorfeld

$$\boldsymbol{a}(\boldsymbol{r}) = \alpha \boldsymbol{r}$$

das vektorielle Zweifachintegral

$$\psi = \int_F \boldsymbol{a}(\boldsymbol{r}) \times d\boldsymbol{f}$$

über eine Kugel (Radius R, Mittelpunkt gleich Koordinatenursprung) und über einen Zylinder (Radius R, Länge L).

1.7.11

Aufgabe 1.7.11

Bei bekannter Ladungsdichte $\varrho(\boldsymbol{r})$ lässt sich über

$$Q = \int \mathrm{d}^3 r \, \varrho(\boldsymbol{r})$$

die elektrische Gesamtladung Q und über

$$\boldsymbol{p} = \int \mathrm{d}^3 r \, \boldsymbol{r} \, \varrho(\boldsymbol{r})$$

das elektrische Dipolmoment $\boldsymbol{p}$ der Ladungsverteilung bestimmen. Berechnen Sie diese Größen für eine homogen geladene Kugel vom Radius R:

$$\varrho(\boldsymbol{r}) = \begin{cases} \varrho_0 \, , & \text{falls } r \leq R \, , \\ 0 & \text{sonst} \, . \end{cases}$$

1.7.12

Aufgabe 1.7.12

Beweisen Sie die folgenden nützlichen Relationen:

1. Gradient eines Skalarproduktes:

$$\nabla(\boldsymbol{a} \cdot \boldsymbol{b}) = (\boldsymbol{b} \cdot \nabla)\boldsymbol{a} + (\boldsymbol{a} \cdot \nabla)\boldsymbol{b} + \boldsymbol{b} \times (\nabla \times \boldsymbol{a}) + \boldsymbol{a} \times (\nabla \times \boldsymbol{b}) \, ,$$

2. Divergenz eines Vektorproduktes:

$$\nabla \cdot (\boldsymbol{a} \times \boldsymbol{b}) = \boldsymbol{b} \cdot (\nabla \times \boldsymbol{a}) - \boldsymbol{a} \cdot (\nabla \times \boldsymbol{b}) \, ,$$

3. Rotation eines Vektorproduktes:

$$\nabla \times (\boldsymbol{a} \times \boldsymbol{b}) = (\boldsymbol{b} \cdot \nabla)\boldsymbol{a} - \boldsymbol{b}(\nabla \cdot \boldsymbol{a}) - (\boldsymbol{a} \cdot \nabla)\boldsymbol{b} + \boldsymbol{a}(\nabla \cdot \boldsymbol{b}) \, .$$

Aufgabe 1.7.13

1.7.13

1. Benutzen Sie zur Auswertung der Divergenz in beliebigen krummlinig-orthogonalen Koordinaten y_1, y_2, y_3 (s. 1.250, Bd. 1) deren Integraldarstellung

$$\operatorname{div} \boldsymbol{E} = \lim_{\Delta V \to 0} \frac{1}{\Delta V} \oint\limits_{S(\Delta V)} \boldsymbol{E} \cdot \mathrm{d}\boldsymbol{f} \,.$$

Verwenden Sie für ΔV das Volumen des differentiellen Spates, gebildet aus den y_i-Koordinatenlinien.
2. Stellen Sie die Divergenz in Zylinderkoordinaten dar.
3. Formulieren Sie die Divergenz in Kugelkoordinaten.

Aufgabe 1.7.14

1.7.14

1. Benutzen Sie zur Auswertung der Rotation in beliebigen krummlinig-orthogonalen Koordinaten y_1, y_2, y_3 die Integraldarstellung

$$\boldsymbol{n} \cdot \operatorname{rot}\, \boldsymbol{a}(\boldsymbol{r}) = \lim_{F_C \to 0} \frac{1}{F_C} \oint\limits_{C} \boldsymbol{a} \cdot d\boldsymbol{r} \,.$$

2. Formulieren Sie die Rotation in Zylinderkoordinaten.
3. Formulieren Sie die Rotation in Kugelkoordinaten.

Aufgabe 1.7.15

1.7.15

Berechnen Sie

1. die Komponenten von grad $(\boldsymbol{\alpha} \cdot \boldsymbol{r})$ in Kugelkoordinaten,
2. $\operatorname{div} \boldsymbol{e}_r$, grad $\operatorname{div} \boldsymbol{e}_r$, rot $\boldsymbol{e}_r$, $\operatorname{div} \boldsymbol{e}_\varphi$, rot $\boldsymbol{e}_\vartheta$ in Kugelkoordinaten,
3. die Komponenten von rot $(\boldsymbol{\alpha} \times \boldsymbol{r})$ in Zylinderkoordinaten ($\boldsymbol{\alpha} = \text{const}$).

Aufgabe 1.7.16

1.7.16

Zeigen Sie, dass für ein konservatives Kraftfeld $\boldsymbol{F}(\boldsymbol{r})$ das Flächenintegral

$$\psi = \oint\limits_{S(V)} \boldsymbol{F}(\boldsymbol{r}) \times \mathrm{d}\boldsymbol{f}$$

über die geschlossene Oberfläche eines beliebigen Volumens V stets verschwindet.

1.7.17 **Aufgabe 1.7.17**

Die Vektoren $\boldsymbol{E}(\boldsymbol{r},t)$, $\boldsymbol{B}(\boldsymbol{r},t)$ sollen die Beziehung

$$\text{rot}\,\boldsymbol{E} = -\frac{\partial}{\partial t}\boldsymbol{B}$$

erfüllen. Zu einem beliebigen Zeitpunkt t_0 sei $\boldsymbol{B} = 0$ für alle $\boldsymbol{r}$. Zeigen Sie, dass dann für **alle** Zeiten $\text{div}\,\boldsymbol{B} = 0$ gilt.

1.7.18 **Aufgabe 1.7.18**

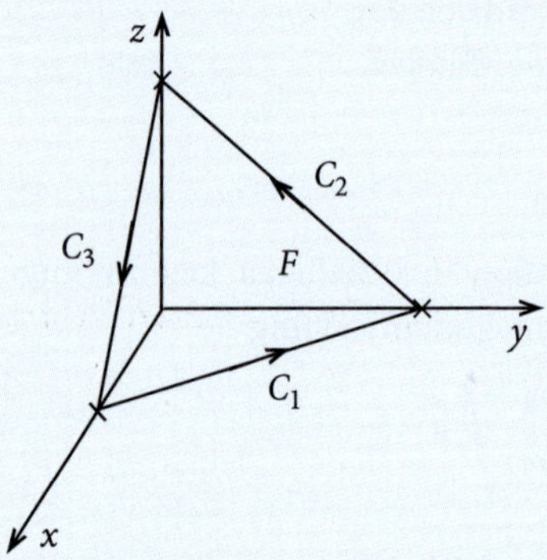

Abb. 1.16. Die Fläche F als Teil der Ebene $6x + 3y + 2z = 12$, umrandet von dem Weg $C = C_1 + C_2 + C_3$

Gegeben sei das Vektorfeld

$$\boldsymbol{a}(\boldsymbol{r}) = (0, 0, y)$$

sowie die Fläche F, definiert als der im ersten Oktanten gelegene Teil der Ebene

$$6x + 3y + 2z = 12\,.$$

1. Wie lautet die Parameterdarstellung der Fläche F? Geben Sie das vektorielle Flächenelement $\mathrm{d}\boldsymbol{f}$ an.
2. Berechnen Sie den Fluss von $\boldsymbol{a}$ durch F.
3. Begründen Sie, warum sich $\boldsymbol{a}$ als Wirbelfeld rot $\boldsymbol{\beta}(\boldsymbol{r})$ darstellen lässt. Ist die Wahl von $\boldsymbol{\beta}(\boldsymbol{r})$ eindeutig? Konstruieren Sie ein mögliches $\boldsymbol{\beta}(\boldsymbol{r})$.
4. Berechnen Sie noch einmal den Fluss von $\boldsymbol{a}$ durch F, nun mithilfe eines Linienintegrals über den Weg $C = C_1 + C_2 + C_3$. Bestätigen Sie damit das Resultat aus 2. Wie wirkt sich die Nicht-Eindeutigkeit von $\boldsymbol{\beta}(\boldsymbol{r})$ aus?

1.7.19

Aufgabe 1.7.19

Beweisen Sie die für Vektorfelder $\boldsymbol{a}(\boldsymbol{r})$, $\boldsymbol{b}(\boldsymbol{r})$ allgemein gültige Beziehung:

$$\int\limits_V \mathrm{d}^3r\,\boldsymbol{b}\cdot\operatorname{rot}\boldsymbol{a} = \int\limits_V \mathrm{d}^3r\,\boldsymbol{a}\cdot\operatorname{rot}\boldsymbol{b} + \oint\limits_{S(V)} \mathrm{d}\boldsymbol{f}\cdot(\boldsymbol{a}\times\boldsymbol{b})\,.$$

1.7.20

Aufgabe 1.7.20

Berechnen Sie für das Vektorfeld

$$\boldsymbol{a}(\boldsymbol{r}) = \left(-y(x^2+y^2),\, x\left(x^2+y^2\right),\, xyz\right)$$

das Linienintegral

$$\oint\limits_C \boldsymbol{a}(\boldsymbol{r})\cdot\mathrm{d}\boldsymbol{r}$$

längs des in der xy-Ebene liegenden Kreises um den Koordinatenursprung mit dem Radius R.

1.7.21

Aufgabe 1.7.21

Handelt es sich im folgenden um reine Gradientenfelder oder reine Rotationsfelder?

1. $\boldsymbol{a}(\boldsymbol{r}) = x\boldsymbol{e}_x + y\boldsymbol{e}_y$,
2. $\boldsymbol{a}(\boldsymbol{r}) = (6\alpha x,\, z\cos yz,\, y\cos yz)$,
3. $\boldsymbol{a}(\boldsymbol{r}) = \big(x(z-y),\, y(x-z),\, z(y-x)\big)$,
4. $\boldsymbol{a}(\boldsymbol{r}) = (x^2y,\, \cos z^3,\, zy)$.

1.7.22

Aufgabe 1.7.22

Gegeben seien zwei skalare Felder $\varphi_1(\boldsymbol{r})$, $\varphi_2(\boldsymbol{r})$, die beide die Differentialgleichung

$$\Delta\varphi(\boldsymbol{r}) = f(\boldsymbol{r}) \quad \textbf{Poisson-Gleichung}$$

im Volumen V erfüllen. Auf der Oberfläche $S(V)$ gelte $\varphi_1(\boldsymbol{r}) = \varphi_2(\boldsymbol{r})$. Zeigen Sie, dass dann

$$\varphi_1(\boldsymbol{r}) \equiv \varphi_2(\boldsymbol{r}) \quad \text{in } V$$

gilt. Hinweis: Benutzen Sie die greenschen Sätze für $\psi(\boldsymbol{r}) = \varphi_1(\boldsymbol{r}) - \varphi_2(\boldsymbol{r})$.

1.8

1.8 Kontrollfragen

Zu Abschn. 1.1

1. Was versteht man unter einer Distribution?
2. Wodurch ist die diracsche δ-Funktion definiert?
3. Nennen Sie einige Eigenschaften der δ-Funktion.
4. Wie lautet die dreidimensionale δ-Funktion in krummlinigen Koordinaten?

Zu Abschn. 1.2

1. Wann ist eine Funktion $f(x)$ in eine Taylor-Reihe entwickelbar?
2. Was versteht man unter dem Näherungspolynom und dem Restglied einer Taylor-Reihe?
3. Wie lautet die Abschätzung des Restgliedes nach Lagrange?
4. Geben Sie die Taylor-Entwicklung für ein skalares Feld $\varphi(\boldsymbol{r})$ an.

Zu Abschn. 1.3

1. Was versteht man unter der Orientierung eines Flächenelements?
2. Was ist eine Tangentialebene?
3. Wie lautet die Parameterdarstellung der Kugeloberfläche (Radius R)?
4. Berechnen Sie das orientierte Flächenelement des Zylindermantels.
5. Handelt es sich bei dem Fluss des Vektorfeldes $\boldsymbol{a}(\boldsymbol{r})$ durch die Fläche S um einen Vektor oder einen Skalar? Wie ist der Fluss definiert?
6. Definieren Sie das Flächenintegral.
7. Geben Sie den Fluss eines homogenen Feldes durch die Oberfläche $S(V)$ eines beliebigen Volumens V an.
8. Wie lautet der Fluss des Feldes $\boldsymbol{a}(\boldsymbol{r}) = \alpha \cdot \frac{\boldsymbol{r}}{r}$ durch die Oberfläche einer Kugel mit dem Radius R und dem Mittelpunkt bei $r = 0$?

Zu Abschn. 1.4

1. Was versteht man unter der mittleren Quelldichte des Feldes $\boldsymbol{E}$ im Volumen V?
2. Wie erhält man aus der mittleren Quelldichte die Divergenz des $\boldsymbol{E}$-Feldes?
3. Wie lautet die allgemeine Flächenintegraldarstellung des Nabla-Operators?
4. Was bedeutet die Zirkulation des Feldes $\boldsymbol{a}(\boldsymbol{r})$ längs des Weges C?
5. Was bezeichnet man als Wirbelstärke eines Vektorfeldes?
6. Welcher Zusammenhang besteht zwischen Zirkulation und Rotation?
7. Formulieren Sie die Kurvenintegraldarstellung der Rotation.
8. Wie lautet die allgemeine Kurvenintegraldarstellung des Nabla-Operators?

Zu Abschn. 1.5

1. Formulieren Sie den gaußschen Satz.

2. Was kann mithilfe des gaußschen Satzes über den Wirbelfluss rot $\boldsymbol{E}$ eines Vektorfeldes $\boldsymbol{E}(\boldsymbol{r})$ durch eine geschlossene Fläche ausgesagt werden?
3. Wie lautet der gaußsche Satz für skalare Felder?
4. Formulieren Sie den stokesschen Satz.
5. Beantworten Sie Frage 2. mithilfe des stokesschen Satzes.
6. Wie lautet der stokessche Satz für skalare Felder?
7. Geben Sie die allgemeine (symbolische) Form des gaußschen und des stokesschen Satzes an.
8. Was versteht man unter der Normalableitung eines skalaren Feldes auf der Fläche S?
9. Wie lauten die erste und die zweite greensche Identität? Wie leitet man die zweite aus der ersten ab?

Zu Abschn. 1.6

1. Was besagt der Zerlegungssatz?
2. Was versteht man unter dem longitudinalen, was unter dem transversalen Anteil eines Vektorfeldes? Wodurch sind diese bestimmt?
3. Wie lautet der Eindeutigkeitssatz?
4. Was kann über ein wirbelfreies, was über ein quellenfreies Feld ausgesagt werden?
5. Was versteht man unter dem skalaren Potential, was unter dem Vektorpotential eines Vektorfeldes?

2

Kapitel 2

Elektrostatik

2

2 Elektrostatik

2 Elektrostatik

2.1 Grundbegriffe

2.1.1 Ladungen und Ströme

Die Grundgrößen der Klassischen Mechanik,

Masse, Länge, Zeit,

sind mehr oder weniger direkt über unsere Sinnesorgane und unser angeborenes Zeitgefühl erfahrbar. Wir können sie gewissermaßen ohne experimentelle Hilfsmittel wahrnehmen. In der Elektrodynamik tritt als vierte Grundgröße die

Ladung

hinzu, deren Beobachtung allerdings spezielle Hilfsmittel erfordert. Es gibt kein Sinnesorgan für eine direkte Wahrnehmung elektrischer Erscheinungen. Das macht sie dem Anfänger *unanschaulich* und begrifflich schwieriger.

Bereits vor Thales von Milet (625 bis 547 v. Chr.) war bekannt, dass bestimmte Körper ihre Eigenschaften ändern, wenn man sie an anderen Körpern reibt. Mit einem Tuch geriebener Bernstein (griechisch: elektron) ist z. B. in der Lage, kleine, leichte Körper (Körner, Papierschnitzel o. Ä.) anzuziehen. Die dabei auftretenden Kräfte können mechanisch nicht mehr erklärt werden. Man sagt deshalb zunächst einfach, das geriebene Material befinde sich in einem

elektrischen Zustand.

Man beobachtet weiter, dass sich dieser Zustand durch Berühren von einem zum anderen Körper übertragen lässt, was sich am elegantesten durch Einführen einer *substanzartigen* Größe, der

elektrischen Ladung Q,

erklären lässt. Diese wird als Ursache der oben erwähnten Kräfte angesehen. Sie kann bei entsprechendem Kontakt als

elektrischer Strom I

von einem zum anderen Körper *fließen*.

Die experimentelle Erfahrung lehrt, dass es zwei Arten von Ladungen gibt, die man ziemlich willkürlich, aber zweckmäßig durch die Begriffe **positiv** und **negativ** unterscheidet:

$$\begin{aligned} Q > 0 &: \quad \textit{positive}\text{ Ladung}\,, \\ Q < 0 &: \quad \textit{negative}\text{ Ladung}\,. \end{aligned} \tag{2.1}$$

Das Ladungsvorzeichen ist so festgelegt, dass Reiben eines Glasstabes auf diesem die Ladung $Q > 0$ zurücklässt, Reiben eines Hartgummistabes dagegen die Ladung $Q < 0$. Diese Festlegung hat zur Folge, dass die Ladung des Elektrons, die man als natürliche Einheit wählt, negativ ist. Bezüglich additiver und multiplikativer Rechenoperationen verhalten sich Ladungen wie gewöhnliche positive und negative Zahlen:

Gesamtladung:

$$Q = \sum_{i=1}^{n} q_i\,. \tag{2.2}$$

$Q = 0$ bedeutet zunächst nur, dass sich positive und negative Ladungen kompensieren, und nicht notwendig, dass der gesamte Körper aus elektrisch *neutralen* Bausteinen aufgebaut ist. Abführen von positiver Ladung lässt den Körper negativ geladen zurück und umgekehrt.

Für Ladungen gilt ein **Erhaltungssatz:**

In einem abgeschlossenen System bleibt die Summe aus positiver und negativer Ladung konstant.

Bei den oben angeführten Reibungsversuchen ist also keine Ladung *erzeugt* worden; es wurden lediglich positive und negative Ladungen voneinander räumlich getrennt.

Für einen tieferen Einblick in die elektromagnetischen Vorgänge ist die experimentelle Erkenntnis entscheidend, dass ebenso wie die Materie auch die Ladung eine *gequantelte*, atomistische Struktur besitzt. Es gibt eine kleinste, nicht mehr teilbare

Elementarladung e.

Jede andere Ladung lässt sich dann als ganzzahliges Vielfaches von e schreiben:

$$Q = n\,e\,; \quad n \in \mathbb{Z}\,. \tag{2.3}$$

Beispiele:

$$\begin{aligned} &\text{Elektron:} \quad n = -1\,, \\ &\text{Proton:} \quad n = +1\,, \end{aligned}$$

$$\text{Neutron:} \quad n = 0\,,$$

$$\text{Atomkern:} \quad n = Z \quad \text{(Ordnungszahl)}\,.$$

Experimentelle Beweise für die Ladungsquantelung sind:
1. die Elektrolyse (faradaysches Gesetz),
2. der Millikan-Versuch.

Ein für die Elektrodynamik wichtiger Begriff ist die

Ladungsdichte $\rho(\boldsymbol{r})$,

die als Ladung pro Volumeneinheit aufzufassen ist. Aus ihr berechnet sich die Gesamtladung Q im Volumen V gemäß

$$Q = \int_V \mathrm{d}^3r\,\rho(\boldsymbol{r})\,. \tag{2.4}$$

In strenger Analogie zum Konzept des Massenpunktes in der Klassischen Mechanik führt man in der Elektrodynamik die

Punktladung q

dann ein, wenn die Ladungsverteilung von allseitig vernachlässigbarer Ausdehnung ist. Dies ergibt für die Ladungsdichte einer Punktladung:

$$\rho(\boldsymbol{r}) = q\,\delta(\boldsymbol{r} - \boldsymbol{r}_0)\,. \tag{2.5}$$

Diese Abstraktion bedeutet häufig eine starke mathematische Vereinfachung, die jedoch bisweilen auch mit Vorsicht zu behandeln ist.

Die Tatsache, dass geladene Körper aufeinander Kräfte ausüben, kann zur Messung der Ladung ausgenutzt werden (*Elektrometer*). Man beobachtet, dass sich Ladungen gleichen Vorzeichens abstoßen und die ungleichen Vorzeichens anziehen. Das ist sehr einfach an einer *Ladungs-Waage* zu demonstrieren.

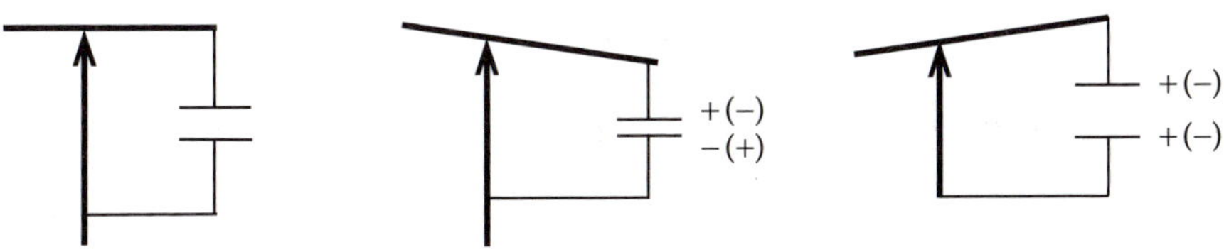

Abb. 2.1. Schematische Darstellung der Ladungs-Waage

Zur vorläufigen (!) Definition der Ladungs**einheit** benutzen wir das Konzept der Punktladung:

Zwei Punktladungen gleichen Betrages, die im Vakuum im Abstand von 1 m *die Kraft*

$$F = \frac{10^{12}}{4\pi \cdot 8{,}8543}\,\text{N} \tag{2.6}$$

aufeinander ausüben, besitzen jeweils die Ladung

$$1\,\text{Coulomb}(1\,\text{C}) = 1\,\text{Amperesekunde}(1\,\text{As})\,.$$

Die Bedeutung dieser Definition wird später klar werden. Sie hat für die Elementarladung e zur Folge:

$$e = 1{,}602 \cdot 10^{-19}\,\text{C}\,. \tag{2.7}$$

Wie bereits erwähnt, bilden **bewegte** Ladungen einen elektrischen Strom bzw. eine

Stromdichte $\boldsymbol{j}(\boldsymbol{r})$

$\frac{\boldsymbol{j}}{|\boldsymbol{j}|}$: Normale in Bewegungsrichtung der fließenden Ladung ,

$|\boldsymbol{j}|$: Ladung, die pro Zeiteinheit durch die Flächeneinheit senkrecht zur Stromrichtung transportiert wird.

Beispiel Homogene Verteilung von N Teilchen der Ladung q über ein Volumen V, die alle die gleiche Geschwindigkeit $\boldsymbol{v}$ aufweisen:

$$\boldsymbol{j} = n\,q\,\boldsymbol{v}\,, \qquad n = \frac{N}{V}\,. \tag{2.8}$$

Als **Stromstärke** I durch eine vorgegebene Fläche F bezeichnet man dann das Flächenintegral

$$I = \int\limits_F \boldsymbol{j} \cdot \mathrm{d}\boldsymbol{f}\,. \tag{2.9}$$

Die Einheit ist das Ampere. Ein Strom der Stärke 1 A transportiert in 1 s die Ladung 1 C. Die genaue Festlegung der Einheit erfolgt über die Kraftwirkung zwischen zwei von definierten Strömen durchflossenen Leitern (s. später).

Der Erhaltungssatz der Ladung lässt sich als **Kontinuitätsgleichung** formulieren:

$$\frac{\partial \varrho}{\partial t} + \operatorname{div} \boldsymbol{j} = 0\,. \tag{2.10}$$

Diese Beziehung haben wir bereits früher (1.56) mithilfe des gaußschen Satzes abgeleitet. Wir hatten dabei vorausgesetzt, dass die zeitliche Änderung der Gesamtladung in einem beliebigen Volumen V dem Ladungsstrom durch die Oberfläche $S(V)$ entgegengesetzt gleich sein muss. Dies entspricht aber gerade der Ladungserhaltung in einem abgeschlossenen System.

2.1.2 Coulombsches Gesetz, elektrisches Feld

Wir untersuchen nun etwas genauer die Art und Weise, wie geladene Körper miteinander wechselwirken. Dabei stützen wir uns zunächst ausschließlich auf die experimentelle Erfahrung.

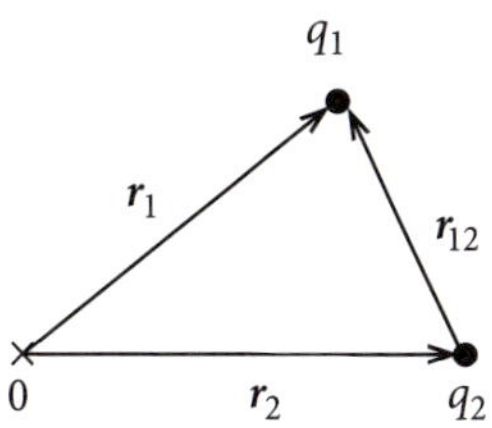

Abb. 2.2. Anordnung zur Formulierung des Coulomb-Gesetzes

Die beiden Ladungen q_1 und q_2 haben den Abstand

$$r_{12} = |\boldsymbol{r}_{12}| = |\boldsymbol{r}_1 - \boldsymbol{r}_2| \,.$$

Dieser soll sehr viel größer sein als die Linearabmessungen der beiden Ladungsverteilungen, sodass wir letztere als Punktladungen auffassen können. Dann gilt für die Kraftwirkung zwischen den beiden Ladungen das **coulombsche Gesetz:**

$$\boldsymbol{F}_{12} = k\, q_1\, q_2 \frac{\boldsymbol{r}_1 - \boldsymbol{r}_2}{|\boldsymbol{r}_1 - \boldsymbol{r}_2|^3} = -\boldsymbol{F}_{21} \,. \tag{2.11}$$

$\boldsymbol{F}_{12}$ ist die von Teilchen 2 auf Teilchen 1 ausgeübte Kraft. (2.11) ist als experimentell eindeutig verifizierte Tatsache aufzufassen. Die Konstante k hängt einerseits vom Medium ab, in dem sich die Punktladungen befinden, andererseits von den Einheiten, in denen wir die elektrischen Grundgrößen messen wollen. Dies wird weiter unten genauer erläutert.

Die **Coulomb-Kraft** $\boldsymbol{F}_{12}$

1. ist direkt proportional zu den Ladungen q_1, q_2;
2. ist umgekehrt proportional zum Quadrat des Abstandes der beiden Ladungen;
3. wirkt entlang der Verbindungslinie anziehend für ungleichnamige, abstoßend für gleichnamige Ladungen;
4. erfüllt *actio = reactio*.

Entscheidende Voraussetzung für die Gültigkeit von (2.11) ist, dass die Ladungen **ruhen**. Bei bewegten Ladungen treten Zusatzterme auf, die wir später diskutieren werden.

Für die Elektro*statik* ist (2.11) als *experimentelles Grundgesetz* aufzufassen. Der gesamte Formalismus der Elektrostatik baut auf (2.11) und dem sogenannten **Super-**

positionsprinzip auf, das dem vierten Newtonschen Axiom entspricht ((2.47), Bd. 1). Dieses besagt, dass sich die von mehreren Ladungen q_j auf die Ladung q_1 ausgeübten Coulomb-Kräfte vektoriell addieren:

$$\boldsymbol{F}_1 = k\, q_1 \sum_{j=2}^{n} q_j \frac{\boldsymbol{r}_1 - \boldsymbol{r}_j}{|\boldsymbol{r}_1 - \boldsymbol{r}_j|^3} \,. \tag{2.12}$$

Das coulombsche Gesetz verknüpft Ladungen mit rein mechanischen Größen, was zur Definition der Ladungseinheit benutzt werden kann. Es gibt für die Elektrodynamik leider eine ganze Reihe verschiedener Maßsysteme, die im Prinzip alle gleichwertig sind, lediglich verschiedenen Verwendungszwecken angepasst sind. Da man die genauen Festlegungen eigentlich erst dann versteht, wenn man mit der gesamten Elektrodynamik vertraut ist, begnügen wir uns hier mit ein paar vorläufigen Bemerkungen:

1) Gaußsches System (cgs-System)
Dies ist definiert durch

$$k = 1 \,,$$

womit die Ladungseinheit (*LE*) sich über (2.11) eindeutig aus mechanischen Größen ableitet, d. h. keine neue Grundgröße darstellt:

$$1\, LE = 1\, \mathrm{cm\, dyn}^{1/2} \qquad \left(1\, \mathrm{dyn} = 1\, \mathrm{g}\frac{\mathrm{cm}}{\mathrm{s}^2}\right) \,. \tag{2.13}$$

Zwei *Einheitsladungen* üben im Abstand von 1 cm eine Kraft von 1 dyn aufeinander aus.

2) SI-System (MKSA-System)
(SI wegen *Système International d'Unités*) Zu den mechanischen Grundeinheiten **Meter, Kilogramm, Sekunde** tritt als elektrische Einheit das **Ampere** für die Stromstärke hinzu. Daraus ergibt sich die **Ladungseinheit**

$$1\, \mathrm{C}\, (\mathrm{Coulomb}) = 1\, \mathrm{As} \,.$$

Das Ampere ist so definiert, dass für die Konstante k in (2.11) gilt:

$$k = 10^{-7}\, c^2\, \frac{\mathrm{N}}{\mathrm{A}^2} \,.$$

Dabei ist

$$c = 2{,}9979250 \cdot 10^8\, \frac{\mathrm{m}}{\mathrm{s}} \tag{2.14}$$

die Lichtgeschwindigkeit im Vakuum. Man setzt

$$k = \frac{1}{4\pi\, \varepsilon_0} \tag{2.15}$$

mit der **Influenzkonstanten** ε_0 (auch *Dielektrizitätskonstante des Vakuums*)

$$\varepsilon_0 = 8{,}8543 \cdot 10^{-12}\,\frac{\mathrm{A^2 s^2}}{\mathrm{N\,m^2}} = 8{,}8543 \cdot 10^{-12}\,\frac{\mathrm{As}}{\mathrm{Vm}}\,. \tag{2.16}$$

Dabei haben wir noch

$$1\,\mathrm{V}\;\;(\mathrm{Volt}) = 1\,\frac{\mathrm{Nm}}{\mathrm{As}} \tag{2.17}$$

benutzt. Um die Verwirrung so klein wie möglich zu halten, wird ab jetzt ausschließlich das SI-System verwendet.

Obgleich die eigentliche Messgröße eine Kraft darstellt, erweist es sich als zweckmäßig, das Konzept des

elektrischen Feldes $\boldsymbol{E}(\boldsymbol{r})$

einzuführen. Es wird durch eine Ladungskonfiguration erzeugt und ist durch die Kraft auf eine Testladung q definiert:

$$\boldsymbol{E} = \lim_{q\to 0}\frac{\boldsymbol{F}}{q}\,. \tag{2.18}$$

Es handelt sich also um eine vektorielle Größe. Der Grenzübergang ist notwendig, da die Testladung das Feld selbst ändert, ist andererseits wegen (2.3) aber auch fragwürdig. Die Einheit der elektrischen Feldstärke ist damit:

$$1\,\frac{\mathrm{N}}{\mathrm{C}} = 1\,\frac{\mathrm{V}}{\mathrm{m}}\,. \tag{2.19}$$

Durch das Feld-Konzept wird der durch (2.11) beschriebene Wechselwirkungsprozess in zwei Schritte zerlegt. Zunächst erzeugt eine vorgegebene Ladungsverteilung **instantan** ein den ganzen Raum ausfüllendes elektrisches Feld. Dieses existiert unabhängig von der Punktladung q, die dann im zweiten Schritt auf das bereits vorhandene Feld gemäß

$$\boldsymbol{F}(\boldsymbol{r}) = q\,\boldsymbol{E}(\boldsymbol{r}) \tag{2.20}$$

lokal reagiert. Auf M. Faraday (1791 bis 1867) geht die Idee zurück, das Feld-Konzept durch eine *Bildersprache* zu verdeutlichen, die allerdings mehr qualitativen als quantitativen Charakter hat. Man führt

Feldlinien

ein und versteht darunter die Bahnen, auf denen sich ein kleiner, **positiv** geladener, anfangs ruhender Körper aufgrund der Coulomb-Kraft (2.11) bzw. (2.20) fortbewegen würde. Demgemäß sind die Feldlinien von Punktladungen radial (Abb. 2.3):
In jedem Raumpunkt $\boldsymbol{r}$ liegt das Feld

$$\boldsymbol{E}(\boldsymbol{r}) = \frac{q}{4\pi\,\varepsilon_0}\,\frac{\boldsymbol{r}-\boldsymbol{r}_0}{|\boldsymbol{r}-\boldsymbol{r}_0|^3} \tag{2.21}$$

tangential an der dort existierenden Feldlinie.

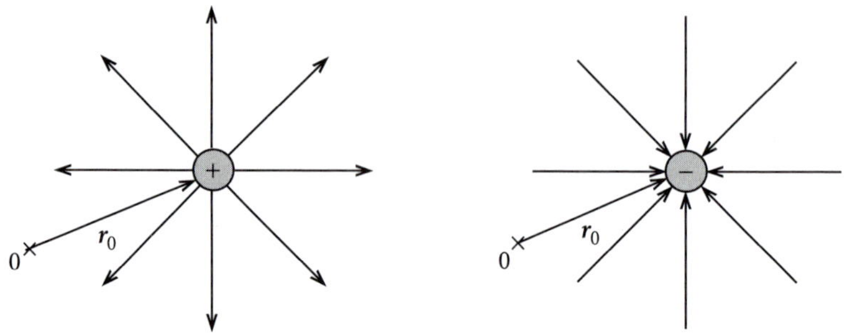

Abb. 2.3. Elektrische Feldlinien positiver und negativer Punktladungen

Nähert man zwei Punktladungen einander, so beeinflussen sich die Kraftlinien, da der die Linien durch seine Bahn definierende Probekörper nun unter dem Einfluss **beider** Punktladungen steht.

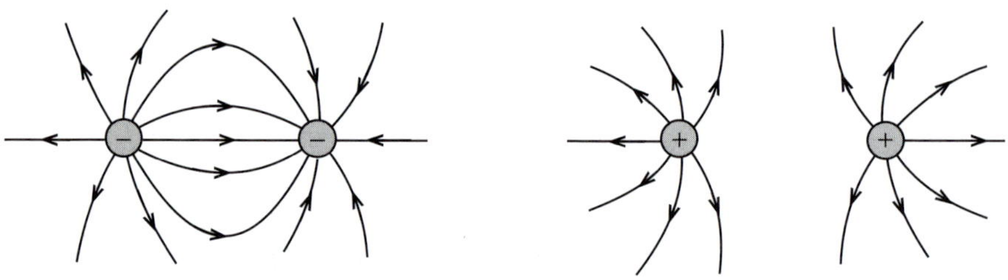

Abb. 2.4. Feldlinienverlauf zweier ungleichnamiger bzw. gleichnamiger Punktladungen

Die Bilder vermitteln den Eindruck, dass zwei ungleichnamige Ladungen einen Feldlinien-*Zug* aufeinander ausüben, sich also anziehen, zwei gleichnamige dagegen einen Feldlinien-*Druck*, sich also abstoßen. Aus der Definition der Feldlinie als Bahn eines positiv geladenen Probekörpers folgt:

Feldlinien schneiden sich nie!

Sie starten in positiven und enden in negativen Ladungen.

Nach dem Superpositionsprinzip (2.12) gilt für das **Feld von** n **Punktladungen:**

$$\boldsymbol{E}(\boldsymbol{r}) = \frac{1}{4\pi\,\varepsilon_0} \sum_{j=1}^{n} q_j \frac{\boldsymbol{r} - \boldsymbol{r}_j}{|\boldsymbol{r} - \boldsymbol{r}_j|^3} \,. \tag{2.22}$$

Die Verallgemeinerung auf **kontinuierliche Ladungsverteilungen** liegt dann auf der Hand,

$$\mathrm{d}q = \varrho(\boldsymbol{r}')\,\mathrm{d}^3 r' \,,$$

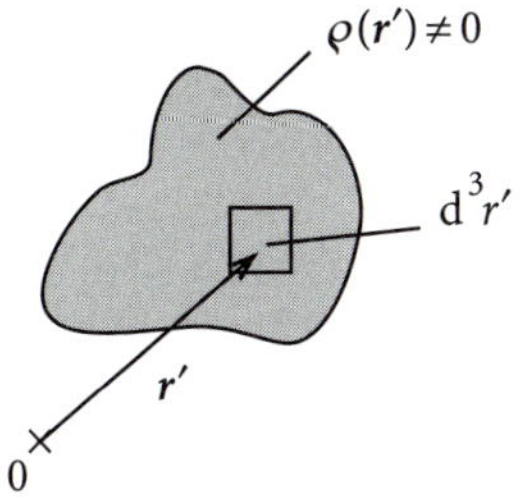

Abb. 2.5. Auf einen endlichen Raumbereich beschränkte Ladungsdichte

wobei $\mathrm{d}q$ die Ladung im Volumenelement d^3r um $\boldsymbol{r}'$ ist. $\mathrm{d}q$ erzeugt bei $\boldsymbol{r}$ das Feld:

$$\mathrm{d}\boldsymbol{E}(\boldsymbol{r}) = \frac{\mathrm{d}q}{4\pi\,\varepsilon_0} \frac{\boldsymbol{r}-\boldsymbol{r}'}{|\boldsymbol{r}-\boldsymbol{r}'|^3} \; .$$

Wir *summieren auf:*

$$\boldsymbol{E}(\boldsymbol{r}) = \frac{1}{4\pi\,\varepsilon_0} \int \mathrm{d}^3r'\,\varrho\,(\boldsymbol{r}') \frac{\boldsymbol{r}-\boldsymbol{r}'}{|\boldsymbol{r}-\boldsymbol{r}'|^3} \; . \tag{2.23}$$

Für den Vektor im Integranden können wir auch schreiben:

$$\frac{\boldsymbol{r}-\boldsymbol{r}'}{|\boldsymbol{r}-\boldsymbol{r}'|^3} = -\nabla_r \frac{1}{|\boldsymbol{r}-\boldsymbol{r}'|} \; .$$

Das statisch-elektrische Feld ist also ein reines Gradientenfeld:

$$\boldsymbol{E}(\boldsymbol{r}) = -\nabla\,\varphi\,(\boldsymbol{r}) \; . \tag{2.24}$$

Diese Beziehung definiert das

skalare elektrische Potential

$$\varphi(\boldsymbol{r}) = \frac{1}{4\pi\,\varepsilon_0} \int \mathrm{d}^3r' \,\frac{\varrho(\boldsymbol{r}')}{|\boldsymbol{r}-\boldsymbol{r}'|} \; . \tag{2.25}$$

Wegen (2.24) stehen die Feldlinien senkrecht auf den Äquipotentialflächen! Wegen (2.24) gilt ebenfalls

$$\mathrm{rot}\,(q\,\boldsymbol{E}) \equiv 0 \; ,$$

d. h., die Coulomb-Kraft (2.20) ist konservativ, besitzt somit ein Potential V:

$$\boldsymbol{F} = -\nabla V \; ; \quad V = q\,\varphi(\boldsymbol{r}) \; .$$

$\varphi(\boldsymbol{r})$ kann damit als potentielle Energie einer Einheitsladung $q = 1\,\mathrm{C}$ im Feld $\boldsymbol{E}$ an der Stelle $\boldsymbol{r}$ interpretiert werden.

Das Linienintegral über $\boldsymbol{E}$ muss wegunabhängig sein:

$$\varphi(\boldsymbol{r}) - \varphi(\boldsymbol{r}_0) = -\int_{\boldsymbol{r}_0}^{\boldsymbol{r}} \boldsymbol{E}(\boldsymbol{r}') \cdot \mathrm{d}\boldsymbol{r}' \,. \tag{2.26}$$

Man bezeichnet diese **Potentialdifferenz** als **Spannung** $U(\boldsymbol{r}, \boldsymbol{r}_0)$. Die Einheit von U und φ ist das Volt (2.17).

Beispiele

1) N Punktladungen

$$\rho(\boldsymbol{r}') = \sum_{j=1}^{N} q_j\, \delta(\boldsymbol{r}' - \boldsymbol{r}_j) \Rightarrow \varphi(\boldsymbol{r}) = \frac{1}{4\pi\,\varepsilon_0} \sum_{j=1}^{N} \frac{q_j}{|\boldsymbol{r} - \boldsymbol{r}_j|} \,. \tag{2.27}$$

Mit (2.24) folgt daraus wieder (2.22).

2) Homogen geladene Kugel (Radius R, Ladung Q)

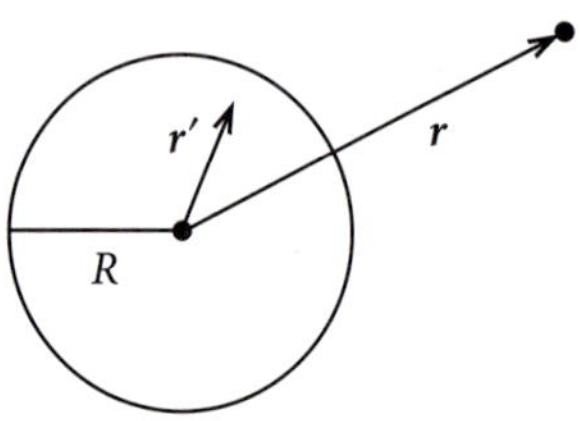

Abb. 2.6. Anordnung zur Berechnung des skalaren Potentials einer homogen geladenen Kugel

Wir legen den Nullpunkt in den Kugelmittelpunkt:

$$\rho(\boldsymbol{r}') = \begin{cases} \rho_0 \,, & \text{falls } r' \leq R \,, \\ 0 & \text{sonst} \,. \end{cases} \tag{2.28}$$

Die Richtung von $\boldsymbol{r}$ definiere die z-Achse. Dann gilt für das skalare Potential φ:

$$\varphi(\boldsymbol{r}) = \frac{\rho_0}{4\pi\,\varepsilon_0} \int_{\text{Kugel}} \mathrm{d}^3 r' \frac{1}{|\boldsymbol{r} - \boldsymbol{r}'|} =$$

$$= \frac{\rho_0}{4\pi\,\varepsilon_0} \int_0^R \mathrm{d}r'\, r'^2 \int_0^{2\pi} \mathrm{d}\varphi' \int_0^{\pi} \mathrm{d}\vartheta' \sin\vartheta' \frac{1}{\sqrt{r^2 + r'^2 - 2rr' \cos\vartheta'}} =$$

$$= \frac{2\pi\,\rho_0}{4\pi\,\varepsilon_0} \int_0^R \mathrm{d}r'\, r'^2 \int_{-1}^{+1} \mathrm{d}\cos\vartheta' \frac{\mathrm{d}}{\mathrm{d}\cos\vartheta'} \sqrt{r^2 + r'^2 - 2rr' \cos\vartheta'} \left(-\frac{1}{rr'}\right) =$$

$$= -\frac{2\pi\,\rho_0}{4\pi\,\varepsilon_0} \frac{1}{r} \int_0^R \mathrm{d}r'\, r' \left(|r - r'| - |r + r'|\right) =$$

$$= \frac{2\pi\varrho_0}{4\pi\varepsilon_0}\frac{1}{r}\int_0^R \mathrm{d}r' \begin{cases} 2rr' , & \text{falls } r < r' , \\ 2r'^2 , & \text{falls } r \geq r' \end{cases} =$$

$$= \frac{\varrho_0}{4\pi\varepsilon_0} 4\pi \frac{1}{r} \begin{cases} \int_0^R \mathrm{d}r'\, r'^2 , & \text{falls } r > R , \\ \int_0^r \mathrm{d}r'\, r'^2 + \int_r^R \mathrm{d}r'\, rr' , & \text{falls } r \leq R \end{cases} =$$

$$= \frac{\varrho_0}{4\pi\varepsilon_0}\frac{4\pi}{r} \begin{cases} \frac{R^3}{3} , & \text{falls } r > R , \\ \frac{r^3}{3} + \frac{r}{2}(R^2 - r^2) , & \text{falls } r \leq R . \end{cases}$$

Dies lässt sich wie folgt schreiben:

$$\varphi(\boldsymbol{r}) = \frac{Q}{4\pi\varepsilon_0} \begin{cases} \frac{1}{r} & \text{für } r > R , \\ \frac{1}{2R^3}(3R^2 - r^2) & \text{für } r \leq R . \end{cases} \tag{2.29}$$

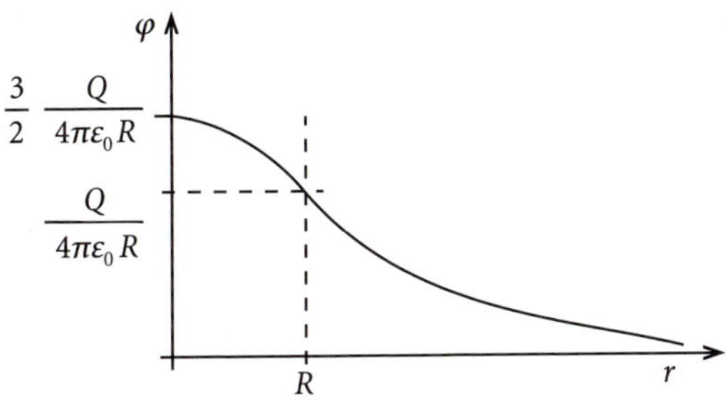

Abb. 2.7. Radialer Verlauf des skalaren Potentials einer homogen geladenen Kugel

Außerhalb der Kugel ist das Potential mit dem einer Punktladung Q im Koordinatenursprung identisch.

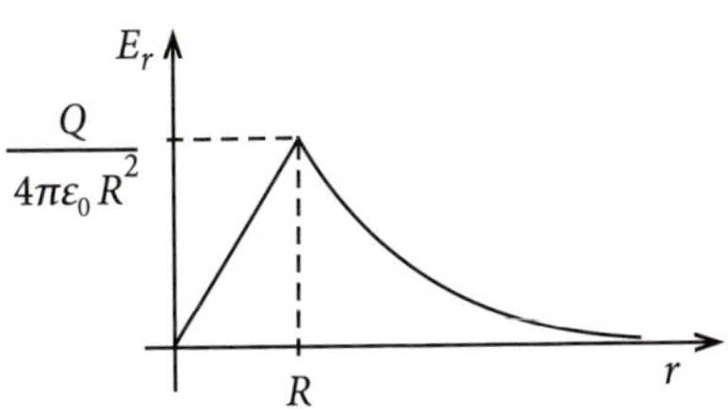

Abb. 2.8. Radiale Abhängigkeit der elektrischen Feldstärke einer homogen geladenen Kugel

Für das elektrische Feld gilt:

$$E(r) = e_r \frac{1}{4\pi\varepsilon_0} \begin{cases} \dfrac{Q}{r^2} & \text{für } r > R\,, \\ \dfrac{Q(r)}{r^2} & \text{für } r \le R\,. \end{cases} \tag{2.30}$$

Dabei ist $Q(r)$ die Ladung, die innerhalb der Kugel mit dem Radius r zu finden ist:

$$Q(r) = Q\frac{r^3}{R^3} = \varrho_0 \frac{4\pi}{3} r^3 \quad (r \le R)\,.$$

3) Homogen geladene Gerade

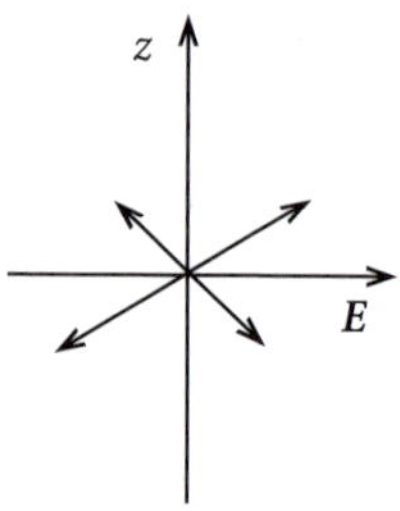

Abb. 2.9. Anordnung zur Berechnung der elektrischen Feldstärke einer homogen geladenen Geraden

Die Gerade definiere die z-Achse. κ sei die Ladung pro Länge. Man benutzt zur Berechnung des elektrischen Feldes nach (2.23) dann zweckmäßig Zylinderkoordinaten. Die explizite Auswertung führen wir als Aufgabe 2.1.3 durch:

$$E(r) = \frac{\kappa}{2\pi\,\varepsilon_0\,\varrho}\, e_\varrho\,. \tag{2.31}$$

Dies entspricht dem skalaren Potential

$$\varphi(r) = -\frac{\kappa}{2\pi\,\varepsilon_0} \ln\varrho + \text{const}\,. \tag{2.32}$$

4) Homogen geladene Ebene

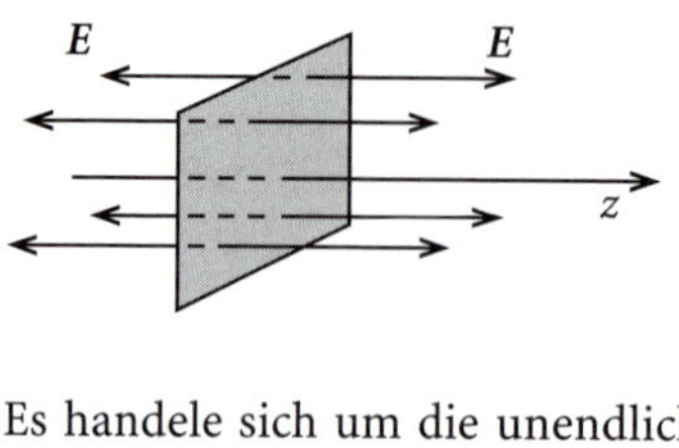

Abb. 2.10. Elektrisches Feld einer homogen geladenen Ebene

Es handele sich um die unendlich ausgedehnte xy-Ebene mit der homogenen Flächenladung σ. Die Auswertung in Aufgabe 2.1.4 ergibt:

$$E(r) = \frac{\sigma}{2\varepsilon_0}\frac{z}{|z|}\, e_z\,. \tag{2.33}$$

Dies entspricht dem skalaren Potential

$$\varphi(\boldsymbol{r}) = -\frac{\sigma}{2\varepsilon_0}|z| + \text{const} \,. \tag{2.34}$$

2.1.3 Maxwell-Gleichungen der Elektrostatik

Aufbauend auf dem Coulomb-Gesetz (2.11) bzw. (2.20) und dem Superpositionsprinzip (2.12), die wir als experimentell bewiesene Grundtatsachen auffassen, leiten wir nun zwei fundamentale **Feldgleichungen** für $\boldsymbol{E}$ ab. Es geht uns dabei in diesem Kapitel um zeit**un**abhängige Felder im Vakuum, die durch irgendwelche Ladungsverteilungen $\varrho(\boldsymbol{r})$ hervorgerufen werden.

Wir benutzen die allgemeine Form (2.23) für das elektrische Feld $\boldsymbol{E}(\boldsymbol{r})$ und berechnen dessen Fluss durch die Oberfläche $S(V)$ eines vorgegebenen Volumens V:

$$\begin{aligned}
\int\limits_{S(V)} \boldsymbol{E}(\boldsymbol{r}) \cdot \mathrm{d}\boldsymbol{f} &= \frac{1}{4\pi\,\varepsilon_0} \int \mathrm{d}^3 r' \varrho(\boldsymbol{r}') \int\limits_{S(V)} \mathrm{d}\boldsymbol{f} \cdot \frac{\boldsymbol{r}-\boldsymbol{r}'}{|\boldsymbol{r}-\boldsymbol{r}'|^3} = \\
&= \frac{-1}{4\pi\,\varepsilon_0} \int \mathrm{d}^3 r' \varrho(\boldsymbol{r}') \int\limits_{S(V)} \mathrm{d}\boldsymbol{f} \cdot \nabla_r \frac{1}{|\boldsymbol{r}-\boldsymbol{r}'|} = \\
&= \frac{-1}{4\pi\,\varepsilon_0} \int \mathrm{d}^3 r' \varrho(\boldsymbol{r}') \int\limits_{V} \mathrm{d}^3 r \, \Delta_r \frac{1}{|\boldsymbol{r}-\boldsymbol{r}'|} = \\
&= \frac{1}{\varepsilon_0} \int\limits_{V} \mathrm{d}^3 r' \varrho(\boldsymbol{r}') = \frac{1}{\varepsilon_0} q(V) \,.
\end{aligned} \tag{2.35}$$

Bei dieser Umformung wurden ((1.154), Bd. 1), (1.54) und (1.70) angewendet. Der Fluss des $\boldsymbol{E}$-Feldes durch die Oberfläche eines beliebigen Volumens V ist also bis auf einen unwesentlichen Faktor gleich der von V eingeschlossenen Gesamtladung $q(V)$. Diese Beziehung wird

physikalischer gaußscher Satz

genannt. Wendet man auf (2.35) noch einmal den *mathematischen* gaußschen Satz (1.54) an, so folgt weiter:

$$\int\limits_V \mathrm{d}^3 r \left(\operatorname{div} \boldsymbol{E} - \frac{\varrho(\boldsymbol{r})}{\varepsilon_0}\right) = 0 \,.$$

Dies gilt für beliebige Volumina V, sodass bereits gelten muss:

$$\operatorname{div} \boldsymbol{E}(\boldsymbol{r}) = \frac{1}{\varepsilon_0} \varrho(\boldsymbol{r}) \,. \tag{2.36}$$

Damit haben wir eine erste Feldgleichung abgeleitet. Sie drückt die Tatsache aus, dass die Quellen des elektrischen Feldes elektrische Ladungen sind.

Die Beziehung (2.36) hätten wir auch direkt am Zerlegungssatz (1.72) für allgemeine Vektorfelder ablesen können. Nach (2.24) ist $\boldsymbol{E}(\boldsymbol{r})$ ein reines Gradientenfeld, enthält damit keinen transversalen Anteil. Vergleicht man dann (2.25) und (1.76), so folgt unmittelbar (2.36).

Die zweite Feldgleichung folgt automatisch aus (2.24):

$$\text{rot}\ \boldsymbol{E} = 0\ . \tag{2.37}$$

Das elektro**statische** Feld ist wirbelfrei. Für zeitlich veränderliche elektromagnetische Felder wird diese Beziehung später zu modifizieren sein.

Mit dem stokesschen Satz erkennt man, dass die Zirkulation des $\boldsymbol{E}$-Feldes längs eines beliebigen geschlossenen Weges verschwindet:

$$\int\limits_{\partial F} \boldsymbol{E} \cdot \text{d}\boldsymbol{r} = \int\limits_{F} \text{rot}\ \boldsymbol{E} \cdot \text{d}\boldsymbol{f} = 0\ . \tag{2.38}$$

Wegen ihrer Bedeutung fassen wir die Feldgleichungen (2.35) und (2.38), die man die

Maxwell-Gleichungen der Elektrostatik

nennt, noch einmal zusammen:

Differentielle Darstellung:

$$\text{div}\ \boldsymbol{E} = \frac{1}{\varepsilon_0}\,\varrho\ ,$$

$$\text{rot}\ \boldsymbol{E} = 0\ ; \tag{2.39}$$

Integrale Darstellung:

$$\int\limits_{S(V)} \boldsymbol{E} \cdot \text{d}\boldsymbol{f} = \frac{1}{\varepsilon_0}\,q(V)\ ,$$

$$\int\limits_{\partial F} \boldsymbol{E} \cdot \text{d}\boldsymbol{r} = 0\ . \tag{2.40}$$

Durch die Einführung des skalaren Potentials $\varphi(\boldsymbol{r})$ in (2.24) lassen sich die beiden Maxwell-Gleichungen (2.39) zusammenfassen zur sogenannten **Poisson-Gleichung**:

$$\triangle\,\varphi(\boldsymbol{r}) = -\frac{1}{\varepsilon_0}\,\varrho(\boldsymbol{r})\ . \tag{2.41}$$

Die Lösung dieser linearen, inhomogenen, partiellen Differentialgleichung 2. Ordnung bezeichnet man als das **Grundproblem der Elektrostatik**. Falls $\varrho(\boldsymbol{r}')$ für alle $\boldsymbol{r}'$

bekannt ist und keine Randbedingungen für $\varphi(\boldsymbol{r})$ im Endlichen vorliegen, dann lässt sich die Poisson-Gleichung mithilfe von (2.25) lösen:

$$\varphi(\boldsymbol{r}) = \frac{1}{4\pi\,\varepsilon_0} \int \mathrm{d}^3 r' \, \frac{\rho(\boldsymbol{r}')}{|\boldsymbol{r} - \boldsymbol{r}'|} \, .$$

Dies lässt sich mit (1.70) einfach überprüfen:

$$\begin{aligned}\triangle\,\varphi(\boldsymbol{r}) &= \frac{1}{4\pi\,\varepsilon_0} \int \mathrm{d}^3 r' \, \rho(\boldsymbol{r}') \, \triangle_r \frac{1}{|\boldsymbol{r} - \boldsymbol{r}'|} = \\ &= -\frac{1}{\varepsilon_0} \int \mathrm{d}^3 r' \, \rho(\boldsymbol{r}') \, \delta(\boldsymbol{r} - \boldsymbol{r}') = -\frac{1}{\varepsilon_0} \, \rho(\boldsymbol{r}) \, .\end{aligned}$$

Häufig ist die Situation jedoch eine andere: $\rho(\boldsymbol{r}')$ ist in einem **endlichen** Volumen V gegeben, und die Werte für $\varphi(\boldsymbol{r})$ oder für die Ableitungen von $\varphi(\boldsymbol{r})$ auf der Oberfläche $S(V)$ sind bekannt. Gesucht wird dann das Potential $\varphi(\boldsymbol{r})$ für alle $\boldsymbol{r} \in V$. Man spricht von einem

Randwertproblem der Elektrostatik.

Typische Randwertprobleme werden in Abschn. 2.3 diskutiert.

Ist der Raumbereich ladungsfrei, so ist die **Laplace-Gleichung:**

$$\triangle\,\varphi(\boldsymbol{r}) \equiv 0 \tag{2.42}$$

zu lösen. Die **allgemeine** Lösung der Poisson-Gleichung lässt sich als Summe einer **speziellen** Lösung der Poisson-Gleichung und der allgemeinen Lösung der Laplace-Gleichung darstellen.

Schlussbemerkung:
Der physikalische gaußsche Satz kann dazu dienen, die $\boldsymbol{E}$-Felder hochsymmetrischer Ladungsverteilungen recht einfach zu berechnen. Wir demonstrieren dies am Beispiel (2.28) der homogen geladenen Kugel. Es liegt nahe, Kugelkoordinaten zu verwenden:

$$\boldsymbol{E}(\boldsymbol{r}) = E_r(r,\vartheta,\varphi)\boldsymbol{e}_r + E_\vartheta(r,\vartheta,\varphi)\,\boldsymbol{e}_\vartheta + E_\varphi(r,\vartheta,\varphi)\,\boldsymbol{e}_\varphi \, .$$

Wir vereinfachen diesen Ausdruck zunächst durch elementare Symmetrieüberlegungen:

1. Drehung um die z-Achse ändert die Ladungsverteilung nicht; die Komponenten E_r, E_ϑ, E_φ müssen also φ-unabhängig sein.
2. Wegen der Drehsymmetrie um die x, y-Achse gibt es keine ϑ-Abhängigkeit.

Dies ergibt als Zwischenergebnis:

$$\boldsymbol{E}(\boldsymbol{r}) = E_r(r)\,\boldsymbol{e}_r + E_\vartheta(r)\,\boldsymbol{e}_\vartheta + E_\varphi(r)\,\boldsymbol{e}_\varphi \, .$$

Die Ladungsverteilung ändert sich auch durch Spiegelung an der xy-Ebene nicht. $\boldsymbol{E}$ muss deshalb entsprechend spiegelsymmetrisch sein, d. h.

$$(E_x, E_y, E_z) \overset{\vartheta \to \pi - \vartheta}{\longrightarrow} (E_x, E_y, -E_z) \; .$$

Mit ((1.265), Bd. 1) macht man sich klar, dass dies

$$E_\vartheta(r) \equiv 0$$

bedeuten muss. Spiegelsymmetrie bezüglich yz- oder xz-Ebene führt in demselben Sinne zu

$$E_\varphi(r) \equiv 0 \; .$$

Es bleibt also als **Ansatz:**

$$\boldsymbol{E}(\boldsymbol{r}) = E_r(r)\, \boldsymbol{e}_r \; .$$

Das Feld einer homogen geladenen Kugel ist *aus Symmetrie-Gründen* radial gerichtet. Dies gilt für **alle** kugelsymmetrischen Ladungsverteilungen.

Wir berechnen nun das Flussintegral von $\boldsymbol{E}(\boldsymbol{r})$ durch die Oberfläche einer Kugel vom Radius r:

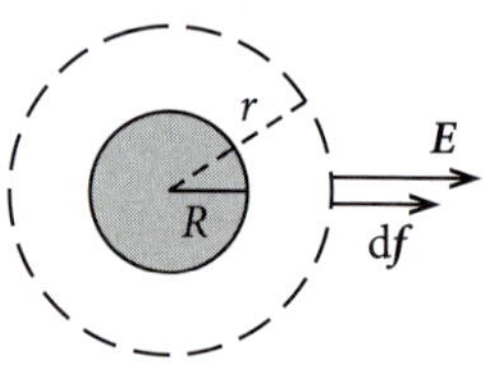

Abb. 2.11. Berechnung des elektrischen Feldes einer homogen geladenen Kugel mithilfe des gaußschen Satzes

$$\int\limits_{S(V_r)} \boldsymbol{E} \cdot \mathrm{d}\boldsymbol{f} \overset{(1.37)}{=} E_r(r) \int\limits_0^{2\pi} \mathrm{d}\varphi \int\limits_0^{\pi} \mathrm{d}\vartheta \sin\vartheta\, r^2 =$$

$$= 4\pi r^2 E_r(r) \; .$$

Andererseits ist nach (2.35):

$$\int\limits_{S(V_r)} \boldsymbol{E} \cdot \mathrm{d}\boldsymbol{f} = \frac{1}{\varepsilon_0} q(V_r) = \frac{1}{\varepsilon_0} \cdot \begin{cases} Q \, , & \text{falls } r > R \, , \\ Q\dfrac{r^3}{R^3} \, , & \text{falls } r \leq R \, . \end{cases}$$

Damit folgt

$$\boldsymbol{E}(\boldsymbol{r}) = \frac{Q}{4\pi\varepsilon_0} \boldsymbol{e}_r \cdot \begin{cases} \dfrac{1}{r^2} \, , & \text{falls } r > R \, , \\ \dfrac{r}{R^3} \, , & \text{falls } r \leq R \, , \end{cases}$$

wenn Q die Gesamtladung der Kugel ist. Dies entspricht unserem früheren Ergebnis (2.30).

2.1.4 Feldverhalten an Grenzflächen

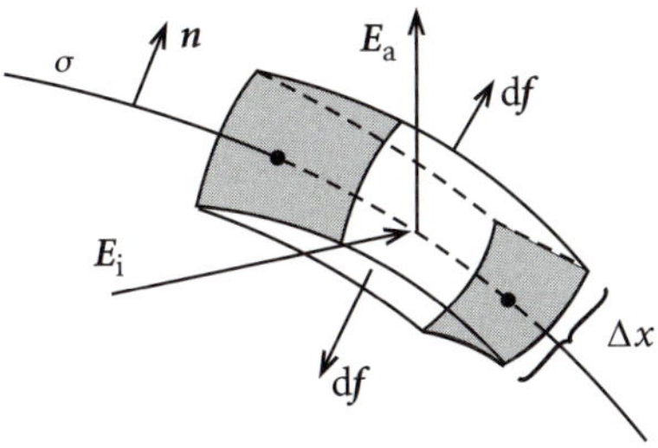

Abb. 2.12. „Gaußsches Kästchen" zur Bestimmung des Grenzflächenverhaltens der Normalkomponente des elektrischen Feldes

Wie verhält sich das elektrostatische Feld $\boldsymbol{E}(\boldsymbol{r})$ an Grenzflächen, die eine Flächenladung σ tragen? Die Antwort auf diese Frage lässt sich mithilfe der Integralsätze einfach finden. Wir legen zunächst, wie dargestellt, um die Fläche ein sogenanntes

gaußsches Kästchen

mit dem Volumen ΔV. Die Kante senkrecht zur Grenzfläche habe die Länge Δx, die wir in einem Grenzprozess gegen Null gehen lassen:

$$\int\limits_{\Delta V} \mathrm{d}^3 r \, \operatorname{div} \boldsymbol{E}(\boldsymbol{r}) = \int\limits_{S(\Delta V)} \mathrm{d}\boldsymbol{f} \cdot \boldsymbol{E}(\boldsymbol{r}) \underset{\Delta x \to 0}{\longrightarrow} \Delta F \boldsymbol{n} \cdot (\boldsymbol{E}_\mathrm{a} - \boldsymbol{E}_\mathrm{i}) \, .$$

Andererseits gilt auch:

$$\int\limits_{\Delta V} \mathrm{d}^3 r \;\; \operatorname{div} \boldsymbol{E}(\boldsymbol{r}) = \frac{1}{\varepsilon_0} \int\limits_{\Delta V} \mathrm{d}^3 r \, \varrho(\boldsymbol{r}) = \frac{1}{\varepsilon_0} \sigma \Delta F \, .$$

Der Vergleich ergibt:

$$\boldsymbol{n} \cdot (\boldsymbol{E}_\mathrm{a} - \boldsymbol{E}_\mathrm{i}) = \frac{\sigma}{\varepsilon_0} \, . \tag{2.43}$$

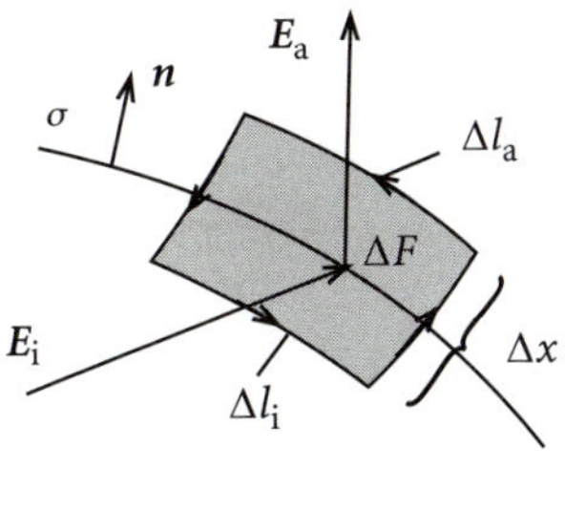

Abb. 2.13. „Stokessche Fläche" zur Bestimmung des Grenzflächenverhaltens der Tangentialkomponente des elektrischen Feldes

t = Flächennormale von ΔF ; tangential zur Grenzfläche $\Delta \boldsymbol{F} = \Delta F\, \boldsymbol{t}$, $\Delta l_\mathrm{a} = \Delta l(\boldsymbol{t} \times \boldsymbol{n}) = -\Delta l_\mathrm{i}$.

Die Normalkomponente des elektrischen Feldes verhält sich an der Grenzfläche also unstetig, falls $\sigma \neq 0$ ist. Das Verhalten der Tangentialkomponente untersuchen wir mithilfe der so genannten

stokesschen Fläche.

Mithilfe des stokesschen Satzes folgt dann zunächst:

$$0 = \int_{\Delta F} \operatorname{rot} \boldsymbol{E} \cdot \mathrm{d}\boldsymbol{f} = \int_{\partial \Delta F} \mathrm{d}\boldsymbol{r} \cdot \boldsymbol{E} \underset{\Delta x \to 0}{\longrightarrow} \Delta l(\boldsymbol{t} \times \boldsymbol{n}) \cdot (\boldsymbol{E}_\mathrm{a} - \boldsymbol{E}_\mathrm{i}) .$$

Daran lesen wir

$$(\boldsymbol{t} \times \boldsymbol{n}) \cdot (\boldsymbol{E}_\mathrm{a} - \boldsymbol{E}_\mathrm{i}) = 0 \tag{2.44}$$

ab, d. h., die Tangentialkomponente geht auf jeden Fall stetig durch die Grenzfläche!

2.1.5 Elektrostatische Feldenergie

Nach (2.20) wird im elektrischen Feld $\boldsymbol{E}(\boldsymbol{r})$ am Ort $\boldsymbol{r}$ auf die Punktladung q die Kraft

$$\boldsymbol{F}(\boldsymbol{r}) = q\,\boldsymbol{E}(\boldsymbol{r})$$

ausgeübt. Um die Punktladung q im Feld $\boldsymbol{E}$ von Punkt B nach Punkt A zu verschieben, muss die Arbeit W_AB geleistet werden:

$$\begin{aligned} W_\mathrm{AB} &= -\int_\mathrm{B}^\mathrm{A} \boldsymbol{F} \cdot \mathrm{d}\boldsymbol{r} = -q \int_\mathrm{B}^\mathrm{A} \boldsymbol{E} \cdot \mathrm{d}\boldsymbol{r} = \\ &= q \int_\mathrm{B}^\mathrm{A} \mathrm{d}\varphi = q\,[\varphi(\mathrm{A}) - \varphi(\mathrm{B})] = q\,U_\mathrm{AB} . \end{aligned} \tag{2.45}$$

Die Arbeit wird positiv gezählt, wenn sie an dem System geleistet wird.

2.1.1 **Definition 2.1.1** Die Energie einer auf einen endlichen Raumbereich beschränkten Ladungskonfiguration $\rho(\boldsymbol{r})$ entspricht der Arbeit, die notwendig ist, um Ladungen aus dem Unendlichen ($\varphi(\infty) = 0$ wegen (2.25)) zu dieser Konfiguration zusammenzuziehen.

1) N Punktladungen

$(i-1)$ Punktladungen q_j an den Orten $\boldsymbol{r}_j$ erzeugen am Ort $\boldsymbol{r}_i$ das Potential

$$\varphi(\boldsymbol{r}_i) = \frac{1}{4\pi\,\varepsilon_0} \sum_{j=1}^{i-1} \frac{q_j}{|\boldsymbol{r}_i - \boldsymbol{r}_j|} .$$

Die Arbeit, um die i-te Ladung q_i von ∞ nach $\boldsymbol{r}_i$ zu bringen, ist dann

$$W_i = q_i\,\varphi(\boldsymbol{r}_i)\,, \quad [\varphi(\infty) = 0]\,.$$

Wir summieren nun diese „Teil-Arbeiten" W_i von $i = 2$ bis $i = N$ auf. Die erste Ladung ($i = 1$) wird mit dem Arbeitsaufwand Null von ∞ nach $\boldsymbol{r}_1$ verschoben, da der Raum noch feldfrei ist:

$$W = \frac{1}{4\pi\,\varepsilon_0}\sum_{i=2}^{N}\sum_{j=1}^{i-1}\frac{q_i q_j}{|\boldsymbol{r}_i - \boldsymbol{r}_j|} = \frac{1}{8\pi\,\varepsilon_0}\sum_{i,j}^{1\ldots N}{}' \frac{q_i q_j}{|\boldsymbol{r}_i - \boldsymbol{r}_j|}\,. \tag{2.46}$$

$\sum'$ bedeutet, dass der Term $i = j$ ausgeschlossen ist.

2) Kontinuierliche Ladungsverteilungen

Die entsprechende Verallgemeinerung zu (2.46) lautet:

$$W = \frac{1}{8\pi\,\varepsilon_0}\iint \mathrm{d}^3r\,\mathrm{d}^3r'\,\frac{\rho(\boldsymbol{r})\rho(\boldsymbol{r}')}{|\boldsymbol{r} - \boldsymbol{r}'|} = \frac{1}{2}\int \mathrm{d}^3 r\,\rho(\boldsymbol{r})\varphi(\boldsymbol{r})\,. \tag{2.47}$$

$\varphi(\boldsymbol{r})$ ist das von der Ladungsdichte ρ selbst erzeugte elektrostatische Potential. Man kann nun W statt durch ρ und φ auch durch das von ρ bedingte elektrische Feld ausdrücken:

$$W = -\frac{\varepsilon_0}{2}\int \mathrm{d}^3r\,\Delta\varphi\,\varphi = -\frac{\varepsilon_0}{2}\int \mathrm{d}^3r\;\operatorname{div}(\varphi\,\nabla\varphi) + \frac{\varepsilon_0}{2}\int \mathrm{d}^3r\,(\nabla\varphi)^2 =$$

$$= -\frac{\varepsilon_0}{2}\int \mathrm{d}\boldsymbol{f}\cdot(\varphi\,\nabla\varphi) + \frac{\varepsilon_0}{2}\int \mathrm{d}^3r(\nabla\varphi)^2\,.$$

Das Flächenintegral erfolgt über eine im Unendlichen liegende Oberfläche. Wegen (2.25) ist dort

$$\varphi \sim \frac{1}{r}\,, \quad \varphi\,\nabla\varphi \sim \frac{1}{r^3}\,, \quad \mathrm{d}f \sim r^2\,.$$

Das Oberflächenintegral verschwindet also:

$$W = \frac{\varepsilon_0}{2}\int \mathrm{d}^3r|\boldsymbol{E}(\boldsymbol{r})|^2\,. \tag{2.48}$$

Im Integranden steht die **Energiedichte** des elektrostatischen Feldes:

$$w = \frac{\varepsilon_0}{2}|\boldsymbol{E}|^2\,. \tag{2.49}$$

Beim Vergleich von (2.46) und (2.48) ergibt sich ein Problem: In der Feld-Formulierung ist $W \geq 0$, wohingegen für Punktladungen nach (2.46) auch $W < 0$ sein kann. Ist dies ein Widerspruch? Die Ursache liegt in der **Selbstenergie** einer Punktladung, die in (2.46) nicht mitgezählt wird ($\sum'_{ij}\ldots$), wohl aber in (2.48). Die beiden Ausdrücke sind also nicht völlig äquivalent. Dies zeigen wir an einem

Beispiel 2 Punktladungen q_1, q_2 bei $\boldsymbol{r}_1$ und $\boldsymbol{r}_2$:

$$\boldsymbol{E} = \frac{1}{4\pi\,\varepsilon_0}\left(q_1 \frac{\boldsymbol{r}-\boldsymbol{r}_1}{|\boldsymbol{r}-\boldsymbol{r}_1|^3} + q_2 \frac{\boldsymbol{r}-\boldsymbol{r}_2}{|\boldsymbol{r}-\boldsymbol{r}_2|^3}\right) .$$

Dies ergibt in der Feld-Formulierung die Energiedichte:

$$w = \frac{\varepsilon_0}{2}|\boldsymbol{E}|^2 = \frac{1}{32\pi^2\,\varepsilon_0}\left[\underbrace{\frac{q_1^2}{|\boldsymbol{r}-\boldsymbol{r}_1|^4} + \frac{q_2^2}{|\boldsymbol{r}-\boldsymbol{r}_2|^4}}_{\text{Selbstenergie-Dichte}} + 2q_1q_2 \underbrace{\frac{(\boldsymbol{r}-\boldsymbol{r}_1)\cdot(\boldsymbol{r}-\boldsymbol{r}_2)}{|\boldsymbol{r}-\boldsymbol{r}_1|^3\;|\boldsymbol{r}-\boldsymbol{r}_2|^3}}_{\text{Wechselwirkungsenergie-Dichte}}\right] =$$

$$= w_{\mathrm{SE}} + w_{\mathrm{ww}} .$$

Wir diskutieren den Wechselwirkungsanteil:

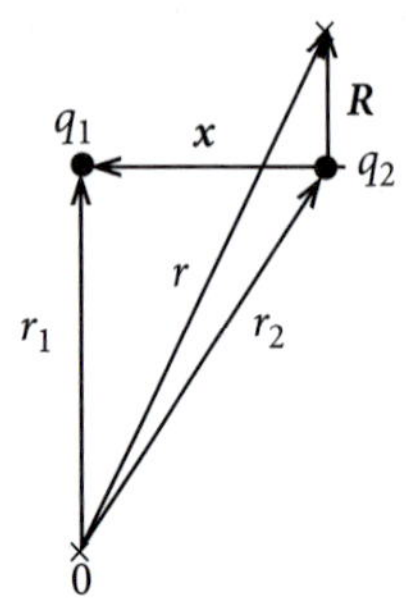

Abb. 2.14. Anordnung zur Berechnung des Wechselwirkungsanteils der Energiedichte zweier Punktladungen

$$\boldsymbol{R} = \boldsymbol{r}-\boldsymbol{r}_2 , \quad \boldsymbol{R}-\boldsymbol{x} = \boldsymbol{r}-\boldsymbol{r}_1 , \quad \mathrm{d}^3r = \mathrm{d}^3R :$$

$$\int \mathrm{d}^3r\, w_{\mathrm{ww}} = \frac{q_1q_2}{16\pi^2\varepsilon_0}\int \mathrm{d}^3R\,\frac{\boldsymbol{R}\cdot(\boldsymbol{R}-\boldsymbol{x})}{R^3|\boldsymbol{R}-\boldsymbol{x}|^3} .$$

Die Polarachse falle mit dem Vektor $\boldsymbol{x}$ zusammen:

$$\int \mathrm{d}^3r\, w_{\mathrm{ww}} = \frac{q_1q_2}{16\pi^2\varepsilon_0}\int_0^\infty R^2\,\mathrm{d}R\int_0^{2\pi}\mathrm{d}\varphi\int_{-1}^{+1}\mathrm{d}\cos\vartheta\,\frac{R^2-Rx\cos\vartheta}{R^3(R^2+x^2-2Rx\cos\vartheta)^{3/2}} =$$

$$= \frac{q_1q_2}{8\pi\,\varepsilon_0}\int_{-1}^{+1}\mathrm{d}\cos\vartheta\int_0^\infty \mathrm{d}R\left(-\frac{\mathrm{d}}{\mathrm{d}R}\frac{1}{\sqrt{R^2+x^2-2Rx\cos\vartheta}}\right) =$$

$$= \frac{q_1q_2}{4\pi\,\varepsilon_0}\,\frac{1}{x} = \frac{1}{4\pi\,\varepsilon_0}\,\frac{q_1q_2}{|\boldsymbol{r}_1-\boldsymbol{r}_2|} .$$

Ohne Selbstenergie ergibt sich damit das für Punktladungen nach (2.46) erwartete Ergebnis.

Die Selbstenergie kann als die Energie angesehen werden, die notwendig ist, um die Punktladungen aus einer unendlich verdünnten Ladungswolke zusammenzuziehen. Dazu berechnen wir die Energie der homogen geladenen Kugel und lassen dann den Kugelradius beliebig klein werden. Mit (2.30) gilt:

$$W = \frac{\varepsilon_0}{2}\,\frac{4\pi}{16\pi^2\varepsilon_0^2}\,Q^2\left(\int\limits_0^R \mathrm{d}r\,r^2\frac{r^2}{R^6} + \int\limits_R^\infty \mathrm{d}r\,r^2\frac{1}{r^4}\right) = \frac{Q^2}{8\pi\,\varepsilon_0}\left(\frac{1}{5}\,\frac{1}{R} + \frac{1}{R}\right).$$

Die elektrostatische Energie der homogen geladenen Kugel,

$$W = \frac{3}{5}\,\frac{Q^2}{4\pi\,\varepsilon_0 R}\,, \tag{2.50}$$

divergiert also für $R \to 0$. Dies verdeutlicht die Divergenz der Selbstenergie einer Punktladung, die bis heute ein nicht gelöstes Problem der Elektrodynamik darstellt. Man begnügt sich mit der Hilfsvorstellung, dass die Selbstenergien der Punktladungen *konstant* und damit physikalisch uninteressant sind.

2.1.6 Aufgaben

Aufgabe 2.1.1 2.1.1

Wie lauten die Ladungsdichten $\rho(\boldsymbol{r})$ für

1. eine homogen geladene Kugel vom Radius R,
2. eine homogen geladene dünne Kugelschale vom Radius R?

2.1.2

Aufgabe 2.1.2

1. Der Raum zwischen zwei konzentrischen Kugeln mit dem Radius R_i und R_a ($R_i < R_a$) sei mit der Dichte

$$\rho(\boldsymbol{r}) = \begin{cases} \dfrac{\alpha}{r^2} & \text{für } R_i < r < R_a\,, \quad (\alpha > 0) \\ 0 & \text{sonst} \end{cases}$$

geladen. Berechnen Sie die Gesamtladung.

2. Berechnen Sie für die Ladungsverteilung (*abgeschirmte Punktladung*)

$$\rho(\boldsymbol{r}) = q\left[\delta(\boldsymbol{r}) - \frac{\alpha^2}{4\pi}\frac{e^{-\alpha r}}{r}\right]$$

die Gesamtladung Q.

3. Eine Hohlkugel vom Radius R trage die Ladungsdichte

$$\rho(\boldsymbol{r}) = \sigma_0 \cos\vartheta\, \delta(r - R)\,.$$

Berechnen Sie die Gesamtladung Q und das *Dipolmoment* $\boldsymbol{p}$:

$$\boldsymbol{p} = \int \boldsymbol{r}\,\rho(\boldsymbol{r})\,d^3r\,.$$

2.1.3

Aufgabe 2.1.3

Ein unendlich dünner, unendlich langer, gerader Draht trage die homogene Linienladung κ (Ladung pro Längeneinheit).

1. Wie lautet die Raumladungsdichte $\rho(\boldsymbol{r})$?
2. Berechnen Sie direkt (ohne Verwendung des gaußschen Satzes) die elektrische Feldstärke und ihr Potential.

2.1.4

Aufgabe 2.1.4

Eine unendlich ausgedehnte Ebene trage die homogene Flächenladung σ (Ladung pro Flächeneinheit). Berechnen Sie wie in Aufgabe 2.1.3 die elektrische Feldstärke und ihr Potential.

Aufgabe 2.1.5

2.1.5

Die ortsfesten Punktladungen $+q$ und $-q$ im Abstand a bilden einen elektrostatischen Dipol. Unter dem Dipolmoment $\boldsymbol{p}$ versteht man einen Vektor vom Betrag qa in Richtung von $-q$ nach $+q$.

1. Berechnen Sie das Potential des Dipols und drücken Sie dieses für große Abstände $r \gg a$ näherungsweise durch das Dipolmoment aus.
2. Drücken Sie das elektrische Feld in Kugelkoordinaten aus.

Aufgabe 2.1.6

2.1.6

Berechnen Sie für die Ladungsdichte $\rho(\boldsymbol{r})$ aus Aufgabe 2.1.2, 1) die elektrische Feldstärke $\boldsymbol{E}$ und das elektrostatische Potential in den drei Raumbereichen

$$\text{a) } 0 \leq r < R_{\mathrm{i}}\,; \quad \text{b) } R_{\mathrm{i}} \leq r \leq R_{\mathrm{a}}\,; \quad \text{c) } R_{\mathrm{a}} < r\,.$$

Aufgabe 2.1.7

2.1.7

Für das Wasserstoffatom im Grundzustand gilt näherungsweise: Die Kernladung ist punktförmig im Ursprung zentriert, die mittlere Elektronenladungsdichte ist durch

$$\rho_{\mathrm{e}}(\boldsymbol{r}) = -\frac{e}{\pi a^3} \exp\left(-\frac{2r}{a}\right)$$

(a = bohrscher Radius) gegeben. Berechnen Sie die elektrische Feldstärke $\boldsymbol{E}$ sowie das Potential φ und diskutieren Sie die Grenzfälle $r \ll a$, $r \gg a$.

Aufgabe 2.1.8

2.1.8

Ein unendlich langer Kreiszylinder ist homogen geladen. Berechnen Sie die elektrische Feldstärke und ihr Potential.

Aufgabe 2.1.9

2.1.9

Berechnen Sie die Energiedichte und die Gesamtenergie der elektrostatischen Felder, die aus den folgenden Ladungsverteilungen resultieren:

1. Homogen geladene, dünne Kugelschale,
2. $$\rho(\boldsymbol{r}) = \begin{cases} \dfrac{\alpha}{r^2} & \text{für } R_1 < r < R_2\,, \quad (\alpha > 0) \\ 0 & \text{sonst}\,. \end{cases}$$

2.2

2.2 Einfache elektrostatische Probleme

Wir wollen als Einschub ein paar einfache Anwendungen der bislang entwickelten Theorie der Elektrostatik diskutieren.

2.2.1 Plattenkondensator

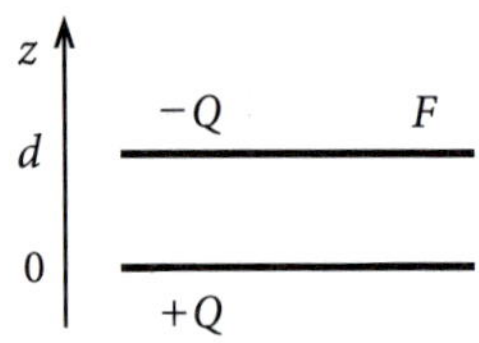

Abb. 2.15. Schematische Anordnung eines Plattenkondensators

Unter einem *Plattenkondensator* versteht man ein System von zwei parallel zueinander angeordneten Platten mit dem Abstand d und der Fläche F. Um später Randeffekte vernachlässigen zu können, soll

$$d \ll F^{1/2}$$

vorausgesetzt werden.

Die beiden Platten tragen homogen verteilt die entgegengesetzt gleich großen Ladungen $\pm Q$, d. h. die Flächenladungen

$$\sigma(0) = \frac{Q}{F} = -\sigma(d) \ .$$

Das von der unteren Platte erzeugte elektrische Feld wird *aus Symmetriegründen* bis auf Randbereiche in positiver oder negativer z-Richtung orientiert sein (s. (2.33)):

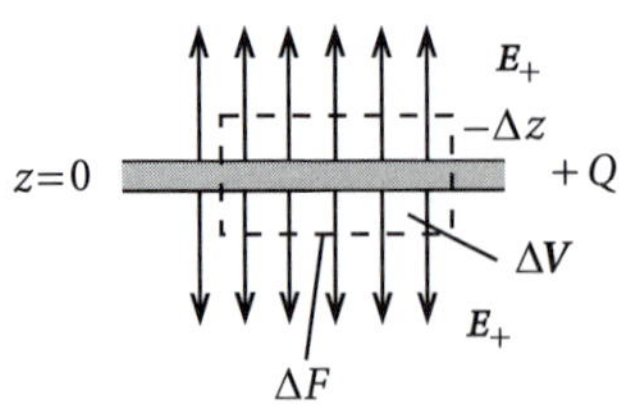

Abb. 2.16. Elektrisches Feld (ohne Randeffekte) einer planparallelen, positiv geladenen Platte

$$\boldsymbol{E}_{+}(\boldsymbol{r}) = E_{+}(z)\frac{z}{|z|}\,\boldsymbol{e}_z \ .$$

Wir legen ein gaußsches Kästchen mit dem Volumen $\Delta V = \Delta F \, \Delta z$ „um die Platte", sodass die Grundflächen ΔF an den Stellen $\pm(1/2)\Delta z$ parallel zur Kondensatorplatte liegen. Die Seitenflächen tragen dann nicht zum Fluss des $\boldsymbol{E}$-Feldes durch die Oberfläche $S(\Delta V)$ bei, da $\boldsymbol{E}$ und $\mathrm{d}\boldsymbol{f}$ orthogonal zueinander sind.

$$\int\limits_{S(\Delta V)} \boldsymbol{E}_+ \cdot \mathrm{d}\boldsymbol{f} = 2\, E_+ \left(z = \pm \frac{1}{2} \Delta z \right) \Delta F \stackrel{!}{=}$$

$$\stackrel{!}{=} \frac{1}{\varepsilon_0}\, q\,(\Delta V) = \frac{\sigma}{\varepsilon_0} \Delta F \Rightarrow E_+(z) = \frac{\sigma}{2\,\varepsilon_0} \,.$$

Das Resultat ist ein fast im ganzen Raum homogenes Feld, das lediglich bei $z = 0$ seine Richtung umkehrt (s. (2.33)):

$$\boldsymbol{E}_+(\boldsymbol{r}) = \frac{\sigma}{2\,\varepsilon_0} \frac{z}{|z|} \boldsymbol{e}_z \,.$$

Dieselbe Überlegung liefert für die bei $z = d$ angebrachte Platte

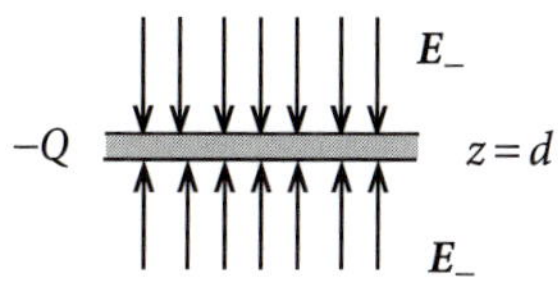

Abb. 2.17. Elektrisches Feld (ohne Randeffekte) einer planparallelen, negativ geladenen Platte

$$\boldsymbol{E}_-(\boldsymbol{r}) = -\frac{\sigma}{2\,\varepsilon_0} \frac{z-d}{|z-d|} \boldsymbol{e}_z \,.$$

Das resultierende Feld ist dann nur zwischen den Platten von Null verschieden:

$$\boldsymbol{E}(\boldsymbol{r}) = \boldsymbol{E}_+(\boldsymbol{r}) + \boldsymbol{E}_-(\boldsymbol{r}) = \begin{cases} \dfrac{\sigma}{\varepsilon_0} \boldsymbol{e}_z & \text{für } 0 < z < d \,, \\ 0 & \text{sonst} \,. \end{cases} \tag{2.51}$$

Dazu gehört das elektrostatische Potential

$$\varphi(\boldsymbol{r}) = \begin{cases} \text{const}_1 & \text{für } z < 0 \,, \\ \dfrac{-\sigma}{\varepsilon_0} z + \text{const}_2 & \text{für } 0 \leq z \leq d \,, \\ \text{const}_3 & \text{für } z > d \,. \end{cases} \tag{2.52}$$

Zwischen den Platten liegt also die Spannung:

$$U = \varphi(z=0) - \varphi(z=d) = \frac{\sigma}{\varepsilon_0} d = \frac{Q}{\varepsilon_0 F} d \,. \tag{2.53}$$

Zwischen Kondensatorladung und Spannung besteht somit eine Proportionalität:

$$Q = C \cdot U \,. \tag{2.54}$$

Die Proportionalitätskonstante C heißt **Kapazität** des Plattenkondensators:

$$C = \varepsilon_0 \, \frac{F}{d} \, . \tag{2.55}$$

Die Kapazität C ist damit durch rein geometrische Materialgrößen bestimmt. Als **Einheit** wählt man:

$$[C] = 1 \text{ F (Farad)} = 1 \, \frac{\text{As}}{\text{V}} \, . \tag{2.56}$$

Es handelt sich um eine riesige Einheit, da 1 Farad einem Fläche-Abstand-Verhältnis von etwa 10^{11} m entspricht ($1 \text{ F} = 10^6 \, \mu\text{F} = 10^9 \text{ nF} = 10^{12} \text{ pF}$).

Mit (2.51) berechnet sich leicht die **Energiedichte** im Kondensator:

$$w(\boldsymbol{r}) = \frac{\varepsilon_0}{2} \, |\boldsymbol{E}(\boldsymbol{r})|^2 = \frac{\sigma^2}{2\,\varepsilon_0} \tag{2.57}$$

für $\boldsymbol{r}$ zwischen den Platten.

Das ergibt die **Gesamtenergie**

$$W = w \, F d = \frac{1}{2} \, \frac{Q^2}{\varepsilon_0 \, F} \, d = \frac{1}{2} \, \frac{Q^2}{C} = \frac{1}{2} \, Q U = \frac{1}{2} \, C \, U^2 \, . \tag{2.58}$$

2.2.2 Kugelkondensator

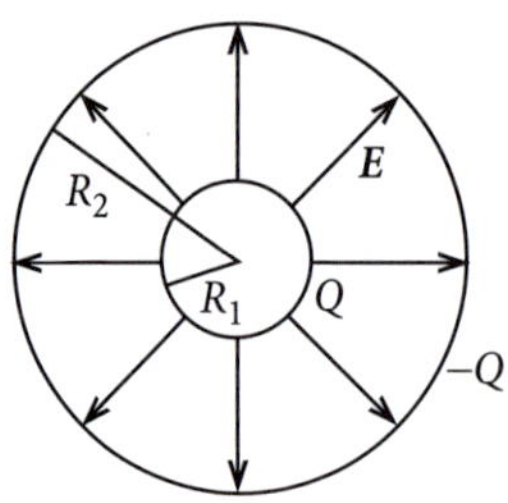

Abb. 2.18. Schematischer Aufbau eines Kugelkondensators

In diesem Fall besteht der Kondensator aus zwei konzentrischen Kugelschalen mit den Radien R_1, R_2 und den homogen verteilten Ladungen $\pm Q$. Die **Ladungsdichte**

$$\varrho(\boldsymbol{r}) = \frac{Q}{4\pi \, R_1^2} \, \delta(r - R_1) - \frac{Q}{4\pi \, R_2^2} \, \delta(r - R_2) \tag{2.59}$$

ist damit auf einen endlichen Raumbereich beschränkt, das Potential wird deshalb gemäß (2.25) im Unendlichen verschwinden. Die Ladungsverteilung ist kugelsymmetrisch, folglich gilt für das $\boldsymbol{E}$-Feld:

$$\boldsymbol{E}(\boldsymbol{r}) = E(r) \, \boldsymbol{e}_r \, . \tag{2.60}$$

Mithilfe des gaußschen Satzes beweisen wir dann in Aufgabe 2.2.1:

$$\boldsymbol{E}(\boldsymbol{r}) = \frac{Q}{4\pi\,\varepsilon_0}\,\boldsymbol{e}_r \begin{cases} 0\,, & \text{falls } R_1 > r\,, \\ \dfrac{1}{r^2}\,, & \text{falls } R_2 > r > R_1\,, \\ 0\,, & \text{falls } r > R_2\,. \end{cases} \tag{2.61}$$

Mit den physikalischen Randbedingungen

$$\varphi(r \to \infty) = 0\,; \qquad \varphi \text{ stetig bei } r = R_1 \text{ und } r = R_2$$

finden wir für das skalare Potential:

$$\varphi(\boldsymbol{r}) = \frac{Q}{4\pi\,\varepsilon_0} \begin{cases} \dfrac{1}{R_1} - \dfrac{1}{R_2}\,, & \text{falls } r < R_1\,, \\ \dfrac{1}{r} - \dfrac{1}{R_2}\,, & \text{falls } R_1 \le r \le R_2\,, \\ 0\,, & \text{falls } R_2 \le r\,. \end{cases} \tag{2.62}$$

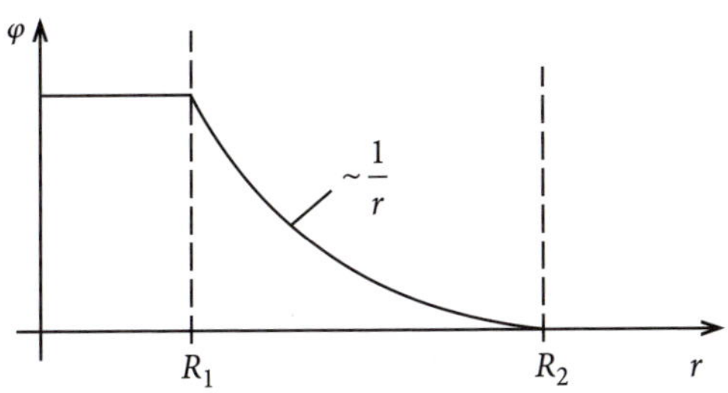

Abb. 2.19. Radiale Abhängigkeit des skalaren Potentials eines Kugelkondensators

Als **Spannung** zwischen den Kugelschalen ergibt sich:

$$U = \varphi(R_1) - \varphi(R_2) = \frac{Q}{4\pi\,\varepsilon_0}\left(\frac{1}{R_1} - \frac{1}{R_2}\right)\,.$$

Der Kugelkondensator hat damit die **Kapazität**:

$$C = 4\pi\,\varepsilon_0 \frac{R_1\,R_2}{R_2 - R_1}\,. \tag{2.63}$$

Die **Energiedichte** ist auf den Raum zwischen den konzentrischen Kugelschalen beschränkt:

$$w(\boldsymbol{r}) = \frac{Q^2}{32\pi^2\,\varepsilon_0}\,\frac{1}{r^4} \quad \text{für } R_1 \le r \le R_2\,.$$

Dies ergibt formal dieselbe **Gesamtenergie** wie beim Plattenkondensator:

$$W = \frac{Q^2}{8\pi\,\varepsilon_0}\,\frac{R_2 - R_1}{R_2 \cdot R_1} = \frac{1}{2}\,\frac{Q^2}{C} = \frac{1}{2}\,Q\,U = \frac{1}{2}\,C\,U^2\,. \tag{2.64}$$

2.2.3 Zylinderkondensator

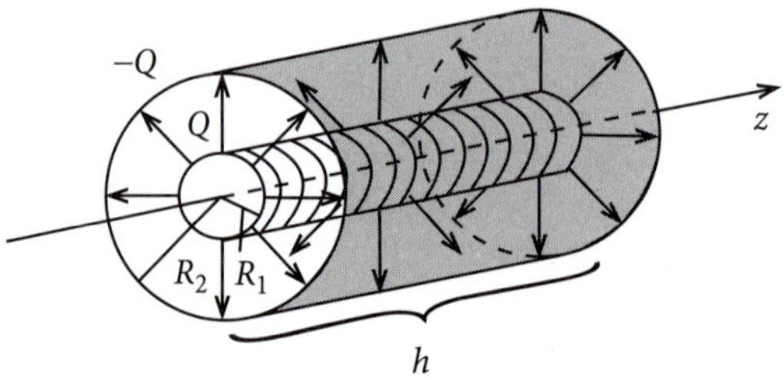

Abb. 2.20. Schematischer Aufbau eines Zylinderkondensators

Die Anordnung besteht aus zwei koaxialen Zylindern der Höhe h mit den Radien $R_1 < R_2$. Wir vernachlässigen wieder die Streufelder an den Rändern und können deshalb davon ausgehen, dass das $\boldsymbol{E}$-Feld axialsymmetrisch verläuft. Bei Verwendung von Zylinderkoordinaten (ρ, φ, z) bedeutet das den folgenden Ansatz:

$$\boldsymbol{E}(\boldsymbol{r}) = E(\rho)\, \boldsymbol{e}_\rho \, .$$

Wir betrachten einen weiteren koaxialen Zylinder Z_ρ und berechnen den Fluss des $\boldsymbol{E}$-Feldes durch dessen Oberfläche. Die Stirnflächen liefern keinen Beitrag, da $\boldsymbol{E}$ und $\mathrm{d}\boldsymbol{f}$ senkrecht zueinander orientiert sind; auf dem Mantel gilt nach (1.38):

$$\mathrm{d}\boldsymbol{f} = (\rho \, \mathrm{d}\varphi \, \mathrm{d}z)\, \boldsymbol{e}_\rho \, .$$

Damit ergibt sich:

$$\int\limits_{S(Z_\rho)} \boldsymbol{E} \cdot \mathrm{d}\boldsymbol{f} = \rho\, E(\rho)\, 2\pi h \overset{!}{=} \frac{1}{\varepsilon_0} \int\limits_{Z_\rho} \mathrm{d}^3 r' \, \rho(\boldsymbol{r}') =$$

$$= \frac{1}{\varepsilon_0} \begin{cases} 0 \, , & \text{falls } \rho < R_1 \, , \\ Q \, , & \text{falls } R_1 < \rho < R_2 \, , \\ 0 \, , & \text{falls } R_2 < \rho \, . \end{cases}$$

Das **elektrische Feld** ist also auf den Innenraum beschränkt:

$$\boldsymbol{E}(\boldsymbol{r}) = \frac{Q}{2\pi\, \varepsilon_0 h} \frac{1}{\rho} \boldsymbol{e}_\rho \begin{cases} 0 \, , & \text{falls } \rho < R_1 \, , \\ 1 \, , & \text{falls } R_1 < \rho < R_2 \, , \\ 0 \, , & \text{falls } R_2 < \rho \, . \end{cases} \tag{2.65}$$

Daraus folgt für das **elektrostatische Potential** unter Erfüllung aller physikalischer Randbedingungen:

$$\varphi(\boldsymbol{r}) = \varphi(\rho) = \frac{Q}{2\pi\,\varepsilon_0 h}\begin{cases} \ln\dfrac{R_2}{R_1}\,, & \text{falls } \rho < R_1\,,\\ \ln\dfrac{R_2}{\rho}\,, & \text{falls } R_1 < \rho < R_2\,,\\ 0\,, & \text{falls } R_2 < \rho\,. \end{cases} \tag{2.66}$$

Zwischen den Zylindern liegt somit die **Spannung:**

$$U = \frac{Q}{2\pi\,\varepsilon_0 h}\ln\frac{R_2}{R_1}\,. \tag{2.67}$$

Der Zylinderkondensator besitzt also die **Kapazität:**

$$C = \frac{2\pi\,\varepsilon_0 h}{\ln(R_2/R_1)}\,. \tag{2.68}$$

Die **Energiedichte** folgt unmittelbar aus (2.65):

$$w(\boldsymbol{r}) = \frac{Q^2}{8\pi^2\varepsilon_0 h^2}\begin{cases} \dfrac{1}{\rho^2}\,, & \text{falls } R_1 \le \rho \le R_2\,,\\ 0 & \text{sonst}\,. \end{cases}$$

Damit berechnet sich leicht die **Gesamtenergie:**

$$\begin{aligned} W &= \int \rho\,\mathrm{d}\rho\,\mathrm{d}\varphi\,\mathrm{d}z\,w(\boldsymbol{r}) = 2\pi h\frac{Q^2}{8\pi^2\varepsilon_0 h^2}\int\limits_{R_1}^{R_2}\mathrm{d}\rho\,\frac{1}{\rho} = \\ &= \frac{Q^2}{4\pi\,\varepsilon_0 h}\ln\frac{R_2}{R_1}\,. \end{aligned} \tag{2.69}$$

Also gilt wieder:

$$W = \frac{1}{2}\frac{Q^2}{C} = \frac{1}{2}\,Q\,U = \frac{1}{2}C\,U^2\,.$$

2.2.4 Der Dipol

Eine Anordnung von zwei entgegengesetzt gleich großen Punktladungen $\pm q$ nennt man einen **Dipol.** Wenn $\boldsymbol{a}$ der von $-q$ nach $+q$ orientierte Abstandsvektor ist, so

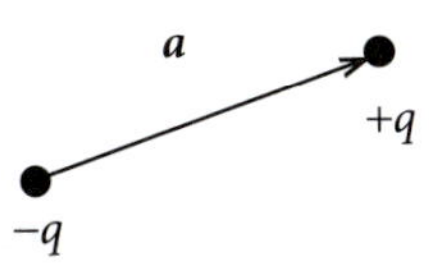

Abb. 2.21. Einfachste Anordnung eines Dipols aus zwei Punktladungen

bezeichnet man als **Dipolmoment** den Vektor $\boldsymbol{p} = q\boldsymbol{a}$. Das ist die übliche Definitioin, die wir hier aus Gründen, die später klar werden, etwas strikter fassen wollen.

2.2.1 **Definition 2.2.1 Dipol:** Anordnung zweier entgegengesetzt gleicher Punktladungen $\pm q$, deren Abstand a bei gleichzeitig anwachsender Ladung q so gegen Null geht, dass das **Dipolmoment**

$$\boldsymbol{p} = \lim_{\substack{a\to 0\\ q\to\infty}} q\,\boldsymbol{a} \tag{2.70}$$

dabei konstant und endlich bleibt. Der so definierte Dipol liegt dann in einem festen Raumpunkt.

Nicht nur Ladungen (*Monopole*), sondern auch solche **Dipole sind Quellen elektrostatischer Felder**, die wir nun etwas genauer untersuchen wollen.

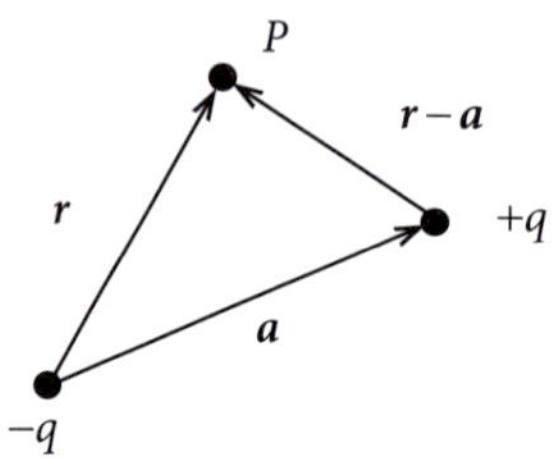

Abb. 2.22. Anordnung zur Berechnung des skalaren Potentials eines Dipols

Sei $\boldsymbol{a}$ zunächst noch endlich, die Ladung $-q$ befinde sich im Nullpunkt. Dann bewirken die beiden Punktladungen das folgende Potential:

$$\varphi(\boldsymbol{r}) = \frac{1}{4\pi\,\varepsilon_0}\left(-\frac{q}{r} + \frac{q}{|\boldsymbol{r}-\boldsymbol{a}|}\right) .$$

Für den zweiten Summanden benutzen wir die Taylor-Entwicklung (1.33):

$$\frac{1}{|\boldsymbol{r}-\boldsymbol{a}|} = \frac{1}{r} + \frac{\boldsymbol{r}\cdot\boldsymbol{a}}{r^3} + \frac{1}{2}\frac{3(\boldsymbol{r}\cdot\boldsymbol{a})^2 - r^2a^2}{r^5} + \dots$$

$$\Rightarrow \varphi(\boldsymbol{r}) = \frac{q}{4\pi\,\varepsilon_0}\left(\frac{\boldsymbol{r}\cdot\boldsymbol{a}}{r^3} + \frac{3(\boldsymbol{r}\cdot\boldsymbol{a})^2 - r^2a^2}{2r^5} + \dots\right) .$$

Lassen wir nun im Sinne von (2.70) bei wachsendem q den Abstand der Ladungen beliebig klein werden, so verschwinden der zweite und alle höheren Terme der Entwicklung:

$$\varphi_{\mathrm{D}}(\boldsymbol{r}) = \frac{1}{4\pi\,\varepsilon_0}\frac{\boldsymbol{r}\cdot\boldsymbol{p}}{r^3} . \tag{2.71}$$

Eine elektrostatische Ladungskonfiguration mit einem solchen skalaren Potential heißt *Dipol*. Das zugehörige elektrische Feld $\boldsymbol{E}(\boldsymbol{r})$ wird zweckmäßig in Kugelkoordinaten ausgedrückt, wobei als Polarachse die Dipolrichtung $\boldsymbol{p}$ gewählt wird:

$$\varphi_D(r, \vartheta, \varphi) = \frac{1}{4\pi\,\varepsilon_0}\,\frac{p\cos\vartheta}{r^2}\,.$$

Die Komponenten des elektrischen Feldes lauten dann:

$$\begin{aligned} E_r^D &= -\frac{\partial\varphi_D}{\partial r} = \frac{p}{4\pi\,\varepsilon_0}\,\frac{2\cos\vartheta}{r^3}\,, \\ E_\vartheta^D &= -\frac{1}{r}\,\frac{\partial\varphi_D}{\partial\vartheta} = \frac{p}{4\pi\,\varepsilon_0}\,\frac{\sin\vartheta}{r^3}\,, \\ E_\varphi^D &= -\frac{1}{r\sin\vartheta}\,\frac{\partial\varphi_D}{\partial\varphi} = 0\,. \end{aligned} \tag{2.72}$$

Das Feld besitzt offensichtlich Rotationssymmetrie um die Dipol-Achse!

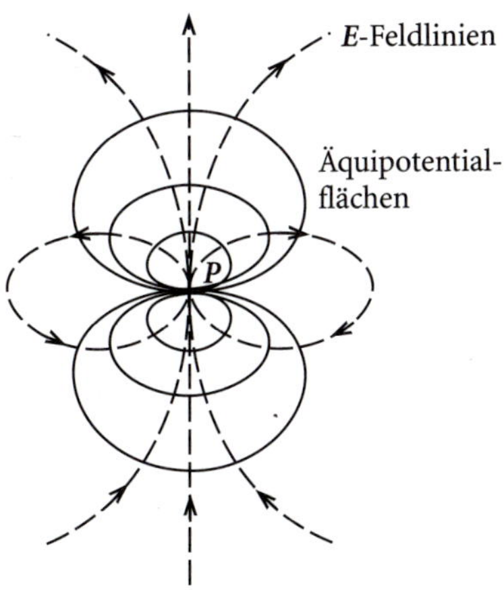

Abb. 2.23. Äquipotentialflächen und elektrische Feldlinien eines Dipols

Man beachte, dass das $\boldsymbol{E}$-Feld zweier Punktladungen im endlichen Abstand a (s. Aufgabe 2.1.5) nur in der *Fernzone* ($r \gg a$) ein wirkliches Dipolfeld darstellt. In der *Nahzone* sieht dieses ganz anders aus. – Der elektrische Kraftfluss eines Dipols durch eine geschlossene, ihn umgebende Fläche ist wegen (2.35) natürlich Null, da die Gesamtladung des Dipols verschwindet.

Wir wollen das Dipolfeld noch in etwas kompakterer Form angeben:

$$\boldsymbol{E}^D(\boldsymbol{r}) = -\nabla\,\varphi_D(\boldsymbol{r}) = \frac{1}{4\pi\,\varepsilon_0}\,\nabla\left(\boldsymbol{p}\cdot\nabla\frac{1}{r}\right)\,.$$

In Aufgabe 1.7.12 haben wir gezeigt:

$$\nabla(\boldsymbol{a}\cdot\boldsymbol{b}) = (\boldsymbol{b}\cdot\nabla)\boldsymbol{a} + (\boldsymbol{a}\cdot\nabla)\boldsymbol{b} + \boldsymbol{b}\times\operatorname{rot}\,\boldsymbol{a} + \boldsymbol{a}\times\operatorname{rot}\,\boldsymbol{b}\,.$$

Damit folgt für das Feld:

$$E^{D}(r) = \frac{1}{4\pi\,\varepsilon_0}\left[(p\cdot\nabla)\,\nabla\,\frac{1}{r} + p \times \mathrm{rot}\left(\nabla\frac{1}{r}\right)\right] =$$

$$= \frac{-1}{4\pi\,\varepsilon_0}(p\cdot\nabla)\frac{r}{r^3} = -\frac{1}{4\pi\,\varepsilon_0}\sum_i p_i \frac{\partial}{\partial x_i}\frac{r}{r^3} =$$

$$= -\frac{1}{4\pi\,\varepsilon_0}\sum_i p_i\left(\frac{e_i}{r^3} - \frac{3r}{r^4}\frac{x_i}{r}\right) .$$

Es bleibt schließlich:

$$E^{D}(r) = \frac{1}{4\pi\,\varepsilon_0}\left[\frac{3(r\cdot p)r}{r^5} - \frac{p}{r^3}\right] . \qquad (2.73)$$

Analog zu den Ladungsdichten elektrischer Monopole lässt sich auch eine **Dipoldichte** einführen:

$$\Pi(r) = \sum_{j=1}^{N} p_j\,\delta(r - R_j) . \qquad (2.74)$$

Das gesamte Potential von N diskreten Dipolen p_j ergibt sich durch Superposition der Einzelbeiträge nach (2.71):

$$\varphi_D(r) = -\frac{1}{4\pi\,\varepsilon_0}\sum_{j=1}^{N} p_j\cdot\nabla_r\,\frac{1}{|r - R_j|}$$

$$= -\frac{1}{4\pi\,\varepsilon_0}\int d^3r'\,\Pi(r')\,\nabla_r\frac{1}{|r - r'|} . \qquad (2.75)$$

Den letzten Schritt kann man als die zu den Ladungsdichten analoge Verallgemeinerung der mikroskopischen auf die kontinuierliche Dipoldichte auffassen. Dieser Ausdruck wird uns in Abschn. 2.4 bei der Diskussion des elektrostatischen Feldes in der Materie wieder begegnen.

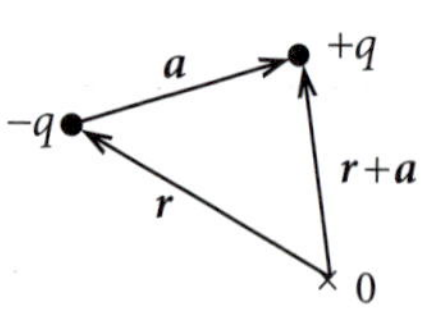

Abb. 2.24. Anordnung zur Berechnung der Kraft, die in einem elektrostatischen Feld auf einen Dipol wirkt

Welche Kraft wirkt auf einen Dipol im elektrostatischen Feld? Diese Frage beantworten wir am einfachsten durch Betrachtung der beiden Punktladungen $\pm q$ im zunächst endlichen Abstand a. Die Ladung $-q$ möge sich bei r, die Ladung $+q$ bei $r + a$ befinden (Abb. 2.24). $E(r)$ ist ein externes Feld!

$$F(r) = -qE(r) + qE(r + a) .$$

Eine Taylor-Entwicklung gemäß (1.28) ergibt:

$$\boldsymbol{E}(\boldsymbol{r}+\boldsymbol{a}) = \boldsymbol{E}(\boldsymbol{r}) + (\boldsymbol{a}\cdot\nabla)\,\boldsymbol{E}(\boldsymbol{r}) + \frac{1}{2}\,(\boldsymbol{a}\cdot\nabla)^2\,\boldsymbol{E}(\boldsymbol{r}) + \dots$$

Damit folgt für die Gesamtkraft:

$$\boldsymbol{F}(\boldsymbol{r}) = q(\boldsymbol{a}\cdot\nabla)\,\boldsymbol{E}(\boldsymbol{r}) + \frac{1}{2}q\,(\boldsymbol{a}\cdot\nabla)^2\,\boldsymbol{E}(\boldsymbol{r}) + \dots$$

Machen wir nun den Grenzübergang (2.70), so bleibt nur der erste Term:

$$\boldsymbol{F}_\mathrm{D}(\boldsymbol{r}) = (\boldsymbol{p}\cdot\nabla)\,\boldsymbol{E}(\boldsymbol{r})\,. \tag{2.76}$$

Im **homogenen** Feld erfährt der Dipol also **keine** Kraft, wohl aber ein **Drehmoment** $\boldsymbol{M}$:

$$\begin{aligned}\boldsymbol{M}(\boldsymbol{r}) &= -q\,[\boldsymbol{0}\times\boldsymbol{E}(\boldsymbol{r})] + q\,[\boldsymbol{a}\times\boldsymbol{E}(\boldsymbol{r}+\boldsymbol{a})] = \\ &= q\,\boldsymbol{a}\times\boldsymbol{E}(\boldsymbol{r}) + q\,\boldsymbol{a}\times(\boldsymbol{a}\cdot\nabla)\,\boldsymbol{E}(\boldsymbol{r}) + \dots\end{aligned}$$

Mit dem Grenzübergang (2.70) ergibt sich dann:

$$\boldsymbol{M}_\mathrm{D}(\boldsymbol{r}) = \boldsymbol{p}\times\boldsymbol{E}(\boldsymbol{r})\,. \tag{2.77}$$

Das Drehmoment versucht, den Dipol in eine energetisch günstige Lage zu drehen, d. h. in eine Position minimaler potentieller Energie V. Letztere können wir einfach wie folgt bestimmen:

Ausgehend von der allgemeinen Vektorrelation aus Aufgabe 1.7.12 können wir wegen $\boldsymbol{p}$ = const schreiben:

$$\nabla(\boldsymbol{p}\cdot\boldsymbol{E}) = (\boldsymbol{p}\cdot\nabla)\,\boldsymbol{E}(\boldsymbol{r}) + \boldsymbol{p}\times\underbrace{\operatorname{rot}\,\boldsymbol{E}(\boldsymbol{r})}_{=0}\,.$$

Dies ergibt für die Kraft auf den Dipol am Ort $\boldsymbol{r}$ nach (2.76) die alternative Darstellung:

$$\boldsymbol{F}_\mathrm{D}(\boldsymbol{r}) = \nabla(\boldsymbol{p}\cdot\boldsymbol{E})\,. \tag{2.78}$$

Über den allgemeinen Zusammenhang zwischen (konservativer) Kraft und potentieller Energie V_D (2.234, Bd. 1),

$$\boldsymbol{F}_\mathrm{D}(\boldsymbol{r}) = -\nabla\,V_\mathrm{D}(\boldsymbol{r})\,,$$

finden wir durch Vergleich:

$$V_\mathrm{D}(\boldsymbol{r}) = -\boldsymbol{p}\cdot\boldsymbol{E}(\boldsymbol{r})\,. \tag{2.79}$$

Der Zustand geringster Energie ist stabil. Er entspricht der Parallelstellung von Dipol und Feld.

Wir hätten den Ausdruck (2.79) auch direkt aus

$$V_D(\boldsymbol{r}) = -q\left[\varphi(\boldsymbol{r}) - \varphi(\boldsymbol{r}+\boldsymbol{a})\right]$$

mit Taylor-Entwicklung und anschließendem Grenzübergang gewinnen können. Überprüfen Sie dies!

2.2.5 Dipolschicht

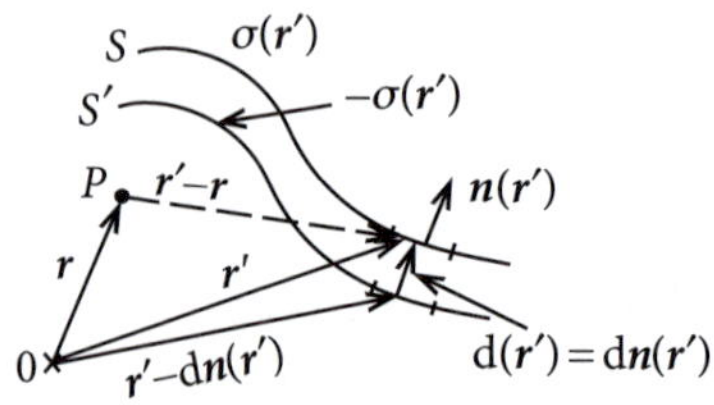

Abb. 2.25. Darstellung einer Dipolschicht

Unter einer *Dipolschicht* (auch *Doppelschicht*) versteht man eine mit Dipolen belegte Fläche, deren Achsen überall die Richtung der Flächennormalen haben. Wir wollen untersuchen, wie sich das elektrostatische Potential beim Durchgang durch eine solche Dipolschicht verhält.

Wir realisieren die Dipolschicht durch zwei parallele Flächen S und S' mit entgegengesetzt gleichen Flächenladungsdichten $\sigma(\boldsymbol{r}')$ und $-\sigma(\boldsymbol{r}')$. $\boldsymbol{n}(\boldsymbol{r}')$ sei die ortsabhängige Flächennormale.

2.2.2 **Definition 2.2.2:** *Dipolflächendichte*

$$\boldsymbol{D}(\boldsymbol{r}') = \lim_{d\to 0}\left[\sigma(\boldsymbol{r}')\,\boldsymbol{d}(\boldsymbol{r}')\right] \qquad (2.80)$$

$\boldsymbol{d}(\boldsymbol{r}') = d\,\boldsymbol{n}(\boldsymbol{r}')$. Soll $\boldsymbol{D}$ bei diesem Grenzübergang endlich bleiben, so muss offensichtlich die Flächenladungsdichte über alle Grenzen wachsen (vgl. (2.70)).

Nach (2.25) erzeugt die Dipolschicht im Aufpunkt P bei $\boldsymbol{r}$ das folgende Potential:

$$\varphi(\boldsymbol{r}) = \frac{1}{4\pi\varepsilon_0}\left[\int\limits_S \mathrm{d}f'\,\frac{\sigma(\boldsymbol{r}')}{|\boldsymbol{r}-\boldsymbol{r}'|} - \int\limits_{S'} \mathrm{d}f'\,\frac{\sigma(\boldsymbol{r}')}{|\boldsymbol{r}-\boldsymbol{r}'+\boldsymbol{d}(\boldsymbol{r}')|}\right].$$

Da d beliebig klein werden soll, können wir eine Taylor-Entwicklung für den zweiten Summanden nach dem linearen Term abbrechen. Wir benutzen (1.28):

$$\begin{aligned}\frac{1}{|\boldsymbol{r}-\boldsymbol{r}'+\boldsymbol{d}(\boldsymbol{r}')|} &= \frac{1}{|\boldsymbol{r}-\boldsymbol{r}'|} + (\boldsymbol{d}\cdot\nabla)\frac{1}{|\boldsymbol{r}-\boldsymbol{r}'|} + \ldots = \\ &= \frac{1}{|\boldsymbol{r}-\boldsymbol{r}'|} - d\,\frac{\boldsymbol{n}(\boldsymbol{r}')\cdot(\boldsymbol{r}-\boldsymbol{r}')}{|\boldsymbol{r}-\boldsymbol{r}'|^3} + \ldots\end{aligned}$$

Dies ergibt für das Potential:

$$\varphi(\boldsymbol{r}) = \frac{1}{4\pi\,\varepsilon_0}\int \mathrm{d}f'\,[\sigma(\boldsymbol{r}')\,d]\,\frac{\boldsymbol{n}(\boldsymbol{r}')\cdot(\boldsymbol{r}-\boldsymbol{r}')}{|\boldsymbol{r}-\boldsymbol{r}'|^3} + \ldots$$

$$\underset{d\to 0}{\longrightarrow}\ \frac{1}{4\pi\,\varepsilon_0}\int \mathrm{d}f'\,\boldsymbol{D}(\boldsymbol{r}')\cdot\frac{(\boldsymbol{r}-\boldsymbol{r}')}{|\boldsymbol{r}-\boldsymbol{r}'|^3} \tag{2.81}$$

(vgl. (2.75)).

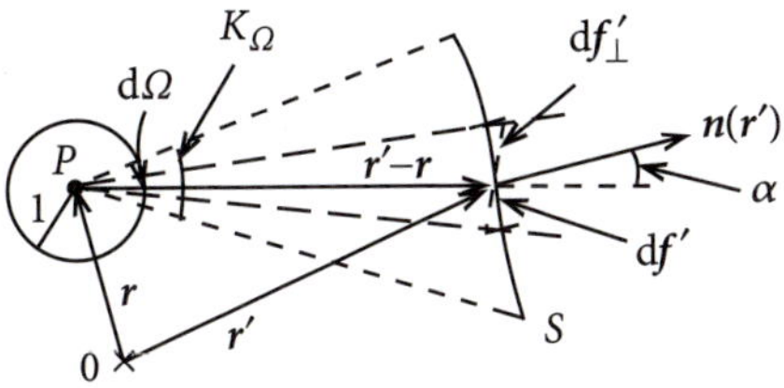

Abb. 2.26. Geometrische Erläuterungen zur Berechnung des Flächenintegrals in (2.81)

Wir wollen das Integral durch einfache geometrische Überlegungen weiter auswerten. Dazu betrachten wir ein Flächenelement $\mathrm{d}\boldsymbol{f}'$ auf der Fläche S. Dieses erscheint vom Aufpunkt $\boldsymbol{r}$ aus gesehen unter dem Raumwinkel $\mathrm{d}\Omega$. Für die zu $\boldsymbol{r}'-\boldsymbol{r}$ senkrechte Projektion $\mathrm{d}f'_\perp$ gilt dann offenbar:

$$\mathrm{d}f'_\perp = \mathrm{d}f'\left(\boldsymbol{n}\cdot\frac{\boldsymbol{r}'-\boldsymbol{r}}{|\boldsymbol{r}'-\boldsymbol{r}|}\right) = \mathrm{d}f'\cos\alpha \simeq$$

$$\simeq \mathrm{d}\Omega\,|\boldsymbol{r}-\boldsymbol{r}'|^2 \quad (\text{für } \textit{hinreichend kleine } \mathrm{d}\Omega)\,.$$

Liegt, anders als in Abb. 2.26, der Aufpunkt $\boldsymbol{r}$ auf der *positiven* Seite der Doppelschicht, so ist

$$\boldsymbol{n}\cdot\frac{\boldsymbol{r}'-\boldsymbol{r}}{|\boldsymbol{r}'-\boldsymbol{r}|} = \cos(\pi-\alpha) = -\cos\alpha\,.$$

Wir fassen beide Fälle durch

$$\mathrm{d}\Omega^{(\pm)} = \pm\,\mathrm{d}f'\left(\boldsymbol{n}\cdot\frac{\boldsymbol{r}-\boldsymbol{r}'}{|\boldsymbol{r}-\boldsymbol{r}'|^3}\right)$$

zusammen. Das bedeutet in (2.81):

$$\varphi_\pm(\boldsymbol{r}) = \pm\frac{1}{4\pi\,\varepsilon_0}\int\limits_{K_\Omega} \mathrm{d}\Omega\,D(\boldsymbol{r}')\,. \tag{2.82}$$

Integriert wird über den durch die Fläche S bedeckt erscheinenden Teil K_Ω der Einheitskugel. Das Minuszeichen gilt, falls wie in Abb. 2.26 der Aufpunkt P auf der negativ geladenen Seite der Doppelschicht liegt, das Pluszeichen, falls er sich auf der positiven Seite befindet.

Nehmen wir der Einfachheit halber an, dass

$$D(\boldsymbol{r}') = D = \text{const} \quad \text{auf}\, S\,,$$

dann ist das Potential φ durch das Produkt aus Dipoldichte D und dem Raumwinkel $\Omega_S(\boldsymbol{r})$ gegeben, unter dem die Fläche S von $\boldsymbol{r}$ aus erscheint. Die konkrete Gestalt von S ist dabei unerheblich:

$$\varphi_{\pm}(\boldsymbol{r}) = \pm \frac{D}{4\pi\varepsilon_0}\, \Omega_S(\boldsymbol{r})\,. \tag{2.83}$$

Nehmen wir nun zusätzlich an, dass die Fläche S **eben** ist, und nähern den Punkt $\boldsymbol{r}$ dem Punkt $\boldsymbol{r}'$ auf der Dipolschicht, so geht $\Omega_S(\boldsymbol{r})$ gegen 2π. Dasselbe gilt, wenn sich $\boldsymbol{r}$ von der *positiven* Seite beliebig dicht $\boldsymbol{r}$ nähert. Beim Durchgang durch die Dipolschicht macht das Potential also einen Sprung um

$$\Delta\varphi = \varphi_- - \varphi_+ = -\frac{1}{\varepsilon_0}\, D\,. \tag{2.84}$$

Dieses Ergebnis lässt sich nun leicht auf den Fall verallgemeinern, dass a) S nicht eben und b) $D(\boldsymbol{r}')$ nicht überall auf S konstant ist. Dazu zerlegt man zunächst die gesamte Fläche S in ein kleines Flächenstück $\Delta F'$ um $\boldsymbol{r}'$ und den Rest. $\Delta F'$ wird so klein gewählt, dass $\Delta F'$ als eben und $D(\boldsymbol{r}')$ als konstant auf $\Delta F'$ angesehen werden können. Das Potential $\varphi(\boldsymbol{r})$ ist dann eine Superposition der Beiträge dieses Stücks $\Delta F'$ und des gesamten Restes. Nähert man nun den Aufpunkt $\boldsymbol{r}$ den Flächenpunkt $\boldsymbol{r}'$, so liefert der Beitrag von $\Delta F'$ einen Potentialsprung gemäß (2.84). Abb. 2.26 macht klar, dass der Potentialbeitrag der Restfläche mit dem Loch um $\boldsymbol{r}'$ sich stetig beim Durchgang durch die Fläche verhält, da sich der von der Restfläche bedeckte Teil der Einheitskugel kontinuierlich ändert. Der gesamte Potentialsprung beträgt deshalb:

$$\Delta\varphi = -\frac{1}{\varepsilon_0}\, D(\boldsymbol{r}')\,. \tag{2.85}$$

Man kann sich diesen Potentialsprung als Potentialabfall **innerhalb** der Dipolschicht erklären. Fasst man diese bei $\Delta F'$ als einen kleinen Plattenkondensator mit Plattenabstand d auf, so entspricht (2.85) exakt (2.53).

2.2.6 Der Quadrupol

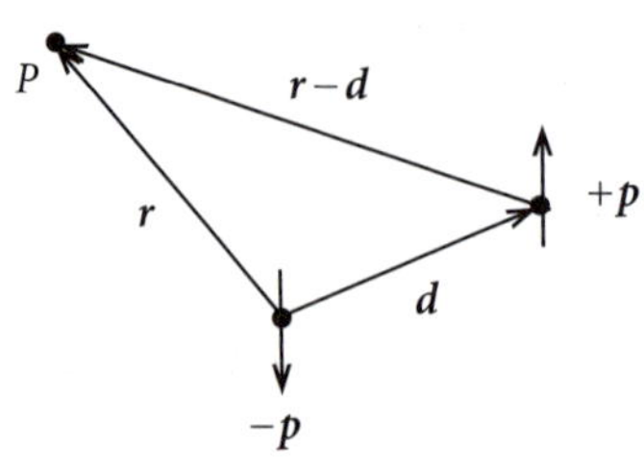

Abb. 2.27. Zur Definition des Quadrupolmoments

Wir haben in Abschn. 2.2.4 den Dipol mithilfe des Grenzübergangs (2.70) aus zwei entgegengesetzt gleichen Punktladungen $\pm q$ aufgebaut. Durch einen ähnlichen Grenzübergang lassen sich zwei antiparallele, gleich große Dipole zu einem **Quadrupol** zusammensetzen. Wir definieren als

Quadrupolmomente,

$$q_{ij} = \lim_{\substack{d_i \to 0 \\ p_j \to \infty}} d_i p_j \,, \tag{2.86}$$

und fordern, dass diese bei dem Grenzübergang endlich bleiben. i, j indizieren z. B. die kartesischen Komponenten. Das Potential eines solchen Quadrupols berechnen wir als Überlagerung der Potentiale der beiden Dipole, die zunächst den endlichen Abstand d haben mögen. Im Resultat wird dann der Grenzübergang (2.86) vollzogen. Nach (2.71) gilt:

$$\begin{aligned}
4\pi\,\varepsilon_0\,\varphi(\boldsymbol{r}) &= \boldsymbol{p}\cdot\nabla_r\left(\frac{1}{r} - \frac{1}{|\boldsymbol{r}-\boldsymbol{d}|}\right) = \\
&= \boldsymbol{p}\cdot\nabla_r\left[\frac{1}{r} - \frac{1}{r} + (\boldsymbol{d}\cdot\nabla_r)\,\frac{1}{r}\;\pm\ldots\right] = \\
&= \boldsymbol{p}\cdot\nabla_r\left[(\boldsymbol{d}\cdot\nabla_r)\,\frac{1}{r}\right] + \ldots
\end{aligned}$$

Höhere Terme der Taylor-Entwicklung spielen wegen (2.86) keine Rolle. Einen Ausdruck dieser Form haben wir bereits in Vorbereitung auf (2.73) behandelt:

$$\begin{aligned}
\nabla_r\left[\boldsymbol{d}\cdot\nabla_r\frac{1}{r}\right] &= (\boldsymbol{d}\cdot\nabla)\,\nabla\,\frac{1}{r} + \boldsymbol{d}\times\underbrace{\operatorname{rot}\left(\nabla\frac{1}{r}\right)}_{=0} = \\
&= \frac{1}{r^5}\left[3(\boldsymbol{r}\cdot\boldsymbol{d})\boldsymbol{r} - r^2\boldsymbol{d}\right] .
\end{aligned}$$

Damit haben wir das Potential:

$$\varphi(\boldsymbol{r}) = \frac{1}{4\pi\,\varepsilon_0}\,\frac{1}{r^5}\left[3(\boldsymbol{r}\cdot\boldsymbol{d})(\boldsymbol{r}\cdot\boldsymbol{p}) - r^2(\boldsymbol{d}\cdot\boldsymbol{p})\right] + \ldots$$

Schreiben wir die Skalarprodukte in kartesischen Komponenten und vollziehen den Grenzübergang (2.86), so ergibt sich das Quadrupolpotential:

$$\varphi_Q(\boldsymbol{r}) = \frac{1}{4\pi\,\varepsilon_0}\,\frac{1}{r^5}\sum_{i,j} q_{ij}\,\left(3x_ix_j - r^2\delta_{ij}\right) . \tag{2.87}$$

Wir vereinbaren, eine elektrostatische Ladungsanordnung, die zu einem solchen skalaren Potential führt, einen **Quadrupol** zu nennen.

Wir wollen zur Veranschaulichung eine konkrete **Realisierung des Quadrupols durch Punktladungen** diskutieren, ähnlich wie wir es auch beim Dipol getan haben.

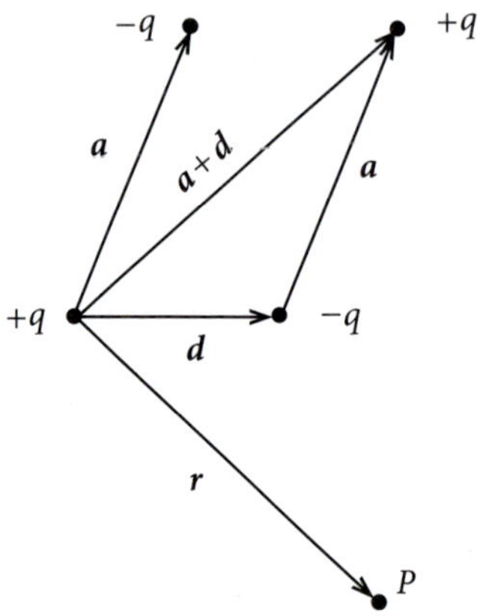

Abb. 2.28. Einfache Realisierung eines Quadrupols aus vier Punktladungen

Dazu benötigen wir nun ein System von **vier** Ladungen, die wie im Bild angeordnet und betragsmäßig gleich groß sein mögen. Je zwei tragen $+q$ und $-q$. Wir werden sehen, dass das Potential dieser Anordnung in der Fernzone ($r \gg d, a$) ein Quadrupolpotential der Form (2.87) darstellt, wenn wir

$$q_{ij} \simeq q\, a_i\, d_j$$

setzen:

$$\begin{aligned}
4\pi\varepsilon_0\varphi(\boldsymbol{r}) &= q\left(\frac{1}{r} + \frac{1}{|\boldsymbol{r}-\boldsymbol{a}-\boldsymbol{d}|} - \frac{1}{|\boldsymbol{r}-\boldsymbol{a}|} - \frac{1}{|\boldsymbol{r}-\boldsymbol{d}|}\right) = \\
&= q\left\{\frac{1}{r} + \frac{1}{r} - [(\boldsymbol{a}+\boldsymbol{d})\cdot\nabla]\,\frac{1}{r} + \frac{1}{2}\,[(\boldsymbol{a}+\boldsymbol{d})\cdot\nabla]^2\,\frac{1}{r} + \ldots - \frac{1}{r} + \right. \\
&\quad + (\boldsymbol{a}\cdot\nabla)\frac{1}{r} - \frac{1}{2}(\boldsymbol{a}\cdot\nabla)^2\frac{1}{r} + \ldots - \frac{1}{r} + (\boldsymbol{d}\cdot\nabla)\frac{1}{r} - \\
&\quad \left. -\frac{1}{2}(\boldsymbol{d}\cdot\nabla)^2\frac{1}{r} + \ldots\right\}
\end{aligned}$$

Monopol- und Dipolbeiträge kompensieren sich:

$$\begin{aligned}
4\pi\varepsilon_0\varphi(\boldsymbol{r}) &= \frac{1}{2}q\,[(\boldsymbol{a}\cdot\nabla)(\boldsymbol{d}\cdot\nabla) + (\boldsymbol{d}\cdot\nabla)(\boldsymbol{a}\cdot\nabla)]\,\frac{1}{r} + \ldots = \\
&= +q\sum_{i,j} a_i d_j \frac{\partial^2}{\partial x_i \partial x_j}\frac{1}{r} + \ldots = \sum_{i,j} q_{ij}\frac{\partial}{\partial x_i}\left(-\frac{x_j}{r^3}\right) + \ldots = \\
&= \sum_{i,j} q_{ij}\left(\frac{3x_j x_i}{r^5} - \delta_{ij}\frac{1}{r^3}\right) + \ldots
\end{aligned} \qquad (2.88)$$

In der Fernzone ($r \gg a, d$) können wir die höheren Terme vernachlässigen. Es bleibt dann das reine Quadrupolpotential (2.87), das in der Nahzone starke Modifikationen aufweisen wird.

Spezialfall: *gestreckter (linearer) Quadrupol*

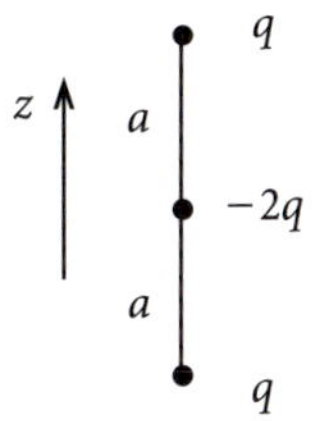

Abb. 2.29. Der gestreckte Quadrupol aus drei Punktladungen

$$\boldsymbol{a} = (0,0,a)\ ; \quad \boldsymbol{d} = (0,0,a)\ .$$

Dies ergibt in der Fernzone nach (2.88) das Potential:

$$\begin{aligned} 4\pi\varepsilon_0\varphi_Q(\boldsymbol{r}) &= q\,a^2\frac{3z^2 - r^2}{r^5} = \\ &= q\,a^2\frac{3\cos^2\vartheta - 1}{r^3}\ . \end{aligned} \tag{2.89}$$

Wie erwartet ist das Potential axialsymmetrisch, d. h. φ-**un**abhängig. Durch Gradientenbildung finden wir die Komponenten des elektrischen Feldes:

$$\begin{aligned} E_r^Q &= -\frac{\partial\varphi_Q}{\partial r} = \frac{3q\,a^2}{4\pi\varepsilon_0}\,\frac{3\cos^2\vartheta - 1}{r^4}\ , \\ E_\vartheta^Q &= -\frac{1}{r}\,\frac{\partial\varphi_Q}{\partial\vartheta} = \frac{6q\,a^2}{4\pi\varepsilon_0}\,\frac{\cos\vartheta\sin\vartheta}{r^4}\ , \\ E_\varphi^Q &= 0\ . \end{aligned} \tag{2.90}$$

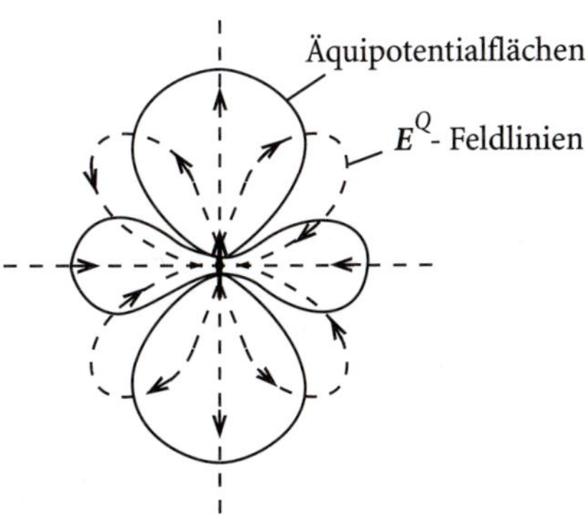

Abb. 2.30. Äquipotentialflächen und elektrische Feldlinien des gestreckten Quadrupols in der Fernzone

Es sei noch einmal daran erinnert, dass in der Nahzone des obigen Punktladungssystems das Feld ganz anders aussieht. Das **reine** Quadrupolfeld (2.90) gibt es erst in der Grenze

$$\begin{matrix} a \to 0 \\ q \to \infty \end{matrix} \qquad \text{mit } q\,a^2 = \text{const}\;,$$

da dann die in der obigen Entwicklung vernachlässigten Terme **exakt** verschwinden.

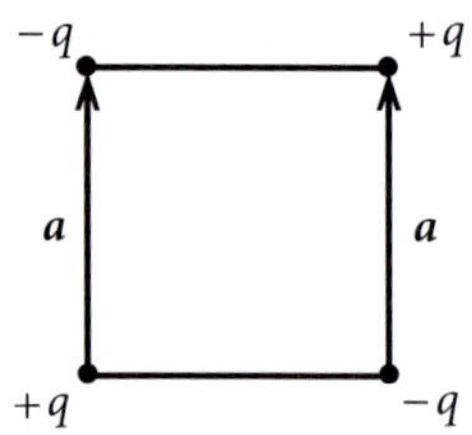

Abb. 2.31. Quadratische Anordnung eines Quadrupols aus vier Punktladungen

Eine andere Realisierung eines Quadrupols wäre das folgende Punktladungssystem:

$$\boldsymbol{a} = (0, 0, a)\;,$$

$$\boldsymbol{d} = (0, a, 0)\;,$$

$$q_{32} = q\,a^2$$

(alle anderen $q_{ij} = 0$). Also gilt für das Potential dieser Anordnung

$$4\pi\varepsilon_0 \varphi_{\mathrm{Q}}(\boldsymbol{r}) = q\,a^2 \frac{3zy}{r^5} = q\,a^2 \frac{3\cos\vartheta \sin\vartheta \sin\varphi}{r^3}\;.$$

Diese Anordnung führt natürlich **nicht** zu einem axialsymmetrischen Potential.

2.2.7 Multipolentwicklung

Wir diskutieren nun das Potential und das elektrische Feld einer räumlich begrenzten Ladungsverteilung $\rho(\boldsymbol{r}')$, d. h. wir setzen voraus, dass sich das gesamte $\rho \neq 0$-Gebiet

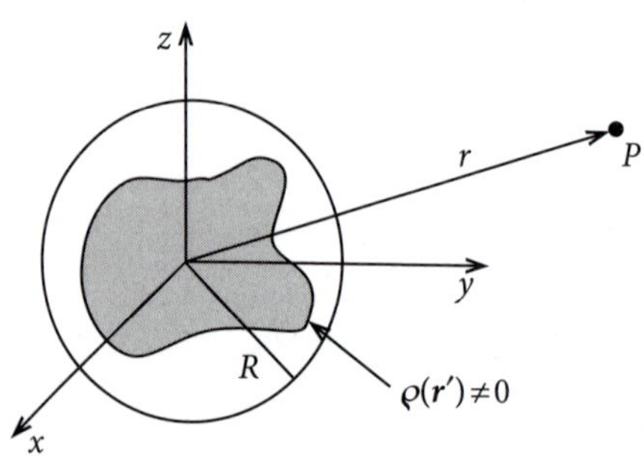

Abb. 2.32. Ladungsdichte innerhalb einer Kugel vom endlichen Radius R

in eine Kugel mit endlichem Radius R einbetten lässt. Falls keine Randbedingungen im Endlichen zu erfüllen sind, gilt (2.25):

$$\varphi(\boldsymbol{r}) = \frac{1}{4\pi\varepsilon_0} \int d^3r' \frac{\varrho(\boldsymbol{r}')}{|\boldsymbol{r} - \boldsymbol{r}'|} .$$

Die Auswertung eines solchen Volumenintegrals ist nicht immer einfach. Andererseits interessiert häufig auch nur das asymptotische Verhalten von φ und $\boldsymbol{E}$ in der *Fernzone* ($r \gg R$), d. h. weit außerhalb des $\varrho \neq 0$-Gebietes. Es bietet sich deshalb eine Taylor-Entwicklung des Integranden nach $\frac{r'}{r}$-Potenzen an:

$$\frac{1}{|\boldsymbol{r} - \boldsymbol{r}'|} = \exp(-\boldsymbol{r}' \cdot \nabla)\frac{1}{r} = \frac{1}{r} - (\boldsymbol{r}' \cdot \nabla)\frac{1}{r} + \frac{1}{2}(\boldsymbol{r}' \cdot \nabla)^2\frac{1}{r} \pm \ldots \overset{(1.33)}{=}$$

$$\overset{(1.33)}{=} \frac{1}{r} + \frac{\boldsymbol{r}' \cdot \boldsymbol{r}}{r^3} + \frac{3(\boldsymbol{r}' \cdot \boldsymbol{r})^2 - r'^2 r^2}{2r^5} + \ldots$$

Dies setzen wir in den obigen Ausdruck für $\varphi(\boldsymbol{r})$ ein:

$$4\pi\varepsilon_0\varphi(\boldsymbol{r}) = \frac{1}{r}\int d^3r' \varrho(\boldsymbol{r}') + \frac{1}{r^3}\boldsymbol{r} \cdot \int d^3r' \boldsymbol{r}' \varrho(\boldsymbol{r}') +$$

$$+ \frac{1}{2r^5}\int d^3r' \varrho(\boldsymbol{r}') \left(3(\boldsymbol{r} \cdot \boldsymbol{r}')^2 - r'^2 r^2\right) + \ldots$$

Den dritten Summanden formen wir noch etwas um:

$$\int d^3r' \varrho(\boldsymbol{r}') \left(3(\boldsymbol{r} \cdot \boldsymbol{r}')^2 - r'^2 r^2\right) =$$

$$= \int d^3r' \varrho(\boldsymbol{r}') \left(\sum_{i,j} 3x_i x_i' x_j x_j' - r'^2 \sum_{i,j} \delta_{ij} x_i x_j\right) =$$

$$= \sum_{i,j} x_i x_j \int d^3r' \varrho(\boldsymbol{r}') \left(3x_i' x_j' - r'^2 \delta_{ij}\right) .$$

Man definiert nun die folgenden

Momente der Ladungsverteilung

Gesamtladung: $$q = \int d^3r' \varrho(\boldsymbol{r}') , \qquad (2.91)$$

(Monopol)

Dipolmoment: $$\boldsymbol{p} = \int d^3r' \boldsymbol{r}' \varrho(\boldsymbol{r}') , \qquad (2.92)$$

Quadrupolmoment: $$Q_{ij} = \int d^3r' \varrho(\boldsymbol{r}')(3x_i' x_j' - r'^2 \delta_{ij}) . \qquad (2.93)$$

...

Die sich damit ergebende Potential-Entwicklung

$$4\pi\varepsilon_0\varphi(\boldsymbol{r}) = \frac{q}{r} + \frac{\boldsymbol{r}\cdot\boldsymbol{p}}{r^3} + \frac{1}{2}\sum_{i,j} Q_{ij}\frac{x_i x_j}{r^5} + \ldots \tag{2.94}$$

zeigt, dass sich das Potential einer beliebigen Ladungsverteilung aus den Potentialen einer Punktladung, eines Dipols, eines Quadrupols, eines Oktupols usw. zusammensetzt. Man spricht von einer **Multipolentwicklung**. Für sehr weit vom $\varrho \neq 0$-Gebiet entfernte Punkte wirkt die Ladungsverteilung wie eine Punktladung im Ursprung, da das erste Glied der Entwicklung dominiert. Je dichter man an das $\varrho \neq 0$-Gebiet heranrückt, desto mehr Terme der Entwicklung sind zu berücksichtigen!

Diskussion:

1. Ist $q \neq 0$, so dominiert in der Fernzone der **Monopolterm:**

$$\varphi_\mathrm{M}(\boldsymbol{r}) = \frac{1}{4\pi\varepsilon_0}\,\frac{q}{r}\,. \tag{2.95}$$

Das $\boldsymbol{E}$-Feld entspricht dem einer Punktladung q im Ursprung ((2.21) mit $\boldsymbol{r}_0 = \boldsymbol{0}$).

2. Ist $q = 0$, so dominiert der **Dipolterm:**

$$\varphi_\mathrm{D}(\boldsymbol{r}) = \frac{1}{4\pi\varepsilon_0}\,\frac{\boldsymbol{r}\cdot\boldsymbol{p}}{r^3}\,, \tag{2.96}$$

den wir im Anschluss an (2.71) ausgiebig diskutiert haben. Eine einfache Realisierung einer Ladungsverteilung mit $q = 0$ ist ein Paar aus entgegengesetzt gleichen Punktladungen,

$$\varrho(\boldsymbol{r}) = -q\,\delta(\boldsymbol{r}) + q\,\delta(\boldsymbol{r}-\boldsymbol{a})\,,$$

mit dem Dipolmoment:

$$\boldsymbol{p} = -q\cdot\boldsymbol{0} + q\,\boldsymbol{a} = q\,\boldsymbol{a}\,.$$

Das zugehörige Feld ist dann in der Fernzone, sobald die höheren Multipole unbedeutend werden, ein reines Dipolfeld (2.73).
Das Dipolmoment $\boldsymbol{p}$ (2.92) ist invariant gegenüber Drehungen des Koordinatensystems, aber in der Regel nicht gegenüber Translationen, d. h. gegenüber Verschiebungen des Nullpunktes:

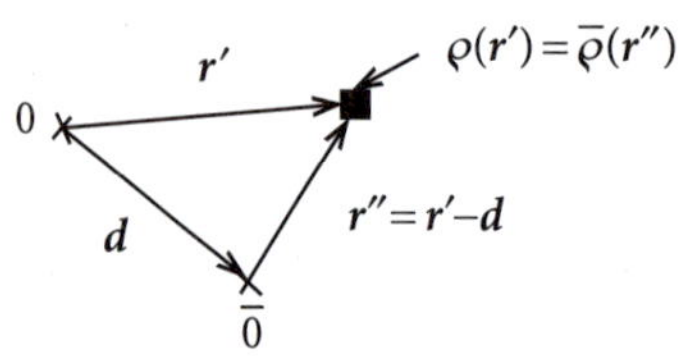

Abb. 2.33. Zur Abhängigkeit des Dipolmoments von der Wahl des Koordinatensystems

$$\bar{\boldsymbol{p}} = \int d^3r'' \boldsymbol{r}'' \bar{\varrho}(\boldsymbol{r}'') ,$$

$$d^3r'' = d^3r' ,$$

$$\bar{\boldsymbol{p}} = \int d^3r' \boldsymbol{r}' \varrho(\boldsymbol{r}') - \boldsymbol{d} \int d^3r'' \bar{\varrho}(\boldsymbol{r}'') = \boldsymbol{p} - \boldsymbol{d}\, q . \tag{2.97}$$

Verschwindet die Gesamtladung q, dann ist das Dipolmoment auch gegenüber Translationen invariant.
Spiegelsymmetrische Ladungsverteilungen

$$\varrho(\boldsymbol{r}') = \varrho(-\boldsymbol{r}')$$

haben kein Dipolmoment:

$$\boldsymbol{p} = \int d^3r' \boldsymbol{r}' \varrho(\boldsymbol{r}') \overset{\boldsymbol{r}' \to -\boldsymbol{r}'}{=} \int d^3r' (-\boldsymbol{r}') \varrho(-\boldsymbol{r}') = - \int d^3r' \, \boldsymbol{r}' \varrho(\boldsymbol{r}') = -\boldsymbol{p}$$

$$\Rightarrow \boldsymbol{p} = \boldsymbol{0} .$$

3. Sind $q = 0$ und $\boldsymbol{p} = \boldsymbol{0}$, so dominiert der **Quadrupolterm:**

$$\varphi_Q(\boldsymbol{r}) = \frac{1}{8\pi\varepsilon_0} \sum_{i,j} Q_{ij} \frac{x_i x_j}{r^5} . \tag{2.98}$$

Die Q_{ij}, definiert in (2.93), sind die Komponenten des **Quadrupoltensors:**

$$\boldsymbol{Q} = \begin{pmatrix} Q_{11} & Q_{12} & Q_{13} \\ Q_{21} & Q_{22} & Q_{23} \\ Q_{31} & Q_{32} & Q_{33} \end{pmatrix} .$$

Den Tensorbegriff haben wir in Abschn. 4.4.3, Bd. 1 eingeführt. An (2.93) liest man einige Eigenschaften des Quadrupoltensors $\boldsymbol{Q}$ ab:

a) **Spurfrei**
Unter der *Spur* einer Matrix versteht man die Summe ihrer Diagonalelemente

$$\sum_i Q_{ii} = \int d^3r' \varrho(\boldsymbol{r}') \left(3 \sum_i x_i'^2 - 3r'^2 \right) = 0 . \tag{2.99}$$

b) **Symmetrisch**, d. h. $Q_{ij} = Q_{ji}$
$\boldsymbol{Q}$ hat also nur fünf unabhängige Elemente.

c) Die in Abschn. 2.2.6 aus einem anschaulichen Modell abgeleiteten Quadrupolmomente q_{ij} sind etwas anders als die Q_{ij} definiert. Vergleicht man (2.87) mit dem Ausdruck vor (2.91), so findet man:

$$q_{ij} = \frac{1}{2} \int d^3r' \varrho(\boldsymbol{r}') x_i' x_j' . \tag{2.100}$$

Dadurch erfahren die q_{ij} ihre Deutung bei beliebigen Ladungsverteilungen. Der Vergleich mit (2.93) führt zu:

$$Q_{ij} = 6\,q_{ij} - 2\delta_{ij} \sum_k q_{kk} \,. \tag{2.101}$$

d) **Kugelsymmetrische Ladungsverteilungen** $\rho(\boldsymbol{r}') = \rho(r')$ haben **kein** Quadrupolmoment. Zunächst folgt nämlich aus Symmetriegründen

$$Q_{11} = Q_{22} = Q_{33}$$

und damit wegen (2.99) $Q_{ii} = 0,\ i = 1, 2, 3$. Dass $Q_{ij} = 0$ für $i \neq j$, sieht man durch direkte Winkelintegration.

e) **Beispiel:** *gestreckter Punktquadrupol.*
Ladungsdichte:

$$\rho(\boldsymbol{r}) = q\,\delta(x)\delta(y)\left(\delta(z) - 2\delta(z-a) + \delta(z-2a)\right) \,.$$

Gesamtladung:

$$q = 0 \,.$$

Dipolmoment:

$$\boldsymbol{p} = q \int_{-\infty}^{+\infty} \mathrm{d}z'(0,0,z')\left[\delta(z') - 2\delta(z'-a) + \delta(z'-2a)\right] = \boldsymbol{0} \,.$$

Quadrupolmomente:

$$Q_{ij} = 0 \quad \text{für } i \neq j \,,$$

$$Q_{11} = \int \mathrm{d}^3r'\,\rho(\boldsymbol{r}')\left[3x'^2 - r'^2\right] =$$

$$= q \int_{-\infty}^{+\infty} \mathrm{d}z'(-z'^2)\left[\delta(z') - 2\delta(z'-a) + \delta(z'-2a)\right] =$$

$$= -2q\,a^2 = Q_{22} \,,$$

$$Q_{33} = q \int_{-\infty}^{+\infty} \mathrm{d}z'\,2z'^2\left[\delta(z') - 2\delta(z'-a) + \delta(z'-2a)\right] = 4q\,a^2 \,.$$

Der Quadrupoltensor schreibt sich also:

$$\mathbf{Q} = 2q\,a^2 \begin{pmatrix} -1 & 0 & 0 \\ 0 & -1 & 0 \\ 0 & 0 & 2 \end{pmatrix} \,. \tag{2.102}$$

2.2.8 Wechselwirkung einer Ladungsverteilung mit einem äußeren Feld

Die externe Ladungsverteilung ϱ_{ex} erzeugt ein elektrisches Feld, mit dem die Ladungsverteilung $\varrho(\boldsymbol{r})$ wechselwirkt. Nach (2.47) gilt für die elektrostatische Feldenergie der gesamten Ladungsdichte:

$$W = \frac{1}{8\pi\varepsilon_0} \iint d^3r\, d^3r' \frac{[\varrho(\boldsymbol{r}) + \varrho_{\text{ex}}(\boldsymbol{r})]\,[\varrho(\boldsymbol{r}') + \varrho_{\text{ex}}(\boldsymbol{r}')]}{|\boldsymbol{r} - \boldsymbol{r}'|} .$$

Der Wechselwirkungsanteil lautet damit:

$$W_1 = \frac{1}{4\pi\varepsilon_0} \iint d^3r\, d^3r' \frac{\varrho(\boldsymbol{r})\varrho_{\text{ex}}(\boldsymbol{r}')}{|\boldsymbol{r} - \boldsymbol{r}'|} = \int d^3r\, \varrho(\boldsymbol{r})\varphi_{\text{ex}}(\boldsymbol{r}) . \qquad (2.103)$$

φ_{ex} ist das von ϱ_{ex} erzeugte skalare Potential. Wir nehmen an, dass das $\varrho \neq 0$-Gebiet so klein ist, dass dort φ_{ex} ungefähr als konstant angesehen werden kann:

$$\begin{aligned}\varphi_{\text{ex}}(\boldsymbol{r}) &= \varphi_{\text{ex}}(0) + (\boldsymbol{r}\cdot\nabla)\varphi_{\text{ex}}(0) + \frac{1}{2}(\boldsymbol{r}\cdot\nabla)^2\varphi_{\text{ex}}(0) + \ldots = \\ &= \varphi_{\text{ex}}(0) - \boldsymbol{r}\cdot\boldsymbol{E}(0) + \frac{1}{2}\sum_{i,j} x_i x_j \left.\frac{\partial^2\varphi_{\text{ex}}}{\partial x_j \partial x_i}\right|_{\boldsymbol{r}=0} + \ldots\end{aligned}$$

Innerhalb des $\varrho \neq 0$-Gebietes liegen keine das Feld $\boldsymbol{E}$ erzeugende Ladungen. Deswegen gilt dort $\operatorname{div}\boldsymbol{E} = 0$. Das heißt:

$$0 = \sum_i \frac{\partial}{\partial x_i} E_i = -\sum_i \frac{\partial^2\varphi_{\text{ex}}}{\partial x_i^2} = -\sum_{i,j} \delta_{ij} \frac{\partial^2\varphi_{\text{ex}}}{\partial x_j \partial x_i} .$$

Einen solchen Term können wir oben also getrost addieren:

$$\varphi_{\text{ex}}(\boldsymbol{r}) = \varphi_{\text{ex}}(0) - \boldsymbol{r}\cdot\boldsymbol{E}(0) - \frac{1}{6}\sum_{i,j}\left(3x_i x_j - r^2\delta_{ij}\right)\frac{\partial E_i(0)}{\partial x_j} + \ldots$$

Dies wird in (2.103) eingesetzt:

$$W_1 = q\,\varphi_{\text{ex}}^{(0)} - \boldsymbol{p}\cdot\boldsymbol{E}(0) - \frac{1}{6}\sum_{i,j} Q_{ij}\frac{\partial E_i(0)}{\partial x_j} + \ldots \qquad (2.104)$$

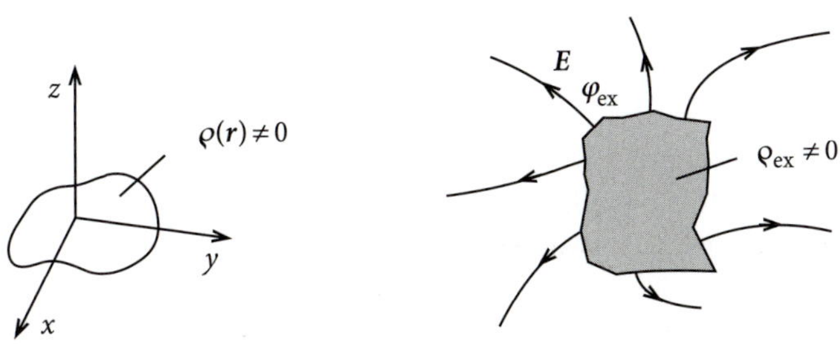

Abb. 2.34. Eine auf einen endlichen Raumbereich beschränkte Ladungsdichte im Feld einer externen Ladungsdichte (schematisch)

Die Ladung (Monopolmoment) wechselwirkt mit dem externen Potential, das Dipolmoment mit dem externen Feld $\boldsymbol{E}$ und das Quadrupolmoment mit dessen Ortsableitungen.

Wir können diesen Ausdruck ausnutzen, um die Wechselwirkung zwischen zwei Dipolen zu bestimmen. Wir setzen dazu in den zweiten Summanden das Dipolfeld (2.73) eines zweiten Dipols ein:

$$W_{12} = \frac{1}{4\pi\varepsilon_0}\left[\frac{\boldsymbol{p}_1\cdot\boldsymbol{p}_2}{r_{12}^3} - 3\frac{(\boldsymbol{r}_{12}\cdot\boldsymbol{p}_1)(\boldsymbol{r}_{12}\cdot\boldsymbol{p}_2)}{r_{12}^5}\right] \tag{2.105}$$

($\boldsymbol{r}_{12} = \boldsymbol{r}_1 - \boldsymbol{r}_2$). Diese wichtige Beziehung zeigt, dass die Dipol-Dipol-Wechselwirkung sowohl anziehend wie abstoßend sein kann, je nach relativer Orientierung der beiden Dipole.

2.2.9 Aufgaben

2.2.1

Aufgabe 2.2.1

1. Berechnen Sie die Energiedichte und die Gesamtenergie des elektrischen Feldes in einem Kugelkondensator. Die beiden Belegungen sollen die Ladungen Q und $-Q$ tragen.
2. Wie ändert sich die Energie in dem Kondensator, wenn einmal die innere Belegung die Ladung Q, die äußere Belegung die Ladung $-Q/2$ trägt und umgekehrt?
3. Welcher Druck wird in beiden Fällen auf die Belegungen des Kugelkondensators ausgeübt?

2.2.2

Aufgabe 2.2.2

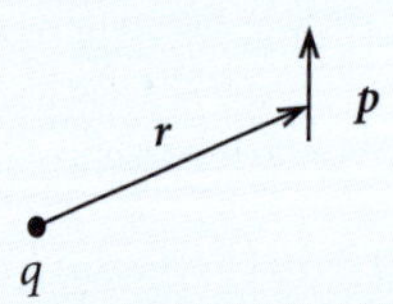

Abb. 2.35. Dipol $\boldsymbol{p}$ und Punktladung q um den Vektor $\boldsymbol{r}$ gegeneinander verschoben

Ein Dipol mit dem Moment $\boldsymbol{p}$ befinde sich am Ort $\boldsymbol{r}$. Im Koordinatenursprung liegt die Punktladung q.

1. Berechnen Sie die potentielle Energie des Dipols.
2. Berechnen Sie die Kraft, die auf den Dipol einwirkt.
3. Überlegen Sie, ob das dritte newtonsche Axiom erfüllt ist.

Aufgabe 2.2.3 2.2.3

Gegeben sei ein Zylinderkondensator mit Innenradius a und Außenradius b. Es sei eine Spannung $U = \varphi(a) - \varphi(b)$ angelegt.

1. Berechnen Sie das elektrische Feld $\boldsymbol{E}(\boldsymbol{r})$, das Potential $\varphi(\boldsymbol{r})$ und die Kapazität pro Längeneinheit.
2. Für welchen Wert von a wird die Feldstärke am Innenzylinder bei gegebenem U minimal?

Aufgabe 2.2.4 2.2.4

Abb. 2.36. Zwei parallel geschaltete Kondensatoren der Kapazität C

Ein Kondensator C wird auf die Spannung U_0 aufgeladen und dann von der Spannungsquelle abgetrennt. Wie groß sind die Ladung und die gespeicherte Energie? Anschließend wird ein zweiter, jedoch ungeladender Kondensator gleicher Kapazität parallel geschaltet. Wie groß sind jetzt die Spannung und die Gesamtenergie der beiden Kondensatoren ($C = 100\,\mu\text{F}$; $U_0 = 1000\,\text{V}$)?

Aufgabe 2.2.5 2.2.5

Berechnen Sie die Kapazität einer unendlich langen Kette von Kondensatoren der gleichen Kapazität C.

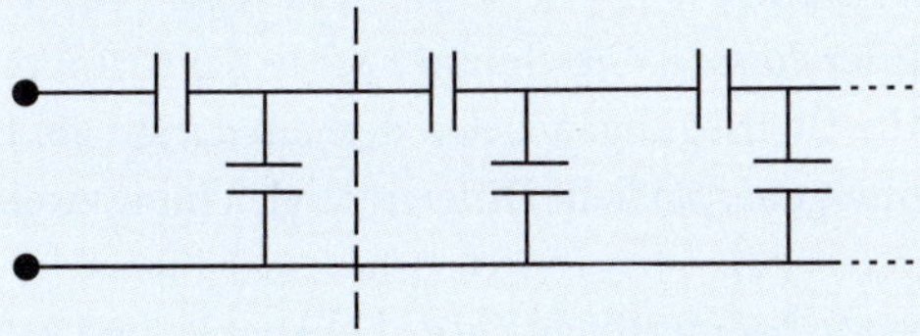

Abb. 2.37. Unendliche Kette von angeordneten Kondensatoren der Kapazität C

Hinweis: Durch Abtrennen einer Einheit (gestrichelt) ändert sich die Kapazität C_∞ der **unendlich** langen Anordnung nicht.

Aufgabe 2.2.6 2.2.6

Ein elektrischer Dipol $\boldsymbol{p}_1$ befinde sich im Koordinatenursprung und weise in die z-Richtung. Ein zweiter elektrischer Dipol $\boldsymbol{p}_2$ befinde sich an dem Ort $(x_0, 0, z_0)$. Welche Richtung nimmt $\boldsymbol{p}_2$ im Feld von $\boldsymbol{p}_1$ ein?

2.2.7

Aufgabe 2.2.7

Vier Ladungen q befinden sich in einem kartesischen Koordinatensystem an den Punkten

$$(0, d, 0), \ (0, -d, 0), \ (0, 0, d), \ (0, 0, -d)$$

und vier Ladungen $-q$ an den Punkten

$$(-d, 0, 0), \ \left(-\frac{d}{2}, 0, 0\right), \ (d, 0, 0), \ (2d, 0, 0) \, .$$

Berechnen Sie das Dipolmoment $\boldsymbol{p}$ und den Quadrupoltensor $\boldsymbol{Q}$ dieser Ladungsanordnung.

2.2.8

Aufgabe 2.2.8

Eine gegebene Ladungsverteilung $\rho(\boldsymbol{r})$ besitze axiale Symmetrie um die z-Achse.

1. Zeigen Sie, dass der Quadrupoltensor diagonal ist.
2. Verifizieren Sie: $Q_{xx} = Q_{yy} = -(1/2)Q_{zz}$.
3. Berechnen Sie das Potential und die elektrische Feldstärke des Quadrupols als Funktion von Q_{zz}.

2.3

2.3 Randwertprobleme der Elektrostatik

2.3.1 Formulierung des Randwertproblems

Wir hatten in Abschn. 2.1.3 die Lösung der Poisson-Gleichung (2.41) als das Grundproblem der Elektrostatik bezeichnet. Alle Überlegungen zielen deshalb darauf ab, Lösungsverfahren für diese lineare, inhomogene, partielle Differentialgleichung zweiter Ordnung zu entwickeln.

Falls die das Potential $\varphi(\boldsymbol{r})$ erzeugende Ladungsdichte $\rho(\boldsymbol{r}')$ bekannt ist und keine speziellen Randbedingungen auf Grenzflächen im Endlichen zu erfüllen sind, dann reicht die allgemeine Lösung (2.25) völlig aus:

$$\varphi(\boldsymbol{r}) = \frac{1}{4\pi\varepsilon_0} \int d^3r' \, \frac{\rho(\boldsymbol{r}')}{|\boldsymbol{r} - \boldsymbol{r}'|} \quad \textbf{(Poisson-Integral)} \, .$$

Ist ρ räumlich begrenzt, so gilt insbesondere

$$\varphi \underset{r \to \infty}{\longrightarrow} 0 \, ; \quad \nabla\varphi \underset{r \to \infty}{\longrightarrow} 0 \, .$$

Dies ist jedoch bei vielen praktischen Problemen nicht der eigentliche Ausgangspunkt.

Definition 2.3.1: *Randwertproblem:* 2.3.1

Gegeben: $\varrho(\boldsymbol{r}')$ in einem gewissen Raumbereich V, φ oder $\dfrac{\partial\varphi}{\partial n} = -\boldsymbol{E}\cdot\boldsymbol{n}$ auf gewissen Grenz- oder Randflächen in V.

Gesucht: Das skalare Potential $\varphi(\boldsymbol{r})$ in allen Punkten $\boldsymbol{r}$ des interessierenden Raumbereichs V.

Wir wollen zunächst untersuchen, unter welchen Bedingungen ein elektrostatisches Randwertproblem eine eindeutige mathematische Lösung besitzt. Dazu benutzen wir als wesentliche Hilfsmittel die beiden greenschen Sätze (1.67) und (1.68), mit denen wir die Poisson-Gleichung (2.41) in eine Integralgleichung umwandeln. Setzt man in (1.68)

$$\varphi \to \varphi(\boldsymbol{r}')\,; \quad \psi \to \frac{1}{|\boldsymbol{r}-\boldsymbol{r}'|}\,,$$

so folgt:

$$\int\limits_V \left[\varphi(\boldsymbol{r}')\Delta_{r'}\frac{1}{|\boldsymbol{r}-\boldsymbol{r}'|} - \frac{1}{|\boldsymbol{r}-\boldsymbol{r}'|}\Delta_{r'}\varphi(\boldsymbol{r}')\right]\mathrm{d}^3r' =$$

$$= -4\pi\int\limits_V \mathrm{d}^3r'\varphi(\boldsymbol{r}')\delta(\boldsymbol{r}-\boldsymbol{r}') + \frac{1}{\varepsilon_0}\int\limits_V \mathrm{d}^3r'\frac{\varrho(\boldsymbol{r}')}{|\boldsymbol{r}-\boldsymbol{r}'|} =$$

$$= \int\limits_{S(V)} \mathrm{d}f'\left[\varphi(\boldsymbol{r}')\frac{\partial}{\partial n'}\frac{1}{|\boldsymbol{r}-\boldsymbol{r}'|} - \frac{1}{|\boldsymbol{r}-\boldsymbol{r}'|}\frac{\partial\varphi}{\partial n'}\right].$$

Wir haben im zweiten Schritt (1.70) ausgenutzt und die Poisson-Gleichung (2.41) eingesetzt. Die Normalableitungen entsprechen (1.66).

Sei nun $\boldsymbol{r}\in V$, dann bleibt als Lösung für das Potential:

$$\varphi(\boldsymbol{r}) = \frac{1}{4\pi\varepsilon_0}\int\limits_V \mathrm{d}^3r'\frac{\varrho(\boldsymbol{r}')}{|\boldsymbol{r}-\boldsymbol{r}'|} + \frac{1}{4\pi}\int\limits_{S(V)} \mathrm{d}f'\left[\frac{1}{|\boldsymbol{r}-\boldsymbol{r}'|}\frac{\partial\varphi}{\partial n'} - \varphi(\boldsymbol{r}')\frac{\partial}{\partial n'}\frac{1}{|\boldsymbol{r}-\boldsymbol{r}'|}\right]. \tag{2.106}$$

Wir wollen diese Beziehung diskutieren:

1. ϱ in V und φ bzw. $\partial\varphi/\partial n = \boldsymbol{n}\cdot\nabla\varphi$ auf $S(V)$ ($\boldsymbol{n}$: Flächennormale) bestimmen das Potential in ganz V. Vorhandene Ladungen **außerhalb** von V gehen nur implizit über die Oberflächenintegrale ein.
2. Ist V ladungsfrei, dann gilt mit $\boldsymbol{r}\in V$:

$$\varphi(\boldsymbol{r}) = \frac{1}{4\pi}\int\limits_{S(V)} \mathrm{d}f'\left(\frac{1}{|\boldsymbol{r}-\boldsymbol{r}'|}\frac{\partial\varphi}{\partial n'} - \varphi(\boldsymbol{r}')\frac{\partial}{\partial n'}\frac{1}{|\boldsymbol{r}-\boldsymbol{r}'|}\right). \tag{2.107}$$

φ ist also vollständig durch seine Werte und die seiner Normalableitung auf $S(V)$ bestimmt.

3. Ist V der ganze Raum und

$$\varphi(\boldsymbol{r}') \underset{r' \to \infty}{\longrightarrow} \frac{1}{r'},$$

d.h.

$$\frac{1}{|\boldsymbol{r}-\boldsymbol{r}'|}\frac{\partial\varphi}{\partial n'} \underset{r' \to \infty}{\longrightarrow} \frac{1}{r'^3},$$

$$\varphi(\boldsymbol{r}')\frac{\partial}{\partial n'}\frac{1}{|\boldsymbol{r}-\boldsymbol{r}'|} \underset{r' \to \infty}{\longrightarrow} \frac{1}{r'^3},$$

dann verschwindet das Oberflächenintegral. Es bleibt das Volumenintegral, das man auch **Poisson-Integral** nennt, d.h. das bekannte Ergebnis (2.25).

4. Durch **beide** Angaben φ **und** $\partial\varphi/\partial n$ auf $S(V)$ (**Cauchy-Randbedingungen**) ist das **Problem überbestimmt.** Wir werden sehen, dass sie sich in der Regel nicht gleichzeitig erfüllen lassen. (2.106) ist deshalb noch nicht als Lösung des Randwertproblems anzusehen. Es handelt sich um eine zur Poisson-Gleichung äquivalente Integralgleichung.

2.3.2 Klassifikation der Randbedingungen

Man unterscheidet zwei Typen von Randbedingungen:

Dirichlet-Randbedingungen:

$$\varphi \text{ auf } S(V) \text{ gegeben!}$$

Neumann-Randbedingungen:

$$\frac{\partial\varphi}{\partial n} = -\boldsymbol{n}\cdot\boldsymbol{E} \text{ auf } S(V) \text{ gegeben!}$$

Von **gemischten** Randbedingungen spricht man, wenn diese auf $S(V)$ stückweise Dirichlet- und stückweise Neumann-Charakter haben.

Bevor wir uns über den physikalischen Ursprung solcher Randbedingungen Gedanken machen, zeigen wir die aus ihnen folgende **Eindeutigkeit** der Lösungen (s. Aufgabe 1.7.22):

$\varphi_1(\boldsymbol{r}), \varphi_2(\boldsymbol{r})$ seien Lösungen der Poisson-Gleichung

$$\Delta\varphi_{1,2}(\boldsymbol{r}) = -\frac{1}{\varepsilon_0}\rho(\boldsymbol{r})$$

mit

$$\varphi_1 \equiv \varphi_2 \quad \text{auf } S(V) \quad \text{(Dirichlet)}$$

oder

$$\frac{\partial \varphi_1}{\partial n} \equiv \frac{\partial \varphi_2}{\partial n} \quad \text{auf } S(V) \qquad \text{(Neumann)} \,.$$

Für

$$\psi(\boldsymbol{r}) = \varphi_1(\boldsymbol{r}) - \varphi_2(\boldsymbol{r})$$

gilt dann

$$\Delta\,\psi \equiv 0$$

mit

$$\psi \equiv 0 \quad \text{auf } S(V) \qquad \text{(Dirichlet)}$$

oder

$$\frac{\partial \psi}{\partial n} = 0 \quad \text{auf } S(V) \qquad \text{(Neumann)} \,.$$

Der erste greensche Satz (1.67) lautet für $\varphi = \psi$:

$$\int\limits_V \mathrm{d}^3 r \left[\psi\,\Delta\,\psi + (\nabla\,\psi)^2\right] = \oint\limits_{S(V)} \psi \frac{\partial \psi}{\partial n}\,\mathrm{d}f \,.$$

Beide Typen von Randbedingungen machen die rechte Seite zu Null. Es bleibt:

$$\int\limits_V \mathrm{d}^3 r (\nabla\psi)^2 = 0 \;\Rightarrow\; \nabla\psi \equiv \mathbf{0} \;\Rightarrow\; \psi = \text{const} \,.$$

Dirichlet:

$$\psi = 0 \text{ auf } S(V) \;\Rightarrow\; \psi \equiv 0 \text{ in } V \;\Rightarrow\; \varphi_1(\boldsymbol{r}) \equiv \varphi_2(\boldsymbol{r}) \text{ in } V \text{ q.e.d.}$$

Neumann:

$$\psi = \text{const in } V \text{ und } \frac{\partial \psi}{\partial n} = 0 \text{ auf } S(V) \;\Rightarrow\; \varphi_1(\boldsymbol{r}) = \varphi_2(\boldsymbol{r}) + C \,.$$

Die Konstante C ist ohne Bedeutung. Sie fällt z. B. weg, wenn man durch Gradientenbildung zur eigentlich interessierenden Feldstärke $\boldsymbol{E}$ übergeht. Beide Typen von Randbedingungen legen also *physikalisch eindeutig* die Lösung der Poisson-Gleichung fest. Dies gilt auch für *gemischte* Randbedingungen.

Warum sind Dirichlet- oder Neumann-Randbedingungen von praktischem Interesse? Wo und wann sind sie relevant? Dazu sind ein paar Vorüberlegungen notwendig: Man kann die Stoffe, die Ladungen tragen können, grob in zwei Klassen einteilen:

1. **Nichtleiter (Isolatoren):** Stoffe, deren geladene Bausteine an bestimmten Stellen fixiert sind und sich auch bei Anlegen eines elektrischen Feldes nicht aus ihren Bindungen lösen. Man denke an die Na^+- und Cl^--Ionen eines NaCl-Kristalls. Auf Nichtleitern angebrachte Zusatzladungen bleiben lokalisiert, werden trotz wirkender elektrischer Coulomb-Kräfte nicht verschoben.
2. **Leiter (Metalle):** Stoffe, in denen elektrische Ladungen (z. B. Elektronen eines nicht vollständig gefüllten Energiebandes in einem Festkörper) sich praktisch frei verschieben lassen, d. h. auf ein elektrisches Feld unmittelbar reagieren. Dasselbe gilt für aufgebrachte Zusatzladungen.

Befindet sich der Leiter in einem elektrostatischen, d. h. zeit**un**abhängigen Feld, so wird sich ein Gleichgewichtszustand einstellen, in dem sich die Ladungen auf der Oberfläche und im Inneren des Leiters in Ruhe befinden. Dies bedeutet aber:

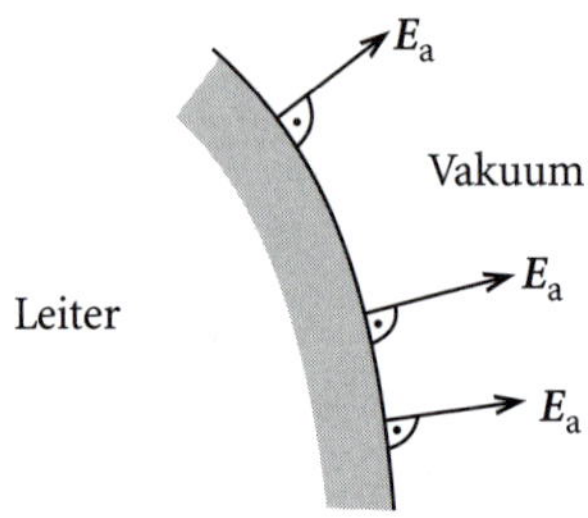

Abb. 2.38. Zum Verhalten des elektrischen Feldes an der Grenzfläche zwischen Leiter und Vakuum

$$\left.\begin{aligned} \boldsymbol{E}(\boldsymbol{r}) &\equiv 0 \\ \varphi(\boldsymbol{r}) &= \text{const} \end{aligned}\right\} \text{im Leiter} . \tag{2.108}$$

Was passiert an der Grenzfläche zwischen Leiter und Vakuum? Auf der Innenseite der Leiteroberfläche muss nach unseren Vorüberlegungen gelten:

$$E_i^{(n)} = E_i^{(t)} = 0 . \tag{2.109}$$

Tangential- und Normalkomponenten des $\boldsymbol{E}$-Feldes sind Null. Nach (2.44) verhält sich die Tangentialkomponente an der Grenzfläche stetig:

$$E_a^{(t)} = 0 ; \quad E_a^{(n)} = \frac{\sigma}{\varepsilon_0} . \tag{2.110}$$

Wichtige Folgerung:

Das elektrische Feld steht stets senkrecht auf der Leiteroberfläche, d. h.

Leiteroberfläche = Äquipotentialfläche.

Aus (2.109) folgt mit dem physikalischen gaußschen Satz, dass das Innere eines elektrischen Leiters stets ladungsneutral ist. Daran ändert sich auch nichts, wenn wir den Leiter *aushöhlen*. Das dadurch entstehende Loch bleibt feldfrei (**Faraday-Käfig**).

Bringen wir einen elektrischen Leiter in ein externes elektrostatisches Feld, so werden sich die quasifreien Ladungsträger so lange verschieben, bis das resultierende Feld senkrecht in die Leiteroberfläche einmündet, d. h., die Tangentialkomponente von $\boldsymbol{E}$ verschwindet. Das externe Feld wird damit deformiert. Wenn aber $E_{\mathrm{a}}^{(n)} \neq 0$ ist, so folgt aus (2.110), dass sich eine passende Oberflächenladungsdichte σ gebildet haben muss. Man sagt:

*Das äußere Feld **influenziert** Ladungen an der Leiteroberfläche!*

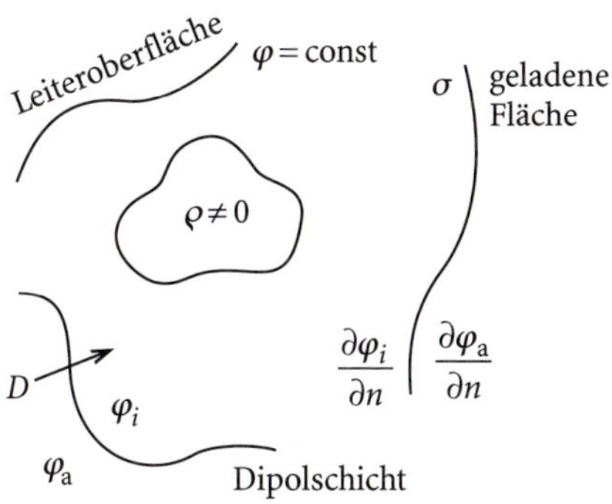

Abb. 2.39. Typische Randbedingungen für die Lösung der Poisson-Gleichung

Wir kommen nun zu unserem Randwertproblem zurück. Wir suchen das elektrostatische Potential $\varphi(\boldsymbol{r})$ als Lösung der Poisson-Gleichung in einem gewissen Raumbereich V. Die Poisson-Gleichung ist definiert durch eine

Ladungsdichte $\rho(\boldsymbol{r})$.

Ihre Lösung wird beeinflusst durch Randbedingungen auf

1. Leiteroberflächen $\Longleftrightarrow \quad \varphi = \text{const}$,
2. geladenen Flächen $\Longleftrightarrow \quad \dfrac{\partial \varphi_{\mathrm{a}}}{\partial n} - \dfrac{\partial \varphi_i}{\partial n} = -\dfrac{\sigma}{\varepsilon_0}$,
3. Dipolschichten $\Longleftrightarrow \quad \varphi_{\mathrm{a}} - \varphi_i = \pm \dfrac{1}{\varepsilon_0} D$.

Auf solche Fälle, für die die zu erfüllenden Randbedingungen vom Dirichlet- oder Neumann-Typ sind, sind die folgenden Überlegungen zugeschnitten.

2.3.3 Greensche Funktion

Wir wollen das Randwertproblem zunächst formal lösen, und zwar mithilfe der sogenannten *greenschen Funktion* $G(\boldsymbol{r}, \boldsymbol{r}')$.

Greensche Funktion: Lösung der Poisson-Gleichung für eine Punktladung $q = 1$:

$$\Delta_r G(\boldsymbol{r}, \boldsymbol{r}') = -\frac{1}{\varepsilon_0}\delta(\boldsymbol{r} - \boldsymbol{r}') \,. \tag{2.111}$$

Es handelt sich offensichtlich um eine in $\boldsymbol{r}$ und $\boldsymbol{r}'$ symmetrische Funktion; d.h., wir können den Laplace-Operator auch auf die Variable $\boldsymbol{r}'$ wirken lassen. Mit (1.70) zeigt man leicht, dass (2.111) im interessierenden Raumbereich V die Lösung

$$G(\boldsymbol{r}, \boldsymbol{r}') = \frac{1}{4\pi\varepsilon_0}\frac{1}{|\boldsymbol{r} - \boldsymbol{r}'|} + f(\boldsymbol{r}, \boldsymbol{r}') \tag{2.112}$$

hat, wobei $f(\boldsymbol{r}, \boldsymbol{r}')$ eine beliebige, in $\boldsymbol{r}$ und $\boldsymbol{r}'$ symmetrische Funktion sein kann, die lediglich **in** V

$$\Delta_r f(\boldsymbol{r}, \boldsymbol{r}') = 0 \tag{2.113}$$

erfüllen muss. Die Freiheit bezüglich der Wahl von f nutzen wir später aus, um spezielle Randbedingungen zu realisieren.

Wir benutzen noch einmal die zweite greensche Identität (1.68):

$$\int_V \mathrm{d}^3r' \left[\varphi(\boldsymbol{r}')\Delta_{r'} G(\boldsymbol{r}, \boldsymbol{r}') - G(\boldsymbol{r}, \boldsymbol{r}')\Delta_{r'}\varphi(\boldsymbol{r}')\right] =$$

$$= -\frac{1}{\varepsilon_0}\int_V \mathrm{d}^3r' \varphi(\boldsymbol{r}')\delta(\boldsymbol{r} - \boldsymbol{r}') + \frac{1}{\varepsilon_0}\int_V \mathrm{d}^3r'\, G(\boldsymbol{r}, \boldsymbol{r}')\varrho(\boldsymbol{r}') =$$

$$= \int_{S(V)} \mathrm{d}f' \left[\varphi(\boldsymbol{r}')\frac{\partial G}{\partial n'} - G(\boldsymbol{r}, \boldsymbol{r}')\frac{\partial\varphi}{\partial n'}\right] .$$

Für $\boldsymbol{r} \in V$ bedeutet dies:

$$\varphi(\boldsymbol{r}) = \int_V \mathrm{d}^3r' \varrho(\boldsymbol{r}')G(\boldsymbol{r}, \boldsymbol{r}') - \varepsilon_0 \int_{S(V)} \mathrm{d}f' \left[\varphi(\boldsymbol{r}')\frac{\partial G}{\partial n'} - G(\boldsymbol{r}, \boldsymbol{r}')\frac{\partial\varphi}{\partial n'}\right] . \tag{2.114}$$

Diese Beziehung ist natürlich völlig äquivalent zu (2.106); nur haben wir jetzt die Möglichkeit, über die noch frei verfügbare Funktion $f(\boldsymbol{r}, \boldsymbol{r}')$ die Überbestimmtheit des Problems zu beseitigen.

1. **Dirichlet**-Randbedingungen
   Falls $\varphi(\boldsymbol{r}')$ auf $S(V)$ vorgegeben ist, wird man $f(\boldsymbol{r}, \boldsymbol{r}')$ so wählen, dass

$$\int_{S(V)} \mathrm{d}f'\, G_\mathrm{D}(\boldsymbol{r}, \boldsymbol{r}')\frac{\partial\varphi}{\partial n'} = 0 \tag{2.115}$$

   gilt. Häufig, aber nicht notwendig immer, realisieren wir dies durch

$$G_\mathrm{D}(\boldsymbol{r}, \boldsymbol{r}') \equiv 0 \qquad \forall\, \boldsymbol{r}' \in S(V) \,. \tag{2.116}$$

Es bleibt dann für das skalare Potential:

$$\varphi(\boldsymbol{r}) = \int\limits_V \mathrm{d}^3 r' \varrho(\boldsymbol{r}') G_\mathrm{D}(\boldsymbol{r}, \boldsymbol{r}') - \varepsilon_0 \int\limits_{S(V)} \mathrm{d}f' \varphi(\boldsymbol{r}') \frac{\partial G_\mathrm{D}}{\partial n'} . \tag{2.117}$$

Da φ auf $S(V)$ und ϱ in V bekannt sind, ist hiermit die Lösung des Problems auf die Bestimmung der greenschen Funktion zurückgeführt, wobei letztere (2.115) bzw. (2.116) erfüllen muss.

2. **Neumann**-Randbedingungen
Falls $\frac{\partial \varphi}{\partial n} = -\boldsymbol{E} \cdot \boldsymbol{n}$ auf $S(V)$ vorgegeben ist, wird man $f(\boldsymbol{r}, \boldsymbol{r}')$ so wählen, dass

$$\varepsilon_0 \int\limits_{S(V)} \mathrm{d}f' \varphi(\boldsymbol{r}') \frac{\partial G_N(\boldsymbol{r}, \boldsymbol{r}')}{\partial n'} = -\varphi_0 \tag{2.118}$$

gilt, wobei φ_0 eine beliebige Konstante sein darf. Die nahe liegende Forderung, analog zu (2.116) $f(\boldsymbol{r}, \boldsymbol{r}')$ so zu wählen, daß

$$\frac{\partial}{\partial n'} G_N(\boldsymbol{r}, \boldsymbol{r}') \equiv 0 \quad \forall \boldsymbol{r}' \in S(V)$$

gilt, führt zum Widerspruch. Dies sieht man wie folgt:

$$\int\limits_V \mathrm{d}^3 r' \Delta_{r'} G_N(\boldsymbol{r}, \boldsymbol{r}') = -\frac{1}{\varepsilon_0} \int\limits_V \mathrm{d}^3 r' \delta(\boldsymbol{r} - \boldsymbol{r}') = -\frac{1}{\varepsilon_0} , \qquad \text{falls } \boldsymbol{r} \in V .$$

Werten wir das Integral links mithilfe des gaußschen Satzes aus,

$$\int\limits_V \mathrm{d}^3 r' \Delta_{r'} G_N(\boldsymbol{r}, \boldsymbol{r}') = \int\limits_{S(V)} \mathrm{d}\boldsymbol{f}' \cdot \nabla_{r'} G_N(\boldsymbol{r}, \boldsymbol{r}') = \int\limits_{S(V)} \mathrm{d}f' \frac{\partial G_N}{\partial n'} ,$$

so ergibt der Vergleich

$$\int\limits_{S(V)} \mathrm{d}f' \frac{\partial G_N}{\partial n'} = -\frac{1}{\varepsilon_0} , \qquad \text{falls } \boldsymbol{r} \in V . \tag{2.119}$$

Was in offensichtlichem Widerspruch zu der Annahme stünde, dass die Normalableitung von G_N auf $S(V)$ identisch verschwindet. Man wählt deshalb $f(\boldsymbol{r}, \boldsymbol{r}')$ im Fall von Neumann-Randbedingungen häufig so, dass

$$\frac{\partial}{\partial n'} G_N(\boldsymbol{r}, \boldsymbol{r}') = -\frac{1}{\varepsilon_0 S} \quad \forall \boldsymbol{r}' \in S(V) \tag{2.120}$$

gilt. Dann hat die an sich irrelevante Konstante φ_0 in (2.118) die Bedeutung des Mittelwertes von φ auf der geschlossenen Oberfläche $S(V)$:

$$\varphi_0 = \frac{1}{S} \int\limits_{S(V)} \varphi(\boldsymbol{r}') \mathrm{d}f' . \tag{2.121}$$

Es bleibt dann als formale Lösung für das skalare Potential:

$$\varphi(\boldsymbol{r}) - \varphi_0 = \int_V d^3r' \varrho(\boldsymbol{r}') G_N(\boldsymbol{r}, \boldsymbol{r}') + \varepsilon_0 \int_{S(V)} df' G_N(\boldsymbol{r}, \boldsymbol{r}') \frac{\partial \varphi}{\partial n'} \,. \tag{2.122}$$

Da $\partial\varphi/\partial n'$ auf $S(V)$ und ϱ in V bekannt sind, ist auch in diesem Fall das zu lösende Problem auf die Bestimmung einer greenschen Funktion, also auf die Bestimmung des Potentials einer Punktladung, zurückgeführt. Die greensche Funktion $G_N(\boldsymbol{r}, \boldsymbol{r}')$ muss nun die Randbedingung (2.120) bzw. (2.118) erfüllen.

Anwendungsbeispiel:

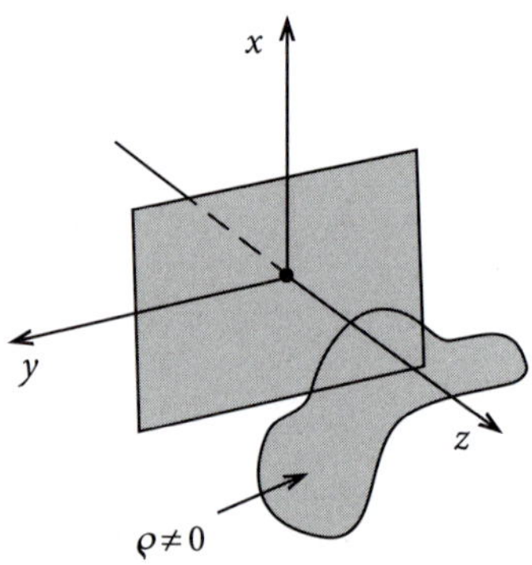

Abb. 2.40. Ladungsdichte vor einer unendlich ausgedehnten, geerdeten Metallplatte

Gegeben sei eine gewisse Ladungsverteilung ϱ vor einer in der xy-Ebene unendlich ausgedehnten, leitenden, geerdeten Platte.

Wir suchen das Potential in V = Halbraum ($z \geq 0$). Die zu erfüllenden Randbedingungen sind vom Dirichlet-Typ:

$$\varphi(x, y, z = 0) = 0 \quad \text{(geerdete Metallplatte s. (2.108))} \,,$$

$$\varphi(x = \pm\infty, y, z > 0) = \varphi(x, y = \pm\infty, z > 0) = \varphi(x, y, z = +\infty) = 0 \,.$$

φ ist also auf $S(V)$ identisch Null. Nach (2.117) bleibt die greensche Funktion $G_D(\boldsymbol{r}, \boldsymbol{r}')$ zu bestimmen, für die nach (2.112) zunächst gilt:

$$G_D(\boldsymbol{r}, \boldsymbol{r}') = \frac{1}{4\pi\varepsilon_0} \frac{1}{|\boldsymbol{r} - \boldsymbol{r}'|} + f_D(\boldsymbol{r}, \boldsymbol{r}') \,.$$

Wir können per def. G_D als das Potential einer Punktladung bei $\boldsymbol{r}' \in V$ auffassen. Folgende Bedingungen sollen dabei erfüllt sein:

$$\Delta_r f_D(\boldsymbol{r}, \boldsymbol{r}') = 0 \qquad \forall\, \boldsymbol{r} \in V \,,$$

$$\int_{S(V)} df' G_D(\boldsymbol{r}, \boldsymbol{r}') \frac{\partial \varphi}{\partial n'} = 0 \,.$$

Die zweite Bedingung versuchen wir durch (2.116) zu realisieren, d.h.

$$G_\mathrm{D}(\boldsymbol{r},\boldsymbol{r}') \overset{!}{=} 0 \quad \text{für } \boldsymbol{r} \in S(V)\,.$$

Wir betrachten zunächst die xy-Ebene, die einen Teil von $S(V)$ darstellt. Dort ist zu fordern:

$$f_\mathrm{D}(\boldsymbol{r},\boldsymbol{r}') \underset{(z=0)}{\longrightarrow} \overset{!}{=} \frac{-1}{4\pi\varepsilon_0\sqrt{(x-x')^2+(y-y')^2+(-z')^2}}\,.$$

Dies legt für $f_\mathrm{D}(\boldsymbol{r},\boldsymbol{r}')$ den folgenden **Ansatz** nahe:

$$f_\mathrm{D}(\boldsymbol{r},\boldsymbol{r}') = \frac{-1}{4\pi\varepsilon_0|\boldsymbol{r}-\boldsymbol{r}'_\mathrm{B}|}\,.$$

Dabei soll $\boldsymbol{r}'_\mathrm{B}$ aus $\boldsymbol{r}'$ durch Spiegelung an der xy-Ebene entstehen:

$$\boldsymbol{r}' = (x',y',z') \;\Rightarrow\; \boldsymbol{r}'_\mathrm{B} = (x',y',-z')\,. \tag{2.123}$$

Dies bedeutet:

$$f_\mathrm{D}(\boldsymbol{r},\boldsymbol{r}') = \frac{-1}{4\pi\varepsilon_0\sqrt{(x-x')^2+(y-y')^2+(z+z')^2}}\,.$$

Wenden wir den Laplace-Operator auf das so definierte $f_\mathrm{D}(\boldsymbol{r},\boldsymbol{r}')$ an, so ergibt sich:

$$\begin{aligned}\Delta_r f_\mathrm{D}(\boldsymbol{r},\boldsymbol{r}') &= \frac{1}{\varepsilon_0}\delta(\boldsymbol{r}-\boldsymbol{r}'_\mathrm{B}) = \frac{1}{\varepsilon_0}\delta(x-x')\delta(y-y')\delta(z+z') = \\ &= 0 \qquad \forall\, \boldsymbol{r},\boldsymbol{r}' \in V\,.\end{aligned}$$

Damit ist die erste Forderung an $f_\mathrm{D}(\boldsymbol{r},\boldsymbol{r}')$ erfüllt. Mit unserem Ansatz für f_D lautet die gesamte greensche Funktion:

$$\begin{aligned}G_\mathrm{D}(\boldsymbol{r},\boldsymbol{r}') &= \frac{1}{4\pi\varepsilon_0}\left(\frac{1}{|\boldsymbol{r}-\boldsymbol{r}'|} - \frac{1}{|\boldsymbol{r}-\boldsymbol{r}'_\mathrm{B}|}\right) = \\ &= \frac{1}{4\pi\varepsilon_0}\left[\frac{1}{\sqrt{(x-x')^2+(y-y')^2+(z-z')^2}} - \right. \\ &\qquad \left. - \frac{1}{\sqrt{(x-x')^2+(y-y')^2+(z+z')^2}}\right]\,.\end{aligned} \tag{2.124}$$

Auf der xy-Ebene ($z=0$) kompensieren sich die beiden Summanden in der Klammer. Für die im Unendlichen liegenden Begrenzungsflächen von V ist jeder Summand für sich bereits Null:

$$G_\mathrm{D}(\boldsymbol{r},\boldsymbol{r}') = 0 \qquad \forall\, \boldsymbol{r},\boldsymbol{r}' \in S(V)\,.$$

Damit sind alle Forderungen erfüllt. Wir können mit (2.124) und (2.117) das vollständige Resultat für das skalare Potential φ der Ladungsdichte ϱ angeben:

$$\varphi(\boldsymbol{r}) = \frac{1}{4\pi\varepsilon_0} \int\limits_V d^3r' \varrho(\boldsymbol{r}') \left[\frac{1}{|\boldsymbol{r} - \boldsymbol{r}'|} - \frac{1}{|\boldsymbol{r} - \boldsymbol{r}'_\mathrm{B}|} \right] \tag{2.125}$$

$\left(\boldsymbol{r} = (x, y, z);\ \boldsymbol{r}' = (x', y', z');\ \boldsymbol{r}'_\mathrm{B} = (x', y' - z')\right)$. Beachten Sie, dass, wie erwartet, die greensche Funktion $G_\mathrm{D}(\boldsymbol{r}, \boldsymbol{r}')$ symmetrisch bezüglich Vertauschung von $\boldsymbol{r}$ und $\boldsymbol{r}'$ ist.

2.3.4 Methode der Bildladungen

Wir haben im letzten Abschnitt die formale Lösung des Randwertproblems vollständig auf die Bestimmung der greenschen Funktion

$$G(\boldsymbol{r}, \boldsymbol{r}') = \frac{1}{4\pi\varepsilon_0} \frac{1}{|\boldsymbol{r} - \boldsymbol{r}'|} + f(\boldsymbol{r}, \boldsymbol{r}')$$

zurückführen können, d.h. auf die Bestimmung des Potentials einer Punktladung $q = 1$. Das eigentliche Problem liegt somit in der Festlegung der Funktion $f(\boldsymbol{r}, \boldsymbol{r}')$, die auf $S(V)$ (2.116) oder (2.120) erfüllen muss. Innerhalb des interessierenden Raumbereichs V muss f die Laplace-Gleichung erfüllen:

$$\Delta_r f(\boldsymbol{r}, \boldsymbol{r}') = 0 \quad \forall\, \boldsymbol{r}, \boldsymbol{r}' \in V\,.$$

Das legt die folgende **physikalische Interpretation** nahe:

$f(\boldsymbol{r}, \boldsymbol{r}')$: Potential einer Ladungsverteilung **außerhalb** V, das zusammen mit dem Potential $(4\pi\varepsilon_0 |\boldsymbol{r} - \boldsymbol{r}'|)^{-1}$ der Punktladung $q = 1$ bei $\boldsymbol{r}'$ für die gegebenen Randbedingungen auf $S(V)$ sorgt.

Die Position dieser *fiktiven* Ladungsverteilung hängt natürlich von der Lage $\boldsymbol{r}'$ der *realen* Ladung $q = 1$ ab.

Diese Interpretation ist der Ausgangspunkt für die **Methode der Bildladungen:** Man bringt außerhalb von V an von der Geometrie des Problems abhängenden Stellen fiktive Ladungen, sogenannte *Bildladungen*, an, durch die die geforderten Randbedingungen erfüllt werden. Da diese Bildladungen außerhalb von V liegen, *stören* sie andererseits die Poisson-Gleichung innerhalb von V nicht.

$\varrho(\boldsymbol{r}')$ **plus**		$\varrho(\boldsymbol{r}')$ plus Bildladungen
	$\Rightarrow$	
Randbedingungen		**ohne** Randbedingungen

Wir üben das Verfahren an Beispielen!

1. Beispiel

Punktladung über geerdeter, unendlich ausgedehnter Metallplatte

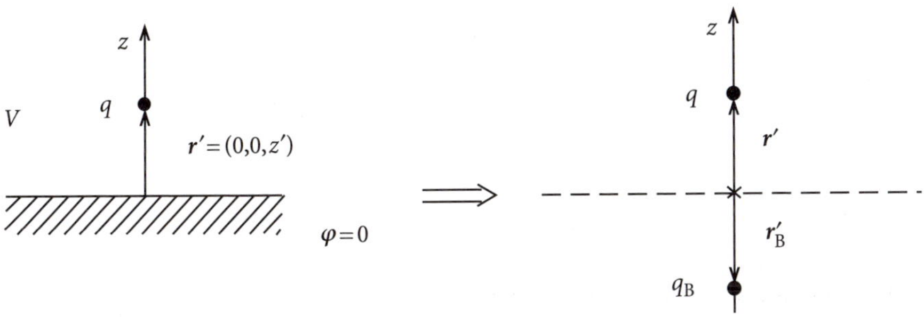

Abb. 2.41. Ersetzung der Randbedingungen eines elektrostatischen Problems durch passende Bildladungen, demonstriert am einfachen Beispiel einer Punktladung über einer geerdeten Metallplatte

Dieses Problem haben wir in etwas allgemeinerer Form bereits im vorigen Abschnitt diskutiert:

$$V: \quad \text{Halbraum } z \geq 0\,.$$

Die Randbedingungen sind vom Dirichlet-Typ:

$$\varphi = 0 \quad \text{auf } S(V)\,.$$

Wir können das Koordinatensystem stets so wählen, dass die Punktladung q auf der z-Achse liegt. Die Bedingung $\varphi = 0$ auf der xy-Ebene realisieren wir durch eine Bildladung q_B **außerhalb** von V. Es liegt nahe zu vermuten, dass es sich bei dieser ebenfalls um eine Punktladung auf der z- Achse handeln muss. Deswegen machen wir den folgenden Ansatz für das Potential:

$$4\pi\varepsilon_0\varphi(\boldsymbol{r}) = \frac{q}{|\boldsymbol{r} - \boldsymbol{r}'|} + \frac{q_B}{|\boldsymbol{r} - \boldsymbol{r}'_B|}$$

($\boldsymbol{r}' = (0,0,z')$; $\boldsymbol{r}'_B = (0,0,z'_B)$). Wir müssen $q_B, \boldsymbol{r}'_B$ so bestimmen, dass $\boldsymbol{r}'_B \notin V$ und

$$\varphi(\boldsymbol{r}) = 0 \quad \forall\, \boldsymbol{r} = (x,y,0)$$

gilt. Dies bedeutet aber:

$$0 \stackrel{!}{=} \frac{q}{\sqrt{x^2 + y^2 + (-z')^2}} + \frac{q_B}{\sqrt{x^2 + y^2 + (-z'_B)^2}}\,.$$

Daraus liest man unmittelbar ab:

$$q_B = -q \, ; \quad z'_B = -z' \iff \boldsymbol{r}'_B = -\boldsymbol{r}' \, ,$$

$$\varphi(\boldsymbol{r}) = \frac{q}{4\pi\varepsilon_0} \left(\frac{1}{|\boldsymbol{r} - \boldsymbol{r}'|} - \frac{1}{|\boldsymbol{r} + \boldsymbol{r}'|} \right) . \tag{2.126}$$

Wegen

$$\Delta_r \frac{1}{|\boldsymbol{r} + \boldsymbol{r}'|} = -4\pi \, \delta(\boldsymbol{r} + \boldsymbol{r}') = 0 \quad \forall \boldsymbol{r} \in S(V)$$

ist das eine Lösung der Poisson-Gleichung, die die Dirichlet-Randbedingung $\varphi = 0$ auf $S(V)$ erfüllt. Sie ist somit eindeutig.

Wir wollen das Ergebnis dikutieren:

1. **Elektrisches Feld**
   Wir haben den negativen Gradienten von (2.126) zu bilden:

$$\boldsymbol{E}(\boldsymbol{r}) = \frac{q}{4\pi\varepsilon_0} \left[\frac{(x, y, z - z')}{|\boldsymbol{r} - \boldsymbol{r}'|^3} - \frac{(x, y, z + z')}{|\boldsymbol{r} + \boldsymbol{r}'|^3} \right] .$$

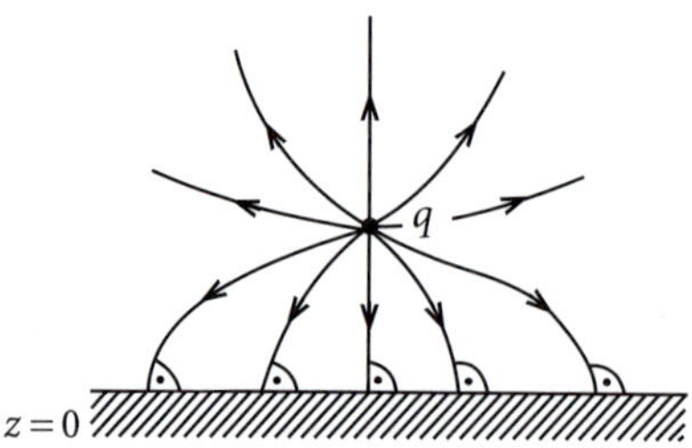

Abb. 2.42. Verlauf des elektrischen Feldes einer Punktladung vor einer geerdeten Metallfläche

Die Metalloberfläche ist eine Äquipotentialfläche ($\varphi = 0$). Das Feld $\boldsymbol{E}$ steht deshalb senkrecht auf dieser, entsprechend unseren allgemeinen Überlegungen (2.110):

$$\boldsymbol{E}(\boldsymbol{r}; z = 0) = -\frac{q}{2\pi\varepsilon_0} \frac{z'}{(x^2 + y^2 + z'^2)^{3/2}} \boldsymbol{e}_z \, . \tag{2.127}$$

2. **Influenzierte Flächenladungsdichte**
   Für diese gilt nach (2.110):

$$\sigma = \varepsilon_0 E(\boldsymbol{r}; z = 0) = -\frac{q}{2\pi} \frac{z'}{(x^2 + y^2 + z'^2)^{3/2}} \, . \tag{2.128}$$

Wir erhalten die gesamte influenzierte Flächenladung durch Integration über die Metalloberfläche

$$\bar{q} = \int\limits_{z=0} \mathrm{d}f\,\sigma\,,$$

wobei zweckmäßig ebene Polarkoordinaten benutzt werden:

$$\mathrm{d}f = \varrho\,\mathrm{d}\varrho\,\mathrm{d}\varphi$$

$$\Rightarrow \bar{q} = -q\int\limits_0^\infty \mathrm{d}\varrho\,\varrho\frac{z'}{(\varrho^2 + z'^2)^{3/2}} =$$

$$= -q\,z'\int\limits_0^\infty \mathrm{d}\varrho\left(-\frac{\mathrm{d}}{\mathrm{d}\varrho}\frac{1}{(\varrho^2 + z'^2)^{1/2}}\right) = -q\,. \tag{2.129}$$

Die gesamte Flächenladung entspricht gerade der Bildladung $q_\mathrm{B} = -q$.

3. **Bildkraft**
Durch die von der Punktladung q in der Metallplatte influenzierte Flächenladung σ wird auf die Punktladung selbst eine Kraft ausgeübt.
Das Element $\mathrm{d}f$ der Metalloberfläche hat die Richtung $\boldsymbol{e}_z$ und trägt die Ladung $\sigma\,\mathrm{d}f$. Es erfährt durch q die Kraft

$$\mathrm{d}\bar{\boldsymbol{F}} = \boldsymbol{e}_z(\sigma\,\mathrm{d}f)\widetilde{E}(z=0)\,.$$

$\widetilde{E}(z=0)$ ist der Beitrag, den die Punktladung q **allein** zum Feld bei $z=0$ beisteuert. Da das Feld *unter* der Platte $(z<0)$ verschwindet, d.h., dort sich die von q und σ bewirkten Beiträge gerade kompensieren, gilt:

$$\widetilde{E}(z=0) = \frac{1}{2}\frac{\sigma}{\varepsilon_0}$$

(s. Überlegungen zu den Feldern $\boldsymbol{E}_\pm(\boldsymbol{r})$ im Plattenkondensator (Abschn. 2.2.1); strenge Begründung des Faktors $\frac{1}{2}$ später: *Maxwellscher Spannungstensor*). Nach *actio = reactio* ergibt sich dann für die Kraft $\boldsymbol{F}$ auf die Punktladung:

$$\boldsymbol{F} = -\int\limits_{z=0}\mathrm{d}\bar{\boldsymbol{F}} = -\boldsymbol{e}_z\frac{1}{2\varepsilon_0}\int\limits_{z=0}\mathrm{d}f\,\sigma^2\,.$$

Mit (2.128) folgt:

$$\boldsymbol{F} = -\frac{q^2}{4\pi\varepsilon_0}\frac{1}{(2z')^2}\boldsymbol{e}_z\,. \tag{2.130}$$

$\boldsymbol{F}$ ist also stets anziehend und entspricht exakt der Coulomb-Kraft, die die fiktive Bildladung q_B bei $\boldsymbol{r}'_\mathrm{B}$ auf die Ladung q bei $\boldsymbol{r}'$ ausüben würde. Man nennt $\boldsymbol{F}$ die **Bildkraft**.

2. Beispiel

Punktladung über geerdeter Metallkugel

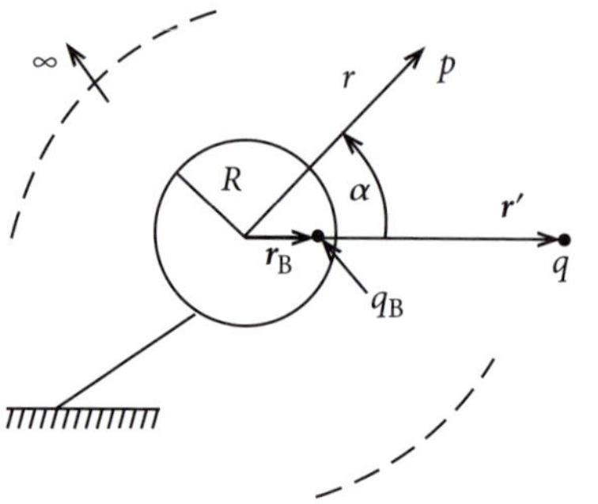

Abb. 2.43. Punktladung q über einer geerdeten Metallkugel mit passend gewählter Bildladung q_B

V = Raum zwischen zwei konzentrischen Kugeln mit Radius R und $R' \to \infty$. Wir simulieren die Randbedingung

$$\varphi = 0 \quad \text{auf } S(V)$$

durch Einführen einer Bildladung q_B, die nicht in V liegen darf, also im Innern der Metallkugel lokalisiert sein muss. Aus Symmetriegründen ist zu erwarten:

$$\boldsymbol{r}'_B \uparrow\uparrow \boldsymbol{r}' \quad (r'_B < R) .$$

Dies ergibt den **Ansatz:**

$$4\pi\varepsilon_0\varphi(\boldsymbol{r}) = \frac{q}{|\boldsymbol{r}-\boldsymbol{r}'|} + \frac{q_B}{|\boldsymbol{r}-\boldsymbol{r}'_B|} = \frac{\frac{q}{r}}{\left|\boldsymbol{e}_r - \frac{r'}{r}\boldsymbol{e}_{r'}\right|} + \frac{q_B/r'_B}{\left|(r/r'_B)\boldsymbol{e}_r - \boldsymbol{e}_{r'}\right|}$$

$(\boldsymbol{e}_r \cdot \boldsymbol{e}_{r'} = \cos\alpha)$. Wir erfüllen die Randbedingung $\varphi(r = R) = 0$,

$$0 = \frac{q}{R}\left(1 + \frac{r'^2}{R^2} - 2\frac{r'}{R}\cos\alpha\right)^{-1/2} + \frac{q_B}{r'_B}\left(\frac{R^2}{r'^2_B} + 1 - 2\frac{R}{r'_B}\cos\alpha\right)^{-1/2} ,$$

durch

$$\frac{q}{R} = -\frac{q_B}{r'_B}; \quad \frac{r'}{R} = \frac{R}{r'_B} .$$

Damit ist die Lösung klar:

$$r'_B = \frac{R^2}{r'} \le R; \quad q_B = -q\frac{R}{r'} . \tag{2.131}$$

Je dichter q an der Kugeloberfläche liegt, desto größer ist der Betrag der Bildladung und desto weiter rückt diese aus dem Kugelmittelpunkt in Richtung Oberfläche.

Das Potential

$$\varphi(\boldsymbol{r}) = \frac{q}{4\pi\varepsilon_0}\left(\frac{1}{|\boldsymbol{r}-\boldsymbol{r}'|} - \frac{R/r'}{\left|\boldsymbol{r} - (R^2/r'^2)\boldsymbol{r}'\right|}\right) \tag{2.132}$$

erfüllt in V die Poisson-Gleichung und auf $S(V)$ Dirichlet-Randbedingungen, ist als Lösung des Potentialproblems damit eindeutig.

Wir können an (2.132) die

greensche Funktion für die Kugel

$$G_\mathrm{D}(\boldsymbol{r},\boldsymbol{r}') = \frac{1}{4\pi\varepsilon_0}\left(\frac{1}{|\boldsymbol{r}-\boldsymbol{r}'|} - \frac{1}{\left|\frac{r'}{R}\boldsymbol{r} - \frac{R}{r'}\boldsymbol{r}'\right|}\right) =$$

$$= \frac{1}{4\pi\varepsilon_0}\left[\left(r^2 + r'^2 - 2r\,r'\,\boldsymbol{e}_r\cdot\boldsymbol{e}_{r'}\right)^{-1/2} - \right.$$

$$\left. - \left(\frac{r^2 r'^2}{R^2} + R^2 - 2r\,r'\,\boldsymbol{e}_r\cdot\boldsymbol{e}_{r'}\right)^{-1/2}\right] . \tag{2.133}$$

ablesen, für die offensichtlich gilt:

$$G_\mathrm{D}(\boldsymbol{r},\boldsymbol{r}') = G_\mathrm{D}(\boldsymbol{r}',\boldsymbol{r}) ,$$

$$G_\mathrm{D}(\boldsymbol{r},\boldsymbol{r}') = 0 \quad \forall\, \boldsymbol{r},\boldsymbol{r}' \in S(V) . \tag{2.134}$$

Damit haben wir automatisch über unser spezielles Beispiel eine große Klasse von wesentlich allgemeineren Potentialproblemen gelöst. Die greensche Funktion $G_\mathrm{D}(\boldsymbol{r},\boldsymbol{r}')$ ist nach unserer allgemeinen Theorie (2.117) alles, was wir brauchen, um das Potential $\varphi(\boldsymbol{r})$ einer beliebigen Ladungsverteilung $\rho(\boldsymbol{r}')$ über einer Kugel vom Radius R zu berechnen, auf deren Oberfläche φ beliebig, aber bekannt ist. Es muss sich also nicht notwendig um eine geerdete Metallkugel ($\varphi = 0$) handeln. Für die vollständige Lösung benötigen wir noch die Normalenableitung von G_D. Dabei ist zu beachten, dass der Normaleneinheitsvektor senkrecht auf $S(V)$ nach außen gerichtet ist, nach unserer Wahl von V also ins Kugelinnere:

$$\left.\frac{\partial G_\mathrm{D}}{\partial n'}\right|_{S(V)} = -\left.\frac{\partial G_\mathrm{D}}{\partial r'}\right|_{r'=R} = -\frac{1}{4\pi\varepsilon_0 R}\,\frac{r^2 - R^2}{\left(r^2 + R^2 - 2r\,R\,\boldsymbol{e}_r\cdot\boldsymbol{e}_{r'}\right)^{3/2}} .$$

Bei bekannter Ladungsdichte ρ in V und bekanntem Oberflächenpotential $\varphi(r' = R, \vartheta', \varphi')$ auf $S(V)$ ist das Problem dann vollständig gelöst:

$$\varphi(\boldsymbol{r}) = \varphi(r,\vartheta,\varphi) = \int\limits_V \mathrm{d}^3r'\,\rho(\boldsymbol{r}')G_\mathrm{D}(\boldsymbol{r},\boldsymbol{r}') +$$

$$+ \frac{R(r^2 - R^2)}{4\pi}\int\limits_{-1}^{+1}\mathrm{d}\cos\vartheta'\int\limits_0^{2\pi}\mathrm{d}\varphi'\,\frac{\varphi(R,\vartheta',\varphi')}{(r^2 + R^2 - 2r\,R\,\boldsymbol{e}_r\cdot\boldsymbol{e}_{r'})^{3/2}} . \tag{2.135}$$

In beiden Integranden steckt wegen

$$\boldsymbol{e}_r \cdot \boldsymbol{e}_{r'} = \sin\vartheta \sin\vartheta' \cos(\varphi - \varphi') + \cos\vartheta \cos\vartheta'$$

eine möglicherweise komplizierte Winkelabhängigkeit.

Wir kommen noch einmal zu unserem speziellen Beispiel der Punktladung q über der geerdeten Metallkugel zurück:

1) Flächenladungsdichte

Es gilt:

$$\sigma = -\varepsilon_0 \left.\frac{\partial\varphi}{\partial n}\right|_{r=R} = -\varepsilon_0 \boldsymbol{n} \cdot \nabla\varphi\big|_{r=R} = -\varepsilon_0 \left.\frac{\partial\varphi}{\partial r}\right|_{r=R} .$$

Dieselbe Rechnung wie oben für $\partial G_{\mathrm{D}}/\partial n'$ führt zu:

$$\sigma = -\frac{q}{4\pi R^2}\left(\frac{R}{r'}\right)\frac{1 - R^2/r'^2}{\left(1 + R^2/r'^2 - 2(R/r')\cos\alpha\right)^{3/2}} . \tag{2.136}$$

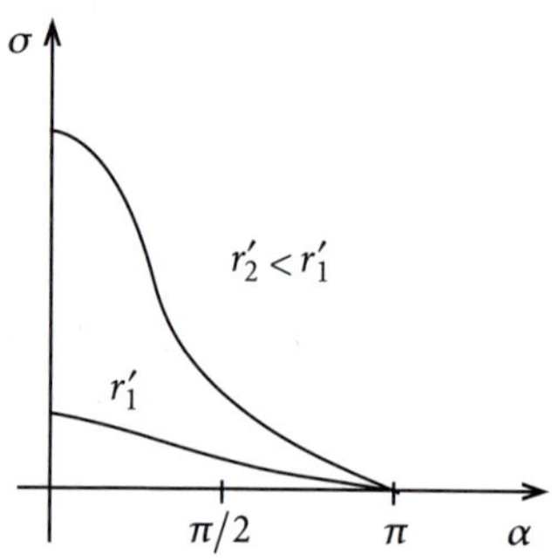

Abb. 2.44. Von einer Punktladung q auf einer geerdeten Metallkugel influenzierte Flächenladungsdichte σ als Funktion des in Abb. 2.43 definierten Winkels α

σ ist rotationssymmetrisch um die Richtung $\boldsymbol{e}_{r'}$ und maximal für $\alpha = 0$. Je kleiner der Abstand der Punktladung von der Kugeloberfläche, desto schärfer die Konzentration der influenzierten Flächenladung um die $\boldsymbol{e}_{r'}$-Richtung.

Man rechne nach, dass für die gesamte influenzierte Flächenladung $\bar{q}$ gilt:

$$\bar{q} = \int\limits_{\text{Kugel}} \mathrm{d}f\, \sigma = -q\frac{R}{r'} = q_{\mathrm{B}} . \tag{2.137}$$

2) Bildkraft

Die Metalloberfläche ist eine Äquipotentialfläche, das $\boldsymbol{E}$-Feld steht also senkrecht auf ihr. Die Kraft, die von q auf das Flächenelement ausgeübt wird, ist deshalb radial gerichtet. Wie im vorigen Beispiel begründet, gilt dann für die Kraft auf das Flächenelement $\mathrm{d}f$:

$$\mathrm{d}\bar{F} = \frac{\sigma^2}{2\varepsilon_0}\mathrm{d}f .$$

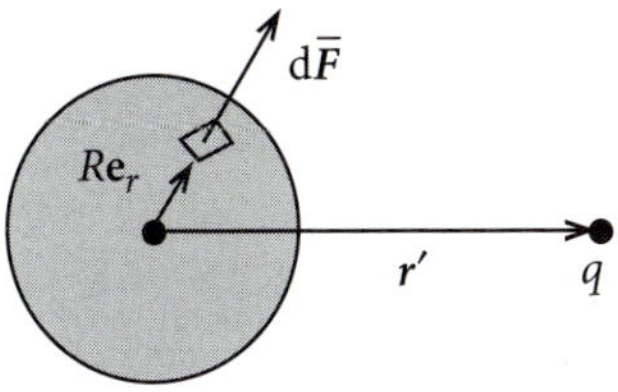

Abb. 2.45. Zur Berechnung der Bildkraft zwischen geerdeter Metallkugel und Punktladung über der Kugel

σ ist rotationssymmetrisch um die $\boldsymbol{e}_{r'}$-Richtung. Integrieren wir $\mathrm{d}\bar{\boldsymbol{F}}$ über die gesamte Kugeloberfläche, so mitteln sich deshalb die zu $\boldsymbol{e}_{r'}$ senkrechten Komponenten heraus:

$$\boldsymbol{F} = -\int\limits_{r=R} \mathrm{d}\bar{\boldsymbol{F}} = -\boldsymbol{e}_{r'} \frac{1}{2\varepsilon_0} \int\limits_{\text{Kugel}} \mathrm{d}f\, \sigma^2 \cos\alpha \,.$$

Nach einfacher Rechnung ergibt sich wie in (2.130) die normale Coulomb-Kraft zwischen Ladung und Bildladung:

$$\boldsymbol{F} = \boldsymbol{e}_{r'} \frac{1}{4\pi\varepsilon_0} \frac{q\left(-q\,R/r'\right)}{\left(r' - R^2/r'\right)^2} = \boldsymbol{e}_{r'} \frac{q \cdot q_\mathrm{B}}{4\pi\varepsilon_0\, |\boldsymbol{r}' - \boldsymbol{r}'_\mathrm{B}|^2} \,. \tag{2.138}$$

Sie ist stets anziehend ($q \cdot q_\mathrm{B} < 0$).

2.3.5 Entwicklung nach orthogonalen Funktionen

Die explizite Lösung eines Potentialproblems lässt sich häufig durch eine Entwicklung nach geeigneten orthogonalen Funktionensystemen finden. Was man dabei unter *geeignet* zu verstehen hat, wird durch die Geometrie der Randbedingungen festgelegt. Wir wollen zunächst eine Liste von Begriffen zusammenstellen, die auch für andere Disziplinen der Theoretischen Physik von Bedeutung sind.

$U_n(x),\ n = 1, 2, 3 \ldots :$ reelle oder komplexe, quadratintegrable Funktionen auf dem Intervall $[a, b]$.

Zwei Begriffe sind für das Folgende entscheidend: *Orthonormalität* und *Vollständigkeit.*

1) Orthonormalität

ist gegeben, falls

$$\int\limits_a^b \mathrm{d}x\, U_n^*(x) U_m(x) = \delta_{nm} \tag{2.139}$$

gilt. Zur

2) Vollständigkeit
müssen wir uns etwas mehr Gedanken machen. Es sei

$$f(x) \text{ eine quadratintegrable Funktion .}$$

Wir definieren dann

$$f_N(x) = \sum_{n=1}^{N} c_n U_n(x)$$

und fragen uns, wie die c_n gewählt werden müssen, damit $f_N(x)$ die vorgegebene Funktion $f(x)$ *möglichst gut* approximiert, d.h. damit

$$\int_a^b \mathrm{d}x \left|f(x) - f_N(x)\right|^2 \stackrel{!}{=} \text{minimal}$$

wird.

$$\int_a^b \mathrm{d}x \left|f(x) - f_N(x)\right|^2 = \int_a^b \mathrm{d}x\, f^*(x) f(x) - \sum_{n=1}^{N} c_n^* \int_a^b \mathrm{d}x\, U_n^*(x) f(x) - \\ - \sum_{n=1}^{N} c_n \int_a^b \mathrm{d}x\, U_n(x) f^*(x) + \sum_{n=1}^{N} c_n^* c_n \,.$$

Wir bilden

$$0 \stackrel{!}{=} \frac{\partial}{\partial c_n} \ldots = -\int_a^b \mathrm{d}x\, U_n(x) f^*(x) + c_n^* \,,$$

$$0 \stackrel{!}{=} \frac{\partial}{\partial c_n^*} \ldots = -\int_a^b \mathrm{d}x\, U_n^*(x) f(x) + c_n \,.$$

Die „beste" Wahl der Koeffizienten c_n ist also:

$$c_n = \int_a^b \mathrm{d}x\, U_n^*(x) f(x) \,. \tag{2.140}$$

Rein intuitiv würde man erwarten, dass die Approximation von $f(x)$ durch $f_N(x)$ immer besser wird, je mehr Terme des Funktionssystems $\{U_n(x)\}$ berücksichtigt werden. Man spricht von

Konvergenz im Mittel,

falls

$$\lim_{N\to\infty} \int\limits_a^b dx \left| f(x) - f_N(x) \right|^2 = 0 \,. \tag{2.141}$$

Das ist gerade bei den sogenannten *vollständigen* Funktionensystemen der Fall.

2.3.2

Definition 2.3.2 Ein orthonormales Funktionensystem $U_n(x)$, $n = 1, 2, \ldots$, heißt **vollständig**, falls für **jede** quadratintegrable Funktion $f(x)$ die Reihe $f_N(x)$ *im Mittel* gegen $f(x)$ konvergiert, sodass

$$f(x) = \sum_{n=1}^{\infty} c_n U_n(x) \tag{2.142}$$

mit c_n aus (2.140) gilt.

Der exakte Beweis, dass ein bestimmtes Funktionensystem vollständig ist, ist nicht immer einfach zu führen. – Setzen wir (2.140) in (2.142) ein,

$$f(x) = \sum_{n=1}^{\infty} \int\limits_a^b dy\, U_n^*(y) f(y) U_n(x) \,,$$

so erkennen wir die sogenannte **Vollständigkeitsrelation**

$$\sum_{n=1}^{\infty} U_n^*(y) U_n(x) = \delta(x - y) \,. \tag{2.143}$$

Beispiele

1. Intervall $[-x_0, x_0]$

$$U_n(x): \frac{1}{\sqrt{2x_0}} \; ; \quad \frac{1}{\sqrt{x_0}} \sin\left(\frac{n\pi}{x_0} x\right), \frac{1}{\sqrt{x_0}} \cos\left(\frac{n\pi}{x_0} x\right) \tag{2.144}$$

$$(n = 0) \quad (n = 1, 2, \ldots) \,.$$

Dies ist ein vollständiges Orthonormalsystem, d. h., jede in $[-x_o, x_0]$ quadratintegrable Funktion $f(x)$ lässt sich nach diesem entwickeln:

$$f(x) = C + \sum_{n=1}^{\infty} \left[a_n \sin\left(\frac{n\pi}{x_0} x\right) + b_n \cos\left(\frac{n\pi}{x_0} x\right) \right]$$

(*Fourier-Reihe*).

2. **Funktionen der Kugelfläche**
In Kugelkoordinaten (r, ϑ, φ) lässt sich der Laplace-Operator wie folgt schreiben:

$$\Delta = \frac{1}{r^2}\frac{\partial}{\partial r}\left(r^2\frac{\partial}{\partial r}\right) + \frac{1}{r^2}\Delta_{\vartheta,\varphi} \,,$$

$$\Delta_{\vartheta,\varphi} = \frac{1}{\sin\vartheta}\frac{\partial}{\partial\vartheta}\sin\vartheta\frac{\partial}{\partial\vartheta} + \frac{1}{\sin^2\vartheta}\frac{\partial^2}{\partial\varphi^2} \,. \tag{2.145}$$

Die Eigenfunktionen des Operators $\Delta_{\vartheta,\varphi}$,

$$\Delta_{\vartheta,\varphi}Y_{lm}(\vartheta,\varphi) = -l(l+1)Y_{lm}(\vartheta,\varphi) \,,$$

heißen **Kugelflächenfunktionen:**

$$Y_{lm}(\vartheta,\varphi)\;; \qquad 1cml = 0,1,2,\dots\,, \qquad m = -l,-l+1,\dots,l-1,l \,. \tag{2.146}$$

Sie bilden ein **vollständiges System auf der Einheitskugel.** Wir listen ihre wichtigsten Eigenschaften auf, ohne diese hier im einzelnen beweisen zu wollen:
a)

$$Y_{l\,m}(\vartheta,\varphi) = \sqrt{\frac{2l+1}{4\pi}\frac{(l-m)!}{(l+m)!}}\,P_l^m(\cos\vartheta)\,\mathrm{e}^{\mathrm{i}m\varphi} \,,$$

$$Y_{l-m}(\vartheta,\varphi) = (-1)^m Y_{l\,m}^*(\vartheta,\varphi) \,. \tag{2.147}$$

b) $P_l^m(z)$: **zugeordnete Legendre-Polynome**

$$P_l^m(z) = (-1)^m(1-z^2)^{m/2}\frac{\mathrm{d}^m}{\mathrm{d}z^m}P_l(z) \,,$$

$$P_l^{-m}(z) = (-1)^m\frac{(l-m)!}{(l+m)!}P_l^m(z) \,. \tag{2.148}$$

Es handelt sich um Lösungen der sogenannten

verallgemeinerten Legendre-Gleichung:

$$\frac{\mathrm{d}}{\mathrm{d}z}\left[(1-z^2)\frac{\mathrm{d}P}{\mathrm{d}z}\right] + \left[l(l+1) - \frac{m^2}{1-z^2}\right]P(z) = 0 \,. \tag{2.149}$$

c) $P_l(z)$: **Legendre-Polynome**

$$P_l(z) = \frac{1}{2^l l!}\frac{\mathrm{d}^l}{\mathrm{d}z^l}(z^2-1)^l \,. \tag{2.150}$$

Es handelt sich um Lösungen der sogenannten

gewöhnlichen Legendre-Gleichung:

$$\frac{\mathrm{d}}{\mathrm{d}z}\left[(1-z^2)\frac{\mathrm{d}P}{\mathrm{d}z}\right]+l(l+1)P(z)=0\,. \tag{2.151}$$

Sie bilden ein vollständiges Orthogonalsystem im Intervall $[-1,+1]$. Sie sind **nicht** auf 1 normiert; vielmehr gilt:

$$P_l(\pm 1)=(\pm 1)^l\,. \tag{2.152}$$

d) **Orthogonalitätsrelationen:**

$$\int_{-1}^{+1}\mathrm{d}z\,P_l(z)P_k(z)=\frac{2}{2l+1}\delta_{lk}\,, \tag{2.153}$$

$$\int_{-1}^{+1}\mathrm{d}z\,P_l^m(z)P_k^m(z)=\frac{2}{2l+1}\frac{(l+m)!}{(l-m)!}\delta_{lk}\,, \tag{2.154}$$

$$\int_0^{2\pi}\mathrm{d}\varphi\;\mathrm{e}^{\mathrm{i}(m-m')\varphi}=2\pi\,\delta_{m\,m'}\,, \tag{2.155}$$

$$\int_0^{2\pi}\mathrm{d}\varphi\int_{-1}^{+1}\mathrm{d}\cos\vartheta\;Y^*_{l'm'}(\vartheta,\varphi)Y_{l\,m}(\vartheta,\varphi)=\delta_{l\,l'}\delta_{m\,m'}\,. \tag{2.156}$$

e) **Vollständigkeitsrelationen:**

$$\frac{1}{2}\sum_{l=0}^{\infty}(2l+1)P_l(z')P_l(z)=\delta(z-z')\,, \tag{2.157}$$

$$\sum_{l=0}^{\infty}\sum_{m=-l}^{+l}Y^*_{l\,m}(\vartheta',\varphi')Y_{l\,m}(\vartheta,\varphi)=\delta(\varphi-\varphi')\delta(\cos\vartheta-\cos\vartheta')\,. \tag{2.158}$$

f) **Entwicklungssatz:**

$$f(\boldsymbol{r})=f(r,\vartheta,\varphi)=\sum_{l=0}^{\infty}\sum_{m=-l}^{+l}R_{l\,m}(r)Y_{l\,m}(\vartheta,\varphi)\,, \tag{2.159}$$

$$R_{l\,m}(r)=\int_0^{2\pi}\mathrm{d}\varphi\int_{-1}^{+1}\mathrm{d}\cos\vartheta\,f(r,\vartheta,\varphi)Y^*_{l\,m}(\vartheta,\varphi)\,. \tag{2.160}$$

g) **Additionstheorem:**

$$\sum_{m=-l}^{+l} Y_{lm}^*(\vartheta', \varphi') Y_{lm}(\vartheta, \varphi) = \frac{2l+1}{4\pi} P_l(\cos\gamma) \qquad (2.161)$$

$(\gamma = \sphericalangle(\vartheta'\varphi', \vartheta\varphi))$.

h) **Spezielle Funktionen:**

$$P_0(z) = 1 ,$$

$$P_1(z) = z ,$$

$$P_2(z) = \frac{1}{2}(3z^2 - 1) ,$$

$$P_3(z) = \frac{1}{2}(5z^3 - 3z) , \ldots ;$$

$$Y_{00} = \frac{1}{\sqrt{4\pi}} ,$$

$$Y_{11} = -\sqrt{\frac{3}{8\pi}} \sin\vartheta \, e^{i\varphi} ,$$

$$Y_{10} = \sqrt{\frac{3}{4\pi}} \cos\vartheta ,$$

$$Y_{22} = \frac{1}{4}\sqrt{\frac{15}{2\pi}} \sin^2\vartheta \, e^{i\,2\varphi}$$

$$Y_{21} = -\sqrt{\frac{15}{8\pi}} \sin\vartheta \, \cos\vartheta \, e^{i\varphi} ,$$

$$Y_{20} = \sqrt{\frac{5}{4\pi}} \left(\frac{3}{2}\cos^2\vartheta - \frac{1}{2}\right) , \ldots$$

Benutzen Sie (2.147) für $Y_{1,-1}$; $Y_{2,-2}$; $Y_{2,-1}$; ...

2.3.6 Separation der Variablen

Wir suchen nach weiteren Lösungsmethoden für die Poisson-Gleichung,

$$\Delta\,\varphi(\boldsymbol{r}) = -\frac{1}{\varepsilon_0}\rho(\boldsymbol{r}) ,$$

die eine lineare, partielle, inhomogene Differentialgleichung zweiter Ordnung für ein Gebiet darstellt, auf dessen Rand gewisse Bedingungen vorgeschrieben sind. Vom Konzept her einfach ist die **Methode der Separation.** Sie besteht im Wesentlichen aus einem **Lösungsansatz:**

$\varphi(\boldsymbol{r})$ wird geschrieben als eine Kombination (z. B. Produkt) von Funktionen, die nur von **einer** unabhängigen Koordinaten (Variablen) abhängen, z. B. $\varphi(\boldsymbol{r}) = f(x)g(y)h(z)$.

Man versucht damit zu erreichen, dass die partielle in mehrere gewöhnliche Differentialgleichungen zerfällt, die sich in der Regel einfacher lösen lassen. Wir demonstrieren das Verfahren an zwei Beispielen:

1) Laplace-Gleichung mit Randbedingungen

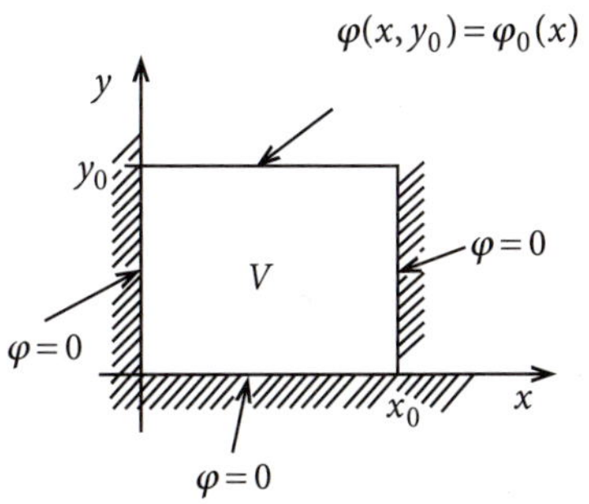

Abb. 2.46. Zweidimensionales elektrostatisches Problem mit Randbedingungen für Punkte in einem ladungsfreien Raum V

Wir diskutieren das skizzierte **zweidimensionale** Problem

$$\Delta\varphi = 0 \quad \text{in } V\,.$$

Gesucht wird $\varphi(\boldsymbol{r})$ für $\boldsymbol{r} \in V$ unter den angegebenen Randbedingungen auf $S(V)$, die sämtlich vom Dirichlet-Typ sind. Es empfiehlt sich die Verwendung von kartesischen Koordinaten,

$$\Delta = \frac{\partial^2}{\partial x^2} + \frac{\partial^2}{\partial y^2}\,,$$

sowie der **Separationsansatz**

$$\varphi(x, y) = f(x)g(y)\,.$$

Setzen wir diesen Ansatz in die Laplace-Gleichung ein und dividieren durch φ, so ergibt sich:

$$\frac{1}{f}\frac{\mathrm{d}^2 f}{\mathrm{d}x^2} + \frac{1}{g}\frac{\mathrm{d}^2 g}{\mathrm{d}y^2} = 0\,.$$

Da der erste Summand nur von x, der zweite nur von y abhängt, muss jeder für sich konstant sein:

$$\frac{1}{g}\frac{\mathrm{d}^2 g}{\mathrm{d}y^2} = \alpha^2 = -\frac{1}{f}\frac{\mathrm{d}^2 f}{\mathrm{d}x^2}\,.$$

Damit kennen wir bereits die *Struktur* der Lösung:

$$g(y) : a\cosh(\alpha y) + b\sinh(\alpha y) ,$$

$$f(x) : \bar{a}\cos(\alpha x) + \bar{b}\sin(\alpha x) .$$

Wir müssen die Randbedingungen erfüllen:

$$\varphi(0, y) \equiv 0 \quad \Rightarrow \quad \bar{a} = 0 ,$$

$$\varphi(x, 0) \equiv 0 \quad \Rightarrow \quad a = 0 ,$$

$$\varphi(x_0, y) \equiv 0 , \quad \Rightarrow \quad \alpha \to \alpha_n = \frac{n\pi}{x_0} ; \qquad n \in \mathbb{N} .$$

Eine spezielle Lösung, die diese drei Randbedingungen erfüllt, wäre dann:

$$\varphi_n(x, y) = \sinh(\alpha_n y)\sin(\alpha_n x) .$$

Die **allgemeine Lösung** sieht deshalb wie folgt aus:

$$\varphi(x, y) = \sum_n c_n \sinh\left(\frac{n\pi}{x_0}y\right)\sin\left(\frac{n\pi}{x_0}x\right) .$$

Die Koeffizienten c_n legen wir durch die noch verbleibende vierte Randbedingung fest:

$$\varphi_0(x) = \sum_n c_n \sinh\left(\frac{n\pi}{x_0}y_0\right)\sin\left(\frac{n\pi}{x_0}x\right) .$$

Wir multiplizieren diese Gleichung mit $\sin(m\pi/x_0 x)$, integrieren von 0 bis x_0 und nutzen die Orthonormalitätsrelation (2.139) des vollständigen Funktionensystems (2.144) aus:

$$\sum_n c_n \sinh\left(\frac{n\pi}{x_0}y_0\right)\int_0^{x_0} \mathrm{d}x \sin\left(\frac{n\pi}{x_0}x\right)\sin\left(\frac{m\pi}{x_0}x\right) =$$

$$= \sum_n c_n \sinh\left(\frac{n\pi}{x_0}y_0\right)\frac{x_0}{2}\delta_{nm} = \frac{x_0}{2}c_m \sinh\left(\frac{m\pi}{x_0}y_0\right) .$$

Dies führt zu:

$$c_m = \frac{2}{x_0 \sinh\left(\frac{m\pi}{x_0}y_0\right)}\int_0^{x_0} \mathrm{d}x\, \varphi_0(x)\sin\left(\frac{m\pi}{x_0}x\right) ,$$

womit das Problem vollständig gelöst ist.

2) Poisson-Gleichung mit Randbedingungen

Die formalen Lösungen (2.117) und (2.122) des Randwertproblems sind vollständig durch die zugehörige greensche Funktion festgelegt. Wir können uns deshalb auf die

Diskussion der Potentiale von Punktladungen beschränken. Das folgende Beispiel wird zeigen, wie man die Lösung der Poisson-Gleichung auf die der entsprechenden Laplace-Gleichung zurückführen kann.

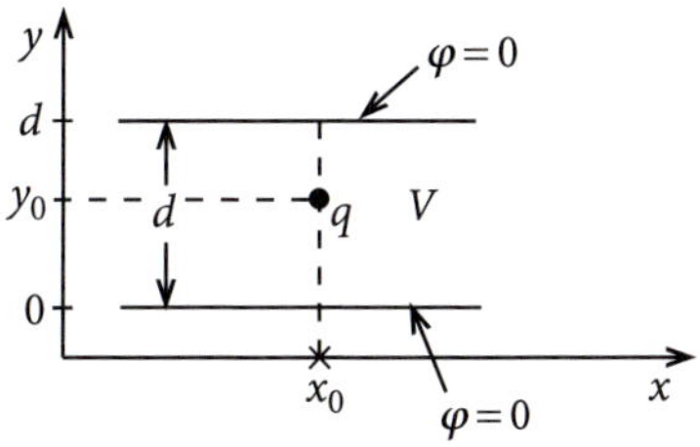

Abb. 2.47. Punktladung zwischen zwei parallelen geerdeten Metallplatten als Beispiel für ein Dirichlet-Randwertproblem

Gegeben seien zwei unendlich ausgedehnte, parallele, geerdete Metallplatten, zwischen denen im Abstand y_0 von der unteren Platte ein homogen geladener Draht verläuft. Wir interessieren uns für das Potential zwischen den Platten.

Das Problem ist unabhängig von der z-Koordinaten. Wir können es deshalb als zweidimensionales Problem auffassen, in dem der homogen geladene Draht zur Punktladung wird:

$$V = \{\boldsymbol{r} = (x, y) \; ; \; x \text{ beliebig} \; ; \; 0 \leq y \leq d\} \; ,$$

$$\rho(\boldsymbol{r}) = q\,\delta(\boldsymbol{r} - \boldsymbol{r}_0); \; \boldsymbol{r}_0 = (x_0, y_0) \; .$$

Randbedingungen:
$\varphi = 0$ auf den Platten und für $x \to \pm\infty$. Es handelt sich also um ein **Dirichlet-Randwertproblem.**

Wir wollen das Problem jedoch etwas umformulieren. Wir zerlegen den interessierenden Raumbereich V in die beiden Teilvolumina V_+ und V_-:

$$V_+ = V(x > x_0) \; ; \quad V_- = V(x < x_0) \; ,$$

und lösen in $V_\pm$ jeweils die Laplace-Gleichung, wobei wir die Punktladung bei $\boldsymbol{r}_0$ formal als Oberflächenladung auffassen:

$$\Delta\varphi = 0 \quad \text{in } V_-, V_+ \; .$$

Randbedingungen:

$$\text{a)} \quad \varphi \underset{x \to \pm\infty}{\longrightarrow} 0 \; ,$$

$$\text{b)} \quad \varphi(x, y = 0) = 0 \; ,$$

$$\text{c)} \quad \varphi(x, y = d) = 0 \; ,$$

$$\text{d)} \quad \sigma(x_0, y) = q\,\delta(y - y_0) = -\varepsilon_0 \left(\frac{\partial\varphi_+}{\partial x} - \frac{\partial\varphi_-}{\partial x} \right)\Bigg|_{x = x_0} \; .$$

Ferner muss φ bei $x = x_0$ $(y \neq y_0)$ stetig sein. Wir haben es jetzt mit gemischten Randbedingungen zu tun. a) bis c) sind vom Dirichlet-Typ, d) ist vom Neumann-Typ.

Wir starten mit einem **Separationsansatz:**

$$\varphi(x, y) = f(x) g(y) \; .$$

Die Laplace-Gleichung

$$\frac{1}{f} \frac{\mathrm{d}^2 f}{\mathrm{d}x^2} = -\frac{1}{g} \frac{\mathrm{d}^2 g}{\mathrm{d}y^2} = \beta^2$$

hat die spezielle Lösung:

$$f(x) = a\, \mathrm{e}^{\beta x} + b\, \mathrm{e}^{-\beta x} \; ,$$

$$g(y) = \bar{a} \cos(\beta y) + \bar{b} \sin(\beta y) \; ; \quad \beta > 0 \; .$$

Wir passen die Randbedingungen an.

Aus Randbedingung b) folgt:

$$\bar{a} = 0 \; .$$

Aus Randbedingung c) folgt:

$$\beta \to \beta_n = \frac{n\pi}{d} \; ; \quad n \in \mathbb{N} \; .$$

Aus Randbedingung a) folgt:

$$\varphi_\pm = \sum_{n=1}^{\infty} A_n^{(\pm)} \mathrm{e}^{\mp \frac{n\pi}{d} x} \sin\left(\frac{n\pi}{d} y\right) \; .$$

Die Stetigkeit bei $x = x_0$ erfordert:

$$a_n \equiv A_n^{(+)} \mathrm{e}^{-\frac{n\pi}{d} x_0} = A_n^{(-)} \mathrm{e}^{+\frac{n\pi}{d} x_0} \; ; \quad \forall n \; .$$

Wir haben damit das folgende Zwischenergebnis:

$$\varphi(x, y) = \sum_{n=1}^{\infty} a_n \mathrm{e}^{-\frac{n\pi}{d} |x - x_0|} \sin\left(\frac{n\pi}{d} y\right) \; .$$

Die Koeffizienten a_n bestimmen wir aus der noch nicht benutzten Randbedingung d):

$$\sigma(x_0, y) = -\varepsilon_0 \sum_{n=1}^{\infty} a_n \sin\left(\frac{n\pi}{d} y\right) \left(-\frac{n\pi}{d} - \frac{n\pi}{d}\right) \; .$$

Wir nutzen wieder die Orthonormalitätsrelation aus:

$$\frac{2\pi\varepsilon_0}{d} a_m m = \frac{2}{d}\int_0^d \mathrm{d}y\, \sigma(x_0, y) \sin\left(\frac{m\pi}{d} y\right) = \frac{2q}{d}\int_0^d \mathrm{d}y\, \delta(y - y_0) \sin\left(\frac{m\pi}{d} y\right) .$$

Dies führt zu

$$a_m = \frac{q}{\pi\varepsilon_0} \frac{\sin\left(\frac{m\pi}{d} y_0\right)}{m}$$

und damit zu der Lösung für das Potential:

$$\varphi(x, y) = \frac{q}{\pi\varepsilon_0} \sum_{n=1}^{\infty} \frac{1}{n} \sin\left(\frac{n\pi}{d} y_0\right) \sin\left(\frac{n\pi}{d} y\right) \mathrm{e}^{-\frac{n\pi}{d}|x - x_0|} .$$

Für nicht zu kleine $|x - x_0|$ kann man sich wegen der Exponentialfunktion auf die ersten Summanden beschränken.

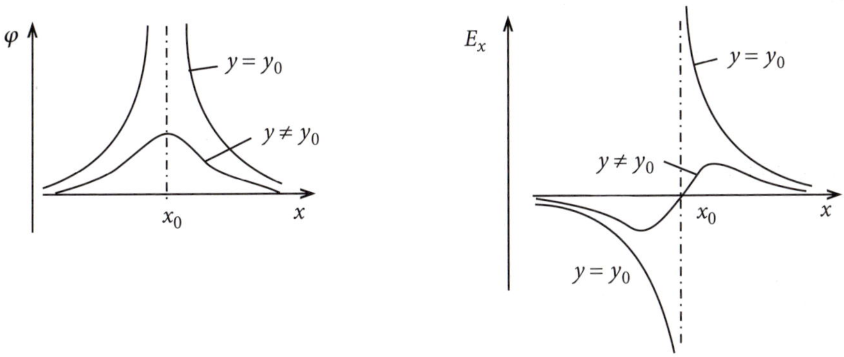

Abb. 2.48. Qualitative Lösung des Randwertproblems aus Abb. 2.47 für das skalare Potential φ und die x-Komponente der elektrischen Feldstärke $\boldsymbol{E}$

2.3.7 Lösung der Laplace-Gleichung in Kugelkoordinaten

Häufig sind Randbedingungen auf Oberflächen zu erfüllen, die eine spezielle Symmetrie aufweisen. Dann wird man entsprechende Koordinaten zur Beschreibung verwenden und das Potential nach Funktionen entwickeln, die diesen Koordinaten angepasst sind. Wir wollen in diesem Abschnitt als wichtiges Beispiel die allgemeine Lösung der Laplace-Gleichung

$$\Delta\Phi(r, \vartheta, \varphi) = 0$$

in Kugelkoordinaten aufsuchen. Das passende, vollständige Funktionensystem sind hier die Kugelflächenfunktionen (2.146). Wir benutzen den **Entwicklungssatz** (2.159), um das Potential Φ durch diese Funktionen auszudrücken:

$$\Phi(r,\vartheta,\varphi) = \sum_{l=0}^{\infty}\sum_{m=-l}^{+l} R_{lm}(r) Y_{lm}(\vartheta,\varphi) \ . \tag{2.162}$$

Wir wenden darauf den Laplace-Operator (2.145) an:

$$0 = \Delta\Phi = \sum_{l,m}\left\{\frac{1}{r^2}\frac{\mathrm{d}}{\mathrm{d}r}\left(r^2\frac{\mathrm{d}R}{\mathrm{d}r}\right) + \frac{R}{r^2}\Delta_{\vartheta,\varphi}\right\} Y_{lm}(\vartheta,\varphi) =$$

$$= \sum_{l,m}\left\{\frac{1}{r^2}\frac{\mathrm{d}}{\mathrm{d}r}\left(r^2\frac{\mathrm{d}R}{\mathrm{d}r}\right) - \frac{l(l+1)}{r^2}R\right\} Y_{lm}(\vartheta,\varphi) \ .$$

Wegen der Orthonormalität der Kugelflächenfunktionen muss jeder Summand Null sein. Dies führt zu der sogenannten **Radialgleichung:**

$$\frac{1}{r^2}\frac{\mathrm{d}}{\mathrm{d}r}\left[r^2\frac{\mathrm{d}R}{\mathrm{d}r}\right] - \frac{l(l+1)}{r^2}R = 0 \ . \tag{2.163}$$

Wir lösen diese mit dem Ansatz ($r \neq 0$):

$$R(r) = \frac{1}{r}u(r) \ .$$

Aus (2.163) wird damit

$$\left(\frac{\mathrm{d}^2}{\mathrm{d}r^2} - \frac{l(l+1)}{r^2}\right)u(r) = 0 \ .$$

Diese Gleichung hat die Lösung

$$u(r) = A\, r^{l+1} + B\, r^{-l} \ .$$

Nach (2.162) hat das Potential Φ damit die allgemeine Gestalt:

$$\Phi(r,\vartheta,\varphi) = \sum_{l=0}^{\infty}\sum_{m=-l}^{+l}\left(A_{lm}r^l + B_{lm}r^{-(l+1)}\right) Y_{lm}(\vartheta,\varphi) \ . \tag{2.164}$$

Die Koeffizienten müssen über die aktuellen physikalischen Randbedingungen festgelegt werden. Ein häufiger Spezialfall liegt bei

azimutaler Symmetrie

der Randbedingungen vor. Dann muss die Lösung der Laplace-Gleichung dieselbe Symmetrie aufweisen, d. h. muss φ-unabhängig sein. Nach (2.147) erfüllen das nur die $m = 0$-Kugelflächenfunktionen. Dann wird mit (2.147) aus (2.164):

$$\Phi(r,\vartheta) = \sum_{l=0}^{\infty}(2l+1)\left[A_l r^l + B_l r^{-(l+1)}\right] P_l(\cos\vartheta) \ . \tag{2.165}$$

Bei vielen Randwertproblemen der Elektrostatik stellen die Ausdrücke (2.164), (2.165) außerordentlich nützliche Ausgangspunkte dar.

Beispiel

Potential einer Kugel mit azimutal-symmetrischer Flächenladungsdichte.

Bei azimutaler Symmetrie bilden die Legendre-Polynome $P_l(\cos\vartheta)$ (2.150) auf der Kugel ein passendes vollständiges Orthonormalsystem. Man wird deshalb auch die vorgegebene Flächenladungsdichte $\sigma(\vartheta)$ nach ihnen entwickeln:

$$\sigma(\vartheta) = \sum_{l=0}^{\infty}(2l+1)\sigma_l P_l(\cos\vartheta)\ . \tag{2.166}$$

Der Faktor $(2l + 1)$ ist wie in (2.165) ohne besondere Bedeutung. Er wird lediglich aus Zweckmäßigkeitsgründen eingeführt. $\sigma(\vartheta)$ ist vorgegeben, also bekannt. Mit Hilfe der Orthogonalitätsrelation (2.153) für Legendre-Polynome können wir die Koeffizienten σ_l sämtlich aus $\sigma(\vartheta)$ ableiten:

$$\sigma_l = \frac{1}{2}\int\limits_{-1}^{+1} \mathrm{d}\cos\vartheta\, \sigma(\vartheta) P_l(\cos\vartheta)\ . \tag{2.167}$$

Für das skalare Potential $\Phi(r, \vartheta, \varphi)$ gilt zunächst (2.165). Wir teilen Φ auf:

$\Phi_i(\boldsymbol{r})$: Potential im Inneren der Kugel,

$\Phi_\mathrm{a}(\boldsymbol{r})$: Potential außerhalb der Kugel.

Folgende Bedingungen sind zu erfüllen:

1. Φ_i regulär bei $r = 0$:

$$\Rightarrow\ \Phi_i(r,\vartheta) = \sum_{l=0}^{\infty}(2l+1)A_l^{(i)}\, r^l P_l(\cos\vartheta)\ ,$$

2. $\Phi_\mathrm{a} \to 0$ für $r \to \infty$:

$$\Rightarrow\ \Phi_\mathrm{a}(r,\vartheta) = \sum_{l=0}^{\infty}(2l+1)B_l^{(a)}\, r^{-(l+1)} P_l(\cos\vartheta)\ ,$$

3. Φ stetig an der Kugeloberfläche:

$$\Rightarrow\ \Phi_i(r=R,\vartheta) = \Phi_\mathrm{a}(r=R,\vartheta)\ \Rightarrow\ B_l^{(a)} = A_l^{(i)} R^{2l+1}\ ,$$

4. Flächenladungsdichte $\sigma(\vartheta)$ auf der Kugel. Dies bedeutet nach (2.43):

$$\sigma(\vartheta) = -\varepsilon_0 \left(\frac{\partial\Phi_\mathrm{a}}{\partial r} - \frac{\partial\Phi_i}{\partial r}\right)\Bigg|_{r=R} =$$

$$= -\varepsilon_0 \sum_{l=0}^{\infty}(2l+1)P_l(\cos\vartheta)\left[-(l+1)B_l^{(a)}R^{-l-2} - l\,A_l^{(i)}R^{l-1}\right]\ .$$

Daraus folgt:

$$\sigma(\vartheta) = \varepsilon_0 \sum_{l=0}^{\infty} (2l+1)^2 A_l^{(i)} R^{l-1} P_l(\cos\vartheta) \; .$$

Der Vergleich mit (2.166) ergibt, da die P_l ein Orthogonalsystem darstellen:

$$\sigma_l = \varepsilon_0 (2l+1) A_l^{(i)} R^{l-1} \; .$$

Damit sind die A_l's bestimmt, sodass wir die vollständige Lösung angeben können:

$$\begin{aligned} \Phi_i(r,\vartheta) &= \frac{R}{\varepsilon_0} \sum_{l=0}^{\infty} \sigma_l \left(\frac{r}{R}\right)^l P_l(\cos\vartheta) \; , \\ \Phi_a(r,\vartheta) &= \frac{R}{\varepsilon_0} \sum_{l=0}^{\infty} \sigma_l \left(\frac{R}{r}\right)^{l+1} P_l(\cos\vartheta) \; . \end{aligned} \tag{2.168}$$

2.3.8 Potential einer Punktladung, sphärische Multipolmomente

Wir haben in Abschn. 2.2.7 die Multipolentwicklung des elektrostatischen Potentials $\Phi(\boldsymbol{r})$ bei fehlenden Randbedingungen im Endlichen aus einer Taylor-Entwicklung des Terms $1/|\boldsymbol{r} - \boldsymbol{r}'|$ im Integranden des Poisson-Integrals gewonnen. Es gibt eine alternative Multipolentwicklung, wenn man diesen Term nach Kugelflächenfunktionen entwickelt.

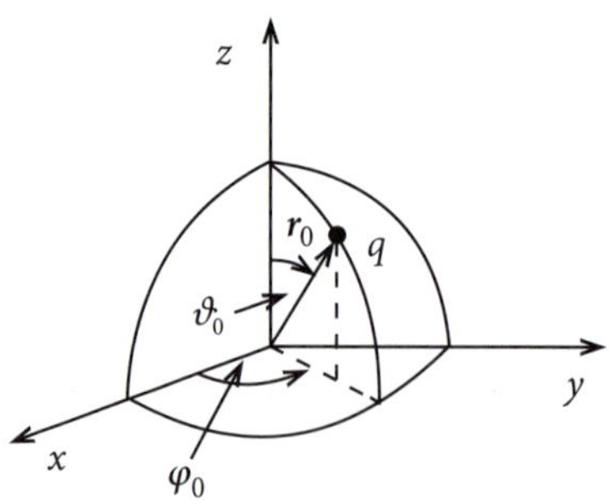

Abb. 2.49. Winkelbeziehungen für die Darstellung des Potentials einer Punktladung in Kugelkoordinaten

Wir wollen diese Entwicklung zunächst unter einem etwas allgemeineren Aspekt diskutieren, nämlich im Zusammenhang mit dem Potential einer Punktladung q am Ort $\boldsymbol{r}_0$. Wir denken uns eine Kugel mit dem Koordinatenursprung als Mittelpunkt und dem Radius r_0:

$$\begin{aligned} \Phi_>(\boldsymbol{r}) &: \quad \text{Potential für } r > r_0 \; , \\ \Phi_<(\boldsymbol{r}) &: \quad \text{Potential für } r < r_0 \; . \end{aligned}$$

Wir nehmen die allgemeine Gestalt (2.164) für die Lösung der Laplace-Gleichung innerhalb und außerhalb der Kugel und bestimmen die Koeffizienten A_{lm} und B_{lm}, indem wir die Punktladung q als Flächenladung auf der Kugel auffassen:

$$\sigma(r_0, \vartheta, \varphi) = \frac{q}{r_0^2} \delta(\varphi - \varphi_0)\, \delta(\cos\vartheta - \cos\vartheta_0) \,.$$

Randbedingungen:

$$1) \quad \Phi \text{ regulär bei } r = 0 \,,$$

$$2) \quad \Phi \to 0 \text{ für } r \to \infty \,,$$

$$3) \quad \Phi \text{ stetig bei } r = r_0 \text{ für } (\vartheta, \varphi) \neq (\vartheta_0, \varphi_0) \,,$$

$$4) \quad \sigma = -\varepsilon_0 \left(\frac{\partial \Phi_>}{\partial r} - \frac{\partial \Phi_<}{\partial r} \right)_{r=r_0} \,.$$

Diese Randbedingungen müssen in (2.164) verarbeitet werden:

$$\text{Aus 1)} \quad \Rightarrow \quad \Phi_< = \sum_{l,m} A_{lm} r^l Y_{lm}(\vartheta, \varphi) \,,$$

$$\text{aus 2)} \quad \Rightarrow \quad \Phi_> = \sum_{l,m} B_{lm} r^{-(l+1)} Y_{lm}(\vartheta, \varphi) \,,$$

$$\text{aus 3)} \quad \Rightarrow \quad A_{lm} r_0^l = B_{lm} r_0^{-(l+1)} = \frac{1}{r_0} a_{lm} \,.$$

Wir führen noch die folgende Notation ein:

$$\text{innerhalb } (r < r_0): \quad r = r_< \,, \quad r_0 = r_> \,,$$

$$\text{außerhalb } (r > r_0): \quad r = r_> \,, \quad r_0 = r_< \,.$$

Damit haben wir das Zwischenergebnis:

$$\Phi(\mathbf{r}) = \frac{1}{r_>} \sum_{l,m} a_{lm} \left(\frac{r_<}{r_>} \right)^l Y_{lm}(\vartheta, \varphi) \,.$$

Die Koeffizienten werden durch die vierte Randbedingung festgelegt. Zunächst nutzen wir die Vollständigkeitsrelation (2.158) aus:

$$\sigma(r_0, \vartheta, \varphi) = \frac{q}{r_0^2} \sum_{l,m} Y_{lm}^*(\vartheta_0, \varphi_0) Y_{lm}(\vartheta, \varphi) = -\varepsilon_0 \left(\frac{\partial \Phi_>}{\partial r_>} - \frac{\partial \Phi_<}{\partial r_<} \right)_{r_> = r_< = r_0} =$$

$$= -\varepsilon_0 \sum_{l,m} a_{lm} Y_{lm}(\vartheta, \varphi) \left[-(l+1) \frac{r_<^l}{r_>^{l+2}} - l \frac{r_<^{l-1}}{r_>^{l+1}} \right]_{r_{\lessgtr} = r_0} =$$

$$= \frac{\varepsilon_0}{r_0^2} \sum_{l,m} a_{lm} (2l+1) Y_{lm}(\vartheta, \varphi) \,.$$

Der Vergleich der ersten mit der letzten Zeile ergibt:

$$\varepsilon_0 a_{lm}(2l+1) = q\, Y^*_{lm}(\vartheta_0, \varphi_0) \; .$$

Damit gilt für das Potential der Punktladung:

$$\Phi(\boldsymbol{r}) = \frac{q}{4\pi\varepsilon_0 |\boldsymbol{r} - \boldsymbol{r}_0|} = \frac{q}{\varepsilon_0 r_>} \sum_{l=0}^{\infty} \sum_{m=-l}^{+l} \frac{1}{2l+1} \left(\frac{r_<}{r_>}\right)^l Y^*_{lm}(\vartheta_0, \varphi_0) Y_{lm}(\vartheta, \varphi) \; . \qquad (2.169)$$

Der Wert dieser Darstellung liegt in der vollständigen Faktorisierung der Koordinatensätze (r, ϑ, φ) und $(r_0, \vartheta_0, \varphi_0)$. Dies kann von sehr großem Nutzen sein, wenn der eine Satz zum Beispiel Integrationsvariable, der andere die Koordinaten eines festen Aufpunktes darstellt.

Wir können dieselben Überlegungen noch einmal für den Fall wiederholen, dass die Punktladung auf der z-Achse liegt. Dann haben wir azimutale Symmetrie und können von der Darstellung (2.165) für Φ ausgehen. Die obige Randbedingung 4) wird dann zu

$$\sigma(r_0, \vartheta) = \frac{q}{2\pi r_0^2} \delta(\cos\vartheta - 1) \; .$$

Man findet mit einer völlig analogen Rechnung:

$$\Phi(\boldsymbol{r}) = \frac{q}{4\pi\varepsilon_0 r_>} \sum_{l=0}^{\infty} \left(\frac{r_<}{r_>}\right)^l P_l(\cos\vartheta) \; . \qquad (2.170)$$

Da die Achsen immer so gelegt werden können, dass sich q auf der z-Achse befindet, müssen die beiden Beziehungen (2.169) und (2.170) natürlich völlig äquivalent sein. Ersetzt man in (2.170) ϑ durch

$$\gamma = \sphericalangle(\boldsymbol{r}, \boldsymbol{r}_0) \; ,$$

so ergibt der Vergleich das wichtige **Additionstheorem** für Kugelflächenfunktionen (2.161):

$$\frac{1}{4\pi} P_l(\cos\gamma) = \frac{1}{2l+1} \sum_{m=-l}^{+l} Y^*_{lm}(\vartheta_0, \varphi_0) Y_{lm}(\vartheta, \varphi) \; . \qquad (2.171)$$

Wir kommen nun zu der eingangs erwähnten Multipolentwicklung. Setzen wir in (2.169) $q = 1$ und multiplizieren mit $4\pi\varepsilon_0$, so haben wir die Entwicklung von $|\boldsymbol{r} - \boldsymbol{r}_0|^{-1}$ nach Kugelflächenfunktionen, die wir für das Poisson-Integral

$$4\pi\varepsilon_0 \Phi(\boldsymbol{r}) = \int \mathrm{d}^3 r' \, \frac{\varrho(\boldsymbol{r}')}{|\boldsymbol{r} - \boldsymbol{r}'|}$$

einer räumlich begrenzten Ladungsverteilung benötigen. Wir beobachten das Feld bzw. das skalare Potential Φ weit außerhalb des Ladungsgebietes $\varrho \neq 0$. Es ist deshalb in (2.169)

$$r \gg r' \iff r' = r_<, \; r = r_>$$

einzusetzen. Wir erhalten:

$$4\pi\varepsilon_0 \Phi(\boldsymbol{r}) = 4\pi \sum_{l=0}^{\infty} \sum_{m=-l}^{+l} \frac{1}{2l+1} \frac{q_{lm}}{r^{l+1}} Y_{lm}(\vartheta, \varphi) \tag{2.172}$$

mit den **sphärischen Multipolmomenten**

$$q_{lm} = \int \mathrm{d}^3 r' \, \varrho(\boldsymbol{r}') r'^l Y^*_{lm}(\vartheta', \varphi') \,, \tag{2.173}$$

für die offenbar wegen (2.147) gilt:

$$q_{l,-m} = (-1)^m q^*_{lm} \,. \tag{2.174}$$

(2.172) ist zu (2.94) analog. Die Multipolmomente sind jedoch etwas anders definiert:

1) Monopol ($l = 0$)
Mit $Y_{00} = (4\pi)^{-1/2}$ folgt:

$$q_{00} = \frac{1}{\sqrt{4\pi}} \int \mathrm{d}^3 r' \, \varrho(\boldsymbol{r}') = \frac{q}{\sqrt{4\pi}} \,. \tag{2.175}$$

Dies stimmt bis auf den unwesentlichen Faktor $1/\sqrt{4\pi}$ mit (2.91) überein.

2) Dipol ($l = 1$)
Mit den Kugelflächenfunktionen

$$Y_{10}(\vartheta, \varphi) = \sqrt{\frac{3}{4\pi}} \cos\vartheta = \sqrt{\frac{3}{4\pi}} \frac{z}{r} \,,$$

$$Y_{11}(\vartheta, \varphi) = -\sqrt{\frac{3}{8\pi}} \sin\vartheta \, \mathrm{e}^{\mathrm{i}\varphi} = -\sqrt{\frac{3}{8\pi}} \frac{x + \mathrm{i}y}{r} \,,$$

$$Y_{1-1}(\vartheta, \varphi) = -Y^*_{11}(\vartheta, \varphi)$$

finden wir den folgenden Zusammenhang zwischen den sphärischen und den kartesischen Dipolmomenten (2.92):

$$q_{10} = \sqrt{\frac{3}{4\pi}} p_z \,,$$

$$q_{11} = -\sqrt{\frac{3}{8\pi}} (p_x + \mathrm{i}\, p_y) = -q^*_{1-1} \,. \tag{2.176}$$

3) Quadrupol ($l = 2$)
Mit den Kugelflächenfunktionen

$$Y_{20}(\vartheta, \varphi) = \frac{1}{2}\sqrt{\frac{5}{4\pi}}(3\cos^2\vartheta - 1) = \frac{1}{2}\sqrt{\frac{5}{4\pi}}\,\frac{3z^2 - r^2}{r^2}\,,$$

$$Y_{21}(\vartheta, \varphi) = -\sqrt{\frac{15}{8\pi}}\sin\vartheta\cos\vartheta\,\mathrm{e}^{\mathrm{i}\varphi} = -\sqrt{\frac{15}{8\pi}}\frac{z}{r^2}(x + \mathrm{i}y)\,,$$

$$Y_{22}(\vartheta, \varphi) = \frac{1}{4}\sqrt{\frac{15}{2\pi}}\sin^2\vartheta\,\mathrm{e}^{\mathrm{i}2\varphi} = \frac{1}{4}\sqrt{\frac{15}{2\pi}}\,\frac{(x + \mathrm{i}y)^2}{r^2}$$

ergeben sich die folgenden fünf unabhängigen Komponenten des Quadrupoltensors (Q_{ij} aus (2.93)):

$$q_{20} = \frac{1}{2}\sqrt{\frac{5}{4\pi}}Q_{33}\,,$$

$$q_{21} = -\frac{1}{3}\sqrt{\frac{15}{8\pi}}(Q_{31} - \mathrm{i}\,Q_{32}) = -q^*_{2-1}\,,$$

$$q_{22} = \frac{1}{12}\sqrt{\frac{15}{2\pi}}(Q_{11} - Q_{22} - 2\mathrm{i}\,Q_{12}) = q^*_{2-2}\,. \tag{2.177}$$

2.3.9 Aufgaben

2.3.1

Aufgabe 2.3.1

Eine Punktladung q befinde sich innerhalb einer geerdeten Metallhohlkugel. Berechnen Sie das Potential $\varphi(\boldsymbol{r})$ im Innern der Kugel und die auf der Innenseite der Hohlkugel influenzierte Flächenladungsdichte. Wie groß ist die gesamte influenzierte Ladung?

2.3.2

Aufgabe 2.3.2

Eine Punktladung q befinde sich am Ort $\boldsymbol{r}'$ über einer isolierten Metallkugel, die die Gesamtladung Q trage. Der Radius der Kugel sei R. Berechnen Sie das Potential $\varphi(\boldsymbol{r})$ außerhalb der Kugel und diskutieren Sie die Kraft $\boldsymbol{F}$ auf die Punktladung.

Aufgabe 2.3.3

2.3.3

1. Berechnen Sie die greensche Funktion für ein zweidimensionales Potentialproblem **ohne** Randbedingungen im Endlichen.
Hinweis: Benutzen Sie ebene Polarkoordinaten (ϱ, φ); Laplace-Operator:

$$\Delta = \frac{1}{\varrho}\frac{\partial}{\partial\varrho}\left(\varrho\frac{\partial}{\partial\varrho}\right) + \frac{1}{\varrho^2}\frac{\partial^2}{\partial\varphi^2} .$$

Lösen Sie dann für $\varrho \neq 0$ die Laplace-Gleichung

$$\Delta\, G(\varrho, \varphi) = \Delta\, G(\varrho) = 0$$

und zeigen Sie mithilfe des gaußschen Satzes in zwei Dimensionen, dass

$$G(\varrho) = -\frac{1}{2\pi\varepsilon_0} \ln c\,\varrho$$

gilt.

2.

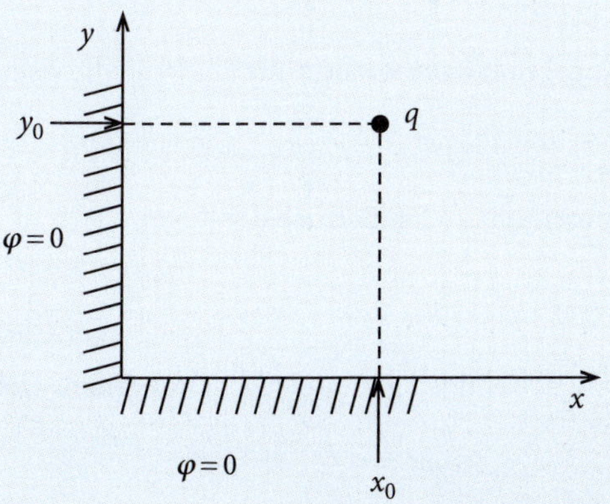

Abb. 2.50. Zweidimensionales elektrostatisches Randwertproblem für das durch eine Punktladung bewirkte skalare Potential

Berechnen Sie das Potential einer Punktladung q bei $\boldsymbol{r}_0 = (x_0, y_0)$ für das in Abb. 2.50 dargestellte zweidimensionale Randwertproblem. Benutzen Sie dazu die Methode der Bildladungen.

2.3.4

Aufgabe 2.3.4

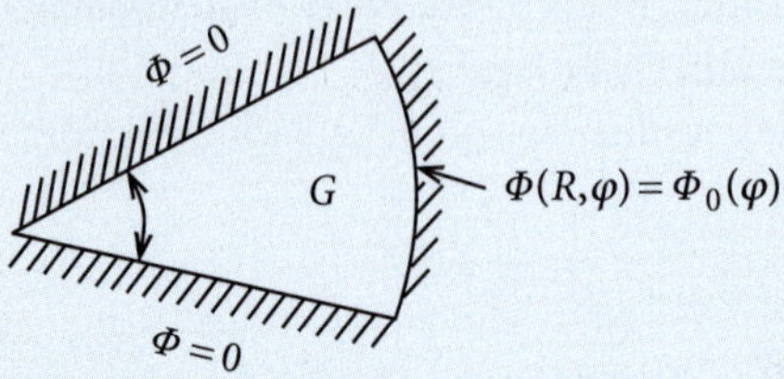

Abb. 2.51. Zweidimensionales elektrostatisches Randwertproblem für ein ladungsfreies Gebiet G

Lösen Sie mithilfe der Methode der Separation das abgebildete zweidimensionale Randwertproblem. Das Gebiet G sei ladungsfrei. Auf den beiden Schenkeln sei $\Phi = 0$, auf dem Kreisbogen $\Phi = \Phi_0(\varphi)$. Berechnen Sie das Potential $\Phi(\boldsymbol{r}) = \Phi(\rho, \varphi)$ innerhalb G.

2.3.5

Aufgabe 2.3.5

Auf der Oberfläche einer Kugel vom Radius R liege die Flächenladungsdichte

$$\sigma(\vartheta) = \sigma_0(3\cos^2\vartheta - 1) .$$

Berechnen Sie das Potential innerhalb und außerhalb der Kugel.

2.3.6

Aufgabe 2.3.6

Eine geerdete Metallhohlkugel befinde sich in einem homogenen, elektrischen Feld

$$\boldsymbol{E} = E_0 \boldsymbol{e}_z .$$

1. Berechnen Sie das Potential $\varphi(\boldsymbol{r})$.
2. Bestimmen Sie die Flächenladungsdichte auf der Kugel.

Aufgabe 2.3.7

2.3.7

Betrachten Sie einen elektrischen Dipol $\boldsymbol{p}$ im Abstand a vor einer ebenen, geerdeten Metalloberfläche, die als unendlich ausgedehnt angenommen werde.

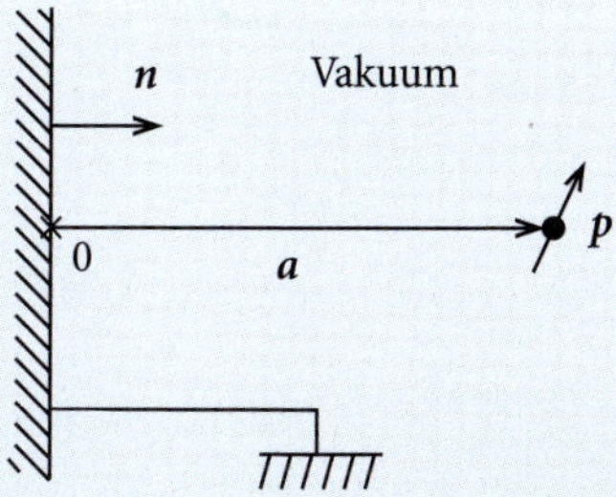

Abb. 2.52. Elektrostatisches Randwertproblem für das durch einen elektrischen Dipol vor einer geerdeten Metallfläche bewirkte elektrische Feld

1. Wie lauten Potential und elektrisches Feld eines (punktförmigen) Dipols im freien Raum
   a) im Koordinatenursprung,
   b) am Ort $\boldsymbol{a}$?

2. Berechnen Sie mithilfe der Bildladungsmethode das Potential im Raum über der Metallplatte (Vakuum) unter Erfüllung der Randbedingungen.
3. Berechnen Sie das elektrische Feld $\boldsymbol{E}(\boldsymbol{r})$ und die Dichte $\sigma(\boldsymbol{r})$ der Influenzladung auf der Metalloberfläche.
4. Diskutieren Sie das Vorzeichen der Influenzladungsdichte für die Fälle, dass das Dipolmoment
   a) senkrecht zur Oberfläche,
   b) parallel zur Oberfläche

   orientiert ist. Skizzieren Sie qualitativ den Verlauf der elektrischen Feldstärke für die beiden Fälle.
5. Berechnen Sie für die Fälle 4a) und 4b) die gesamten Influenzladungen, und zwar für jedes Vorzeichen separat.

2.3.8

Aufgabe 2.3.8

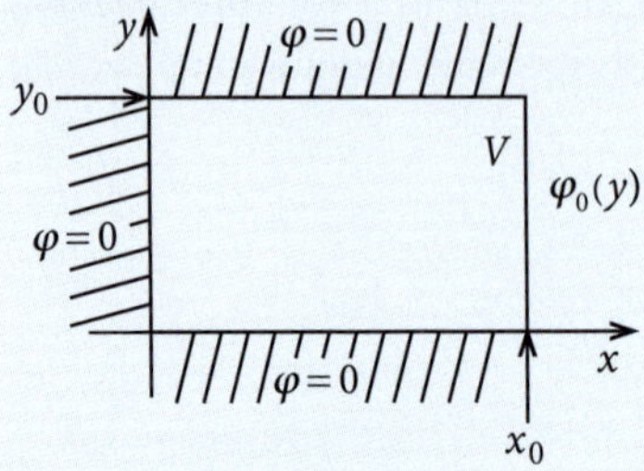

Abb. 2.53. Zweidimensionales Randwertproblem für das skalare Potential in einem ansonsten ladungsfreien Raum

Betrachten Sie das skizzierte zweidimensionale Randwertproblem. Der Bereich V sei ladungsfrei. Auf dem Rand von V sei an drei Seiten $\varphi = 0$ vorgegeben, während auf der vierten Rechteckseite

$$\varphi_0(y) = \sin\left(\frac{\pi}{y_0}y\right)$$

gelten soll.

Bestimmen Sie das skalare Potential in ganz V.

Aufgabe 2.3.9

2.3.9

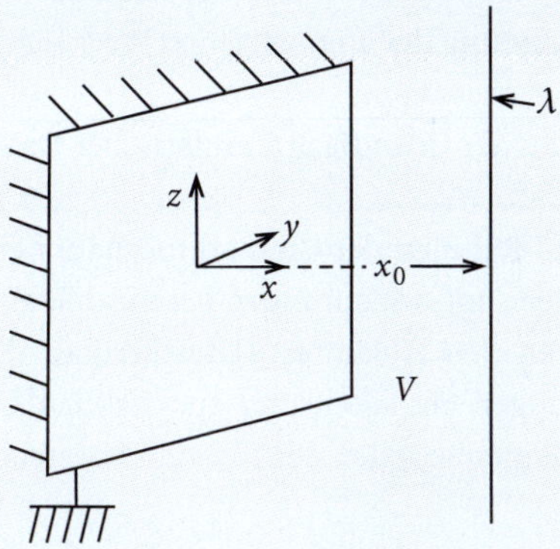

Abb. 2.54. Homogen geladener Draht vor einer geerdeten Metallplatte

Ein gerader, langer, dünner Draht, der gleichmäßig geladen ist (λ = Ladung pro Längeneinheit) befindet sich im Abstand x_0 parallel zu einer sehr großen, geerdeten Metallplatte.

1. Berechnen Sie das skalare Potential φ des Drahtes zunächst **ohne** Metallplatte (Hinweis: gaußscher Satz mit **passenden** Symmetrieüberlegungen).
2. Bestimmen Sie dann für die gegebene Anordnung das Potential φ im Halbraum V rechts der Platte mithilfe der Bildladungsmethode.
3. Wie groß ist die influenzierte Flächenladungsdichte auf der Platte?

2.4 Elektrostatik der Dielektrika

2.4

Unsere bisherigen Überlegungen bezogen sich ausschließlich auf elektrische Felder **im Vakuum**, beschrieben durch die beiden Maxwell-Gleichungen (2.39),

$$\operatorname{div} \boldsymbol{E} = -\frac{\varrho}{\varepsilon_0} \; ; \qquad \operatorname{rot} \boldsymbol{E} = 0 \; .$$

Jetzt sollen die entsprechenden Feldgleichungen der Materie abgeleitet werden. Materie besteht größtenteils aus geladenen Teilchen (Protonen, Elektronen, Ionen,...), die selbstverständlich auf äußere Felder reagieren, d. h. durch diese Felder aus ihren Gleichgewichtspositionen mehr oder weniger stark verschoben werden. Dies führt zu induzierten Multipolen und damit zu Zusatzfeldern im Inneren der Materie, die sich dem äußeren überlagern. Es ist klar, dass die Art und Weise, wie sich die geladenen Teilchen der Materie mit dem äußeren Feld *arrangieren*, die bisher diskutierte Elektrostatik des Vakuums deutlich modifizieren wird. Wir wollen deshalb nun versuchen, die Maxwell-Gleichungen so zu formulieren, dass in angemessener Weise die äußerst komplizierten mikroskopischen Korrelationen der Materie berücksichtigt werden. Streng genommen müssten dazu zwei Teilaufgaben bewältigt werden:

1. Aufbau eines theoretischen Modells zur Deutung der atomistischen Wechselwirkungen,
2. Definition makroskopischer Feldgrößen auf der Grundlage atomistischer Daten.

Das atomare Modell lässt sich korrrekt nur im Rahmen der Quantenmechanik entwickeln. Wir müssen uns deshalb an dieser Stelle auf Andeutungen beschränken.

Die Betrachtungen dieses Abschnitts gelten den Isolatoren (**Dielektrika**), d.h. Substanzen, die keine frei beweglichen Ladungen enthalten und aus stabilen Untereinheiten (z.B. Atomen, Molekülen oder Elementarzellen des Kristalls) bestehen, deren Gesamtladungen verschwinden.

2.4.1 Makroskopische Feldgrößen

Wir beginnen mit Punkt 2., fragen uns also zunächst nach den makroskopischen Observablen. Ausgangspunkt ist das grundlegende **Postulat:**

Die Maxwell-Gleichungen des Vakuums gelten mikroskopisch universell!

$$\operatorname{div} \boldsymbol{e} = \frac{\varrho_m}{\varepsilon_0} \; ; \quad \operatorname{rot} \boldsymbol{e} = 0 \, , \tag{2.178}$$

$\boldsymbol{e}$: mikroskopisches elektrisches Feld; ϱ_m: mikroskopische Ladungsdichte.

Wenn wir die mikroskopischen Felder und Ladungsverteilungen kennen würden, dann bestünde keinerlei Anlass, die bisherige Theorie zu ändern. Diese Kenntnis haben wir jedoch nicht, da sich im Mittel etwa 10^{23} molekulare (atomare, subatomare) Teilchen pro Kubikzentimeter in Bewegung befinden (Gitterschwingungen, Bahnbewegungen der Atomelektronen, ...), woraus räumlich und zeitlich rasch oszillierende Felder resultieren. Deren exakte Bestimmung erscheint hoffnungslos. Andererseits bedeutet aber eine makroskopische Messung immer ein *grobes Abtasten* eines mikroskopisch großen Gebietes und damit automatisch eine Mittelung über einen gewissen endlichen Raum-Zeit-Bereich, wodurch schnelle mikroskopische Fluktuationen *geglättet* werden. Eine Theorie ist deshalb nur für gemittelte Größen sinnvoll. Eine mikroskopisch **exakte** Theorie ist einerseits nicht machbar, andererseits aber auch unnötig, da sie sehr viel *überflüssige*, weil experimentell nicht zugängliche Information enthalten würde. Wie beschreibt man nun theoretisch den experimentellen Mittelungsprozeß?

2.4.1 **Definition 2.4.1:** *Phänomenologischer Mittelwert*

$$\overline{f(\boldsymbol{r},t)} = \frac{1}{v(\boldsymbol{r})} \int\limits_{v(\boldsymbol{r})} \mathrm{d}^3r' f(\boldsymbol{r}',t) = \frac{1}{v} \int\limits_{v(0)} \mathrm{d}^3r' f(\boldsymbol{r}'+\boldsymbol{r},t) \, . \tag{2.179}$$

$f(\boldsymbol{r},t)$: mikroskopische Feldgröße,

$v(\boldsymbol{r})$: mikroskopisch großes, makroskopisch kleines Kugelvolumen mit Mittelpunkt bei $\boldsymbol{r}$ (z. B. $v \approx 10^{-6}\,\mathrm{cm}^3$ mit durchschnittlich noch 10^{17} Teilchen).

Man kann sich überlegen, dass wegen der großen Zahl von Teilchen im makroskopischen Volumen $v(\boldsymbol{r})$ durch die räumliche Mittelung auch die raschen zeitlichen Fluktuationen geglättet werden. (2.179) ist nicht die einzige Möglichkeit für die Mittelung. Sie ist für unsere Zwecke hier jedoch besonders angenehm. Die physikalischen Resultate müssen und werden von der Art der Mittelung unabhängig sein. Wichtig für die folgenden Abhandlungen ist die Annahme

$$\nabla \bar{f} = \overline{\nabla f} \qquad \left(\text{später auch: } \frac{\partial}{\partial t}\bar{f} = \overline{\frac{\partial f}{\partial t}}\right) , \tag{2.180}$$

die offensichtlich auf den Mittelungsprozess (2.179) zutrifft. Wir definieren nun:

$$\boldsymbol{E}(\boldsymbol{r}) = \overline{\boldsymbol{e}(\boldsymbol{r})} : \quad \textbf{makroskopisches, elektrostatisches Feld.} \tag{2.181}$$

Wegen (2.180) gilt:

$$\operatorname{rot} \bar{\boldsymbol{e}} = \overline{\operatorname{rot} \boldsymbol{e}} \; ; \qquad \operatorname{div} \bar{\boldsymbol{e}} = \overline{\operatorname{div} \boldsymbol{e}} \, .$$

Durch Mittelung in (2.178) erhalten wir dann die

makroskopischen Maxwell-Gleichungen

$$\operatorname{div} \boldsymbol{E} = \frac{\bar{\varrho}_m}{\varepsilon_0} \; ; \qquad \operatorname{rot} \boldsymbol{E} = 0 \, . \tag{2.182}$$

Wir werden $\boldsymbol{E}$ wieder als Gradienten eines skalaren Potentials schreiben können:

$$\boldsymbol{e} = -\nabla\varphi \;\Rightarrow\; \bar{\boldsymbol{e}} = -\overline{\nabla\varphi} = -\nabla\bar{\varphi} \;\Rightarrow$$

$$\boldsymbol{E}(\boldsymbol{r}) \Rightarrow = -\nabla\overline{\varphi(\boldsymbol{r})} \, . \tag{2.183}$$

Wir müssen noch $\overline{\varphi(\boldsymbol{r})}$ festlegen. Dazu berechnen wir zunächst das Potential φ_j eines einzelnen *Teilchens* (Ion, Molekül, …), das sich aus Atomelektronen und Kernen zusammensetzt, die als Punktladungen $q_n^{(j)}$ aufgefasst werden können. Das soll auch für die sich momentan im Raumbereich des j-ten Teilchens befindlichen *Überschussladungen* (*freie* Ladungen) gelten.

$$q_j = \sum_n^{(j)} q_n^{(j)} : \quad \textbf{Gesamtladung} \text{ des } j\text{-ten Teilchens} \, ,$$

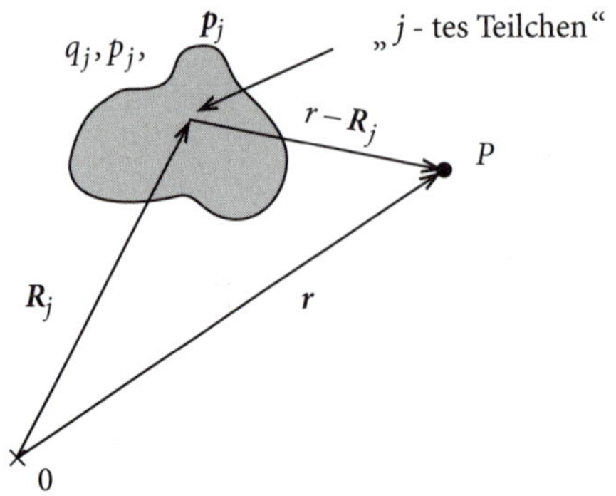

Abb. 2.55. Schematische Darstellung zur Festlegung von Gesamtladung und Dipolmoment eines Teilchens, das sich aus punktförmigen „Subteilchen" zusammensetzt

$$\varrho_j = \sum_n^{(j)} q_n^{(j)} \delta(\boldsymbol{r} - \boldsymbol{r}_n) : \qquad \textbf{Ladungsdichte} \text{ im } j\text{-ten Teilchen} ,$$

$$\boldsymbol{p}_j = \int \mathrm{d}^3 r \, \varrho_j(\boldsymbol{r}) \, (\boldsymbol{r} - \boldsymbol{R}_j) : \quad \textbf{Dipolmoment} \text{ des } j\text{-ten Teilchens} .$$

Die Abstände innerhalb des herausgegriffenen Teilchens sind von atomaren Dimensionen, damit in der Regel klein gegenüber dem Abstand zwischen Schwerpunkt $\boldsymbol{R}_j$ und Aufpunkt P. Es empfiehlt sich deshalb eine **Multipolentwicklung** des skalaren Potentials $\varphi_j(\boldsymbol{r})$ um $\boldsymbol{R}_j$, die wir nach dem Dipolterm abbrechen wollen (2.94):

$$4\pi\varepsilon_0 \varphi_j(\boldsymbol{r}) \approx \frac{q_j}{|\boldsymbol{r} - \boldsymbol{R}_j|} + \frac{\boldsymbol{p}_j \cdot (\boldsymbol{r} - \boldsymbol{R}_j)}{|\boldsymbol{r} - \boldsymbol{R}_j|^3} .$$

Eigentlich gilt diese Entwicklung nur für einen festen Zeitpunkt t, da natürlich $\boldsymbol{R}_j = \boldsymbol{R}_j(t)$ ist. Diese Zeitabhängigkeit fällt allerdings, wie schon erwähnt, durch den späteren Mittelungsprozess heraus und wird hier deshalb nicht weiter beachtet.

Wir führen noch eine *effektive* Ladungsdichte

$$\varrho_\mathrm{e}(\boldsymbol{r}) = \sum_{j=1}^{N} q_j \delta(\boldsymbol{r} - \boldsymbol{R}_j)$$

ein, wobei N die Gesamtzahl der Teilchen sein möge, sowie eine *effektive* Dipoldichte (s. (2.74))

$$\boldsymbol{\Pi}_\mathrm{e}(\boldsymbol{r}) = \sum_{j=1}^{N} \boldsymbol{p}_j \delta(\boldsymbol{r} - \boldsymbol{R}_j)$$

und können dann für das **gesamte**, von **allen** Teilchen erzeugte, skalare Potential $\varphi(\boldsymbol{r})$ schreiben:

$$4\pi\varepsilon_0 \varphi(\boldsymbol{r}) = \int \mathrm{d}^3 r' \left[\frac{\varrho_\mathrm{e}(\boldsymbol{r}')}{|\boldsymbol{r} - \boldsymbol{r}'|} + \boldsymbol{\Pi}_\mathrm{e}(\boldsymbol{r}') \cdot \frac{\boldsymbol{r} - \boldsymbol{r}'}{|\boldsymbol{r} - \boldsymbol{r}'|^3} \right] .$$

An diesem Ausdruck führen wir nun den Mittelungsprozeß durch:

$$
\begin{aligned}
4\pi\varepsilon_0\overline{\varphi(\boldsymbol{r})} &= \frac{1}{v}\int\limits_{v(0)} \mathrm{d}^3x \int \mathrm{d}^3r' \left[\frac{\varrho_\mathrm{e}(\boldsymbol{r}')}{|\boldsymbol{r}+\boldsymbol{x}-\boldsymbol{r}'|} + \boldsymbol{\Pi}_\mathrm{e}(\boldsymbol{r}')\frac{\boldsymbol{r}+\boldsymbol{x}-\boldsymbol{r}'}{|\boldsymbol{r}+\boldsymbol{x}-\boldsymbol{r}'|^3}\right] = \\
&= \frac{1}{v}\int\limits_{v(0)} \mathrm{d}^3x \int \mathrm{d}^3r'' \left[\frac{\varrho_\mathrm{e}(\boldsymbol{r}''+\boldsymbol{x})}{|\boldsymbol{r}-\boldsymbol{r}''|} + \boldsymbol{\Pi}_\mathrm{e}(\boldsymbol{r}''+\boldsymbol{x})\frac{\boldsymbol{r}-\boldsymbol{r}''}{|\boldsymbol{r}-\boldsymbol{r}''|^3}\right] = \\
&= \int \mathrm{d}^3r'' \left[\frac{\overline{\varrho_\mathrm{e}(\boldsymbol{r}'')}}{|\boldsymbol{r}-\boldsymbol{r}''|} + \overline{\boldsymbol{\Pi}_\mathrm{e}(\boldsymbol{r}'')}\cdot\frac{\boldsymbol{r}-\boldsymbol{r}''}{|\boldsymbol{r}-\boldsymbol{r}''|^3}\right] .
\end{aligned}
$$

Dies ist das für die Elektrostatik der Dielektrika relevante Potential.

Definition 2.4.2

2.4.2

Makroskopische Ladungsdichte

$$\varrho(\boldsymbol{r}) = \overline{\varrho_\mathrm{e}(\boldsymbol{r})} = \frac{1}{v(\boldsymbol{r})}\sum_{j\in v} q_j \,. \tag{2.184}$$

Man beachte, dass $\varrho(\boldsymbol{r})$ sich durch Mittelung über **alle** Ladungen in $v(\boldsymbol{r})$ ergibt. Die gebundenen Ladungen des Festkörpers werden sich dabei in der Regel kompensieren, sodass $\varrho(\boldsymbol{r})$ letztlich aus freien Überschussladungen resultiert.

Definition 2.4.3

2.4.3

Makroskopische Polarisation

$$\boldsymbol{P}(\boldsymbol{r}) = \overline{\boldsymbol{\Pi}_\mathrm{e}(\boldsymbol{r})} = \frac{1}{v(\boldsymbol{r})}\sum_{j\in v} \boldsymbol{p}_j \,. \tag{2.185}$$

$\boldsymbol{P}(\boldsymbol{r})$ ist so zunächst nur definiert. Es entsteht durch Einwirkung innerer und äußerer Felder und muss deshalb später mithilfe von Modellen als Funktional dieser Felder berechnet werden.

Mit diesen Definitionen lautet das gemittelte skalare Potential:

$$4\pi\varepsilon_0\overline{\varphi(\boldsymbol{r})} = \int \mathrm{d}^3r' \left[\frac{\varrho(\boldsymbol{r}')}{|\boldsymbol{r}-\boldsymbol{r}'|} + \boldsymbol{P}(\boldsymbol{r}')\cdot\nabla_{r'}\frac{1}{|\boldsymbol{r}-\boldsymbol{r}'|}\right] .$$

Für die Maxwell-Gleichungen benötigen wir div $\boldsymbol{E}$:

$$4\pi\varepsilon_0 \operatorname{div} \boldsymbol{E} = -4\pi\varepsilon_0 \Delta\,\varphi = -\int d^3r' \left[\varrho(\boldsymbol{r}')\Delta_r \frac{1}{|\boldsymbol{r}-\boldsymbol{r}'|} + \boldsymbol{P}(\boldsymbol{r}') \cdot \nabla_{r'}\Delta_r \frac{1}{|\boldsymbol{r}-\boldsymbol{r}'|}\right] =$$

$$= 4\pi\,\varrho(\boldsymbol{r}) + 4\pi \int d^3r' \boldsymbol{P}(\boldsymbol{r}') \cdot \underbrace{\nabla_{r'}\delta(\boldsymbol{r}-\boldsymbol{r}')}_{-\nabla_r\delta(\boldsymbol{r}-\boldsymbol{r}')} =$$

$$= 4\pi\left[\varrho(\boldsymbol{r}) - \nabla \cdot \boldsymbol{P}(\boldsymbol{r})\right] .$$

Wir haben damit das wichtige Ergebnis:

$$\operatorname{div}(\varepsilon_0 \boldsymbol{E} + \boldsymbol{P}) = \varrho(\boldsymbol{r}) . \tag{2.186}$$

2.4.4 **Definition 2.4.4**

Dielektrische Verschiebung

$$\boldsymbol{D}(\boldsymbol{r}) = \varepsilon_0 \boldsymbol{E}(\boldsymbol{r}) + \boldsymbol{P}(\boldsymbol{r}) . \tag{2.187}$$

Damit haben wir die allgemeinen

Maxwell-Gleichungen der Elektrostatik

$$\operatorname{div} \boldsymbol{D}(\boldsymbol{r}) = \varrho(\boldsymbol{r}) ; \qquad \operatorname{rot} \boldsymbol{E}(\boldsymbol{r}) = 0 . \tag{2.188}$$

Man beachte, dass $\boldsymbol{D}$ von den *wahren* Überschussladungen erzeugt wird und damit **unabhängig** von der betrachteten Materie ist. $\boldsymbol{E}$ hängt dagegen über $\boldsymbol{P}$ vom Medium ab. Zwei elektrostatische Felder gleicher Geometrie mit denselben Überschussladungen haben dasselbe $\boldsymbol{D}$-Feld.

Die Beziehungen (2.187) und (2.188) legen die Definition einer

$$\textbf{Polarisationsladungdichte} \quad \varrho_p = -\operatorname{div} \boldsymbol{P} \tag{2.189}$$

nahe. Damit lässt sich dann die Maxwell-Gleichung auch wie folgt schreiben:

$$\operatorname{div} \boldsymbol{E}(\boldsymbol{r}) = \frac{1}{\varepsilon_0}\left[\varrho(\boldsymbol{r}) + \varrho_p(\boldsymbol{r})\right] . \tag{2.190}$$

Das elektrische Feld reagiert also auf die **tatsächliche**, lokale Ladungsdichte in der Materie, im Gegensatz zum $\boldsymbol{D}$-Feld, das ausschließlich über die *Überschussladungsdichte* $\varrho(\boldsymbol{r})$ zustande kommt. Damit ist klar, dass die eigentliche Messgröße das $\boldsymbol{E}$-Feld sein wird; $\boldsymbol{D}$ ist lediglich eine Hilfsgröße. Die Polarisation $\boldsymbol{P}$ wirkt wie ein inneres Zusatzfeld $\boldsymbol{E}_{\mathrm{p}}$, das sich dem durch die Überschussladungen bewirkten Feld $\boldsymbol{E}_0$ überlagert, sodass für das Gesamtfeld $\boldsymbol{E}$ gilt:

$$\boldsymbol{E} = \boldsymbol{E}_0 + \boldsymbol{E}_{\mathrm{p}} \, ,$$

$$\boldsymbol{E}_{\mathrm{p}} = -\frac{1}{\varepsilon_0}\boldsymbol{P} \, . \tag{2.191}$$

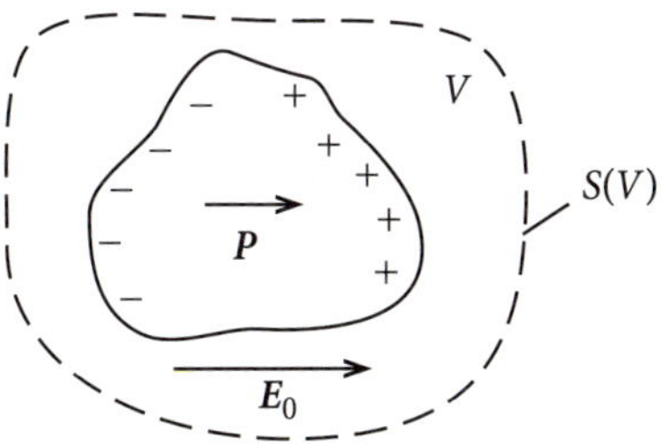

Abb. 2.56. Verdeutlichung der durch ein äußeres elektrisches Feld in Materie hervorgerufenen Polarisation. Das „fiktive" Volumen V dient der Berechnung der gesamten Polarisationsladung.

Aus der obigen Ableitung müssen wir folgern, dass das Polarisationsfeld aus induzierten Dipolen resultiert. Bei diesem Prozess wird Ladung weder zu- noch abgeführt. Die gesamte Polarisationsladung muss also verschwinden:

$$Q_{\mathrm{p}} = \int\limits_V \mathrm{d}^3 r \, \varrho_{\mathrm{p}}(\boldsymbol{r}) = -\int\limits_V \mathrm{d}^3 r \, \operatorname{div} \boldsymbol{P}(\boldsymbol{r}) = -\int\limits_{S(V)} \mathrm{d}\boldsymbol{f} \cdot \boldsymbol{P} = 0 \, . \tag{2.192}$$

$\boldsymbol{P}$ ist natürlich nur im Inneren der Materie von Null verschieden. Obwohl die Gesamtladung Q_{p} verschwindet, tritt jedoch **lokal** eine endliche Polarisationsladungsdichte $\varrho_{\mathrm{p}}(\boldsymbol{r})$ auf, sobald $\operatorname{div} \boldsymbol{P}(\boldsymbol{r}) \neq 0$ ist. Dies ist z. B. an der Oberfläche der Fall. Dort induziert $\boldsymbol{P}(\boldsymbol{r})$ eine Oberflächenladungsdichte σ_{p}, die sich mithilfe des gaußschen Satzes wie in (2.43) berechnen lässt:

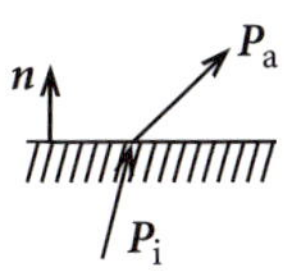

Abb. 2.57. Anordnung zur Berechnung der durch elektrische Polarisation hervorgerufenen Oberflächenladungsdichte

$$\boldsymbol{n} \cdot (\boldsymbol{P}_{\mathrm{a}} - \boldsymbol{P}_{\mathrm{i}}) = -\sigma_{\mathrm{p}} \, .$$

Da nur $\boldsymbol{P}_i = \boldsymbol{P} \neq 0$ ist, folgt:

$$\sigma_{\mathrm{p}} = \boldsymbol{n} \cdot \boldsymbol{P} \, . \tag{2.193}$$

Man beachte jedoch, dass lokale Polarisationsladungen immer dann auftreten, wenn $\operatorname{div} \boldsymbol{P} \neq 0$ ist, also nicht notwendig nur an der Oberfläche.

Bisher haben wir $\boldsymbol{P}$ nur definiert. Wir müssen uns nun noch Gedanken über die Ursache von $\boldsymbol{P} \neq 0$ machen. Man unterscheidet verschiedene Typen von Polarisationen, nach denen man die Dielektrika klassifizieren kann:

1) (Eigentliches) Dielektrikum

Das äußere Feld verschiebt die in einem *Teilchen* gebundenen, positiven und negativen Ladungen relativ zueinander, wodurch lokale elektrische Dipole erzeugt werden. Man spricht von **Deformationspolarisation**.

Beispiel

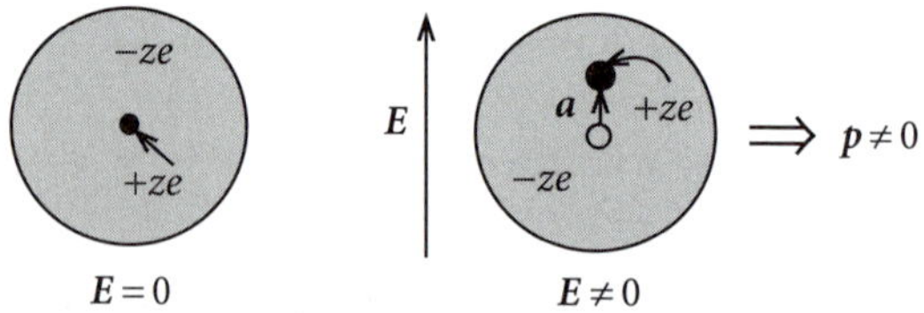

Abb. 2.58. Veranschaulichung einer Deformationspolarisation

Im neutralen Atom fallen ohne äußeres Feld die Ladungsschwerpunkte von negativer Elektronenhülle und positivem Kern zusammen. Im Feld $\boldsymbol{E}$ werden diese gegeneinander verschoben und bilden damit ein resultierendes Dipolmoment $\boldsymbol{p}$.

2) Paraelektrikum

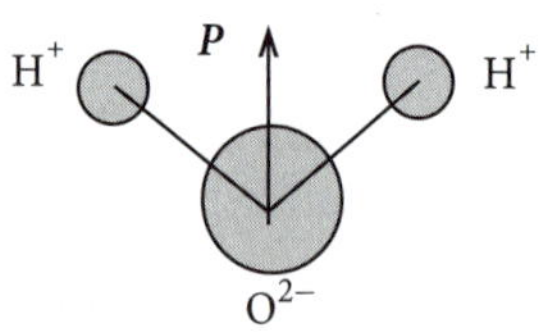

Abb. 2.59. Molekülstruktur von Wasser (schematisch)

Enthält die Materie **permanente** Dipole, z. B. aufgrund der Molekülstruktur wie in Wasser (H_2O), Ammoniak (NH_3), ..., dann sind diese **ohne** äußeres Feld in ihren Richtungen statistisch verteilt, heben sich in ihren Wirkungen also auf. Ein äußeres Feld $\boldsymbol{E}_0 \neq 0$ sorgt dann für eine gewisse Ausrichtung der Momente, da wegen (2.79) dadurch die potentielle Energie des Systems abnimmt. Man spricht von **Orientierungspolarisation**. Dieser Ordnungstendenz steht eine Unordnungstendenz der thermischen Bewegung entgegen. Beide Tendenzen führen zu einem temperaturabhängigen Kompromiss.

3) Ferroelektrikum

Darunter versteht man Stoffe mit permanenten Dipolen, die sich unterhalb einer kritischen Temperatur T_C (T_C: *Curie-Temperatur*) spontan, d. h. auch ohne äußeres

Feld, ausrichten. Beispiele:

$$\text{Seignette-Salz:} \quad NaKC_4H_4O_6 \cdot 4H_2O \ ,$$

$$\text{Bariumtitanat:} \quad BaTiO_3 \ .$$

Diese Substanzen zeigen im Feld ein äußerst kompliziertes Verhalten, sie sind deshalb bei den folgenden Überlegungen **nicht** gemeint.

Für Dielektrika vom Typ 1) oder 2) gilt auf jeden Fall

$$\boldsymbol{P} = \boldsymbol{P}(\boldsymbol{E}) \quad \text{mit} \quad \boldsymbol{P}(0) = 0 \ . \tag{2.194}$$

Wir entwickeln $\boldsymbol{P}$ nach Potenzen von E:

$$P_i = \sum_{j=1}^{3} \gamma_{ij} E_j + \sum_{j,k=1}^{3} \beta_{ijk} E_j E_k + \dots , \qquad i,j,k \in \{x,y,z\} \ . \tag{2.195}$$

γ_{ij} (Tensor 2. Stufe), β_{ijk} (Tensor 3. Stufe), ... sind Materialgrößen. Die experimentelle Erfahrung lehrt, dass für nicht zu hohe Felder der erste Term der Entwicklung bereits ausreicht:

$$P_i \approx \sum_{j=1}^{3} \gamma_{ij} E_j : \quad \textbf{anisotropes Dielektrikum} \ ,$$

$$P_i \approx \gamma \, E_i : \quad \textbf{isotropes Dielektrikum} \ .$$

Wir betrachten im Folgenden ausschließlich isotrope Dielektrika (starke Einschränkung!), bei denen $\boldsymbol{E}$ und $\boldsymbol{P}$ parallel sind:

$$\boldsymbol{P} = \chi_e \varepsilon_0 \boldsymbol{E} \ . \tag{2.196}$$

χ_e heißt **elektrische (dielektrische) Suszeptibilität**, die als sogenannte *Response*-Funktion die Reaktion des Systems auf das elektrische Feld $\boldsymbol{E}$ beschreibt:

$$\boldsymbol{D} = (1 + \chi_e)\varepsilon_0 \boldsymbol{E} \equiv \varepsilon_r \varepsilon_0 \boldsymbol{E} \ , \tag{2.197}$$

$\varepsilon_r = 1 + \chi_e$: **(relative) Dielektrizitätskonstante.**

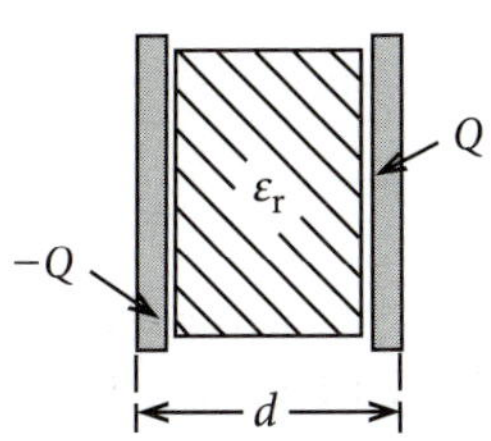

Abb. 2.60. Plattenkondensator mit Dielektrikum

Für nicht polarisierbare Medien ($\chi_e = 0$) ist $\varepsilon_r = 1$. Das gilt insbesondere für das Vakuum. Eine einfache Demonstration der hier entwickelten Theorie stellt der **Kondensator mit Dielektrikum** dar. Für die Kapazität des Kondensators gilt nach (2.54):

$$C = \frac{Q}{U} .$$

Q ist dabei die *wahre* Überschussladung auf der einen, $-Q$ die auf der anderen Platte. Die Kondensatorfläche sei F und damit die Flächenladungsdichte $\sigma = Q/F$. Für letztere leiten wir aus (2.188) mithilfe des gaußschen Satzes wie in (2.43) ab:

$$\sigma = \boldsymbol{D} \cdot \boldsymbol{n} = D . \tag{2.198}$$

Das Dielektrikum möge homogen sein, sodass sich zwischen den Platten homogene $\boldsymbol{D}$ und $\boldsymbol{E}$-Felder ausbilden:

$$U = E\,d = \frac{d}{\varepsilon_r \varepsilon_0} D ,$$

$$Q = \sigma F = D F .$$

Es folgt:

$$C = \varepsilon_r \varepsilon_0 \frac{F}{d} . \tag{2.199}$$

Der Vergleich mit (2.55) zeigt, dass das Dielektrikum die Kapazität des Kondensators um den Faktor $\varepsilon_r > 1$ erhöht! Dies ist wie folgt zu verstehen:

1) U fest:

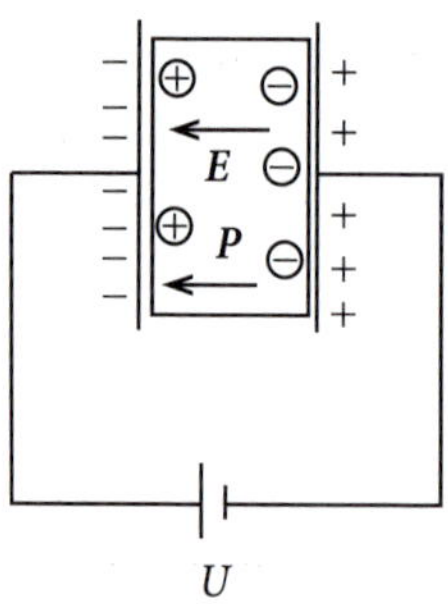

Abb. 2.61. Elektrisches Feld und Polarisation im Dielektrikum zwischen den Platten eines Kondensators

Ohne Dielektrikum ist $Q = Q_0 = C_0 U$. Mit Dielektrikum zwischen den Platten bilden sich an dessen Oberfläche Polarisationsladungen, die, um U konstant zu halten, von der Quelle kompensiert werden müssen:

$$C = \frac{Q_0 + Q_P}{U} = C_0 + C_0 \frac{Q_P}{Q_0} = C_0 \left(1 + \frac{\sigma_P}{\sigma_0}\right) =$$

$$= C_0 \left(1 + \frac{P}{\varepsilon_0 E}\right) = C_0 \frac{D}{\varepsilon_0 E} = \varepsilon_r C_0 .$$

2) Q konstant

Ohne Dielektrikum ist nun $U_0 = Q/C_0$. Mit Dielektrikum nimmt die Spannung zwischen den Platten wegen des von den Polarisationsladungen erzeugten Gegenfeldes ab:

$$C = \frac{Q}{U_0 - U_\mathrm{p}} = \frac{\sigma}{\sigma - \sigma_\mathrm{p}} C_0 = \frac{D}{D - P} C_0 = \varepsilon_\mathrm{r} C_0 \; .$$

Die nun noch verbleibende Aufgabe besteht in der Entwicklung modellmäßiger Vorstellungen für die makroskopischen Parameter χ_e und ε_r.

2.4.2 Molekulare Polarisierbarkeit

Für die Polarisation $\boldsymbol{P}(\boldsymbol{r})$ hatten wir in (2.185) gefunden:

$$\boldsymbol{P}(\boldsymbol{r}) = \overline{\boldsymbol{\Pi}_\mathrm{e}(\boldsymbol{r})} = n\,\overline{\boldsymbol{p}(\boldsymbol{r})} \; . \tag{2.200}$$

Dabei soll

$$n(\boldsymbol{r}) = \frac{N(v)}{v(\boldsymbol{r})} \tag{2.201}$$

die Teilchendichte im Mittelungsvolumen $v(\boldsymbol{r})$ sein, während $\overline{\boldsymbol{p}(\boldsymbol{r})}$ das mittlere Dipolmoment pro Teilchen in $v(\boldsymbol{r})$ ist. Für das **exakte**, am Teilchenort $\boldsymbol{r}$ wirkende Feld können wir schreiben:

$$\boldsymbol{E}_\mathrm{ex}(\boldsymbol{r}) = \boldsymbol{E}(\boldsymbol{r}) + \boldsymbol{E}_\mathrm{i}(\boldsymbol{r}) \; . \tag{2.202}$$

Hier sind $\boldsymbol{E}(\boldsymbol{r})$ das im letzten Abschnitt diskutierte, gemittelte, makroskopische Feld und $\boldsymbol{E}_\mathrm{i}(\boldsymbol{r})$ ein inneres Zusatzfeld, gewissermaßen das mikroskopische Korrekturfeld.

Definition 2.4.5: *α: molekulare Polarisierbarkeit* 2.4.5

$$\bar{\boldsymbol{p}}(\boldsymbol{r}) = \alpha\,\boldsymbol{E}_\mathrm{ex}(\boldsymbol{r}) \; . \tag{2.203}$$

Unser erstes Ziel ist es, die atomare Kenngröße α durch makroskopische Größen wie ε_r und n auszudrücken, woran sich eine Entwicklung von mikroskopischen Modellen für α selbst anschließen muss.

Wir versuchen zunächst, das exakte Feld $\boldsymbol{E}_\mathrm{ex}$ am Teilchenort zu bestimmen. Das betrachtete Teilchen befinde sich im Koordinatenursprung. Dieser sei gleichzeitig Mittelpunkt eines Kugelvolumens V, das *mikroskopisch groß* und *makroskopisch klein* gewählt wird. Das (exakte oder gemittelte) Feld am Teilchenort wird durch das *äußere* Feld $\boldsymbol{E}_0$ der Überschussladungen und durch die Polarisation des Dielektrikums erzeugt. Der Unterschied zwischen dem exakten und dem gemittelten Feld

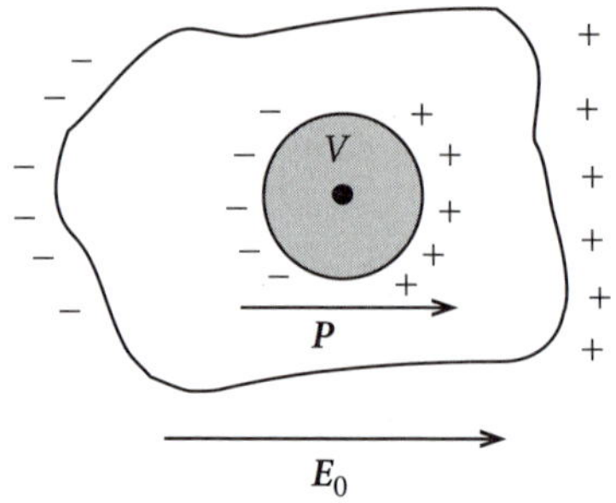

Abb. 2.62. Hilfskonstruktion zur Bestimmung der molekularen Polarisierbarkeit eines Dielektrikums

am Teilchenort ergibt sich aus der Art und Weise, wie die Polarisation behandelt wird. Das resultierende Feld ist auf jeden Fall eine Superposition von Feldbeiträgen, die von jedem einzelnen Teilchen der Materie ausgehen. Für den Beitrag der weiter entfernt liegenden Teilchen zum Feld bei $\boldsymbol{r} = 0$ wird es relativ unbedeutend sein, ob wir mitteln oder nicht. Der Unterschied zwischen dem exakten und dem gemittelten Feld wird vornehmlich von den nächstbenachbarten Teilchen, z. B. von denen aus V, herrühren. Der folgende Ansatz erscheint deshalb plausibel:

$$\boldsymbol{E}_\mathrm{i}(\mathbf{0}) \approx \boldsymbol{E}_{\mathrm{p,ex}}^{(V)}(\mathbf{0}) - \boldsymbol{E}_\mathrm{p}^{(V)}(\mathbf{0}) \, . \qquad (2.204)$$

$\boldsymbol{E}_\mathrm{p}^{(V)}$ ist der makroskopische, gemittelte Beitrag der Ladungen in V zum Polarisationsfeld, während $\boldsymbol{E}_{\mathrm{p,ex}}^{(V)}$ ihr tatsächlicher Beitrag ist.

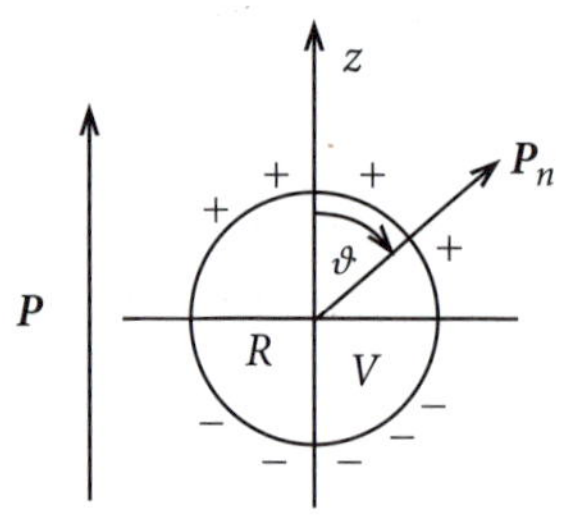

Abb. 2.63. Anordnung zur Berechnung des durch Polarisation entstehenden Feldbeitrags der „Hilfskugel" in Abb. 2.62

Wir beginnen mit der Diskussion von $\boldsymbol{E}_\mathrm{p}^{(V)}(\mathbf{0})$. $\boldsymbol{P}$ ist eine makroskopische Feldgröße, und V wurde makroskopisch klein gewählt. Wir können deshalb annehmen, dass $\boldsymbol{P}$ innerhalb der Kugel praktisch konstant ist. Nach (2.193) bewirkt $\boldsymbol{P}$ eine Oberflächenladung auf der (fiktiven) Kugel:

$$\sigma_\mathrm{p} = P_n = P\cos\vartheta \, .$$

Diese können wir als Raumladungsdichte auffassen:

$$\rho_\mathrm{p}(\boldsymbol{r}) = P\cos\vartheta \cdot \delta(r - R) \, .$$

$\rho_{\mathrm{p}}(\boldsymbol{r})$ erzeugt in $(0,0,0)$ das folgende Feld:

$$\boldsymbol{E}_{\mathrm{p}}^{(V)}(\mathbf{0}) = \frac{1}{4\pi\varepsilon_0}\int \mathrm{d}^3r'\rho_{\mathrm{p}}(\boldsymbol{r}')\frac{(-\boldsymbol{r}')}{|-\boldsymbol{r}'|^3} =$$

$$= \frac{-P}{4\pi\varepsilon_0}\int\limits_0^\infty \mathrm{d}r'\delta(r'-R)\int\limits_0^{2\pi}\mathrm{d}\varphi'\int\limits_{-1}^{+1}\mathrm{d}\cos\vartheta'\cos\vartheta'\cdot\begin{pmatrix}\sin\vartheta'\cos\varphi'\\ \sin\vartheta'\sin\varphi'\\ \cos\vartheta'\end{pmatrix}.$$

Es gilt also für den gemittelten Beitrag der Kugel:

$$\boldsymbol{E}_{\mathrm{p}}^{(V)}(\mathbf{0}) = -\frac{P}{3\varepsilon_0}\boldsymbol{e}_z = -\frac{1}{3\varepsilon_0}\boldsymbol{P}(\mathbf{0})\,. \tag{2.205}$$

Die Berechnung des zweiten Feldterms in (2.204) erfordert etwas mehr Rechenaufwand, insbesondere wird die konkrete Anordnung der Gitterbausteine, die sogenannte Gitterstruktur, eine Rolle spielen. Wir machen die folgenden Annahmen:

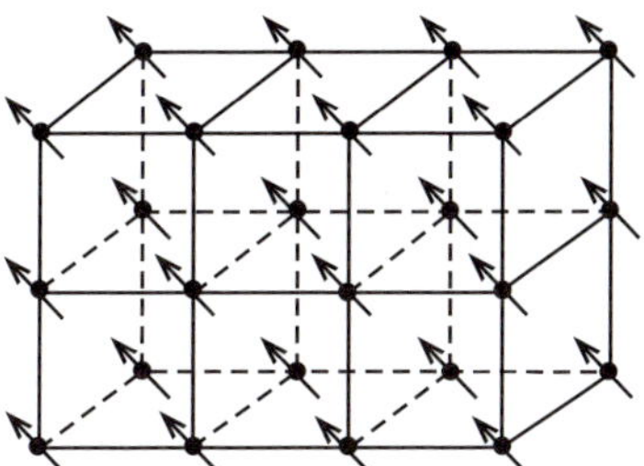

Abb. 2.64. Atomare Dipole auf einem kubisch primitiven Gitter

1. Alle atomaren Dipole $\boldsymbol{p}_{\mathrm{i}}$ **innerhalb** V sind nach Richtung und Betrag gleich.
2. Dipole sind auf einem kubischen Gitter mit der Gitterkonstanten a angeordnet.

Für die Dipolpositionen können wir dann schreiben:

$$\boldsymbol{r}_{ijk} = a(i,j,k)\,; \quad i,j,k\in\mathbb{Z}$$

Der Dipol bei $\boldsymbol{r}_{ijk}$ erzeugt dann nach (2.73) in $\mathbf{0}$ das folgende Feld:

$$\boldsymbol{E}_{ijk} = \frac{3\boldsymbol{r}_{ijk}(\boldsymbol{p}\cdot\boldsymbol{r}_{ijk}) - \boldsymbol{p}\,r_{ijk}^2}{4\pi\varepsilon_0 r_{ijk}^5}\,.$$

Das gesamte Feld erhalten wir durch Summation über alle in V erlaubten i,j,k. Dies bedeutet z. B. für die x-Komponente:

$${}_xE_{\mathrm{p,ex}}^{(V)}(\mathbf{0}) = \sum_{ijk}^{V} E_{ijk}^x = \frac{1}{a^3}\sum_{ijk}^{V}\frac{3i(i\,p_x + j\,p_y + k\,p_z) - p_x(i^2+j^2+k^2)}{4\pi\varepsilon_0(i^2+j^2+k^2)^{5/2}}\,.$$

Nun gilt offensichtlich

$$\sum_{ijk}^{V} \frac{i\,j}{4\pi\varepsilon_0(i^2+j^2+k^2)^{5/2}} = \sum_{ijk}^{V} \frac{i\,k}{4\pi\varepsilon_0(i^2+j^2+k^2)^{5/2}} = 0 \,,$$

da i, j, k in V dieselben positiven wie negativen ganzen Zahlen durchlaufen. Ferner folgt aus der kubischen Symmetrie:

$$\sum_{ijk}^{V} \frac{i^2}{(i^2+j^2+k^2)^{5/2}} = \sum_{ijk}^{V} \frac{j^2}{(i^2+j^2+k^2)^{5/2}} = \sum_{ijk}^{V} \frac{k^2}{(i^2+j^2+k^2)^{5/2}} \,.$$

Damit bleibt für die x-Komponente des resultierenden Feldes

$${}_xE_{\mathrm{p,ex}}^{(V)}(\mathbf{0}) = \frac{1}{a^3} \sum_{ijk}^{V} \frac{3i^2 p_x - 3i^2 p_x}{4\pi\varepsilon_0(i^2+j^2+k^2)^{5/2}} = 0 \,.$$

Dasselbe zeigt man für die beiden anderen Komponenten, sodass insgesamt gilt:

$$\boldsymbol{E}_{\mathrm{p,ex}}^{(V)}(\mathbf{0}) = 0 \,. \tag{2.206}$$

Wir können nun (2.204) bis (2.206) in (2.202) einsetzen:

$$\boldsymbol{E}_{\mathrm{ex}}(\mathbf{0}) = \boldsymbol{E}(\mathbf{0}) + \boldsymbol{E}_i(\mathbf{0}) = \boldsymbol{E}(\mathbf{0}) + \frac{1}{3\varepsilon_0}\boldsymbol{P}(\mathbf{0}) \,. \tag{2.207}$$

Mit den Definitionsgleichungen (2.200) und (2.203) kommt nun die Polarisierbarkeit ins Spiel,

$$\boldsymbol{P}(\mathbf{0}) = n\,\bar{\boldsymbol{p}}(\mathbf{0}) = n\,\alpha\,\boldsymbol{E}_{\mathrm{ex}}(\mathbf{0}) = n\,\alpha \left[\boldsymbol{E}(\mathbf{0}) + \frac{1}{3\varepsilon_0}\boldsymbol{P}(\mathbf{0})\right] ,$$

und über (2.196) die Suszeptibilität χ_{e}:

$$\chi_{\mathrm{e}}\varepsilon_0 \boldsymbol{E}(\mathbf{0}) \left(1 - \frac{n\,\alpha}{3\varepsilon_0}\right) = n\,\alpha \boldsymbol{E}(\mathbf{0}) \,.$$

Daraus folgt:

$$\chi_{\mathrm{e}} = \frac{n\,\alpha}{\varepsilon_0 - \dfrac{n\,\alpha}{3}} \,. \tag{2.208}$$

Führen wir über $\chi_{\mathrm{e}} = \varepsilon_{\mathrm{r}} - 1$ noch die Dielektrizitätskonstante ein, so ergibt sich die nützliche

Clausius-Mossotti-Formel

$$\alpha = \frac{3\varepsilon_0}{n}\left(\frac{\varepsilon_{\mathrm{r}} - 1}{\varepsilon_{\mathrm{r}} + 2}\right) , \tag{2.209}$$

die die atomare Kenngröße α mit den makroskopischen Parametern ε_r und n verknüpft.

Es existieren eine Reihe von mehr oder weniger genauen Modellvorstellungen für die Polarisierbarkeit α der verschiedenen Typen von Dielektrika. Eine ausführliche Präsentation übersteigt jedoch den Rahmen dieser Darstellung. Diese Modelle verknüpfen α mit atomphysikalischen Messgrößen. Der Wert der Relation (2.209) liegt dann u. a. auch darin, dass sich atomare Eigenschaften durch Messung makroskopischer Größen wie ε_r und n erfahren lassen.

2.4.3 Randwertprobleme, elektrostatische Energie

Die Maxwell-Gleichungen der Materie (2.188) haben sich von der Struktur her gegenüber denen des Vakuums (2.39) und (2.40) nicht geändert. Die Grundaufgabe besteht nach wie vor darin, das $\boldsymbol{E}$-Feld zu bestimmen. Im Prinzip haben dazu dieselben Überlegungen und Verfahren Gültigkeit, die wir in Abschn. 2.3 detailliert für den Fall des Vakuums entwickelt haben.

Falls die relative Dielektrizitätskonstante ε_r ortsunabhängig ist, ist die Poisson-Gleichung

$$\Delta\varphi = -\frac{\varrho}{\varepsilon_r\varepsilon_0} \qquad (2.210)$$

zu lösen. Das ist gegenüber Kapitel 2.3 nichts Neues, die Ladungsdichte erhält lediglich den Zusatz $1/\varepsilon_r$. Ist der interessierende Raumbereich durch verschiedene Dielektrika mit unterschiedlichen $\varepsilon_r^{(i)}$ aufgefüllt, dann ist es für das Lösen der Grundaufgabe wichtig, das Verhalten der $\boldsymbol{D}$- und $\boldsymbol{E}$-Felder an den Grenzflächen zu kennen. Exakt dieselben Überlegungen wie in Abschn. 2.1.4 führen dann zu den folgenden Aussagen:

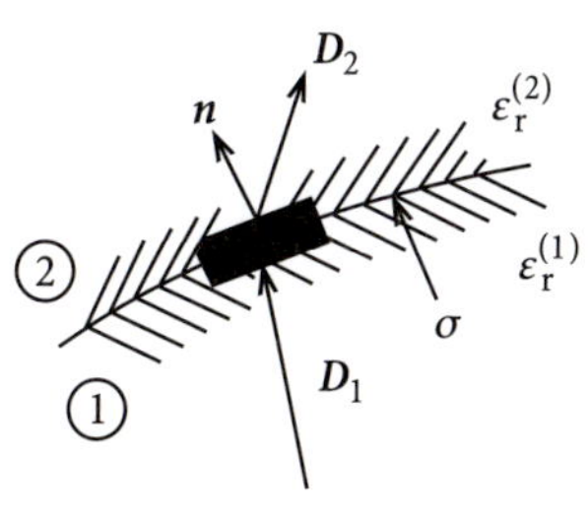

Abb. 2.65. Verhalten der dielektrischen Verschiebung an der Grenzfläche zwischen zwei unterschiedlichen Dielektrika

Mit $\operatorname{div}\boldsymbol{D} = \varrho$ und dem gaußschen Satz folgt wie in (2.43):

$$\boldsymbol{n}\cdot(\boldsymbol{D}_2 - \boldsymbol{D}_1) = \sigma\,. \qquad (2.211)$$

σ ist dabei die Flächenladungsdichte der Überschussladungen, Polarisationsladungen sind also ausgeschlossen.

Aus rot $\boldsymbol{E} = 0$ folgt unverändert (2.44):

$$(\boldsymbol{t} \times \boldsymbol{n}) \cdot (\boldsymbol{E}_2 - \boldsymbol{E}_1) = 0 \; . \tag{2.212}$$

Die Notation ist dieselbe wie in Abschn. 2.1.4. Auf **ungeladenen** Grenzflächen ($\sigma = 0$) gilt also:

$$D_{1n} = D_{2n} \iff E_{1n} = \frac{\varepsilon_r^{(2)}}{\varepsilon_r^{(1)}} E_{2n} \; ,$$

$$E_{1t} = E_{2t} \iff D_{1t} = \frac{\varepsilon_r^{(1)}}{\varepsilon_r^{(2)}} D_{2t} \; . \tag{2.213}$$

Bei $\varepsilon_r^{(1)} \neq \varepsilon_r^{(2)}$ können demnach nicht beide Felder gleichzeitig an der Grenzfläche stetig sein.

Wir wollen dieses Kapitel mit ein paar Überlegungen zur **elektrostatischen Energie** abschließen. Für das Vakuum hatten wir in (2.47) gefunden:

$$W_{\text{Vakuum}} = \frac{1}{2} \int \mathrm{d}^3 r \, \varrho(\boldsymbol{r}) \varphi(\boldsymbol{r}) \; .$$

Dieser Ausdruck kann nicht direkt übernommen werden, da im Dielektrikum der Aufbau der Polarisationsladungen ebenfalls Energie erfordert.

Die Ladung $\delta\varrho(\boldsymbol{r})\,\mathrm{d}^3 r$ hat im (von anderen Ladungen erzeugten) Potential $\varphi(\boldsymbol{r})$ die Energie

$$\varphi(\boldsymbol{r}) \delta\varrho(\boldsymbol{r}) \, \mathrm{d}^3 r \; .$$

Für die Arbeit, die notwendig ist, um die Ladungsdichte von ϱ auf $\varrho + \delta\varrho$ zu ändern, gilt damit:

$$\delta W = \int \mathrm{d}^3 r \, \varphi(\boldsymbol{r}) \delta\varrho(\boldsymbol{r}) \; .$$

$\varphi(\boldsymbol{r})$ ist also als von $\varrho(\boldsymbol{r})$ erzeugt zu denken. Mit

$$\varphi \, \delta\varrho = \varphi \; \mathrm{div}(\delta \boldsymbol{D}) = \mathrm{div}(\varphi \, \delta \boldsymbol{D}) - \nabla\varphi \cdot \delta \boldsymbol{D}$$

folgt weiter:

$$\delta W = \int \mathrm{d}^3 r \; \mathrm{div}(\varphi \, \delta \boldsymbol{D}) + \int \mathrm{d}^3 r \, \boldsymbol{E} \cdot \delta \boldsymbol{D} \; .$$

Den ersten Summanden verwandeln wir mit dem Gaußschen Satz in ein Oberflächenintegral, welches für den Fall $\varphi(r \to \infty) = 0$ verschwindet. Für die Gesamtenergie folgt dann:

$$W = \int \mathrm{d}^3 r \int\limits_0^{\mathrm{D}} \boldsymbol{E} \cdot \delta \boldsymbol{D} \; . \tag{2.214}$$

Setzen wir ein isotropes, lineares Medium voraus, also $\boldsymbol{D} = \varepsilon_r \varepsilon_0 \boldsymbol{E}$, dann können wir weiter umformen:

$$\boldsymbol{E} \cdot \delta \boldsymbol{D} = \varepsilon_r \varepsilon_0 \boldsymbol{E} \cdot \delta \boldsymbol{E} = \frac{1}{2} \varepsilon_r \varepsilon_0 \delta(\boldsymbol{E}^2) = \frac{1}{2} \delta(\boldsymbol{E} \cdot \boldsymbol{D}) \, .$$

An die Stelle von (2.47) tritt also im Fall des Dielektrikums:

$$W = \frac{1}{2} \int \mathrm{d}^3 r \, \boldsymbol{E} \cdot \boldsymbol{D} \, . \qquad (2.215)$$

2.4.4 Aufgaben

Aufgabe 2.4.1

2.4.1

In einem neutralen Wasserstoffatom im Grundzustand wird die Ladungsdichte des Hüllenelektrons durch

$$\rho_e(\boldsymbol{r}) = -\frac{e}{\pi a^3} \exp\left(-\frac{2r}{a}\right)$$

beschrieben. e ist der Betrag der Elektronenladung, r der Abstand vom Proton. Bei Anlegen eines elektrischen Feldes $\boldsymbol{E}_0$ gilt in erster Näherung, dass die Ladungswolke des Elektrons ohne Deformation gegen das Proton um den Vektor $\boldsymbol{r}_0$ verschoben wird.

1. Drücken Sie das Dipolmoment $\boldsymbol{p}$ des Wasserstoffatoms im Feld $\boldsymbol{E}_0$ mithilfe von $\boldsymbol{r}_0$ aus.
2. Berechnen Sie die Rückstellkraft auf das Proton durch die verschobene Ladungswolke des Elektrons. Drücken Sie diese für $r_0/a \ll 1$ durch das Dipolmoment $\boldsymbol{p}$ aus. Finden Sie dann aus einer Gleichgewichtsbedingung mit der vom elektrischen Feld $\boldsymbol{E}_0$ auf das Proton ausgeübten Kraft eine Darstellung für $\boldsymbol{p}$ als Funktion des Feldes.
3. Berechnen Sie die relative Dielektrizitätskonstante ε_r für ein Dielektrikum aus N homogen im Volumen V verteilten Wasserstoffatomen.

2.4.2

Aufgabe 2.4.2

Eine dielektrische Kugel ($\varepsilon_r^{(2)}$, Radius R) sei von einem homogenen, isotropen Dielektrikum umgeben ($\varepsilon_r^{(1)}$) und befinde sich in einem (ursprünglich) homogenen Feld

$$\boldsymbol{E}_0 = E_0\, \boldsymbol{e}_z \, .$$

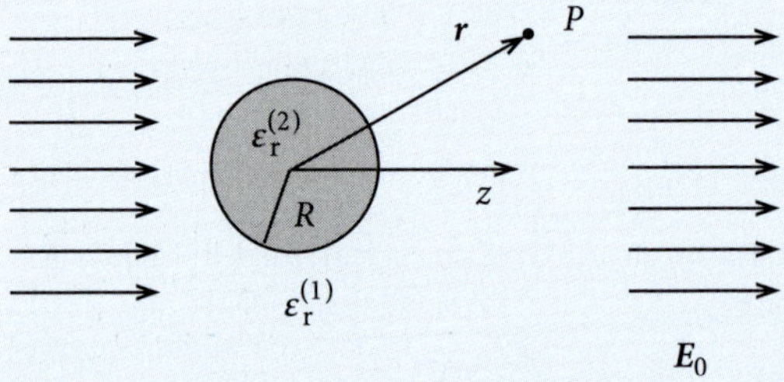

Abb. 2.66. Dielektrische Kugel im homogenen elektrischen Feld

Gesucht ist das resultierende Feld innerhalb und außerhalb der Kugel. Bestimmen Sie die Polarisation der Kugel. Wie lautet das Dipolmoment der Kugel?

2.4.3

Aufgabe 2.4.3

Ein Plattenkondensator (Plattenfläche F, Plattenabstand d) sei ganz mit einem inhomogenen Dielektrikum der Dielektrizitätskonstanten $\varepsilon_r(z)$ gefüllt. Berechnen Sie seine Kapazität. Wie lautet die Kapazität, wenn das Dielektrikum aus zwei Schichten mit Dicken d_1 und d_2 und Dielektrizitätskonstanten $\varepsilon_r^{(1)}$ und $\varepsilon_r^{(2)}$ besteht?

Aufgabe 2.4.4

2.4.4

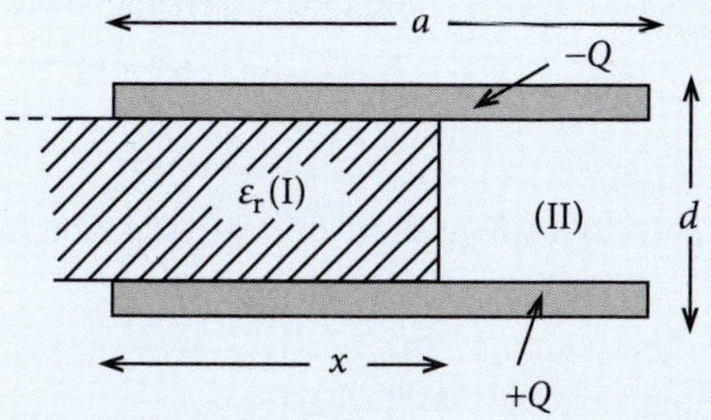

Abb. 2.67. Plattenkondensator mit partiell eingeschobenem Dielektrikum

In einem Plattenkondensator (Fläche $F = a \cdot b$, Plattenabstand d) sei um eine Strecke x ein Dielektrikum der Dielektrizitätskonstanten $\varepsilon_r > 1$ eingeschoben ((I); s. Abb. 2.67). Der restliche Raum (II) zwischen den Platten sei leer. Die Ladung auf der unteren Platte sei Q, die auf der oberen $-Q$. Von Randeffekten (Streufelder) werde abgesehen.

1. Welche Beziehungen bestehen zwischen dem elektrischen Feld $\boldsymbol{E}$ und der dielektrischen Verschiebung $\boldsymbol{D}$ in (I) und (II)?
2. Was lässt sich über D_I/D_{II} und E_I/E_{II} aussagen?
3. Welcher Zusammenhang besteht zwischen D_I, D_{II} und den Flächenladungsdichten σ_I, σ_{II}?
4. Berechnen Sie das $\boldsymbol{E}$- und das $\boldsymbol{D}$-Feld für den gesamten Raum zwischen den Platten.
5. Berechnen Sie die elektrostatische Feldenergie W.
6. Aus der Energieänderung beim Verschieben des Dielektrikums um dx bestimmen Sie die auf das Dielektrikum wirkende Kraft.

2.5

2.5 Kontrollfragen

Zu Abschn. 2.1

1. Wie lautet der Ladungserhaltungssatz?
2. Was bezeichnet man als Elementarladung?
3. Was versteht man unter Ladungsdichte? Wie hängt diese mit der Gesamtladung zusammen?
4. Geben Sie die Ladungsdichte einer Punktladung q an.
5. Formulieren Sie die Ladungserhaltung als Kontinuitätsgleichung.
6. Auf welchen experimentellen Erfahrungstatsachen baut die Elektrostatik auf?
7. Wie lautet das Coulomb-Gesetz für Punktladungen?
8. Wie ist das elektrostatische Feld definiert?
9. Wie lautet das elektrische Feld einer Punktladung; wie das von n Punktladungen; wie das einer kontinuierlichen Ladungsverteilung?
10. Wie hat man den Wechselwirkungsprozeß zwischen Punktladungen im *Feldkonzept* zu verstehen?
11. Ist die Coulomb-Kraft konservativ?
12. Wie ist das skalare elektrische Potential definiert?
13. Wie verlaufen die elektrischen Feldlinien relativ zu den Äquipotentialflächen?
14. Wie lauten skalares Potential und elektrisches Feld einer homogen geladenen Kugel (Radius R, Gesamtladung Q)?
15. Was versteht man unter dem *physikalischen* gaußschen Satz?
16. Formulieren Sie die Maxwell-Gleichungen der Elektrostatik in differentieller und integraler Form.
17. Was versteht man unter dem Grundproblem der Elektrostatik?
18. Stellen Sie den Zusammenhang zwischen den Maxwell-Gleichungen und der Poisson-Gleichung her.
19. Wie verhalten sich Normal- und Tangentialkomponente des elektrostatischen Feldes beim Durchgang durch eine Grenzfläche mit der Flächenladungsdichte σ?
20. Wie ist die Energie einer statischen Ladungskonfiguration definiert?
21. Wie ist die Energiedichte des elektrostatischen Feldes definiert?

Zu Abschn. 2.2

1. Was ist ein Plattenkondensator?
2. Wie ist die Kapazität eines Kondensators definiert?
3. Welche Energiedichte liegt in einem Kugelkondensator vor? Wie lautet seine Gesamtenergie?
4. Wie verläuft das elektrische Feld in einem Zylinderkondensator?
5. Was versteht man unter einem Dipol? Wie sieht das von einem Dipol $\boldsymbol{p}$ bewirkte skalare Potential aus?
6. Welche r-Abhängigkeit besitzt das elektrische Dipolfeld?

7. Welche Kraft und welches Drehmoment wirken auf einen Dipol im homogenen elektrostatischen Feld? Bei welcher Stellung hat der Dipol die geringste potentielle Energie?
8. Was versteht man unter einer Dipolschicht?
9. Welcher Potentialsprung ergibt sich beim Durchgang durch eine Dipolschicht mit der Dipolflächendichte $\boldsymbol{D}(\boldsymbol{r})$?
10. Was ist ein Quadrupol? Wie sieht das Quadrupolpotential aus?
11. Skizzieren Sie die Äquipotentialflächen und die elektrischen Feldlinien des gestreckten (linearen) Quadrupols.
12. Was versteht man unter einer Multipolentwicklung?
13. Definieren Sie das Dipolmoment und das Quadrupolmoment einer Ladungsdichte $\varrho(\boldsymbol{r})$.
14. Wie verhält sich das Dipolmoment bei einer Drehung, wie bei einer Translation des Koordinatensystems?
15. Nennen Sie spezielle Eigenschaften des Quadrupoltensors.
16. Haben kugelsymmetrische Ladungsverteilungen ein Dipolmoment und ein Quadrupolmoment? Begründen Sie Ihre Antwort.

Zu Abschn. 2.3

1. Was versteht man unter einem Randwertproblem?
2. Definieren Sie Dirichlet- und Neumann-Randbedingungen.
3. Nennen Sie physikalische Situationen für Dirichlet- bzw. Neumann-Randbedingungen.
4. Wie ist die greensche Funktion in der Elektrostatik definiert?
5. Wie bestimmt die greensche Funktion das elektrostatische Potential bei vorgegebenen Dirichlet- (Neumann-) Randbedingungen?
6. Beschreiben Sie die Methode der Bildladungen.
7. Was versteht man unter influenzierter Ladungsdichte?
8. Was ist eine Bildkraft? Wie groß ist diese für eine Punktladung q vor einer unendlich ausgedehnten, geerdeten Metallplatte?
9. Eine Punktladung q befinde sich im Abstand r vom Mittelpunkt einer geerdeten Metallkugel vom Radius R $(r > R)$. Wie groß ist die gesamte, auf der Kugel influenzierte Flächenladung? Ist die Bildkraft anziehend oder abstoßend?
10. Wann heißt ein Funktionensystem $u_n(x)$ vollständig?
11. Formulieren Sie die Vollständigkeitsrelation.
12. Nennen Sie Beispiele vollständiger Funktionensysteme.
13. Was versteht man unter einem Separationsansatz?
14. Wie lautet die allgemeine Lösung der Laplace-Gleichung in Kugelkoordinaten?
15. Welches vollständige Funktionensystem bietet sich zur Lösung der Laplace-Gleichung bei Randbedingungen mit azimutaler Symmetrie an?
16. Was versteht man unter sphärischen Multipolmomenten?

Zu Abschn. 2.4

1. Wie hängt das makroskopische mit dem mikroskopischen elektrischen Feld zusammen?
2. Was versteht man unter der makroskopischen Polarisation?
3. Wie hängen dielektrische Verschiebung, elektrisches Feld und Polarisation zusammen?
4. Erläutern Sie den Unterschied zwischen $\boldsymbol{D}$ und $\boldsymbol{E}$.
5. Wie lauten die Maxwell-Gleichungen der Elektrostatik in der Materie?
6. Was ist die eigentliche Messgröße: $\boldsymbol{D}$ oder $\boldsymbol{E}$?
7. Was versteht man unter Deformationspolarisation, was unter Orientierungspolarisation?
8. Definieren Sie Di-, Para- und Ferroelektrika.
9. Wie ist die elektrische Suszeptibilität definiert?
10. Wie hängen Suszeptibilität und Dielektrizitätskonstante zusammen?
11. Beschreiben Sie die Bedeutung der molekularen Polarisierbarkeit.
12. Wie lautet die Clausius-Mossotti-Formel? Skizzieren Sie die Herleitung dieser Formel.
13. Wie lautet die elektrostatische Feldenergie im materieerfüllten Raum?

3

Kapitel 3

Magnetostatik

3

3 Magnetostatik

3 Magnetostatik

Elektrostatische Felder entstehen durch ruhende elektrische Ladungen und lassen sich durch Kraftwirkungen auf elektrische Ladungen beobachten.

Magnetostatische Felder entstehen durch stationäre elektrische Ströme, also durch bewegte elektrische Ladungen. Man beobachtet, dass ein im ganzen ungeladener, aber stromdurchflossener Leiter eine Kraft ausübt. Da von einem ungeladenen System kein elektrisches Feld ausgehen kann, ordnet man diese Kraftwirkung einem anderen Feld zu, das man *Magnetfeld* nennt.

Wir werden im folgenden immer wieder erkennen, dass zwischen den elektro- und den magnetostatischen Phänomenen deutliche Analogien existieren. Es gibt jedoch auch charakteristische Unterschiede. Die meisten beruhen auf der Tatsache, dass es zwar freie elektrische Ladungen, aber **keine** freien magnetischen Ladungen gibt. Die Grundeinheit des Magnetismus ist nicht irgendeine Elementarladung, sondern der magnetische Dipol $\boldsymbol{m}$. Das magnetische Feld lässt sich deshalb nicht wie das elektrische durch irgendein magnetisches Probeteilchen ausmessen, sondern nur durch das Drehmoment $\boldsymbol{M}$, das auf einen Magneten von bekanntem Moment $\boldsymbol{m}$ ausgeübt wird. Für dieses gilt ganz analog zu der Gleichung (2.77) für das Drehmoment auf einen elektrischen Dipol $\boldsymbol{p}$:

$$\boldsymbol{M} = \boldsymbol{m} \times \boldsymbol{B} \,. \tag{3.1}$$

Diese Beziehung werden wir später noch explizit ableiten. $\boldsymbol{B}$ ist die sogenannte **magnetische Induktion**, das relevante Feld des Magnetismus. Die Definition von $\boldsymbol{B}$ macht begrifflich mehr Schwierigkeiten als die des analogen elektrischen Feldes $\boldsymbol{E}$. Sie gelingt über die Tatsache, dass $\boldsymbol{B}$ durch Ströme erzeugt wird.

Die Grundaufgabe der Magnetostatik wird darin bestehen, aus einer vorgegebenen Stromdichte $\boldsymbol{j}$ die magnetische Induktion $\boldsymbol{B}$ zu berechnen.

3.1 Der elektrische Strom 3.1

In metallischen Leitern kann nach unseren Überlegungen aus Abschn. 2.3.2 normalerweise kein elektro**statisches** Feld existieren. Wir können aber durchaus in solchen Leitern durch fortwährende Energiezufuhr eine zeitlich konstante Potentialdifferenz (≙ zeitlich konstantes Feld) erzeugen (äußere Spannungsquelle!). Dieses Feld wird sich von dem elektrostatischen Feld nach außen hin durch folgende Merkmale unterscheiden:

1. Wärmeentwicklung,
2. Transport elektrischer Ladung (*Strom*),
3. Aufbau eines magnetostatischen Feldes.

Die Begriffe der Stromdichte $\boldsymbol{j}(\boldsymbol{r})$ und Stromstärke I wurden bereits in Abschn. 2.1 eingeführt. Sie sind aus der Experimentalphysik wohlvertraut. Wir beschränken uns hier deshalb auf eine stichwortartige Zusammenstellung:

1) Elektrischer Strom: geordnete Bewegung elektrischer Ladungen
Mögliche Realisierungen:

a) Verschiebung eines geladenen Körpers (Leiter oder Dielektrikum) im Raum $\Rightarrow$ **Konvektionsstrom.**

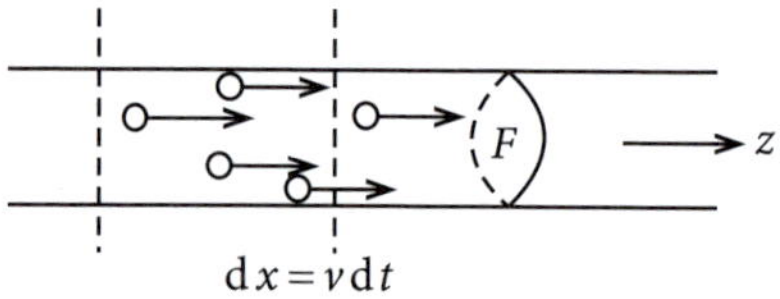

Abb. 3.1. Einfache Anordnung zur Bestimmung der von geladenen Teilchen bewirkten Stromstärke

b) Erzeugung einer Potentialdifferenz zwischen den Enden eines metallischen Drahtes $\Rightarrow$ Kraftwirkung auf quasifreie Ladungsträger.
Annahme:

$$v: \quad \text{mittlere Teilchengeschwindigkeit in } z\text{-Richtung}\,,$$

$$n = \frac{N}{V}: \quad \text{zeitlich konstante, homogene Teilchendichte}\,,$$

$$q: \quad \text{Teilchenladung}\,,$$

$$F: \quad \text{Leiterquerschnitt}\,.$$

Damit ist $\mathrm{d}Q = (F\,v\,\mathrm{d}t)\,n\,q$ die in der Zeit $\mathrm{d}t$ durch den Leiterquerschnitt fließende Ladung.

2) Stromstärke I

$$I = \lim_{\Delta t \to 0} \frac{\Delta Q}{\Delta t} = \frac{\mathrm{d}Q}{\mathrm{d}t}\,. \tag{3.2}$$

I ist also die den Leiterquerschnitt in der Zeiteinheit durchsetzende Ladungsmenge. In dem obigen einfachen Beispiel ist damit die Stromstärke durch

$$I = n\,F\,v\,q$$

gegeben.

Die Einheit der Stromstärke

$$[I] = \text{Ampere} = 1\,\text{A} = 1\,\text{C/s}$$

wurde bereits nach Gleichung (2.9) eingeführt.

3) Stromdichte j

Das ist der Vektor, dessen Richtung durch die Bewegungsrichtung der elektrischen Ladung gegeben ist und dessen Betrag der pro Zeiteinheit durch die Flächeneinheit senkrecht zur Stromrichtung transportierten Ladung entspricht. Im obigen Beispiel heißt dies:

$$j = \frac{I}{F} = n\,q\,v \,.$$

$n\,q$ ist die in diesem Beispiel homogene Ladungsdichte. Im allgemeinen Fall ist die **Stromdichte** ein **zeitabhängiges Vektorfeld,**

$$\boldsymbol{j}(\boldsymbol{r},t) = \varrho(\boldsymbol{r},t)\boldsymbol{v}(\boldsymbol{r},t) \,, \tag{3.3}$$

das über die Ladungsdichte $\varrho(\boldsymbol{r},t)$ mit dem Geschwindigkeitsfeld $\boldsymbol{v}(\boldsymbol{r},t)$ des Systems verknüpft ist.

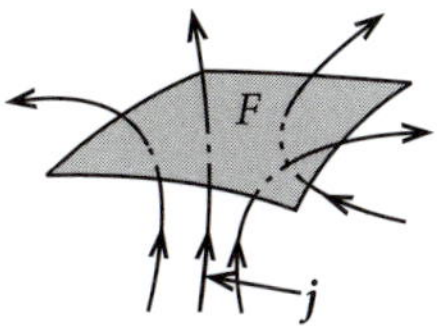

Abb. 3.2. Stromstärke als Flächenintegral über die Stromdichte

Die Stromstärke I durch eine vorgegebene Fläche F ist das Flächenintegral von $\boldsymbol{j}$ über F:

$$I = \int\limits_F \boldsymbol{j} \cdot \mathrm{d}\boldsymbol{f} \,. \tag{3.4}$$

4) Kontinuitätsgleichung

$$\frac{\partial \varrho}{\partial t} + \operatorname{div} \boldsymbol{j} = 0 \,. \tag{3.5}$$

Diese wichtige Beziehung, die wir bereits früher in (2.10) abgeleitet haben, ist unmittelbar mit dem **Ladungserhaltungssatz** verknüpft.

In der Magneto**statik** interessiert nur der **stationäre** Fall $\dfrac{\partial \varrho}{\partial t} = 0$, der wegen (3.5)

$$\operatorname{div} \boldsymbol{j} \equiv 0 \tag{3.6}$$

nach sich zieht; eine Beziehung, die wir in diesem Abschnitt noch häufig ausnutzen werden. Zwei Konsequenzen seien bereits jetzt erwähnt:

a) Im stationären Fall (3.6) fließt durch **jeden** Querschnitt derselbe Strom. Zum Beweis berechnen wir das Flächenintegral über die Oberfläche $S(V)$ eines Volu-

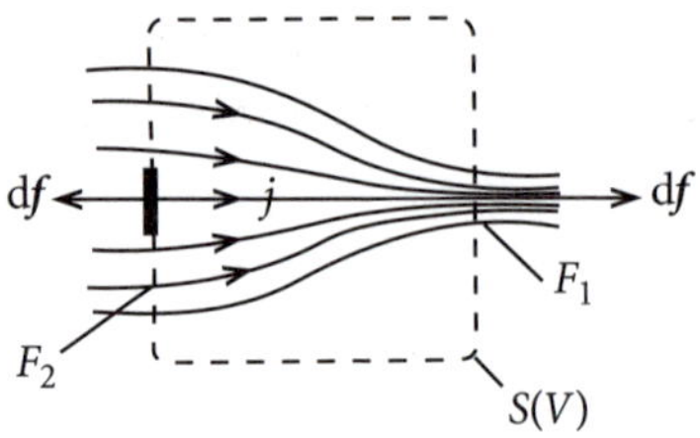

Abb. 3.3. Verhalten des Stroms in einem Leiter mit variablem Querschnitt

mens V, die die beiden Querschnitte F_1 und F_2 enthalten möge:

$$0 = \int_V \mathrm{d}^3 r \, \mathrm{div}\, \boldsymbol{j} = \int_{S(V)} \mathrm{d}\boldsymbol{f} \cdot \boldsymbol{j} = \int_{F_1} \boldsymbol{j} \cdot \mathrm{d}\boldsymbol{f} + \int_{F_2} \boldsymbol{j} \cdot \mathrm{d}\boldsymbol{f} =$$

$$= I_1 - I_2 \Rightarrow I_1 = I_2 \, .$$

b) Kirchhoffsche Knotenregel

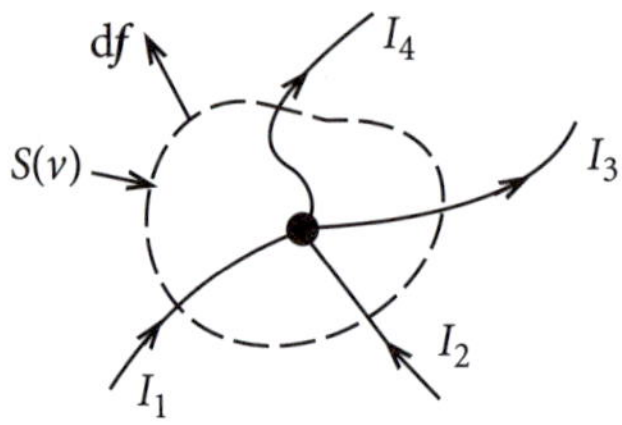

Abb. 3.4. Illustration der kirchhoffschen Knotenregel

$$0 = \int_V \mathrm{d}^3 r \, \mathrm{div}\, \boldsymbol{j} = \int_{S(V)} \mathrm{d}\boldsymbol{f} \cdot \boldsymbol{j} =$$

$$= -I_1 - I_2 + I_3 + I_4$$

$$\Rightarrow I_1 + I_2 = I_3 + I_4 \, .$$

Am Leiterknoten ist also die Summe der zufließenden gleich der Summe der abfließenden Ströme.

5) Ohmsches Gesetz

Die experimentelle Beobachtung lehrt, dass der in einem elektrischen Leiter fließende Strom I der angelegten Spannung U proportional ist:

$$U = I \cdot R \, . \tag{3.7}$$

Der Proportionalitätsfaktor R heißt **elektrischer** oder **ohmscher Widerstand** mit der Einheit:

$$[R] = \left[\frac{U}{I} \right] = 1 \, \frac{\mathrm{V}}{\mathrm{A}} = 1 \, \Omega \; (\mathrm{Ohm}) \, . \tag{3.8}$$

R hängt in der Regel von der Temperatur ab, sodass (3.7) streng genommen voraussetzt, dass trotz der durch den Strom hervorgerufenen Wärmeentwicklung die Temperatur konstant gehalten wird.

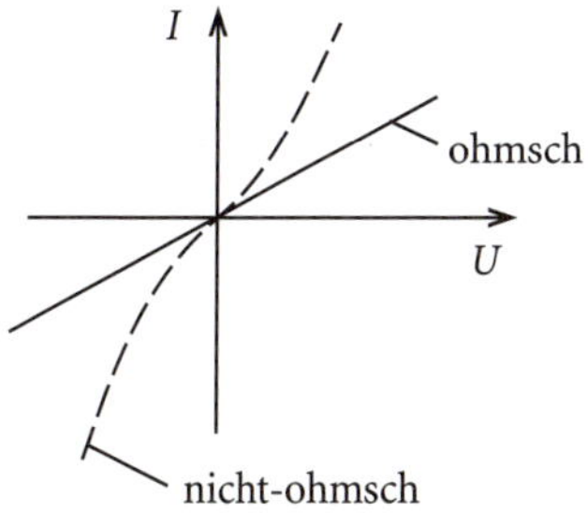

Abb. 3.5. Strom-Spannungscharakteristik für ohmsche und nicht-ohmsche Leiter (schematisch)

Das ohmsche *Gesetz* ist kein physikalisches Gesetz im eigentlichen Sinne. Es wird durchaus nicht immer von allen elektrischen Leitern erfüllt. Man unterteilt letztere deshalb bisweilen in **ohmsche** und **nicht-ohmsche** Leiter.

Der Widerstand R ist keine Materialkonstante. Er hängt vielmehr von den Abmessungen des elektrischen Leiters ab. Zu einer entsprechenden Materialkonstanten kommen wir aber, wenn wir das ohmsche Gesetz in *lokalen* Größen formulieren. In diesem Sinn entspricht der Spannung die elektrische Feldstärke $\boldsymbol{E}(\boldsymbol{r})$ und dem Strom die Stromdichte $\boldsymbol{j}(\boldsymbol{r})$:

$$\boldsymbol{j}(\boldsymbol{r}) = \sigma(\boldsymbol{r}) \cdot \boldsymbol{E}(\boldsymbol{r}) \, . \tag{3.9}$$

Die eigentliche Aussage des ohmschen Gesetzes besteht darin, dass in einem *ohmschen* Leiter die

elektrische Leitfähigkeit $\sigma(\boldsymbol{r})$

nicht vom Feld $\boldsymbol{E}$ abhängt. Die reziproke elektrische Leitfähigkeit wird

spezifischer elektrischer Widerstand $\varrho(\boldsymbol{r}) = \sigma^{-1}(\boldsymbol{r})$

genannt, wobei ϱ nicht mit der Ladungsdichte verwechselt werden darf, ebenso wenig wie σ mit der Flächenladungsdichte.

Wir berechnen σ zum Schluss in einem einfachen Modell für ein Metall: Die den metallischen Festkörper aufbauenden Atome sitzen als positiv geladene Ionen an Gitterplätzen einer hochsymmetrischen Struktur. Sie sind positiv geladen, da sich die besonders schwach gebundenen Valenzelektronen der äußersten Schale vom Mutteratom gelöst haben und sich quasifrei im Gitter bewegen. Man sagt, sie bilden ein **Elektronengas.** Ihre Geschwindigkeitsvektoren $\boldsymbol{v}_j$ haben **ohne** Feld **keine** Vorzugsrichtung. Im Feld $\boldsymbol{E} \neq 0$ überlagert sich eine feldparallele Komponente, die mit der Zeit zunimmt, bis das Elektron bei einem Stoß wieder auf Null abgebremst wird.

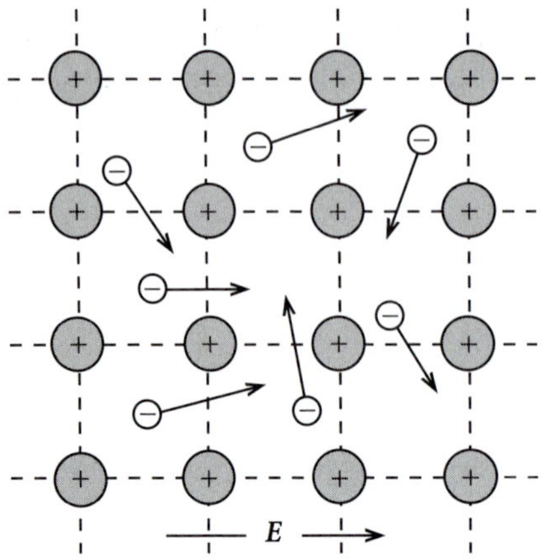

Abb. 3.6. Einfaches Modell für einen metallischen Festkörper

Wenn t_j die Zeit ist, die für das j-te Teilchen seit dem letzten Stoß vergangen ist, so gilt für die mittlere Geschwindigkeit:

$$\bar{\boldsymbol{v}} \simeq \frac{1}{N} \sum_j \left(\boldsymbol{v}_j - \frac{e}{m} \boldsymbol{E}\, t_j \right) .$$

Man definiert

$$\tau = \frac{1}{N} \sum_j t_j \quad \text{als } \textbf{mittlere Stoßzeit}$$

und hat dann, da der erste Term in der obigen Summe verschwindet:

$$\bar{\boldsymbol{v}} = -\frac{e\tau}{m} \boldsymbol{E} .$$

Damit ergibt sich als Stromdichte

$$\boldsymbol{j} = -n\, e\, \bar{\boldsymbol{v}} = \frac{e^2\, n\, \tau}{m} \boldsymbol{E}$$

eine dem ohmschen Gesetz (3.9) entsprechende Beziehung mit

$$\sigma = \frac{e^2\, n\, \tau}{m} . \tag{3.10}$$

6) Stromfaden

In der Elektrostatik hat sich das Konzept der Punktladung als außerordentlich nützlich erwiesen. Das Analogon für den elektrischen Strom ist der *Stromfaden*, unter dem man einen linienförmigen Strom I längs eines Weges C versteht.

Wir parametrisieren C nach der Bogenlänge S und errichten in jedem Punkt der Bahn das *begleitende Dreibein* (Abschn. 1.2.4, Bd. 1). $\hat{\boldsymbol{t}}$: Tangenteneinheitsvektor; $\boldsymbol{r} = \boldsymbol{r}(s)$. In diesem lokal kartesischen Koordinatensystem gilt:

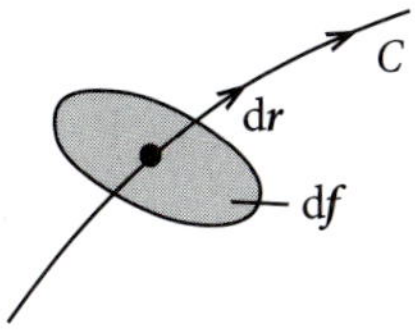

Abb. 3.7. Zur Einführung des Begriffs „Stromfaden"

$$\mathrm{d}\boldsymbol{r} = \mathrm{d}s\,\hat{\boldsymbol{t}}\ ; \quad \mathrm{d}\boldsymbol{f} = \mathrm{d}f\,\hat{\boldsymbol{t}}\ ; \quad \mathrm{d}^3r = \mathrm{d}\boldsymbol{f}\cdot\mathrm{d}\boldsymbol{r} = \mathrm{d}f\ \mathrm{d}s\ ;$$

$$\boldsymbol{j} = j\,\hat{\boldsymbol{t}}\ ; \quad I = \boldsymbol{j}\cdot\mathrm{d}\boldsymbol{f} = j\ \mathrm{d}f\ .$$

Damit folgt:

$$\boldsymbol{j}\ \mathrm{d}^3r = j\,\hat{\boldsymbol{t}}\ \mathrm{d}f\ \mathrm{d}s = j\ \mathrm{d}f\ \mathrm{d}\boldsymbol{r} = I\ \mathrm{d}\boldsymbol{r}\ .$$

Der Übergang zum Stromfaden geschieht also durch die Ersetzung:

$$\boldsymbol{j}\ \mathrm{d}^3r \ \Rightarrow\ I\ \mathrm{d}\boldsymbol{r}\ . \tag{3.11}$$

7) Elektrische Leistung

Wenn in einem elektrischen Feld $\boldsymbol{E}$ die Ladung q um die Strecke $\mathrm{d}\boldsymbol{r}$ verschoben wird, so wird **an** der Ladung die Arbeit

$$\mathrm{d}W = \boldsymbol{F}(\boldsymbol{r})\cdot\mathrm{d}\boldsymbol{r} = q\,\boldsymbol{E}(\boldsymbol{r})\cdot\mathrm{d}\boldsymbol{r}$$

geleistet. Geschieht dies in der Zeit $\mathrm{d}t$, so besitzt die Ladung die Geschwindigkeit $\boldsymbol{v} = \mathrm{d}\boldsymbol{r}/\mathrm{d}t$, und das Feld bewirkt die Leistung

$$\frac{\mathrm{d}W}{\mathrm{d}t} = q\,\boldsymbol{E}(\boldsymbol{r})\cdot\boldsymbol{v}(\boldsymbol{r})\ .$$

Betrachten wir nun eine allgemeine Ladungsdichte $\varrho(\boldsymbol{r})$, so ist die vom Feld am Volumenelement verrichtete Leistung:

$$\mathrm{d}P = \left[\varrho(\boldsymbol{r})\,\mathrm{d}^3r\right]\boldsymbol{E}(\boldsymbol{r})\cdot\boldsymbol{v}(\boldsymbol{r}) = \boldsymbol{E}(\boldsymbol{r})\cdot\boldsymbol{j}(\boldsymbol{r})\ \mathrm{d}^3r\ .$$

Dies führt unmittelbar zum Begriff der

Leistungsdichte $\boldsymbol{j}(\boldsymbol{r})\cdot\boldsymbol{E}(\boldsymbol{r})$.

Die gesamte, vom Feld $\boldsymbol{E}$ an dem System im Volumen V bewirkte **Leistung** P beträgt dann:

$$P = \int_V \boldsymbol{j}(\boldsymbol{r}) \cdot \boldsymbol{E}(\boldsymbol{r}) \, \mathrm{d}^3 r \,. \tag{3.12}$$

Spezialfall: *dünner* Draht ⇒ Stromfaden.
Für diesen folgt mit (3.11) und (3.12):

$$P = I \int_C \boldsymbol{E} \cdot \mathrm{d}\boldsymbol{r} = I\,U = R\,I^2 = \frac{1}{R} U^2 \,, \quad \text{falls ohmscher Leiter} \,. \tag{3.13}$$

Im stationären Fall nimmt in einem ohmschen Leiter die mittlere Geschwindigkeit der Ladungsträger **nicht** zu, d. h., die Arbeitsleistung des Feldes an den Ladungen dient nicht mehr der Erhöhung der kinetischen Energie, sondern wird durch Stoßprozesse an die Gitterbausteine übertragen. Sie manifestiert sich als Wärmeenergie = **joulesche Wärme.** Man nennt deshalb auch

$$P = R\,I^2 \quad \textbf{Verlustleistung} \,,$$

die beim Durchgang des Stromes I durch den ohmschen **Verbraucher** R auftritt.

Einheit:

$$[P] = 1\,\mathrm{VA} = 1\,\mathrm{W} = 1\,\mathrm{J/s} \,. \tag{3.14}$$

3.2

3.2 Grundlagen der Magnetostatik

3.2.1 Biot-Savart-Gesetz

Das Coulomb-Gesetz (2.11) stellt als experimentell eindeutig verifizierte Tatsache die Grundlage der gesamten Elektrostatik dar. Diese Rolle übernimmt in der Magnetostatik das

Ampèresche Gesetz,

das die Wechselwirkung zwischen zwei stromführenden Leitern (*Stromfäden*) beschreibt:

$$\boldsymbol{F}_{12} = \frac{\mu_0 I_1 I_2}{4\pi} \oint_{C_1} \oint_{C_2} \frac{\mathrm{d}\boldsymbol{r}_1 \times (\mathrm{d}\boldsymbol{r}_2 \times \boldsymbol{r}_{12})}{r_{12}^3} \,, \tag{3.15}$$

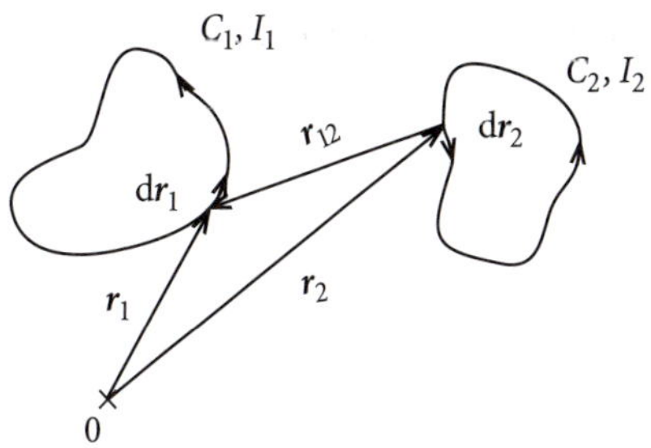

Abb. 3.8. Wechselwirkung zweier stromdurchflossener, geschlossener Leiter

μ_0: **magnetische Feldkonstante** (Permeabilität des Vakuums).

$$\mu_0 = 4\pi \cdot 10^{-7} \frac{\mathrm{Vs}}{\mathrm{Am}} \approx 1{,}2566 \cdot 10^{-6} \frac{\mathrm{N}}{\mathrm{A}^2} . \tag{3.16}$$

Vergleichen wir diesen Ausdruck mit der Definition (2.15) der Influenzkonstanten ε_0, so erkennen wir:

$$\varepsilon_0 \, \mu_0 \, c^2 = 1 . \tag{3.17}$$

c ist dabei die Lichtgeschwindigkeit im Vakuum (2.14). Die beiden Konstanten ε_0 und μ_0 sind also nicht unabhängig voneinander. Im Rahmen der speziellen Relativitätstheorie wird die Unterscheidung zwischen ruhenden und bewegten Ladungen lediglich eine Frage des Bezugssystems, woraus eine Äquivalenz von Coulomb- und Ampère-Gesetz folgt. Der Zusammenhang (3.17) zwischen μ_0 und ε_0 ist also nicht zufällig.

Für manche Zwecke ist es günstig, das Kraftgesetz (3.15) noch etwas umzuformen:

$$\mathrm{d}\boldsymbol{r}_1 \times (\mathrm{d}\boldsymbol{r}_2 \times \boldsymbol{r}_{12}) = \mathrm{d}\boldsymbol{r}_2(\mathrm{d}\boldsymbol{r}_1 \cdot \boldsymbol{r}_{12}) - \boldsymbol{r}_{12}(\mathrm{d}\boldsymbol{r}_1 \cdot \mathrm{d}\boldsymbol{r}_2) .$$

Der erste Summand liefert in (3.15) keinen Beitrag:

$$\oint\limits_{C_1} \mathrm{d}\boldsymbol{r}_1 \cdot \frac{\boldsymbol{r}_{12}}{r_{12}^3} = -\oint\limits_{C_1} \mathrm{d}\boldsymbol{r}_1 \cdot \nabla \frac{1}{r_{12}} = -\int\limits_{A_{C_1}} \mathrm{d}\boldsymbol{f} \cdot \operatorname{rot} \operatorname{grad} \frac{1}{r_{12}} = 0 .$$

Es bleibt damit als Kraft zwischen den beiden Stromfäden:

$$\boldsymbol{F}_{12} = -\mu_0 \frac{I_1 I_2}{4\pi} \oint\limits_{C_1} \oint\limits_{C_2} \mathrm{d}\boldsymbol{r}_1 \cdot \mathrm{d}\boldsymbol{r}_2 \, \frac{\boldsymbol{r}_{12}}{r_{12}^3} . \tag{3.18}$$

Diese Darstellung macht die Symmetrie zwischen den beiden Wechselwirkungspartnern deutlich. Offensichtlich ist auch das dritte newtonsche Axiom erfüllt:

$$\boldsymbol{F}_{12} = -\boldsymbol{F}_{21} .$$

Beispiel

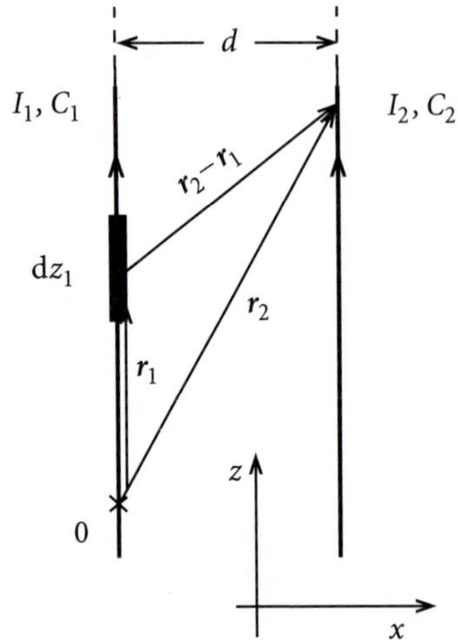

Abb. 3.9. Veranschaulichung der gegenseitigen Beeinflussung zweier paralleler, stromdurchflossener Drähte

Wir betrachten zwei lange, parallele, gerade Drähte mit dem Abstand d, durch die die Ströme I_1 bzw. I_2 fließen (Abb. 3.9). Welche Kraft übt der stromdurchflossene Leiter C_2 auf das Element $\mathrm{d}z_1$ des Leiters C_1 aus? Um (3.18) anwenden zu können, stellen wir uns vor, dass C_1, C_2 im Unendlichen auf großen Halbkreisen geschlossen sind, sodass die Beiträge zur Kraft auf $\mathrm{d}z_1$ von den Halbkreisen keine Rolle spielen:

$$
\begin{aligned}
\mathrm{d}\boldsymbol{F}_{12} &= -\mu_0 \frac{I_1 I_2}{4\pi}\,\mathrm{d}z_1 \int\limits_{-\infty}^{+\infty} \mathrm{d}z_2\, \frac{\boldsymbol{r}_{12}}{r_{12}^3} = \\
&= -\mu_0 \frac{I_1 I_2}{4\pi}\,\mathrm{d}z_1 \int\limits_{-\infty}^{+\infty} \mathrm{d}z_2 \frac{-d\boldsymbol{e}_x - (z_2 - z_1)\boldsymbol{e}_z}{\left[d^2 + (z_2 - z_1)^2\right]^{3/2}} = \\
&= \mu_0 d\, \frac{I_1 I_2}{4\pi}\,\mathrm{d}z_1 \boldsymbol{e}_x \int\limits_{-\infty}^{+\infty} \frac{\mathrm{d}z_2}{\left[d^2 + (z_2 - z_1)^2\right]^{3/2}} = \\
&= \mu_0 d\, \frac{I_1 I_2}{4\pi}\,\mathrm{d}z_1 \boldsymbol{e}_x \left\{ \frac{(z_2 - z_1)}{d^2\left[d^2 + (z_2 - z_1)^2\right]^{1/2}} \right\}_{z_2=-\infty}^{z_2=+\infty} \\
&= \mu_0 \frac{I_1 I_2}{2\pi d}\,\mathrm{d}z_1 \boldsymbol{e}_x \,.
\end{aligned}
$$

Die von C_2 auf C_1 ausgeübte **Kraft pro Länge,**

$$
\boldsymbol{f}_{12} = \mu_0 \frac{I_1 I_2}{2\pi\, d} \boldsymbol{e}_x \,, \tag{3.19}
$$

wirkt also senkrecht zu den beiden Stromrichtungen, und zwar anziehend, falls die Ströme gleichgerichtet, und abstoßend, falls sie entgegengerichtet sind. Diese Beziehung dient im Maßsystem SI der Festlegung der Maßeinheit des elektrischen Stromes. Man betrachtet zwei unendlich lange, parallele, gerade Stromfäden im Abstand von 1 m, die von gleichen Strömen $I_1 = I_2 = I$ durchflossen werden. I beträgt gerade 1 A, wenn nach (3.19) dadurch auf einen 1 m langen Leiterabschnitt eine Kraft von $2 \cdot 10^{-7}$ N ausgeübt wird.

Wir benutzen nun (3.15), um die durch den Strom I_2 in der Schleife C_2 erzeugte **magnetische Induktion** zu definieren,

$$\boldsymbol{B}_2(\boldsymbol{r}_1) = \mu_0 \frac{I_2}{4\pi} \oint\limits_{C_2} \frac{\mathrm{d}\boldsymbol{r}_2 \times \boldsymbol{r}_{12}}{r_{12}^3} , \tag{3.20}$$

ganz analog dazu, wie wir in (2.20) das elektrische Feld $\boldsymbol{E}(\boldsymbol{r})$ über die Coulomb-Kraft zwischen Punktladungen eingeführt haben. Mit dem vom Strom I_2 erzeugten $\boldsymbol{B}$-Feld wechselwirkt der Strom I_1 in der Leiterschleife C_1:

$$\boldsymbol{F}_{12} = I_1 \oint\limits_{C_1} \mathrm{d}\boldsymbol{r}_1 \times \boldsymbol{B}_2(\boldsymbol{r}_1) . \tag{3.21}$$

Beispiel

Magnetische Induktion eines geraden Leiters:

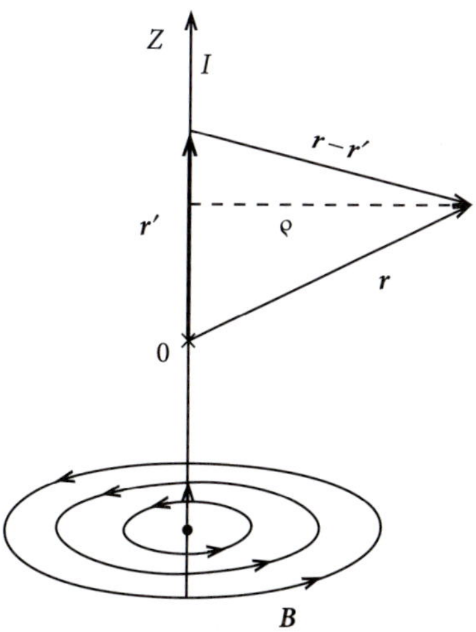

Abb. 3.10. Anordnung zur Berechnung der magnetischen Induktion eines linearen elektrischen Leiters

$$\boldsymbol{B}(\boldsymbol{r}) = \mu_0 \frac{I}{4\pi} \int\limits_{C} \frac{\mathrm{d}\boldsymbol{r}' \times (\boldsymbol{r} - \boldsymbol{r}')}{|\boldsymbol{r} - \boldsymbol{r}'|^3} .$$

Zylinderkoordinaten:

$$\boldsymbol{r}' = z'\boldsymbol{e}_z \;\Rightarrow\; \mathrm{d}\boldsymbol{r}' = \mathrm{d}z'\boldsymbol{e}_z\,,$$
$$\boldsymbol{r} - \boldsymbol{r}' = \varrho\,\boldsymbol{e}_\varrho + (z - z')\boldsymbol{e}_z$$
$$\Rightarrow\; \boldsymbol{B}(\boldsymbol{r}) = \mu_0 \frac{I}{4\pi}\varrho\,\boldsymbol{e}_\varphi \int\limits_{-\infty}^{+\infty} \frac{\mathrm{d}z'}{[\varrho^2 + (z - z')^2]^{3/2}}\,.$$

Es folgt:

$$\boldsymbol{B}(\boldsymbol{r}) = \mu_0 \frac{I}{2\pi\,\varrho}\,\boldsymbol{e}_\varphi\,. \tag{3.22}$$

Die $\boldsymbol{B}$-Linien sind also konzentrische Kreise um den geraden Leiter. Sie umlaufen den Strom im Sinne einer Rechtsschraube. Der Betrag der magnetischen Induktion ist proportional zur Stromstärke I und umgekehrt proportional zum senkrechten Abstand ϱ vom Leiter.

Formel (3.20), das sogenannte **Biot-Savart-Gesetz**, soll nun auf beliebige Stromdichten $\boldsymbol{j}(\boldsymbol{r})$ erweitert werden, ähnlich dem Übergang von Punktladungen auf räumliche Ladungsverteilungen $\varrho(\boldsymbol{r})$ in der Elektrostatik (2.23). Wir benutzen dazu (3.11):

$$\boldsymbol{B}(\boldsymbol{r}) = \frac{\mu_0}{4\pi} \int \mathrm{d}^3r'\, \boldsymbol{j}(\boldsymbol{r}') \times \frac{\boldsymbol{r} - \boldsymbol{r}'}{|\boldsymbol{r} - \boldsymbol{r}'|^3}\,. \tag{3.23}$$

Die Analogie zur Elektrostatik ist augenfällig. Vergleicht man mit dem Ausdruck (2.23) für das elektrische Feld $\boldsymbol{E}(\boldsymbol{r})$, so ist an die Stelle des Produktes aus Ladungsdichte ϱ und Vektor $(\boldsymbol{r} - \boldsymbol{r}')$ nun das Vektorprodukt aus $\boldsymbol{j}$ und $(\boldsymbol{r} - \boldsymbol{r}')$ getreten. Im Übergang von (3.20) zu (3.23) steckt implizit das Postulat der **Superponierbarkeit magnetischer Felder**, das zusammen mit dem ampèreschen Gesetz (3.15) die experimentelle Grundlage der Magnetostatik bildet.

Wir können schließlich noch mit (3.11) in (3.21) die Kraft angeben, die auf eine Stromdichte $\boldsymbol{j}(\boldsymbol{r})$ von einem von einer **anderen** Stromdichte erzeugten $\boldsymbol{B}$-Feld ausgeübt wird:

$$\boldsymbol{F} = \int [\boldsymbol{j}(\boldsymbol{r}) \times \boldsymbol{B}(\boldsymbol{r})]\;\mathrm{d}^3r\,. \tag{3.24}$$

Beispiel

$$\text{Punktladung:}\quad \varrho(\boldsymbol{r}) = q\,\delta(\boldsymbol{r} - \boldsymbol{r}_0)$$
$$\Rightarrow\; \boldsymbol{F} = q\,\boldsymbol{v}(\boldsymbol{r}_0) \times \boldsymbol{B}(\boldsymbol{r}_0)\,. \tag{3.25}$$

Das ist die sogenannte **Lorentz-Kraft**, genau genommen der *magnetische Teil* derselben.

Die magnetische Induktion $\boldsymbol{B}(\boldsymbol{r})$ übt letztlich auch noch ein Drehmoment $\boldsymbol{M}$ auf die Stromdichte $\boldsymbol{j}$ aus:

$$\boldsymbol{M} = \int \left\{ \boldsymbol{r} \times \left[\boldsymbol{j}(\boldsymbol{r}) \times \boldsymbol{B}(\boldsymbol{r}) \right] \right\} \mathrm{d}^3 r \,. \tag{3.26}$$

Bleibt noch, die Einheit der magnetischen Induktion nachzutragen:

$$[B] : 1 \frac{\mathrm{N}}{\mathrm{Am}} = 1 \frac{\mathrm{Vs}}{\mathrm{m}^2} = 1 \text{ Tesla } \; (1\,\mathrm{T}) \,. \tag{3.27}$$

3.2.2 Maxwell-Gleichungen

Das fundamentale Biot-savartsche Gesetz (3.23) lässt sich noch etwas umformen. Wenn man

$$\begin{aligned} \nabla_r \times \left[\frac{\boldsymbol{j}(\boldsymbol{r}')}{|\boldsymbol{r} - \boldsymbol{r}'|} \right] &= \frac{1}{|\boldsymbol{r} - \boldsymbol{r}'|} \nabla_r \times \boldsymbol{j}(\boldsymbol{r}') - \boldsymbol{j}(\boldsymbol{r}') \times \nabla_r \frac{1}{|\boldsymbol{r} - \boldsymbol{r}'|} = \\ &= \boldsymbol{j}(\boldsymbol{r}') \times \frac{(\boldsymbol{r} - \boldsymbol{r}')}{|\boldsymbol{r} - \boldsymbol{r}'|^3} \end{aligned}$$

in (3.22) verwendet, so erkennt man, dass sich $\boldsymbol{B}$ als Rotation eines Vektorfeldes schreiben lässt:

$$\boldsymbol{B}(\boldsymbol{r}) = \nabla_r \times \frac{\mu_0}{4\pi} \int \mathrm{d}^3 r' \frac{\boldsymbol{j}(\boldsymbol{r}')}{|\boldsymbol{r} - \boldsymbol{r}'|} \,. \tag{3.28}$$

Die magnetische Induktion ist also ein reines Rotationsfeld und als solches quellenfrei:

$$\operatorname{div} \boldsymbol{B} = 0 \,. \tag{3.29}$$

Dies ist die **homogene** Maxwell-Gleichung der Magnetostatik. Die entsprechende integrale Form ergibt sich mithilfe des gaußschen Satzes:

$$\oint_{S(V)} \boldsymbol{B}(\boldsymbol{r}) \cdot \mathrm{d}\boldsymbol{f} = 0 \,. \tag{3.30}$$

Der Fluss durch die Oberfläche $S(V)$ eines **beliebigen** Volumens V ist Null. Das ist Ausdruck der Tatsache, dass es keine magnetischen Ladungen (Monopole) gibt.

Nach dem allgemeinen Zerlegungssatz (1.72) für Vektorfelder muss wegen (3.29) für $\boldsymbol{B}(\boldsymbol{r})$ gelten:

$$\boldsymbol{B}(\boldsymbol{r}) = \operatorname*{rot}_r \left[\frac{1}{4\pi} \int \mathrm{d}^3 r' \frac{\operatorname{rot} \boldsymbol{B}(\boldsymbol{r}')}{|\boldsymbol{r} - \boldsymbol{r}'|} \right] \,.$$

Der Vergleich mit (3.28) liefert die **inhomogene** Maxwell-Gleichung der Magnetostatik:

$$\operatorname{rot} \boldsymbol{B} = \mu_0 \, \boldsymbol{j} \,. \tag{3.31}$$

Mithilfe des stokesschen Satzes ergibt sich die äquivalente integrale Form:

$$\int_{\partial F} \boldsymbol{B} \cdot \mathrm{d}\boldsymbol{r} = \mu_0 \int_F \boldsymbol{j} \cdot \mathrm{d}\boldsymbol{f} = \mu_0 I \,. \tag{3.32}$$

I ist der Strom durch die Fläche F. Dieses so genannte

ampèresche Durchflutungsgesetz

kann bei der Berechnung des $\boldsymbol{B}$-Feldes für hochsymmetrische Stromverteilungen sehr nützlich sein, ähnlich dem physikalischen gaußschen Satz (2.35) in der Elektrostatik. (Man überlege sich als einfaches Anwendungsbeispiel noch einmal die magnetische Induktion eines geraden Leiters (3.22).)

3.2.3 Vektorpotential

(3.28) zeigt, dass die magnetische Induktion $\boldsymbol{B}(\boldsymbol{r})$ sich als Rotation eines Vektorfeldes $\boldsymbol{A}$ schreiben lässt:

$$\boldsymbol{A}(\boldsymbol{r}) = \frac{\mu_0}{4\pi} \int \mathrm{d}^3 r' \, \frac{\boldsymbol{j}(\boldsymbol{r}')}{|\boldsymbol{r} - \boldsymbol{r}'|} \,. \tag{3.33}$$

Das Vektorpotential $\boldsymbol{A}(\boldsymbol{r})$ übernimmt für die Magnetostatik die Rolle, die das skalare Potential $\varphi(\boldsymbol{r})$ in der Elektrostatik spielt. Man beachte die formale Ähnlichkeit mit (2.25). Es gilt:

$$\boldsymbol{B} = \mathrm{rot}\,\boldsymbol{A} \,. \tag{3.34}$$

Das Vektorpotential ist durch den obigen Ansatz allerdings nicht eindeutig bestimmt. Die physikalisch relevante Feldgröße $\boldsymbol{B}$ ist offensichtlich invariant gegenüber einer

Eichtransformation

des Vektorpotentials:

$$\boldsymbol{A} \Rightarrow \boldsymbol{A}' = \boldsymbol{A} + \mathrm{grad}\,\chi \,. \tag{3.35}$$

χ darf dabei eine beliebige skalare Funktion sein, die sich ganz nach Zweckmäßigkeitsgesichtspunkten festlegen lässt, da in jedem Fall

$$\mathrm{rot}\,\mathrm{grad}\,\chi = 0$$

gilt.

Beispiel Homogenes $\boldsymbol{B}$-Feld: $\boldsymbol{B} = B_0\,\boldsymbol{e}_z$.

Wir haben in Aufgabe 1.3.5, Bd. 1 gezeigt, dass dann

$$\boldsymbol{A}(\boldsymbol{r}) = \frac{1}{2}\boldsymbol{B} \times \boldsymbol{r} = \frac{1}{2}B_0(-y, x, 0)$$

eine erlaubte Wahl ist, die auf $\mathrm{rot}\,\boldsymbol{A} = \boldsymbol{B}$ führt.

Eine häufig verwendete Vereinbarung ist die

$$\textbf{Coulomb-Eichung:}\ \operatorname{div} \boldsymbol{A} = 0\ . \tag{3.36}$$

(Die Bezeichnung wird später klar!) Mit dieser wird aus der inhomogenen Maxwell-Gleichung (3.31):

$$\operatorname{rot} \boldsymbol{B} = \operatorname{grad}\ \operatorname{div} \boldsymbol{A} - \Delta \boldsymbol{A} = -\Delta \boldsymbol{A} = \mu_0 \boldsymbol{j}\ .$$

Daraus folgt die

Grundaufgabe der Magnetostatik:

Gegeben:
1. $\boldsymbol{j}$ in einem interessierenden Raumbereich V,
2. Randbedingungen auf $S(V)$.

Gesucht: Lösung der partiellen, inhomogenen, linearen Differentialgleichung zweiter Ordnung für jede Komponente von $\boldsymbol{A}$:

$$\Delta \boldsymbol{A} = -\mu_0 \boldsymbol{j}\ . \tag{3.37}$$

Dies ist vom formalen mathematischen Standpunkt aus gesehen dieselbe Problemstellung wie bei der Lösung der Poisson-Gleichung der Elektrostatik. Die in Kap. 2 entwickelten Lösungsmethoden können direkt übernommen werden.

Es macht an dieser Stelle noch wenig Sinn, konkrete Randwertprobleme der Magnetostatik zu diskutieren, da wir diese **bislang nur für das Vakuum** formuliert haben. Typische Randbedingungen ergeben sich jedoch erst in der Materie!

3.3 Magnetisches Moment

3.3

3.3.1 Magnetische Induktion einer lokalen Stromverteilung

Wir betrachten eine auf einen endlichen Raumbereich begrenzte Stromdichteverteilung $\boldsymbol{j}(\boldsymbol{r})$, die am Beobachtungspunkt P eine magnetische Induktion $\boldsymbol{B}(\boldsymbol{r})$ erzeugt. Der Abstand des Punktes P vom $\boldsymbol{j}d \neq 0$-Gebiet sei sehr groß, verglichen mit den Linearabmessungen dieses Gebietes. Ausgangspunkt ist der Ausdruck (3.33) für das

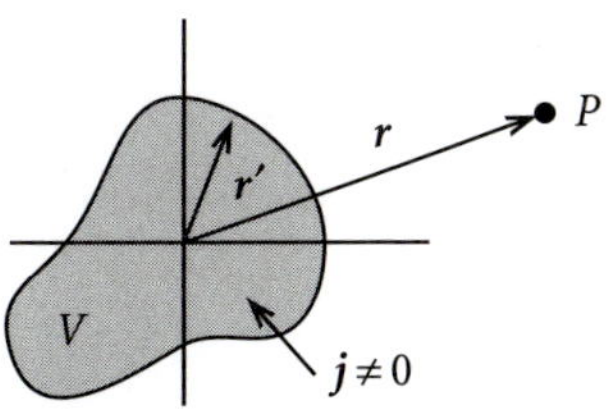

Abb. 3.11. Festlegung des Koordinatensystems zur Berechnung der magnetischen Induktion einer auf einen endlichen Raumbereich begrenzten Stromdichteverteilung

Vektorpotential $\boldsymbol{A}(\boldsymbol{r})$. Für den Nenner des Integranden bietet sich wie in Abschn. 2.2.7 eine Taylor-Entwicklung an:

$$\frac{1}{|\boldsymbol{r}-\boldsymbol{r}'|} = \frac{1}{r} + \frac{\boldsymbol{r}'\cdot\boldsymbol{r}}{r^3} + \ldots \quad (\widehat{=}\text{ Multipolentwicklung})\ .$$

Dies bedeutet zunächst:

$$\boldsymbol{A}(\boldsymbol{r}) = \frac{\mu_0}{4\pi\,r}\int \mathrm{d}^3r'\,\boldsymbol{j}(\boldsymbol{r}') + \frac{\mu_0}{4\pi}\frac{\boldsymbol{r}}{r^3}\int \mathrm{d}^3r'\boldsymbol{r}'\,\boldsymbol{j}(\boldsymbol{r}') + \ldots \tag{3.38}$$

Nützlich für die weitere Auswertung ist der folgende **Hilfssatz:**

$f(\boldsymbol{r}), g(\boldsymbol{r})$: stetig differenzierbare, sonst aber beliebige skalare Felder. Dann gilt in der Magnetostatik:

$$\widehat{I} = \int \mathrm{d}^3r\,[f(\boldsymbol{r})\,\boldsymbol{j}\cdot\nabla g + g(\boldsymbol{r})\,\boldsymbol{j}\cdot\nabla f] = 0\ . \tag{3.39}$$

Beweis

$$\mathrm{div}(g f\boldsymbol{j}) = (g f)\underbrace{\mathrm{div}\,\boldsymbol{j}}_{=0\,(3.6)} + \boldsymbol{j}\cdot\mathrm{grad}\,(g f) = f\,(\boldsymbol{j}\cdot\nabla g) + g(\boldsymbol{j}\cdot\nabla f)$$

$$\Rightarrow\ \widehat{I} = \int \mathrm{d}^3r\ \mathrm{div}(g f\,\boldsymbol{j}) = \int\limits_{S(V)\to\infty} \mathrm{d}\boldsymbol{f}\cdot(g f\,\boldsymbol{j}) =$$

$$= 0\ ,\ \text{da Stromdichte im Unendlichen Null!}$$

Wir setzen zunächst in (3.39):

$$f\equiv 1 \quad\text{und}\quad g = x, y \ \text{ oder }\ z$$

und erhalten:

$$\int \mathrm{d}^3r\ \boldsymbol{j}\cdot\boldsymbol{e}_{x,y,z} = 0\ .$$

Dies bedeutet:

$$\int \mathrm{d}^3r\ \boldsymbol{j}(\boldsymbol{r}) = 0\ . \tag{3.40}$$

Der erste Summand in (3.38), der **Monopolterm**, verschwindet also. Dies ist erneut eine Bestätigung der Tatsache, dass es keine magnetischen Ladungen gibt. Es bleibt also zu berechnen:

$$\boldsymbol{A}(\boldsymbol{r}) = \frac{\mu_0}{4\pi}\frac{\boldsymbol{r}}{r^3}\int \mathrm{d}^3r'\boldsymbol{r}'\,\boldsymbol{j}(\boldsymbol{r}')\ldots \tag{3.41}$$

Dazu verwenden wir noch einmal den Hilfssatz (3.39), und zwar für $f = x_i$, $g = x_j$, wobei $x_i, x_j \in \{x, y, z\}$:

$$0 = \int \mathrm{d}^3r\,(x_i j_j + x_j j_i)\ \Rightarrow\ \int \mathrm{d}^3r\,x_j j_i = -\int \mathrm{d}^3r\,x_i j_j\ .$$

Damit berechnen wir ($\boldsymbol{a}$ beliebiger Vektor):

$$\boldsymbol{a}\int \mathrm{d}^3r'\,\boldsymbol{r}' j_i(\boldsymbol{r}') = \sum_j a_j \int \mathrm{d}^3r'\, x_j' j_i(\boldsymbol{r}') = -\frac{1}{2}\sum_j a_j \int \mathrm{d}^3r' \left(x_i' j_j - x_j' j_i\right) =$$

$$= -\frac{1}{2}\sum_{j,k} \varepsilon_{ijk} a_j \int \mathrm{d}^3r' (\boldsymbol{r}' \times \boldsymbol{j})_k \,.$$

(s. (1.65), Bd. 1)

Es gilt also die folgende Vektoridentität:

$$\int \mathrm{d}^3r' (\boldsymbol{a}\cdot\boldsymbol{r}')\,\boldsymbol{j}(\boldsymbol{r}') = -\frac{1}{2}\left\{\boldsymbol{a}\times\int \left[\boldsymbol{r}' \times \boldsymbol{j}(\boldsymbol{r}')\right]\,\mathrm{d}^3r'\right\} \,. \tag{3.42}$$

Mit der

Definition 3.3.1: *Magnetisches Moment* **3.3.1**

$$\boldsymbol{m} = \frac{1}{2}\int \mathrm{d}^3r\,\left[\boldsymbol{r}\times\boldsymbol{j}(\boldsymbol{r})\right] \tag{3.43}$$

hat dann das Vektorpotential in großem Abstand vom $\boldsymbol{j} \neq 0$-Bereich die folgende Gestalt ($\boldsymbol{a} = \boldsymbol{r}$):

$$\boldsymbol{A}(\boldsymbol{r}) = \frac{\mu_0}{4\pi}\,\frac{\boldsymbol{m}\times\boldsymbol{r}}{r^3} + \ldots \tag{3.44}$$

Wir beschränken uns hier auf den niedrigsten, nicht verschwindenden Term in der Entwicklung. Da der Monopolbeitrag Null ist, handelt es sich um den Dipolterm.

Zur Berechnung der magnetischen Induktion benutzen wir die Formeln

$$\mathrm{rot}(\boldsymbol{a}\varphi) = \varphi\;\mathrm{rot}\,\boldsymbol{a} - \boldsymbol{a}\times\nabla\varphi\,,$$

$$\mathrm{rot}(\boldsymbol{a}\times\boldsymbol{b}) = (\boldsymbol{b}\cdot\nabla)\boldsymbol{a} - (\boldsymbol{a}\cdot\nabla)\boldsymbol{b} + \boldsymbol{a}\;\mathrm{div}\,\boldsymbol{b} - \boldsymbol{b}\;\mathrm{div}\,\boldsymbol{a}$$

und erhalten mit $\boldsymbol{m} = \mathrm{const}$:

$$\begin{aligned}
&\mathrm{rot}\,\boldsymbol{A} = \\
&= \frac{\mu_0}{4\pi}\left[\frac{1}{r^3}\,\mathrm{rot}(\boldsymbol{m}\times\boldsymbol{r}) - (\boldsymbol{m}\times\boldsymbol{r})\times\nabla\frac{1}{r^3}\right] = \\
&= \frac{\mu_0}{4\pi}\left\{\frac{1}{r^3}\left[(\boldsymbol{r}\cdot\nabla)\boldsymbol{m} - (\boldsymbol{m}\cdot\nabla)\boldsymbol{r} + \boldsymbol{m}\;\mathrm{div}\,\boldsymbol{r} - \boldsymbol{r}\;\mathrm{div}\,\boldsymbol{m}\right] + \frac{3}{r^5}(\boldsymbol{m}\times\boldsymbol{r})\times\boldsymbol{r}\right\} = \\
&= \frac{\mu_0}{4\pi}\left\{-\frac{1}{r^3}(\boldsymbol{m}\cdot\nabla)\boldsymbol{r} + \frac{1}{r^3}\boldsymbol{m}\;\mathrm{div}\,\boldsymbol{r} - \frac{3}{r^5}\left[\boldsymbol{m}r^2 - \boldsymbol{r}(\boldsymbol{m}\cdot\boldsymbol{r})\right]\right\} = \\
&= \frac{\mu_0}{4\pi}\left[-\frac{\boldsymbol{m}}{r^3} + \frac{3}{r^5}\boldsymbol{r}(\boldsymbol{m}\cdot\boldsymbol{r})\right]\,.
\end{aligned}$$

Damit hat $\boldsymbol{B}$ dieselbe mathematische Gestalt wie das analoge elektrostatische Dipolfeld $\boldsymbol{E}^D(\boldsymbol{r})$ (2.73):

$$\boldsymbol{B} = \frac{\mu_0}{4\pi}\left[\frac{3(\boldsymbol{r}\cdot\boldsymbol{m})\boldsymbol{r}}{r^5} - \frac{\boldsymbol{m}}{r^3}\right] . \tag{3.45}$$

Die von $\boldsymbol{j}$ erzeugte magnetische Induktion $\boldsymbol{B}$ verhält sich hinreichend weit entfernt von der Stromdichteverteilung stets wie ein Dipolfeld, wenn der Dipol $\boldsymbol{m}$ wie in (3.43) definiert wird.

Wir wollen das Dipolmoment $\boldsymbol{m}$ für zwei Beispiele explizit ausrechnen:

1) Geschlossener, ebener Stromkreis

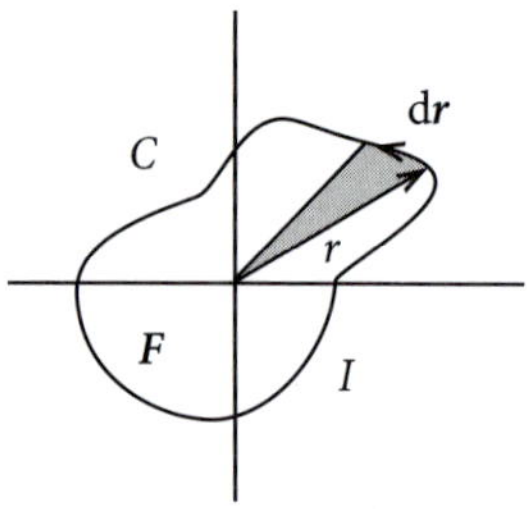

Abb. 3.12. Bestimmung des magnetischen Moments eines geschlossenen, ebenen Stromkreises

Wir fassen die Leiterschleife als Stromfaden auf, benutzen deshalb (3.11) in (3.43):

$$\boldsymbol{m} = \frac{1}{2} I \int_C (\boldsymbol{r} \times \mathrm{d}\boldsymbol{r}) = I\boldsymbol{F} . \tag{3.46}$$

Dieses einfache Resultat gilt unabhängig von der Gestalt der umflossenen Fläche. $\boldsymbol{m}$ steht senkrecht auf der Leiterebene (Rechtsschraubenregel!).

2) System von Punktladungen

Die Stromdichte $\boldsymbol{j}$ werde durch eine Anzahl geladener Teilchen hervorgerufen, die wir als Punktladungen auffassen wollen. Alle Teilchen mögen dieselbe Ladung q besitzen. Das i-te Teilchen bewege sich zur Zeit t am Ort $\boldsymbol{R}_i(t)$ mit der Geschwindigkeit $\boldsymbol{v}_i(t)$:

$$\boldsymbol{j}(\boldsymbol{r}) = q \sum_{i=1}^{N} \boldsymbol{v}_i\,\delta(\boldsymbol{r} - \boldsymbol{R}_i) . \tag{3.47}$$

Eingesetzt in (3.43) ergibt dies:

$$\boldsymbol{m} = \frac{1}{2} q \sum_{i=1}^{N} (\boldsymbol{R}_i \times \boldsymbol{v}_i) = \frac{q}{2M} \sum_{i=1}^{N} \boldsymbol{l}_i , \tag{3.48}$$

$\boldsymbol{l}_i$: Bahndrehimpuls des i-ten Teilchen (M = Masse; für alle Teilchen dieselbe!).

Das Verhältnis vom magnetischen Moment zum Gesamtdrehimpuls $\boldsymbol{L} = \sum_i \boldsymbol{l}_i$ bezeichnet man als **gyromagnetisches Verhältnis.** Das hier rein klassisch abgeleitete

Ergebnis $q/2M$ bleibt bis in den atomaren Bereich hin gültig, gilt also auch für Atomelektronen, solange es sich um deren Bahnbewegung handelt. Für den inneren Drehimpuls (*Spin*) $\boldsymbol{S}$ des Elektrons ist das zugehörige magnetische Moment $\boldsymbol{m}_S$ jedoch ziemlich genau doppelt so groß wie nach (3.48) zu erwarten wäre:

$$\boldsymbol{m}_S = \frac{-e}{M}\boldsymbol{S}\,. \tag{3.49}$$

Eine Erklärung für diese Abweichung von der klassischen Erwartung, die man **magnetomechanische Anomalie** nennt, liefert die relativistische Dirac-Theorie des Elektrons, auf die wir hier jedoch noch nicht eingehen können (s. Abschn. 5.2, Bd. 5, Tl. 2).

3.3.2 Kraft und Drehmoment auf eine lokale Stromverteilung

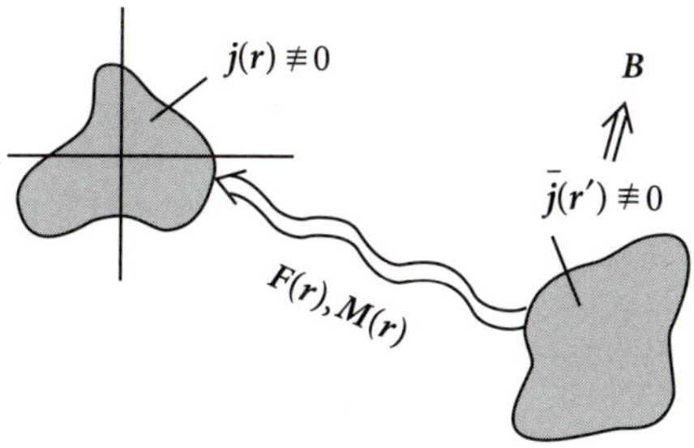

Abb. 3.13. Wechselwirkung zweier lokaler Stromdichteverteilungen

Nach (3.24) und (3.26) übt eine äußere magnetische Induktion $\boldsymbol{B}(\boldsymbol{r})$ auf eine Stromdichte $\boldsymbol{j}(\boldsymbol{r})$ die Kraft

$$\boldsymbol{F} = \int [\boldsymbol{j}(\boldsymbol{r}) \times \boldsymbol{B}(\boldsymbol{r})]\; \mathrm{d}^3 r$$

und das Drehmoment

$$\boldsymbol{M} = \int \left\{\boldsymbol{r} \times [\,\boldsymbol{j}(\boldsymbol{r}) \times \boldsymbol{B}(\boldsymbol{r})]\right\}\; \mathrm{d}^3 r$$

aus. Diese Beziehungen wollen wir nun für den Fall untersuchen, dass sich $\boldsymbol{B}$ über das $\boldsymbol{j} \neq 0$-Gebiet, das lokal begrenzt sein möge, nur wenig ändert. Dann bietet sich eine Taylor-Entwicklung von $\boldsymbol{B}$ um den im $j \neq 0$-Gebiet liegenden Ursprung $\boldsymbol{r} = 0$ an:

$$\boldsymbol{B}(\boldsymbol{r}) = \boldsymbol{B}(0) + (\boldsymbol{r} \cdot \nabla)\boldsymbol{B}(\boldsymbol{r})|_{\boldsymbol{r}=0} + \dots$$

Dies ergibt für $\boldsymbol{F}$:

$$\boldsymbol{F} = -\boldsymbol{B}(0) \times \int \boldsymbol{j}(\boldsymbol{r})\; \mathrm{d}^3 r + \int [\boldsymbol{j}(\boldsymbol{r}) \times (\boldsymbol{r} \cdot \nabla)\boldsymbol{B}(0)]\; \mathrm{d}^3 r + \dots$$

Wegen (3.40) verschwindet der erste Summand, d. h., **ein homogenes *B*-Feld übt auf eine stationäre Stromverteilung keine Kraft aus.**

Wir berechnen die i-te Komponente der Kraft:

$$F_i \approx -\int \mathrm{d}^3r \left[(\boldsymbol{r}\cdot\nabla)\boldsymbol{B}(0) \times \boldsymbol{j}(\boldsymbol{r})\right]_i = -\sum_{j,k} \varepsilon_{ijk} \left(\int \boldsymbol{r}\, j_k(\boldsymbol{r})\, d^3r\right) \cdot \left[\nabla B_j(0)\right] .$$

An dieser Stelle können wir die Vektoridentität (3.42) ausnutzen, wenn wir in dieser $\boldsymbol{a} = \nabla B_j$ setzen:

$$\begin{aligned} F_i &\approx +\frac{1}{2} \sum_{j,k} \varepsilon_{ijk} \left\{\left[\nabla B_j(0)\right] \times \int \left[\boldsymbol{r} \times \boldsymbol{j}(\boldsymbol{r})\right] \, \mathrm{d}^3r\right\}_k = \\ &= -\sum_{jk} \varepsilon_{ijk} \left[\boldsymbol{m} \times \nabla B_j(0)\right]_k = -\sum_{j,k} \varepsilon_{ijk} [\boldsymbol{m} \times \nabla]_k B_j(0) = \\ &= \sum_{j,k} \varepsilon_{ijk} [\boldsymbol{m} \times \nabla]_j B_k(0) = \left[(\boldsymbol{m} \times \nabla) \times \boldsymbol{B}(0)\right]_i . \end{aligned}$$

Damit haben wir für die Kraft $\boldsymbol{F}$ auf die Stromverteilung $\boldsymbol{j}$ den folgenden Ausdruck gefunden:

$$\boldsymbol{F} \approx (\boldsymbol{m} \times \nabla) \times \boldsymbol{B}(0) . \tag{3.50}$$

Man beachte jedoch, dass es sich hier um den ersten nicht verschwindenden Term einer Entwicklung handelt:

$$\boldsymbol{F} \approx -\boldsymbol{m}\left[\nabla \cdot \boldsymbol{B}(0)\right] + \nabla\left[\boldsymbol{m} \cdot \boldsymbol{B}(0)\right] .$$

Mit $\operatorname{div} \boldsymbol{B} = 0$ bleibt dann:

$$\boldsymbol{F} \simeq \nabla(\boldsymbol{m} \times \boldsymbol{B}) . \tag{3.51}$$

Auch dieser Ausdruck stimmt formal exakt mit der analogen Beziehung (2.78) der Elektrostatik überein. Allgemein ist die Kraft als negativer Gradient einer potentiellen Energie V definiert. Dies bedeutet:

$$V = -\boldsymbol{m} \cdot \boldsymbol{B} . \tag{3.52}$$

Der Dipol wird versuchen, sich parallel zum $\boldsymbol{B}$-Feld einzustellen, um den Zustand geringster Energie einzunehmen.

Die magnetische Induktion $\boldsymbol{B}$ übt also auf die Stromverteilung $\boldsymbol{j}$ ein Drehmoment $\boldsymbol{M}$ aus. Im Gegensatz zur Kraft $\boldsymbol{F}$ trägt zum Drehmoment bereits der erste Term der obigen Feldentwicklung bei, auf den wir uns hier auch beschränken wollen:

$$\begin{aligned} \boldsymbol{M} &\approx \int \left\{\boldsymbol{r} \times \left[\boldsymbol{j}(\boldsymbol{r}) \times \boldsymbol{B}(0)\right]\right\} \, \mathrm{d}^3r = \\ &= \int \mathrm{d}^3r \left\{\boldsymbol{j}(\boldsymbol{r})(\boldsymbol{r}\cdot\boldsymbol{B}) - \boldsymbol{B}\left[\boldsymbol{r}\cdot\boldsymbol{j}(\boldsymbol{r})\right]\right\} . \end{aligned}$$

Wir nutzen noch einmal den Hilfssatz (3.39) aus, und zwar für $f = g = r$:

$$0 = 2\int d^3r(r\boldsymbol{j}\cdot\nabla r) = 2\int d^3r(r\boldsymbol{j}\cdot\boldsymbol{e}_r) = 2\int d^3r(\boldsymbol{j}\cdot\boldsymbol{r}) .$$

Damit verschwindet der zweite Summand:

$$\boldsymbol{M} \approx \int d^3r\,[\boldsymbol{r}\cdot\boldsymbol{B}(0)]\,\boldsymbol{j}(\boldsymbol{r}) .$$

An dieser Stelle benutzen wir erneut die Vektoridentität (3.42) mit $\boldsymbol{a} = \boldsymbol{B}(0)$:

$$\boldsymbol{M} \approx -\frac{1}{2}\left\{\boldsymbol{B}(0)\times\int d^3r\,[\boldsymbol{r}\times\boldsymbol{j}(\boldsymbol{r})]\right\} .$$

Mit der Definition (3.43) für das magnetische Moment $\boldsymbol{m}$ nimmt der führende Term in der Entwicklung des Drehmoments dann die Form

$$\boldsymbol{M} \approx \boldsymbol{m}\times\boldsymbol{B}(0) \tag{3.53}$$

an, die wir bereits in der Einleitung dieses Kapitels in (3.1) als eine Möglichkeit diskutiert haben, Richtung und Betrag von $\boldsymbol{B}$ zu messen.

3.4 Magnetostatik in der Materie

3.4

Wir sind bis jetzt davon ausgegangen, dass die Stromdichte $\boldsymbol{j}$ eine vorgegebene und damit bekannte Größe ist. Von dieser Annahme können wir streng genommen nicht mehr starten, wenn wir die Magnetostatik in der Materie untersuchen. Die Elektronen der atomaren Festkörperbausteine bilden komplizierte, rasch fluktuierende, mikroskopische Ströme, mit denen nach (3.46) magnetische Momente verknüpft sind, die wiederum nach (3.45) einen Beitrag zur magnetischen Induktion $\boldsymbol{B}$ liefern. Die quantitative Erfassung dieser Beiträge erscheint unmöglich. Wie jedoch bereits im entsprechenden Abschn. 2.4 der Elektrostatik erläutert, reichen uns gemittelte Feldgrößen (s. (2.179)).

3.4.1 Makroskopische Feldgrößen

Wir gehen wieder davon aus, dass die Maxwell-Gleichungen des Vakuums (3.29) und (3.31) mikroskopisch universell gelten:

$$\operatorname{div}\boldsymbol{b} = 0; \qquad \operatorname{rot}\boldsymbol{b} = \mu_0\,\boldsymbol{j}_m . \tag{3.54}$$

$\boldsymbol{j}_m$ ist die mikroskopische Stromdichte, $\boldsymbol{b}$ die mikroskopische, magnetische Induktion. Die in (2.179) erläuterte Mittelung von Feldgrößen definiert die

makroskopische, magnetische Induktion:

$$\boldsymbol{B}(\boldsymbol{r}) = \overline{\boldsymbol{b}}(\boldsymbol{r}) . \tag{3.55}$$

Wegen der Vertauschbarkeit von Mittelwert und Differentiation bleibt die homogene Maxwell-Gleichung nach der Mittelungsformel unverändert:

$$\operatorname{div} \boldsymbol{B} = 0 \,. \tag{3.56}$$

Damit ist auch das makroskopische $\boldsymbol{B}$-Feld ein reines Rotationsfeld, d. h., wir werden wie in (3.34) ein Vektorpotential $\boldsymbol{A}(\boldsymbol{r})$ definieren können:

$$\boldsymbol{B} = \operatorname{rot} \boldsymbol{A} \,. \tag{3.57}$$

Wie sieht jedoch die gemittelte Stromdichte $\overline{\boldsymbol{j}}_{\mathrm{m}}$ aus? Sie setzt sich aus zwei Bestandteilen zusammen. Es wird Beiträge durch freie, d. h. nicht gebundene (*manipulierbare*), Ladungen geben. Man denke z. B. an die quasi-freien Leitungselektronen. Dann werden auch die gebundenen Ladungen auf Felder reagieren, sich verschieben und damit Ströme bilden:

$$\overline{\boldsymbol{j}}_{\mathrm{m}} = \boldsymbol{j}_f + \boldsymbol{j}_{\mathrm{geb}} \,. \tag{3.58}$$

Wenn ϱ_{f} die Ladungsdichte der ungebundenen Teilchen ist, so gilt für den Beitrag zur Stromdichte:

$$\boldsymbol{j}_{\mathrm{f}} = \overline{\varrho_{\mathrm{f}} \boldsymbol{v}} \,. \tag{3.59}$$

Die *gebundene* Stromdichte wird zweckmäßig noch in zwei weitere Bestandteile zerlegt:

$$\boldsymbol{j}_{\mathrm{geb}} = \overline{\boldsymbol{j}}_{\mathrm{p}} + \overline{\boldsymbol{j}}_{\mathrm{mag}} \,. \tag{3.60}$$

$\overline{\boldsymbol{j}}_{\mathrm{p}}$ ist die Stromdichte der Polarisationsladungen. Die Polarisation $\boldsymbol{P}(\boldsymbol{r})$ bewirkt nach (2.189) eine Polarisationsladungsdichte

$$\varrho_{\mathrm{P}}(\boldsymbol{r}) = -\operatorname{div} \boldsymbol{P} \,,$$

die natürlich auch einer Kontinuitätsgleichung genügt,

$$\frac{\partial}{\partial t} \varrho_{\mathrm{P}}(\boldsymbol{r}) + \operatorname{div} \overline{\boldsymbol{j}}_{\mathrm{p}} = 0 \,,$$

womit die Stromdichte $\overline{\boldsymbol{j}}_{\mathrm{p}}$ erklärt ist:

$$\overline{\boldsymbol{j}}_{\mathrm{p}}(\boldsymbol{r}) = \frac{\partial}{\partial t} \boldsymbol{P} \,. \tag{3.61}$$

Als partielle Zeitableitung spielt sie allerdings für die Magneto**statik** keine Rolle. Wir werden bei der Behandlung elektro**dynamischer** Phänomene auf diesen Punkt zurückkommen müssen.

Entscheidend ist hier die **Magnetisierungsstromdichte** $\overline{\boldsymbol{j}}_{\mathrm{mag}}$. Sie resultiert aus den Bewegungen der Atomelektronen auf ihren stationären Bahnen um die jeweiligen positiv geladenen Kerne. Jede dieser Bewegungen stellt einen kleinen magnetischen Dipol dar. Ohne äußeres Feld werden diese Dipole in ihren Richtungen statistisch orientiert sein, sich im Mittel in ihren Wirkungen deshalb kompensieren. Nach (3.53) wird ein äußeres Feld ein Drehmoment auf den Elementardipol ausüben, damit für eine gewisse Ordnung sorgen, was letztlich zu einem inneren Zusatzfeld $\boldsymbol{B}_{\text{mag}}$ führt. Dieses Zusatzfeld stellen wir uns durch $\boldsymbol{j}_{\text{mag}}$ bewirkt vor. $\boldsymbol{j}^{(i)}_{\text{mag}}(\boldsymbol{r})$ sei die Magnetisierungsstromdichte des i-ten *Teilchens*, von der wir annehmen, dass sie *stationär* ist:

$$\operatorname{div} \boldsymbol{j}^{(i)}_{\text{mag}} = 0 \,. \tag{3.62}$$

Ferner soll durch sie das Moment $\boldsymbol{m}_i$ realisiert werden:

$$\boldsymbol{m}_i = \frac{1}{2} \int d^3r \left[(\boldsymbol{r} - \boldsymbol{R}_i) \times \boldsymbol{j}^{(i)}_{\text{mag}}(\boldsymbol{r}) \right] . \tag{3.63}$$

$\boldsymbol{R}_i$ sei der Ort, an dem sich der Dipol befindet. Die Erfüllung dieser beiden Gleichungen gelingt mit dem folgenden, relativ allgemeinen Ansatz:

$$\boldsymbol{j}^{(i)}_{\text{mag}}(\boldsymbol{r}) = -\boldsymbol{m}_i \times \nabla f_i(\boldsymbol{r}) = \operatorname{rot} \left(\boldsymbol{m}_i f_i(\boldsymbol{r}) \right) . \tag{3.64}$$

Die Funktion f_i ist hier nur als Zwischengröße gedacht. Ihre genaue Bedeutung ist gar nicht so wichtig. Sie hat nur die folgenden Bedingungen zu erfüllen:

1. f_i sei innerhalb des vom i-ten Teilchen eingenommenen Volumens *glatt*, außerhalb identisch Null.
2. $$\int\limits_{\text{Teilchen } (v_i)} d^3r\, f_i(\boldsymbol{r}) = 1 \,. \tag{3.65}$$

Dass der Ansatz (3.64) die Bedingung (3.62) erfüllt, ist unmittelbar klar. (3.63) verifiziert man durch Einsetzen:

$$\begin{aligned}
\boldsymbol{m}_i &= -\frac{1}{2} \int d^3r\, (\boldsymbol{r} - \boldsymbol{R}_i) \times \left(\boldsymbol{m}_i \times \nabla f_i \right) = \\
&= -\frac{1}{2} \int d^3r \left\{ \boldsymbol{m}_i \left[(\boldsymbol{r} - \boldsymbol{R}_i) \cdot \nabla f_i \right] - \nabla f_i \left[(\boldsymbol{r} - \boldsymbol{R}_i) \cdot \boldsymbol{m}_i \right] \right\} = \\
&= -\frac{1}{2} \boldsymbol{m}_i \int d^3r\, (\boldsymbol{r} - \boldsymbol{R}_i) \nabla f_i + \frac{1}{2} \int d^3r\, \nabla f_i \left[(\boldsymbol{r} - \boldsymbol{R}_i) \cdot \boldsymbol{m}_i \right] = \\
&= -\frac{1}{2} \boldsymbol{m}_i \int d^3r \operatorname{div} \left[(\boldsymbol{r} - \boldsymbol{R}_i) f_i(\boldsymbol{r}) \right] + \frac{1}{2} \boldsymbol{m}_i \int d^3r\, f_i(\boldsymbol{r}) \operatorname{div} (\boldsymbol{r} - \boldsymbol{R}_i) + \\
&\quad + \frac{1}{2} \int d^3r\, \nabla \left\{ f_i \left[(\boldsymbol{r} - \boldsymbol{R}_i) \cdot \boldsymbol{m}_i \right] \right\} - \frac{1}{2} \int d^3r\, f_i \nabla \left[\boldsymbol{m}_i \cdot (\boldsymbol{r} - \boldsymbol{R}_i) \right] = \\
&= -\frac{1}{2} \boldsymbol{m}_i \int\limits_{S(V \to \infty)} d\boldsymbol{f} \cdot (\boldsymbol{r} - \boldsymbol{R}_i) f_i(r) + \frac{3}{2} \boldsymbol{m}_i + \\
&\quad + \frac{1}{2} \int\limits_{S(V \to \infty)} d\boldsymbol{f}\, f_i(\boldsymbol{r}) \left[(\boldsymbol{r} - \boldsymbol{R}_i) \cdot \boldsymbol{m}_i \right] - \frac{1}{2} \boldsymbol{m}_i \int d^3r\, f_i(\boldsymbol{r}) = \\
&= \boldsymbol{m}_i \quad \text{q.e.d.}
\end{aligned}$$

Die Oberflächenintegrale tragen nicht bei, da wegen 1. f im Unendlichen verschwindet. Im vorletzten Schritt haben wir den Gaußschen Satz in seiner gewöhnlichen Form (1.54) und in der Form (1.57) ausgenutzt. Außerdem wurde Bedingung 2. erfüllt.

(3.64) ist also für unsere Zwecke ein sinnvoller Ansatz. Wir führen daran die Mittelung durch,

$$\overline{j_{\text{mag}}(\boldsymbol{r})} = \text{rot}\left(\overline{\sum_i \boldsymbol{m}_i f_i}\right) = \text{rot}\,\boldsymbol{M}(\boldsymbol{r})\,,$$

und definieren

$$\boldsymbol{M}(\boldsymbol{r}) = \sum_i \overline{\boldsymbol{m}_i f_i(\boldsymbol{r})} \tag{3.66}$$

als **Magnetisierung.**

Die Funktion f_i hat wegen (3.65) die Dimension *1/Volumen*, die Magnetisierung damit die Dimension *magnetisches Moment pro Volumen*. Führt man die Mittelung explizit aus, so folgt:

$$\boldsymbol{M}(\boldsymbol{r}) = \frac{1}{v}\int\limits_{v(\boldsymbol{r})} \mathrm{d}^3r' \left(\sum_i \boldsymbol{m}_i f_i(\boldsymbol{r}')\right) =$$

$$= \frac{1}{v(\boldsymbol{r})}\sum_{i=1}^{N(v(\boldsymbol{r}))} \boldsymbol{m}_i \int\limits_{v_i} \mathrm{d}^3r' f_i(\boldsymbol{r}')\,.$$

$\uparrow$ Volumen des i-ten Teilchens

Damit folgt:

$$\boldsymbol{M}(\boldsymbol{r}) = \frac{1}{v(\boldsymbol{r})}\sum_{i=1}^{N(v(\boldsymbol{r}))} \boldsymbol{m}_i\,. \tag{3.67}$$

Dieser Ausdruck liefert die anschauliche Deutung der **Magnetisierung** als **mittleres magnetisches Moment pro Volumen.** Es darf jedoch nicht vergessen werden, dass ähnlich wie Gleichung (2.185) für die makroskopische Polarisation $\boldsymbol{P}(\boldsymbol{r})$ die Gleichung (3.67) die Magnetisierung $\boldsymbol{M}(\boldsymbol{r})$ eigentlich nur definiert. Die magnetischen Momente $\boldsymbol{m}_i$ werden durch innere und äußere Felder beeinflusst, d. h., $\boldsymbol{M}(\boldsymbol{r})$ wird ein Funktional dieser Felder sein und muss als solches mithilfe von Modellen berechnet werden.

Nach diesen Vorüberlegungen können wir nun die makroskopische, inhomogene Maxwell-Gleichung formulieren. Nach Mittelung in (3.54) gilt:

$$\text{rot}\,\boldsymbol{B} = \mu_0\,\bar{\boldsymbol{j}}_{\text{m}} = \mu_0\left(\boldsymbol{j}_{\text{f}} + \bar{\boldsymbol{j}}_{\text{p}} + \bar{\boldsymbol{j}}_{\text{mag}}\right) = \mu_0\,\boldsymbol{j}_{\text{f}} + \mu_0\dot{\boldsymbol{P}} + \mu_0\,\text{rot}\,\boldsymbol{M}\,. \tag{3.68}$$

$\dot{\boldsymbol{P}}$ fällt in der Magnetostatik weg. Wir führen eine neue Feldgröße ein:

$$\boldsymbol{H} = \frac{1}{\mu_0}\boldsymbol{B} - \boldsymbol{M} \quad (\textbf{Magnetfeld})\ . \tag{3.69}$$

Diese Definition des makroskopischen Magnetfeldes $\boldsymbol{H}$ erfolgt völlig analog zu der der dielektrischen Verschiebung $\boldsymbol{D}$ in der Elektrostatik (2.187). Bei beiden handelt es sich genau genommen nur um Hilfsgrößen. Die eigentlichen Messgrößen sind $\boldsymbol{E}$ und $\boldsymbol{B}$:

$$\boldsymbol{B} = \mu_0(\boldsymbol{H} + \boldsymbol{M})\ . \tag{3.70}$$

Die **inhomogene Maxwell-Gleichung** lautet nun:

$$\operatorname{rot}\boldsymbol{H} = \boldsymbol{j}_\mathrm{f}\ . \tag{3.71}$$

$\boldsymbol{H}$ ist nun mit dem *freien* Strom, $\boldsymbol{B}$ mit dem tatsächlichen (Gesamt-)Strom verknüpft (vgl. auch hier mit der Elektrostatik). $\boldsymbol{H}$ und $\boldsymbol{M}$ haben dieselbe Dimension:

$$[\boldsymbol{H}] = [\boldsymbol{M}] = \frac{A}{m}\ . \tag{3.72}$$

Unter bestimmten Voraussetzungen (isotropes, lineares Medium) können wir analog zur Beziehung (2.196) ansetzen:

$$\boldsymbol{M} = \chi_\mathrm{m}\boldsymbol{H}\ , \tag{3.73}$$

wodurch die

magnetische Suszeptibilität χ_m

definiert wird. Wegen (3.70) führt man schließlich noch die

relative Permeabilität $\mu_\mathrm{r} = 1 + \chi_\mathrm{m}$

ein:

$$\boldsymbol{B} = \left(1 + \chi_\mathrm{m}\right)\mu_0\boldsymbol{H} = \mu_\mathrm{r}\mu_0\boldsymbol{H}\ . \tag{3.74}$$

Nicht-magnetisierbare Medien haben $\chi_\mathrm{m} = 0$. Das gilt insbesondere für das Vakuum:

$$\boldsymbol{B} = \boldsymbol{B}_0 = \mu_0\boldsymbol{H}\ . \quad \text{(Vakuum!)} \tag{3.75}$$

3.4.2 Einteilung der magnetischen Stoffe

Die magnetische Suszeptibilität χ_m eignet sich vortrefflich zur Klassifikation der magnetischen Materialien. Sie kann im Unterschied zur elektrischen Suszeptiblität χ_e auch negativ werden.

1) Diamagnetismus

Diese Erscheinungsform des Magnetismus ist charakterisiert durch:

$$\chi_m < 0 \; ; \qquad \chi_m = \text{const} \; . \tag{3.76}$$

Es handelt sich beim Diamagnetismus um einen reinen Induktionseffekt. Diamagnete enthalten keine permanenten magnetischen Dipole. Erst wenn ein magnetisches Feld eingeschaltet wird, werden solche Dipole *induziert*. Nach der lenzschen Regel, die wir im nächsten Abschnitt diskutieren werden, sind diese induzierten Dipole (Vektoren!) dem erregenden Feld entgegengesetzt. χ_m ist deshalb negativ. Typisch ist ferner, dass χ_m praktisch temperatur- und feldunabhängig sowie betragsmäßig sehr klein ist:

$$|\chi_m| \approx 10^{-5} \; .$$

Diamagnetismus ist eine Eigenschaft **aller** Stoffe. Man spricht von Diamagnetismus aber nur dann, wenn nicht noch zusätzlich Paramagnetismus (s. u.) oder kollektiver Magnetismus (s. u.) vorliegen, die den relativ schwachen Diamagnetismus überkompensieren.

Beispiele:

fast alle organischen Substanzen,
Edelmetalle wie Zn, Hg,
Nichtmetalle wie S, J, Si,
Supraleiter (Meißner-Ochsenfeld-Effekt:
$\chi_m = 1 \;\Rightarrow$ ideale Diamagnete).

2) Paramagnetismus

Entscheidende Voraussetzung für Paramagnetismus ist die Existenz von **permanenten** magnetischen Dipolen, die im Feld mehr oder weniger stark ausgerichtet werden (vgl. mit der Orientierungspolarisation der Paraelektrika). Dieser Ausrichtungstendenz steht die Unordnungstendenz der thermischen Bewegung entgegen. Typisch ist deshalb:

$$\chi_m > 0 \; ; \qquad \chi_m = \chi_m(T) \; . \tag{3.77}$$

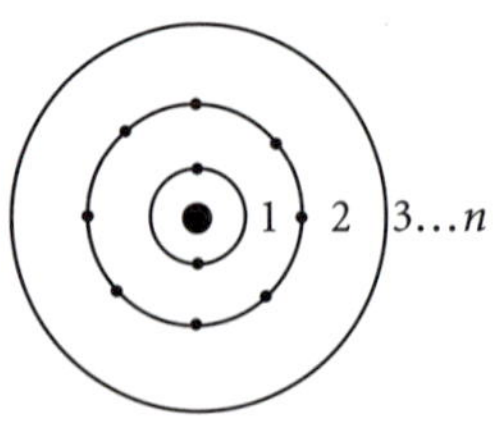

Abb. 3.14. Einfachste Vorstellung von Elektronenschalen eines Atoms

Diese permanenten Dipole können an gewissen Gitterplätzen streng lokalisiert sein. Das ist dann der Fall, wenn eine **innere** Elektronenschale der den Festkörper aufbauenden Atome nicht vollständig gefüllt ist. Maximal kann eine Elektronenhülle $2n^2$ Elektronen aufnehmen, wobei die sogenannte Hauptquantenzahl *n von innen nach außen* die Werte $n = 1, 2, 3, \ldots$ durchläuft. Jedes Elektron hat einen Bahndrehimpuls $\boldsymbol{l}_i$. In einer geschlossenen, d. h. vollständig besetzten Elektronenschale kompensieren sich die Drehimpulse zum Gesamtdrehimpuls $\boldsymbol{L} = \sum_i \boldsymbol{l}_i = 0$. Ist die Schale **nicht** vollständig besetzt, dann bleibt $\boldsymbol{L} \neq 0$ und damit nach (3.48) ein resultierendes, magnetisches Moment $\boldsymbol{m}$. – Diese Situation ist typisch für **magnetische Isolatoren**, deren Suszeptiblität bei hohen Temperaturen das

Curie-Gesetz

$$\chi_{\mathrm{m}}(T) = \frac{C}{T} \tag{3.78}$$

befolgt. Auch die quasifreien Leitungselektronen eines metallischen Festkörpers tragen aufgrund ihres Spins ein permanentes Moment (s. (3.49)). Dieses führt zum sogenannten *Pauli-Paramagnetismus*, dessen Suszeptibilität im Gegensatz zu (3.78) praktisch temperatur**un**abhängig ist.

3) Kollektiver Magnetismus

Die Suszeptibilität ist hier eine im Allgemeinen sehr komplizierte Funktion des Feldes und der Temperatur:

$$\chi_{\mathrm{m}} = \chi_{\mathrm{m}}(T, H) \ . \tag{3.79}$$

Voraussetzung ist wie in 2) die Existenz von permanenten magnetischen Dipolen, die sich aufgrund einer nur quantenmechanisch erklärbaren *Austausch-Wechselwirkung* unterhalb einer kritischen Temperatur T^* spontan, d. h. ohne äußere Felder, geordnet ausrichten. Die permanenten magnetischen Momente können

lokalisiert (Gd, EuO, Rb_2MnCl_4 ...)

sein oder aber auch

frei-beweglich (*itinerant*) (Fe, Co, Ni, ...).

Der kollektive Magnetismus lässt sich noch in drei große Unterklassen gliedern:

3.1) Ferromagnetismus

Die kritische Temperatur heißt in diesem Falle

$$T^* = T_{\mathrm{C}} : \quad \textbf{Curie-Temperatur} \ .$$

Am absoluten Nullpunkt $T = 0$ sind alle Momente parallel ausgerichtet ($\uparrow\uparrow\uparrow\uparrow\uparrow$), für $0 < T < T_{\mathrm{C}}$ tritt eine gewisse Umordnung ein, die mit wachsender Temperatur zunimmt ($\nearrow\nwarrow\nearrow\nwarrow$), aber noch eine von Null verschiedene Gesamtmagnetisierung lässt. Für $T > T_C$ verhält sich der Ferromagnet wie ein normaler Paramagnet. Die Curie-Temperatur einiger Substanzen zeigt die folgende Tabelle:

Substanz	Fe	Co	Ni	Gd	EuO	$CrBr_3$
T_C [K]	1043	1393	631	290	69	37

Typisch für den Ferromagneten ist einerseits die betragsmäßig sehr große Suszeptibilität χ_m, zum anderen die starke Abhängigkeit von der *Vorbehandlung* des Materials, die zu der sog enannten

Hysteresekurve

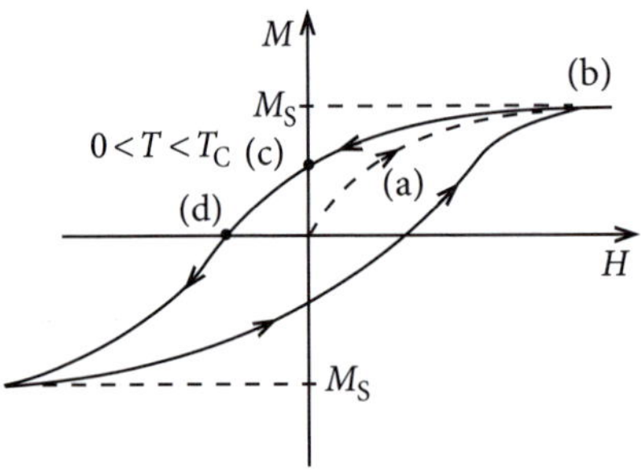

Abb. 3.15. Hysteresekurve eines Ferromagneten

führt. Beim Einschalten des Feldes wird das jungfräuliche Material zunächst längs der so genannten

Neukurve (a)

aufmagnetisiert, um schließlich eine **Sättigung (b)** zu erreichen. Beim Abschalten des Feldes bleibt eine Restmagnetisierung, die man

Remanenz (c)

nennt, die erst durch ein Gegenfeld, die sogenannte

Koerzitivkraft (d),

aufgehoben wird (Abb. 3.15). – Die Eigenschaft (c) definiert den

Permanentmagneten.

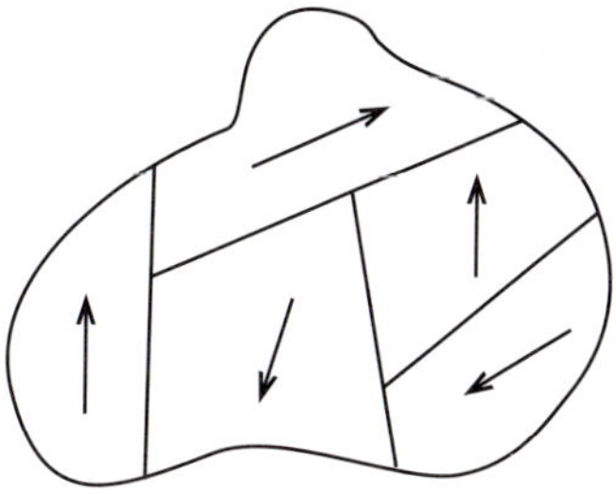

Abb. 3.16. Weißsche Bezirke eines Ferromagneten. Die Pfeile geben die Magnetisierungsrichtungen an

Die Hystereseschleife ist letzlich durch die Tatsache bedingt, dass das makroskopische Material in kleine mikroskopische Bereiche, die so genannten

weißschen Bezirke,

zerfällt, die jeweils spontan magnetisiert sind, aber aus thermodynamischen Gründen in unterschiedlichen Richtungen. Das äußere Feld H richtet diese bis zur schlussendlichen Parallelstellung (*Sättigung*) aus. Es versteht sich von selbst, dass für Ferromagnete die lineare Beziehung (3.73) **nicht** gilt.

> **3.2) Ferrimagnetismus**

Das Festkörpergitter setzt sich in diesem Fall aus zwei ferromagnetischen Untergittern A und B zusammen, die unterschiedliche Magnetisierungen

$$\boldsymbol{M}_{\mathrm{A}} \neq \boldsymbol{M}_{\mathrm{B}} \quad (\uparrow\downarrow\uparrow\downarrow\uparrow\downarrow\uparrow)$$

aufweisen, wobei

$$\boldsymbol{M} = \boldsymbol{M}_{\mathrm{A}} + \boldsymbol{M}_{\mathrm{B}} \neq 0 \quad \text{für } 0 \leq T < T_{\mathrm{C}}$$

gilt.

> **3.3) Antiferromagnetismus**

Es handelt sich um einen Spezialfall des Ferrimagnetismus. Die beiden Untergitter sind entgegengesetzt gleich magnetisiert. Die kritische Temperatur heißt hier

$$T^* = T_{\mathrm{N}}: \quad \text{Néel-Temperatur.}$$

Die Gesamtmagnetisierung

$$\begin{aligned} \boldsymbol{M} &= \boldsymbol{M}_{\mathrm{A}} + \boldsymbol{M}_{\mathrm{B}} \\ \boldsymbol{M}_{\mathrm{A}} &= -\boldsymbol{M}_{\mathrm{B}} \end{aligned} \qquad (\uparrow\downarrow\uparrow\downarrow\uparrow\downarrow)$$

ist also stets Null. Oberhalb T_N wird auch der Antiferromagnet zum normalen Paramagneten. Die lineare Beziehung (3.73) ist **nicht** anwendbar.

3.4.3 Feldverhalten an Grenzflächen

Wir haben mit (3.37) die Grundaufgabe der Magnetostatik formuliert. Konkrete Randbedingungen ergeben sich häufig durch spezielles Verhalten der Felder $\boldsymbol{B}$ und $\boldsymbol{H}$ an Grenzflächen. Das soll nun genauer untersucht werden, wobei wir wie in Abschn. 2.1.4 die Integralsätze zu Hilfe nehmen.

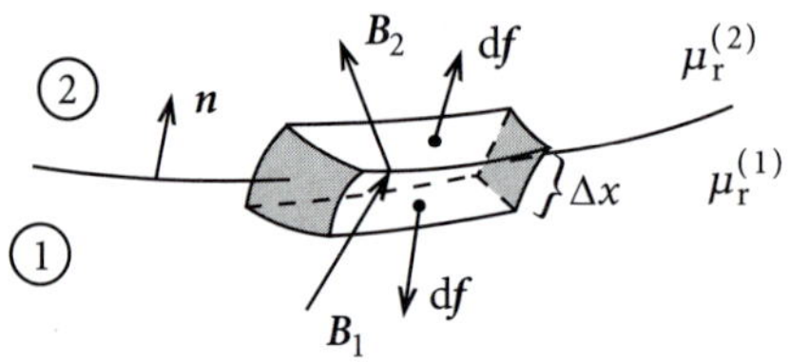

Abb. 3.17. Gaußsches Kästchen zur Bestimmung des Verhaltens der magnetischen Induktion an der Grenzfläche zwischen zwei Materialien unterschiedlicher Permeabilität

Wir legen um die Grenzfläche ein

gaußsches Kästchen

mit dem Volumen $\Delta V \approx \Delta F \cdot \Delta x$. Dann gilt:

$$0 = \int_{\Delta V} d^3r \, \operatorname{div} \boldsymbol{B} = \int_{S(\Delta V)} d\boldsymbol{f} \cdot \boldsymbol{B} \underset{\Delta x \to 0}{\longrightarrow} \Delta F \, \boldsymbol{n} \cdot (\boldsymbol{B}_2 - \boldsymbol{B}_1) \, .$$

Die Normalkomponente der magnetischen Induktion ist also an der Grenzfläche stetig:

$$\boldsymbol{B}_{2n} = \boldsymbol{B}_{1n} \, . \qquad (3.80)$$

Bei unterschiedlichen Permeabilitäten $\mu_r^{(1)}, \mu_r^{(2)}$ der beiden Medien gilt das aber nicht mehr für die Magnetfelder:

$$H_{2n} = \frac{\mu_r^{(1)}}{\mu_r^{(2)} H_{1n}} \, . \qquad (3.81)$$

Wir legen nun um die Grenzfläche eine kleine

stokessche Fläche.

$\boldsymbol{t}$ sei die Flächennormale von ΔF, tangential zur Grenzfläche gerichtet. Dann gilt:

$$\Delta \boldsymbol{l}_2 = \Delta l (\boldsymbol{t} \times \boldsymbol{n}) = -\Delta \boldsymbol{l}_1 \, .$$

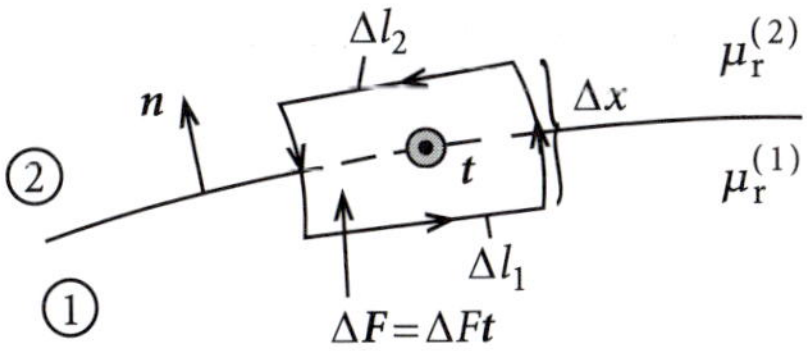

Abb. 3.18. Stokessche Fläche zur Bestimmung des Verhaltens von Magnetfeld und magnetischer Induktion an der Grenzfläche zwischen zwei Materialien unterschiedlicher Permeabilität

$\boldsymbol{j}_F$ sei die Flächenstromdichte, d. h. der Strom pro Längeneinheit auf der Grenzfläche.

$$\int_{\Delta F} d\boldsymbol{f} \cdot \operatorname{rot} \boldsymbol{H} = \int_{\Delta F} d\boldsymbol{f} \cdot \boldsymbol{j}_f \underset{\Delta x \to 0}{\longrightarrow} (\boldsymbol{j}_F \cdot \boldsymbol{t}) \Delta l \,,$$

$$\int_{\Delta F} d\boldsymbol{f} \cdot \operatorname{rot} \boldsymbol{H} = \int_{\partial \Delta F} d\boldsymbol{s} \cdot \boldsymbol{H} \underset{\Delta x \to 0}{\longrightarrow} \Delta l (\boldsymbol{t} \times \boldsymbol{n}) \cdot (\boldsymbol{H}_2 - \boldsymbol{H}_1) \,.$$

Der Vergleich ergibt in diesem Fall:

$$(\boldsymbol{t} \times \boldsymbol{n}) \cdot (\boldsymbol{H}_2 - \boldsymbol{H}_1) = \boldsymbol{j}_F \cdot \boldsymbol{t} \,. \tag{3.82}$$

$(\boldsymbol{t} \times \boldsymbol{n})$ ist ein Einheitsvektor parallel zur Stokesschen Fläche. Bei fehlender Flächenstromdichte ist also die Tangentialkomponente des $\boldsymbol{H}$- Feldes stetig:

$$\boldsymbol{j}_F = 0: \; H_{2t} = H_{1t} \iff B_{2t} = \frac{\mu_r^{(2)}}{\mu_r^{(1)}} B_{1t} \,. \tag{3.83}$$

Die magnetische Induktion hat selbst für $\boldsymbol{j}_F = 0$ eine unstetige Tangentialkomponente.

3.4.4 Randwertprobleme

Wir hatten in (3.37) die Grundaufgabe der Magnetostatik für das Vakuum formuliert. Das muss nun noch für die Materie diskutiert werden. Ausgangspunkt sind die beiden Maxwell-Gleichungen

$$\operatorname{div} \boldsymbol{B} = 0 \,; \qquad \operatorname{rot} \boldsymbol{H} = \boldsymbol{j} \,,$$

wobei wir ab jetzt, wie üblich, den Index f an der Stromdichte $\boldsymbol{j}$ weglassen. Gemeint ist natürlich stets die Stromdichte der ungebundenen Ladungen. Wir wollen in Form einer Liste mehrere typische Problemstellungen diskutieren.

1) μ_r = const im ganzen interessierenden Raumbereich V

Dann ist in isotropen, linearen Medien

$$\operatorname{rot} \boldsymbol{B} = \mu_r \mu_0 \boldsymbol{j} \,. \tag{3.84}$$

Das Problem hat sich dadurch gegenüber (3.37) nicht geändert. Bei Anwendung der Coulomb-Eichung lautet die zu lösende Differentialgleichung:

$$\Delta \boldsymbol{A} = -\mu_{\mathrm{r}}\mu_0\, \boldsymbol{j}\,. \tag{3.85}$$

Es ist auf der rechten Seite lediglich der konstante Faktor μ_{r} hinzugekommen.

2) V bestehe aus Teilbereichen V_i mit paarweise verschiedenen, innerhalb V_i jedoch konstanten $\mu_{\mathrm{r}}^{(i)}$

Das Problem wird in jedem V_i wie in 1) gelöst, wobei schließlich die Teillösungen mithilfe der Grenzbedingungen (3.80) und (3.82) aneinander angepasst werden.

3) $\boldsymbol{j} \equiv 0$ in V mit Randbedingungen auf $S(V)$

In diesem Fall können wir zu $\boldsymbol{H}$ wegen $\operatorname{rot}\boldsymbol{H} = 0$ ein skalares magnetisches Potential φ_{m} definieren:

$$\boldsymbol{H} = -\nabla\varphi_{\mathrm{m}}\,. \tag{3.86}$$

Setzen wir wieder ein lineares Medium mit zumindest stückweise konstantem μ_{r} voraus, dann folgt aus $\operatorname{div}\boldsymbol{B} = 0$:

$$\operatorname{div}(\mu_{\mathrm{r}}\mu_0\, \nabla\varphi_{\mathrm{m}}) = 0 \iff \Delta\varphi_{\mathrm{m}} = 0\,. \tag{3.87}$$

Das ist die aus der Elektrostatik bekannte Laplace-Gleichung, die mit Berücksichtigung der vorgegebenen Randbedingungen zu lösen ist.

4) $\boldsymbol{M}(\boldsymbol{r}) \neq 0$ mit $\boldsymbol{j} \equiv 0$ in V

Diese Situation lässt sich z. B. mit einem Ferromagneten für $T < T_{\mathrm{C}}$ realisieren. Dann ist wegen $\operatorname{rot}\boldsymbol{H} = 0$ wie in (3.86) ein skalares Potential φ_{m} definierbar, sodass die zweite Maxwell-Gleichung wie folgt umgeschrieben werden kann:

$$0 = \operatorname{div}\boldsymbol{B} = \mu_0 \operatorname{div}(\boldsymbol{H} + \boldsymbol{M}) \Rightarrow \Delta\varphi_{\mathrm{m}} = \operatorname{div}\boldsymbol{M}\,. \tag{3.88}$$

Dies entspricht der Poisson-Gleichung der Elektrostatik, $\operatorname{div}\boldsymbol{M}(\boldsymbol{r})$ übernimmt die Rolle von $(-1/\varepsilon_0)\varrho(\boldsymbol{r})$. Falls keine Randbedingungen im Endlichen vorliegen, finden wir deshalb wie in (2.25) (*Poisson-Integral*):

$$\varphi_{\mathrm{m}}(\boldsymbol{r}) = -\frac{1}{4\pi}\int \mathrm{d}^3r'\, \frac{\operatorname{div}\boldsymbol{M}(\boldsymbol{r}')}{|\boldsymbol{r}-\boldsymbol{r}'|}\,. \tag{3.89}$$

Wir nehmen an, dass $\boldsymbol{M}$ auf einen endlichen Raumbereich beschränkt ist, dann setzen wir in (3.89):

$$\begin{aligned}\frac{\operatorname{div}\boldsymbol{M}(\boldsymbol{r}')}{|\boldsymbol{r}-\boldsymbol{r}'|} &= \operatorname{div}\left(\frac{\boldsymbol{M}(\boldsymbol{r}')}{|\boldsymbol{r}-\boldsymbol{r}'|}\right) - \boldsymbol{M}(\boldsymbol{r}')\cdot\nabla_{r'}\frac{1}{|\boldsymbol{r}-\boldsymbol{r}'|} = \\ &= \operatorname{div}\left(\frac{\boldsymbol{M}(\boldsymbol{r}')}{|\boldsymbol{r}-\boldsymbol{r}'|}\right) + \boldsymbol{M}(\boldsymbol{r}')\cdot\nabla_{r}\frac{1}{|\boldsymbol{r}-\boldsymbol{r}'|}\,.\end{aligned}$$

Der erste Summand führt mithilfe des gaußschen Satzes in (3.89) zu einem Oberflächenintegral, das wegen der Lokalisation von $\boldsymbol{M}$ verschwindet. Es bleibt:

$$\varphi_{\mathrm{m}}(\boldsymbol{r}) = -\frac{1}{4\pi}\nabla_r \int d^3r' \frac{\boldsymbol{M}(\boldsymbol{r}')}{|\boldsymbol{r}-\boldsymbol{r}'|} . \tag{3.90}$$

Liegt der Aufpunkt $\boldsymbol{r}$ weit entfernt vom $\boldsymbol{M} \neq 0$-Gebiet, so können wir für den Integranden die schon mehrfach verwendete Entwicklung

$$\frac{1}{|\boldsymbol{r}-\boldsymbol{r}'|} = \frac{1}{r} + \frac{\boldsymbol{r}\cdot\boldsymbol{r}'}{r^3} + \ldots$$

nach den ersten Summanden abbrechen. Der führende Term liefert:

$$\varphi_{\mathrm{m}}(\boldsymbol{r}) \approx -\frac{1}{4\pi}\left(\nabla_r \frac{1}{r}\right) \int \mathrm{d}^3r'\, \boldsymbol{M}(\boldsymbol{r}') .$$

Das Integral entspricht dem gesamten magnetischen Moment $\boldsymbol{m}_{\mathrm{tot}}$ der Anordnung

$$\boldsymbol{m}_{\mathrm{tot}} = \int \mathrm{d}^3r'\, \boldsymbol{M}(\boldsymbol{r}') . \tag{3.91}$$

Damit nimmt das skalare magnetische Potential eine uns bereits bekannte Gestalt an:

$$\varphi_{\mathrm{m}}(\boldsymbol{r}) \approx \frac{1}{4\pi}\frac{\boldsymbol{r}\cdot\boldsymbol{m}_{\mathrm{tot}}}{r^3} . \tag{3.92}$$

Dies entspricht dem elektrostatischen Dipolpotential $\varphi_{\mathrm{D}}(\boldsymbol{r})$ (2.71). Da $\boldsymbol{H}$ aus φ_{m} sowie $\boldsymbol{E}^{\mathrm{D}}(\boldsymbol{r})$ aus $\varphi_{\mathrm{D}}(\boldsymbol{r})$ folgt, können wir die Rechnung von (2.73) direkt übernehmen. $\boldsymbol{H}$ hat die typische Gestalt eines Dipolfeldes:

$$\boldsymbol{H} \approx \frac{1}{4\pi}\left[\frac{3\left(\boldsymbol{r}\cdot\boldsymbol{m}_{\mathrm{tot}}\right)\boldsymbol{r}}{r^5} - \frac{\boldsymbol{m}_{\mathrm{tot}}}{r^3}\right] . \tag{3.93}$$

Man beachte, dass die Ergebnisse (3.89) und (3.90) bei fehlenden Randbedingungen im Endlichen gültig sind. Sind dagegen Randbedingungen auf $S(V)$ zu erfüllen, z. B. durch

$$\frac{\partial\varphi_{\mathrm{m}}}{\partial n} = \boldsymbol{n}\cdot\nabla\varphi_{\mathrm{m}} = +\boldsymbol{n}\cdot\boldsymbol{M} ,$$

dann sind dieselben Überlegungen wie zu den Randwertproblemen der Elektrostatik in Abschn. 2.3 anzustellen. Es ergibt sich analog zu (2.122):

$$\varphi_{\mathrm{m}}(\boldsymbol{r}) = -\frac{1}{4\pi}\int\limits_V d^3r' \frac{\operatorname{div}\boldsymbol{M}(\boldsymbol{r}')}{|\boldsymbol{r}-\boldsymbol{r}'|} + \frac{1}{4\pi}\int\limits_{S(V)} \frac{df'\cdot\boldsymbol{M}(\boldsymbol{r}')}{|\boldsymbol{r}-\boldsymbol{r}'|} . \tag{3.94}$$

Man überprüfe das!

Beispiel **Homogen magnetisierte Kugel**

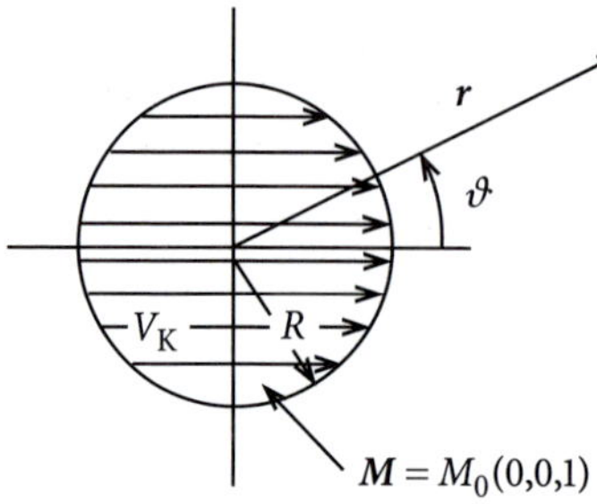

Abb. 3.19. Anordnung zur Bestimmung des skalaren magnetischen Potentials einer homogen magnetisierten Kugel

Wir benutzen (3.90):

$$\varphi_m(\boldsymbol{r}) = -\frac{M_0}{4\pi}\frac{d}{dz}\int\limits_{V_K} d^3r' \frac{1}{|\boldsymbol{r}-\boldsymbol{r}'|} .$$

Bei der Auswertung des Integrals empfiehlt es sich, $\boldsymbol{r}$ als Polarachse zu wählen:

$$\int\limits_{V_K} d^3r' \frac{1}{|\boldsymbol{r}-\boldsymbol{r}'|} = 2\pi \int\limits_0^R r'^2\, dr' \int\limits_{-1}^{+1} dx \frac{1}{(r^2+r'^2-2rr'x)^{1/2}} =$$

$$= -\frac{2\pi}{r}\int\limits_0^R r'\, dr' \left.(r^2+r'^2-2rr'x)^{1/2}\right|_{x=-1}^{x=+1} =$$

$$= \frac{4\pi}{r}\int\limits_0^R r'^2\, dr' = \frac{4\pi}{3r}R^3 .$$

Mit

$$\frac{d}{dz}\frac{1}{r} = -\frac{z}{r^3} = -\frac{\cos\vartheta}{r^2} ; \quad \vartheta = \angle(\boldsymbol{r}, \boldsymbol{M})$$

folgt dann:

$$\varphi_m(\boldsymbol{r}) = \frac{1}{3} M_0 R^3 \frac{\cos\vartheta}{r^2} .$$

Das gesamte magnetische Moment der Kugel lässt sich einfach berechnen, da $\boldsymbol{M}$ als homogen vorausgesetzt war:

$$\boldsymbol{m}_{\text{tot}} = \frac{4\pi}{3}R^3\boldsymbol{M} = \frac{4\pi}{3}R^3 M_0 \boldsymbol{e}_z . \tag{3.95}$$

Wir haben damit das Ergebnis:

$$\varphi_m(\boldsymbol{r}) = \frac{1}{4\pi}\frac{\boldsymbol{m}_{\text{tot}}\cdot\boldsymbol{r}}{r^3} , \tag{3.96}$$

das exakt mit (3.92) übereinstimmt. Das skalare magnetische Potential und damit auch das zugehörige $\boldsymbol{H}$- oder $\boldsymbol{B}$-Feld ändern sich also nicht, wenn man die homogene, magnetisierte Kugel durch einen Dipol im Koordinatenursprung mit dem Moment (3.95) ersetzt. Für diesen hochsymmetrischen Spezialfall ergibt sich also nicht nur asymptotisch in großem Abstand das Dipolfeld (3.93), sondern auch in unmittelbarer Kugelnähe.

3.5 Aufgaben

3.5

Aufgabe 3.5.1

3.5.1

Auf der Oberfläche einer Hohlkugel mit dem Radius R sei eine Ladung q gleichmäßig verteilt. Die Kugel rotiere mit der konstanten Winkelgeschwindigkeit $\boldsymbol{\omega}$ um einen ihrer Durchmesser.

1. Bestimmen Sie die dadurch erzeugte Stromdichte $\boldsymbol{j}(\boldsymbol{n})$.
2. Berechnen Sie das von $\boldsymbol{j}$ hervorgerufene magnetische Moment der Kugel.
3. Leiten Sie die Komponenten des Vektorpotentials $\boldsymbol{A}(\boldsymbol{n})$ und der magnetischen Induktion $\boldsymbol{A}(\boldsymbol{n})$ ab.

3.5.2

Aufgabe 3.5.2

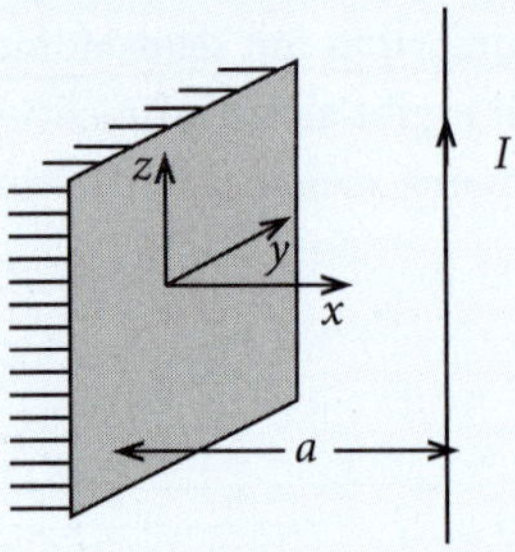

Abb. 3.20. Dünner Draht vor großer Platte, wobei der Bereich vor der Platte und die Platte selbst unterschiedliche relative Permeabilitäten besitzen

Ein gerader, langer und dünner Draht befinde sich im Abstand a parallel zu einer sehr großen Platte der Permeabilität $\mu_r^{(1)}$. Der Bereich vor der Platte habe die Permeabilität $\mu_r^{(2)}$. Durch den Draht fließe der Gleichstrom I.

1. Unter welchen Voraussetzungen ist die Einführung eines skalaren magnetischen Potentials φ_m mit $\boldsymbol{H} = -\nabla\varphi_m$ möglich und sinnvoll?
2. Wie groß sind $\boldsymbol{H}$ und φ_m bei zunächst fehlender Platte ($\boldsymbol{A} = \mu_r\mu_0\boldsymbol{H}$)?
3. Formulieren Sie das Problem der Bestimmung von φ_m für die gegebene Anordnung als Randwertproblem.
4. Führen Sie zur Lösung des Problems *Bildströme* I_1 bei $x = -a$ und $y = 0$ sowie I_2 bei $x = a$ und $y = 0$ ein, sodass I_1 zusammen mit I das Potential im Bereich 2 und I_2 allein das Potential im Bereich 1 realisiert. Drücken Sie φ_m, $\boldsymbol{H}$ und $\boldsymbol{A}$ durch I_1, I_2 aus.
5. Bestimmen Sie I_1, I_2 aus den Randbedingungen für die Felder.
6. Wie groß ist die Kraft, die pro Längeneinheit auf den Draht wirkt?

3.5.3

Aufgabe 3.5.3

Ein unendlich langer Vollzylinder ($\mu_r = 1$) vom Radius R führe die konstante Stromdichte j_0. Berechnen Sie das Vektorpotential und die Magnetfeldstärke innerhalb und außerhalb des Leiters durch Lösen der Poisson-Gleichung für das Vektorpotential. Überprüfen Sie das Ergebnis für das Magnetfeld mithilfe des stokesschen Satzes.

3.6 Kontrollfragen

Zu Abschn. 3.1

1. Wie sind Stromdichte und Stromstärke definiert?
2. Was besagt die Kontinuitätsgleichung?
3. Leiten Sie die Kirchhoffsche Knotenregel ab.
4. Wie lautet das ohmsche Gesetz?
5. Ist der elektrische Widerstand R eine Materialkonstante?
6. Was versteht man unter einem Stromfaden?
7. Wie groß ist die von einem Feld $\boldsymbol{E}$ an einer Ladungsdichte bewirkte Leistung?
8. Was bedeutet Verlustleistung?

Zu Abschn. 3.2

1. Welche experimentelle Beobachtung bildet die Grundlage der Magnetostatik?
2. Formulieren Sie die Kraft zwischen zwei von stationären Strömen I_1 und I_2 durchflossenen Leiterschleifen C_1, C_2. Gilt *actio gleich reactio*?
3. Wie kann man die Kraftwirkung zwischen Strömen zur Festlegung der Maßeinheit des elektrischen Stromes ausnutzen?
4. Wodurch ist die magnetische Induktion definiert?
5. Wie verlaufen die A-Linien eines geraden Leiters?
6. Welche Kraft und welches Drehmoment werden von einer magnetischen Induktion $\boldsymbol{A}(\boldsymbol{n})$ auf eine Stromdichte $\boldsymbol{j}(\boldsymbol{n})$ ausgeübt?
7. Wie lauten die Maxwell-Gleichungen der Magnetostatik?
8. Was besagt das ampèresche Durchflutungsgesetz?
9. Wie hängt das Vektorpotential mit der Stromdichte zusammen?
10. Was versteht man unter einer Eichtransformation?
11. Wie ist die Coulomb-Eichung festgelegt?
12. Formulieren Sie die Grundaufgabe der Magnetostatik.

Zu Abschn. 3.3

1. Definieren Sie das magnetische Moment einer Stromdichte $\boldsymbol{j}(\boldsymbol{n})$.
2. Welche Gestalt hat $\boldsymbol{A}$ hinreichend weit vom $\boldsymbol{j} \neq 0$-Gebiet entfernt?
3. Wie lautet das magnetische Moment eines beliebigen, geschlossenen, ebenen Stromkreises?
4. Welche Kraft übt ein homogenes Magnetfeld auf eine stationäre Stromverteilung aus?
5. Welche potentielle Energie besitzt ein magnetisches Moment $\boldsymbol{m}$ im Feld der magnetischen Induktion $\boldsymbol{A}$?

Zu Abschn. 3.4

1. Erläutern Sie den Begriff der Magnetisierungsstromdichte.

2. Was versteht man unter der Magnetisierung? Welcher Zusammenhang besteht zwischen Magnetisierung, Magnetfeld und magnetischer Induktion?
3. Wie lauten die makroskopischen Maxwell-Gleichungen der Magnetostatik?
4. Welche Analogien bestehen zwischen den Feldgrößen $\boldsymbol{E}$, $\boldsymbol{D}$ und $\boldsymbol{P}$ der Elektrostatik und $\boldsymbol{A}$, $\boldsymbol{H}$ und $\boldsymbol{M}$ der Magnetostatik? Was sind die eigentlichen Messgrößen?
5. Welche physikalische Größe eignet sich besonders gut zur Klassifikation der magnetischen Materialien? Wodurch sind Dia- und Paramagnetismus ausgezeichnet, wodurch unterscheiden sie sich?
6. Nennen Sie einige typische Merkmale des Ferromagnetismus.
7. Was versteht man unter Ferri- bzw. Antiferromagnetismus?
8. Wie verhalten sich $\boldsymbol{A}$ und $\boldsymbol{H}$ an Grenzflächen?
9. Wann ist es sinnvoll, ein skalares, magnetisches Potential zu definieren? Unter welchen Bedingungen genügt dieses einer Laplace- bzw. einer Poisson-Gleichung?
10. Wie sieht das Magnetfeld einer homogen magnetisierten Kugel aus?

Kapitel 4

Elektrodynamik

4

4 Elektrodynamik

4

4 Elektrodynamik

Die Kapitel 2 und 3 haben gezeigt, dass sich elektrostatische und magnetostatische Probleme völlig unabhängig voneinander behandeln lassen. Gewisse formale Analogien erlauben zwar, weitgehend identische Rechentechniken zur Lösung der Grundaufgaben anzuwenden, führten jedoch nicht zu einer direkten Abhängigkeit. Dies wird nun anders bei der Betrachtung von zeitabhängigen Phänomenen, d.h., die Entkopplung von magnetischen und elektrischen Feldern wird aufgehoben. Man sollte deshalb ab jetzt von **elektromagnetischen** Feldern reden. Verständlich wird die enge Korrelation zwischen magnetischen und elektrischen Feldern im Rahmen der Relativitätstheorie.

4.1

4.1 Maxwell-Gleichungen

Wir wollen zunächst die fundamentalen Feldgleichungen der **Elektrostatik**

$$\operatorname{div} \boldsymbol{D} = \varrho \,; \qquad \operatorname{rot} \boldsymbol{E} = 0$$

bzw. der **Magnetostatik**

$$\operatorname{div} \boldsymbol{B} = 0 \,; \qquad \operatorname{rot} \boldsymbol{H} = \boldsymbol{j}$$

auf zeitabhängige Phänomene verallgemeinern. Dabei soll wiederum eine experimentell eindeutig verifizierte Tatsache den Ausgangspunkt unserer Überlegungen bilden.

4.1.1 Faradaysches Induktionsgesetz

Das Biot-Savart-Gesetz (3.23) enthält die Aussage, dass eine Stromdichte $\boldsymbol{j}$ eine magnetische Induktion $\boldsymbol{B}$ erzeugt. Faraday befasste sich im Jahre 1831 mit dem Problem, ob umgekehrt mithilfe von $\boldsymbol{B}$ auch Strom erzeugt werden kann. Seine berühmten Experimente zum Verhalten von Strömen in zeitlich veränderlichen Magnetfeldern führten zu den folgenden Beobachtungen: In einem Leiterkreis C_1 wird ein Strom erzeugt, wenn

1. relativ zu diesem ein permanenter Magnet bewegt wird,
2. ein zweiter Stromkreis C_2 relativ zum ersten bewegt wird,
3. der Strom in C_2 geändert wird.

Die direkte experimentelle Beobachtung betrifft elektrische Ströme. Im Gültigkeitsbereich des *ohmschen Gesetzes* (3.9),

$$\boldsymbol{j} = \sigma \boldsymbol{E} \,,$$

überträgt sich diese unmittelbar auf elektrische Felder. Wir wollen die faradayschen Beobachtungen in einer mathematischen Formel zusammenfassen.

Definition 4.1.1 4.1.1

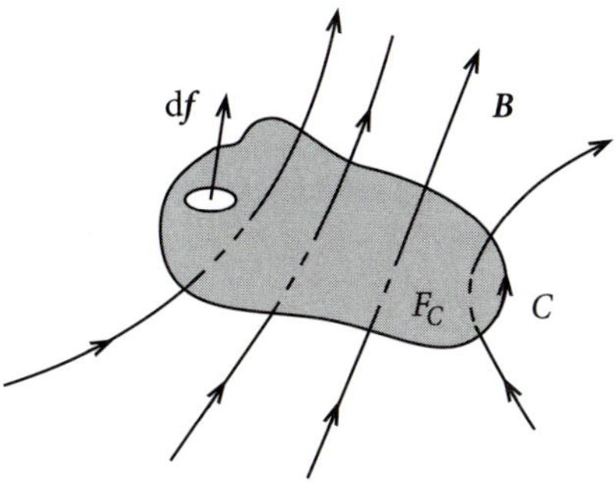

Abb. 4.1. Skizze zur Definition des magnetischen Flusses

Elektromotorische Kraft EMK:

$$\text{EMK} = \oint_C \boldsymbol{E} \cdot \mathrm{d}\boldsymbol{r}\,, \tag{4.1}$$

Magnetischer Fluss durch die Fläche F_C:

$$\Phi = \int_{F_C} \boldsymbol{B} \cdot \mathrm{d}\boldsymbol{f}\,. \tag{4.2}$$

Die faradayschen Experimente *beweisen* die Proportionalität zwischen $\dot{\Phi}$ und EMK. **Faradaysches Induktionsgesetz:**

$$\oint_C \boldsymbol{E} \cdot \mathrm{d}\boldsymbol{r} = -k \frac{\mathrm{d}}{\mathrm{d}t} \int_{F_C} \boldsymbol{B} \cdot \mathrm{d}\boldsymbol{f}\,. \tag{4.3}$$

Dieses Gesetz gilt nicht nur, wenn C ein tatsächlicher Leiterkreis ist, sondern auch dann, wenn C eine fiktive, geschlossene, geometrische Schleife darstellt.

Wir müssen noch die Proportionalitätskonstante k festlegen. Dazu benutzen wir die folgende Überlegung:

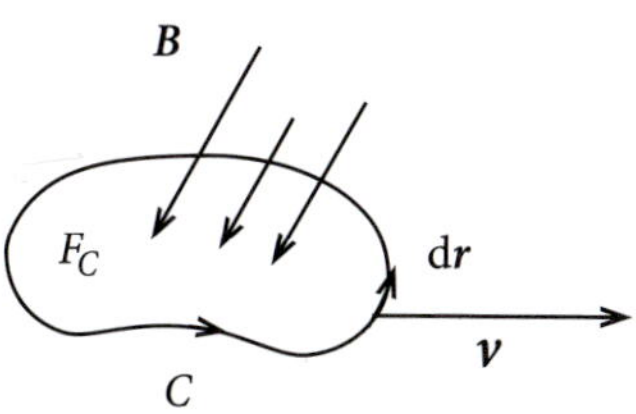

Abb. 4.2. Einfache Anordnung (magnetische Induktion, geschlossener Stromkreis) zur Festlegung der Konstanten k im faradayschen Induktionsgesetz (4.3)

Der Stromkreis C, in dem der induzierte Strom beobachtet wird, bewege sich mit der konstanten Geschwindigkeit $\boldsymbol{v}$ relativ zum Labor (Abb. 4.2). Man hat nun zu beachten, dass im faradayschen Induktionsgesetz (4.3) mit $\boldsymbol{E}$ das Feld bei $\boldsymbol{r}$ im **mitbewegten** Bezugssystem gemeint ist, in dem das Leiterelement $\mathrm{d}\boldsymbol{r}$ ruht. Das totale Zeitdifferential auf der rechten Seite von (4.3) kann auf zwei Arten beitragen:

$$\frac{\mathrm{d}}{\mathrm{d}t}: \quad \begin{array}{l} \text{1) explizite zeitliche } \boldsymbol{B}-\text{Änderung ,} \\[2ex] \text{2) Positionsänderung des Leiterkreises .} \end{array}$$

Formal sieht man dies wie folgt. Es gilt

$$\frac{\mathrm{d}}{\mathrm{d}t}\boldsymbol{B} = \frac{\partial}{\partial t}\boldsymbol{B} + (\boldsymbol{v}\cdot\nabla)\boldsymbol{B}$$

und auch

$$\mathrm{rot}(\boldsymbol{B}\times\boldsymbol{v}) = (\boldsymbol{v}\cdot\nabla)\boldsymbol{B} - (\boldsymbol{B}\cdot\nabla)\boldsymbol{v} + \boldsymbol{B}\,\mathrm{div}\,\boldsymbol{v} - \boldsymbol{v}\,\mathrm{div}\,\boldsymbol{B} = (\boldsymbol{v}\cdot\nabla)\boldsymbol{B}\ ,$$

da $\boldsymbol{v}$ nach Richtung und Betrag konstant sein soll. Dies bedeutet:

$$\frac{\mathrm{d}}{\mathrm{d}t}\boldsymbol{B} = \frac{\partial}{\partial t}\boldsymbol{B} + \mathrm{rot}(\boldsymbol{B}\times\boldsymbol{v})\ .$$

Der stokessche Satz liefert:

$$\int_{F_C} \mathrm{d}\boldsymbol{f}\cdot\mathrm{rot}(\boldsymbol{B}\times\boldsymbol{v}) = \oint_C \mathrm{d}\boldsymbol{r}\cdot(\boldsymbol{B}\times\boldsymbol{v}) = \oint_C \boldsymbol{B}\cdot(\boldsymbol{v}\times\mathrm{d}\boldsymbol{r})\ .$$

Für die zeitliche Änderung des magnetischen Flusses gilt also:

$$\frac{\mathrm{d}}{\mathrm{d}t}\int_{F_C}\boldsymbol{B}\cdot\mathrm{d}\boldsymbol{f} = \underbrace{\int_{F_C}\frac{\partial\boldsymbol{B}}{\partial t}\cdot\mathrm{d}\boldsymbol{f}}_{\widehat{=}1)} + \underbrace{\oint_C \boldsymbol{B}(\boldsymbol{v}\times\mathrm{d}\boldsymbol{r})}_{\widehat{=}2)}\ . \tag{4.4}$$

Damit wird aus (4.3):

$$\oint_C [\boldsymbol{E} - k(\boldsymbol{v}\times\boldsymbol{B})]\cdot\mathrm{d}\boldsymbol{r} = -k\int_{F_C}\frac{\partial\boldsymbol{B}}{\partial t}\cdot\mathrm{d}\boldsymbol{f}\ . \tag{4.5}$$

In einem zweiten Gedankenexperiment fixieren wir den Leiterkreis irgendwo im Raum. Dann ist das Feld im Ruhesystem des Leiters mit dem vom Labor aus beobachteten Feld $\boldsymbol{E}'$ identisch:

$$\oint_C \boldsymbol{E}'\cdot\mathrm{d}\boldsymbol{r} = -k\int_{F_C}\frac{\partial\boldsymbol{B}}{\partial t}\cdot\mathrm{d}\boldsymbol{f}\ . \tag{4.6}$$

Der Vergleich von (4.5) und (4.6) liefert:

$$\boldsymbol{E} = \boldsymbol{E}' + k(\boldsymbol{v}\times\boldsymbol{B})\ . \tag{4.7}$$

Entscheidende Voraussetzung für die Ableitung dieser Beziehung war die Annahme, dass das faradaysche Gesetz (4.3) in allen mit konstanten Geschwindigkeiten $\boldsymbol{v}$ relativ zueinander bewegten Bezugssystemen gleichermaßen gültig, d. h.

galilei-invariant

ist (s. (2.63), Bd. 1). Das ist im nicht-relativistischen Bereich $v^2/c^2 \ll 1$ eine erlaubte Annahme. Um nun endgültig k festzulegen, betrachten wir die Kraft auf eine einzelne Punktladung q, die sich in dem bewegten Leiter in Ruhe befinden möge. Sie erfährt dann die Kraft

$$\boldsymbol{F} = q\,\boldsymbol{E}\,.$$

Vom Labor aus gesehen, stellt die Punktladung einen Strom dar,

$$\boldsymbol{j} = q\,\boldsymbol{v}\,\delta(\boldsymbol{r} - \boldsymbol{R}_0)\,,$$

auf den die magnetische Induktion $\boldsymbol{B}$ nach (3.24) die Kraft

$$\int \mathrm{d}^3r\,(\boldsymbol{j} \times \boldsymbol{B}) = q(\boldsymbol{v} \times \boldsymbol{B})$$

ausübt. Die gesamte, auf das Teilchen wirkende Kraft ist dann vom Labor aus gesehen:

$$\boldsymbol{F}' = q\left[\boldsymbol{E}' + (\boldsymbol{v} \times \boldsymbol{B})\right]\,.$$

Die Galilei-Invarianz fordert $\boldsymbol{F} = \boldsymbol{F}'$, also

$$\boldsymbol{E} = \boldsymbol{E}' + (\boldsymbol{v} \times \boldsymbol{B})\,. \tag{4.8}$$

Diese wichtige Beziehung für das elektrische Feld $\boldsymbol{E}$ in einem relativ zum Labor mit der Geschwindigkeit $\boldsymbol{v}$ bewegten Koordinatensystem macht die enge Verknüpfung von magnetischen und elektrischen Feldern deutlich. Man beachte jedoch, dass sie wegen der angenommenen Galilei-Invarianz nur nicht-relativistisch korrekt ist.

Über (4.7) und (4.8) ist schließlich auch die Konstante k im Induktionsgesetz (4.3) festgelegt:

$$k = 1\,, \quad (\mathrm{SI})\,. \tag{4.9}$$

Das Induktionsgesetz lautet damit endgültig:

$$\oint\limits_C \boldsymbol{E} \cdot \mathrm{d}\boldsymbol{r} = -\frac{\mathrm{d}}{\mathrm{d}t} \int\limits_{F_C} \boldsymbol{B} \cdot \mathrm{d}\boldsymbol{f}\,. \tag{4.10}$$

Nehmen wir an, dass das Bezugssystem dem Ruhesystem des Leiters entspricht, sodass also $\boldsymbol{E}$ und $\boldsymbol{B}$ in demselben System definiert sind, dann können wir (4.10) mit dem stokesschen Satz umformen zu:

$$\int\limits_{F_C} \mathrm{d}\boldsymbol{f} \cdot (\mathrm{rot}\,\boldsymbol{E} + \dot{\boldsymbol{B}}) = 0\,.$$

Dies gilt für beliebige Flächen F_C. Demnach können wir weiter schließen:

$$\operatorname{rot} \boldsymbol{E} = -\dot{\boldsymbol{B}} \,. \tag{4.11}$$

Dies ist die Verallgemeinerung der homogenen Maxwell-Gleichung der Elektrostatik (2.188) auf zeitabhängige Phänomene.

4.1.2 Maxwellsche Ergänzung

Fassen wir einmal die Grundgleichungen zusammen, die uns bislang zur Beschreibung elektromagnetischer Phänomene zur Verfügung stehen:

$$\begin{aligned}
\operatorname{div} \boldsymbol{D} &= \varrho \qquad \text{(Coulomb)} \,, \\
\operatorname{rot} \boldsymbol{E} &= -\dot{\boldsymbol{B}} \qquad \text{(Faraday)} \,, \\
\operatorname{rot} \boldsymbol{H} &= \boldsymbol{j} \qquad \text{(Ampère)} \,, \\
\operatorname{div} \boldsymbol{B} &= 0 \,.
\end{aligned}$$

Bis auf das faradaysche wurden alle diese Gesetze aus Experimenten gefolgert, die statische Ladungsverteilungen bzw. stationäre Ströme betreffen. Es ist deshalb nicht verwunderlich, dass sich für nicht-stationäre Felder noch Widersprüche ergeben können. Dies ist in der Tat beim ampèreschen Gesetz der Fall. Wir hatten ja bei der Diskussion der Magnetostatik in der Materie in Abschn. 3.4 das Magnetfeld $\boldsymbol{H}$ bewusst ohne den Term $\dot{\boldsymbol{P}}$ eingeführt, da wir im Zusammenhang mit (3.68) nur an magneto**statischen** Phänomenen interessiert waren. Die Beziehung $\operatorname{rot} \boldsymbol{H} = \boldsymbol{j}$ kann also gar nicht allgemein gültig sein. Das lässt sich durch Anwendung der Divergenz auf diese Gleichung unmittelbar verdeutlichen:

$$0 = \operatorname{div} \operatorname{rot} \boldsymbol{H} = \operatorname{div} \boldsymbol{j} \,.$$

Bei nicht-stationären Strömen ist das ein Widerspruch zur Kontinuitätsgleichung (3.5):

$$\operatorname{div} \boldsymbol{j} = -\frac{\partial \varrho}{\partial t} \,.$$

Maxwell löste diesen Widerspruch durch den folgenden Ansatz, den man die **maxwellsche Ergänzung** nennt:

$$\operatorname{rot} \boldsymbol{H} = \boldsymbol{j} + \boldsymbol{j}_0 \,. \tag{4.12}$$

$\boldsymbol{j}_0$ ist zunächst ein hypothetischer Zusatzstrom, für den gelten muss:

$$\operatorname{div} \boldsymbol{j}_0 = \operatorname{div} \operatorname{rot} \boldsymbol{H} - \operatorname{div} \boldsymbol{j} = \frac{\partial \varrho}{\partial t} = \operatorname{div} \dot{\boldsymbol{D}} \,.$$

Der erwähnte Widerspruch ist also behoben, wenn wir die ampèresche Beziehung durch

$$\operatorname{rot} \boldsymbol{H} = \boldsymbol{j} + \dot{\boldsymbol{D}} \tag{4.13}$$

ersetzen. Der statische Grenzfall ist offensichtlich enthalten. Nach Maxwell nennt man $\dot{\boldsymbol{D}}$ den

Verschiebungsstrom.

Wir haben hier die Erweiterung der Maxwell-Gleichungen auf zeitabhängige Phänomene gleich für die makroskopischen Feldgleichungen durchgeführt. In der Elektro- und Magnetostatik sind wir bei der Herleitung der makroskopischen Feldgleichungen jeweils zunächst von den entsprechenden Maxwell-Gleichungen des Vakuums ausgegangen und haben diese dann für die Materie passend verallgemeinert. So hätten wir auch hier vorgehen können. Dieselbe Überlegung wie oben (*maxwellsche Ergänzung*) hätte anstelle von (4.13) für das Vakuum zunächst ergeben:

$$\operatorname{rot} \boldsymbol{B} = \mu_0 \boldsymbol{j} + \varepsilon_0 \mu_0 \dot{\boldsymbol{E}} \,.$$

Von dieser Beziehung nimmt man dann wieder an, dass sie mikroskopisch universell ist, d. h. in der Materie gelten würde, wenn man nur die benötigten mikroskopischen Ströme kennen würde:

$$\operatorname{rot} \boldsymbol{b} = \mu_0 \boldsymbol{j}_m + \varepsilon_0 \mu_0 \dot{\boldsymbol{e}} \,.$$

Mit dem Mittelungsprozess (2.179) wird daraus die makroskopische Gleichung:

$$\operatorname{rot} \boldsymbol{B} = \mu_0 \bar{\boldsymbol{j}}_m + \varepsilon_0 \mu_0 \dot{\boldsymbol{E}} \,.$$

Die gemittelte Stromdichte $\bar{\boldsymbol{j}}_{\mathrm{m}}$ haben wir für (3.68) berechnet:

$$\bar{\boldsymbol{j}}_{\mathrm{m}} = \boldsymbol{j}_{\mathrm{f}} + \dot{\boldsymbol{P}} + \operatorname{rot} \boldsymbol{M} \,.$$

Damit folgt:

$$\operatorname{rot}(\boldsymbol{B} - \mu_0 \boldsymbol{M}) = \mu_0 \boldsymbol{j}_{\mathrm{f}} + \mu_0 (\varepsilon_0 \dot{\boldsymbol{E}} + \dot{\boldsymbol{P}}) \,.$$

Benutzen wir noch die Definitionen (2.187) und (3.69) für die Hilfsfelder $\boldsymbol{D}$ und $\boldsymbol{H}$, so folgt in der Tat (4.13). Man beachte, dass in (4.13) mit $\boldsymbol{j}$ stets die *freie* Stromdichte gemeint ist. Der Index f wird ab jetzt unterdrückt.

Damit haben wir den vollständigen Satz elektromagnetischer Grundgleichungen zusammen:

Maxwell-Gleichungen:

Homogen:
$$\operatorname{div} \boldsymbol{B} = 0 \tag{4.14}$$
$$\operatorname{rot} \boldsymbol{E} + \dot{\boldsymbol{B}} = 0 \tag{4.15}$$

Inhomogen:
$$\operatorname{div} \boldsymbol{D} = \varrho \tag{4.16}$$
$$\operatorname{rot} \boldsymbol{H} - \dot{\boldsymbol{D}} = \boldsymbol{j} \tag{4.17}$$

Materialgleichungen:
$$\boldsymbol{B} = \mu_0(\boldsymbol{H} + \boldsymbol{M}) \longrightarrow \mu_r\mu_0\boldsymbol{H} \tag{4.18}$$
$$\boldsymbol{D} = \varepsilon_0\boldsymbol{E} + \boldsymbol{P} \longrightarrow \varepsilon_r\varepsilon_0\boldsymbol{E} \tag{4.19}$$

↑ *lineares* Medium

4.1.3 Elektromagnetische Potentiale

Die typische Aufgabenstellung der Elektrodynamik besteht darin, mithilfe der Maxwell-Gleichungen das von vorgegebenen Ladungs- und Stromdichteverteilungen erzeugte elektromagnetische Feld zu berechnen. Dabei können wir direkt von den Maxwell-Gleichungen ausgehen, d. h. ein gekoppeltes System von vier partiellen Differentialgleichungen **erster** Ordnung lösen. Manchmal erscheint es jedoch bequemer, Potentiale $(\varphi, \boldsymbol{A})$ einzuführen, die die homogenen Maxwell-Gleichungen *automatisch* erfüllen, dafür aber die inhomogenen Gleichungen in einen Satz von zwei partiellen Differentialgleichungen **zweiter** Ordnung überführen. Das Konzept ist uns von der Elektrostatik her schon bekannt.

Die homogene Maxwell-Gleichung

$$\operatorname{div} \boldsymbol{B} = 0$$

ist trivialerweise gelöst, wenn wir wie in der Magnetostatik (3.34) die magnetische Induktion als Rotation eines Vektorfeldes, des

Vektorpotentials $\boldsymbol{A}(\boldsymbol{r}, t)$,

ansetzen:

$$\boldsymbol{B}(\boldsymbol{r}, t) = \operatorname{rot} \boldsymbol{A}(\boldsymbol{r}, t) \, . \tag{4.20}$$

Wir setzen dieses in die zweite homogene Maxwell-Gleichung (4.15) ein,

$$\operatorname{rot}(\boldsymbol{E} + \dot{\boldsymbol{A}}) = 0 \, ,$$

wodurch sich für das elektrische Feld der folgende Ansatz anbietet:

$$\boldsymbol{E}(\boldsymbol{r}, t) = -\nabla\varphi(\boldsymbol{r}, t) - \dot{\boldsymbol{A}}(\boldsymbol{r}, t) \, . \tag{4.21}$$

Das **skalare Potential** $\varphi(\boldsymbol{r}, t)$ und das Vektorpotential $\boldsymbol{A}(\boldsymbol{r}, t)$ müssen über die inhomogenen Maxwell-Gleichungen bestimmt werden. Es handelt sich bei beiden eigentlich um Hilfsgrößen, die über (4.20) und (4.21) die wirklichen physikalischen Observablen $\boldsymbol{E}$ und $\boldsymbol{B}$ festlegen.

Die Induktion $\boldsymbol{B}(\boldsymbol{r}, t)$ ändert sich offensichtlich nicht, wenn wir von $\boldsymbol{A}$ zu

$$\overline{\boldsymbol{A}}(\boldsymbol{r}, t) = \boldsymbol{A}(\boldsymbol{r}, t) + \nabla\chi(\boldsymbol{r}, t)$$

übergehen, wobei χ ein beliebiges skalares Feld sein kann. Eine solche Nicht-Eindeutigkeit des Vektorpotentials kann rechentechnische Vorteile bieten. Wir haben aber zu bedenken, dass sich bei einer solchen Transformation auch $\boldsymbol{E}$ im Allgemeinen ändern würde, wenn wir $\varphi(\boldsymbol{r}, t)$ konstant hielten. φ muss deshalb passend mittransformiert werden:

$$\nabla\varphi + \dot{\boldsymbol{A}} \stackrel{!}{=} \nabla\overline{\varphi} + \dot{\overline{\boldsymbol{A}}} = \nabla\overline{\varphi} + \dot{\boldsymbol{A}} + \nabla\dot{\chi} .$$

Bis auf eine unbedeutende Konstante, die wir gleich Null setzen wollen, ergibt sich also die folgende, stets erlaubte

Eichtransformation

$$\boldsymbol{A}(\boldsymbol{r}, t) \Rightarrow \boldsymbol{A}(\boldsymbol{r}, t) + \nabla\chi(\boldsymbol{r}, t) , \tag{4.22}$$

$$\varphi(\boldsymbol{r}, t) \Rightarrow \varphi(\boldsymbol{r}, t) - \dot{\chi}(\boldsymbol{r}, t) . \tag{4.23}$$

Dabei bleiben die Felder $\boldsymbol{E}(\boldsymbol{r}, t)$ und $\boldsymbol{B}(\boldsymbol{r}, t)$ unverändert.

Um zu erkennen, welche Eichung zweckmäßig sein könnte, schauen wir uns nun die inhomogenen Maxwell-Gleichungen an, wobei wir uns auf den Vakuumfall konzentrieren wollen:

$$\operatorname{div}\boldsymbol{E} = \frac{\varrho}{\varepsilon_0} ; \qquad \operatorname{rot}\boldsymbol{B} = \mu_0\,\boldsymbol{j} + \mu_0\varepsilon_0\dot{\boldsymbol{E}} . \tag{4.24}$$

Wir setzen (4.20) und (4.21) ein:

$$-\Delta\varphi - \operatorname{div}\dot{\boldsymbol{A}} = \frac{\varrho}{\varepsilon_0} ,$$

$$\operatorname{rot}\operatorname{rot}\boldsymbol{A} = \operatorname{grad}(\operatorname{div}\boldsymbol{A}) - \Delta\boldsymbol{A} = \mu_0\,\boldsymbol{j} - \mu_0\varepsilon_0\nabla\dot{\varphi} - \mu_0\varepsilon_0\ddot{\boldsymbol{A}} .$$

Wir benutzen noch (3.17): $c^2 = (\mu_0\varepsilon_0)^{-1}$:

$$\left(\Delta - \frac{1}{c^2}\frac{\partial^2}{\partial t^2}\right)\boldsymbol{A} - \nabla\left(\operatorname{div}\boldsymbol{A} + \frac{1}{c^2}\dot{\varphi}\right) = -\mu_0\boldsymbol{j} ,$$

$$\left[\Delta\varphi + \frac{\partial}{\partial t}(\operatorname{div}\boldsymbol{A})\right] = \frac{-\varrho}{\varepsilon_0} . \tag{4.25}$$

Dieses Gleichungssystem können wir durch passende Eichtransformationen vereinfachen:

1) Coulomb-Eichung

Man wählt die **Eichfunktion** χ so, dass

$$\operatorname{div} \boldsymbol{A} = 0 \tag{4.26}$$

ist. Dann erfüllt nach (4.25) das skalare Potential eine Differentialgleichung,

$$\Delta\varphi = \frac{-\varrho}{\varepsilon_0}\,, \tag{4.27}$$

die formal identisch ist mit der Poisson-Gleichung der Elektrostatik, deren Lösung wir deshalb sofort angeben können:

$$\varphi(\boldsymbol{r},t) = \frac{1}{4\pi\varepsilon_0}\int d^3r'\,\frac{\varrho(\boldsymbol{r}',t)}{|\boldsymbol{r}-\boldsymbol{r}'|}\,. \tag{4.28}$$

$\varphi(\boldsymbol{r},t)$ ist das *instantane* Coulomb-Potential der Ladungsdichte $\varrho(\boldsymbol{r},t)$. Man spricht deshalb von der *Coulomb-Eichung.*

Für das Vektorpotential $\boldsymbol{A}(\boldsymbol{r},t)$ haben wir gemäß (4.25) in der Coulomb-Eichung die folgende Differentialgleichung zu erfüllen:

$$\Box\boldsymbol{A}(\boldsymbol{r},t) = \frac{1}{c^2}\nabla\dot{\varphi} - \mu_0\boldsymbol{j}\,. \tag{4.29}$$

Hier haben wir den

d'Alembert-Operator:

$$\Box \equiv \Delta - \frac{1}{c^2}\frac{\partial^2}{\partial t^2} \tag{4.30}$$

eingeführt. Auf der rechten Seite von (4.29) setzen wir für φ (4.28) ein und nutzen die Kontinuitätsgleichung (3.5) aus:

$$\Box\boldsymbol{A}(\boldsymbol{r},t) = -\mu_0\,\boldsymbol{j} - \frac{\mu_0}{4\pi}\nabla_r\int d^3r'\,\frac{\operatorname{div}\boldsymbol{j}(\boldsymbol{r}',t)}{|\boldsymbol{r}-\boldsymbol{r}'|}\,. \tag{4.31}$$

Nach dem allgemeinen Zerlegungssatz (1.72) für Vektorfelder lässt sich die Stromdichte $\boldsymbol{j}(\boldsymbol{r},t)$ in einen longitudinalen ($\boldsymbol{j}_\mathrm{l}$) und einen transversalen Anteil ($\boldsymbol{j}_\mathrm{t}$) zerlegen:

$$\boldsymbol{j}(\boldsymbol{r},t) = \boldsymbol{j}_\mathrm{l}(\boldsymbol{r},t) + \boldsymbol{j}_\mathrm{t}(\boldsymbol{r},t)\,, \tag{4.32}$$

$$\boldsymbol{j}_\mathrm{l}(\boldsymbol{r},t) = -\frac{1}{4\pi}\nabla_r\int d^3r'\,\frac{\operatorname{div}\boldsymbol{j}(\boldsymbol{r}',t)}{|\boldsymbol{r}-\boldsymbol{r}'|}\,, \tag{4.33}$$

$$\boldsymbol{j}_\mathrm{t}(\boldsymbol{r},t) = \frac{1}{4\pi}\nabla_r\times\int d^3r'\,\frac{\operatorname{rot}\boldsymbol{j}(\boldsymbol{r}',t)}{|\boldsymbol{r}-\boldsymbol{r}'|}\,. \tag{4.34}$$

Man erkennt damit an (4.31), dass das Vektorpotential vollständig durch die transversale Stromdichte $\boldsymbol{j}_t$ bestimmt ist:

$$\Box \boldsymbol{A}(\boldsymbol{r}, t) = -\mu_0 \boldsymbol{j}_t(\boldsymbol{r}, t) \,. \tag{4.35}$$

Die Coulomb-Eichung wird deshalb auch **transversale Eichung** genannt. Sie ist nicht lorentz-invariant, d. h., Beobachter in relativ zueinander bewegten Bezugssystemen eichen unterschiedlich. Das ist an sich irrelevant, da die Eichung ja völlig freigestellt ist, andererseits aber auch ungünstig bei der Behandlung relativistischer Probleme.

Man kann sich einfach überlegen, dass die Coulomb-Eichung stets erfüllt werden kann. Falls nämlich

$$\operatorname{div} \boldsymbol{A}(\boldsymbol{r}, t) = a(\boldsymbol{r}, t) \neq 0$$

ist, wähle man statt $\boldsymbol{A}$

$$\overline{\boldsymbol{A}}(\boldsymbol{r}, t) = \boldsymbol{A}(\boldsymbol{r}, t) + \nabla \chi(\boldsymbol{r}, t) \,,$$

wobei $\chi(\boldsymbol{r}, t)$

$$\operatorname{div} \overline{\boldsymbol{A}} = \operatorname{div} \boldsymbol{A} + \Delta \chi \overset{!}{=} 0$$

gewährleisten soll, d. h.,

$$\Delta \chi = -a(\boldsymbol{r}, t) \,.$$

Das ist wieder eine Poisson-Gleichung mit der Lösung:

$$\chi(\boldsymbol{r}, t) = \frac{1}{4\pi} \int d^3 r' \, \frac{a(\boldsymbol{r}', t)}{|\boldsymbol{r} - \boldsymbol{r}'|} \,. \tag{4.36}$$

2) Lorentz-Eichung

Diese Eichung führt zu einer vollständigen Entkopplung der beiden Differentialgleichungen (4.25) für φ und $\boldsymbol{A}$, die zudem dann eine besonders symmetrische Gestalt annehmen.

Lorentz-Bedingung:

$$\operatorname{div} \boldsymbol{A} + \frac{1}{c^2} \dot{\varphi} = 0 \,. \tag{4.37}$$

Eingesetzt in (4.25) ergibt sich:

$$\Box \boldsymbol{A}(\boldsymbol{r}, t) = -\mu_0 \boldsymbol{j} \,, \tag{4.38}$$

$$\Box \varphi(\boldsymbol{r}, t) = \frac{-\varrho}{\varepsilon_0} \,. \tag{4.39}$$

Man kann zeigen, dass diese Eichung unabhängig vom Bezugssystem (Inertialsystem) ist, also lorentz-invariant und damit für die Relativitätstheorie günstig (s. Bd. 4).

Auch die Bedingung (4.37) ist stets erfüllbar. Mit (4.22) und (4.23) gilt, falls

$$\operatorname{div} \boldsymbol{A} + \frac{1}{c^2}\dot{\varphi} = a(\boldsymbol{r}, t) \neq 0$$

angenommen werden muss:

$$\operatorname{div} \overline{\boldsymbol{A}} + \frac{1}{c^2}\dot{\overline{\varphi}} = a(\boldsymbol{r}, t) + \Delta\chi - \frac{1}{c^2}\ddot{\chi} \, .$$

(4.37) ist also möglich, falls die Eichfunktion $\chi(\boldsymbol{r}, t)$ die *inhomogene Wellengleichung*

$$\Box\, \chi(\boldsymbol{r}, t) = -a(\boldsymbol{r}, t)$$

erfüllt. Wir sehen, dass auch die Wahl von χ noch nicht eindeutig ist, da zu χ ja noch jede Lösung Λ der *homogenen Wellengleichung*

$$\Box\, \Lambda(\boldsymbol{r}, t) = 0$$

hinzuaddiert werden darf. Die Lorentz-Bedingung definiert damit eine ganze **Eichklasse.**

4.1.4 Feldenergie

Als eine erste wichtige Konsequenz der Maxwell-Gleichungen wollen wir den

Energiesatz der Elektrodynamik

diskutieren. Dazu betrachten wir zunächst ein Teilchen mit der Ladung q (Punktladung), das im elektromagnetischen Feld nach (2.20) und (3.25) die **Lorentz-Kraft:**

$$\boldsymbol{F} = q(\boldsymbol{E} + \boldsymbol{v} \times \boldsymbol{B}) \, . \tag{4.40}$$

erfährt. Bei der Verschiebung um $\mathrm{d}\boldsymbol{r}$ leistet das Feld am Teilchen Arbeit. Diese wird also positiv gezählt:

$$\mathrm{d}W = \boldsymbol{F} \cdot \mathrm{d}\boldsymbol{r} = q\,\boldsymbol{E} \cdot \mathrm{d}\boldsymbol{r} \, .$$

Dabei wird Feldenergie in kinetische Teilchenenergie umgewandelt. Dies entspricht der *Leistung*

$$\frac{\mathrm{d}W}{\mathrm{d}t} = q\,\boldsymbol{v} \cdot \boldsymbol{E} \, . \tag{4.41}$$

Nur der elektrische Anteil der Kraft $\boldsymbol{F}$ beteiligt sich am Energieaustausch zwischen Teilchen und Feld. Die magnetische Kraftkomponente leistet keine Arbeit, sie steht stets senkrecht auf der Teilchengeschwindigkeit $\boldsymbol{v}$.

Dieselben Aussagen gelten auch für kontinuierliche Ladungsverteilungen $\rho(\boldsymbol{r}, t)$ mit dem Geschwindigkeitsfeld $\boldsymbol{v}(\boldsymbol{r}, t)$, die im Feld die **Kraftdichte**

$$\boldsymbol{f}(\boldsymbol{r},t) = \rho(\boldsymbol{r},t)\left[\boldsymbol{E}(\boldsymbol{r},t) + \boldsymbol{v}(\boldsymbol{r},t) \times \boldsymbol{B}(\boldsymbol{r},t)\right] \tag{4.42}$$

erfahren. Die zugehörige

Leistungsdichte

$$\boldsymbol{f}(\boldsymbol{r},t) \cdot \boldsymbol{v}(\boldsymbol{r},t) = \rho(\boldsymbol{r},t)\,\boldsymbol{E}(\boldsymbol{r},t) \cdot \boldsymbol{v}(\boldsymbol{r},t) = \boldsymbol{j}(\boldsymbol{r},t) \cdot \boldsymbol{E}(\boldsymbol{r},t) \tag{4.43}$$

ist allein durch das elektrische Feld $\boldsymbol{E}$ und die Stromdichte $\boldsymbol{j}$ bestimmt. Die gesamte Arbeitsleistung des Feldes im Volumen V beträgt dann

$$\frac{\mathrm{d}W_V}{\mathrm{d}t} = \int\limits_V \mathrm{d}^3r\, \boldsymbol{j} \cdot \boldsymbol{E}\,. \tag{4.44}$$

Diese Beziehung wird physikalisch durchsichtiger, wenn wir sie mithilfe der Maxwell-Gleichung (4.17) weiter umformen:

$$\boldsymbol{j} \cdot \boldsymbol{E} = \boldsymbol{E} \cdot \operatorname{rot} \boldsymbol{H} - \boldsymbol{E} \cdot \dot{\boldsymbol{D}}\,.$$

Wegen

$$\operatorname{div}(\boldsymbol{E} \times \boldsymbol{H}) = \boldsymbol{H} \cdot \operatorname{rot} \boldsymbol{E} - \boldsymbol{E} \cdot \operatorname{rot} \boldsymbol{H} = -\boldsymbol{H} \cdot \dot{\boldsymbol{B}} - \boldsymbol{E} \cdot \operatorname{rot} \boldsymbol{H}$$

gilt dann:

$$\frac{\mathrm{d}W_V}{\mathrm{d}t} = \int\limits_V \mathrm{d}^3r \left[-\boldsymbol{H} \cdot \dot{\boldsymbol{B}} - \boldsymbol{E} \cdot \dot{\boldsymbol{D}} - \operatorname{div}(\boldsymbol{E} \times \boldsymbol{H})\right]\,.$$

Wir führen noch zwei wichtige Begriffe ein:

Definition 4.1.2: *Poynting-Vektor:* 4.1.2

$$\boldsymbol{S}(\boldsymbol{r},t) = \boldsymbol{E}(\boldsymbol{r},t) \times \boldsymbol{H}(\boldsymbol{r},t)\,. \tag{4.45}$$

Wir werden sehen, dass $\boldsymbol{S}$ die Bedeutung einer **Energiestromdichte** hat.

Definition 4.1.3: *Energiedichte des elektromagnetischen Feldes:* 4.1.3

$$w(\boldsymbol{r},t) = \frac{1}{2}\left[\boldsymbol{H}(\boldsymbol{r},t) \cdot \boldsymbol{B}(\boldsymbol{r},t) + \boldsymbol{E}(\boldsymbol{r},t) \cdot \boldsymbol{D}(\boldsymbol{r},t)\right]\,. \tag{4.46}$$

Diese Definition enthält den Spezialfall (2.215) der Elektrostatik. Ob sie wirklich sinnvoll ist, müssen die folgenden Überlegungen zeigen. Zumindest die Dimensionen stimmen; denn neben $\boldsymbol{E} \cdot \boldsymbol{D}$ hat auch das Produkt $\boldsymbol{H} \cdot \boldsymbol{B}$ die Dimension einer Energiedichte:

$$[\boldsymbol{H} \cdot \boldsymbol{B}] = 1 \, \frac{\mathrm{A}}{\mathrm{m}} \frac{\mathrm{Vs}}{\mathrm{m}^2} = 1 \, \frac{\mathrm{J}}{\mathrm{m}^3} \, .$$

(4.46) trifft auf jeden Fall nur auf die sogenannten *linearen, homogenen* Medien zu,

$$\boldsymbol{D} = \varepsilon_{\mathrm{r}} \varepsilon_0 \boldsymbol{E} \; ; \quad \boldsymbol{B} = \mu_{\mathrm{r}} \mu_0 \boldsymbol{H} \, , \quad (\varepsilon_{\mathrm{r}} = \mathrm{const} \, , \quad \mu_{\mathrm{r}} = \mathrm{const}) \, ,$$

für die außerdem gilt:

$$\boldsymbol{H} \cdot \dot{\boldsymbol{B}} = \frac{1}{2} \frac{\partial}{\partial t} (\boldsymbol{H} \cdot \boldsymbol{B}) \, ,$$

$$\boldsymbol{E} \cdot \dot{\boldsymbol{D}} = \frac{1}{2} \frac{\partial}{\partial t} (\boldsymbol{E} \cdot \boldsymbol{D}) \, .$$

Für die Leistung des Feldes im Volumen V bleibt nach diesen Definitionen und Umformungen:

$$\frac{\mathrm{d}W_V}{\mathrm{d}t} = \int\limits_V \mathrm{d}^3 r \, \boldsymbol{j} \cdot \boldsymbol{E} = - \int\limits_V \mathrm{d}^3 r \left(\frac{\partial w}{\partial t} + \mathrm{div} \, \boldsymbol{S} \right) \, .$$

Da V beliebig ist, muss die folgende **Kontinuitätsgleichung** gelten:

$$\frac{\partial w}{\partial t} + \mathrm{div} \, \boldsymbol{S} = -\boldsymbol{j} \cdot \boldsymbol{E} \, . \tag{4.47}$$

Diese Gleichung, die man auch **poyntingsches Theorem** nennt, liefert, wenn wir die Definitionen und Interpretationen von w als Energiedichte und $\boldsymbol{S}$ als Energiestromdichte akzeptieren, die Aussage, dass sich die Feldenergie im Volumen V

$$\frac{\mathrm{d}W_V^{(\mathrm{Feld})}}{\mathrm{d}t} = \int\limits_V \mathrm{d}^3 r \, \frac{\partial w}{\partial t}$$

einmal durch Umwandlung in mechanische Teilchenenergie und über Teilchenstöße damit letztlich in joulesche Wärme,

$$\frac{\mathrm{d}W_V^{(\mathrm{mech})}}{\mathrm{d}t} = \int\limits_V \mathrm{d}^3 r \, \boldsymbol{j} \cdot \boldsymbol{E} \, ,$$

ändert und zum anderen durch einen Energiestrom (*Strahlung*) durch die Oberfläche von V:

$$\int\limits_V \mathrm{d}^3 r \, \mathrm{div} \, \boldsymbol{S} = \int\limits_{S(V)} \mathrm{d}\boldsymbol{f} \cdot \boldsymbol{S} \, .$$

Die gesamte Energiebilanz lautet demnach in integraler Form:

$$\frac{\mathrm{d}}{\mathrm{d}t}\left(W_V^{(\mathrm{mech})} + W_V^{(\mathrm{Feld})}\right) = -\int\limits_{S(V)} \mathrm{d}\boldsymbol{f} \cdot \boldsymbol{S} \,. \tag{4.48}$$

Wir schließen mit einer Bemerkung zum Poynting-Vektor $\boldsymbol{S}$, den wir offensichtlich sinnvoll als Energiestromdichte interpretieren konnten. Man beachte jedoch, dass er über (4.47) nur als $\operatorname{div}\boldsymbol{S}$ in unsere Überlegungen einging. Nur auf diesen Ausdruck bezieht sich die angegebene physikalische Bedeutung. $\boldsymbol{S}$ selbst ist damit eigentlich nicht eindeutig, denn eine Transformation der Form

$$\boldsymbol{S} \to \boldsymbol{S} + \operatorname{rot}\boldsymbol{\alpha}$$

ändert $\operatorname{div}\boldsymbol{S}$ nicht. Es kann also durchaus $\boldsymbol{S} \neq \boldsymbol{0}$ sein, ohne eine Energieabstrahlung stattfinden zu lassen.

Beispiel

$$\boldsymbol{E} = (E, 0, 0) \;; \quad \boldsymbol{H} = (0, 0, H) \quad \text{homogen!}$$

$$\Rightarrow \quad \boldsymbol{S} = \boldsymbol{E} \times \boldsymbol{H} = (0, -EH, 0) \neq \boldsymbol{0} \,.$$

Da aber $\operatorname{div}\boldsymbol{S} = 0$ ist, tritt keine Energiestrahlung durch die Oberfläche von V auf:

$$0 = \int\limits_V \mathrm{d}^3r \, \operatorname{div}\boldsymbol{S} = \int\limits_{S(V)} \mathrm{d}\boldsymbol{f} \cdot \boldsymbol{S} \,.$$

4.1.5 Feldimpuls

Nach dem Energiesatz wollen wir nun den

Impulssatz der Elektrodynamik

als weitere wichtige Konsequenz der Maxwell-Gleichungen diskutieren. Wir betrachten ein System von geladenen Teilchen, auf die nur die Lorentz-Kraft des elektromagnetischen Feldes wirken soll. Dann gilt nach dem zweiten newtonschen Axiom, wenn $\boldsymbol{P}_V^{(\mathrm{mech})}$ der Gesamtimpuls aller Teilchen in V ist:

$$\frac{\mathrm{d}}{\mathrm{d}t}\boldsymbol{P}_V^{(\mathrm{mech})} = \int \mathrm{d}^3r \, \varrho(\boldsymbol{E} + \boldsymbol{v} \times \boldsymbol{B}) = \int\limits_V \mathrm{d}^3r \, (\varrho\boldsymbol{E} + \boldsymbol{j} \times \boldsymbol{B}) \,. \tag{4.49}$$

Wir eliminieren ϱ und $\boldsymbol{j}$ durch die inhomogenen Maxwell-Gleichungen (4.16) und (4.17):

$$\varrho\boldsymbol{E} + \boldsymbol{j} \times \boldsymbol{B} = \boldsymbol{E} \operatorname{div}\boldsymbol{D} + \operatorname{rot}\boldsymbol{H} \times \boldsymbol{B} - \dot{\boldsymbol{D}} \times \boldsymbol{B} =$$

$$= \boldsymbol{E} \operatorname{div}\boldsymbol{D} + \boldsymbol{H} \operatorname{div}\boldsymbol{B} + \operatorname{rot}\boldsymbol{H} \times \boldsymbol{B} - \frac{\mathrm{d}}{\mathrm{d}t}(\boldsymbol{D} \times \boldsymbol{B}) - \boldsymbol{D} \times \operatorname{rot}\boldsymbol{E} \,.$$

Im letzten Schritt haben wir eine „günstige Null" ($\boldsymbol{H}\ \operatorname{div}\boldsymbol{B}$) addiert und die homogene Maxwell-Gleichung (4.15) ausgenutzt.

Wir definieren *versuchsweise:*

4.1.4 **Definition 4.1.4:** *Impuls des elektromagnetischen Feldes:*

$$\boldsymbol{p}_V^{(\mathrm{Feld})} = \int_V \mathrm{d}^3 r\,(\boldsymbol{D} \times \boldsymbol{B})\,. \tag{4.50}$$

Damit ergibt sich aus (4.49) das folgende Zwischenergebnis:

$$\frac{\mathrm{d}}{\mathrm{d}t}\left(\boldsymbol{p}_V^{(\mathrm{mech})} + \boldsymbol{p}_V^{(\mathrm{Feld})}\right) = \int_V \mathrm{d}^3 r\,\big(\boldsymbol{E}\ \operatorname{div}\boldsymbol{D} - \boldsymbol{D} \times \ \operatorname{rot}\boldsymbol{E} + \\ + \boldsymbol{H}\ \operatorname{div}\boldsymbol{B} - \boldsymbol{B} \times \operatorname{rot}\boldsymbol{H}\big)\,. \tag{4.51}$$

Die rechte Seite ist symmetrisch in magnetischen und elektrischen Größen. Wir müssen versuchen, sie als **Impulsfluss** durch die Oberfläche $S(V)$ darzustellen, um (4.51) als Impulsbilanz interpretieren zu können. – Wir setzen dazu wieder ein lineares, homogenes Medium (ε_r = const, μ_r = const) voraus und bezeichnen mit x_1, x_2, x_3 die kartesischen Ortskoordinaten:

$$\begin{aligned}(\boldsymbol{E}\ \operatorname{div}\boldsymbol{D} - \boldsymbol{D} \times \ \operatorname{rot}\boldsymbol{E})_1 &= \varepsilon_\mathrm{r}\varepsilon_0 \left[E_1\left(\frac{\partial E_1}{\partial x_1} + \frac{\partial E_2}{\partial x_2} + \frac{\partial E_3}{\partial x_3}\right) - \right. \\ &\quad \left. - E_2\left(\frac{\partial E_2}{\partial x_1} - \frac{\partial E_1}{\partial x_2}\right) + E_3\left(\frac{\partial E_1}{\partial x_3} - \frac{\partial E_3}{\partial x_1}\right)\right] = \\ &= \varepsilon_\mathrm{r}\varepsilon_0 \left[\frac{\partial}{\partial x_1}\left(\frac{1}{2}E_1^2 - \frac{1}{2}E_2^2 - \frac{1}{2}E_3^2\right) + \right. \\ &\quad \left. + \frac{\partial}{\partial x_2}(E_1 E_2) + \frac{\partial}{\partial x_3}(E_1 E_3)\right]\,.\end{aligned}$$

Entsprechende Ausdrücke ergeben sich für die beiden anderen Komponenten:

$$(\boldsymbol{E}\ \operatorname{div}\boldsymbol{D} - \boldsymbol{D} \times \ \operatorname{rot}\boldsymbol{E})_i = \varepsilon_\mathrm{r}\varepsilon_0 \sum_{j=1}^{3} \frac{\partial}{\partial x_j}\left(E_i E_j - \frac{1}{2}E^2 \delta_{ij}\right)\,.$$

Ganz analog findet man für den magnetischen Anteil in (4.51):

$$(\boldsymbol{H}\ \operatorname{div}\boldsymbol{B} - \boldsymbol{B} \times \ \operatorname{rot}\boldsymbol{H})_i = \frac{1}{\mu_\mathrm{r}\mu_0} \sum_{j=1}^{3} \frac{\partial}{\partial x_j}\left(B_i B_j - \frac{1}{2}B^2 \delta_{ij}\right)\,.$$

Wir definieren:

maxwellscher Spannungstensor $\overline{T} = (T_{ij})$:

$$T_{ij} = \varepsilon_r \varepsilon_0 E_i E_j + \frac{1}{\mu_r \mu_0} B_i B_j - \frac{1}{2} \delta_{ij} \left(\varepsilon_r \varepsilon_0 E^2 + \frac{1}{\mu_r \mu_0} B^2 \right) . \qquad (4.52)$$

Mit den Elementen dieses symmetrischen Tensors zweiter Stufe ($T_{ij} = T_{ji}$) ergibt sich aus (4.51):

$$\frac{d}{dt} \left(\boldsymbol{p}_V^{(\text{mech})} + \boldsymbol{p}_V^{(\text{Feld})} \right)_i = \int_V d^3r \sum_{j=1}^{3} \frac{\partial}{\partial x_j} T_{ij} . \qquad (4.53)$$

Wenn wir die i-te Zeile des Tensors $\overline{T}$ als einen Vektor $\boldsymbol{T}_i$ auffassen,

$$\boldsymbol{T}_i = (T_{i1}, T_{i2}, T_{i3}) ,$$

dann stellt die Summe auf der rechten Seite von (4.53) die Divergenz von $\boldsymbol{T}_i$ dar, sodass wir mithilfe des gaußschen Satzes weiter umformen können:

$$\frac{d}{dt} \left(\boldsymbol{p}_V^{(\text{mech})} + \boldsymbol{p}_V^{(\text{Feld})} \right)_i = \int_V d^3r \, \text{div} \, \boldsymbol{T}_i = \int_{S(V)} d\boldsymbol{f} \cdot \boldsymbol{T}_i . \qquad (4.54)$$

Sei $\boldsymbol{n} = (n_1, n_2, n_3)$ der nach außen gerichtete, in der Regel ortsabhängige Normaleneinheitsvektor auf $S(V)$, d. h.

$$d\boldsymbol{f} = df \, \boldsymbol{n} ,$$

dann gilt auch:

$$\frac{d}{dt} \left(\boldsymbol{p}_V^{(\text{mech})} + \boldsymbol{p}_V^{(\text{Feld})} \right)_i = \int_{S(V)} df \sum_{j=1}^{3} T_{ij} n_j \quad \textbf{Impulssatz} . \qquad (4.55)$$

Der Ausdruck

$$\sum_{j=1}^{3} T_{ij} n_j$$

ist in dieser Impulsbilanz offensichtlich als die i-te Komponente des **Impulsflusses** durch die Einheitsfläche auf $S(V)$ zu interpretieren. – Da die linke Seite die gesamte, auf das System in V wirkende Kraft darstellt, bedeutet der obige Ausdruck auch:

$$\sum_{j=1}^{3} T_{ij} n_j = i\text{-te Komponente der auf } S(V) \text{ pro Flächeneinheit wirkenden Kraft.}$$

Man kann diese Tatsache ausnutzen, die Kraft auf einen beliebigen materiellen Körper im elektromagnetischen Feld auszurechnen. Dazu wählt man für $S(V)$ eine den Körper umschließende Fläche.

Beispiel

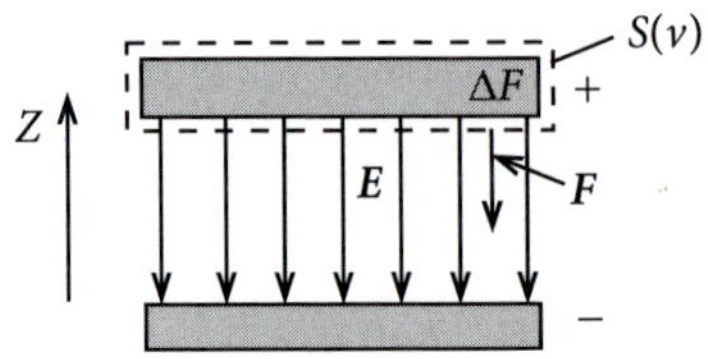

Abb. 4.3. Zur Berechnung der Kraft auf eine Kondensatorplatte mithilfe des maxwellschen Spannungstensors

Plattenkondensator

$$\boldsymbol{B} = \boldsymbol{0} \; ; \quad \boldsymbol{E} = (0, 0, -E) \; .$$

Beiträge nur zwischen den Platten:

$$T_{ij} = \frac{1}{2}\varepsilon_r \varepsilon_0 E^2 \quad \text{für } i = j = z$$

$$\Rightarrow \left(\frac{\boldsymbol{F}}{\Delta F} \right)_z = T_{zz} n_z = -\frac{1}{2}\varepsilon_r \varepsilon_0 E^2 \; .$$

4.1.6 Aufgaben

4.1.1 **Aufgabe 4.1.1**

$\sum \sum'$ seien zwei Inertialsysteme. Das elektromagnetische Feld in $\sum$ sei $\boldsymbol{E}, \boldsymbol{B}$ und in $\sum'$ $\boldsymbol{E}', \boldsymbol{B}'$. Das Feld $\boldsymbol{E}$ habe im ganzen Raum dieselbe Richtung. $\sum'$ bewege sich relativ zu $\sum$ mit konstanter Geschwindigkeit $\boldsymbol{v}_0$ parallel zu $\boldsymbol{E}$ ($\boldsymbol{v}_0 = \alpha \boldsymbol{E}$). Zeigen Sie, dass die Komponente von $\boldsymbol{E}'$ in Richtung $\boldsymbol{E}$ gleich E ist.

Aufgabe 4.1.2

4.1.2

Fehlen Ströme und Ladungen, dann erfüllen in der Lorentz-Eichung skalares Potential $\varphi(\boldsymbol{r}, t)$ und Vektorpotential $\boldsymbol{A}(\boldsymbol{r}, t)$ im Vakuum die homogene Wellengleichung

$$\Box\, \varphi(\boldsymbol{r}, t) = 0\,,$$

$$\Box\, \boldsymbol{A}(\boldsymbol{r}, t) = 0\,,$$

wobei $\Box = \Delta - (1/c^2)(\partial^2/\partial t^2)$.

1. Zeigen Sie, dass elektrische Feldstärke $\boldsymbol{E}(\boldsymbol{r}, t)$ und magnetische Induktion $\boldsymbol{B}(\boldsymbol{r}, t)$ dieselbe Differentialgleichung erfüllen.
2. Die Ausdrücke

$$\boldsymbol{E}(\boldsymbol{r}, t) = \boldsymbol{E}_0 \sin(\boldsymbol{k} \cdot \boldsymbol{r} - \omega t)\,,$$

$$\boldsymbol{B}(\boldsymbol{r}, t) = \boldsymbol{B}_0 \sin(\boldsymbol{k} \cdot \boldsymbol{r}) - \omega t)$$

lösen die Wellengleichung. Welche Beziehung besteht dann zwischen ω und $\boldsymbol{k}$? Untersuchen Sie die gegenseitige Lage der Vektoren $\boldsymbol{k}$, $\boldsymbol{E}_0$ und $\boldsymbol{B}_0$!
3. Wie groß ist die Energiestromdichte (Energiefluss) parallel bzw. senkrecht zu $\boldsymbol{k}$?
4. Wie groß ist die Feldenergiedichte?

4.1.3 **Aufgabe 4.1.3**

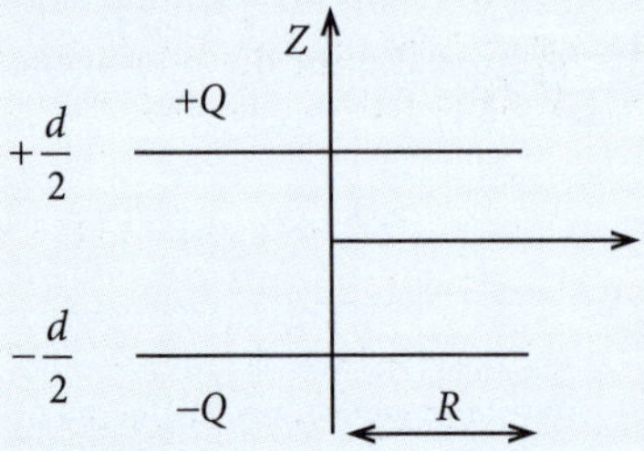

Abb. 4.4. Kondensator (Ladung $\pm Q$) mit kreisförmigen Platten vom Radius R im Abstand d

Gegeben sei eine Anordnung aus zwei parallelen kreisförmigen Metallplatten vernachlässigbarer Dicke mit Radius R im Abstand d. Der Raum zwischen den Platten sei mit einem Dielektrikum gefüllt, dessen Dielektrizitätskonstante gemäß

$$\varepsilon_r(z) = \varepsilon_1 + \frac{1}{2}\Delta\varepsilon\left(1 + 2\,\frac{z}{d}\right)$$

vom Ort abhängt. Es sei schließlich noch $R \gg d$.

1. Berechnen Sie die Kapazität der Kondensatoranordnung, die Flächenladungsdichten bei $z = \pm d/2$ sowie die Volumendichte der im Dielektrikum gebundenen Ladungen.
2. Die Platten seien entgegengesetzt gleich geladen ($\pm Q$). Wie groß sind die elektrostatischen Kräfte, die auf die Platten wirken?

4.2

4.2 Quasistationäre Felder

Wir haben in den Kapiteln 2 und 3 diskutiert, wie man typische Probleme der Magneto- und Elektrostatik löst. Ausgangspunkt waren stets die Maxwell-Gleichungen, die in der Statik etwas vereinfachte Strukturen aufweisen. Bei zeitabhängigen Phänomenen haben wir den vollen Satz (4.14) bis (4.17) der Maxwell-Gleichungen zu integrieren. Wegen ihrer großen technischen Bedeutung wollen wir uns jedoch zunächst auf relativ langsam veränderliche, auf sogenannte **quasistationäre** Felder beschränken, die sich mit einem genäherten Satz von Maxwell-Gleichungen behandeln lassen. Die Näherung besteht darin, den Verschiebungsstrom $\dot{\boldsymbol{D}}$ in (4.17) zu vernachlässigen. Das Induktionsgesetz (4.15) wird dagegen vollständig berücksichtigt:

Maxwell-Gleichungen in der quasistationären Näherung:

$$\operatorname{rot}\boldsymbol{E} = -\dot{\boldsymbol{B}}\,; \qquad \operatorname{rot}\boldsymbol{H} \approx \boldsymbol{j}\,,$$

$$\operatorname{div}\boldsymbol{D} = \rho\,; \qquad \operatorname{div}\boldsymbol{B} = 0\,. \tag{4.56}$$

Die Näherung $\dot{\boldsymbol{D}} \approx 0$ entspricht $\dot{\varrho} \approx 0$ und damit nach der Kontinuitätsgleichung $\operatorname{div} \boldsymbol{j} \approx 0$, was wiederum nach (3.6) mit der Stationaritätsbedingung der Magnetostatik formal identisch ist. Daher rührt die Bezeichnung **quasistationär**. Die Gleichungen für die magnetischen Felder haben mit dieser Vereinfachung dieselbe Struktur wie in der Magnetostatik!

Was sind nun *langsam veränderliche* Felder? Da $\dot{\boldsymbol{D}} \approx 0$ aus $\dot{\varrho} \approx 0$ folgt, fragen wir besser nach *langsam veränderlichen* lokalen Ladungsverteilungen.

Die Frage ist natürlich nur als *„langsam wogegen?"* zu beantworten. Wir werden später sehen, dass sich elektromagnetische Felder mit Lichtgeschwindigkeit c ausbreiten. Man nennt deshalb $\varrho(\boldsymbol{r}, t)$ *langsam veränderlich*, wenn sich ϱ während der Zeit $\Delta t = d/c$, die das Licht benötigt, um die Linearabmessung d der Anordnung zu durchlaufen, nur wenig ändert. Man kann dann annehmen, dass an jedem Punkt des Feldes der Zustand herrscht, der einer unendlich schnellen Ausbreitung entspricht. Die später zu besprechenden *Retardierungseffekte* der Felder können dann vernachlässigt werden.

4.2.1 Gegen- und Selbstinduktion

Nach dem Induktionsgesetz (4.10) entspricht die zeitliche Änderung des magnetischen Flusses Φ durch die Fläche F_C,

$$\Phi = \int_{F_C} \boldsymbol{B} \cdot \mathrm{d}\boldsymbol{f} \; ,$$

einer *elektromotorischen Kraft* EMK längs des Randes C, die man auch als **Induktionsspannung** bezeichnet:

$$U_{\text{ind}} = \oint_C \boldsymbol{E} \cdot \mathrm{d}\boldsymbol{r} \; . \tag{4.57}$$

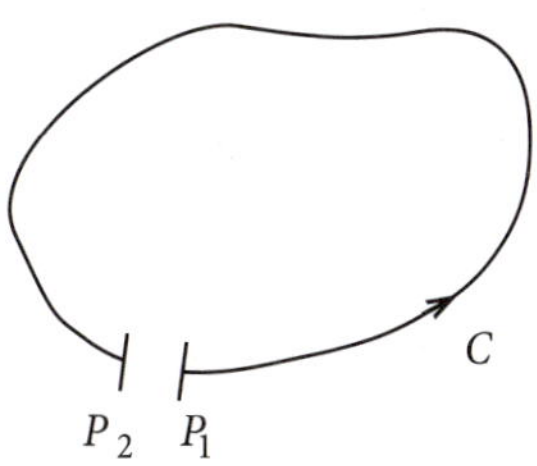

Abb. 4.5. Schematische Anordnung zur Interpretation der Induktionsspannung

Zur anschaulichen Interpretation stellen wir uns den Weg C durch einen Leiterkreis realisiert vor, den wir uns für einen Moment zwischen zwei eng benachbarten Punkten P_1 und P_2 aufgetrennt denken. Gemäß der faradayschen Beobachtung fließt längs C ein Induktionsstrom. Es muss daher im Leiter ein elektrisches Feld $\boldsymbol{E}$ vorliegen. Nehmen wir diesen als linear an, so ist $\boldsymbol{E}$ also längs C orientiert. Wir haben früher (s. z. B. (2.45)) *Spannung* als die Arbeit interpretiert, die aufgebracht werden muss, um die Einheitsladung $q = 1$ zwischen zwei Punkten zu verschieben. Deswegen ist die Arbeit

$$W_{21}(q=1) = -\int_{\substack{1\\(-C)}}^{2} \boldsymbol{E}\cdot \mathrm{d}\boldsymbol{r}\,, \tag{4.58}$$

die benötigt wird, um $q = 1$ **gegen** das Feld von P_1 nach P_2 zu verschieben, als Spannung zwischen diesen Punkten zu verstehen. Sie macht sich z. B. durch einen Funkenüberschlag real bemerkbar:

$$U_{\text{ind}} = W_{21}(q=1) = +\int_{\substack{1\\(C)}}^{2} \boldsymbol{E}\cdot \mathrm{d}\boldsymbol{r} = \oint_C \boldsymbol{E}\cdot \mathrm{d}\boldsymbol{r}\,.$$

Im letzten Schritt haben wir noch benutzt, dass die Punkte P_1, P_2 sehr eng benachbart sind. – Man beachte, dass in der Elektro**statik** das Integral rechts stets Null ist. Das induzierte elektrische Feld ist dagegen nicht mehr wirbelfrei.

Die in C induzierte Spannung ist so lange ungleich Null, wie sich der Fluss Φ durch die Leiterschleife **ändert**,

$$U_{\text{ind}} = -\dot{\Phi}\,, \tag{4.59}$$

wobei das Minuszeichen ein Ausdruck der **lenzschen Regel** ist:

Das induzierte elektrische Feld ist so gerichtet, dass die Ursache seiner Entstehung abgeschwächt wird.

Beispiel

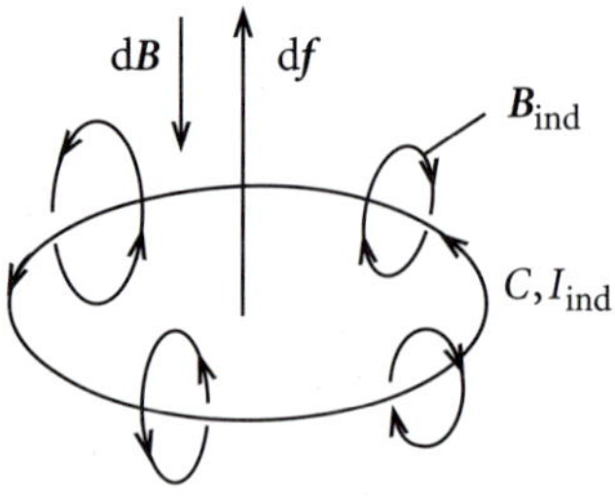

Abb. 4.6. Feldverlauf der magnetischen Induktion eines in einem geschlossenen Leiter induzierten Stromes zur Erläuterung der lenzschen Regel

Die Änderung der magnetischen Induktion $\boldsymbol{B}$ sei so, dass

$$\mathrm{d}\boldsymbol{B} \downarrow\uparrow \mathrm{d}\boldsymbol{f} \iff \mathrm{d}\Phi < 0\,.$$

Dies bedeutet:

$$U_{\text{ind}} = \oint_C \boldsymbol{E} \cdot \mathrm{d}\boldsymbol{r} > 0 \, .$$

Der Induktionsstrom I_{ind} fließt damit parallel zu C. I_{ind} erzeugt seinerseits eine magnetische Induktion $\boldsymbol{B}_{\text{ind}}$, die nach der Rechtsschraubenregel (s. (3.22)) $\mathrm{d}\boldsymbol{B}$ entgegengerichtet ist.

Von großer Bedeutung ist die wechselseitige Induktion **verschiedener** Stromkreise. Fließt in einem geschlossenen Leiter C_i ein zeitabhängiger Strom $I_i(t)$, so erzeugt dieser eine magnetische Induktion $\boldsymbol{B}_i(\boldsymbol{r}, t)$. Falls deren Feldlinien einen anderen Leiter C_j durchsetzen, so wird in diesem eine Spannung induziert. Das soll nun etwas genauer untersucht werden:

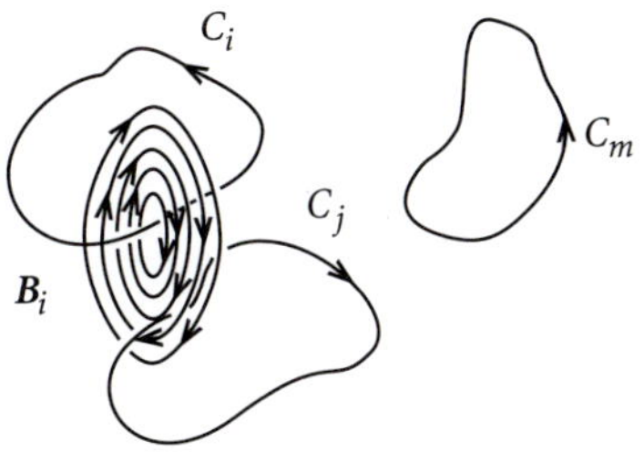

Abb. 4.7. Schematische Darstellung des Feldverlaufs der magnetischen Induktion verschiedener geschlossener Leiterschleifen zur Diskussion der wechselseitigen Induktion

$C_1, \ldots, C_i, \ldots, C_j, \ldots, C_n$ seien geschlossene Leiterwege, deren Umlaufsinn durch die Stromrichtung definiert ist. Mit $\boldsymbol{F}_i$ bezeichnen wir die von C_i umlaufende Fläche (Rechtsschraubenregel!). Nach (4.2) verursachen die diversen Ströme durch $\boldsymbol{F}_j$ den magnetischen Fluss

$$\Phi_j = \int_{F_j} \mathrm{d}\boldsymbol{f} \cdot \boldsymbol{B}^{(j)} \, . \tag{4.60}$$

$\boldsymbol{B}^{(j)}$ ist die gesamte, $\boldsymbol{F}_j$ durchsetzende magnetische Induktion:

$$\boldsymbol{B}^{(j)} = \sum_{m=1}^{n} \boldsymbol{B}_{\text{m}} = \sum_{m=1}^{n} \operatorname{rot} \boldsymbol{A}_{\text{m}} \, . \tag{4.61}$$

Die den einzelnen Strömen zugeordneten Vektorpotentiale $\boldsymbol{A}_{\text{m}}$ bestimmen sich wie in der Magnetostatik, da die zu lösende Differentialgleichung in der quasistationären Näherung formal identisch mit der Grundaufgabe (3.37) der Magnetostatik ist. Benutzen wir die Coulomb-Eichung, so befolgt das Vektorpotential die Poisson-Gleichung,

$$\Delta \boldsymbol{A}_{\text{m}}(\boldsymbol{r}, t) = -\mu_{\text{r}} \mu_0 \, \boldsymbol{j}_{\text{m}}(\boldsymbol{r}, t) \, ,$$

deren Lösung uns bereits bekannt ist:

$$A_m(r,t) = \frac{\mu_r \mu_0}{4\pi} \int d^3r' \frac{j_m(r',t)}{|r - r'|} . \tag{4.62}$$

Wir nehmen an, dass die Stromverteilung über den Leiterquerschnitt homogen ist, sodass das Konzept des Stromfadens (3.11) angewendet werden darf:

$$\int d^3r' \frac{j_m(r',t)}{|r - r'|} \Rightarrow I_m(t) \int_{C_m} dr' \frac{1}{|r - r'|} .$$

Damit gilt:

$$\begin{aligned} \Phi_j &= \sum_{m=1}^{n} \int_{F_j} df \cdot \operatorname{rot} A_m = \sum_{m=1}^{n} \oint_{C_j} dr \cdot A_m = \\ &= \frac{\mu_r \mu_0}{4\pi} \sum_{m=1}^{n} I_m(t) \oint_{C_j} \oint_{C_m} dr \cdot dr' \frac{1}{|r - r'|} = \\ &= \sum_{m=1}^{n} L_{jm} I_m(t) . \end{aligned} \tag{4.63}$$

Der nur von der Geometrie der Leiterkreise und der Permeabilität des Zwischenmediums abhängige Koeffizient

$$L_{jm} = \frac{\mu_r \mu_0}{4\pi} \oint_{C_j} \oint_{C_m} \frac{dr \cdot dr'}{|r - r'|} = L_{mj} \tag{4.64}$$

heißt **Induktionskoeffizient**, genauer:

$$L_{jj} : \quad \textbf{Selbstinduktivität} ,$$

$$L_{jm};\ j \neq m : \quad \textbf{Gegeninduktivität} .$$

Nach (4.59) gilt dann also für die im Leiterkreis C_j induzierte Spannung:

$$U_{\text{ind}}^{(j)}(t) = -\sum_{m=1}^{n} L_{jm} \dot{I}_m(t) . \tag{4.65}$$

Induzierte Spannung setzt sich demnach aus zwei Anteilen zusammen: Der eine wird durch Stromänderung in fremden Leitern, der andere durch solche im betrachteten Leiter verursacht. Auch wenn nur ein einzelner Stromkreis vorliegt, wird in diesem bei einer Stromänderung eine Spannung induziert, da sich der die Kreisfläche durchsetzende magnetische Fluss ändert. Dies wird durch die Selbstinduktivität beschrieben:

$$U_{\text{ind}}^{(j)}(t) = -L_{jj} \dot{I}_j(t) . \tag{4.66}$$

Die Berechnung der Selbstinduktivität nach (4.64) stößt auf Schwierigkeiten, da das Doppelintegral divergent ist. Die Ursache liegt in dem verwendeten Konzept des Stromfadens. Dieses ist bei der Berechnung der Gegeninduktivität unproblematisch, da man in aller Regel davon ausgehen kann, dass die Abstände zwischen den Leitern groß gegenüber dem Leiterquerschnitt sind. Eine derartige Annahme ist bei der Selbstinduktion nicht möglich, für die deshalb der Ausdruck (4.64) nur formaler Natur ist und nicht als Rechenvorschrift dienen kann. Man hat andere Methoden zu versuchen, z. B. den in dem betrachteten Leiter fließenden Strom selbst wieder in Stromfäden zu zerlegen und dann die gegenseitige Beeinflussung dieser Fäden zu berücksichtigen. Auf jeden Fall ist in die Überlegungen der **endliche** Querschnitt des Leiters einzubeziehen. Die Berechnung der Selbstinduktion ist deshalb wesentlich mühsamer als die der Gegeninduktion.

Manchmal gelingt die Bestimmung der Selbstinduktivität allerdings auch durch direktes Ausnutzen der Beziehung (4.66) bzw. (4.65):

Beispiel

Selbstinduktivität einer langen Spule

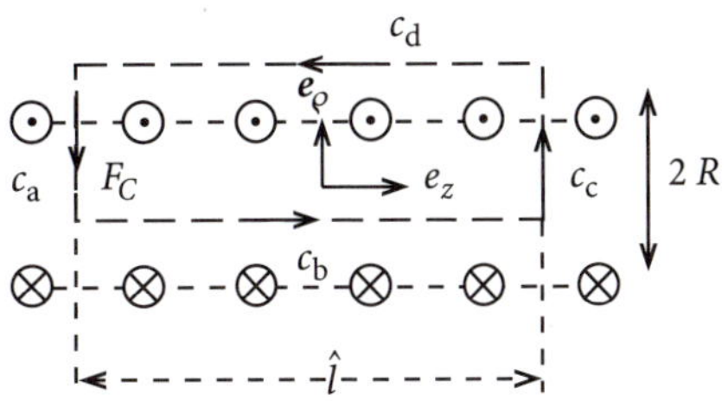

Abb. 4.8. Schematische Darstellung einer stromdurchflossenen Spule

Spule: Länge l, Querschnittsradius R, $l \gg R$: keine Streufelder!

Wir wählen zur Beschreibung Zylinderkoordianten (ϱ, φ, z), wobei die Spulenachse die z-Richtung definieren möge. *Aus Symmetriegründen* und wegen des Ergebnisses (3.22) für den einzelnen Draht muss für die magnetische Induktion $\boldsymbol{B}$ der folgende Ansatz gelten:

$$\boldsymbol{B} = B(\varrho)\, \boldsymbol{e}_z \,.$$

I sei der Strom in der Spule, $I(F_C)$ der Gesamtstrom durch die Fläche F_C. Dann können wir

$$\operatorname{rot} \boldsymbol{B} \approx \mu_r \mu_0\, \boldsymbol{j} \iff \oint_C \boldsymbol{B} \cdot \mathrm{d}\boldsymbol{r} = \mu_r \mu_0\, I(F_C)$$

ausnutzen, um die magnetische Induktion längs des skizzierten Weges zu integrieren. Die Beiträge auf C_a und C_c verschwinden. Es gilt deshalb:

$$\int_{C_b} \boldsymbol{B} \cdot \mathrm{d}\boldsymbol{r} + \int_{C_d} \boldsymbol{B} \cdot \mathrm{d}\boldsymbol{r} = n \hat{l}\, \mu_r \mu_0 I \,.$$

Dabei ist n die Anzahl der Spulenwindungen pro Längeneinheit. Die Abstände der beiden Wegstücke C_b und C_d von der Spulenachse gehen offensichtlich nicht ein; $\boldsymbol{B}$ muss deshalb innerhalb und außerhalb der Spule jeweils homogen sein. Da $\boldsymbol{B}$ im Unendlichen wieder Null ist, folgt:

$$\boldsymbol{B} \equiv 0 \quad \text{für } \varrho > R \,. \tag{4.67}$$

Innerhalb der Spule gilt dann:

$$\int\limits_{C_b} \boldsymbol{B} \cdot \mathrm{d}\boldsymbol{r} = B\widehat{l} = \mu_r \mu_0 \, n \widehat{l} I \,.$$

Es bleibt also (innerhalb der Spule)

$$\boldsymbol{B} = \mu_r \mu_0 \, n \, I \, \boldsymbol{e}_z \quad \left(n = N/l\right) \,. \tag{4.68}$$

Das Feld innerhalb der langen, aus insgesamt N Windungen bestehenden Spule ist also homogen. Dies bedeutet für den magnetischen Fluss durch den Querschnitt F:

$$\Phi = B F = \mu_r \mu_0 n F I \,.$$

Die in der ganzen Spule induzierte Spannung ist dann bei N Windungen nach (4.59):

$$U_{\mathrm{ind}} = -N \dot{\Phi} = -\mu_r \mu_0 \frac{N^2}{l} F \dot{I} \,.$$

Der Vergleich mit (4.66) liefert die

Selbstinduktion der Spule,

$$L = \mu_r \mu_0 \frac{N^2}{l} F \,, \tag{4.69}$$

die, wie erwartet, nur von der Geometrie derselben und der Permeabilität des Füllmaterials abhängt.

4.2.2 Magnetische Feldenergie

Haben wir ein System stromdurchflossener Leiter, so ist dessen Energie vor allem durch die von den einzelnen Leitern erzeugte magnetische Feldenergie gegeben. Die elektrische Energie ist bei den schwachen elektrischen Feldstärken, um die es sich in solchen Fällen in der Regel handelt, demgegenüber zu vernachlässigen. Der Ausdruck für den magnetischen Anteil an der Feldenergie lässt sich mithilfe von Selbst- und Gegeninduktion in eine für viele Zwecke nützliche Form bringen.

Nach (4.46) gilt für die magnetische Feldenergie:

$$W_\mathrm{m} = \frac{1}{2}\int \mathrm{d}^3r\, \boldsymbol{H}(\boldsymbol{r},t)\cdot\boldsymbol{B}(\boldsymbol{r},t) = \frac{1}{2}\int \mathrm{d}^3r\, \boldsymbol{H}(\boldsymbol{r},t)\cdot\operatorname{rot}\boldsymbol{A}(\boldsymbol{r},t)\,.$$

Wegen

$$\operatorname{div}(\boldsymbol{A}\times\boldsymbol{H}) = \boldsymbol{H}\cdot\operatorname{rot}\boldsymbol{A} - \boldsymbol{A}\cdot\operatorname{rot}\boldsymbol{H}$$

folgt weiter:

$$W_\mathrm{m} = \frac{1}{2}\int \mathrm{d}^3r\, \boldsymbol{A}(\boldsymbol{r},t)\cdot\operatorname{rot}\boldsymbol{H}(\boldsymbol{r},t) + \frac{1}{2}\int \mathrm{d}^3r\, \operatorname{div}(\boldsymbol{A}\times\boldsymbol{H})\,.$$

Das zweite Integral formen wir mithilfe des gaußschen Satzes um:

$$\int \mathrm{d}^3r\, \operatorname{div}(\boldsymbol{A}\times\boldsymbol{H}) = \int\limits_{S(V\to\infty)} \mathrm{d}\boldsymbol{f}\cdot(\boldsymbol{A}\times\boldsymbol{H}) = 0\,.$$

$\boldsymbol{H}$: $\sim 1/r^2$ (3.23)

$\boldsymbol{A}$: $\sim 1/r$ (3.33)

$\mathrm{d}\boldsymbol{f}$: $\sim r^2$

Es bleibt also:

$$W_\mathrm{m} = \frac{1}{2}\int \mathrm{d}^3r\, \boldsymbol{j}(\boldsymbol{r},t)\cdot\boldsymbol{A}(\boldsymbol{r},t)\,. \tag{4.70}$$

Man beachte, dass in diesem Ausdruck $\boldsymbol{A}$ durch die Stromdichte $\boldsymbol{j}$ erzeugt wird, d. h., wir können (4.62) einsetzen:

$$W_\mathrm{m} = \frac{\mu_\mathrm{r}\mu_0}{8\pi}\int \mathrm{d}^3r \int \mathrm{d}^3r'\, \frac{\boldsymbol{j}(\boldsymbol{r},t)\cdot\boldsymbol{j}(\boldsymbol{r}',t)}{|\boldsymbol{r}-\boldsymbol{r}'|}\,. \tag{4.71}$$

Besteht das gesamte System ausschließlich aus fadenförmigen Leitern, so folgt mit (3.11):

$$W_\mathrm{m} = \frac{\mu_\mathrm{r}\mu_0}{8\pi}\sum_{i,j} I_i(t)I_j(t)\oint\limits_{C_i}\oint\limits_{C_j}\frac{\mathrm{d}\boldsymbol{r}\cdot\mathrm{d}\boldsymbol{r}'}{|\boldsymbol{r}-\boldsymbol{r}'|}\,.$$

Wir können nun noch die Induktionskoeffizienten L_{ij} nach (4.64) einsetzen:

$$W_\mathrm{m} = \frac{1}{2}\sum_{i,j} L_{ij}I_i(t)I_j(t)\,. \tag{4.72}$$

Für den Spezialfall eines einzelnen Leiterkreises gilt:

$$W_\mathrm{m} = \frac{1}{2}L\,I^2\,. \tag{4.73}$$

4.2.3 Wechselströme

Wir betrachten einen Stromkreis mit einer periodischen, *eingeprägten* Wechselspannung U_e (Generator), einer Induktivität L (Spule), einer Kapazität C (Kondensator) und einem ohmschen Widerstand R. In dem Kreis fließe ein *fadenförmiger* Strom $I(t)$.

Die Teilspannungen an den einzelnen Bauelementen sind uns bekannt bzw. leicht berechenbar. So gilt für den Spannungsabfall am ohmschen Widerstand:

$$\int\limits_{(R)} \boldsymbol{E} \cdot \mathrm{d}\boldsymbol{r} = \frac{1}{\sigma} \int\limits_{(R)} \boldsymbol{j} \cdot \mathrm{d}\boldsymbol{r} = \frac{l}{\sigma F} I \,.$$

Dabei sind l = Länge, F = Querschnittsfläche des Widerstandes.

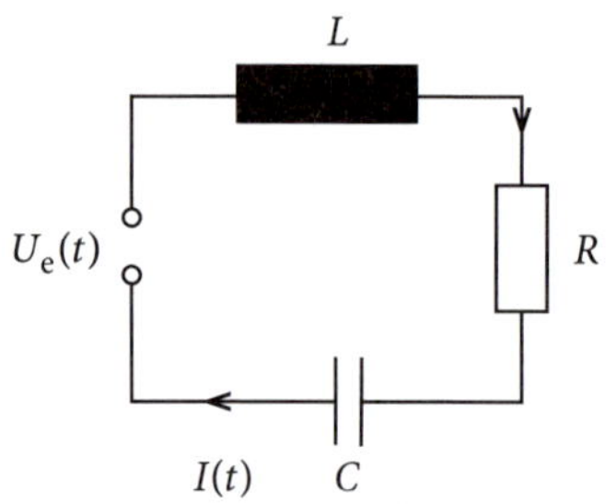

Abb. 4.9. Stromkreis mit ohmschem Widerstand R und Induktivität L

Mit (3.7)

$$U_R = I\,R$$

und dem *spezifischen Widerstand* $\varrho = 1/\sigma$ schreibt sich der *ohmsche Widerstand* R:

$$R = \varrho \frac{l}{F} \,. \tag{4.74}$$

Am Kondensator stellt sich nach (2.54) die Spannung

$$U_C = \frac{Q}{C}$$

ein, die der eingeprägten Spannung, wie man sich leicht klarmacht, entgegengerichtet ist. An der Spule fällt die induzierte Spannung

$$U_L = -L\,\dot{I}$$

ab. Insgesamt gilt also:

$$U_e - L\,\dot{I} - \frac{Q}{C} = I\,R$$

oder

$$L\,\dot{I} + R\,I + \frac{Q}{C} = U_e \,. \tag{4.75}$$

Ferner haben wir noch den Zusammenhang zwischen Strom und Ladung:

$$I = \dot{Q} \,. \tag{4.76}$$

Dies ist ein gekoppeltes System von linearen, inhomogenen Differentialgleichungen erster Ordnung zur Bestimmung des zeitabhängigen Stromes $I(t)$ bei vorgegebenem $U_e(t)$. Durch nochmaliges Differenzieren nach der Zeit in (4.75) und Einsetzen von (4.76) können wir die beiden Gleichungen zu **einer** Differentialgleichung **zweiter** Ordnung für $I(t)$ zusammenfassen:

$$L\ddot{I} + R\dot{I} + \frac{I}{C} = \dot{U}_e \,. \tag{4.77}$$

In dem häufigen Fall einer rein periodischen Maschinenspannung

$$U_e = U_0 \cos \omega t \tag{4.78}$$

haben wir eine Differentialgleichung zu lösen,

$$L\ddot{I} + R\dot{I} + \frac{I}{C} = -U_0\, \omega \sin \omega t \,,$$

die wir bereits aus der Mechanik kennen ((2.189), Bd. 1). Eine vollständige Lösung im Reellen ist natürlich möglich, aber recht mühsam. Es empfiehlt sich, die Rechnung im Komplexen durchzuführen, da die Exponentialfunktion wesentlich einfacher als die trigonometrischen Funktionen (Additionstheoreme!) zu handhaben ist. Man macht deshalb anstelle von (4.78) den komplexen Ansatz:

$$U_e = U_0\, e^{i\omega t}$$

und berechnet damit aus (4.77):

$$I(t) = I_0\, e^{i(\omega t - \varphi)} \,.$$

Natürlich sind physikalische Messgrößen stets reell. Als *physikalisches* Resultat hat man deshalb den Realteil der komplexen Lösung von (4.77) zu interpretieren. Da die Differentialgleichung (4.77) linear ist, werden Real- und Imaginärteile nicht miteinander gemischt. Löst nämlich $I = I_0\, e^{i(\omega t - \varphi)}$ (4.77) für $U_e = U_0\, e^{i\omega t}$, so trifft dieses offensichtlich, da R, L und C reell sind, auch auf $I^*(t)$ für $U_e^*(t)$ zu. Also ist nach dem Superpositionsprinzip

$$\mathrm{Re}\, I(t) = \frac{1}{2}\big(I(t) + I^*(t)\big) = I_0 \cos(\omega t - \varphi)$$

Lösung von (4.77) zu

$$\mathrm{Re}\, U_e(t) = \frac{1}{2}\big(U_e(t) + U_e^*(t)\big) = U_0 \cos \omega t \,.$$

Der komplexen Schreibweise für I und U angepasst, definiert man einen **komplexen Widerstand** Z:

$$Z = \frac{U}{I} = \frac{U_0}{I_0}\,e^{i\varphi} = |Z|\,e^{i\varphi}\,. \tag{4.79}$$

Man benutzt die folgenden Bezeichnungen:

Impedanz: $|Z| = U_0/I_0 = \sqrt{(\operatorname{Re} Z)^2 + (\operatorname{Im} Z)^2}\,,$

Wirkwiderstand: $\operatorname{Re} Z\,,$

Blindwiderstand: $\operatorname{Im} Z\,.$

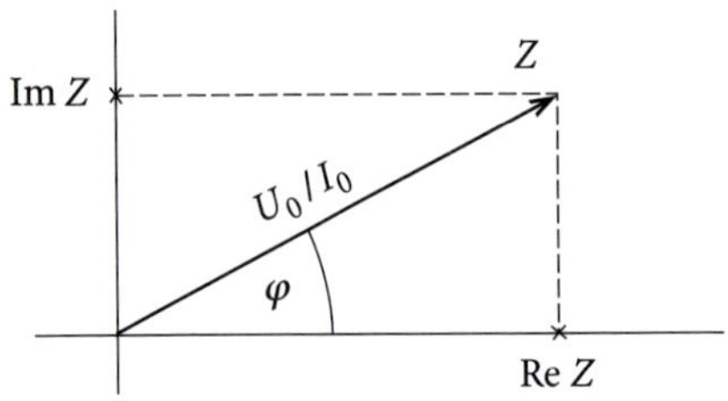

Abb. 4.10. Wirkwiderstand $\operatorname{Re} Z$ und Blindwiderstand $\operatorname{Im} Z$ im Zeigerdiagramm

Man veranschaulicht sich diese Größen im sogenannten **Zeigerdiagramm** (Abb. 4.10). Für die **Phasenverschiebung** φ gilt:

$$\tan\varphi = \frac{\operatorname{Im} Z}{\operatorname{Re} Z}\,.$$

In der Wechselstromtechnik diskutiert man häufig **Effektivwerte** von Strom und Spannung und meint damit die Wurzeln aus den zeitgemittelten Quadraten von U und I, d. h. beispielsweise (τ: Periodendauer):

$$U_{\text{eff}}^2 = \frac{1}{\tau}U_0^2\int\limits_0^\tau \cos^2\omega t\;dt = \qquad (\omega\tau = 2\pi)$$

$$= \frac{U_0^2}{2\pi}\int\limits_0^{2\pi}\cos^2 x\;dx = \frac{U_0^2}{2}\,.$$

Es gilt also:

$$U_{\text{eff}} = \frac{U_0}{\sqrt{2}}\,;\quad I_{\text{eff}} = \frac{I_0}{\sqrt{2}}\,. \tag{4.80}$$

Zur Berechnung der

Leistung im Wechselstromkreis

müssen wir die reellen Ansätze verwenden. Die *momentane* Leistung ergibt sich aus der Lösung von (4.77) zu:

$$P(t) = U(t)\,I(t) = U_0 I_0 \,\cos\omega t\, \cos(\omega t - \varphi)\,. \tag{4.81}$$

Wichtiger ist die zeitgemittelte Leistung $\overline{P(t)}$, für die mit

$$\frac{1}{\tau}\int\limits_0^\tau \mathrm{d}t\, \cos\omega t\, \cos(\omega t - \varphi) = \cos\varphi \frac{1}{\tau}\int\limits_0^\tau \mathrm{d}t\, \cos^2\omega t + \sin\varphi\frac{1}{\tau}\int\limits_0^\tau \mathrm{d}t\,\cos\omega t\,\sin\omega t =$$
$$= \frac{1}{2}\cos\varphi$$

folgt:

$$\overline{P(t)} = \frac{1}{2} U_0 I_0\, \cos\varphi = U_{\mathrm{eff}} I_{\mathrm{eff}} \cos\varphi\,. \tag{4.82}$$

Bevor wir nun daran gehen, die allgemeine Lösung der Differentialgleichung (4.77) aufzusuchen, diskutieren wir noch einige Spezialfälle:

1) Wechselstromkreis mit ohmschem Widerstand

Wegen

$$U_\mathrm{e}(t) = I\,R$$

ist Z rein reell:

$$Z = R = \mathrm{Re}\, Z = |Z|\,.$$

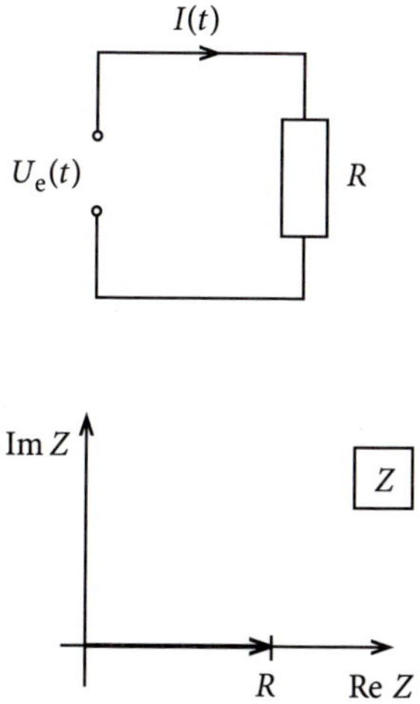

Abb. 4.11. Wechselstromkreis mit ohmschem Widerstand und zugehöriges Zeigerdiagramm

Die Phasenverschiebung zwischen Strom und Spannung ist Null:

$$\varphi = 0 \,. \tag{4.83}$$

Die zeitgemittelte Leistungsaufnahme ist in einem solchen Fall maximal:

$$\overline{P(t)} = \frac{1}{2} U_0 I_0 = U_{\text{eff}} I_{\text{eff}} \,. \tag{4.84}$$

Sie hat in den Effektivwerten dieselbe Struktur wie beim Gleichstrom.

2) Wechselstromkreis mit Induktivität

(4.77) vereinfacht sich zu

$$U_e(t) = U_0 \, e^{i\omega t} = L\dot{I} = i\omega L \, I_0 \, e^{i(\omega t - \varphi)} = i \, \omega L \, I(t) \,.$$

Der komplexe Widerstand ist also rein imaginär und verschwindet für Gleichstrom ($\omega = 0$):

$$Z = i \, \omega L \, ; \qquad |Z| = \omega L \,. \tag{4.85}$$

Der Strom läuft um $\pi/2$ hinter der Spannung her:

$$\varphi = \frac{\pi}{2} \,. \tag{4.86}$$

Wegen $\cos \pi/2 = 0$ ist die zeitgemittelte Leistung Null:

$$\overline{P} = 0 \tag{4.87}$$

(*wattloser Strom*).

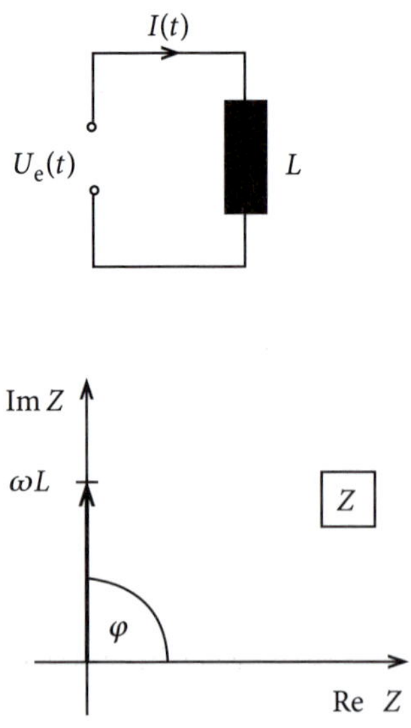

Abb. 4.12. Wechselstromkreis mit Induktivität und zugehöriges Zeigerdiagramm

3) Wechselstromkreis mit Kapazität

(4.77) vereinfacht sich in diesem Fall zu:

$$U_\mathrm{e} = \frac{Q}{C} \iff \dot{U}_\mathrm{e} = \frac{1}{C} I$$

$$\iff \mathrm{i}\omega U_\mathrm{e} = \frac{1}{C} I ,$$

$$U_\mathrm{e}(t) = -\frac{\mathrm{i}}{\omega C} I(t) .$$

Z ist wiederum rein imaginär:

$$Z = -\frac{\mathrm{i}}{\omega C} ; \quad |Z| = \frac{1}{\omega C} . \tag{4.88}$$

In diesem Fall eilt der Strom der Spannung um $\pi/2$ voraus:

$$\varphi = -\frac{\pi}{2} . \tag{4.89}$$

Für Gleichstrom ($\omega = 0$) ist die Impedanz unendlich groß, da dieser über einen Kondensator nicht fließen kann. Die zeitgemittelte Leistung ist wiederum Null!

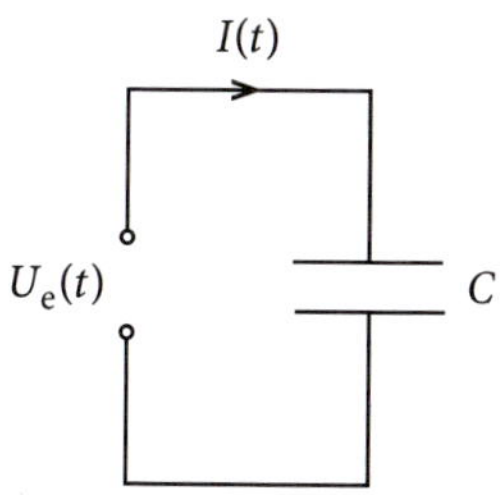

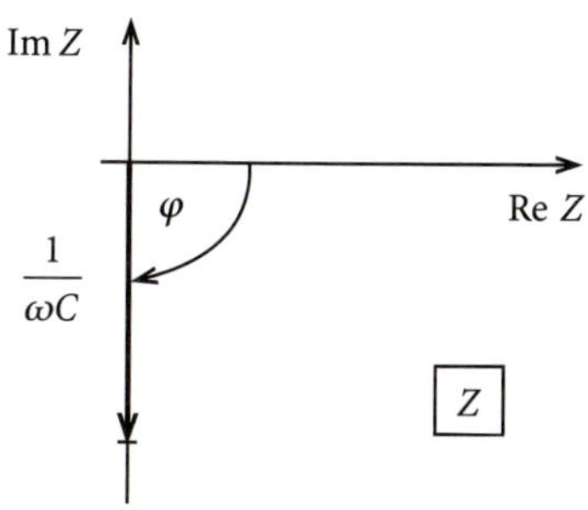

Abb. 4.13. Wechselstromkreis mit Kapazität und zugehöriges Zeigerdiagramm

4) Reihenschaltung von komplexen Widerständen

Durch alle Widerstände fließt derselbe Strom $I(t)$, die Teilspannungen addieren sich:

$$U(t) \stackrel{!}{=} Z\,I(t) = U_1 + U_2 + \ldots + U_n = (Z_1 + Z_2 + \ldots + Z_n) I(t) .$$

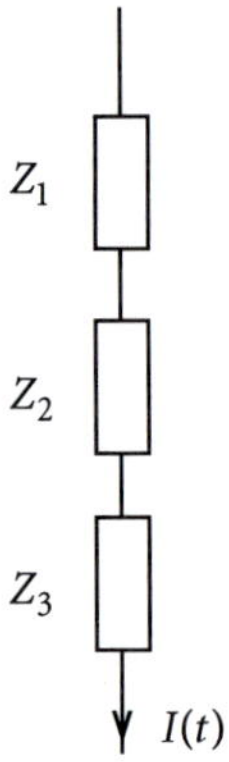

Abb. 4.14. Reihenschaltung von drei komplexen Widerständen

Die Widerstände addieren sich also:

$$Z = Z_1 + Z_2 + \ldots + Z_n \,. \tag{4.90}$$

Beispiel

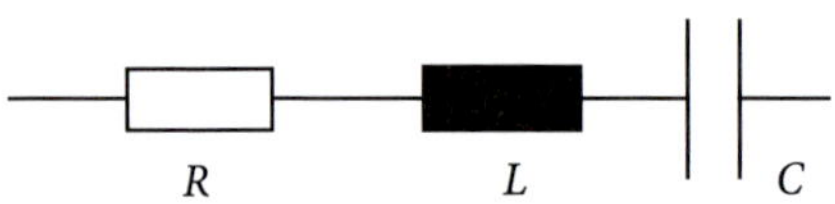

Abb. 4.15. Reihenschaltung eines ohmschen, induktiven und kapazitiven Widerstands

$$Z = Z_R + Z_L + Z_C = R + \mathrm{i}\left(\omega L - \frac{1}{\omega C}\right) \,. \tag{4.91}$$

5) Parallelschaltung von komplexen Widerständen

An allen Widerständen liegt die gleiche Spannung $U(t)$, die Ströme addieren sich ($\operatorname{div} \boldsymbol{j} \approx 0$!):

$$I(t) = \frac{1}{Z} U(t) = I_1 + I_2 + \ldots + I_n = \left(\frac{1}{Z_1} + \frac{1}{Z_2} + \ldots + \frac{1}{Z_n}\right) U(t) \,.$$

Es addieren sich also die komplexen Leitwerte:

$$\frac{1}{Z} = \sum_{i=1}^{n} \frac{1}{Z_i} \,. \tag{4.92}$$

4.2.4 Der Schwingkreis

Abbildung 4.15 unten stellt einen sogenannten **Serienresonanzkreis** dar. Er besteht aus einer *äußeren* Spannungsquelle $U_e(t)$ und in Serie geschaltetem ohmschen Wi-

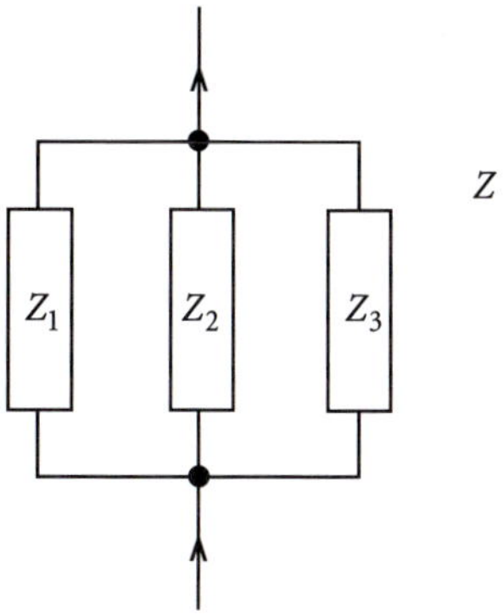

Abb. 4.16. Parallelschaltung dreier komplexer Widerstände

derstand R, Spule L und Kondensator C. Die Spannung $U_e(t)$ sei bekannt. Gesucht ist der Strom $I(t)$ als Lösung der inhomogenen Differentialgleichung zweiter Ordnung (4.77) bzw. (4.75). Die allgemeine Lösung setzt sich zusammen aus der allgemeinen Lösung der zugehörigen homogenen Differentialgleichung und einer speziellen Lösung der inhomogenen Gleichung. Wir diskutieren deshalb in diesem Abschnitt zunächst eine Situation, die der homogenen Differentialgleichung entspricht, d. h. den

Serienresonanzkreis **ohne** *äußere Spannungsquelle,*

für den nach (4.75)

$$L\dot{I} + RI + Q/C = 0\,,$$
$$I = \dot{Q} \tag{4.93}$$

zu lösen ist. Wir denken uns diesen durch die in Abb. 4.17 skizzierte Anordnung realisiert. In der Schalterstellung (1) wird der Kondensator durch die Gleichstromspannungsquelle auf die Spannung U_0 gebracht. Durch Umlegen des Schalters nach (2) wird der Stromkreis kurzgeschlossen und die Spannungsquelle abgekoppelt. Den Zeitverlauf des Stromes $I(t)$ beobachten wir dann z. B. oszillographisch über die an R abfallende Spannung $U_R(t) = R\,I(t)$. Dieser Sachverhalt entspricht den folgenden

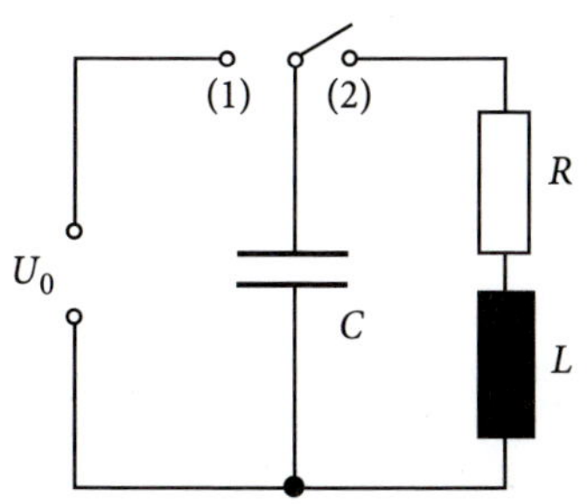

Abb. 4.17. Realisierung eines Serienresonanzkreises ohne Spannungsquelle (Schalterstellung (2))

Anfangsbedingungen, die sich am einfachsten für die am Kondensator abfallende Spannung $U_C(t)$ formulieren lassen:

$$U_C(0) = U_0 \,,$$

$$\dot{U}_C(0) = \frac{1}{C}\dot{Q} = \frac{1}{C}I(0) = 0 \,. \tag{4.94}$$

Wir schreiben deshalb auch die Differentialgleichung (4.93) auf U_C um ($I(t) = \dot{Q}(t) = C\dot{U}_C(t)$):

$$L\,C\ddot{U}_C + R\,C\dot{U}_C + U_C = 0 \,.$$

Mit den Definitionen

$$2\beta = \frac{R}{L}\,; \quad \textbf{Dämpfung}\,,$$

$$\omega_0^2 = \frac{1}{L\,C}\,; \quad \textbf{Eigenfrequenz} \tag{4.95}$$

wird daraus eine Differentialgleichung,

$$\ddot{U}_C + 2\beta\,\dot{U}_C + \omega_0^2\,U_C = 0 \,, \tag{4.96}$$

die formal identisch mit der Bewegungsgleichung ((2.170), Bd. 1) des freien, gedämpften, linearen harmonischen Oszillators ist. Wir kennen deshalb bereits den Lösungsweg. Startpunkt ist der komplexe Ansatz:

$$U_C \sim \mathrm{e}^{\mathrm{i}\overline{\omega}t} \,, \tag{4.97}$$

mit dem (4.96) übergeht in:

$$-\overline{\omega}^2 + 2\mathrm{i}\beta\overline{\omega} + \omega_0^2 = 0 \,.$$

Diese Gleichung wird gelöst durch:

$$\mathrm{i}\,\overline{\omega}_{1,2} = -\beta \pm \mathrm{i}\,\omega \,,$$

$$\omega = \sqrt{\omega_0^2 - \beta^2} = \sqrt{\frac{1}{L\,C} - \frac{R^2}{4L^2}} \,. \tag{4.98}$$

Damit lautet die **allgemeine Lösung** der Differentialgleichung (4.96):

$$U_C(t) = \mathrm{e}^{-\beta t}\left(U_0^{(1)}\,\mathrm{e}^{\mathrm{i}\omega t} + U_0^{(2)}\,\mathrm{e}^{-\mathrm{i}\omega t}\right) \,. \tag{4.99}$$

Wir wollen sie mithilfe der Anfangsbedingungen (4.94) weiter auswerten:

$$U_0^{(1)} = \frac{1}{2}U_0\left(1 - \mathrm{i}\,\frac{\beta}{\omega}\right) \,,$$

$$U_0^{(2)} = \frac{1}{2}U_0\left(1 + \mathrm{i}\,\frac{\beta}{\omega}\right) \,. \tag{4.100}$$

An der Frequenz ω (reell, imaginär oder Null) lassen sich wie beim harmonischen Oszillator drei Lösungstypen erkennen:

1) Schwache Dämpfung (Schwingfall)

Von dieser spricht man, falls

$$\beta^2 < \omega_0^2 \iff R^2 < 4\,\frac{L}{C} \tag{4.101}$$

erfüllt ist. Die Frequenz ω ist dann reell und (4.99) und (4.100) lassen sich kombinieren zu

$$U_C(t) = U_0\,\frac{\omega_0}{\omega}\,\mathrm{e}^{-\beta t}\,\sin(\omega t + \varphi)\;, \tag{4.102}$$

wobei für die Phase

$$\sin\varphi = \frac{\omega}{\omega_0}\;; \qquad \cos\varphi = \frac{\beta}{\omega_0} \tag{4.103}$$

gelten muss (vgl. (2.178), Bd. 1). Die Spannung am Kondensator vollzieht eine gedämpfte Schwingung mit exponentiell abklingender Amplitude:

$$A = U_0\,\frac{\omega_0}{\omega}\,\mathrm{e}^{-\beta t} = A(t)\;.$$

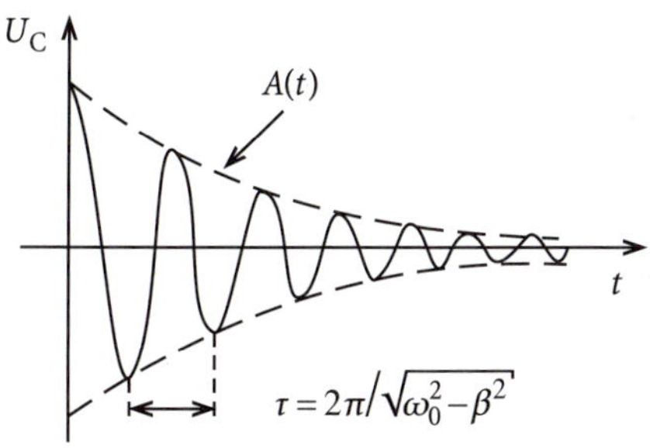

Abb. 4.18. Zeitabhängigkeit der am Kondensator eines Serienresonanzkreises abfallenden Spannung im Fall schwacher Dämpfung

Durch zeitliches Differenzieren in (4.102) erhalten wir den uns eigentlich interessierenden Strom im Schwingkreis:

$$I(t) = C\,\dot{U}_C(t) = -\frac{U_0}{\omega L}\,\mathrm{e}^{-\beta t}\,\sin(\omega t)\;. \tag{4.104}$$

Dieser ist natürlich ebenfalls exponentiell gedämpft, wobei die Dämpfung mit R zu und mit L abnimmt.

Bei sehr schwacher Dämpfung $\beta \ll \omega_0 (R \approx 0)$ vereinfacht sich obige Lösung zu:

$$\omega \approx \omega_0 \; ; \quad \varphi \approx \frac{\pi}{2} \, ,$$

$$U_C(t) \approx U_0 \mathrm{e}^{-\beta t} \sin\left(\omega_0 t + \frac{\pi}{2}\right) \, ,$$

$$I(t) \approx U_0 \sqrt{\frac{C}{L}} \, \mathrm{e}^{-\beta t} \sin(\omega_0 t + \pi) \, .$$

Der Strom läuft also der Spannung um etwa $\pi/2$ voraus. Die Oszillatoren, die $U_C(t)$ und $I(t)$ durchführen, bewirken einen dauernden Austausch zwischen elektrischer Feldenergie W_e (Kondensator!) und magnetischer Feldenergie W_m (Spule!):

$$W_\mathrm{e} = \frac{1}{2} C \, U_C^2 \sim \mathrm{e}^{-2\beta t} \cos^2 \omega_0 t \, ,$$

$$W_\mathrm{m} = \frac{1}{2} L \, I^2 \sim \mathrm{e}^{-2\beta t} \sin^2 \omega_0 t \, ,$$

$t = 0$: $I = 0, U_C$ maximal $\Rightarrow W_\mathrm{m} = 0$, nur $W_\mathrm{e} \neq 0$,

$t = \tau_0/4$: $U_C = 0, I$ maximal $\Rightarrow W_\mathrm{e} = 0$, nur $W_\mathrm{m} \neq 0$,

$t = \tau_0/2$: $I = 0, U_C$ maximal (Kondensator, aber entgegengesetzt zum Fall $t = 0$ aufgeladen) $\Rightarrow W_\mathrm{m} = 0$, nur $W_\mathrm{e} \neq 0$,

$t = (3/4)\tau_0$: $U_C = 0, I$ maximal (dem Strom bei $\tau_0/4$ aber entgegengerichtet) $\Rightarrow W_\mathrm{e} = 0$, nur $W_\mathrm{m} \neq 0$.

Der ohmsche Widerstand R (*Verbraucher*) sorgt für Energiedissipation. Über ihn wird Feldenergie in joulesche Wärme umgewandelt:

$$\frac{\mathrm{d}}{\mathrm{d}t} W_\mathrm{Feld}(t) = \frac{\mathrm{d}}{\mathrm{d}t} \left(\frac{1}{2} C \, U_C^2 + \frac{1}{2} L \, I^2 \right) = C \, U_C \dot{U}_C + L \, I \, \dot{I} =$$

$$\stackrel{(4.93)}{=} U_C I + I(-R\,I - U_C) = -R\,I^2 \, . \qquad (4.105)$$

Dies ist nach (3.12) bzw. (3.13) die Verlustleistung, die sich als joulesche Wärme manifestiert.

2) Kritische Dämpfung (aperiodischer Grenzfall)

Es gibt einen interessanten Grenzfall:

$$\beta^2 = \omega_0^2 \iff \omega = 0 \iff R^2 = 4 \frac{L}{C} \, . \qquad (4.106)$$

In diesem Fall sind die beiden Wurzeln $\overline{\omega}_{1,2}$ in (4.98) identisch. Wir können allerdings nun nicht einfach (4.99) mit $\omega = 0$ übernehmen, da diese Lösung dann nur einen unabhängigen Parameter enthalten würde:

$$U_C(t) = \alpha \, e^{-\beta t} .$$

Dies wäre lediglich eine spezielle und nicht die allgemeine Lösung. Zu dieser können wir jedoch kommen, wenn wir diese spezielle Lösung mit

$$\alpha = \alpha(t)$$

als Ansatz verwenden (vgl. (2.182), Bd. 1). Mit (4.106) führt dieser dann über (4.96) zu

$$\ddot{\alpha}(t) = 0 \iff \alpha(t) = a_1 + a_2 t ,$$

wobei wir die beiden unabhängigen Parameter a_1 und a_2 den Randbedingungen (4.94) anpassen:

$$U_C(t) = U_0(1 + \beta t) \, e^{-\beta t} . \tag{4.107}$$

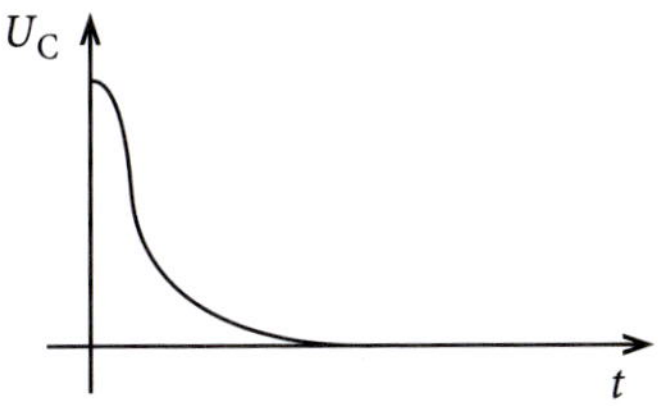

Abb. 4.19. Zeitabhängigkeit der am Kondensator eines Serienresonanzkreises abfallenden Spannung im Fall kritischer Dämpfung

Die Spannung am Kondensator führt nun keine Schwingung mehr aus, sondern wird sehr rasch ohne weiteren Nulldurchgang exponentiell gedämpft. Ganz ähnlich verhält sich natürlich auch die Stromstärke $I(t)$:

$$I(t) = -\beta^2 C \, U_0 \cdot t \, e^{-\beta t} . \tag{4.108}$$

3) Starke Dämpfung (Kriechfall)

Gemeint ist nun

$$\beta^2 > \omega_0^2 \iff R^2 > 4\,\frac{L}{C} . \tag{4.109}$$

Die Frequenz ω (4.98) ist jetzt rein imaginär:

$$\omega = i\,\gamma \, ; \quad \gamma = \sqrt{\beta^2 - \omega_0^2} . \tag{4.110}$$

Dies bedeutet zunächst mit (4.99):

$$U_C(t) = \mathrm{e}^{-\beta t}\left(U_0^{(1)}\,\mathrm{e}^{-\gamma t} + U_0^{(2)}\,\mathrm{e}^{\gamma t}\right) , \tag{4.111}$$

wobei nach (4.100) für die Koeffizienten gilt:

$$U_0^{(1)} = \frac{U_0}{2}\left(1-\frac{\beta}{\gamma}\right) ; \quad U_0^{(2)} = \frac{U_0}{2}\left(1+\frac{\beta}{\gamma}\right) . \tag{4.112}$$

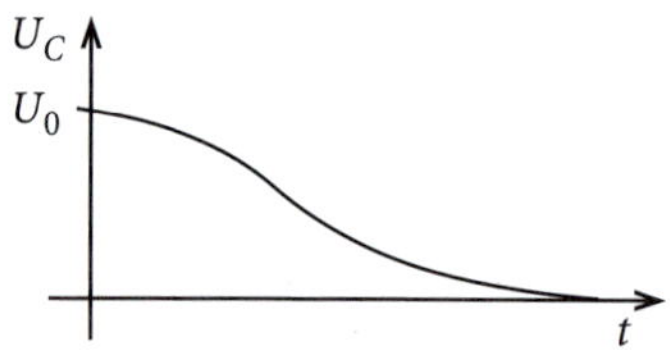

Abb. 4.20. Zeitabhängigkeit der am Kondensator eines Serienresonanzkreises abfallenden Spannung im Fall starker Dämpfung

Die Spannung $U_C(t)$ führt auch in diesem Fall keine Schwingung mehr aus, ist vielmehr mit einer Zeitkonstanten

$$\tau = \frac{1}{\beta-\gamma} ,$$

die größer ist als beim aperiodischen Grenzfall (dort $\tau = 1/\beta$), exponentiell gedämpft. – Die Spannung U_C am Kondensator baut sich also nach Kurzschluss des Schwingkreises im aperiodischen Grenzfall am schnellsten ab.

4.2.5 Resonanz

Der Schwingungsvorgang, den der Strom $I(t)$ in dem im letzten Abschnitt besprochenen Schwingkreis ausführt, ist wegen des ohmschen Widerstandes R ($\Rightarrow$ *Reibung*) exponentiell gedämpft. Soll der Schwingungsvorgang aufrechterhalten werden, so muss eine zusätzliche äußere, periodische Spannung angelegt werden. Aus den in Abschn. 4.2.3 erläuterten Gründen machen wir für diese einen komplexen Ansatz:

$$U_e(t) = U_0\,\mathrm{e}^{\mathrm{i}\overline{\omega}t}$$

und berechnen mit (4.77) den elektrischen Strom. Nach einer gewissen *Einschwingzeit*, auf die wir hier nicht näher eingehen wollen, wird der Strom $I(t)$ im Serienresonanzkreis der *erregenden* Spannung folgen, d. h. mit derselben Frequenz $\overline{\omega}$ schwingen. Wir wählen deshalb den Ansatz:

$$I(t) = I_0\,\mathrm{e}^{\mathrm{i}(\overline{\omega}t-\varphi)} .$$

Wir versuchen also nicht, die volle inhomogene Differentialgleichung zweiter Ordnung (4.77) zu lösen, sondern vereinfachen das Problem durch die Annahme, dass der Einschwingvorgang abgeschlossen ist. Einsetzen in (4.77) liefert dann eine Bestimmungsgleichung für die Amplitude I_0:

$$I_0\left(-L\overline{\omega}^2 + \mathrm{i}R\overline{\omega} + \frac{1}{C}\right) = \mathrm{i}\overline{\omega}U_0\,\mathrm{e}^{\mathrm{i}\varphi}$$

$$\Rightarrow\quad I_0\left[R + \mathrm{i}\left(\overline{\omega}L - \frac{1}{\overline{\omega}C}\right)\right] = U_0\,\mathrm{e}^{\mathrm{i}\varphi}\,.$$

Für den komplexen Widerstand (4.79) lesen wir, nicht unerwartet, den Ausdruck (4.91) ab:

$$Z = \frac{U_e(t)}{I(t)} = \frac{U_0}{I_0}\,\mathrm{e}^{\mathrm{i}\varphi} = R + \mathrm{i}\left(\overline{\omega}L - \frac{1}{\overline{\omega}C}\right)\,. \tag{4.113}$$

Die Stromamplitude I_0 wird damit eine Funktion der Frequenz $\overline{\omega}$ der angelegten Spannung

$$I_0 = \frac{U_0}{|Z|} = \frac{U_0}{\sqrt{R^2 + \left(\overline{\omega}L - 1/\overline{\omega}C\right)^2}}\,. \tag{4.114}$$

Es gibt eine ausgezeichnete Frequenz, nämlich die sogenannte **Resonanzfrequenz**

$$\overline{\omega}_R = \omega_0 = \frac{1}{\sqrt{LC}}\,, \tag{4.115}$$

bei der die Stromamplitude maximal wird:

$$I_0(\overline{\omega} = \omega_0) = \frac{U_0}{R}\,.$$

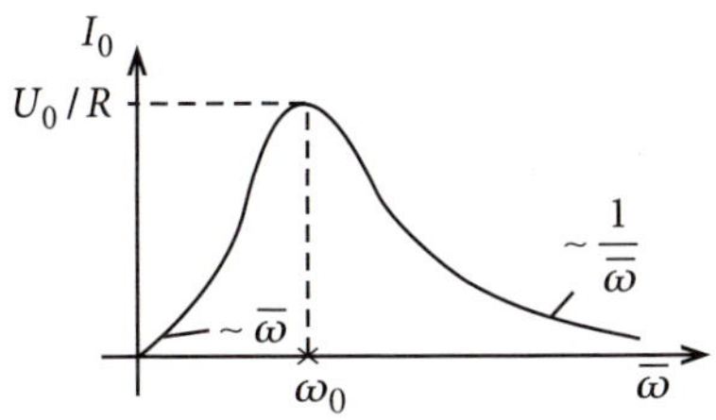

Abb. 4.21. Frequenzabhängigkeit der Stromamplitude im Schwingkreis mit Spannungsquelle

Die Resonanzfrequenz entspricht nach (4.95) der Eigenfrequenz des Schwingkreises.

Strom und Spannung oszillieren zwar mit derselben Frequenz $\overline{\omega}$, sind gegeneinander jedoch um den Winkel φ phasenverschoben:

$$\tan\varphi = \frac{\operatorname{Im} Z}{\operatorname{Re} Z} = \frac{\overline{\omega}L - 1/\overline{\omega}C}{R}\,.$$

In der Resonanz ist die Phasenverschiebung Null:

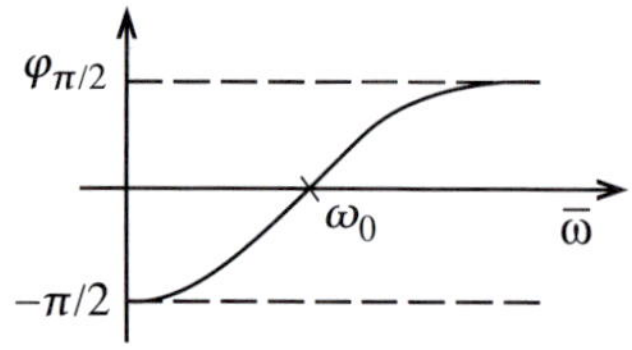

Abb. 4.22. Frequenzabhängigkeit der Phasenverschiebung zwischen Strom und Spannung im Schwingkreis mit Spannungsquelle

$$\overline{\omega}L \overset{>}{\longrightarrow} \frac{1}{\overline{\omega}C}\,; \quad \tan\varphi \overset{>}{\longrightarrow} 0\,,$$

$$\overline{\omega}L \overset{<}{\longrightarrow} \frac{1}{\overline{\omega}C}\,; \quad \tan\varphi \overset{<}{\longrightarrow} 0\,.$$

Für die gemittelte *Leistungsaufnahme* $\overline{P}$ des Resonanzkreises gilt nach (4.82):

$$\overline{P} = \frac{1}{2}U_0 I_0 \cos\varphi = \frac{1}{2}U_0 I_0 \frac{R}{|Z|} = \frac{(1/2)U_0^2 R}{R^2 + \left(\overline{\omega}L - 1/\overline{\omega}C\right)^2}\,. \tag{4.116}$$

$\overline{P}$ ist also ebenfalls frequenzabhängig mit einem Maximum in der Resonanz $\overline{\omega}_R = \omega_0$:

$$\overline{P}_{\max} = \overline{P}(\overline{\omega} = \omega_0) = \frac{1}{2}\frac{U_0^2}{R}\,. \tag{4.117}$$

Unter Resonanz versteht man streng genommen eben diese Tatsache, dass es eine Frequenz mit maximaler Leistungsaufnahme gibt.

Die Frequenzen $\overline{\omega}_{1,2}$, bei denen $\overline{P}$ nur noch die Hälfte des Maximalwertes beträgt,

$$\overline{P}\left(\overline{\omega} = \overline{\omega}_{1,2}\right) \overset{!}{=} \frac{1}{2}\overline{P}_{\max}\,; \quad \overline{\omega}_{1,2} = \mp\frac{R}{2L} + \sqrt{\omega_0^2 + \frac{R^2}{4L^2}}\,,$$

definieren die **Resonanz-** oder **Halbwertsbreite:**

$$\Delta\omega_{1,2} = \overline{\omega}_2 - \overline{\omega}_1 = \frac{R}{L}(= 2\beta)\,. \tag{4.118}$$

Die Resonanzkurve ist also umso schärfer, je kleiner die *Dämpfung* des Kreises ist. Bei sehr schwacher Dämpfung wird praktisch nur im Intervall

$$\Delta\overline{\omega} = \omega_0 \pm \frac{R}{2L}$$

Leistung aufgenommen. Durch Veränderung von $\omega_0 = 1/\sqrt{LC}$, z. B. mithilfe einer variablen Kondensatorkapazität, lässt sich so aus einem Gemisch von Wechselspannungen verschiedener Frequenz ein definierter Frequenzbereich herausfiltern. Auf diese Weise passt man ein Rundfunkgerät einem bestimmten Sender an.

4.2.6 Schaltvorgänge

Wir wollen zum Schluss als ein einfaches Anwendungsbeispiel den Auf- und Abbau eines Gleichstromes in einem RL-Kreis diskutieren.

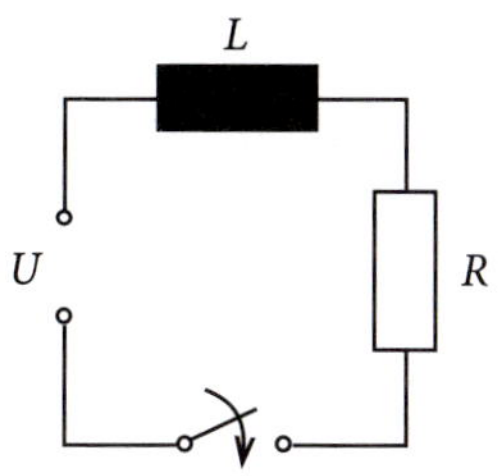

Abb. 4.23. Schematischer Aufbau zur Untersuchung des Einschaltvorgangs in einem RL-Kreis

Zur Zeit $t = t_0$ wird durch Umlegen des Schalters die Gleichspannung

$$U = \text{const}$$

eingeschaltet. Nach (4.75) befolgt der dann einsetzende Strom die folgende Differentialgleichung:

$$L\dot{I} + RI = U = \text{const}\,, \quad \text{falls } t \geq t_0\,. \tag{4.119}$$

Die allgemeine Lösung der zugehörigen homogenen Gleichung lautet:

$$I_{\text{hom}}(t) = A\,\mathrm{e}^{-(R/L)t}\,.$$

Eine spezielle Lösung der inhomogenen Differentialgleichung liest man direkt an (4.119) ab:

$$I_S = \frac{U}{R}\,.$$

Man kann diese natürlich auch *physikalisch erraten*. Der nach dem Einschaltvorgang sich letztlich einstellende Gleichstrom muss natürlich ebenfalls (4.119) lösen und das ohmsche Gesetz erfüllen.

Die allgemeine Lösung der homogenen und eine spezielle Lösung der inhomogenen Differentialgleichung bilden die allgemeine Lösung der inhomogenen Gleichung:

$$I(t) = \frac{U}{R} + A\,\mathrm{e}^{-(R/L)t}\,.$$

Die Anfangsbedingung $I(t = t_0) = 0$ legt A fest:

$$I(t) = \frac{U}{R}\left(1 - \mathrm{e}^{-(R/L)(t-t_0)}\right) \quad (t \geq t_0)\,. \tag{4.120}$$

Streng genommen erreicht der Strom erst für $t \to \infty$ seinen Sättigungswert

$$I_\infty = \frac{U}{R}\,.$$

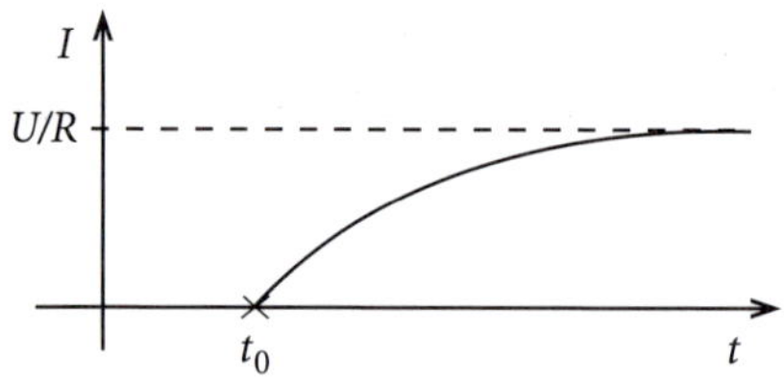

Abb. 4.24. Zeitabhängigkeit der Stromstärke in einem RL-Kreis, wenn die Spannung U bei $t = t_0$ durch Umlegen eines Schalters eingeschaltet wird

Der Einschaltvorgang ist charakterisiert durch die

Zeitkonstante $\tau = L/R$.

Er ist umso langwieriger, je kleiner R und je größer L ist. Letztlich verhindert die Selbstinduktivität L, dass der Strom *momentan* seine volle Stärke erreicht.

Die Energie, die der Gleichstromquelle entnommen wird, wird nicht nur in joulesche Wärme umgewandelt, sondern zu einem Teil auch zum Aufbau des Magnetfeldes in der Spule verwendet. Dies erkennt man, wenn man (4.119) mit I multipliziert und von t_0 bis $t > t_0$ integriert:

$$U \int_{t_0}^{t} I(t')\,\mathrm{d}t' = \frac{1}{2} L\, I^2(t) + R \int_{t_0}^{t} I^2(t')\,\mathrm{d}t' \,. \tag{4.121}$$

Die linke Seite ist die Energie aus der Quelle. Der erste Term auf der rechten Seite ist die Energie, die zum Aufbau des Magnetfeldes benötigt wird, und der zweite Summand die in dem Verbraucher entwickelte joulesche Wärme.

Wir untersuchen schließlich noch den analogen **Ausschaltvorgang**. Mit der Randbedingung

$$I(t) = \frac{U}{R} \quad \text{für} \quad t \leq t_1$$

ist dazu die homogene Differentialgleichung

$$\dot{I}(t) + \frac{R}{L} I(t) = 0 \tag{4.122}$$

zu lösen, was offensichtlich mit

$$I(t) = \frac{U}{R}\, \mathrm{e}^{-(R/L)(t-t_1)} \quad (t \geq t_1) \tag{4.123}$$

gelingt.

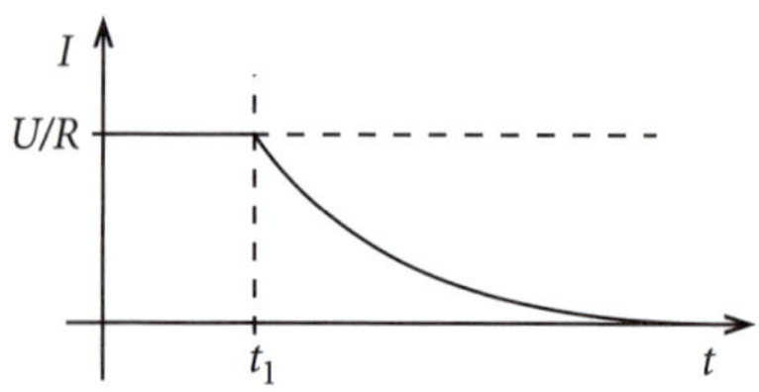

Abb. 4.25. Zeitabhängigkeit der Stromstärke in einem RL-Kreis, wenn die Spannungsquelle zur Zeit $t = t_1$ abgeschaltet wird

Der Strom verschwindet nach Abschalten der Spannungsquelle also nicht unmittelbar, sondern nimmt exponentiell mit derselben Zeitkonstante wie beim Einschaltvorgang ab.

4.2.7 Aufgaben

Aufgabe 4.2.1

4.2.1

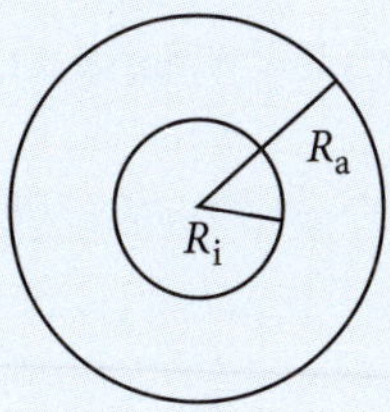

Abb. 4.26. Schematische Darstellung eines Hohlrohrleiters

Gegeben sei ein Hohlrohrleiter mit Innenradius R_i und Außenradius R_a (Abb. 4.26). Im inneren Hohlrohr fließe der Strom I, im äußeren ein entgegengesetzt gleich großer Strom $-I$.

1. Berechnen Sie die magnetische Induktion im ganzen Raum.
2. Bestimmen Sie die Selbstinduktivität pro Längeneinheit.

Aufgabe 4.2.2

4.2.2

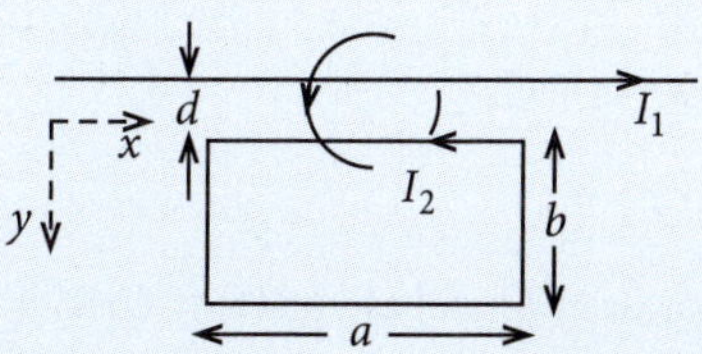

Abb. 4.27. Rechteckige Leiterschleife im Einflussbereich des Magnetfeldes eines stromdurchflossenen dünnen Leiters

Eine rechteckige Leiterschleife (Länge a, Breite b), in der ein Strom I_2 fließt, befindet sich im Magnetfeld eines dünnen, vom Strom I_1 durchflossenen Drahtes (Abb. 4.27).

1. Berechnen Sie den Gegeninduktionskoeffizienten L_{12}.
2. Welche Kraft wird vom Strom I_1 auf die Leiterschleife ausgeübt?

4.2.3

Aufgabe 4.2.3

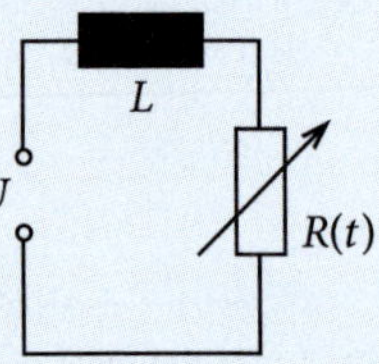

Abb. 4.28. *RL*-Kreis mit zeitlich variablem ohmschen Widerstand

Betrachten Sie den abgebildeten *RL*-Kreis, wobei der ohmsche Widerstand $R = R(t)$ zeitabhängig sein soll.

1. **Einschaltvorgang :** τ sei die Dauer des Einschaltprozesses. Er beginne zur Zeit $t = 0$. Für den Widerstand R gelte:

$$R(t) = \begin{cases} \infty & \text{für } t < 0\,, \\ R_0\tau/t & \text{für } 0 \leq t \leq \tau\,, \\ R_0 & \text{für } \tau \leq t\,. \end{cases}$$

   Berechnen Sie den Strom $I(t)$ für $t \geq 0$. Was ist die Bedingung für schnelles bzw. langsames Einschalten?

2. **Ausschaltvorgang:** Dieser beginne ebenfalls bei $t = 0$ und sei bei $t = \tau$ beendet.

$$R(t) = \begin{cases} R_0 & \text{für } t \leq 0\,, \\ R_0\frac{\tau}{\tau - t} & \text{für } 0 \leq t < \tau\,, \\ \infty & \text{für } \tau < t\,. \end{cases}$$

   Berechnen Sie $I(t)$ für $0 \leq t < \tau$, wobei vor dem Ausschalten $I(t) = U/R_0 =$ const sein soll.

Aufgabe 4.2.4

4.2.4

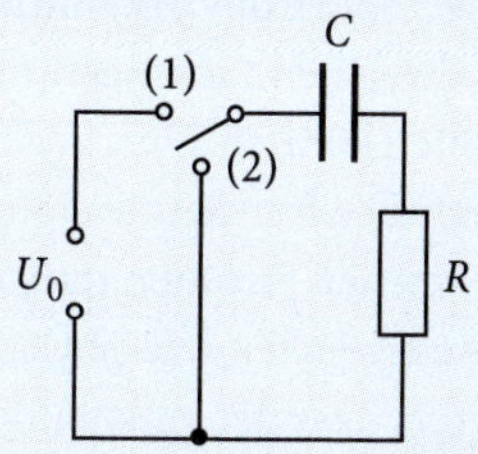

Abb. 4.29. *RC*-Kreis mit Schalter zum Ab- und Ankoppeln einer Spannungsquelle

Gegeben sei ein Schaltkreis, bestehend aus einer Gleichstromspannungsquelle U_0, einem ohmschen Widerstand R und einer Kapazität C.

1. Zur Zeit $t = t_0$ wird eine Gleichspannung U_0 eingeschaltet (Schalterstellung (1)). Berechnen Sie die Spannungen U_C am Kondensator und U_R am ohmschen Widerstand sowie den Strom I als Funktionen der Zeit t.
2. Zur Zeit $t = t_1$ $\left(U_C(t_1) = U_0\right)$ werde die Spannungsquelle abgekoppelt, der Kreis kurzgeschlossen (Schalterstellung (2)). Berechnen Sie wiederum $U_C(t)$, $U_R(t)$, $I(t)$.

Aufgabe 4.2.5

4.2.5

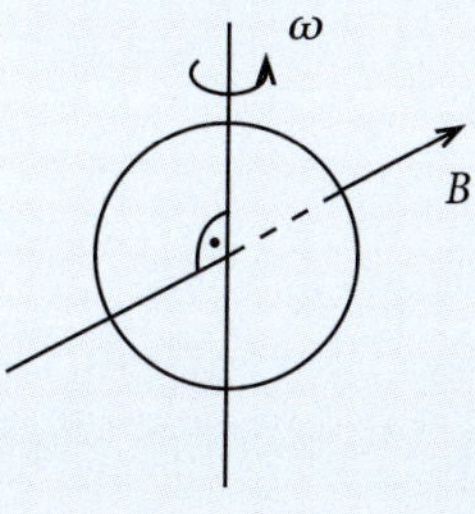

Abb. 4.30. Mit der Frequenz ω rotierender Drahtring im Feld homogener magnetischer Induktion

Ein Kreisring vom Radius R rotiere mit konstanter Winkelgeschwindigkeit ω um einen Durchmesser. Senkrecht zur Drehachse herrsche eine homogene, magnetische Induktion $\boldsymbol{B}$.

1. Berechnen Sie die im Ring erzeugte Induktionsspannung als Funktion der Zeit.
2. Der Ring bestehe aus einem Metalldraht der Leitfähigkeit σ. Welcher Strom $I(t)$ fließt durch den Ring, wenn man annimmt, dass er homogen über den Querschnitt A verteilt sei?

4.3

4.3 Elektromagnetische Wellen

Zu den bedeutendsten Erfolgen der maxwellschen Theorie gehört die Erkenntnis, dass sich elektromagnetische Felder unabhängig von irgendwelchen Ladungen und Strömen selbst im Vakuum mit Lichtgeschwindigkeit ausbreiten können. Dies bedeutet nämlich, dass die Felder nicht nur mathematische Hilfsgrößen zur Beschreibung von Wechselwirkungsprozeßen zwischen Ladungen bzw. zwischen Strömen darstellen – so hatten wir sie ja zunächst eingeführt –, sondern eine eigenständige physikalische Realität besitzen. Bewiesen wird diese Tatsache dadurch, dass der vollständige Satz der Maxwell-Gleichungen Lösungen für die Felder $\boldsymbol{E}$ und $\boldsymbol{B}$ aufweist, die vom Typ her sich im ganzen Raum ausbreitenden Wellen entsprechen. – Auf die große technische Bedeutung, die die Entdeckung der elektromagnetischen Wellen erlangt hat, braucht nicht gesondert hingewiesen zu werden.

4.3.1 Homogene Wellengleichung

Um die nicht-stationären Vorgänge zunächst in einem möglichst einfachen Rahmen zu studieren, schließen wir vorerst elektrische Leiter aus und untersuchen die **elektromagnetischen Felder in einem ungeladenen Isolator** (z. B. Vakuum):

$$\varrho_{\mathrm{f}} \equiv 0 \, , \quad j_{\mathrm{f}} \equiv 0 \, , \quad \sigma = 0 \, . \tag{4.124}$$

Ferner setzen wir, wie üblich, ein lineares, homogenes Medium voraus:

$$\boldsymbol{B} = \mu_{\mathrm{r}}\mu_0 \boldsymbol{H} \, ; \quad \boldsymbol{D} = \varepsilon_{\mathrm{r}}\varepsilon_0 \boldsymbol{E} \, .$$

Für diese Situation lauten die **Maxwell-Gleichungen:**

$$\begin{aligned} \operatorname{div} \boldsymbol{E} &= 0 \, ; \quad & \operatorname{div} \boldsymbol{B} &= 0 \, , \\ \operatorname{rot} \boldsymbol{E} &= -\dot{\boldsymbol{B}} \, ; \quad & \operatorname{rot} \boldsymbol{B} &= \varepsilon_{\mathrm{r}}\varepsilon_0\mu_{\mathrm{r}}\mu_0 \dot{\boldsymbol{E}} \, . \end{aligned} \tag{4.125}$$

Der Verschiebungsstrom ist nun nicht mehr vernachlässigbar; wir gehen also über die quasistationäre Näherung hinaus.

(4.125) stellt ein gekoppeltes System von linearen, partiellen, **homogenen** Differentialgleichungen erster Ordnung für die Felder $\boldsymbol{E}$ und $\boldsymbol{B}$ dar. Wir werden sehen, dass sich das System exakt entkoppeln lässt, sodass wir in diesem Fall nicht auf die Hilfsgrößen φ und $\boldsymbol{A}$ zurückgreifen müssen.

Aus (4.125) erhalten wir durch nochmalige Anwendung der Rotation auf die Gleichungen der zweiten Zeile:

$$\operatorname{rot}\operatorname{rot} \boldsymbol{E} = \operatorname{grad} \underbrace{(\operatorname{div} \boldsymbol{E})}_{=0} - \Delta \boldsymbol{E} = -\operatorname{rot} \dot{\boldsymbol{B}} = -\varepsilon_{\mathrm{r}}\varepsilon_0\mu_{\mathrm{r}}\mu_0 \ddot{\boldsymbol{E}}; \, ,$$

$$\operatorname{rot}\operatorname{rot} \boldsymbol{B} = \operatorname{grad} \underbrace{(\operatorname{div} \boldsymbol{B})}_{=0} - \Delta \boldsymbol{B} = \varepsilon_{\mathrm{r}}\varepsilon_0\mu_{\mathrm{r}}\mu_0 \operatorname{rot} \dot{\boldsymbol{E}} = -\varepsilon_{\mathrm{r}}\varepsilon_0\mu_{\mathrm{r}}\mu_0 \ddot{\boldsymbol{B}} \, .$$

Die Konstante

$$u = \frac{1}{\sqrt{\varepsilon_r \varepsilon_0 \mu_r \mu_0}} = \frac{c}{\sqrt{\varepsilon_r \mu_r}} = \frac{c}{n} \tag{4.126}$$

hat die Dimension einer Geschwindigkeit. Man nennt

$$n = \sqrt{\varepsilon_r \mu_r} \tag{4.127}$$

den **Brechungsindex** des durch ε_r, μ_r gekennzeichneten Mediums. u wird sich als die Geschwindigkeit des Lichtes in diesem Medium herausstellen.

Unter der Voraussetzung (4.124) erfüllt also jede Komponente von $\boldsymbol{E}$ bzw. $\boldsymbol{B}$, so wie im Übrigen auch jede Komponente des Vektorpotentials $\boldsymbol{A}(\boldsymbol{r}, t)$ (in beiden Eichungen!) und das skalare Potential $\varphi(\boldsymbol{r}, t)$ (in der Lorentz-Eichung!), die

homogene Wellengleichung

$$\Box\, \psi(\boldsymbol{r}, t) = 0 \,. \tag{4.128}$$

Dabei ist der *d'Alembert-Operator* $\Box$ wie in (4.30) definiert, wenn man nur die Vakuum-Lichtgeschwindigkeit $c = (\varepsilon_0 \mu_0)^{-1/2}$ durch die im Medium ersetzt:

$$\Box \equiv \Delta - \frac{1}{u^2} \frac{\partial^2}{\partial t^2} \,. \tag{4.129}$$

Als Differentialgleichung ist (4.128) von ähnlich fundamentaler Bedeutung wie die Laplace-Gleichung der Elektrostatik. Wir werden diese lineare, partielle, homogene Differentialgleichung zweiter Ordnung ausgiebig zu untersuchen haben.

Man beachte, dass die Wellengleichung (4.128) durch rot-*Bildung* aus den Maxwell-Gleichungen hervorgegangen ist. Ihre Lösungsmenge braucht deshalb nicht unbedingt mit der der Maxwell-Gleichungen identisch zu sein. Für uns sind aber nur die Lösungen der für $\boldsymbol{E}$ und $\boldsymbol{B}$ entkoppelten Wellengleichungen interessant, die simultan die von den Maxwell-Gleichungen geforderten Kopplungen zwischen $\boldsymbol{E}$ und $\boldsymbol{B}$ reproduzieren.

4.3.2 Ebene Wellen

Die homogene Wellengleichung (4.128) wird offenbar von jeder Funktion der Form

$$\psi(\boldsymbol{r}, t) = f_-(\boldsymbol{k} \cdot \boldsymbol{r} - \omega t) + f_+(\boldsymbol{k} \cdot \boldsymbol{r} + \omega t) \tag{4.130}$$

gelöst, wobei f_- und f_+ hinreichend oft differenzierbare, ansonsten aber beliebige Funktionen der **Phase**

$$\varphi_{\mp}(\boldsymbol{r}, t) = \boldsymbol{k} \cdot \boldsymbol{r} \mp \omega t \tag{4.131}$$

sind. Wir können daher o.B.d.A. $\omega \geq 0$ annehmen, da durch den Ansatz (4.130) bereits beide Vorzeichen impliziert sind. (4.130) ist allerdings nur dann Lösung, wenn zwischen ω und k eine bestimmte Relation erfüllt ist, die wir durch Einsetzen in die Wellengleichung leicht finden:

$$\Delta\psi = k^2\psi'' \; ; \quad \frac{\partial^2}{\partial t^2}\psi = \omega^2\psi'' \, .$$

Hier ist mit ψ'' die zweite Ableitung nach der Phase $\varphi_{\mp}$, also dem vollen Argument, gemeint. Die Wellengleichung hat damit die Gestalt:

$$\left(k^2 - \frac{\omega^2}{u^2}\right)\psi''(\boldsymbol{r}, t) = \left(k^2 - \frac{\omega^2}{u^2}\right)\left(\frac{\mathrm{d}^2 f_-}{\mathrm{d}\varphi_-^2} + \frac{\mathrm{d}^2 f_+}{\mathrm{d}\varphi_+^2}\right) \equiv 0$$

und wird gelöst durch

$$\omega = u\,k \, . \tag{4.132}$$

Wir wollen die Lösung (4.130) genauer untersuchen, uns dabei aber auf die Teillösung f_- beschränken.

Bei konstanter Phase $\varphi_-(\boldsymbol{r}, t)$ ist offensichtlich auch f_- konstant, d.h., Flächen gleicher Phase sind auch Flächen konstanter f_--Werte. Betrachten wir eine *Momentaufnahme* bei $t = t_0$,

$$\varphi_-(\boldsymbol{r}, t_0) = \boldsymbol{k} \cdot \boldsymbol{r} - \omega t_0 \, ,$$

so ist die Fläche konstanter Phase φ_- durch die Bedingung

$$\boldsymbol{k} \cdot \boldsymbol{r} = \mathrm{const}$$

definiert. Dieses ist aber die Gleichung einer Ebene (**Wellenfront**) senkrecht zu $\boldsymbol{k}$. Für alle Punkte $\boldsymbol{r}$ mit gleicher Projektion $\boldsymbol{k} \cdot \boldsymbol{r}$ auf die Richtung von $\boldsymbol{k}$ hat f_- denselben Wert.

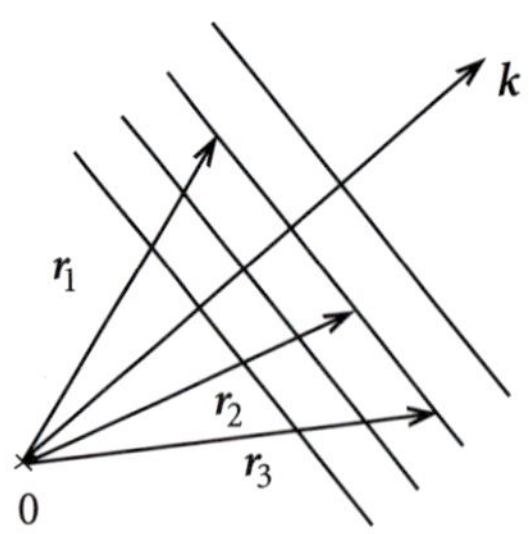

Abb. 4.31. Wellenfronten einer ebenen Welle

Betrachten wir den gesamten Raum-Zeit-Ablauf, so lautet die Bedingung für die Bewegung einer Ebene konstanter Phase $\varphi_-^{(0)}$:

$$\boldsymbol{k} \cdot \boldsymbol{r} - \omega t = k r_{\|} - \omega t = \varphi_-^{(0)} \stackrel{!}{=} \mathrm{const}$$

$$\Rightarrow \; r_{\|} = \frac{\boldsymbol{r} \cdot \boldsymbol{k}}{k} = \varphi_-^{(0)} + \frac{\omega}{k} t \, .$$

Diese bewegt sich offensichtlich mit der **Phasengeschwindigkeit**

$$\frac{\mathrm{d}r_{\|}}{\mathrm{d}t} = \frac{\omega}{k} = u \tag{4.133}$$

in die Richtung von $\boldsymbol{k}$. $\boldsymbol{k}$ heißt deshalb auch **Ausbreitungsvektor.**

Die Teillösung $f_-(\boldsymbol{k}\cdot\boldsymbol{r}-\omega t)$ in (4.130) beschreibt also die Ausbreitung einer *Störung* mit ebenen Fronten in Richtung von $\boldsymbol{k}$ mit der Phasengeschwindigkeit u. $f_+(\boldsymbol{k}\cdot\boldsymbol{r}+\omega t)$ drückt dann die entsprechende Bewegung in $(-\boldsymbol{k})$-Richtung aus.

Da **jedes** f_- bzw. f_+ von der in (4.130) angegebenen Form die Wellengleichung löst, gilt dies speziell für die periodischen Funktionen:

$$f_-(\boldsymbol{r},t) = A\ \mathrm{e}^{\mathrm{i}(\boldsymbol{k}\cdot\boldsymbol{r}-\omega t)}\ ,$$

$$f_+(\boldsymbol{r},t) = B\ \mathrm{e}^{\mathrm{i}(\boldsymbol{k}\cdot\boldsymbol{r}+\omega t)}\ . \tag{4.134}$$

Raum-zeitlich periodische Gebilde wie diese, bei denen für feste Werte t die Punkte gleicher Phase eine Ebene bilden, nennt man

ebene Wellen.

Wir benutzen hier zunächst wieder die zweckmäßige, komplexe Schreibweise, dabei wie üblich vereinbarend, als physikalisch relevante Größen nur die Realteile anzusehen.

Im Fall der ebenen Wellen wiederholen sich für eine feste Zeit die Flächen gleicher $f_\pm$-Werte periodisch im Raum, und zwar für Abstandsvektoren

$$\Delta\boldsymbol{r}_n\cdot\boldsymbol{k} = 2\pi n\ ; \qquad n\in\mathbb{Z}\ .$$

Man bezeichnet den senkrechten Abstand zweier nächstbenachbarter Wellenfronten mit demselben $f_\pm$-Wert,

$$\lambda = \frac{2\pi}{k}\ , \tag{4.135}$$

als die **Wellenlänge**, $\boldsymbol{k}$ auch als **Wellenvektor**.

Halten wir statt der Zeit den Ort fest, d.h., beobachten wir von einem festen Raumpunkt $\boldsymbol{r}_0$ aus, so ändert sich ψ (bzw. $f_\pm$) dort mit der Zeit t, erreicht aber nach der Zeit

$$\tau = \frac{2\pi}{\omega} \tag{4.136}$$

wieder den ursprünglichen Wert. τ heißt deshalb **Periode (Schwingungsdauer)**,

$$\nu = \frac{1}{\tau} \tag{4.137}$$

ist die **Frequenz** und $\omega = 2\pi\nu$ die **Kreisfrequenz.**

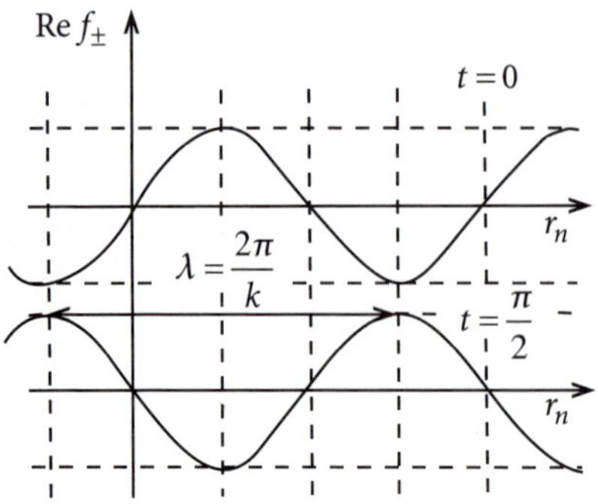

Abb. 4.32. Zur Definition der Wellenlänge einer ebenen Welle

Kombinieren wir die Gleichungen (4.133), (4.135), (4.136), so ergibt sich der wichtige Zusammenhang:

$$u = \lambda \nu = \frac{\lambda}{\tau} \,. \tag{4.138}$$

Wir übertragen nun diese allgemeinen Resultate auf das uns eigentlich interessierende **elektromagnetische Feld.**

Dabei lernen wir alles Wesentliche bereits bei der Betrachtung der Teillösungen:

$$\boldsymbol{E} = \boldsymbol{E}_0 \; \mathrm{e}^{\mathrm{i}(\boldsymbol{k}\cdot\boldsymbol{r}-\omega t)} \,,$$

$$\boldsymbol{B} = \boldsymbol{B}_0 \; \mathrm{e}^{\mathrm{i}(\overline{\boldsymbol{k}}\cdot\boldsymbol{r}-\overline{\omega} t)} \,. \tag{4.139}$$

Entscheidend ist nun, dass die ebenen Wellen nicht nur die homogene Wellengleichung erfüllen, sondern gleichzeitig die Kopplungen in den Maxwell-Gleichungen befriedigen.

Aus $\operatorname{rot} \boldsymbol{E} = -\dot{\boldsymbol{B}}$ folgt zunächst:

$$\mathrm{i}(\boldsymbol{k} \times \boldsymbol{E}_0)\, \mathrm{e}^{\mathrm{i}(\boldsymbol{k}\cdot\boldsymbol{r}-\omega t)} = \mathrm{i}\overline{\omega}\boldsymbol{B}_0 \; \mathrm{e}^{\mathrm{i}(\overline{\boldsymbol{k}}\cdot\boldsymbol{r}-\overline{\omega} t)} \,.$$

Da dieses für alle Raum-Zeit-Punkte gültig sein soll, müssen wir offensichtlich erst einmal

$$\omega = \overline{\omega} \,; \quad \boldsymbol{k} = \overline{\boldsymbol{k}}$$

fordern. Es bleibt noch:

$$\boldsymbol{k} \times \boldsymbol{E}_0 = \omega \boldsymbol{B}_0 \,. \tag{4.140}$$

$\operatorname{div} \boldsymbol{E} = 0$ hat zur Folge:

$$\boldsymbol{k} \cdot \boldsymbol{E}_0 = 0 \,. \tag{4.141}$$

Aus $\operatorname{div} \boldsymbol{B} = 0$ ergibt sich:

$$\boldsymbol{k} \cdot \boldsymbol{B}_0 = 0 \,. \tag{4.142}$$

Schließlich bleibt noch $\operatorname{rot} \boldsymbol{B} = (1/u^2)\dot{\boldsymbol{E}}$:

$$\boldsymbol{k} \times \boldsymbol{B}_0 = -\frac{\omega}{u^2}\boldsymbol{E}_0 \,. \tag{4.143}$$

Die Vektoren $\boldsymbol{E}_0$, $\boldsymbol{B}_0$, $\boldsymbol{k}$ bilden in dieser Reihenfolge ein orthogonales Rechtssystem, d. h., $\boldsymbol{E}$ und $\boldsymbol{B}$ stehen immer und überall senkrecht auf $\boldsymbol{k}$ und aufeinander. Man spricht deshalb von

transversalen Wellen.

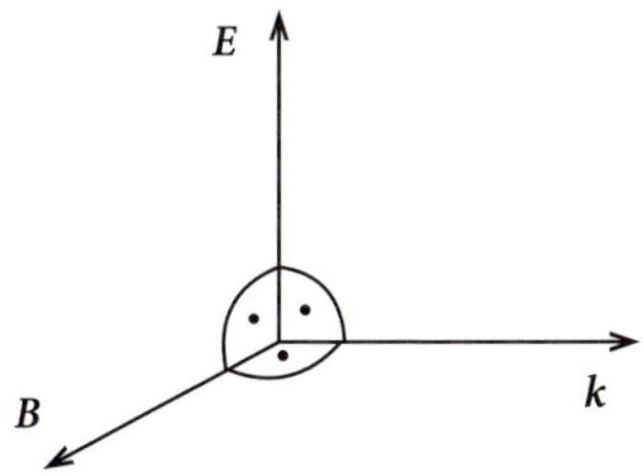

Abb. 4.33. Relative Richtungen von elektrischem Feld, magnetischer Induktion und Ausbreitungsrichtung in einer elektromagnetischen Transversalwelle

Wir können o. B. d. A. annehmen, dass der Wellenvektor $\boldsymbol{k}$ die z-Richtung definiert:

$$\boldsymbol{k} = k\,\boldsymbol{e}_z \,.$$

Dann lauten die die Maxwell-Gleichungen (4.125) befriedigenden Lösungen der Wellengleichung:

$$\boldsymbol{E} = \left(E_{0x}\boldsymbol{e}_x + E_{0y}\boldsymbol{e}_y\right) \mathrm{e}^{\mathrm{i}(kz-\omega t)} \,,$$

$$\boldsymbol{B} = \frac{1}{u}\left(-E_{0y}\boldsymbol{e}_x + E_{0x}\boldsymbol{e}_y\right) \mathrm{e}^{\mathrm{i}(kz-\omega t)} \,. \tag{4.144}$$

Die endgültige Form der Welle ist durch E_{0x}, E_{0y} festgelegt, bei denen es sich allerdings in der Regel um komplexe Größen handelt. Wir betrachten als Beispiel die *physikalischen* Lösungen für reelles E_{0x} und $E_{0y} = 0$:

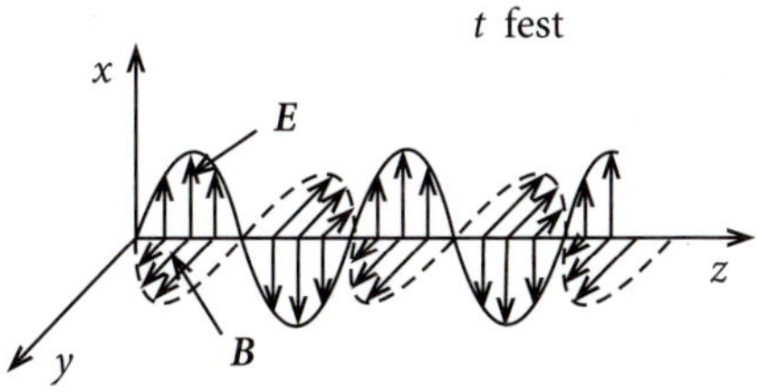

Abb. 4.34. Periodische Ortsabhängigkeit des $\boldsymbol{E}$- und $\boldsymbol{B}$-Feldes, wenn die z-Achse mit der Ausbreitungsrichtung übereinstimmt

$$\boldsymbol{E} = E_{0x}\cos(kz-\omega t)\boldsymbol{e}_x \,,$$

$$\boldsymbol{B} = \frac{1}{u}E_{0x}\cos(kz-\omega t)\boldsymbol{e}_y \,. \tag{4.145}$$

Transversale Wellen haben als weiteres Charakteristikum eine sogenannte **Polarisation,** von der im nächsten Abschnitt die Rede sein soll.

4.3.3 Polarisation ebener Wellen

Die Lösung (4.144) der Maxwell-Gleichungen (4.125) stellt eine sich in positiver z-Richtung fortpflanzende, monochromatische (d. h. unifrequente) ebene Welle dar. Sie repräsentiert die räumliche Ausbreitung einer harmonischen Schwingung. Offensichtlich ist die elektromagnetische Welle allein durch den $\boldsymbol{E}$-Vektor (oder allein durch den $\boldsymbol{B}$-Vektor) vollständig bestimmt. Die folgende Diskussion bezieht sich deshalb ausschließlich auf den elektrischen Feldstärkevektor $\boldsymbol{E}$.

Zunächst bemerken wir, dass es sich bei den beiden Koeffizienten E_{0x}, E_{0y} im Allgemeinen um komplexe Größen handelt:

$$E_{0x} = |E_{0x}|\, \mathrm{e}^{\mathrm{i}\varphi} \,; \quad E_{0y} = \left|E_{0y}\right|\, \mathrm{e}^{\mathrm{i}(\varphi+\delta)} \,.$$

Dann gilt für das reelle, *physikalische* $\boldsymbol{E}$-Feld:

$$\boldsymbol{E} = E_x \boldsymbol{e}_x + E_y \boldsymbol{e}_y \tag{4.146}$$

mit

$$E_x = |E_{0x}| \cos(kz - \omega t + \varphi) \,,$$
$$E_y = \left|E_{0y}\right| \cos(kz - \omega t + \varphi + \delta) \,. \tag{4.147}$$

Bezüglich der *relativen* Phase δ lassen sich nun mehrere Fälle unterscheiden:

1) $\delta = 0$ oder $\delta = \pm\pi$

Dann ist offenbar

$$\boldsymbol{E} = \left(|E_{0x}|\, \boldsymbol{e}_x \pm \left|E_{0y}\right| \boldsymbol{e}_y\right) \cos(kz - \omega t + \varphi) \,,$$
$$|\boldsymbol{E}| = \sqrt{|E_{0x}|^2 + \left|E_{0y}\right|^2} \,. \tag{4.148}$$

Der Koeffizient ist ein orts- und zeit**un**abhängiger Vektor, d. h., die elektrische Feldstärke $\boldsymbol{E}$ schwingt relativ zur Ausbreitungsrichtung in einer **festen** Richtung. Man nennt in einem solchen Fall die Welle

linear polarisiert

und die Richtung von $\boldsymbol{E}$ die **Polarisationsrichtung.** Sie ist um den Winkel α gegen die x-Achse geneigt:

$$\tan\alpha = \frac{\pm\left|E_{0y}\right|}{|E_{0x}|} \,. \tag{4.149}$$

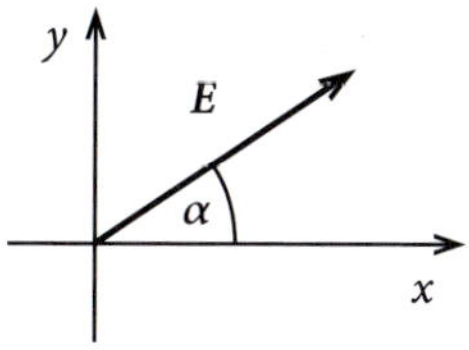

Abb. 4.35. Zur Festlegung der Polarisationsrichtung des elektrischen Feldes im Fall einer linear polarisierten Welle

Man kann offenbar jeden der beiden Summanden in (4.144) als linear polarisierte ebene Welle auffassen. Dies bedeutet, dass sich jede beliebig polarisierte ebene Welle als Überlagerung zweier linear unabhängiger, linear polarisierter ebener Wellen darstellen lässt.

2) $\delta = \pm\pi/2\,;\quad |E_{0x}| = |E_{0y}| = E$
In diesem Fall gilt nach (4.147):

$$\boldsymbol{E} = E\left[\cos(kz - \omega t + \varphi)\, \boldsymbol{e}_x \mp \sin(kz - \omega t + \varphi)\, \boldsymbol{e}_y\right] . \tag{4.150}$$

Das obere Zeichen gilt für $\delta = +\pi/2$, das untere für $\delta = -\pi/2$. Für einen festen Raumpunkt $z = z^*$ stellt die Klammer die Parameterdarstellung des Einheitskreises dar. Der $\boldsymbol{E}$-Vektor durchläuft einen Kreis vom Radius E mit der Winkelgeschwindigkeit ω in der Ebene senkrecht zur Ausbreitungsrichtung. Man nennt die Welle deshalb

zirkular polarisiert.

Je nach Vorzeichen von δ wird der Kreis in einer der beiden möglichen Richtungen durchlaufen:

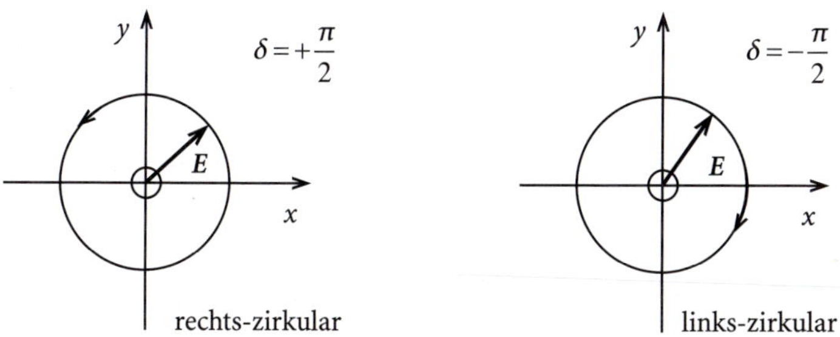

Abb. 4.36. Projektion des elektrischen Feldvektors einer in z-Richtung fortschreitenden rechts- bzw. linkszirkular polarisierten Welle

Der $\boldsymbol{k}$-Vektor zeigt senkrecht aus der Zeichenebene heraus (z-Richtung). Bei Blickrichtung in die positive z-Richtung, d.h. in die Ausbreitungsrichtung, dreht der $\boldsymbol{E}$-Vektor für $\delta = +\pi/2$ nach rechts und für $\delta = -\pi/2$ nach links. In diesem Sinne spricht man von einer rechts- bzw. linkszirkular polarisierten Welle. – Betrachten wir die vollständige Raum-Zeit-Bewegung, so beschreibt der $\boldsymbol{E}$-Vektor eine Kreisspirale (Abb. 4.37):

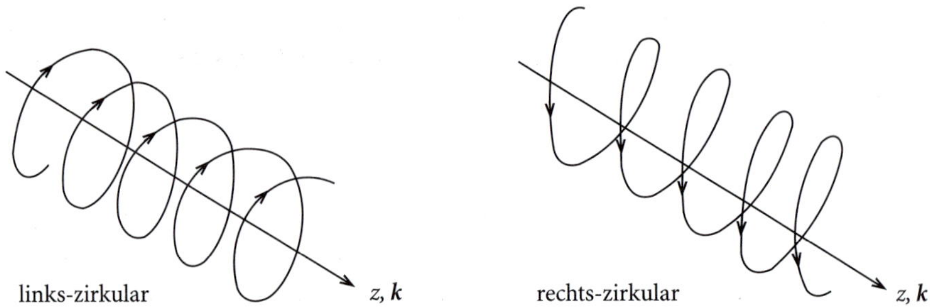

Abb. 4.37. Raum-Zeit-Verhalten des elektrischen Feldvektors bei einer links- bzw. rechtszirkular polarisierten Welle

3) $\delta = \pm\pi/2\,; \quad |E_{0x}| \neq |E_{0y}|$

Jetzt folgt aus (4.147):

$$E_x = |E_{0x}| \cos(kz - \omega t + \varphi)\,,$$

$$E_y = \mp |E_{0y}| \sin(kz - \omega t + \varphi)\,. \tag{4.151}$$

Das lässt sich zusammenfassen zu:

$$\left(\frac{E_x}{|E_{0x}|}\right)^2 + \left(\frac{E_y}{|E_{0y}|}\right)^2 = 1\,. \tag{4.152}$$

Dies ist die Gleichung einer Ellipse mit den Halbachsen $|E_{0x}|$ und $|E_{0y}|$, die in x- bzw. y-Richtung liegen. Man spricht deshalb von

elliptisch polarisierten Wellen.

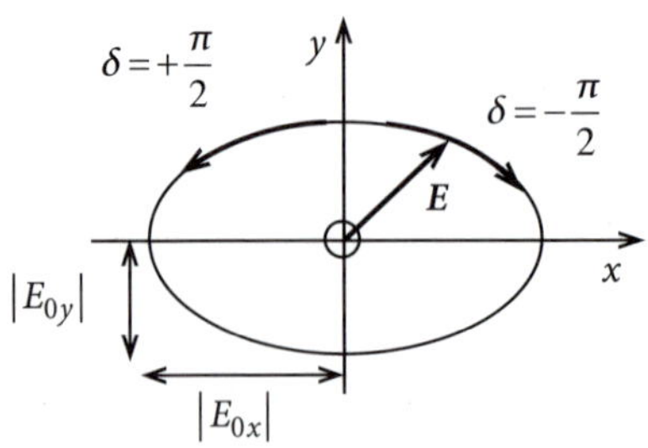

Abb. 4.38. Verhalten des elektrischen Feldvektors in einer elliptisch polarisierten Welle bei einer Phasenverschiebung zwischen x- und y-Komponente von $\pi/2$

Der $\boldsymbol{E}$-Vektor durchläuft eine *elliptische Spirale*, seine Amplitude ist offensichtlich nicht mehr konstant.

4) δ **beliebig;** $|E_{0x}| \neq |E_{0y}|$

Das ist der allgemeinste und naturgemäß komplizierteste Fall, denn jetzt ist die Ellipse noch, bezogen auf das xy-Achsenkreuz, verdreht. Auch jetzt nennt man die Welle

elliptisch polarisiert.

Wir haben uns bereits weiter oben klar gemacht, dass man sich jede beliebige, elliptisch polarisierte Welle aus zwei senkrecht zueinander linear polarisierten Wellen aufgebaut denken kann. Wir wollen zum Schluss zeigen, dass das auch mit zwei entgegengesetzt zirkular polarisierten Wellen möglich ist.

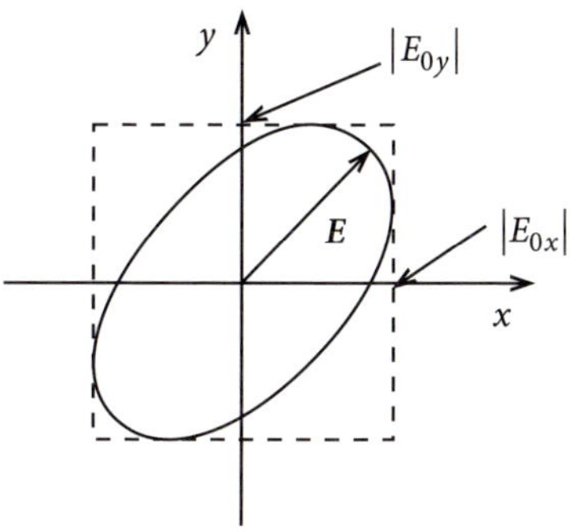

Abb. 4.39. Verhalten des elektrischen Feldvektors in einer elliptisch polarisierten Welle bei einer beliebigen Phasenverschiebung zwischen x- und y-Komponente

Wir verwenden die komplexen Vektoren

$$\boldsymbol{e}_{\pm} = \frac{1}{\sqrt{2}} \left(\boldsymbol{e}_x \pm \mathrm{i}\, \boldsymbol{e}_y \right) ,$$

durch die wir $\boldsymbol{e}_x$, $\boldsymbol{e}_y$ ausdrücken:

$$\boldsymbol{e}_x = \frac{1}{\sqrt{2}} \left(\boldsymbol{e}_+ + \boldsymbol{e}_- \right) ; \quad \boldsymbol{e}_y = \frac{-\mathrm{i}}{\sqrt{2}} \left(\boldsymbol{e}_+ - \boldsymbol{e}_- \right) .$$

Damit gilt dann:

$$E_{0x}\boldsymbol{e}_x + E_{0y}\boldsymbol{e}_y = \frac{1}{\sqrt{2}} \left[\left(E_{0x} - \mathrm{i}\, E_{0y} \right) \boldsymbol{e}_+ + \left(E_{0x} + \mathrm{i}\, E_{0y} \right) \boldsymbol{e}_- \right] .$$

Es handelt sich in der Klammer um komplexe Größen:

$$E_{0x} \pm \mathrm{i}\, E_{0y} = E_{\pm}\, \mathrm{e}^{\mathrm{i}\gamma_{\pm}} .$$

E_+ und E_- sind nun reell. Damit lässt sich die ebene Welle (4.144) auch wie folgt schreiben:

$$\boldsymbol{E} = \frac{1}{\sqrt{2}} \left[E_-\, \mathrm{e}^{\mathrm{i}(kz - \omega t + \gamma_-)} \boldsymbol{e}_+ + E_+\, \mathrm{e}^{\mathrm{i}(kz - \omega t + \gamma_+)} \boldsymbol{e}_- \right] .$$

Physikalisch ist nur der Realteil:

$$\begin{aligned}\mathrm{Re}\,\boldsymbol{E} = &\frac{1}{2}E_- \left[\cos(kz - \omega t + \gamma_-)\,\boldsymbol{e}_x - \sin(kz - \omega t + \gamma_-)\,\boldsymbol{e}_y\right] + \\ &+ \frac{1}{2}E_+ \left[\cos(kz - \omega t + \gamma_+)\,\boldsymbol{e}_x + \sin(kz - \omega t + \gamma_+)\,\boldsymbol{e}_y\right] . \end{aligned} \tag{4.153}$$

Das ist die Summe zweier entgegengesetzt zirkular polarisierter Wellen mit unterschiedlichen Amplituden (vgl. (4.150)).

4.3.4 Wellenpakete

Wir hatten als allgemeine Lösung der Wellengleichung (4.128) Ausdrücke der Form

$$f_\pm(kz \pm \omega t)$$

gefunden, wobei wir die Ausbreitungsrichtung mit der z-Richtung identifizieren. Dabei haben wir uns bezüglich des Wellenvektors k bzw. der Kreisfrequenz ω nicht festlegen müssen. Es muss lediglich der Zusammenhang (4.132) für die **Phasengeschwindigkeit** u beobachtet werden:

$$u = \frac{\omega}{k} .$$

Man kann k als eine unabhängige Variable ansehen, ω ist dann wegen dieser Beziehung nicht mehr frei wählbar. – Dies bedeutet aber auch, dass neben $f_\pm$ jede lineare Überlagerung solcher Funktionen zu verschiedenen Wellenvektoren k die Wellengleichung löst, falls nur der obige Zusammenhang gewahrt bleibt. Eine noch allgemeinere Lösung wäre also

$$F_\pm(z,t) = \int\limits_{-\infty}^{+\infty} a(k) f_\pm(kz \pm \omega t)\,\mathrm{d}k \tag{4.154}$$

mit einer völlig beliebigen **Gewichtsfunktion** $a(k)$.

Das ist für die Praxis ein wichtiger Punkt. Wir haben im letzten Abschnitt monochromatische ebene Wellen diskutiert, d. h. Wellen mit scharf definierten (k, ω). Das ist für den Praktiker nicht realistisch, da selbst die denkbar beste Quelle nicht monochromatisch sendet, sondern mehr oder weniger scharfe *Frequenzbündel*. Wegen (4.154) bedeutet dies für unsere Theorie jedoch keine prinzipielle Schwierigkeit. – Zusatzüberlegungen sind dagegen für so genannte **dispersive Medien** notwendig:

$$\text{Dispersion} \Longleftrightarrow \varepsilon_\mathrm{r} = \varepsilon_\mathrm{r}(\omega).$$

Die Phasengeschwindigkeit u wird dann wegen (4.126) frequenzabhängig. In Systemen mit Dispersion muss man deshalb ω als irgendeine Funktion von k ansehen:

$$\omega = \omega(k) .$$

Die $F_\pm$ aufbauenden Teilwellen $f_\pm$ in (4.154) breiten sich dann mit unterschiedlichen Geschwindigkeiten aus. Man kann keine einheitliche Phasengeschwindigkeit angeben. Das wird uns zur Definition einer neuen Geschwindigkeit, der so genannten **Gruppengeschwindigkeit**, bringen.

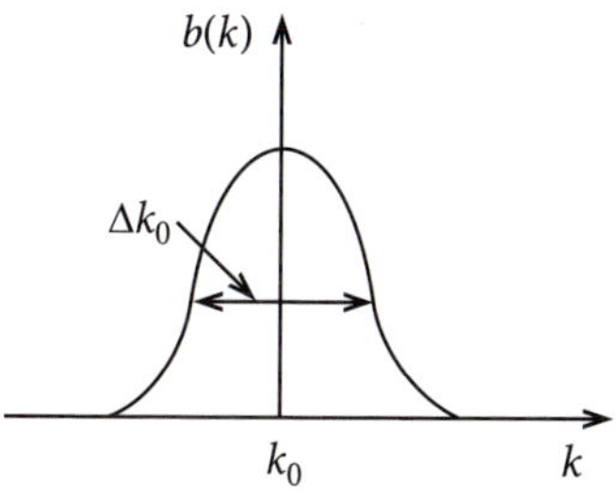

Abb. 4.40. Auf einen engen Wellenzahlbereich konzentrierte Gewichtsfunktion einer Überlagerung von ebenen Wellen

Von praktischer Bedeutung sind in diesem Zusammenhang *gewichtete* Überlegungen von **ebenen Wellen,**

$$H_\pm(z,t) = \int_{-\infty}^{+\infty} b(k)\,\mathrm{e}^{\mathrm{i}(kz\pm\omega t)}\,\mathrm{d}k\,, \tag{4.155}$$

bei denen die Gewichtsfunktion $b(k)$ eine in einem relativ schmalen Bereich Δk_0 um ein bestimmtes k_0 herum konzentrierte Funktion darstellt. Der Hauptbeitrag zum obigen Integral stammt dann aus diesem Wellenvektor-Bereich. Wir machen deshalb eine Taylor-Entwicklung von $\omega(k)$ um k_0, dabei voraussetzend, dass es sich bei $\omega(k)$ um eine *gutartige* Funktion von k handelt:

$$\omega(k) = \omega(k_0) + (k-k_0)\left.\frac{\mathrm{d}\omega}{\mathrm{d}k}\right|_{k_0} + \dots\,.$$

Wir schreiben $\omega(k_0) = \omega_0$ und definieren:

$$v_\mathrm{g} = \left.\frac{\mathrm{d}\omega}{\mathrm{d}k}\right|_{k=k_0} \quad : \quad \textbf{Gruppengeschwindigkeit}\,. \tag{4.156}$$

In dispersionsfreien Medien ist die Gruppengeschwindigkeit gleich der Phasengeschwindigkeit u. – Setzen wir die Entwicklung in den Exponenten der e-Funktion ein,

$$\mathrm{e}^{\mathrm{i}(kz\pm\omega t)} = \mathrm{e}^{\mathrm{i}(k_0 z\pm\omega_0 t)}\,\mathrm{e}^{\mathrm{i}\,q(z\pm v_\mathrm{g} t)} + \dots \quad (q = k - k_0)\,,$$

so können wir bei einer scharf-*gepeakten* Gewichtsfunktion in (4.155) die Taylor-Entwicklung für $\omega(k)$ nach dem linearen Term abbrechen, da stärker von k_0 abweichende k's wegen $b(k) \approx 0$ zum Integral kaum beitragen:

$$H_\pm(z,t) \approx e^{i(k_0 z \pm \omega_0 t)} \int\limits_{-\infty}^{+\infty} dq\, b(k_0+q)\, e^{i\,q(z \pm v_g t)} =$$

$$= e^{i(k_0 z \pm \omega_0 t)} \widehat{H}_\pm(z \pm v_g\, t)\ . \qquad (4.157)$$

Das ist eine ebene Welle, deren Wellenlänge und Frequenz dem Maximum der Verteilung $b(k)$ entsprechen, moduliert jedoch mit einer orts- und zeitabhängigen Funktion $\widehat{H}_\pm$. Die **Modulationsfunktion** $\widehat{H}_\pm$ bewegt sich mit der Geschwindigkeit v_g in positiver bzw. negativer z-Richtung. Konstante Modulationsphase

$$z \pm v_g t = \text{const}$$

bedeutet nämlich

$$\frac{dz}{dt} = \mp v_g\ .$$

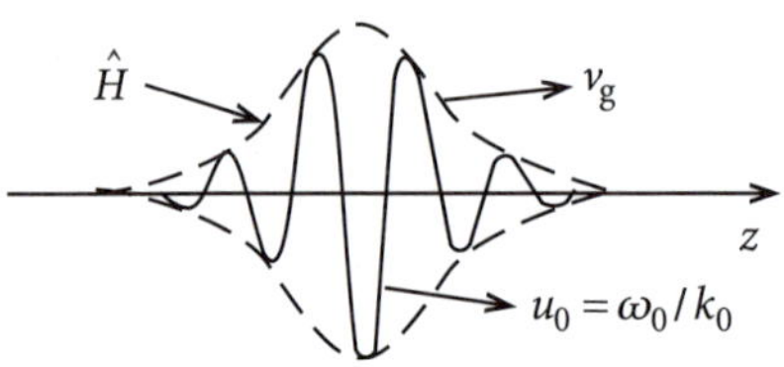

Abb. 4.41. Phasen- und Gruppengeschwindigkeit einer modulierten ebenen Welle

Eine so modulierte ebene Welle nennt man

Wellenpaket.

In einem solchen Wellenpaket läuft die Welle mit der Phasengeschwindigkeit u_0, das *Paket* dagegen mit der Gruppengeschwindigkeit v_g.

Beispiel Gaußsches Wellenpaket

Wir nehmen als Gewichtsfunktion eine Gauß-Verteilung an:

$$b(k) = \frac{2}{\Delta k_0 \sqrt{\pi}} \exp\left(-\frac{4(k-k_0)^2}{\Delta k_0^2}\right)\ . \qquad (4.158)$$

Bei $k = k_0$ liegt das **Maximum:**

$$b_{max} = \frac{2}{\Delta k_0 \sqrt{\pi}}\ .$$

Der Abstand der symmetrisch zu k_0 liegenden Punkte, bei denen $b(k)$ nur noch den e-ten Teil des Maximums ausmacht, ist gerade Δk_0. Die **Fläche unter der Glocke** ist

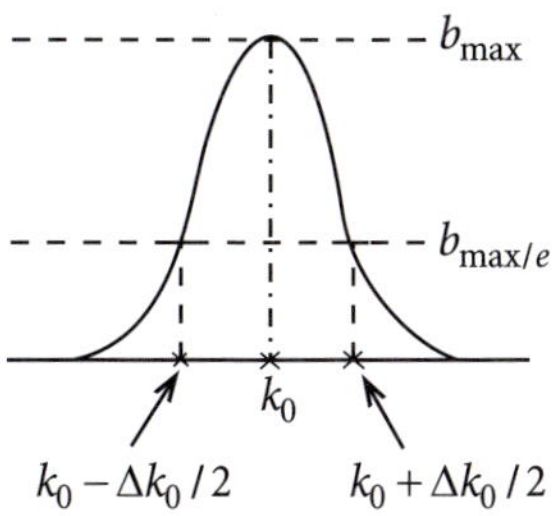

Abb. 4.42. Gewichtsfunktion des gaußschen Wellenpakets

immer 1, denn:

$$\int_{-\infty}^{+\infty} \mathrm{d}k\, b(k) = \frac{2}{\Delta k_0 \sqrt{\pi}} \int_{-\infty}^{+\infty} \mathrm{d}k \exp\left(-\frac{4(k-k_0)^2}{\Delta k_0^2}\right) = \frac{1}{\sqrt{\pi}} I ,$$

wobei

$$I = \int_{-\infty}^{+\infty} \mathrm{d}y\, \mathrm{e}^{-y^2} .$$

Zur Berechnung von I benutzen wir den folgenden Trick:

$$I^2 = \iint_{-\infty}^{+\infty} \mathrm{d}x\, \mathrm{d}y\, \mathrm{e}^{-(x^2+y^2)} = 2\pi \int_0^{\infty} \mathrm{d}\varrho\, \varrho\, \mathrm{e}^{-\varrho^2} = -\frac{1}{2} 2\pi \int_0^{\infty} \mathrm{d}\varrho \frac{\mathrm{d}}{\mathrm{d}\varrho} \mathrm{e}^{-\varrho^2} = \pi .$$

Es gilt also:

$$I = \sqrt{\pi} \iff \int_{-\infty}^{+\infty} \mathrm{d}k\, b(k) = 1 . \tag{4.159}$$

Mit (4.158) ergibt sich eine mögliche Grenzwert-Darstellung für die δ-Funktion:

$$\delta(k - k_0) = \lim_{\Delta k_0 \to 0} b(k) . \tag{4.160}$$

Wir setzen nun das gaußsche $b(k)$ in die Modulationsfunktion $\widehat{H}_\pm$ ein:

$$\widehat{H}_\pm(z \pm v_g t) = \frac{2}{\Delta k_0 \sqrt{\pi}} \int_{-\infty}^{+\infty} \mathrm{d}q\, \mathrm{e}^{-(4q^2/\Delta k_0^2)}\, \mathrm{e}^{\mathrm{i}q(z \pm v_g t)} ,$$

$$\frac{4q^2}{\Delta k_0^2} - \mathrm{i}q(z \pm v_g t) = \left(\frac{2q}{\Delta k_0} - \frac{\mathrm{i}}{4}\Delta k_0 (z \pm v_g t)\right)^2 + \frac{\Delta k_0^2}{16}(z \pm v_g t)^2 .$$

Wir substituieren:

$$y = \frac{2q}{\Delta k_0} - \frac{\mathrm{i}}{4}\Delta k_0 (z \pm v_g t) .$$

Es erweist sich als richtig, ohne dass wir es an dieser Stelle streng beweisen könnten, trotz des Imaginärteils von y die Integration von $-\infty$ bis $+\infty$ durchzuführen:

$$\widehat{H}_{\pm}(z \pm v_{\mathrm{g}}t) = \frac{1}{\sqrt{\pi}} I \; \mathrm{e}^{(-\Delta k_0^2/16)(z \pm v_{\mathrm{g}}t)^2} \; .$$

Mit (4.159) ergibt sich dann in (4.157):

$$H_{\pm}(z,t) = \mathrm{e}^{\mathrm{i}(k_0 z \pm \omega_0 t)} \, \mathrm{e}^{(-\Delta k_0^2/16)(z \pm v_{\mathrm{g}}t)^2} \; . \tag{4.161}$$

Das ist eine ebene Welle, deren **Amplitude gaußförmig** von $(z \pm v_{\mathrm{g}}t)$ abhängt. Die *Gauß-Glocke* bewegt sich starr mit der Geschwindigkeit v_{g} in $\mp z$-Richtung. Man spricht von einem **aperiodischen Wellenzug.** Die Breite des Wellenpaketes, definiert analog zu der von $b(k)$, ist offenbar:

$$\Delta z = \frac{8}{\Delta k_0} \; .$$

Dies bedeutet:

$$\Delta z \cdot \Delta k_0 = \mathrm{const} \; . \tag{4.162}$$

Je breiter die k-Verteilung, desto schmaler die z-Verteilung (das Wellenpaket) und umgekehrt. Eine scharf lokalisierte Verteilung im *k-Raum*, $b(k) = \delta(k - k_0)$, d.h. $\Delta k_0 \to 0$, bedeutet im Ortsraum eine nicht-modulierte ebene Welle,

$$H_{\pm}(z,t) \underset{\Delta k_0 \to 0}{\longrightarrow} \mathrm{e}^{\mathrm{i}(k_0 z \pm \omega_0 t)} \; ,$$

ist also dort nicht lokalisierbar. – Räumlich scharf lokalisierbar heißt dagegen $1/\Delta k_0 \to 0$ oder $\Delta k_0 \to \infty$. Die Verteilung im k-Raum ist damit völlig verschmiert. Alle Wellenvektoren erscheinen dann mit gleichem Gewicht.

Dieser Abschnitt hat gezeigt, dass eine Welle durch zwei Arten von Ausbreitungsgeschwindigkeiten gekennzeichnet ist:

$$\textbf{Phasengeschwindigkeit:} \quad u = \frac{\omega(k)}{k} \; ,$$

$$\textbf{Gruppengeschwindigkeit:} \quad v_{\mathrm{g}} = \frac{\mathrm{d}\omega(k)}{\mathrm{d}k} \; . \tag{4.163}$$

Erstere beschreibt die Ausbreitung einer ebenen Welle, letztere die eines Wellenpaketes. v_{g} entspricht der Geschwindigkeit, mit der in einer Welle Energie oder Information (Signale!) transportiert werden kann. Die Spezielle Relativitätstheorie lehrt, dass die Lichtgeschwindigkeit c im Vakuum für v_{g} eine obere Schranke darstellt:

$$v_{\mathrm{g}} \leq c \; . \tag{4.164}$$

Dies gilt nicht unbedingt für die Phasengeschwindigkeit u.

Von **Dispersion** spricht man genau dann, wenn $u \neq v_g$ ist. Man beachte jedoch, dass das *Konzept der Gruppengeschwindigkeit* eigentlich nur so lange sinnvoll ist, wie die Näherungen, die von (4.155) bis (4.157) vollzogen wurden, auch wirklich erlaubt sind.

4.3.5 Kugelwellen

Die in dem letzten Abschnitt diskutierten ebenen Wellen stellen nur einen speziellen, allerdings sehr wichtigen Lösungstyp der homogenen Wellengleichung (4.128) dar. Eine andere Klasse von Lösungen bilden die Kugelwellen. Zu diesen kommen wir, wenn wir den Laplace-Operator in der Wellengleichung in Kugelkoordinaten formulieren (2.145):

$$\Delta = \frac{1}{r^2}\frac{\partial}{\partial r}\left(r^2\frac{\partial}{\partial r}\right) + \frac{1}{r^2}\Delta_{\vartheta\varphi}\,,$$

$$\Delta_{\vartheta\varphi} = \frac{1}{\sin\vartheta}\frac{\partial}{\partial\vartheta}\left(\sin\vartheta\frac{\partial}{\partial\vartheta}\right) + \frac{1}{\sin^2\vartheta}\frac{\partial^2}{\partial\varphi^2}\,.$$

Wir gehen so vor, dass wir kugelsymmetrische Lösungen:

$$\psi(\mathbf{r},t) = \psi(r,t) \;\Rightarrow\; \Delta_{\vartheta\varphi}\psi \equiv 0$$

annehmen und diese Annahme durch Einsetzen in die Wellengleichung verifizieren:

$$\Box\,\psi = \left[\frac{1}{r^2}\frac{\partial}{\partial r}\left(r^2\frac{\partial}{\partial r}\right) - \frac{1}{u^2}\frac{\partial^2}{\partial t^2}\right]\psi = 0\,.$$

Mit

$$\frac{\partial^2}{\partial r^2}(r\,\psi) = \frac{\partial}{\partial r}\left(r\frac{\partial\psi}{\partial r} + \psi\right) = r\frac{\partial^2\psi}{\partial r^2} + 2\frac{\partial\psi}{\partial r} = \frac{1}{r}\frac{\partial}{\partial r}\left(r^2\frac{\partial\psi}{\partial r}\right)$$

und

$$\frac{\partial^2}{\partial t^2}\psi = \frac{1}{r}\frac{\partial^2}{\partial t^2}(r\,\psi)$$

sowie der Substitution

$$v(r,t) = r\,\psi(r,t)$$

bleibt die folgende Differentialgleichung

$$\left(\frac{\partial^2}{\partial r^2} - \frac{1}{u^2}\frac{\partial^2}{\partial t^2}\right)v(r,t) = 0\,,$$

die von allen Funktionen des Typs

$$v(r,t) = v_+(kr + \omega t) + v_-(kr - \omega t)$$

gelöst wird, falls nur

$$k^2 = \frac{\omega^2}{u^2} \iff \omega = k\,u \quad (\omega \geq 0) \tag{4.165}$$

wie im Fall der ebenen Wellen gilt. Dies bedeutet also, dass

$$\psi(\boldsymbol{r}, t) = \frac{1}{r}\left[v_+(kr + \omega t) + v_-(kr - \omega t)\right] \tag{4.166}$$

eine weitere Klasse von Lösungen der homogenen Wellengleichung darstellt. Wir wollen sie kurz diskutieren:

1. Die **Phase**

$$\varphi_\pm = kr \pm \omega t \tag{4.167}$$

   hängt nur vom Betrag des Ortsvektors $\boldsymbol{r}$ ab. Zu einer festen Zeit $t = t_0$ sind die Punkte gleicher Phase und damit gleichen ψ-Wertes solche gleichen Abstands vom Ursprung, liegen damit auf Kugelflächen vom Radius r.
2. Die Amplitude nimmt mit wachsendem Abstand vom Ursprung gemäß $1/r$ ab.
3. Falls $v_\pm(kr \pm \omega t)$ zusätzlich periodisch ist, also z. B.

$$v_\pm \sim \mathrm{e}^{\mathrm{i}(kr \pm \omega t)}\,, \tag{4.168}$$

   spricht man von **Kugelwellen:**

$$\psi_\pm(\boldsymbol{r}, t) = \frac{A_\pm}{r}\,\mathrm{e}^{\mathrm{i}(kr \pm \omega t)}\,. \tag{4.169}$$

4. Wie bewegen sich Flächen konstanter Phase $\varphi_\pm^{(0)}$?

$$kr \pm \omega t = \varphi_\pm^{(0)} \stackrel{!}{=} \text{const}\,.$$

   Dies ergibt die **Phasengeschwindigkeit:**

$$\frac{\mathrm{d}r}{\mathrm{d}t} = \mp\frac{\omega}{k} = \mp u = \mp\frac{c}{n}\,. \tag{4.170}$$

   Die Lösung (4.169) stellt die Ausbreitung einer *Störung* mit kugelförmigen Wellenfronten mit der Phasengeschwindigkeit u dar:

$$r(t) = r_0 - u\,t: \quad \textbf{einlaufende}\text{ Kugelwelle}\,,$$

$$r(t) = r_0 + u\,t: \quad \textbf{auslaufende}\text{ Kugelwelle}\,.$$

5. Kugelwellen gleicher Phase haben zu einer festen Zeit $t = t_0$ den radialen Abstand Δr:

$$k\,\Delta r = 2\pi\,n\,; \quad n \in \mathbb{N}\,. \tag{4.171}$$

Der kürzeste Abstand ($n = 1$) definiert dieselbe

$$\textbf{Wellenlänge} \quad \lambda = \frac{2\pi}{k} \tag{4.172}$$

wie bei den ebenen Wellen (4.135).

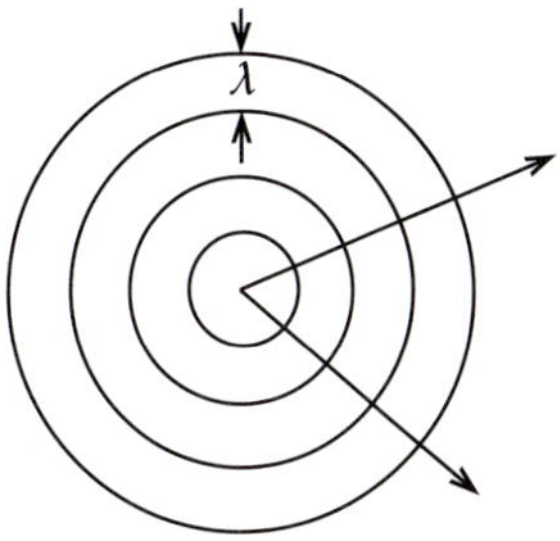

Abb. 4.43. Wellenlänge von Kugelwellen

Halten wir den Ort fest, so ändert sich die Phase periodisch mit der Periode

$$\tau = \frac{2\pi}{\omega} ,$$

ebenfalls wie bei den ebenen Wellen.

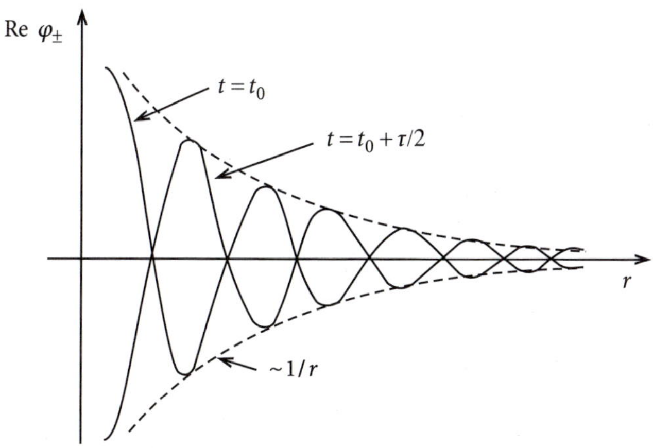

Abb. 4.44. Ortsabhängigkeit zweier um eine halbe Periodendauer zeitlich verschobenen Kugelwellen

6. Die Lösungen der homogenen Wellengleichung müssen schließlich noch die von den Maxwell-Gleichungen verlangten Kopplungen erfüllen. Für

$$\boldsymbol{E} = \boldsymbol{E}_0 \frac{1}{r} \, \mathrm{e}^{\mathrm{i}(kr-\omega t)} ,$$

$$\boldsymbol{B} = \boldsymbol{B}_0 \frac{1}{r} \, \mathrm{e}^{\mathrm{i}(kr-\omega t)} \tag{4.173}$$

müssen z. B.

$$\operatorname{div} \boldsymbol{E} = 0 \quad \text{und} \quad \operatorname{div} \boldsymbol{B} = 0$$

erfüllt sein:

$$\operatorname{div} \boldsymbol{E} = \left(E_{0x} \frac{\partial r}{\partial x} + E_{0y} \frac{\partial r}{\partial y} + E_{0z} \frac{\partial r}{\partial z} \right) \frac{\mathrm{d}}{\mathrm{d}r} \left[\frac{1}{r} \, \mathrm{e}^{\mathrm{i}(kr - \omega t)} \right] =$$

$$= \left[E_{0x} \frac{x}{r} + E_{0y} \frac{y}{r} + E_{0z} \frac{z}{r} \right] \frac{\mathrm{d}}{\mathrm{d}r} \left[\frac{1}{r} \, \mathrm{e}^{\mathrm{i}(kr - \omega t)} \right] =$$

$$= (\boldsymbol{E}_0 \cdot \boldsymbol{r}) \frac{1}{r} \frac{\mathrm{d}}{\mathrm{d}r} (\dots) = 0 \;\Rightarrow\; \boldsymbol{E} \cdot \boldsymbol{r} = 0 \, .$$

Dasselbe gilt für die magnetische Induktion. Auch jetzt handelt es sich also um

transversale Wellen.

Für die Polarisation dieser transversalen Wellen gilt exakt dasselbe wie bei den ebenen Wellen. Die Überlegungen des Abschn. 4.3.3 brauchen deshalb nicht wiederholt zu werden.

4.3.6 Fourier-Reihen, Fourier-Integrale

Wir haben ebene elektromagnetische Wellen als spezielle Lösungen der *quellfreien* Maxwell-Gleichungen (4.125) erkannt. Es stellt sich aber heraus, dass sich **jede beliebige** Lösung der homogenen Wellengleichung nach diesen ebenen Wellen entwickeln lässt. Um dies zu sehen, führen wir nun ein neues mathematisches Hilfsmittel ein, das in der Theoretischen Physik einen weiten Anwendungsbereich besitzt und deshalb hier eingehend untersucht werden soll. Gemeint ist die

Fourier-Transformation,

über die wir dann die allgemeinste Lösung der Wellengleichung werden angeben können.

Einen gewissen Vorgeschmack haben bereits die Betrachtungen zum Wellenpaket in Abschn. 4.3.4 geliefert. Dort hatten wir ebene Wellen mit verschiedenen Wellenvektoren k mit einer bekannten Gewichtsfunktion $b(k)$ versehen und durch Aufsummation (Integration) zu einem sich im Ortsraum bewegenden Paket „geschnürt". Häufig ist die Fragestellung auch *anders herum* interessant; wie nämlich ein solches $b(k)$ beschaffen sein muss, um ein gegebenes Wellenpaket zu realisieren. Dieses lässt sich mithilfe der Fourier-Transformation beantworten.

In Abschn. 2.3.5 über orthogonale und vollständige Funktionensysteme hatten wir gesehen, dass das Orthonormalsystem der trigonometrischen Funktionen (2.144),

$$\frac{1}{\sqrt{2a}} \; ; \quad \frac{1}{\sqrt{a}} \cos\left(\frac{n\pi}{a} x\right) \; ; \quad \frac{1}{\sqrt{a}} \sin\left(\frac{n\pi}{a} x\right) \; ; \quad n = 1, 2, \dots ,$$

im Intervall $[-a, +a]$ ein vollständiges System darstellt, nach dem sich jede dort quadrat-integrable Funktion $f(x)$ entwickeln lässt:

$$f(x) = f_0 + \sum_{n=1}^{\infty} \left[a_n \cos\left(\frac{n\pi}{a}x\right) + b_n \sin\left(\frac{n\pi}{a}x\right) \right] . \qquad (4.174)$$

Diese Darstellung der Funktion $f(x)$ nennt man ihre **Fourier-Reihe.** Dabei gilt nach (2.140) für die Koeffizienten:

$$f_0 = \frac{1}{2a} \int_{-a}^{+a} f(x)\,\mathrm{d}x ,$$

$$a_n = \frac{1}{a} \int_{-a}^{+a} f(x) \cos\left(\frac{n\pi}{a}x\right) \mathrm{d}x ,$$

$$b_n = \frac{1}{a} \int_{-a}^{+a} f(x) \sin\left(\frac{n\pi}{a}x\right) \mathrm{d}x . \qquad (4.175)$$

Ist $f(x)$ periodisch mit der Periodenlänge $2a$,

$$f(x + 2a) = f(x) ,$$

was wir zunächst voraussetzen wollen, dann gilt (4.174) sogar für alle x. Spezialfälle sind:

1) Gerade Funktionen:

$$f(x) = f(-x) \;\Rightarrow\; b_n = 0 \quad \forall n .$$

2) Ungerade Funktionen:

$$f(x) = -f(-x) \;\Rightarrow\; f_0 = 0 ; \quad a_n = 0 \quad \forall n .$$

Beispiel Fourier-Reihe der Kippschwingung

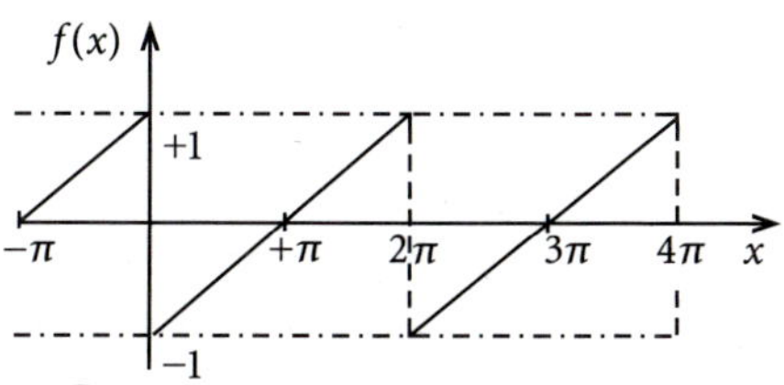

Abb. 4.45. Darstellung einer Kippschwingung

$$f(x) = \begin{cases} \frac{1}{\pi}x + 1 & \text{für } -\pi \le x < 0 , \\ \frac{1}{\pi}x - 1 & \text{für } 0 \le x \le \pi . \end{cases}$$

$f(x)$ ist definiert im Intervall $[-\pi, +\pi]$, wobei weiterhin gilt:

$$f(x+2\pi) = f(x)\ ; \quad f(-x) = -f(x)\ .$$

Es sind also nur die Werte der b_n zu berechnen:

$$b_n = \frac{1}{\pi}\int\limits_0^{\pi}\left(\frac{1}{\pi}x - 1\right)\sin(nx)\,\mathrm{d}x + \frac{1}{\pi}\int\limits_{-\pi}^{0}\left(\frac{1}{\pi}x + 1\right)\sin(nx)\,\mathrm{d}x =$$

$$= \frac{1}{\pi^2}\int\limits_{-\pi}^{\pi} x\,\sin(nx)\,\mathrm{d}x - \frac{2}{\pi}\int\limits_0^{\pi}\sin(nx)\,\mathrm{d}x =$$

$$= \frac{1}{\pi^2}\left(-\frac{1}{n}x\,\cos(nx)\right)\Bigg|_{-\pi}^{+\pi} + \frac{1}{n\pi^2}\underbrace{\int\limits_{-\pi}^{+\pi}\cos(nx)\,\mathrm{d}x}_{=0} + \frac{2}{n\pi}\cos(nx)\Bigg|_{-0}^{\pi} =$$

$$= \frac{1}{n\pi^2}\left[-\pi(-1)^n - \pi(-1)^n\right] + \frac{2}{n\pi}\left[(-1)^n - 1\right] = -\frac{2}{n\pi}\ .$$

Damit lautet die **Fourier-Reihe der Kippschwingung:**

$$f(x) = -\frac{2}{\pi}\sum_{n=1}^{\infty}\frac{\sin(nx)}{n}\ . \tag{4.176}$$

Wir wollen die allgemeine Fourier-Reihe (4.174) weiter untersuchen. Mit der eulerschen Formel ((2.147), Bd. 1) und der Definition

$$v_n(x) = \frac{1}{\sqrt{2a}}\exp\left(\mathrm{i}\frac{n\pi}{a}x\right)\ , \quad n = 0, \pm 1, \pm 2, \dots \tag{4.177}$$

können wir schreiben:

$$\frac{1}{\sqrt{a}}\cos\left(\frac{n\pi}{a}x\right) = \frac{1}{\sqrt{2}}\left(v_n(x) + v_{-n}(x)\right)\ ,$$

$$\frac{1}{\sqrt{a}}\sin\left(\frac{n\pi}{a}x\right) = \frac{-i}{\sqrt{2}}\left(v_n(x) - v_{-n}(x)\right)\ .$$

Eingesetzt in (4.174) heißt das zunächst, dass auch die $v_n(x)$ ein **vollständiges** Funktionensystem darstellen. Es handelt sich zudem um ein **Orthonormalsystem:**

$$\int\limits_{-a}^{+a} v_n^*(x)v_\mathrm{m}(x)\,\mathrm{d}x \overset{n\neq m}{=} \frac{1}{2a}\int\limits_{-a}^{+a}\mathrm{e}^{-\mathrm{i}(\pi/a)(n-m)x}\,\mathrm{d}x =$$

$$= \frac{1}{2a}\int\limits_{-a}^{+a}\cos\left[\frac{\pi}{a}(n-m)x\right]\mathrm{d}x - \frac{\mathrm{i}}{2a}\int\limits_{-a}^{+a}\sin\left[\frac{\pi}{a}(n-m)x\right]\mathrm{d}x =$$

$$= \frac{1}{2\pi(n-m)} \sin\left(\frac{\pi}{a}(n-m)x\right)\Big|_{-a}^{+a} + \frac{\mathrm{i}}{2\pi(n-m)} \cos\left(\frac{\pi}{a}(n-m)x\right)\Big|_{-a}^{+a} =$$

$$= 0 \,.$$

Der Fall $n = m$ ist wegen $|v_n(x)|^2 = 1/(2a)$ trivial:

$$\int_{-a}^{+a} v_n^*(x) v_{\mathrm{m}}(x)\,\mathrm{d}x = \delta_{nm} \,. \tag{4.178}$$

Für jede in $[-a, +a]$ quadratintegrable, mit der Periodenlänge $2a$ periodische Funktion $f(x)$ lässt sich also auch schreiben:

$$f(x) = \sum_{n=-\infty}^{+\infty} \alpha_n \, \mathrm{e}^{\mathrm{i}(n\pi/a)x} \,,$$

$$\alpha_n = \frac{1}{2a} \int_{-a}^{+a} f(x)\, \mathrm{e}^{-\mathrm{i}(n\pi/a)x}\,\mathrm{d}x \,. \tag{4.179}$$

Insbesondere gilt für die δ-Distribution,

$$\delta(x - x_0) \quad \text{mit} - a < x_0 < +a \,,$$

die Entwicklung:

$$\delta(x - x_0) = \frac{1}{2a} \sum_{n=-\infty}^{+\infty} \mathrm{e}^{\mathrm{i}(n\pi/a)(x-x_0)} \,. \tag{4.180}$$

Wir führen nun ein paar neue Abkürzungen ein:

$$k_n = \frac{n\pi}{a} \,; \quad \widetilde{f}_n = \alpha_n a \sqrt{\frac{2}{\pi}} \,; \quad \Delta k = \frac{\pi}{a} \,.$$

Dann wird aus (4.179):

$$f(x) = \frac{1}{\sqrt{2\pi}} \sum_{n=-\infty}^{+\infty} \widetilde{f}_n \, \mathrm{e}^{\mathrm{i}k_n x} \Delta k \,, \tag{4.181}$$

$$\widetilde{f}_n = \frac{1}{\sqrt{2\pi}} \int_{-a}^{+a} f(x)\, \mathrm{e}^{-\mathrm{i}k_n x}\,\mathrm{d}x \,. \tag{4.182}$$

Δk ist die Differenz benachbarter k_n. Geht man nun zu nicht-periodischen Funktionen über, d. h. formal zu Funktionen mit einem *Periodizitätsintervall* $[-a, a]_{a\to\infty}$, so hat man die Summe in (4.181) im *riemannschen Sinne* ($\Delta k \to 0$) durch das entsprechende Integral zu ersetzen:

$$f(x) = \frac{1}{\sqrt{2\pi}} \int\limits_{-\infty}^{+\infty} \mathrm{d}k \, \widetilde{f}(k) \, \mathrm{e}^{\mathrm{i}kx} \,, \tag{4.183}$$

$$\widetilde{f}(k) = \frac{1}{\sqrt{2\pi}} \int\limits_{-\infty}^{+\infty} \mathrm{d}x \, f(x) \, \mathrm{e}^{-\mathrm{i}kx} \,. \tag{4.184}$$

Man nennt $\widetilde{f}(k)$ die **Fourier-Transformierte** oder auch die **Spektralfunktion** der Funktion $f(x)$. Einige ihrer wichtigsten Eigenschaften wollen wir auflisten:

1. $f(x)$ **gerade:** $f(x) = f(-x)$
   Dann ist offenbar:
   $$\widetilde{f}(k) = \frac{1}{\sqrt{2\pi}} \int\limits_{-\infty}^{+\infty} \mathrm{d}x \, f(x) \cos(kx) \,.$$
   Dies bedeutet, dass auch $\widetilde{f}(k)$ eine gerade Funktion ist:
   $$\widetilde{f}(k) = \widetilde{f}(-k) \,. \tag{4.185}$$
   Falls $f(x)$ noch reell ist, so ist es auch $\widetilde{f}(k)$!
2. $f(x)$ **ungerade:** $f(x) = -f(-x)$
   Dann gilt:
   $$\widetilde{f}(k) = \frac{-\mathrm{i}}{\sqrt{2\pi}} \int\limits_{-\infty}^{+\infty} \mathrm{d}x \, f(x) \sin kx \,.$$
   Somit ist auch $\widetilde{f}(k)$ ungerade:
   $$\widetilde{f}(k) = -\widetilde{f}(-k) \,. \tag{4.186}$$
   Ist dann noch $f(x)$ reell, so ist $\widetilde{f}(k)$ rein imaginär!
3. $f(x)$ **reell**
   $\widetilde{f}(k)$ kann dann offenbar in
   $$\widetilde{f}(k) = \widetilde{f}_1(k) - \mathrm{i}\widetilde{f}_2(k)$$
   mit reellen $\widetilde{f}_{1,2}(k)$ zerlegt werden, wobei $\widetilde{f}_1$ eine gerade und $\widetilde{f}_2(k)$ eine ungerade Funktion von k sind:
   $$\widetilde{f}(-k) = \widetilde{f}_1(k) + \mathrm{i}\widetilde{f}_2(k) = \widetilde{f}^*(k) \,. \tag{4.187}$$

4. **Fourier-Transformation linear**
   Man liest unmittelbar an der Definition ab, dass sich die Fourier-Transformierte $\widetilde{g}(k)$ von

$$g(x) = \alpha_1 f_1(x) + \alpha_2 f_2(x)$$

   ergibt zu:

$$\widetilde{g}(k) = \alpha_1 \widetilde{f}_1(k) + \alpha_2 \widetilde{f}_2(k) ,$$

   wenn $\widetilde{f}_{1,2}(k)$ die Fourier-Transformierte zu $f_{1,2}(x)$ ist.
5. **Faltungstheorem**
   Seien $\widetilde{f}_1(k)$, $\widetilde{f}_2(k)$ wieder die Fourier-Transformierten der Funktionen $f_1(x), f_2(x)$. Dann ist

$$\frac{1}{\sqrt{2\pi}} \int\limits_{-\infty}^{+\infty} \mathrm{d}k' \, \widetilde{f}_2(k') \widetilde{f}_1(k - k') \tag{4.188}$$

   die Fourier-Transformierte des Produktes $f_1(x) f_2(x)$ (Beweis als Aufgabe 4.3.5).
6. **δ-Funktion**
   Wegen

$$\frac{1}{\sqrt{2\pi}} \int\limits_{-\infty}^{+\infty} \mathrm{d}x \, \delta(x) \, \mathrm{e}^{-\mathrm{i}kx} = \frac{1}{\sqrt{2\pi}}$$

   gilt nach Fourier-Umkehrung:

$$\delta(x) = \frac{1}{2\pi} \int\limits_{-\infty}^{+\infty} \mathrm{d}k \; \mathrm{e}^{\mathrm{i}kx} . \tag{4.189}$$

7. **Die Faktoren vor den Fourier-Integralen** in (4.183) und (4.184) wurden hier symmetrisch gewählt. Sie sind jedoch weitgehend willkürlich, lediglich das Produkt muss bei Hin- und Rücktransformation $1/2\pi$ ergeben. Deswegen findet man häufig auch

$$\widetilde{f}(k) = \frac{1}{2\pi} \int \mathrm{d}x \ldots \iff f(x) = \int \mathrm{d}k \ldots$$

   oder

$$\widetilde{f}(k) = \int \mathrm{d}x \ldots \iff f(x) = \frac{1}{2\pi} \int \mathrm{d}k \ldots$$

8. Willkürlich ist auch das **Vorzeichen im Exponenten** der e-Funktion in (4.183) bzw. (4.184). Sie müssen nur für $f(x)$ und $\widetilde{f}(k)$ unterschiedlich sein.

9. **Transformation einer Zeitfunktion** $f(t)$
Die Regeln, die wir oben für das Variablenpaar (x, k) abgeleitet haben, gelten in völlig analoger Weise auch für Zeiten und Frequenzen ($k = 2\pi/\lambda \iff \omega = 2\pi/\tau$). Es ist hier jedoch Konvention, die Vorzeichen in den Exponenten gegenüber (4.183), (4.184) zu vertauschen:

$$f(t) = \frac{1}{\sqrt{2\pi}} \int\limits_{-\infty}^{+\infty} \mathrm{d}\omega \, \widetilde{f}(\omega) \, \mathrm{e}^{-\mathrm{i}\omega t} \, ,$$

$$\widetilde{f}(\omega) = \frac{1}{\sqrt{2\pi}} \int\limits_{-\infty}^{+\infty} \mathrm{d}t \, f(t) \, \mathrm{e}^{\mathrm{i}\omega t} \, . \tag{4.190}$$

10. **Mehrdimensionale Funktionen**
Wir haben die Fourier-Transformation bislang nur für Funktionen einer Variablen definiert. Die Verallgemeinerung liegt jedoch auf der Hand, z. B.:

$$f(\boldsymbol{r}, t) = \frac{1}{(2\pi)^2} \int \mathrm{d}^3k \int\limits_{-\infty}^{+\infty} \mathrm{d}\omega \, \widetilde{f}(\boldsymbol{k}, \omega) \, \mathrm{e}^{\mathrm{i}(\boldsymbol{k}\cdot\boldsymbol{r} - \omega t)} \, ,$$

$$\widetilde{f}(\boldsymbol{k}, \omega) = \frac{1}{(2\pi)^2} \int \mathrm{d}^3r \int\limits_{-\infty}^{+\infty} \mathrm{d}t \, f(\boldsymbol{r}, t) \, \mathrm{e}^{-\mathrm{i}(\boldsymbol{k}\cdot\boldsymbol{r} - \omega t)} \, . \tag{4.191}$$

Schlussbemerkung

Die Definition der Fourier-Transformation $\widetilde{f}(k)$ in (4.184) ist natürlich nur dann sinnvoll, wenn das Integral für alle k existiert. Dazu ist sicher ein hinreichend rasches Verschwinden der Funktion $f(x)$ für $|x| \to \infty$ zu fordern. Das schränkt allerdings die Klasse der Funktionen, die sich fourier-transformieren lassen, außerordentlich ein. So würde z. B. die Funktion

$$f(x) \equiv c = \text{const}$$

nicht transformierbar sein. Man erweitert deshalb die Definition (4.184) um einen **konvergenzerzeugenden Faktor**:

$$\widetilde{f}(k) = \lim_{\eta \to 0^+} \frac{1}{\sqrt{2\pi}} \int\limits_{-\infty}^{+\infty} \mathrm{d}x \, \mathrm{e}^{-\mathrm{i}kx - \eta x^2} f(x) \, . \tag{4.192}$$

Zunächst einmal beeinflusst diese Erweiterung die Funktionen, die sich schon gemäß (4.184) transformieren lassen, überhaupt nicht. Die Klasse der transformierbaren

Funktionen wird aber größer. Nehmen wir z. B. die obige Funktion $f(x) \equiv c$:

$$\widetilde{f}(k) = \lim_{\eta \to 0^+} \frac{c}{\sqrt{2\pi}} \int\limits_{-\infty}^{+\infty} \mathrm{d}x \, \mathrm{e}^{-\mathrm{i}kx - \eta x^2} \; .$$

Ein Integral dieses Typs haben wir bereits im Zusammenhang mit (4.161) berechnet:

$$\widetilde{f}(k) = \lim_{\eta \to 0^+} \frac{c}{\sqrt{2\eta}} \mathrm{e}^{-k^2/4\eta} = \sqrt{2\pi}\, c\, \delta(k) \; . \tag{4.193}$$

Im letzten Schritt wurde (4.160) ausgenutzt (s. Aufgabe 1.7.1). Die Rücktransformation ist dann nach (4.183) automatisch erfüllt. Dies gilt aber nur für dieses Beispiel.

Im Allgemeinen muss derselbe Grenzwertprozess natürlich auch für die Umkehrfunktion durchgeführt werden:

$$f(x) = \lim_{\widetilde{\eta} \to 0^+} \frac{1}{\sqrt{2\pi}} \int\limits_{-\infty}^{+\infty} \mathrm{d}k \, \mathrm{e}^{\mathrm{i}kx - \widetilde{\eta} k^2} f(k) \; . \tag{4.194}$$

Dieselbe Rechnung wie oben liefert dann zu $f(x) = \delta(x)$ die Fourier-Transformierte $\widetilde{f}(k) = 1/\sqrt{2\pi}$, was sich mit (4.189) deckt.

Der Grenzwertprozess (4.192) bzw. (4.194) wird in der Regel nicht explizit ausgeschrieben, ist aber stets *gemeint*. Die Integrale in (4.183) und (4.184) sind in diesem Sinne symbolisch zu verstehen.

4.3.7 Allgemeine Lösung der Wellengleichung

Wir kommen nun noch einmal zu unserem Ausgangsproblem zurück, der Lösung der homogenen Wellengleichung (4.128),

$$\left(\Delta - \frac{1}{u^2} \frac{\partial^2}{\partial t^2} \right) \psi(\boldsymbol{r}, t) = 0 \; ,$$

für die wir **Anfangsbedingungen** der Form

$$\psi(\boldsymbol{r}, t = 0) = \psi_0(\boldsymbol{r}) \; ; \quad \dot{\psi}(\boldsymbol{r}, t = 0) = v_0(\boldsymbol{r}) \tag{4.195}$$

als bekannt voraussetzen wollen. $\widetilde{\psi}(\boldsymbol{k}, \omega)$ sei die Fourier-Transformierte der gesuchten Lösung:

$$\psi(\boldsymbol{r}, t) = \frac{1}{(2\pi)^2} \int \mathrm{d}^3k \int\limits_{-\infty}^{+\infty} \mathrm{d}\omega \, \widetilde{\psi}(\boldsymbol{k}, \omega) \, \mathrm{e}^{\mathrm{i}(\boldsymbol{k}\cdot\boldsymbol{r} - \omega t)} \; . \tag{4.196}$$

$\psi(\boldsymbol{r}, t)$ stellt damit eine Überlagerung von ebenen Wellen dar, ist selbst aber im Allgemeinen keine mehr, da ja **alle** Ausbreitungsrichtungen $\boldsymbol{k}/k$ im Prinzip zugelassen sind.

Wir setzen den Ansatz (4.196) in die Wellengleichung ein und benutzen:

$$\frac{\partial}{\partial x}\,\mathrm{e}^{\mathrm{i}(\boldsymbol{k}\cdot\boldsymbol{r}-\omega t)} = \mathrm{i}k_x\,\mathrm{e}^{\mathrm{i}(\boldsymbol{k}\cdot\boldsymbol{r}-\omega t)}\,,$$

$$\frac{\partial}{\partial y}\,\mathrm{e}^{\mathrm{i}(\boldsymbol{k}\cdot\boldsymbol{r}-\omega t)} = \mathrm{i}k_y\,\mathrm{e}^{\mathrm{i}(\boldsymbol{k}\cdot\boldsymbol{r}-\omega t)}\,,$$

$$\frac{\partial}{\partial z}\,\mathrm{e}^{\mathrm{i}(\boldsymbol{k}\cdot\boldsymbol{r}-\omega t)} = \mathrm{i}k_z\,\mathrm{e}^{\mathrm{i}(\boldsymbol{k}\cdot\boldsymbol{r}-\omega t)}\,,$$

$$\Rightarrow\quad \nabla\,\mathrm{e}^{\mathrm{i}(\boldsymbol{k}\cdot\boldsymbol{r}-\omega t)} = \mathrm{i}\boldsymbol{k}\,\mathrm{e}^{\mathrm{i}(\boldsymbol{k}\cdot\boldsymbol{r}-\omega t)}$$

$$\Rightarrow\quad \Delta\,\mathrm{e}^{\mathrm{i}(\boldsymbol{k}\cdot\boldsymbol{r}-\omega t)} = -k^2\,\mathrm{e}^{\mathrm{i}(\boldsymbol{k}\cdot\boldsymbol{r}-\omega t)}$$

$$\frac{\partial^2}{\partial t^2}\,\mathrm{e}^{\mathrm{i}(\boldsymbol{k}\cdot\boldsymbol{r}-\omega t)} = -\omega^2\,\mathrm{e}^{\mathrm{i}(\boldsymbol{k}\cdot\boldsymbol{r}-\omega t)}\,.$$

Damit folgt zunächst:

$$\frac{1}{(2\pi)^2}\int \mathrm{d}^3k \int\limits_{-\infty}^{+\infty}\mathrm{d}\omega\,\left(-k^2+\frac{\omega^2}{u^2}\right)\widetilde{\psi}(\boldsymbol{k},\,\omega)\,\mathrm{e}^{\mathrm{i}(\boldsymbol{k}\cdot\boldsymbol{r}-\omega t)} = 0\,.$$

Die Fourier-Umkehrung führt dann auf:

$$\left(\frac{\omega^2}{u^2}-k^2\right)\widetilde{\psi}(\boldsymbol{k},\omega) = 0\,. \tag{4.197}$$

Das ist ein bemerkenswertes Resultat, da nun aus der ursprünglichen partiellen Differentialgleichung für $\psi(\boldsymbol{r},t)$ eine rein algebraische Gleichung für $\widetilde{\psi}(\boldsymbol{k},\omega)$ geworden ist. Offensichtlich kann $\widetilde{\psi}$ nur für

$$\omega = \pm u\,k \tag{4.198}$$

von Null verschieden sein. Dort muss $\widetilde{\psi}\neq 0$ sein, denn sonst wäre $\psi(\boldsymbol{r},t)\equiv 0$. Dies führt auf den **Ansatz**

$$\widetilde{\psi}(\boldsymbol{k},\omega) = a_+(\boldsymbol{k})\,\delta(\omega+u\,k) + a_-(\boldsymbol{k})\delta(\omega-u\,k)\,, \tag{4.199}$$

und ergibt als **Zwischenlösung:**

$$\psi(\boldsymbol{r},t) = \frac{1}{(2\pi)^2}\int \mathrm{d}^3k\left[a_+(\boldsymbol{k})\,\mathrm{e}^{\mathrm{i}(\boldsymbol{k}\cdot\boldsymbol{r}+kut)} + a_-(\boldsymbol{k})\,\mathrm{e}^{\mathrm{i}(\boldsymbol{k}\cdot\boldsymbol{r}-kut)}\right]\,.$$

Diese passen wir nun den **Anfangsbedingungen** (4.195) an:

$$\psi_0(\boldsymbol{r}) = \frac{1}{(2\pi)^2}\int \mathrm{d}^3k\,\mathrm{e}^{\mathrm{i}\,\boldsymbol{k}\cdot\boldsymbol{r}}\left(a_+(\boldsymbol{k})+a_-(\boldsymbol{k})\right)\,,$$

$$v_0(\boldsymbol{r}) = \frac{\mathrm{i}}{(2\pi)^2}\int \mathrm{d}^3k\,\mathrm{e}^{\mathrm{i}\,\boldsymbol{k}\cdot\boldsymbol{r}}ku\left(a_+(\boldsymbol{k})-a_-(\boldsymbol{k})\right)\,.$$

Hier liefert die Fourier-Umkehrung:

$$\frac{1}{\sqrt{2\pi}}\left(a_+(\boldsymbol{k})+a_-(\boldsymbol{k})\right)=\frac{1}{(2\pi)^{3/2}}\int \mathrm{d}^3r\,\mathrm{e}^{-\mathrm{i}\,\boldsymbol{k}\cdot\boldsymbol{r}}\psi_0(\boldsymbol{r})\,,$$

$$\frac{1}{\sqrt{2\pi}}\left(a_+(\boldsymbol{k})-a_-(\boldsymbol{k})\right)=\frac{-i}{ku(2\pi)^{3/2}}\int \mathrm{d}^3r\,\mathrm{e}^{-\mathrm{i}\,\boldsymbol{k}\cdot\boldsymbol{r}}v_0(\boldsymbol{r})\,.$$

Damit sind die Gewichtsfunktionen $a_\pm(\boldsymbol{k})$ bestimmt:

$$a_\pm(\boldsymbol{k})=\frac{1}{4\pi}\int \mathrm{d}^3r\,\mathrm{e}^{-\mathrm{i}\,\boldsymbol{k}\cdot\boldsymbol{r}}\left(\psi_0(\boldsymbol{r})\mp\frac{\mathrm{i}}{ku}v_0(\boldsymbol{r})\right)\,. \tag{4.200}$$

Einsetzen in die obige Zwischenlösung ergibt:

$$\psi(\boldsymbol{r},t)=\frac{1}{2(2\pi)^3}\int \mathrm{d}^3k\int \mathrm{d}^3r'\,\mathrm{e}^{\mathrm{i}\,\boldsymbol{k}\cdot(\boldsymbol{r}-\boldsymbol{r}')}\,\cdot$$
$$\cdot\left[\mathrm{e}^{\mathrm{i}\,kut}\left(\psi_0(\boldsymbol{r}')-\frac{\mathrm{i}}{ku}v_0(\boldsymbol{r}')\right)+\mathrm{e}^{-\mathrm{i}\,kut}\left(\psi_0(\boldsymbol{r}')+\frac{\mathrm{i}}{ku}v_0(\boldsymbol{r}')\right)\right]\,.$$

Mit der **Abkürzung:**

$$D(\boldsymbol{r},t)=\frac{-\mathrm{i}}{2(2\pi)^3}\int\frac{\mathrm{d}^3k}{ku}\,\mathrm{e}^{\mathrm{i}\,\boldsymbol{k}\cdot\boldsymbol{r}}\left(\mathrm{e}^{\mathrm{i}\,kut}-\mathrm{e}^{-\mathrm{i}\,kut}\right) \tag{4.201}$$

folgt schließlich die **Lösung:**

$$\psi(\boldsymbol{r},t)=\int \mathrm{d}^3r'\,\left(\dot{D}(\boldsymbol{r}-\boldsymbol{r}',t)\psi_0(\boldsymbol{r}')+D(\boldsymbol{r}-\boldsymbol{r}',t)v_0(\boldsymbol{r}')\right)\,. \tag{4.202}$$

Wir wollen die Funktion $D(\boldsymbol{r},t)$ noch etwas genauer untersuchen. Mit $\boldsymbol{r}$ als Polarachse lassen sich die Integrationen in (4.201) wie folgt ausführen:

$$D(\boldsymbol{r},t)=$$

$$=\frac{-\mathrm{i}}{2(2\pi)^2}\int_0^\infty \mathrm{d}k\,\frac{k}{u}\int_{-1}^{+1}\mathrm{d}x\,\mathrm{e}^{\mathrm{i}\,krx}\left(\mathrm{e}^{\mathrm{i}\,kut}-\mathrm{e}^{-\mathrm{i}\,kut}\right)=$$

$$=\frac{-1}{2(2\pi)^2}\,\frac{1}{ur}\left\{\int_0^\infty \mathrm{d}k\left[\mathrm{e}^{\mathrm{i}\,kr}\left(\mathrm{e}^{\mathrm{i}\,kut}-\mathrm{e}^{-\mathrm{i}\,kut}\right)-\mathrm{e}^{-\mathrm{i}\,kr}\left(\mathrm{e}^{\mathrm{i}\,kut}-\mathrm{e}^{-\mathrm{i}\,kut}\right)\right]\right\}=$$

$$=\frac{-1}{2(2\pi)^2ur}\int_{-\infty}^{+\infty}\mathrm{d}k\,\left(\mathrm{e}^{\mathrm{i}\,k(r+ut)}-\mathrm{e}^{\mathrm{i}\,k(r-ut)}\right)=$$

$$=\frac{-1}{4\pi ur}\left[\delta(r+ut)-\delta(r-ut)\right]\,.$$

Im letzten Schritt haben wir noch die Darstellung (4.189) der δ-Funktion ausgenutzt. Wegen $r > 0$ und $u > 0$ bleibt schließlich:

$$D(\boldsymbol{r}, t) = \frac{1}{4\pi u r} \begin{cases} \delta(r - ut) \,, & \text{falls } t > 0 \,, \\ -\delta(r + ut) \,, & \text{falls } t < 0 \,. \end{cases} \tag{4.203}$$

Für $t = 0$ müssen wir auf die Definition (4.201) zurückgreifen:

$$D(\boldsymbol{r}, t = 0) = 0 \,. \tag{4.204}$$

Damit ist die homogene Wellengleichung vollständig gelöst.

4.3.8 Energietransport in Wellenfeldern

Aus Gründen mathematischer Zweckmäßigkeit haben wir in den vorangegangenen Abschnitten die elektromagnetischen Felder komplex angesetzt. Dies war erlaubt, da die linearen Operationen der relevanten Differentialgleichungen Real- und Imaginärteile nicht mischen, sodass man den Übergang zum *physikalischen* Resultat ($\widehat{=}$ Realteil) erst ganz zum Schluss vollziehen muss.

Wir wollen uns nun jedoch für die **Energiestromdichte** (4.45), die **Energiedichte** (4.46) und die **Impulsdichte** (4.50) des elektromagnetischen Wellenfeldes interessieren. Bei diesen handelt es sich durchweg um Skalar- oder Vektorprodukte komplexer Vektoren, also um nichtlineare Ausdrücke, für die man deshalb von Anfang an reell rechnen muss.

Wir betrachten als Beispiel das Skalarprodukt zweier komplexer Vektoren $\boldsymbol{a}$ und $\boldsymbol{b}$:

$$(\operatorname{Re} \boldsymbol{a}) \cdot (\operatorname{Re} \boldsymbol{b}) = \frac{1}{4} \left(\boldsymbol{a} + \boldsymbol{a}^*\right) \cdot \left(\boldsymbol{b} + \boldsymbol{b}^*\right) = \frac{1}{4} \left(\boldsymbol{a} \cdot \boldsymbol{b} + \boldsymbol{a} \cdot \boldsymbol{b}^* + \boldsymbol{a}^* \cdot \boldsymbol{b} + \boldsymbol{a}^* \cdot \boldsymbol{b}^*\right) \,.$$

Für uns interessant sind die Situationen, in denen die Felder eine **harmonische Zeitabhängigkeit** aufweisen,

$$\boldsymbol{a}(\boldsymbol{r}, t) = \hat{\boldsymbol{a}}_0(\boldsymbol{r}) \, \mathrm{e}^{-\mathrm{i}\omega t} \,,$$

$$\boldsymbol{b}(\boldsymbol{r}, t) = \hat{\boldsymbol{b}}_0(\boldsymbol{r}) \, \mathrm{e}^{-\mathrm{i}\omega t} \,,$$

und nur im **Zeitmittel** benötigt werden:

$$\overline{A}(t) = \frac{1}{\tau} \int\limits_t^{t+\tau} A(t') \, \mathrm{d}t' \,. \tag{4.205}$$

Gemittelt wird über eine charakteristische Periode $\tau(\omega\tau = 2\pi)$:

$$\overline{\boldsymbol{a} \cdot \boldsymbol{b}(t)} = \frac{1}{\tau} \, \hat{\boldsymbol{a}}_0 \cdot \hat{\boldsymbol{b}}_0 \int\limits_t^{t+\tau} \mathrm{d}t' \, \mathrm{e}^{-2\mathrm{i}\omega t'} = \mathrm{i} \frac{\hat{\boldsymbol{a}}_0 \cdot \hat{\boldsymbol{b}}_0}{2\omega\tau} \, \mathrm{e}^{-2\mathrm{i}\omega t'} \Big|_t^{t+\tau} = 0 \,. \tag{4.206}$$

Dagegen sind

$$\overline{\boldsymbol{a}^* \cdot \boldsymbol{b}(t)} = \hat{\boldsymbol{a}}_0^* \cdot \hat{\boldsymbol{b}}_0 \; ; \quad \overline{\boldsymbol{a} \cdot \boldsymbol{b}^*(t)} = \hat{\boldsymbol{a}}_0 \cdot \hat{\boldsymbol{b}}_0^* \, ,$$

woraus dann schließlich folgt:

$$\begin{aligned} \overline{(\operatorname{Re}\boldsymbol{a}) \cdot (\operatorname{Re}\boldsymbol{b})(t)} &= \frac{1}{4}\left(\hat{\boldsymbol{a}}_0^* \cdot \hat{\boldsymbol{b}}_0 + \hat{\boldsymbol{a}}_0 \cdot \hat{\boldsymbol{b}}_0^*\right) = \\ &= \frac{1}{2}\operatorname{Re}\left(\hat{\boldsymbol{a}}_0^* \cdot \hat{\boldsymbol{b}}_0\right) = \frac{1}{2}\operatorname{Re}\left(\hat{\boldsymbol{a}}_0 \cdot \hat{\boldsymbol{b}}_0^*\right) . \end{aligned} \tag{4.207}$$

Ganz analog findet man für das entsprechende Vektorprodukt:

$$\overline{(\operatorname{Re}\boldsymbol{a}) \times (\operatorname{Re}\boldsymbol{b})(t)} = \frac{1}{2}\operatorname{Re}\left(\hat{\boldsymbol{a}}_0 \times \hat{\boldsymbol{b}}_0^*\right) = \frac{1}{2}\operatorname{Re}\left(\hat{\boldsymbol{a}}_0^* \times \hat{\boldsymbol{b}}_0\right) . \tag{4.208}$$

Falls also die elektromagnetischen Felder eine harmonische Zeitabhängigkeit aufweisen, so gilt für die **Energiedichte** (4.46):

$$\overline{w}(\boldsymbol{r},t) = \frac{1}{4}\operatorname{Re}\left(\widehat{\boldsymbol{H}}_0 \cdot \widehat{\boldsymbol{B}}_0^* + \widehat{\boldsymbol{E}}_0 \cdot \widehat{\boldsymbol{D}}_0^*\right) \tag{4.209}$$

und für die **Energiestromdichte** (4.45):

$$\overline{\boldsymbol{S}}(\boldsymbol{r},t) = \frac{1}{2}\operatorname{Re}\left(\widehat{\boldsymbol{E}}_0 \times \widehat{\boldsymbol{H}}_0^*\right) . \tag{4.210}$$

Wir nehmen speziell ebene Wellen an,

$$\boldsymbol{E}(\boldsymbol{r},t) = \boldsymbol{E}_0 \, \mathrm{e}^{\mathrm{i}(\boldsymbol{k}\cdot\boldsymbol{r}-\omega t)} \, ,$$

$$\boldsymbol{B}(\boldsymbol{r},t) = \boldsymbol{B}_0 \, \mathrm{e}^{\mathrm{i}(\boldsymbol{k}\cdot\boldsymbol{r}-\omega t)} \, ,$$

sodass wir (4.140) und (4.143) ausnutzen können:

$$\boldsymbol{B}_0 = \frac{1}{\omega}\left(\boldsymbol{k} \times \boldsymbol{E}_0\right) \Rightarrow |\boldsymbol{B}_0|^2 = \frac{1}{u^2}|\boldsymbol{E}_0|^2 \, ,$$

$$\boldsymbol{E}_0 = -\frac{u^2}{\omega}\left(\boldsymbol{k} \times \boldsymbol{B}_0\right) \Rightarrow |\boldsymbol{E}_0|^2 = u^2|\boldsymbol{B}_0|^2 \, .$$

Dies ergibt z. B. für den **magnetischen Anteil der Energiedichte:**

$$\overline{w}_{\mathrm{m}}(\boldsymbol{r},t) = \frac{1}{4}\operatorname{Re}\left(\widehat{\boldsymbol{H}} \cdot \widehat{\boldsymbol{B}}_0^*\right) = \frac{1}{4\mu_{\mathrm{r}}\mu_0}|\boldsymbol{B}_0|^2 = \frac{1}{4}\varepsilon_{\mathrm{r}}\varepsilon_0|\boldsymbol{E}_0|^2 . \tag{4.211}$$

Für den **elektrischen Anteil der Energiedichte** finden wir denselben Ausdruck:

$$\overline{w}_{\mathrm{e}}(\boldsymbol{r},t) = \frac{1}{4}\operatorname{Re}\left(\widehat{\boldsymbol{E}}_0 \cdot \widehat{\boldsymbol{D}}_0^*\right) = \frac{1}{4}\varepsilon_{\mathrm{r}}\varepsilon_0|\boldsymbol{E}_0|^2 . \tag{4.212}$$

In der ebenen Welle ist im zeitlichen Mittel die elektrische gleich der magnetischen Energiedichte. Für die gesamte Energiedichte bleibt deshalb:

$$\overline{w}(\boldsymbol{r},t) = \frac{1}{2}\varepsilon_r\varepsilon_0|\boldsymbol{E}_0|^2 = \frac{1}{2\mu_r\mu_0}|\boldsymbol{B}_0|^2 \,. \tag{4.213}$$

Wir wollen schließlich noch den **Poynting-Vektor** für die ebene Welle auswerten:

$$\overline{\boldsymbol{S}}(\boldsymbol{r},t) = \frac{1}{2\mu_r\mu_0}\,\mathrm{Re}\left(\widehat{\boldsymbol{E}}_0 \times \widehat{\boldsymbol{B}}_0^*\right) = \frac{1}{2\mu_r\mu_0\omega}\,\mathrm{Re}\left[\boldsymbol{E}_0 \times \left(\boldsymbol{k}\times\boldsymbol{E}_0^*\right)\right] =$$

$$= \frac{1}{2\omega\mu_r\mu_0}\,\mathrm{Re}\left(\boldsymbol{k}|\boldsymbol{E}_0|^2 - \boldsymbol{E}_0^*\underbrace{(\boldsymbol{E}_0\cdot\boldsymbol{k})}_{=0}\right) .$$

Dies bedeutet:

$$\overline{\boldsymbol{S}}(\boldsymbol{r},t) = \frac{1}{2}\sqrt{\frac{\varepsilon_r\varepsilon_0}{\mu_r\mu_0}}|\boldsymbol{E}_0|^2\frac{\boldsymbol{k}}{k} \,. \tag{4.214}$$

Wir können diesen Ausdruck mit der Energiedichte (4.213) kombinieren:

$$\overline{\boldsymbol{S}}(\boldsymbol{r},t) = u\,\overline{w}(\boldsymbol{r},t)\frac{\boldsymbol{k}}{k} \,. \tag{4.215}$$

Wie jede *Stromdichte* lässt sich auch die Energiestromdichte schreiben als Produkt aus Geschwindigkeit und Dichte der *strömenden Substanz*. Der Energietransport erfolgt in Richtung des Ausbreitungsvektors.

4.3.9 Wellenausbreitung in elektrischen Leitern

Wir haben in Abschn. 4.3.1 gezeigt, dass die elektromagnetischen Feldgrößen $\boldsymbol{E}$ und $\boldsymbol{B}$ die homogene Wellengleichung (4.128) erfüllen, wenn wir zunächst als Medium einen homogenen, ungeladenen Isolator voraussetzen. Damit wird von der maxwellschen Theorie die Existenz **elektromagnetischer Wellen** postuliert. Man erinnere sich, dass diese Aussage allein daraus resultiert, dass gegenüber den früher diskutierten stationären bzw. quasistationären Feldern nun der Verschiebungsstrom $\dot{\boldsymbol{D}}$ mit in die Maxwell-Gleichungen aufgenommen wurde. Ohne diesen Term kann man zu den Wellengleichungen für $\boldsymbol{E}$ und $\boldsymbol{B}$ nicht kommen.

Wir wollen nun die Betrachtungen der letzten Abschnitte erweitern auf

homogene, isotrope, ladungsfreie, elektrische Leiter ($\sigma \neq 0$).

In diesem Fall ist in der inhomogenen Maxwell-Gleichung für $\boldsymbol{H}$ nicht nur der Verschiebungsstrom $\dot{\boldsymbol{D}}$, sondern auch der Leitungsstrom

$$\boldsymbol{j} = \sigma\boldsymbol{E}$$

zu berücksichtigen. Dies ergibt nun den folgenden Satz von Maxwell-Gleichungen:

$$\operatorname{div}\boldsymbol{E} = 0\,; \qquad \operatorname{div}\boldsymbol{B} = 0\,;$$

$$\operatorname{rot}\boldsymbol{E} = -\dot{\boldsymbol{B}}\,; \qquad \operatorname{rot}\boldsymbol{B} = \mu_r\mu_0\sigma\,\boldsymbol{E} + \frac{1}{u^2}\dot{\boldsymbol{E}}\,. \tag{4.216}$$

Wir haben diese wieder direkt für die physikalisch relevanten Felder $\boldsymbol{E}$ und $\boldsymbol{B}$ formuliert. Die Wellengeschwindigkeit u wurde in (4.126) definiert. Nicht ganz selbstverständlich ist streng genommen die homogene Gleichung $\operatorname{div}\boldsymbol{E} = 0$. Wir setzen zwar voraus, dass

$$\varrho(\boldsymbol{r}, t = 0) = 0\,,$$

d. h., der Leiter anfangs ungeladen ist. Die Tatsache, dass dies dann auch für alle Zeiten t so ist, muss aber erst bewiesen werden:

$$0 = \operatorname{div}\operatorname{rot}\boldsymbol{B} = \mu_r\mu_0\sigma\,\operatorname{div}\boldsymbol{E} + \frac{1}{u^2}\,\operatorname{div}\dot{\boldsymbol{E}}\,.$$

Wäre $\varrho(\boldsymbol{r}, t \neq 0) \neq 0$, so würde gelten:

$$\operatorname{div}\boldsymbol{E} = \frac{1}{\varepsilon_r\varepsilon_0}\varrho\,,$$

also:

$$0 = \frac{\mu_r\mu_0}{\varepsilon_r\varepsilon_0}\sigma\,\varrho + \mu_r\mu_0\dot{\varrho}$$

$$\Rightarrow\quad \dot{\varrho} = -\frac{1}{\tau}\varrho; \qquad \tau = \frac{1}{\sigma}\varepsilon_r\varepsilon_0\,.$$

Integration liefert schließlich:

$$\varrho(\boldsymbol{r}, t) = \varrho(\boldsymbol{r}, t = 0)\;\mathrm{e}^{-t/\tau}\,.$$

Wenn der elektrische Leiter also anfangs ungeladen war, dann ist er es für alle Zeiten:

$$\varrho(\boldsymbol{r}, t = 0) = 0 \;\Rightarrow\; \varrho(\boldsymbol{r}, t) \equiv 0\,. \tag{4.217}$$

Die Maxwell-Gleichungen (4.216) sind wegen des Beitrags vom Leitungsstrom zwar etwas komplizierter als die des ungeladenen Isolators (4.125). Es handelt sich aber wie bei diesem um ein gekoppeltes System von linearen, partiellen, **homogenen** Differentialgleichungen erster Ordnung für $\boldsymbol{E}$ und $\boldsymbol{B}$, das sich immer noch exakt entkoppeln lässt:

$$\operatorname{rot}\operatorname{rot}\boldsymbol{E} = \operatorname{grad}\underbrace{(\operatorname{div}\boldsymbol{E})}_{=0} - \Delta\boldsymbol{E} = -\operatorname{rot}\dot{\boldsymbol{B}} = -\mu_r\mu_0\sigma\dot{\boldsymbol{E}} - \frac{1}{u^2}\ddot{\boldsymbol{E}}\,.$$

Dies ergibt als Verallgemeinerung der homogenen Wellengleichung (4.128) für $\sigma \neq 0$ die so genannte

Telegraphengleichung

$$\left[\left(\Delta - \frac{1}{u^2}\frac{\partial^2}{\partial t^2}\right) - \mu_r\mu_0\sigma\frac{\partial}{\partial t}\right]\boldsymbol{E}(\boldsymbol{r},t) = \boldsymbol{0}\,, \tag{4.218}$$

die für $\sigma \to 0$ in (4.128) übergeht. – Trotz der an sich unsymmetrischen Feldgleichungen (4.216) ergibt sich, dass auch die magnetische Induktion $\boldsymbol{B}(\boldsymbol{r},t)$ die Telegraphengleichung erfüllt:

$$\operatorname{rot}\operatorname{rot}\boldsymbol{B} = \operatorname{grad}\underbrace{(\operatorname{div}\boldsymbol{B})}_{=0} - \Delta\boldsymbol{B} = \mu_r\mu_0\sigma\ \operatorname{rot}\boldsymbol{E} + \frac{1}{u^2}\operatorname{rot}\dot{\boldsymbol{E}} =$$

$$= -\mu_r\mu_0\sigma\dot{\boldsymbol{B}} - \frac{1}{u^2}\ddot{\boldsymbol{B}}\,.$$

Daraus folgt:

$$\left[\left(\Delta - \frac{1}{u^2}\frac{\partial^2}{\partial t^2}\right) - \mu_r\mu_0\sigma\frac{\partial}{\partial t}\right]\boldsymbol{B}(\boldsymbol{r},t) = \boldsymbol{0}\,. \tag{4.219}$$

Zur Lösung der Telegraphengleichung (4.218) setzen wir eine zeitlich harmonische Welle an:

$$\boldsymbol{E}(\boldsymbol{r},t) = \widehat{\boldsymbol{E}}_0(\boldsymbol{r})\,\mathrm{e}^{-\mathrm{i}\omega t}\,.$$

Einsetzen in (4.218) liefert:

$$\left(\Delta + \frac{\omega^2}{u^2} + \mathrm{i}\omega\mu_r\mu_0\sigma\right)\widehat{\boldsymbol{E}}_0(\boldsymbol{r}) = \boldsymbol{0}\,. \tag{4.220}$$

Durch Einführen einer **komplexen** Dielektrizitätskonstanten $\overline{\varepsilon}_r$ können wir diese Differentialgleichung auf die uns von den Isolatoren her bekannte Gestalt bringen. Wir schreiben:

$$\frac{\omega^2}{c^2}\mu_r\overline{\varepsilon}_r \equiv \frac{\omega^2}{u^2} + \mathrm{i}\omega\mu_r\mu_0\sigma$$

$$\Rightarrow \overline{\varepsilon}_r = \varepsilon_r + \mathrm{i}\frac{\mu_r\mu_0\sigma\,c^2}{\omega}$$

$$\Rightarrow \overline{\varepsilon}_r = \varepsilon_r + \mathrm{i}\frac{\sigma}{\varepsilon_0\omega} = \overline{\varepsilon}_r(\omega)\,. \tag{4.221}$$

Für $\sigma \to 0$ geht $\overline{\varepsilon}_r$ in die *normale* Dielektrizitätskonstante ε_r über. Ganz analog lässt sich eine komplexe Wellengeschwindigkeit $\overline{u}$ definieren:

$$\overline{u} = \frac{1}{\sqrt{\mu_r\overline{\varepsilon}_r\mu_0\varepsilon_0}} = \frac{c}{\sqrt{\overline{\varepsilon}_r\mu_r}}\,. \tag{4.222}$$

Mit diesen Definitionen nimmt (4.220) formal wieder die Gestalt der homogenen Wellengleichung an:

$$\left(\Delta + \frac{\omega^2}{\overline{u}^2}\right)\widehat{\boldsymbol{E}}_0(\boldsymbol{r}) = \boldsymbol{0}\,. \tag{4.223}$$

Wir können also im Prinzip die ausgiebig diskutierte Lösungstheorie zur homogenen Wellengleichung (4.128) übernehmen, haben nur im Resultat jeweils ε_r durch das komplexe $\overline{\varepsilon}_r$ zu ersetzen. Wir wollen im folgenden die Auswirkungen dieser Ersetzung genauer untersuchen.

Die Telegraphengleichung wird offensichtlich durch

$$\boldsymbol{E}(\boldsymbol{r},t) = \boldsymbol{E}_0\ \mathrm{e}^{\mathrm{i}(\overline{\boldsymbol{k}}\cdot\boldsymbol{r}-\omega t)} \tag{4.224}$$

gelöst, falls

$$\overline{\boldsymbol{k}} = \frac{\omega}{\overline{u}}\boldsymbol{\kappa}\,;\quad \boldsymbol{\kappa} = \frac{\overline{\boldsymbol{k}}}{\overline{k}} \tag{4.225}$$

gilt, wobei $\boldsymbol{\kappa}$ der Einheitsvektor in Ausbreitungsrichtung ist. Wegen $\overline{u}$ ist nun natürlich auch der Wellenvektor $\overline{\boldsymbol{k}}$ komplex.

In (4.127) haben wir den **Brechungsindex** n eines Mediums über die Beziehung

$$n = \sqrt{\varepsilon_r\mu_r} \quad \textbf{(maxwellsche Relation)}$$

eingeführt, die die Optik mit der Theorie elektromagnetischer Felder verknüpft. Diesen Ausdruck verallgemeinern wir:

$$\sqrt{\mu_r\overline{\varepsilon}_r} \equiv \overline{n} + \mathrm{i}\gamma\,. \tag{4.226}$$

Dabei sind $\overline{n}, \gamma$ reelle Größen, deren Bedeutung durch die folgende Rechnung klar wird:

$$\mu_r\overline{\varepsilon}_r = \overline{n}^2 - \gamma^2 + 2\mathrm{i}\,\gamma\,\overline{n}\,.$$

Durch Einsetzen von (4.221) folgt:

$$n^2 + \mathrm{i}\frac{\sigma}{\varepsilon_0\omega}\mu_r = \overline{n}^2 - \gamma^2 + 2\mathrm{i}\,\gamma\overline{n}\,.$$

Diese Gleichung muss für Real- und Imaginärteile gleichzeitig erfüllt sein:

$$n^2 = \overline{n}^2 - \gamma^2\,,$$

$$\mu_r\frac{\sigma}{\varepsilon_0\omega} = 2\gamma\,\overline{n}\,.$$

Wir lösen die zweite Gleichung nach γ auf und setzen das Ergebnis in die erste Gleichung ein:

$$n^2 = \overline{n}^2 - \frac{1}{\overline{n}^2}\left(\frac{n^2}{2}\,\frac{\sigma}{\varepsilon_0\varepsilon_r\omega}\right)^2 \Rightarrow \overline{n}^4 - n^2\overline{n}^2 = \frac{n^4}{4}\left(\frac{\sigma}{\varepsilon_0\varepsilon_r\omega}\right)^2$$

$$\Rightarrow \overline{n}^2 = \frac{1}{2}n^2 \pm \sqrt{\frac{n^4}{4} + \frac{n^4}{4}\left(\frac{\sigma}{\varepsilon_0\varepsilon_r\omega}\right)^2}\,.$$

Da $\overline{n}$ reell ist, kann nur die positive Wurzel richtig sein:

$$\overline{n}^2 = \frac{1}{2}n^2\left[1 + \sqrt{1 + \left(\frac{\sigma}{\varepsilon_0\varepsilon_r\omega}\right)^2}\,\right]. \tag{4.227}$$

Wir erkennen

$$\overline{n} \xrightarrow[\sigma\to 0]{} n$$

und können deshalb $\overline{n}$ als **verallgemeinerten Brechungsindex** interpretieren.

Für die Größe γ in dem Ansatz (4.226) folgt wegen

$$\gamma^2 = \overline{n}^2 - n^2$$

unmittelbar aus (4.227):

$$\gamma^2 = \frac{1}{2}n^2\left[-1 + \sqrt{1 + \left(\frac{\sigma}{\varepsilon_0\varepsilon_r\omega}\right)^2}\,\right]. \tag{4.228}$$

Wie nach (4.226) nicht anders zu erwarten, ist

$$\gamma \xrightarrow[\sigma\to 0.]{} 0\,.$$

γ hat also im Gegensatz zu $\overline{n}$ kein Analogon bei den Isolatoren. Die physikalische Bedeutung von γ wird direkt an der Lösung der Telegraphengleichung klar:

$$\begin{aligned}\boldsymbol{E}(\boldsymbol{r},t) &= \boldsymbol{E}_0\,\mathrm{e}^{\mathrm{i}(\overline{\boldsymbol{k}}\cdot\boldsymbol{r}-\omega t)} = \boldsymbol{E}_0\,\mathrm{e}^{\mathrm{i}((\omega/\overline{u})\boldsymbol{\kappa}\cdot\boldsymbol{r}-\omega t/} = \\ &= \boldsymbol{E}_0\,\mathrm{e}^{\mathrm{i}[(\omega/c)(\overline{n}+\mathrm{i}\gamma)(\boldsymbol{\kappa}\cdot\boldsymbol{r})-\omega t]} = \\ &= \boldsymbol{E}_0\,\mathrm{e}^{-\gamma(\omega/c)(\boldsymbol{\kappa}\cdot\boldsymbol{r})}\,\mathrm{e}^{\mathrm{i}[(\omega/c)\overline{n}(\boldsymbol{\kappa}\cdot\boldsymbol{r})-\omega t]}\,.\end{aligned}$$

O. B. d. A. identifizieren wir die Ausbreitungsrichtung mit der z-Richtung ($\boldsymbol{\kappa} = \boldsymbol{e}_z$):

$$\boldsymbol{E}(\boldsymbol{r},t) = \boldsymbol{E}_0\,\mathrm{e}^{-(\gamma\omega/c)z}\,\mathrm{e}^{\mathrm{i}\omega[(\overline{n}/c)z-t]}\,. \tag{4.229}$$

Die Lösung hat also die Form einer **gedämpften** ebenen Welle. Die Stärke der Dämpfung wird dabei durch γ bestimmt:

γ : Extinktionskoeffizient.

Die durch γ vermittelte Dämpfung resultiert letztlich aus der Bildung joulescher Wärme im elektrischen Leiter.

Diskussion:

1) Eindringtiefe

Die elektromagnetische Welle kann nicht beliebig weit in den elektrischen Leiter eindringen. Die Entfernung $\Delta z = \delta$, nach der die Wellenamplitude auf den e-ten Teil ihres Ausgangswertes gedämpft ist, bezeichnet man als *Eindringtiefe:*

$$\delta = \frac{c}{\omega\gamma} = \frac{\lambda_0}{2\pi\gamma} \tag{4.230}$$

$\left(\lambda_0 : \text{Wellenlänge im Vakuum} (c = \nu\lambda_0)\right)$.

2) Wellenzahl

Wegen (4.225) ist die Wellenzahl $\overline{k}$ komplex:

$$\overline{k} = k_0 + \mathrm{i}\, k_1 \,, \tag{4.231}$$

wobei

$$k_0 = \frac{\omega}{c}\overline{n} \,; \quad k_1 = \frac{\omega}{c}\gamma \tag{4.232}$$

sind. Damit lautet die Lösung der Telegraphengleichung (4.229):

$$\boldsymbol{E}(\boldsymbol{r}, t) = \boldsymbol{E}_0 \; \mathrm{e}^{-k_1 z} \; \mathrm{e}^{\mathrm{i}(k_0 z - \omega t)} \,. \tag{4.233}$$

3) Phasengeschwindigkeit

Aus

$$k_0 z - \omega t \stackrel{!}{=} \text{const}$$

folgt:

$$u_\mathrm{p} = \frac{\mathrm{d}z}{\mathrm{d}t} = \frac{\omega}{k_0} = \frac{c}{\overline{n}} \,. \tag{4.234}$$

Da $\overline{n} > n$ ist, ist die Phasengeschwindigkeit im Leiter kleiner als im Isolator.

4) Wellenlänge

$$\overline{\lambda} = \frac{2\pi}{k_0} = \lambda \frac{n}{\overline{n}} < \lambda \,. \tag{4.235}$$

λ ist die Wellenlänge im Isolator ($\sigma = 0$).

5) Maxwell-Gleichungen

Die Lösungen

$$E(r,t) = E_0 \; e^{i(\overline{k} \cdot r - \omega t)} \,,$$

$$B(r,t) = B_0 \; e^{i(\overline{k} \cdot r - \omega t)}$$

der Telegraphengleichung (4.218), (4.219) müssen noch die durch die Maxwell-Gleichungen (4.216) formulierten Kopplungen erfüllen:

$$\operatorname{div} E = 0 \;\Rightarrow\; \kappa \cdot E = 0 \,,$$

$$\operatorname{div} B = 0 \;\Rightarrow\; \kappa \cdot B = 0 \,,$$

$$\operatorname{rot} E = -\dot{B} \;\Rightarrow\; \frac{1}{\overline{u}} \kappa \times E = B \,.$$

Wie im Isolator bilden also (κ, E, B) in dieser Reihenfolge ein orthogonales Dreibein. Die elektromagnetischen Wellen sind auch jetzt **transversal!**

E und *B* sind aber **nicht** mehr **gleichphasig!** Dies sieht man wie folgt:

$$B = \frac{1}{c}(\overline{n} + i\gamma)(\kappa \times E) \,.$$

Die Polardarstellung der komplexen Zahl ($\overline{n} + i\gamma$):

$$\overline{n} + i\gamma = \sqrt{\overline{n}^2 + \gamma^2} \; e^{i\varphi} \,,$$

$$\tan\varphi = \frac{\gamma}{\overline{n}} \tag{4.236}$$

führt auf

$$B = \frac{1}{c}\sqrt{\overline{n}^2 + \gamma^2}(\kappa \times E) \; e^{i\varphi} \,. \tag{4.237}$$

B und *E* sind also um den Winkel φ phasenverschoben!

6) Zeitgemittelte Energiestromdichte

Für diese gilt nach (4.210):

$$\overline{S}(\boldsymbol{r}) = \frac{1}{2\mu_r\mu_0} \operatorname{Re}\left(\widehat{\boldsymbol{E}}_0(\boldsymbol{r}) \times \widehat{\boldsymbol{B}}_0^*(\boldsymbol{r})\right) =$$

$$= \frac{1}{2\mu_r\mu_0} \operatorname{Re}\left(\widehat{\boldsymbol{E}}_0(\boldsymbol{r}) \times \frac{1}{\overline{u}^*}(\boldsymbol{\kappa} \times \widehat{\boldsymbol{E}}_0)\right) =$$

$$= \frac{1}{2\mu_r\mu_0} \operatorname{Re}\frac{1}{\overline{u}^*}\left(\boldsymbol{\kappa}|\widehat{\boldsymbol{E}}_0(\boldsymbol{r})|^2 - \boldsymbol{E}_0^* \underbrace{(\boldsymbol{\kappa} \cdot \boldsymbol{E})}_{=0}\right) =$$

$$= \frac{1}{2\mu_r\mu_0} |\boldsymbol{E}_0|^2 \, \mathrm{e}^{-2k_1 z} \boldsymbol{\kappa} \frac{1}{c} \operatorname{Re}(\overline{n} - \mathrm{i}\gamma) \, .$$

Dies ergibt:

$$\overline{S}(\boldsymbol{r}) = \frac{|\boldsymbol{E}_0|^2}{2\mu_r\mu_0 u_p} \, \mathrm{e}^{-2\gamma(\omega/c)z} \boldsymbol{\kappa} \, . \tag{4.238}$$

$\overline{S}$ nimmt im Leiter exponentiell ab. Der Grund ist, wie erwähnt, Energiedissipation durch Bildung joulescher Wärme.

7) Zeitgemittelte Energiedichte

Für diese gilt nach (4.209):

$$\overline{w}(\boldsymbol{r}) = \frac{1}{4} \operatorname{Re}\left(\widehat{\boldsymbol{H}}_0(\boldsymbol{r}) \cdot \widehat{\boldsymbol{B}}_0^*(\boldsymbol{r}) + \widehat{\boldsymbol{E}}_0(\boldsymbol{r}) \cdot \widehat{\boldsymbol{D}}_0^*(\boldsymbol{r})\right) \, .$$

Der elektrische Anteil berechnet sich zu:

$$\overline{w}_e(\boldsymbol{r}) = \frac{1}{4}\varepsilon_r\varepsilon_0|\widehat{\boldsymbol{E}}_0(\boldsymbol{r})|^2 = \frac{1}{4}\varepsilon_r\varepsilon_0|\boldsymbol{E}_0|^2 \, \mathrm{e}^{-2k_1 z} \, . \tag{4.239}$$

Für den magnetischen Anteil ergibt sich:

$$\overline{w}_m(\boldsymbol{r}) = \frac{1}{4\mu_r\mu_0} |\widehat{\boldsymbol{B}}_0(\boldsymbol{r})|^2 = \frac{1}{4\mu_r\mu_0} \frac{1}{|\overline{\boldsymbol{u}}|^2} |\boldsymbol{\kappa} \times \widehat{\boldsymbol{E}}_0|^2 \, .$$

Daraus folgt:

$$\overline{w}_m(\boldsymbol{r}) = \frac{1}{4} \frac{\varepsilon_0}{\mu_r} (\overline{n}^2 + \gamma^2)|\boldsymbol{E}_0|^2 \, \mathrm{e}^{-2k_1 z} \, . \tag{4.240}$$

Wegen

$$\varepsilon_r\varepsilon_0 + \frac{\varepsilon_0}{\mu_r}(\overline{n}^2 + \gamma^2) = \varepsilon_r\varepsilon_0 + \frac{\varepsilon_0}{\mu_r}(2\overline{n}^2 - n^2) = \varepsilon_r\varepsilon_0 + 2\frac{\varepsilon_0}{\mu_r}\overline{n}^2 - \varepsilon_0\varepsilon_r =$$

$$= 2\frac{\varepsilon_0}{\mu_r}\frac{c^2}{u_p^2} = \frac{2}{\mu_r\mu_0 u_p^2}$$

folgt schließlich für die gesamte Energiedichte:

$$\overline{w}(\boldsymbol{r}) = \frac{|\boldsymbol{E}_0|^2}{2\mu_r\mu_0 u_p^2}\, \mathrm{e}^{(-2\gamma\omega/c)z} \, . \tag{4.241}$$

Der Vergleich mit (4.238) ergibt den zu (4.215) analogen Zusammenhang zwischen Energiedichte und Energiestromdichte:

$$\overline{\boldsymbol{S}}(\boldsymbol{r}) = u_p\, \overline{w}(\boldsymbol{r})\, \boldsymbol{\kappa} \, . \tag{4.242}$$

4.3.10 Reflexion und Brechung elektromagnetischer Wellen am Isolator

Als wichtige Anwendung unserer bisherigen Theorie wollen wir die Brechung und Reflexion elektromagnetischer Wellen an

ebenen Grenzflächen in einem Dielektrikum

diskutieren. Die abzuleitenden Gesetzmäßigkeiten sind letztlich Folgen

1. der allgemeinen Wellennatur der Felder,
2. des speziellen Feldverhaltens an Grenzflächen.

Wir überlegen uns zunächst, welche Randbedingungen das elektromagnetische Feld an Trennungsflächen zwischen zwei Medien erfüllen muss.

A) Feldverhalten an Grenzflächen

Dieses haben wir bislang nur für die zeit**un**abhängigen Felder untersucht. Wir benutzen für die zeitabhängigen Größen jedoch dieselben Verfahren wie in Abschn. 2.1.4 bzw. 3.4.3 (Stichworte: *gaußsches Kästchen*, *stokesscher Weg*).

Die **div-Gleichungen** haben sich gegenüber dem statischen Fall formal nicht geändert. Wir können deshalb (2.211) und (3.80) direkt übernehmen ($\boldsymbol{n}$ = Normale der Grenzfläche):

$$\boldsymbol{n}\cdot(\boldsymbol{D}_2 - \boldsymbol{D}_1) = \sigma_F \, ; \quad \boldsymbol{n}\cdot(\boldsymbol{B}_2 - \boldsymbol{B}_1) = 0 \, . \tag{4.243}$$

Mit 1. und 2. indizieren wir die beiden aneinandergrenzenden Medien, σ_F ist die **Flächenladungsdichte.**

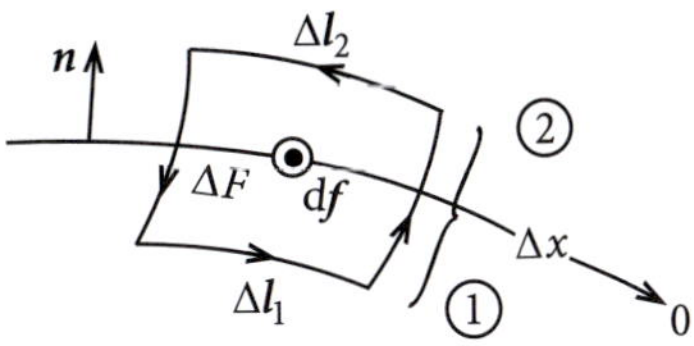

Abb. 4.46. Stokessche Fläche zur Festlegung des Magnetfeldverhaltens an Grenzflächen

Für die **rot-Gleichungen** wählen wir den im Bild gezeigten *stokesschen Weg*. Die umschlossene Fläche sei so orientiert, dass ihre Normale $\boldsymbol{t}$ tangential zur Grenzfläche liegt, damit senkrecht aus der Zeichenebene weisend:

$$\mathrm{d}\boldsymbol{f} = \mathrm{d}f\,\boldsymbol{t}\,.$$

$\boldsymbol{j}_\mathrm{F}$ sei die **Flächenstromdichte**, stellt also einen Strom pro Längeneinheit auf der Grenzfläche dar. Aus der Maxwell-Gleichung für rot $\boldsymbol{H}$ folgt:

$$\int\limits_{\Delta F} \mathrm{d}\boldsymbol{f}\cdot\mathrm{rot}\,\boldsymbol{H} = \int\limits_{\Delta F} \mathrm{d}\boldsymbol{f}\cdot\boldsymbol{j} + \frac{\partial}{\partial t}\int\limits_{\Delta F} \mathrm{d}\boldsymbol{f}\cdot\boldsymbol{D}\,.$$

$\boldsymbol{D}$ ist auf der Trennfläche endlich, deswegen verschwindet der zweite Summand für $\Delta x \to 0$:

$$\int\limits_{\Delta F} \mathrm{d}\boldsymbol{f}\cdot\mathrm{rot}\,\boldsymbol{H} \underset{\Delta x\to 0}{\longrightarrow} \boldsymbol{j}_\mathrm{F}\cdot\boldsymbol{t}\,\Delta l\,.$$

Andererseits gilt auch der stokessche Satz:

$$\int\limits_{\Delta F} \mathrm{d}\boldsymbol{f}\cdot\mathrm{rot}\,\boldsymbol{H} = \int\limits_{\partial\Delta F} \mathrm{d}\boldsymbol{r}\cdot\boldsymbol{H} \underset{\Delta x\to 0}{\longrightarrow} \boldsymbol{H}_2\cdot\Delta\boldsymbol{l}_2 + \boldsymbol{H}_1\cdot\Delta\boldsymbol{l}_1\,,$$

mit $\Delta\boldsymbol{l}_2 = (\boldsymbol{t}\times\boldsymbol{n})\Delta l = -\Delta\boldsymbol{l}_1$.

Daraus folgt:

$$(\boldsymbol{t}\times\boldsymbol{n})\cdot(\boldsymbol{H}_2 - \boldsymbol{H}_1) = \boldsymbol{j}_\mathrm{F}\cdot\boldsymbol{t}\,. \tag{4.244}$$

$\boldsymbol{t}$ muss lediglich tangential zur Grenzfläche liegen, hat sonst aber eine beliebige Richtung. Nutzen wir noch die zyklische Invarianz des Spatproduktes aus, so können wir die Randbedingung für $\boldsymbol{H}$ formulieren:

$$\boldsymbol{n}\times(\boldsymbol{H}_2 - \boldsymbol{H}_1) = \boldsymbol{j}_\mathrm{F}\,. \tag{4.245}$$

Ganz analog folgt aus rot $\boldsymbol{E} = -\dot{\boldsymbol{B}}$:

$$\boldsymbol{n}\times(\boldsymbol{E}_2 - \boldsymbol{E}_1) = 0\,. \tag{4.246}$$

Wir wollen uns in diesem Abschnitt auf **ungeladene Isolatoren** beschränken, d.h. $\sigma_F = 0$ und $\boldsymbol{j}_F \equiv \boldsymbol{0}$ voraussetzen. Dann gelten an Trennflächen die **Stetigkeitsbedingungen:**

$$
\begin{aligned}
&1) \quad \boldsymbol{n} \times (\boldsymbol{E}_2 - \boldsymbol{E}_1) = 0\,, \\
&2) \quad \boldsymbol{n} \cdot (\boldsymbol{D}_2 - \boldsymbol{D}_1) = 0\,, \\
&3) \quad \boldsymbol{n} \times (\boldsymbol{H}_2 - \boldsymbol{H}_1) = 0\,, \\
&4) \quad \boldsymbol{n} \cdot (\boldsymbol{B}_2 - \boldsymbol{B}_1) = 0\,.
\end{aligned}
\tag{4.247}
$$

B) Brechungs- und Reflexionsgesetz

Wir wollen nun zunächst das Problem formulieren, um dann ganz allgemein aus der Wellennatur der elektromagnetischen Felder erste Gesetzmäßigkeiten abzuleiten.

Fällt eine elektromagnetische Welle auf eine Grenzfläche, die aus Medium 1 kommt, so wird sie dort teilweise reflektiert und teilweise gebrochen. Es handele sich um ebene Wellen.

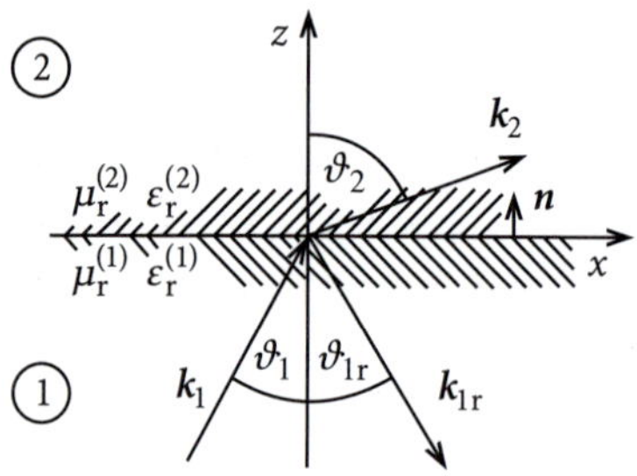

Abb. 4.47. Brechung und Reflexion elektromagnetischer Wellen an Grenzflächen

Einfallend:

$$
\boldsymbol{E}_1 = \boldsymbol{E}_{01}\, \mathrm{e}^{\mathrm{i}(\boldsymbol{k}_1 \cdot \boldsymbol{r} - \omega_1 t)}\,,
$$

$$
\boldsymbol{B}_1 = \frac{1}{\omega_1}\, \boldsymbol{k}_1 \times \boldsymbol{E}_1 = \frac{1}{u_1}(\boldsymbol{\kappa}_1 \times \boldsymbol{E}_1)\,. \tag{4.248}
$$

Die Beziehung für $\boldsymbol{B}_1$ folgt aus (4.140); $\boldsymbol{\kappa}_1$ ist der Einheitsvektor in $\boldsymbol{k}_1$-Richtung und u_1 die Wellengeschwindigkeit im Medium 1:

$$
u_1 = \frac{1}{\sqrt{\mu_r^{(1)} \mu_0\, \varepsilon_r^{(1)} \varepsilon_0}}\,. \tag{4.249}
$$

Reflektiert:

$$
\boldsymbol{E}_{1r} = \boldsymbol{E}_{01r}\, \mathrm{e}^{\mathrm{i}(\boldsymbol{k}_{1r} \cdot \boldsymbol{r} - \omega_{1rt})}\,,
$$

$$
\boldsymbol{B}_{1r} = \frac{1}{u_1}(\boldsymbol{\kappa}_{1r} \times \boldsymbol{E}_{1r})\,. \tag{4.250}
$$

Gebrochen:

$$E_2 = E_{02}\,e^{i(k_2\cdot r - \omega_2 t)}\,,$$

$$B_2 = \frac{1}{u_2}(\kappa_2 \times E_2)\,, \tag{4.251}$$

$$u_2 = \frac{1}{\sqrt{\mu_r^{(2)}\mu_0\,\varepsilon_r^{(2)}\varepsilon_0}}\,. \tag{4.252}$$

Wir können o. B. d. A. annehmen, dass die Grenzfläche die xy-Ebene unseres Koordinatensystems darstellt und die Flächennormale $\boldsymbol{n} = \boldsymbol{e}_z$ zusammen mit dem *einfallenden* Wellenvektor $\boldsymbol{k}_1$ die xz-Ebene definiert. Bezüglich der Richtungen von $\boldsymbol{\kappa}_{1r}$ und $\boldsymbol{\kappa}_2$ wollen wir zunächst nichts festlegen, statt dessen nur annehmen, dass die von $\boldsymbol{n}$ und $\boldsymbol{\kappa}_{1r}$ bzw. $\boldsymbol{n}$ und $\boldsymbol{\kappa}_2$ aufgespannten Ebenen mit der xz-Ebene den Winkel φ_{1r} bzw. φ_2 bilden. Es gilt dann:

$$\boldsymbol{\kappa}_1 = \sin\vartheta_1 \boldsymbol{e}_x + \cos\vartheta_1 \boldsymbol{e}_z\,,$$

$$\boldsymbol{\kappa}_{1r} = \sin\vartheta_{1r}\cos\varphi_{1r}\boldsymbol{e}_x + \sin\vartheta_{1r}\sin\varphi_{1r}\boldsymbol{e}_y - \cos\vartheta_{1r}\boldsymbol{e}_z\,,$$

$$\boldsymbol{\kappa}_2 = \sin\vartheta_2\cos\varphi_2\boldsymbol{e}_x + \sin\vartheta_2\sin\varphi_2\boldsymbol{e}_y + \cos\vartheta_2\boldsymbol{e}_z\,.$$

Die Randbedingungen (4.247) müssen nun in jedem Augenblick an jedem Ort der Trennfläche ($z = 0$) erfüllt sein. Dies ist nur dann möglich, wenn sich die Phasen der drei Wellen auf $z = 0$ höchstens um ein ganzzahliges Vielfaches von π unterscheiden:

$$(\boldsymbol{k}_1\cdot\boldsymbol{r} - \omega_1 t)_{z=0} \overset{!}{=} (\boldsymbol{k}_{1r}\cdot\boldsymbol{r} - \omega_{1r} t)_{z=0} + n\pi \overset{!}{=} (\boldsymbol{k}_2\cdot\boldsymbol{r} - \omega_2 t)_{z=0} + m\pi\,.$$

Wir wählen speziell ($\boldsymbol{r} = \boldsymbol{0}$, $t = 0$):

$$n = m = 0\,.$$

Für ($\boldsymbol{r} = \boldsymbol{0}$, $t \neq 0$) folgt dann:

$$\omega_1 = \omega_{1r} = \omega_2 \equiv \omega\,. \tag{4.253}$$

Es findet bei Reflexion und Brechung an der ruhenden Trennfläche keine Frequenzänderung statt. Für $\boldsymbol{r} \neq 0$ ist dann zu erfüllen:

$$(\boldsymbol{k}_1\cdot\boldsymbol{r})_{z=0} \overset{!}{=} (\boldsymbol{k}_{1r}\cdot\boldsymbol{r})_{z=0} \overset{!}{=} (\boldsymbol{k}_2\cdot\boldsymbol{r})_{z=0}\,.$$

Dies bedeutet (x- und y-Komponente von $\boldsymbol{r}$ beliebig!):

$$k_1\sin\vartheta_1 = k_{1r}\sin\vartheta_{1r}\cos\varphi_{1r} = k_2\sin\vartheta_2\cos\varphi_2\,,$$

$$0 = k_{1r}\sin\vartheta_{1r}\sin\varphi_{1r} = k_2\sin\vartheta_2\sin\varphi_2\,.$$

Die zweite Gleichung ist nur durch ($\vartheta_{1r}, \vartheta_2 \neq 0$)

$$\varphi_{1r} = \varphi_2 = 0 \tag{4.254}$$

zu erfüllen. Dies bedeutet aber, dass $\boldsymbol{k}_1$, $\boldsymbol{k}_{1r}$, $\boldsymbol{k}_2$ in ein- und derselben Ebene liegen, nämlich in der durch die Einfallsrichtung $\boldsymbol{k}_1$ und die Normale $\boldsymbol{n}$ der Grenzfläche betimmten

Einfallsebene.

Von der obigen ersten Gleichung bleibt dann noch:

$$k_1 \sin\vartheta_1 = k_{1r} \sin\vartheta_{1r} = k_2 \sin\vartheta_2 \; .$$

Für die Beträge der Wellenvektoren muss gelten:

$$k_1 = \frac{\omega}{u_1} = \frac{\omega}{c} n_1 = \frac{\omega}{c}\sqrt{\mu_r^{(1)}\varepsilon_r^{(1)}} = k_{1r} \; ,$$

$$k_2 = \frac{\omega}{u_2} = \frac{\omega}{c} n_2 = \frac{\omega}{c}\sqrt{\mu_r^{(2)}\varepsilon_r^{(2)}} \; . \tag{4.255}$$

Damit haben wir gefunden:

Reflexionsgesetz:

$$\vartheta_1 = \vartheta_{1r} \; . \tag{4.256}$$

Brechungsgesetz (Snellius):

$$\frac{\sin\vartheta_1}{\sin\vartheta_2} = \frac{k_2}{k_1} = \frac{n_2}{n_1} \; . \tag{4.257}$$

Medium 2 heißt **optisch dichter** als Medium 1, falls

$$n_2 > n_1$$

gilt. Wegen $0 \leq \vartheta_{1,2} \leq \pi/2$ ist dann $\vartheta_1 > \vartheta_2$. Die Welle wird also zum Lot hin gebrochen. Ferner sind $u_1 > u_2$ und $\lambda_1 > \lambda_2$. Ist Medium 2 **optisch dünner** als Medium 1, d.h. $n_2 < n_1$, so erfolgt Brechung vom Lot weg. Damit gibt es einen *Grenzwinkel* $\vartheta_1 = \vartheta_g$, bei dem Totalreflexion ($\vartheta_2 = \pi/2$) auftritt. Nach (4.257) ist ϑ_g durch

$$\sin\vartheta_g = \frac{n_2}{n_1} \tag{4.258}$$

festgelegt (s. Punkt G).

C) Intensitäten bei Reflexion und Brechung

Die bisher abgeleiteten Gesetzmäßigkeiten erfolgten aus ganz allgemeinen Betrachtungen zur Stetigkeit der Felder an der Grenzfläche. Sie reichen nicht aus, wenn wir auch die Intensitäten der gebrochenen und der reflektierten Welle erfahren wollen, die durch die Betragsquadrate der Feldamplituden bestimmt sind.

Wir haben früher gezeigt, dass sich jede elliptisch polarisierte ebene Welle in zwei senkrecht zueinander linear polarisierte Wellen zerlegen lässt. Wir diskutieren deshalb im folgenden nur die beiden Spezialfälle:

1. $\boldsymbol{E}_1$ senkrecht zur Einfallsebene linear polarisiert,
2. $\boldsymbol{E}_1$ **in** der Einfallsebene linear polarisiert.

Aussagen leiten wir nun aus den Stetigkeitsbedingungen (4.247) ab, die wir zunächst auf den hier interessanten Fall umschreiben:

$$\boldsymbol{n} \times [\boldsymbol{E}_2 - (\boldsymbol{E}_1 + \boldsymbol{E}_{1r})] = 0 \,, \tag{4.259a}$$

$$\boldsymbol{n} \cdot \left[\varepsilon_r^{(2)} \boldsymbol{E}_2 - \varepsilon_r^{(1)} (\boldsymbol{E}_1 + \boldsymbol{E}_{1r})\right] = 0 \,, \tag{4.259b}$$

$$\boldsymbol{n} \times \left[\frac{1}{\mu_r^{(2)}} (\boldsymbol{k}_2 \times \boldsymbol{E}_2) - \frac{1}{\mu_r^{(1)}} (\boldsymbol{k}_1 \times \boldsymbol{E}_1 + \boldsymbol{k}_{1r} \times \boldsymbol{E}_{1r})\right] = 0 \,, \tag{4.259c}$$

$$\boldsymbol{n} \cdot [(\boldsymbol{k}_2 \times \boldsymbol{E}_2) - (\boldsymbol{k}_1 \times \boldsymbol{E}_1 + \boldsymbol{k}_{1r} \times \boldsymbol{E}_{1r})] = 0 \,. \tag{4.259d}$$

1. **$\boldsymbol{E}_1$ senkrecht zur Einfallsebene**

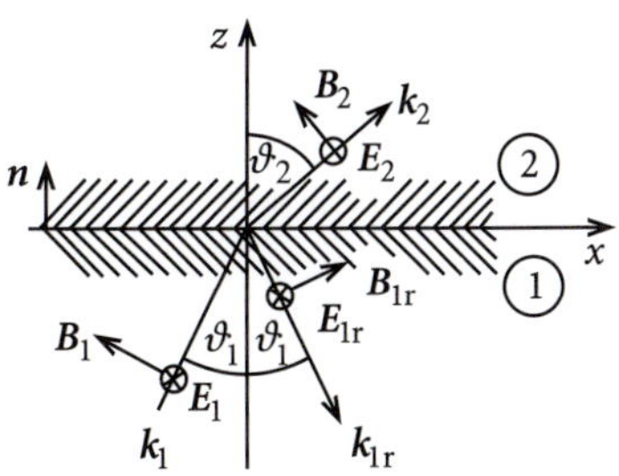

Abb. 4.48. Brechung und Reflexion elektromagnetischer Wellen an Grenzflächen, wobei der einfallende elektrische Feldvektor senkrecht zur Einfallsebene linear polarisiert ist

Aus der Stetigkeit von $\boldsymbol{E}$ bei $z = 0$ folgt, dass neben $\boldsymbol{E}_1$ auch $\boldsymbol{E}_{1r}$ und $\boldsymbol{E}_2$ senkrecht zur Einfallsebene linear polarisiert sind. (4.259b) ist deshalb trivial erfüllt. Aus (4.259a) folgt:

$$E_{02} - (E_{01} + E_{01r}) = 0 \,. \tag{4.260}$$

(4.259d) liefert das Brechungsgesetz (4.257). Bleibt noch (4.259c):

$$\frac{1}{\mu_r^{(2)}}\left[\boldsymbol{k}_2\underbrace{(\boldsymbol{n}\cdot\boldsymbol{E}_2)}_{=0}-\boldsymbol{E}_2(\boldsymbol{n}\cdot\boldsymbol{k}_2)\right]$$

$$-\frac{1}{\mu_r^{(1)}}\left[\boldsymbol{k}_1\underbrace{(\boldsymbol{n}\cdot\boldsymbol{E}_1)}_{=0}-\boldsymbol{E}_1(\boldsymbol{n}\cdot\boldsymbol{k}_0)+\boldsymbol{k}_{1r}\underbrace{(\boldsymbol{n}\cdot\boldsymbol{E}_{1r})}_{=0}-\boldsymbol{E}_{1r}(\boldsymbol{n}\cdot\boldsymbol{k}_{1r})\right]=$$

$$=-\frac{k_2}{\mu_r^{(2)}}\boldsymbol{E}_2\cos\vartheta_2+\frac{k_1}{\mu_r^{(1)}}\boldsymbol{E}_1\cos\vartheta_1-\frac{k_{1r}}{\mu_r^{(1)}}\boldsymbol{E}_{1r}\cos\vartheta_1\stackrel{!}{=}0\,.$$

Mit (4.255) folgt weiter:

$$\sqrt{\frac{\varepsilon_r^{(1)}}{\mu_r^{(1)}}}\left(E_{01}-E_{01r}\right)\cos\vartheta_1-\sqrt{\frac{\varepsilon_r^{(2)}}{\mu_r^{(2)}}}E_{02}\cos\vartheta_2=0\,. \tag{4.261}$$

Wir eliminieren E_{01r} mit (4.260):

$$2E_{01}\sqrt{\frac{\varepsilon_r^{(1)}}{\mu_r^{(1)}}}\cos\vartheta_1=E_{02}\left(\sqrt{\frac{\varepsilon_r^{(1)}}{\mu_r^{(1)}}}\cos\vartheta_1+\sqrt{\frac{\varepsilon_r^{(2)}}{\mu_r^{(2)}}}\cos\vartheta_2\right)\,.$$

Dies ergibt schließlich:

$$\left(\frac{E_{02}}{E_{01}}\right)_\perp=\frac{2n_1\cos\vartheta_1}{n_1\cos\vartheta_1+\dfrac{\mu_r^{(1)}}{\mu_r^{(2)}}n_2\cos\vartheta_2}\,. \tag{4.262}$$

Mit dem Brechungsgesetz (4.257) können wir $\cos\vartheta_2$ noch durch den Einfallswinkel ϑ_1 ausdrücken:

$$\cos\vartheta_2=\sqrt{1-\sin^2\vartheta_2}=\sqrt{1-\frac{n_1^2}{n_2^2}\sin^2\vartheta_1}\,.$$

Damit folgt:

$$\left(\frac{E_{02}}{E_{01}}\right)_\perp=\frac{2n_1\cos\vartheta_1}{n_1\cos\vartheta_1+\dfrac{\mu_r^{(1)}}{\mu_r^{(2)}}\sqrt{n_2^2-n_1^2\sin^2\vartheta_1}}\,. \tag{4.263}$$

Das Amplitudenverhältnis von gebrochener und einfallender Welle ist hiermit durch den Einfallswinkel ϑ_1 und die Materialkonstanten $\varepsilon_r^{(1,2)}$, $\mu_r^{(1,2)}$ vollständig festgelegt.

Aus (4.260) folgt noch:

$$\left(\frac{E_{01r}}{E_{01}}\right)_\perp = \left(\frac{E_{02}}{E_{01}}\right)_\perp - 1\,,$$

sodass sich mit (4.263) für die reflektierte Welle

$$\left(\frac{E_{01r}}{E_{01}}\right)_\perp = \frac{n_1\cos\vartheta_1 - \dfrac{\mu_r^{(1)}}{\mu_r^{(2)}}\sqrt{n_2^2 - n_1^2\sin^2\vartheta_1}}{n_1\cos\vartheta_1 + \dfrac{\mu_r^{(1)}}{\mu_r^{(2)}}\sqrt{n_2^2 - n_1^2\sin^2\vartheta_1}} \qquad (4.264)$$

ergibt.

2. **E_1 parallel zur Einfallsebene**

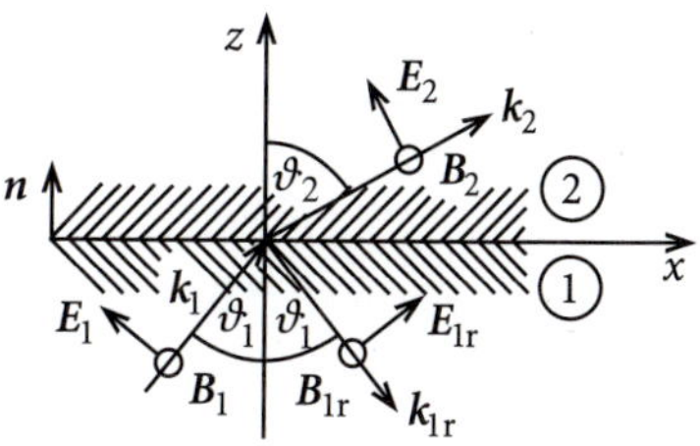

Abb. 4.49. Brechung und Reflexion elektromagnetischer Wellen an Grenzflächen, wobei der einfallende elektrische Feldvektor in der Einfallsebene linear polarisiert ist

Wir wollen die analogen Überlegungen für den Fall durchführen, dass die **E**-Vektoren **in** der Einfallsebene linear polarisiert sind.
Aus der Stetigkeitsbedingung für D_n (4.259b) folgt:

$$\varepsilon_r^{(2)} E_{02}\cos\left(\frac{\pi}{2} - \vartheta_2\right) - \varepsilon_r^{(1)}\left[E_{01}\cos\left(\frac{\pi}{2} - \vartheta_1\right) + E_{01r}\cos\left(\frac{\pi}{2} - \vartheta_1\right)\right] = 0$$

$$\Rightarrow\ \varepsilon_r^{(2)} E_{02}\frac{n_1}{n_2}\sin\vartheta_1 - \varepsilon_r^{(1)}\left(E_{01} + E_{01r}\right)\sin\vartheta_1 = 0$$

oder

$$\varepsilon_r^{(2)} E_{02}\frac{n_1}{n_2} = \varepsilon_r^{(1)}\left(E_{01} + E_{01r}\right)\,. \qquad (4.265)$$

Die Stetigkeitsbedingung (4.259a) für E_t führt zu:

$$E_{02}\sin\left(\frac{\pi}{2} - \vartheta_2\right) - E_{01}\sin\left(\frac{\pi}{2} - \vartheta_1\right) + E_{01r}\sin\left(\frac{\pi}{2} - \vartheta_1\right) = 0\,.$$

Dies bedeutet:

$$E_{02}\cos\vartheta_2 = \left(E_{01} - E_{01r}\right)\cos\vartheta_1\,. \qquad (4.266)$$

(4.265) und (4.266) lassen sich nach E_{02}/E_{01} bzw. E_{01r}/E_{01} auflösen:

$$\left(\frac{E_{02}}{E_{01}}\right)_{\parallel} = \frac{2n_1 n_2 \cos\vartheta_1}{\frac{\mu_r^{(1)}}{\mu_r^{(2)}} n_2^2 \cos\vartheta_1 + n_1\sqrt{n_2^2 - n_1^2 \sin^2\vartheta_1}} , \tag{4.267}$$

$$\left(\frac{E_{01r}}{E_{01}}\right)_{\parallel} = \frac{\frac{\mu_r^{(1)}}{\mu_r^{(2)}} n_2^2 \cos\vartheta_1 - n_1\sqrt{n_2^2 - n_1^2 \sin^2\vartheta_1}}{\frac{\mu_r^{(1)}}{\mu_r^{(2)}} n_2^2 \cos\vartheta_1 + n_1\sqrt{n_2^2 - n_1^2 \sin^2\vartheta_1}} . \tag{4.268}$$

D) Fresnelsche Formeln

Für den häufigen Fall, dass die Medien 1 und 2 dieselbe magnetische Suszeptibilität haben (s. (3.74)),

$$\mu_r^{(1)} = \mu_r^{(2)} , \tag{4.269}$$

wozu auch der wichtige Spezialfall nicht-magnetisierbarer Körper gehört ($\mu_r^{(1)} = \mu_r^{(2)} = 1$), vereinfachen sich die allgemeinen Resultate ((4.263), (4.264), (4.267), (4.268)) noch etwas:

$$\left(\frac{E_{02}}{E_{01}}\right)_{\perp} = \frac{2n_1 \cos\vartheta_1}{n_1 \cos\vartheta_1 + n_2 \cos\vartheta_2} , \tag{4.270}$$

$$\left(\frac{E_{01r}}{E_{01}}\right)_{\perp} = \frac{n_1 \cos\vartheta_1 - n_2 \cos\vartheta_2}{n_1 \cos\vartheta_1 + n_2 \cos\vartheta_2} , \tag{4.271}$$

$$\left(\frac{E_{02}}{E_{01}}\right)_{\parallel} = \frac{2n_1 \cos\vartheta_1}{n_2 \cos\vartheta_1 + n_1 \cos\vartheta_2} , \tag{4.272}$$

$$\left(\frac{E_{01r}}{E_{01}}\right)_{\parallel} = \frac{n_2 \cos\vartheta_1 - n_1 \cos\vartheta_2}{n_2 \cos\vartheta_1 + n_1 \cos\vartheta_2} . \tag{4.273}$$

Diese Relationen lassen sich mithilfe des Brechungsgesetzes und der Additionstheoreme für trigonometrische Funktionen weiter umformen:

$$\left(\frac{E_{02}}{E_{01}}\right)_{\perp} = \frac{n_1}{n_2}\,\frac{2\sin\vartheta_1 \cos\vartheta_1}{\cos\vartheta_2 \sin\vartheta_1 + \sin\vartheta_2 \cos\vartheta_1}$$

$$\Rightarrow \left(\frac{E_{02}}{E_{01}}\right)_{\perp} = \frac{2\sin\vartheta_2 \cos\vartheta_1}{\sin(\vartheta_1 + \vartheta_2)} , \tag{4.274}$$

$$\left(\frac{E_{01r}}{E_{01}}\right)_\perp = \frac{\dfrac{\sin\vartheta_2}{\sin\vartheta_1}\cos\vartheta_1 - \cos\vartheta_2}{\dfrac{\sin\vartheta_2}{\sin\vartheta_1}\cos\vartheta_1 + \cos\vartheta_2}$$

$$\Rightarrow \left(\frac{E_{01r}}{E_{01}}\right)_\perp = \frac{\sin(\vartheta_2 - \vartheta_1)}{\sin(\vartheta_2 + \vartheta_1)}, \qquad (4.275)$$

$$\left(\frac{E_{02}}{E_{01}}\right)_\parallel = \frac{2\sin\vartheta_2\cos\vartheta_1}{\sin\vartheta_1\cos\vartheta_1 + \sin\vartheta_2\cos\vartheta_2},$$

$$\sin\vartheta_1\cos\vartheta_1 + \sin\vartheta_2\cos\vartheta_2 = (\sin\vartheta_1\cos\vartheta_2 + \sin\vartheta_2\cos\vartheta_1)\cdot$$
$$\cdot(\cos\vartheta_1\cos\vartheta_2 + \sin\vartheta_1\sin\vartheta_2)$$

$$\Rightarrow \left(\frac{E_{02}}{E_{01}}\right)_\parallel = \frac{2\sin\vartheta_2\cos\vartheta_1}{\sin(\vartheta_1+\vartheta_2)\cos(\vartheta_1-\vartheta_2)}, \qquad (4.276)$$

$$\left(\frac{E_{01r}}{E_{01}}\right)_\parallel = \frac{\dfrac{\sin\vartheta_1}{\sin\vartheta_2}\cos\vartheta_1 - \cos\vartheta_2}{\dfrac{\sin\vartheta_1}{\sin\vartheta_2}\cos\vartheta_1 + \cos\vartheta_2} = \frac{\sin(2\vartheta_1) - \sin(2\vartheta_2)}{\sin(2\vartheta_1) + \sin(2\vartheta_2)} =$$

$$= \frac{\dfrac{2\tan\vartheta_1}{1+\tan^2\vartheta_1} - \dfrac{2\tan\vartheta_2}{1+\tan^2\vartheta_2}}{\dfrac{2\tan\vartheta_1}{1+\tan^2\vartheta_1} + \dfrac{2\tan\vartheta_2}{1+\tan^2\vartheta_2}} =$$

$$= \frac{(\tan\vartheta_1 - \tan\vartheta_2)(1-\tan\vartheta_1\tan\vartheta_2)}{(\tan\vartheta_1 + \tan\vartheta_2)(1+\tan\vartheta_1\tan\vartheta_2)}$$

$$\Rightarrow \left(\frac{E_{01r}}{E_{01}}\right)_\parallel = \frac{\tan(\vartheta_1 - \vartheta_2)}{\tan(\vartheta_1 + \vartheta_2)}. \qquad (4.277)$$

Die Gleichungen (4.274) bis (4.277) heißen nach ihrem Entdecker **fresnelsche Formeln.**

Es sei **Medium 2** das **optisch dichtere,** d. h.

$$n_2 > n_1 \iff \vartheta_1 > \vartheta_2 .$$

1. Bei streifendem Einfall $\left(\vartheta_1 = \pi/2\right)$ gibt es keine Brechung ($\boldsymbol{E}_2 \equiv 0$).
2. $\left(E_{01r}/E_{01}\right)_\perp < 0$: Die senkrecht zur Einfallsebene polarisierte Welle erleidet demnach bei der Reflexion einen Phasensprung um π.

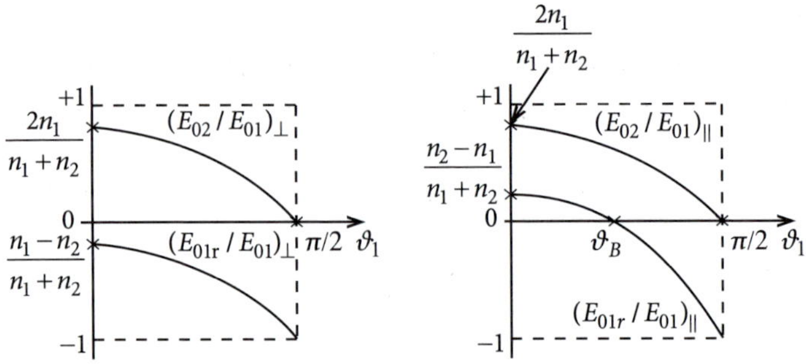

Abb. 4.50. Abhängigkeit des Amplitudenverhältnis des gebrochenen (reflektierten) zum einfallenden elektrischen Feldvektors vom Einfallswinkel ϑ_1 bei zur Einfallsebene senkrechter bzw. paralleler linearer Polarisierung

$\left(E_{01r}/E_{01}\right)_\parallel \geq 0$, solange $\vartheta_1 + \vartheta_2 < \pi/2$. Nach dem Bild auf Seite 273, in dem die Richtungen von $\boldsymbol{E}_1$ und $\boldsymbol{E}_{1r}$ antiparallel gewählt wurden, bedeutet das auch für die parallele, reflektierte Welle einen Phasensprung um π.

Insgesamt macht also für $\vartheta_1 + \vartheta_2 \leq \pi/2$ die reflektierte Welle einen Sprung um π. Dies ist bei Interferenzphänomenen von Bedeutung, bei denen es auf den optischen Wegunterschied zweier Wellen ankommt.

3. Es gibt einen ausgezeichneten Einfallswinkel,

$$\vartheta_1 = \vartheta_B \quad \textbf{(Brewster-Winkel)}\ ,$$

bei dem

$$\left(\frac{E_{01r}}{E_{01}}\right)_\parallel = 0\ .$$

Nach (4.273) ist das genau dann der Fall, wenn

$$n_2 \cos\vartheta_1 \overset{!}{=} n_1 \cos\vartheta_2$$

wird, d.h.

$$n_2 \cos\vartheta_B = n_1 \sqrt{1 - \frac{n_1^2}{n_2^2}\sin^2\vartheta_B}\ .$$

Dies bedeutet:

$$\tan\vartheta_B = \frac{n_2}{n_1}\ . \tag{4.278}$$

Die reflektierte Welle ist dann vollständig **linear polarisiert.**

E) Senkrechter Einfall ($\vartheta_1 = \vartheta_2 = 0$)

Jetzt ist die Einfallsebene nicht definierbar, die Unterscheidung zwischen *senkrecht* und *parallel* wird hinfällig. Aus (4.270) bis (4.273) folgt für diesen Spezialfall:

$$\left(\frac{E_{02}}{E_{01}}\right)_{\perp} = \frac{2n_1}{n_1 + n_2} = \left(\frac{E_{02}}{E_{01}}\right)_{\parallel} , \qquad (4.279)$$

$$\left(\frac{E_{01r}}{E_{01}}\right)_{\perp} = \frac{n_1 - n_2}{n_1 + n_2} = -\left(\frac{E_{01r}}{E_{01}}\right)_{\parallel} . \qquad (4.280)$$

Man mache sich klar, dass das Vorzeichen in (4.280) keinen Widerspruch bedeutet!

F) Energietransport (Intensitäten!)

Einfallende, gebrochene und reflektierte Wellen transportieren Energie. Für die entsprechenden Energiestromdichten gilt nach (4.214):

$$\overline{S} = \frac{1}{2}\sqrt{\frac{\varepsilon_r\varepsilon_0}{\mu_r\mu_0}}\,|\boldsymbol{E}_0|^2\,\frac{\boldsymbol{k}}{k} .$$

Man definiert damit

1. den **Reflexionskoeffizienten:**

$$R = \left|\frac{\overline{S_{1r}} \cdot \boldsymbol{n}}{\overline{S_1} \cdot \boldsymbol{n}}\right| , \qquad (4.281)$$

2. den **Transmissionskoeffizienten:**

$$T = \left|\frac{\overline{S_2} \cdot \boldsymbol{n}}{\overline{S_1} \cdot \boldsymbol{n}}\right| . \qquad (4.282)$$

Wegen

$$\boldsymbol{k}_1 \cdot \boldsymbol{n} = k_1 \cos\vartheta_1 ,$$

$$\boldsymbol{k}_{1r} \cdot \boldsymbol{n} = k_{1r}\cos(\pi - \vartheta_{1r}) = -k_1 \cos\vartheta_1 ,$$

$$\boldsymbol{k}_2 \cdot \boldsymbol{n} = k_2 \cos\vartheta_2$$

bedeutet das in dem hier vorliegenden Fall:

$$R = \left|\frac{E_{01r}}{E_{01}}\right|^2 , \qquad (4.283)$$

$$T = \sqrt{\frac{\varepsilon_r^{(2)}\mu_r^{(1)}}{\varepsilon_r^{(1)}\mu_r^{(2)}}}\,\frac{\cos\vartheta_2}{\cos\vartheta_1}\left|\frac{E_{02}}{E_{01}}\right|^2 . \qquad (4.284)$$

Die Energieströmungsbilanz

$$T + R = 1 \tag{4.285}$$

sollte natürlich erfüllt sein. Das lässt sich in der Tat zeigen. Man multipliziere (4.260) mit (4.261):

$$\left(E_{01}^{\perp}\right)^2 - \left(E_{01\mathrm{r}}^{\perp}\right)^2 = \sqrt{\frac{\varepsilon_\mathrm{r}^{(2)}\mu_\mathrm{r}^{(1)}}{\varepsilon_\mathrm{r}^{(1)}\mu_\mathrm{r}^{(2)}}}\,\frac{\cos\vartheta_2}{\cos\vartheta_1}\left(E_{02}^{\perp}\right)^2 .$$

Multiplikation von (4.265) mit (4.266) ergibt den analogen Ausdruck für *parallele* Komponenten. Addiert man dann diese beiden Gleichungen und nutzt

$$\left(E_{0i}^{\perp}\right)^2 + \left(E_{0i}^{\parallel}\right)^2 = |E_{0i}|^2$$

aus, so folgt

$$1 - \left|\frac{E_{01\mathrm{r}}}{E_{01}}\right|^2 = \sqrt{\frac{\varepsilon_\mathrm{r}^{(2)}\mu_\mathrm{r}^{(1)}}{\varepsilon_\mathrm{r}^{(1)}\mu_\mathrm{r}^{(2)}}}\,\frac{\cos\vartheta_2}{\cos\vartheta_1}\left|\frac{E_{02}}{E_{01}}\right|^2$$

und damit die Behauptung (4.285).

G) Totalreflexion

Wir hatten bereits mit (4.258) aus dem Snelliusschen Brechungsgesetz gefolgert, dass es beim Übergang vom optisch dichteren ins optisch dünnere Medium,

$$n_1 > n_2 \,,$$

einen Einfallswinkel $\vartheta_1 = \vartheta_g$ gibt, bei dem Totalreflexion auftritt. Die gebrochene Welle läuft parallel zur Grenzfläche. Was passiert nun aber für $\vartheta_1 > \vartheta_g$?

Nach dem Brechungsgesetz (4.257) muss zunächst einmal

$$\sin\vartheta_2 > 1$$

sein. Dann kann ϑ_2 aber nicht mehr reell sein. Da wir andererseits ohnehin stets mit komplexen Feldern gerechnet haben, sollte das für unsere Theorie keine Schwierigkeiten machen, insbesondere sollte das Brechungsgesetz nach wie vor Gültigkeit haben:

$$\sin\vartheta_2 = \frac{n_1}{n_2}\sin\vartheta_1 = \frac{\sin\vartheta_1}{\sin\vartheta_g} .$$

$\cos\vartheta_2$ ist dann rein imaginär:

$$\cos\vartheta_2 = \mathrm{i}\sqrt{\left(\frac{\sin\vartheta_1}{\sin\vartheta_g}\right)^2 - 1}\,. \tag{4.286}$$

Dies setzen wir in die Fresnel-Formel (4.277) ein:

$$\left(\frac{E_{01r}}{E_{01}}\right)_{\parallel} = \frac{\sin\vartheta_1\cos\vartheta_1 - \sin\vartheta_2\cos\vartheta_2}{\sin\vartheta_1\cos\vartheta_1 + \sin\vartheta_2\cos\vartheta_2} =$$

$$= \frac{\cos\vartheta_1 - \dfrac{\mathrm{i}}{\sin\vartheta_g}\sqrt{\left(\dfrac{\sin\vartheta_1}{\sin\vartheta_g}\right)^2 - 1}}{\cos\vartheta_1 + \dfrac{\mathrm{i}}{\sin\vartheta_g}\sqrt{\left(\dfrac{\sin\vartheta_1}{\sin\vartheta_g}\right)^2 - 1}}\,. \tag{4.287}$$

Zähler und Nenner sind konjugiert komplexe Zahlen, haben damit insbesondere denselben Betrag:

$$\Rightarrow \left(\frac{E_{01r}}{E_{01}}\right)_{\parallel} = \frac{\alpha\,\mathrm{e}^{-\mathrm{i}\varphi}}{\alpha\,\mathrm{e}^{\mathrm{i}\varphi}} = \mathrm{e}^{-2\mathrm{i}\varphi}\,, \tag{4.288}$$

$$\tan\varphi = \frac{1}{\sin^2\vartheta_g}\,\frac{\sqrt{\sin^2\vartheta_1 - \sin^2\vartheta_g}}{\cos\vartheta_1}\,. \tag{4.289}$$

Die parallel zur Einfallsebene schwingende Komponente erleidet also bei der Totalreflexion eine Phasenverschiebung um (-2φ). Die Amplitude E_{01r} ist offensichtlich komplex.

Ganz analog findet man mit (4.275) für die senkrechte Komponente:

$$\left(\frac{E_{01r}}{E_{01}}\right)_{\perp} = \frac{\sin\vartheta_2\cos\vartheta_1 - \sin\vartheta_1\cos\vartheta_2}{\sin\vartheta_2\cos\vartheta_1 + \sin\vartheta_1\cos\vartheta_2} = \frac{\dfrac{\cos\vartheta_1}{\sin\vartheta_g} - \cos\vartheta_2}{\dfrac{\cos\vartheta_1}{\sin\vartheta_g} + \cos\vartheta_2} =$$

$$= \frac{\cos\vartheta_1 - \mathrm{i}\sqrt{\sin^2\vartheta_1 - \sin^2\vartheta_g}}{\cos\vartheta_1 + \mathrm{i}\sqrt{\sin^2\vartheta_1 - \sin^2\vartheta_g}} = \mathrm{e}^{-2\mathrm{i}\psi}\,,$$

$$\tan\psi = \frac{\sqrt{\sin^2\vartheta_1 - \sin^2\vartheta_g}}{\cos\vartheta_1}\,. \tag{4.290}$$

Die Phasenwinkel φ und ψ für die beiden Komponenten sind also **nicht** dieselben, d.h., die beiden Komponenten der reflektierten Welle sind relativ zueinander phasenverschoben. War die einfallende Welle linear polarisiert, so ist die reflektierte Welle nun elliptisch polarisiert. Für die Phasendifferenz der beiden Komponenten gilt:

$$\delta = 2(\varphi - \psi) ,$$

$$\tan\frac{\delta}{2} = \tan(\varphi - \psi) = \frac{\tan\varphi - \tan\psi}{1 + \tan\varphi\tan\psi}$$

$$\Rightarrow \tan\frac{\delta}{2} = \frac{\cos\vartheta_1\sqrt{\sin^2\vartheta_1 - \sin^2\vartheta_g}}{\sin^2\vartheta_1} . \tag{4.291}$$

Bei den Amplitudenverhältnissen $\left(E_{01r}/E_{01}\right)_{\parallel}$ und $\left(E_{01r}/E_{01}\right)_{\perp}$ handelt es sich um komplexe Zahlen vom Betrag 1, sodass die Bezeichnung *Totalreflexion* Sinn macht ((4.283) $\Rightarrow$ $R = 1$).

Wie sehen die Verhältnisse im Medium 2 aus? Eigentlich dürfte dort bei wirklicher Totalreflexion gar nichts passieren. Nach (4.251) ist für die Ausbreitung der gebrochenen Welle der Faktor

$$\begin{aligned}\exp(\mathrm{i}\,\boldsymbol{k}_2\cdot\boldsymbol{r}) &= \exp\left[\mathrm{i}\,k_2(x\sin\vartheta_2 + z\cos\vartheta_2)\right] = \\ &= \exp\left[\mathrm{i}\frac{k_2}{\sin\vartheta_g}\left(x\sin\vartheta_1 + \mathrm{i}z\sqrt{\sin^2\vartheta_1 - \sin^2\vartheta_g}\right)\right] = \\ &= \exp\left[-k_2 z\sqrt{\left(\frac{\sin\vartheta_1}{\sin\vartheta_g}\right)^2 - 1}\,\right]\exp\left(\mathrm{i}\,k_2\,x\,\frac{\sin\vartheta_1}{\sin\vartheta_g}\right)\end{aligned}$$

verantwortlich. Die Welle ist also in z-Richtung exponentiell gedämpft, klingt damit für $\vartheta_1 > \vartheta_g$ sehr rasch ab.

Eine Energieströmung ins Medium 2 findet im Zeitmittel nicht statt:

$$\begin{aligned}\overline{\boldsymbol{S}_2\cdot\boldsymbol{n}} &= \frac{1}{2}\sqrt{\frac{\varepsilon_r^{(2)}\varepsilon_r}{\mu_r^{(2)}\mu_0}}\ \mathrm{Re}\left(|E_{02}|^2\boldsymbol{n}\cdot\frac{\boldsymbol{k}_2}{k_2}\right) = \\ &= \frac{1}{2}\sqrt{\frac{\varepsilon_r^{(2)}\varepsilon_0}{\mu_r^{(2)}\mu_0}}\,|E_{02}|^2\ \mathrm{Re}\,(\cos\vartheta_2) = 0 .\end{aligned} \tag{4.292}$$

Dies erlaubt endgültig, für $\vartheta_1 > \vartheta_g$ von Totalreflexion zu sprechen ((4.282) $\Rightarrow$ $T = 0$).

4.3.11 Aufgaben

Aufgabe 4.3.1

4.3.1

1. Wie lautet die Bewegungsgleichung eines (punktförmigen) Teilchens der Ladung q und Masse m im elektromagnetischen Feld $(\boldsymbol{E}, \boldsymbol{B})$? (Die Emission von Strahlung durch die bewegte Ladung werde vernachlässigt.) Bestimmen Sie die zeitliche Änderung der Teilchenenergie W im äußeren Feld.
2. Eine zirkular polarisierte monochromatische elektromagnetische Welle werde durch das Feld

$$\boldsymbol{E}(\boldsymbol{r}, t) = E\left(\cos(kz - \omega t), \sin(kz - \omega t), 0\right)$$

beschrieben. Berechnen Sie die zugehörige magnetische Induktion $\boldsymbol{B}(\boldsymbol{r}, t)$. (Das *tragende* Medium sei linear, homogen, ungeladen und isoliert, z. B. Vakuum.)
3. Das Teilchen aus 1. bewege sich in dem Feld aus 2. Stellen Sie die Bewegungsgleichung auf.
4. Das Teilchen befinde sich zur Zeit $t = 0$ im Koordinatenursprung. Wie müssen die Anfangsbedingungen für die Geschwindigkeit gewählt werden, damit die Energie W des Teilchens konstant bleibt?
5. Geben Sie den Impuls $\boldsymbol{p}$ des Teilchens an und verifizieren Sie, dass die Richtung von $\boldsymbol{p}_\perp = (p_x, p_y, 0)$ zu jedem Zeitpunkt mit der Richtung von $\boldsymbol{B}$ übereinstimmt.
6. Lösen Sie die Bewegungsgleichung mit den Anfangsbedingungen aus 4.
7. Welche Bahn beschreibt das Teilchen in der xy-Ebene?

4.3.2

Aufgabe 4.3.2

Eine transversale elektromagnetische Welle in einem nicht-leitenden, ungeladenen Medium ($\varrho_f = 0$, $j_f = 0$, $\sigma = 0$) sei

a) linear polarisiert,

$$\boldsymbol{E} = \boldsymbol{E}_0 \sin(kz - \omega t) ,$$

b) zirkular polarisiert,

$$\boldsymbol{E} = E_0 \left[\cos(kz - \omega t)\, \boldsymbol{e}_x + \sin(kz - \omega t)\, \boldsymbol{e}_y\right] ,$$

und breite sich in z-Richtung aus. Berechnen Sie

1. die magnetische Induktion $\boldsymbol{B}(\boldsymbol{r}, t)$,
2. den Poynting-Vektor $\boldsymbol{S}(\boldsymbol{r}, t)$,
3. den Strahlungsdruck auf eine um den Winkel ϑ gegen die Ausbreitungsrichtung ($\boldsymbol{k} = k\,\boldsymbol{e}_z$) geneigte Ebene.

4.3.3

Aufgabe 4.3.3

Betrachten Sie einen linearen, homogenen, ungeladenen Isolator.

1. Wie lauten die Maxwell-Gleichungen für die elektromagnetischen Felder $\boldsymbol{E}$ und $\boldsymbol{B}$?
2. Zeigen Sie, dass $\boldsymbol{B}$ die homogene Wellengleichung erfüllt.
3. Die elektrische Feldstärke $\boldsymbol{E}$ sei als ebene Welle

$$\boldsymbol{E}(\boldsymbol{r}, t) = \frac{E_0}{5}\left(\boldsymbol{e}_x - 2\boldsymbol{e}_y\right) \mathrm{e}^{\mathrm{i}(\boldsymbol{k}\cdot\boldsymbol{r} - \omega t)} \qquad (\boldsymbol{k} = k\,\boldsymbol{e}_z)$$

vorgegeben. Berechnen Sie die magnetische Induktion $\boldsymbol{B}(\boldsymbol{r}, t)$ und geben Sie deren Polarisation an.

4. Die magnetische Induktion $\boldsymbol{B}$ sei als ebene Welle vom Typ

$$\boldsymbol{B}(\boldsymbol{r}, t) = B_0 \cos(kz - \omega t)\, \boldsymbol{e}_x + B_0 \sin(kz - \omega t)\, \boldsymbol{e}_y$$

vorgegeben. Berechnen Sie die elektrische Feldstärke $\boldsymbol{E}(\boldsymbol{r}, t)$ und geben Sie deren Polarisation an.

4.3.4

Aufgabe 4.3.4

Bestimmen Sie die Fourier-Reihen der folgenden periodischen Funktionen:

1. $f(x) = f(x + 2\pi)$

$$f(x) = \begin{cases} -x & \text{für } -\pi \leq x \leq 0 \, , \\ x & \text{für } 0 \leq x \leq \pi \, . \end{cases}$$

2. $f(x) = f(x + 2\pi)$

$$f(x) = \begin{cases} -1 & \text{für } -\pi \leq x \leq -\pi/2 \, , \\ 1 & \text{für } -\pi/2 \leq x \leq \pi/2 \, , \\ -1 & \text{für } \pi/2 \leq x \leq \pi \, . \end{cases}$$

4.3.5

Aufgabe 4.3.5

1. $\widetilde{f}_1(k), \widetilde{f}_2(k)$ seien die Fourier-Transformierten der Funktionen $f_1(x)$, $f_2(x)$:

$$\widetilde{f}_{1,2}(k) = \frac{1}{\sqrt{2\pi}} \int\limits_{-\infty}^{+\infty} \mathrm{d}x \, \mathrm{e}^{-\mathrm{i}\,kx} f_{1,2}(x) \, .$$

Wie lautet die Fourier-Transformierte $\widetilde{g}(k)$ des Produktes

$$g(x) = f_1(x) f_2(x) ?$$

2. Berechnen Sie die Fourier-Transformierten der Funktionen

$$a) \quad f(x) = \mathrm{e}^{-|x|} \, ;$$

$$b) \quad f(x) = \mathrm{e}^{-x^2/(\Delta x^2)} \, .$$

3. Zeigen Sie, dass für jede quadratintegrable Funktion $f(x)$ die Beziehung (*Parseval*)

$$\int\limits_{-\infty}^{+\infty} |f(x)|^2 \, \mathrm{d}x = \int\limits_{-\infty}^{+\infty} |\widetilde{f}(k)|^2 \, \mathrm{d}k$$

gültig ist.

4.3.6

Aufgabe 4.3.6

Entwickeln Sie die Kugelwelle

$$\psi(\boldsymbol{r}, t) = \frac{1}{r}\,\mathrm{e}^{(kr-\omega t)}$$

nach ebenen Wellen. Zur Auswertung sei angenommen, dass k einen beliebig kleinen, positiven Imaginärteil ($k \to k + \mathrm{i}\,0^+$, *konvergenzerzeugender Faktor*) besitzt.

4.3.7

Aufgabe 4.3.7

Lösungen der Maxwell-Gleichungen im Vakuum sind ebene Wellen:

$$\boldsymbol{E}(\boldsymbol{r}, t) = \boldsymbol{E}_0\,\mathrm{e}^{\mathrm{i}(\boldsymbol{k}\cdot\boldsymbol{r}-\omega t)}\,,$$

$$\boldsymbol{B}(\boldsymbol{r}, t) = \boldsymbol{B}_0\,\mathrm{e}^{\mathrm{i}(\boldsymbol{k}\cdot\boldsymbol{r}-\omega t)}\,.$$

1. Eine in x-Richtung linear polarisierte ebene Welle breite sich im Vakuum in positiver z-Richtung aus. Sie treffe bei $z = 0$ auf ein Gebiet unendlicher Leitfähigkeit σ, das den gesamten Halbraum $z \geq 0$ ausfüllt. Berechnen Sie das Wellenfeld im Halbraum $z \leq 0$.
2. Skizzieren Sie den örtlichen Verlauf der elektrischen Feldstärke $\boldsymbol{E}(\boldsymbol{r}, t)$ und der magnetischen Induktion $\boldsymbol{B}(\boldsymbol{r}, t)$ für $t = 0$ und $t = \tau/4 = \pi/2\omega$.
3. Geben Sie Richtung und Betrag der Flächenstromdichte in der Grenzschicht an.
4. Berechnen und diskutieren Sie die Energiedichte sowie den Energiestrom der elektromagnetischen Welle.

Aufgabe 4.3.8

4.3.8

Eine elektromagnetische Welle breite sich in einem leitenden Medium ($\sigma \neq 0$) aus.

1. Finden Sie das Dispersionsgesetz, d. h. den Zusammenhang zwischen der Wellenzahl k und der Kreisfrequenz ω der ebenen Welle in der Form
$$k^2 = f(\omega) \, .$$
2. In einem Elektronengas mit der Teilchendichte n_0 betrachte man die Bewegung der Elektronen in dem Feld$\boldsymbol{E} = \boldsymbol{E}_0 \, \mathrm{e}^{-\mathrm{i}\omega t}$ unter Vernachlässigung von Kollisionen und der vom Magnetfeld auf das Elektron ausgeübten Lorentz-Kraft. Berechnen Sie die Leitfähigkeit σ des Elektronengases.
3. Berechnen Sie die kritische Frequenz ω_p für die Ausbreitung einer elektromagnetischen Welle im Elektronengas $\left(k^2(\omega = \omega_\mathrm{p}) \stackrel{!}{=} 0\right)$ sowie die Eindringtiefe für eine niederfrequente Welle ($\omega \ll \omega_\mathrm{p}$).
4. In 2. wurde die vom Magnetfeld der elektromagnetischen Welle auf das Elektron ausgeübte Lorentz-Kraft gegenüber der elektrischen Kraft vernachlässigt. Begründen Sie mithilfe des Induktionsgesetzes, wann das erlaubt ist.
5. Diskutieren Sie die *zirkulare Doppelbrechung* von elektromagnetischen Wellen, die sich in einem Plasma bei Anwesenheit eines äußeren homogenen Magnetfeldes $\boldsymbol{B}_0$ ausbreiten. Dazu betrachten Sie zirkular polarisierte Wellen, die sich in Richtung von $\boldsymbol{B}_0$ ausbreiten, und berechnen Sie den Brechungsindex durch Verallgemeinerung der Teile 1. und 2. unter der Annahme, dass die Voraussetzung aus Teil 4. erfüllt ist.

Aufgabe 4.3.9

4.3.9

Auf ein Medium 3 $\left(\varepsilon_\mathrm{r}^{(3)};\, \mu_\mathrm{r}^{(3)} = 1\right)$ sei eine dünne Schicht eines Mediums 2 aufgetragen $\left(\varepsilon_\mathrm{r}^{(2)};\, \mu_\mathrm{r}^{(2)} = 1\right)$. Diese soll so beschaffen sein, dass eine senkrecht aus dem Medium 1 $\left(\varepsilon_\mathrm{r}^{(1)};\, \mu_\mathrm{r}^{(1)} = 1\right)$ einfallende monochromatische ebene Welle **ohne** Reflexion ins Medium 3 übertritt. Berechnen Sie den Brechungsindex n_2 und die Dicke d dieser *Vergütungsschicht*.

4.3.10 **Aufgabe 4.3.10**

Eine elektromagnetische Welle falle aus einem Medium 1 kommend auf eine ebene Grenzfläche zu einem Medium 2. Letzteres sei *optisch dünner* ($n_2 < n_1$).

1. Wie groß darf das Verhältnis n_2/n_1 höchstens sein, damit bei Totalreflexion eine zirkular polarisierte Welle entstehen kann?
2. Unter welchem Winkel muss die Welle auf die Trennfläche auffallen, um bei gegebenem n_2/n_1 nach Totalreflexion zirkular polarisiert zu sein?

4.4

4.4 Elemente der Funktionentheorie

Wir benötigen für den weiteren Ausbau der Elektrodynamik einige Hilfsmittel (Rechentechniken) der

Funktionentheorie,

der Theorie der komplexen Funktionen,

$$f(z) = u(z) + \mathrm{i}\,v(z) = u(x,y) + \mathrm{i}\,v(x,y) \; ; \quad \mathrm{i} = \sqrt{-1} \; ,$$

der komplexen Variablen

$$z = x + \mathrm{i}y \; .$$

Jede komplexe Funktion wird durch ein Paar reeller Funktionen u und v zweier reeller Variabler x, y ausgedrückt.

Die komplexen Zahlen haben wir bereits in Abschn. 2.3.5, Bd. 1, der Mechanik eingeführt und dann sehr häufig angewendet. Wir haben gesehen, dass es aus formalen Gründen sehr nützlich sein kann, die physikalischen, reellen Größen in die komplexe Ebene *fortzusetzen*, da sich im Bereich der komplexen Zahlen viele Rechnungen wesentlich eleganter durchführen lassen. Einfache komplexwertige Funktionen haben sich z. B. als Ansätze zur Lösung linearer Differentialgleichungen außerordentlich bewährt.

Da die Funktionentheorie nicht nur für die Elektrodynamik, sondern für viele Felder in der Theoretischen Physik unentbehrlich ist, wollen wir ihre wesentlichen Definitionen und Sätze hier zusammenstellen. Dabei müssen wir im Rahmen dieser Darstellung allerdings vieles unbewiesen lassen, statt dessen häufig auf die Spezialliteratur verweisen.

4.4.1 Zahlenfolgen

4.4.1 **Definition 4.4.1** Eine Punktmenge M heißt **Umgebung** des Punktes z_0 der komplexen Zahlenebene, falls es ein $r_0 > 0$ gibt, sodass alle Punkte eines Kreises um z_0 mit dem Radius r_0 zu M gehören.

Definition 4.4.2 Die Folge $\{z_n\}$ von komplexen Zahlen **konvergiert** gegen $z_0 \in \mathbb{C}$, 4.4.2

$$\lim_{n\to\infty} z_n = z_0 ,$$

falls

1. in jeder beliebigen Umgebung von z_0 *fast alle* Glieder der Folge liegen oder
2. falls zu jedem $\varepsilon > 0$ ein $n_0(\varepsilon)$ existiert, sodass für alle $n > n_0$

$$|z_n - z_0| < \varepsilon$$

ist.

Wie im Reellen beweist man die folgenden **Regeln:**
Mit

$$\lim_{n\to\infty} a_n = \alpha ; \quad \lim_{n\to\infty} b_n = \beta$$

gilt:

$$\lim_{n\to\infty} (a_n \pm b_n) = \alpha \pm \beta ,$$

$$\lim_{n\to\infty} a_n b_n = \alpha\beta ,$$

$$\lim_{n\to\infty} \frac{a_n}{b_n} = \frac{\alpha}{\beta} \quad (\text{falls } b_n \neq 0,\ \beta \neq 0) . \tag{4.293}$$

4.4.2 Komplexe Funktionen

Eine komplexe Funktion

$$w = f(z) = u(z) + \mathrm{i}\,v(z) \tag{4.294}$$

stellt eine eindeutige Abbildung der komplexen z-Ebene auf die komplexe w-Ebene dar:

$$D \ni z \xrightarrow[f]{} w \in W ,$$

W: komplexer Wertebereich; D: komplexer Definitionsbereich.

Die **Stetigkeit** einer komplexen Funktion ist wie im Reellen definiert.

Definition 4.4.3 $f(z)$ stetig in z_0, falls zu jedem $\varepsilon > 0$ ein $\delta > 0$ existiert, sodass aus 4.4.3

$$|z - z_0| < \delta$$

stets

$$|f(z) - f(z_0)| < \varepsilon \tag{4.295}$$

für alle $z \in D$ folgt.

4.4.4 **Definition 4.4.4** Falls zu jedem $\varepsilon > 0$ ein $\delta > 0$ existiert, sodass für alle $z, z' \in D$ mit

$$|z - z'| < \delta$$

folgt:

$$|f(z) - f(z')| < \varepsilon\,, \tag{4.296}$$

dann heißt $f(z)$ auf D **gleichmäßig stetig.**

4.4.5 **Definition 4.4.5** Die komplexe Funktion $f(z)$ heißt an der Stelle $z = z_0$ **differenzierbar**, wenn der Grenzwert

$$\lim_{n\to\infty} \frac{f(z_n) - f(z_0)}{z_n - z_0} = f'(z_0) = \left.\frac{\mathrm{d}f(z)}{\mathrm{d}z}\right|_{z=z_0} \tag{4.297}$$

für **jede** Folge $z_n \to z_0$ existiert, dabei aber unabhängig von der speziellen Wahl der Folge ist.

Alle in z_0 differenzierbaren Funktionen sind dort auch stetig. Die Umkehrung gilt nicht! Die Differenzierbarkeit im Komplexen setzt voraus, dass die Zahlenfolge $\{z_n\}$ aus jeder beliebigen Richtung in der komplexen Ebene an z_0 herangeführt werden kann. Dies ist ein schärferes Kriterium als das für die Differenzierbarkeit einer reellen Funktion zweier reeller Variabler x, y. So reicht es nicht aus, für die Differenzierbarkeit von $f(z) = u(x, y) + \mathrm{i}\, v(x, y)$ die von u und v zu fordern. Dies macht man sich wie folgt klar:

$$u + \mathrm{i}\, v = f(z) = f(x + \mathrm{i}y)$$

$$\Rightarrow \quad \frac{\partial u}{\partial x} + \mathrm{i}\frac{\partial v}{\partial x} = f'(z)\frac{\partial z}{\partial x} = f'(z)\,,$$

$$\frac{\partial u}{\partial y} + \mathrm{i}\frac{\partial v}{\partial y} = f'(z)\frac{\partial z}{\partial y} = \mathrm{i}f'(z)\,.$$

Multipliziert man die erste Gleichung mit i, dann folgen durch Vergleich der linken Seiten die **Cauchy-riemannschen Differentialgleichungen:**

$$\frac{\partial u}{\partial x} = \frac{\partial v}{\partial y} \; ; \quad \frac{\partial u}{\partial y} = -\frac{\partial v}{\partial x} \, . \tag{4.298}$$

Auch die Einzelfunktionen sind nicht völlig frei wählbar. Differenziert man die erste Gleichung nach x, die zweite nach y und addiert dann, so folgt:

$$\frac{\partial^2 u}{\partial x^2} + \frac{\partial^2 u}{\partial y^2} \equiv \Delta u = 0 \, . \tag{4.299}$$

Analog findet man:

$$\frac{\partial^2 v}{\partial x^2} + \frac{\partial^2 v}{\partial y^2} \equiv \Delta v = 0 \, . \tag{4.300}$$

Real- und Imaginärteil einer differenzierbaren komplexen Funktion $f(z)$ genügen also der Laplace-Gleichung im Zweidimensionalen.

Man beweist leicht die folgenden **Differentiationsregeln:**

1) $$(f_1 + f_2)' = f_1' + f_2' \, ,$$

2) $$(f_1 f_2)' = f_1 f_2' + f_1' f_2 \, , \tag{4.301}$$

3) $$\left(\frac{f_1}{f_2}\right)' = \frac{f_2 f_1' - f_1 f_2'}{f_2^2} \quad (f_2 \neq 0) \, ,$$

4) Kettenregel: $$h(z) = g\left(f(z)\right) \;\Rightarrow\; h'(z) = \frac{\mathrm{d}g}{\mathrm{d}f}\,\frac{\mathrm{d}f}{\mathrm{d}z} \, . \tag{4.302}$$

Definition 4.4.6 4.4.6

1. Unter einem **Gebiet** G versteht man eine offene Punktmenge, in der man je zwei Punkte durch einen ganz in G gelegenen Streckenzug verbinden kann.
2. Man nennt $f(z)$ **eindeutig** in einem Gebiet G, wenn man z alle möglichen Wege C_n in G durchlaufen lassen kann, und $f(z)$ nach Rückkehr zum Ausgangspunkt stets wieder denselben Wert annimmt.

Beispiel einer mehrdeutigen Funktion:

$$f(z) = \sqrt{z} \, ,$$

$$z = x + \mathrm{i}y = |z| \, \mathrm{e}^{\mathrm{i}\varphi}$$

$$\Rightarrow \; \sqrt{z} = |z|^{1/2} \, \mathrm{e}^{\mathrm{i}\varphi/2} \, .$$

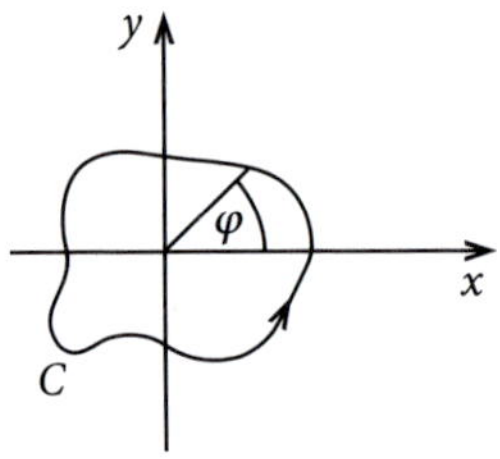

Abb. 4.51. Geschlossener Weg in der komplexen Zahlenebene zur Illustration einer mehrdeutigen Funktion

Ist C ein geschlossener Weg, der den Punkt $z = 0$ einmal umfährt ($\varphi = \varphi_0 \to \varphi = \varphi_0 + 2\pi$), dann hat wegen $e^{i\pi} = -1$ $f(z)$ nach einem Umlauf das Vorzeichen gewechselt. $\sqrt{z}$ ist also zweideutig!

4.4.7 **Definition 4.4.7** $f(z)$ heißt **analytisch** (regulär) in einem Gebiet G der z-Ebene, wenn $f(z)$ in allen Punkten $z \in G$ differenzierbar und eindeutig ist.

Es gelten die folgenden **Sätze:**

1. Sind die partiellen Ableitungen der reellen Funktionen $u(x, y)$, $v(x, y)$ nach den reellen Variablen x und y stetig in G und erfüllen sie die Cauchy-Riemann-Differentialgleichungen (4.298), so ist

$$f(z) = f(x + iy) = u(x, y) + \mathrm{i}\, v(x, y)$$

analytisch in G.

2. Sind $f_1(z), f_2(z)$ analytisch in G, so sind dies auch

$$f_1 \pm f_2,\ f_1 f_2,\ f_1/f_2 \quad (f_2 \neq 0)\ .$$

3. Jede in G analytische Funktion besitzt dort stetige, analytische Ableitungen beliebig (!) hoher Ordnung.

4.4.3 Integralsätze

$f(z)$ sei eine in einem Gebiet G **stetige** Funktion der komplexen Variablen z; z_0 und z^* seien zwei beliebige Punkte aus G und C ein zwischen z_0 und z^* ganz in G verlaufender Weg.

Das komplexe **Kurvenintegral**

$$I = \int\limits_{\substack{z_0 \\ (C)}}^{z^*} f(z)\,\mathrm{d}z$$

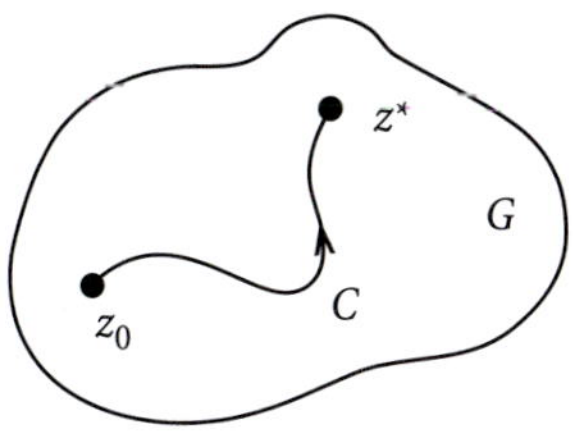

Abb. 4.52. Weg C in einem Gebiet G

über den Weg C ist dann durch

$$I = \lim_{n\to\infty} \sum_{\nu=0}^{n-1} f(\xi_\nu)\left(z_{\nu+1} - z_\nu\right) \tag{4.303}$$

definiert, wobei die z_ν eine Zerlegung des Weges C bedeuten: $z_\nu = z(t_\nu)$; $\alpha = t_0 < t_1 < \ldots < t_n = \beta$. Die ξ_ν sind Zwischenpunkte: $\xi_\nu = z(t_\nu^*)$; $t_\nu < t_\nu^* < t_{\nu+1}$.

Unmittelbar aus dieser Definition folgen einige **einfache Integralsätze**, die wir hier in symbolischer Form auflisten. Der Integrand ist stets $f(z)\,\mathrm{d}z$:

1.

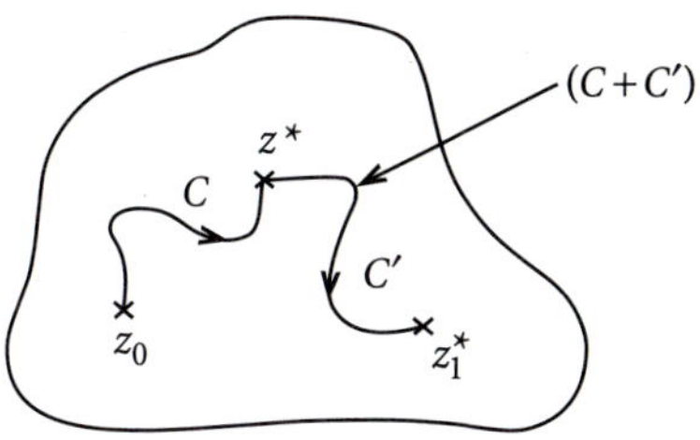

Abb. 4.53. Addition zweier Wege C und C' in einem Gebiet G

$$\underset{(C)}{\int_{z_0}^{z^*}} + \underset{(C')}{\int_{z^*}^{z_1^*}} = \underset{(C+C')}{\int_{z_0}^{z_1^*}} \;. \tag{4.304}$$

Die Wegbezeichnung $(C+C')$ bedeutet, dass zunächst von z_0 nach z^* längs C und dann von z^* nach z_1^* längs C' zu gehen ist. Zu (4.304) äquivalent ist die Aussage:

2.

$$\underset{(C)}{\int_{z_0}^{z^*}} = \underset{(C_1)}{\int_{z_0}^{z_1^*}} + \underset{(C_2)}{\int_{z_1^*}^{z^*}} \;. \tag{4.305}$$

Dies gilt, wenn z_1^* zwischen z_0 und z^* auf C gewählt wird, wodurch C in C_1 und C_2 zerfällt:

3.

$$\int\limits_{\substack{z_0\\(C)}}^{z^*} = -\int\limits_{\substack{z^*\\(-C)}}^{z_0} . \tag{4.306}$$

C und $(-C)$ bezeichnen dieselben Wege, die lediglich in entgegengesetzter Richtung durchlaufen werden:

4.

$$\int\limits_C \alpha f(z)\,\mathrm{d}z = \alpha \int\limits_C f(z)\,\mathrm{d}z \,; \quad \alpha = \mathrm{const} \in \mathbb{C} . \tag{4.307}$$

Konstante Faktoren lassen sich vor das Integral ziehen:

5.

$$\int\limits_C \big(f_1(z) + f_2(z)\big)\,\mathrm{d}z = \int\limits_C f_1(z)\,\mathrm{d}z + \int\limits_C f_2(z)\,\mathrm{d}z . \tag{4.308}$$

Über eine Summe aus **endlich** vielen Funktionen darf gliedweise integriert werden.

Wichtig für Abschätzungen von komplexen Kurvenintegralen ist die folgende Formel:

$$\left|\int\limits_C f(z)\,\mathrm{d}z\right| \le \int\limits_C |f(z)|\,|\mathrm{d}z| \le M\,L . \tag{4.309}$$

L ist die Länge des Weges C und M der Maximalwert von $|f(z)|$ auf C. Auch diese Beziehung lässt sich sehr einfach mit der Definition (4.303) beweisen.

Zur Formulierung des wichtigen cauchyschen Integralsatzes benötigen wir noch die

4.4.8 **Definition 4.4.8** Ein Gebiet G heißt

einfach-zusammenhängend,

wenn jeder ganz in G verlaufende, doppelpunktfreie, geschlossene Weg nur Punkte aus dem Inneren von G umschließt.

In einem einfach-zusammenhängenden Gebiet lässt sich also ein geschlossener Weg stets auf einen Punkt zusammenziehen, ohne das Gebiet zu verlassen.

Satz 4.4.1 $f(z)$ sei in einem einfach-zusammenhängenden Gebiet G analytisch und C ein ganz in G verlaufender Weg. Dann ist das Integral 4.4.1

$$\int\limits_{\substack{z_0\\(C)}}^{z^*} f(z)\,\mathrm{d}z$$

nur von den Endpunkten z_0, z^*, nicht aber von der Gestalt von C abhängig.

Beweis

$$\int\limits_C f(z)\,\mathrm{d}z = \int\limits_C (u + \mathrm{i}\,v)(\,\mathrm{d}x + \mathrm{i}\,\mathrm{d}y) = \int\limits_C (u\,\mathrm{d}x - v\,\mathrm{d}y) + \mathrm{i}\int\limits_C (v\,\mathrm{d}x + u\,\mathrm{d}y) =$$

$$= \int\limits_C \boldsymbol{p}_\mathrm{r} \cdot \mathrm{d}\boldsymbol{r} + \mathrm{i}\int\limits_C \boldsymbol{p}_\mathrm{i} \cdot \mathrm{d}\boldsymbol{r}\,,$$

wobei

$$\boldsymbol{p}_\mathrm{r} = (u, -v)\,; \quad \boldsymbol{p}_\mathrm{i} = (v, u)\,; \quad \mathrm{d}\boldsymbol{r} = (\,\mathrm{d}x, \mathrm{d}y)\,.$$

Die beiden ebenen Linienintegrale sind bekanntlich genau dann wegunabhängig, wenn die Rotationen der beiden zweidimensionalen Vektoren $\boldsymbol{p}_\mathrm{r}, \boldsymbol{p}_\mathrm{i}$ verschwinden:

$$\mathrm{rot}\,\boldsymbol{p}_\mathrm{r} = \begin{vmatrix} \dfrac{\partial}{\partial x} & \dfrac{\partial}{\partial y} \\ u & -v \end{vmatrix} = -\left(\frac{\partial v}{\partial x} + \frac{\partial u}{\partial y}\right)\,,$$

$$\mathrm{rot}\,\boldsymbol{p}_\mathrm{i} = \begin{vmatrix} \dfrac{\partial}{\partial x} & \dfrac{\partial}{\partial y} \\ v & u \end{vmatrix} = \frac{\partial u}{\partial x} - \frac{\partial v}{\partial y}\,.$$

Diese Ausdrücke entsprechen aber gerade den Cauchy-riemannschen Differentialgleichungen (4.298), sind also genau dann Null, wenn $f(z)$ in G analytisch ist.

Man kann den obigen Satz auch wie folgt formulieren:

Satz 4.4.2: *Cauchyscher Integralsatz: Für alle* ***geschlossenen*** *Wege, die samt der umlaufenen Fläche ganz in einem einfach-zusammenhängenden Gebiet G liegen, in denen $f(z)$ analytisch ist, gilt:* 4.4.2

$$\oint\limits_C f(z)\,\mathrm{d}z = 0\,. \tag{4.310}$$

Dieser Satz stellt die Basis für alle weitergehenden Betrachtungen über analytische Funktionen dar. Eine wichtige Folgerung ist z. B. der

4.4.3 **Satz 4.4.3** C_1, C_2 seien zwei geschlossene Wege, von denen C_2 ganz im Innengebiet von C_1 liegt. Das von C_1 und C_2 definierte Ringgebiet gehöre ganz zu einem Gebiet G, in dem $f(z)$ analytisch ist. Dann ist:

$$\int_{C_1} f(z)\,\mathrm{d}z = \int_{C_2} f(z)\,\mathrm{d}z\,, \tag{4.311}$$

falls C_1 und C_2 denselben Umlaufsinn haben, unabhängig davon, ob das Innere von C_2 ganz zu G gehört oder nicht.

Beweis

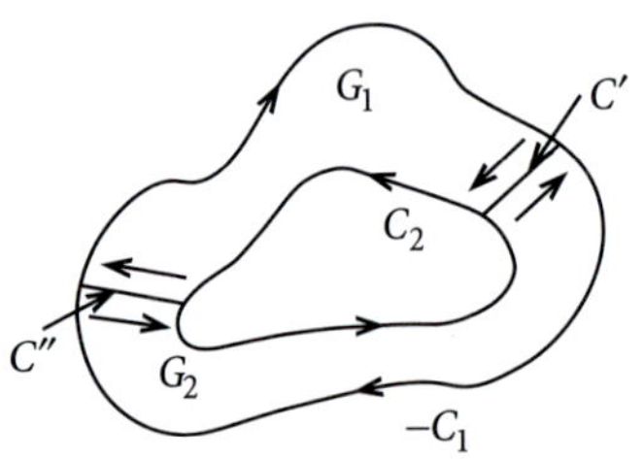

Abb. 4.54. Aufschneiden eines Ringgebiets durch zwei Hilfswege C' und C'' in zwei zusammenhängende Teilgebiete G_1 und G_2

Wir schneiden das Ringgebiet, wie im Bild angegeben, an zwei Stellen durch Hilfswege C' und C'' auf. Damit wird das Ringgebiet in zwei einfach-zusammenhängende Gebiete G_1, G_2 zerlegt, in denen jeweils $f(z)$ analytisch ist. Es sind also die Voraussetzungen für (4.310) erfüllt. Die Beiträge an den Schnittstellen heben sich wegen (4.306) auf. Es ist deshalb:

$$\int_{(-C_1)+C_2} f(z)\,\mathrm{d}z = 0 \iff \int_{C_2} f(z)\,\mathrm{d}z = \int_{C_1} f(z)\,\mathrm{d}z\,.$$

Anwendungsbeispiel:

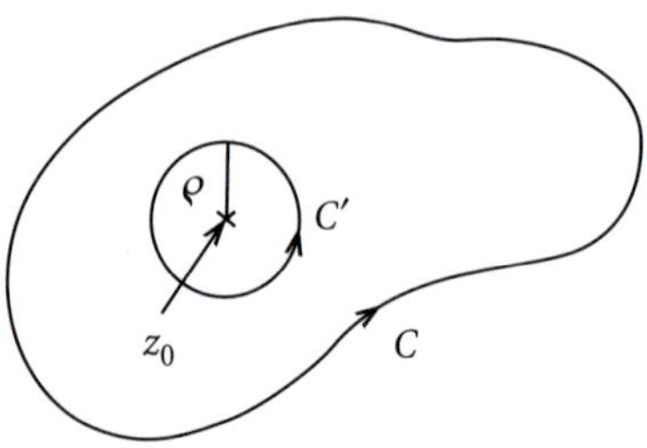

Abb. 4.55. Hilfskonstruktion zur Berechnung des Integrals über die komplexe Funktion $f(z) = (z - z_0)^{-1}$ längs eines beliebigen z_0 umschließenden Weges C

$f(z) = 1/(z - z_0)$ ist überall, mit Ausnahme des Punktes z_0, analytisch. Gesucht sei

$$I = \int_C f(z)\,\mathrm{d}z\,,$$

wobei C ein beliebiger, z_0 umschließender Weg sein möge. C' sei ein Kreis um z_0 mit dem Radius ϱ:

$$C' : \ z = z_0 + \varrho\,\mathrm{e}^{\mathrm{i}\varphi}\,; \quad 0 \le \varphi \le 2\pi\,.$$

Nach dem obigen Satz können wir bei der Berechnung von I den Weg C durch den Weg C' ersetzen:

$$I = \oint_{C'} \frac{\mathrm{d}z}{z - z_0} = \int_0^{2\pi} \mathrm{d}\varphi \frac{\mathrm{i}\,\varrho\,\mathrm{e}^{\mathrm{i}\varphi}}{\varrho\,\mathrm{e}^{\mathrm{i}\varphi}} = \mathrm{i}\int_0^{2\pi} \mathrm{d}\varphi = 2\pi\,\mathrm{i}\,.$$

Es gilt also für jeden z_0 umschließenden Weg C:

$$\oint_C \frac{\mathrm{d}z}{z - z_0} = 2\pi\,\mathrm{i}\,. \tag{4.312}$$

Als weitere wichtige Folgerung aus dem Integralsatz (4.310) beweisen wir die

Satz 4.4.4: *Cauchysche Integralformel.* $f(z)$ sei in einem Gebiet G analytisch. Dann gilt für jeden geschlossenen, doppelpunktfreien Weg C, der ganz in G liegt, und für jeden Punkt z_0 aus dem Innengebiet von C: **4.4.4**

$$f(z_0) = \frac{1}{2\pi\,\mathrm{i}} \oint_C \frac{f(z)\,\mathrm{d}z}{z - z_0}\,. \tag{4.313}$$

Dieses ist ein bemerkenswerter Satz, nach dem die Werte der Funktion f auf dem Rand C ausreichen, um die Werte von f für alle Punkte im Inneren von C festzulegen.

Beweis

$$F(z) = \frac{f(z) - f(z_0)}{z - z_0} \quad \text{mit } F(z_0) = f'(z_0)$$

ist in ganz G analytisch, sodass wegen (4.310) gilt:

$$\oint_C F(z)\,\mathrm{d}z = 0 = \oint_C \frac{f(z)\,\mathrm{d}z}{z - z_0} - f(z_0) \oint_C \frac{\mathrm{d}z}{z - z_0}\,.$$

Im letzten Schritt haben wir (4.307) ausgenutzt. (4.312) führt schließlich zu der Behauptung.

Die Umkehrung des Integralsatzes (4.310) ist als **Satz von Morera** bekannt:

4.4.5 **Satz 4.4.5:** *Satz von Morera* $f(z)$ sei in einem einfach-zusammenhängenden Gebiet G stetig. Für **jeden** geschlossenen Weg C, der ganz in G verläuft, gelte

$$\oint_C f(z)\,\mathrm{d}z = 0\,.$$

Dann ist $f(z)$ in G analytisch.

Ohne Beweis geben wir noch die **Integralformel für die Ableitungen** an:

Bei denselben Voraussetzungen wie zu (4.313) gilt für jede analytische Funktion $f(z)$:

$$\frac{\mathrm{d}^n f(z)}{\mathrm{d}z^n} = \frac{n!}{2\pi\,\mathrm{i}} \oint_C \frac{f(\xi)\,\mathrm{d}\xi}{(\xi - z)^{n+1}}\,. \tag{4.314}$$

4.4.4 Reihen komplexer Funktionen

4.4.9 **Definition 4.4.9** Die Reihe

$$\sum_{n=0}^{\infty} \alpha_n\,; \qquad \alpha_n \in \mathbb{C}$$

heißt **konvergent**, wenn die Folge der Teilsummen

$$S_n = \sum_{\nu=0}^{n} \alpha_n$$

im Sinne des Abschn. 4.4.1 konvergiert; ansonsten heißt sie **divergent**. Man nennt sie **absolut konvergent**, wenn

$$\sum_{n=0}^{\infty} |\alpha_n|$$

konvergiert.

Definition 4.4.10 4.4.10

$\{f_n(z)\}$: Folge komplexer Funktionen,

M: Menge aller Punkte z, die zum Definitionsbereich **aller** f_n gehören.

Man bezeichnet dann als **Konvergenzbereich** der Reihe die Menge M_K derjenigen z, für die

$$\sum_{n=0}^{\infty} f_n(z)$$

konvergiert.

Definition 4.4.11 Die Reihe $\sum_{n=0}^{\infty} f_n(z)$ heißt in M **gleichmäßig konvergent**, wenn es zu jedem $\varepsilon > 0$ ein $n_0(\varepsilon) \in \mathbb{N}$ gibt, das nur von ε, nicht von z abhängt, sodass für alle $n \geq n_0$, $p \geq 1$ und alle $z \in M$ gilt: 4.4.11

$$\left|f_{n+1}(z) + f_{n+2}(z) + \ldots + f_{n+p}(z)\right| < \varepsilon \,.$$

Zum Beweis der gleichmäßigen Konvergenz benutzt man häufig das

Majoranten-Kriterium.

Es gebe eine konvergente Reihe $\sum c_n$ mit positiven Zahlen $c_0, c_1, \ldots, c_n, \ldots$, die so geartet seien, dass für alle z des Konvergenzbereichs der Reihe $\sum f_n(z)$

$$\left|f_n(z)\right| \leq c_n \quad (n \in \mathbb{N}_0)$$

gilt. Dann ist die Reihe $\sum f_n(z)$ gleichmäßig konvergent.

Jede Reihe stellt in ihrem Konvergenzbereich M_K eine bestimmte Funktion $F(z)$ dar. Man formuliert dies bisweilen auch *anders herum*, indem man sagt, dass sich die Funktion $F(z)$ in M_K in ebendiese Reihe entwickeln lässt. Uns interessiert vor allem, wann eine solche Reihe eine analytische Funktion ist.

Sei $\{f_n(z)\}$ eine Folge von Funktionen, die sämtlich in demselben Gebiet G analytisch sind, und für die die Reihe

$$F(z) = \sum_{\nu=0}^{\infty} f_\nu(z)$$

gleichmäßig im Inneren von G konvergiert. Dann gelten die folgenden Aussagen:

1. $F(z)$ in G stetig.

2. Man kann gliedweise integrieren:

$$\int\limits_C F(z)\,\mathrm{d}z = \sum_{\nu=0}^{\infty} \int\limits_C f_\nu(z)\,\mathrm{d}z\,, \tag{4.315}$$

   C: ganz in G verlaufender Weg.
3. $F(z)$ in G analytisch.
4. Man kann gliedweise differenzieren:

$$F^{(n)}(z) = \sum_{\nu=0}^{\infty} f_\nu^{(n)}(z)\,. \tag{4.316}$$

Beweis zu 1.:

$$F(z) = S_n(z) + r_n(z)\,,$$

$$S_n(z) = \sum_{\nu=0}^{n} f_\nu(z)\,; \quad r_n(z) = \sum_{\nu=n+1}^{\infty} f_\nu(z)\,.$$

Aus der gleichmäßigen Konvergenz folgt: Zu jedem $\varepsilon > 0$ gibt es ein $n_0(\varepsilon)$, sodass für $n \geq n_0$

$$|r_n(z)| < \frac{\varepsilon}{3} \quad \text{(für alle } z\text{)}$$

wird.

$S_n(z)$ ist eine **endliche** Summe von stetigen Funktionen. Daraus folgt: Zu jedem $\varepsilon > 0$ und jedem $z_0 \in G$ existiert ein $\delta > 0$, sodass für alle z mit $|z - z_0| < \delta$

$$|S_n(z) - S_n(z_0)| < \frac{\varepsilon}{3}$$

folgt.

Es sei also $\varepsilon > 0$ vorgegeben und z_0 beliebig aus G. Dann gibt es stets ein $\delta > 0$, sodass für alle $|z - z_0| < \delta$ gilt:

$$|F(z) - F(z_0)| \leq |S_n(z) - S_n(z_0)| + |r_n(z)| + |r_n(z_0)| < \varepsilon\,.$$

Beweis zu 2.:

$F(z)$ stetig $\Rightarrow \int_C F(z)\,\mathrm{d}z$ sicher definiert. Wegen (4.308) gilt

$$\int\limits_C F(z)\,\mathrm{d}z = \int\limits_C S_n(z)\,\mathrm{d}z + \int\limits_C r_n(z)\,\mathrm{d}z$$

und

$$\int\limits_C S_n(z)\,\mathrm{d}z = \sum_{\nu=0}^{n} \int\limits_C f_\nu(z)\,\mathrm{d}z\,.$$

L sei die Länge des Weges C, die endlich sein soll. Dann gibt es zu jedem $\varepsilon > 0$ ein $n_0(\varepsilon)$, sodass für $n \geq n_0(\varepsilon)$ gilt:

$$\left| \int_C r_n(z)\, \mathrm{d}z \right| < \varepsilon L\,.$$

Damit folgt dann auch:

$$\left| \int_C F(z)\, \mathrm{d}z - \sum_{\nu=0}^{n} \int_C f_\nu(z)\, \mathrm{d}z \right| < \varepsilon L\,.$$

Das ist aber gerade die Behauptung in (4.315), da ε beliebig klein gemacht werden kann.

Beweis zu 3.:
Für jeden ganz in G verlaufenden, geschlossenen Weg C gilt:

$$\oint_C f_\nu(z)\, \mathrm{d}z = 0 \quad \text{für alle } \nu\,.$$

Dies bedeutet nach 2. auch:

$$\oint_C F(z)\, \mathrm{d}z = 0\,.$$

Damit ist $F(z)$ in G analytisch (Satz von Morera).

Beweis zu 4.:
$z_0 \in G$. Nach 3. erfüllt $F(z)$ die Voraussetzungen des Satzes (4.314):

$$F^{(n)}(z_0) = \frac{n!}{2\pi i} \oint_C \frac{F(z)\, \mathrm{d}z}{(z - z_0)^{n+1}} = \frac{n!}{2\pi\,\mathrm{i}} \oint_C \frac{\sum\limits_{\nu=0}^{\infty} f_\nu(z)\, \mathrm{d}z}{(z - z_0)^{n+1}}\,.$$

Der Beweis zu 2. benötigte nur die gleichmäßige Konvergenz der Funktionen $f_\nu(z)$ auf dem Weg C. Sei dieses z. B. ein Kreis um z_0, dann gilt die gleichmäßige Konvergenz sicher auch für $f_\nu(z)(z - z_0)^{-n-1}$. Daraus folgt:

$$F^{(n)}(z_0) = \sum_{\nu=0}^{\infty} \frac{n!}{2\pi\,\mathrm{i}} \oint_C \frac{f_\nu(z)\, \mathrm{d}z}{(z - z_0)^{n+1}} = \sum_{\nu=0}^{\infty} f_\nu^{(n)}(z_0)\,.$$

Einen Spezialfall der bisher besprochenen Reihen stellen die

$$\text{Potenzreihen} \quad f_n(z) = \alpha_n (z - z_0)^n, \quad \alpha_n \in \mathbb{C}$$

dar.

Bei Potenzreihen ist der Konvergenzbereich M_K stets das Innere eines Kreises um z_0, des sogenannten **Konvergenzkreises.** Es gilt der

Cauchy-hadamardsche Satz.

Es gibt drei Möglichkeiten für die Konvergenz einer Potenzreihe:

1. Die Reihe konvergiert nur für $z = z_0$. Sie hat dann den **Konvergenzradius** $R = 0$.
2. Sie konvergiert absolut für alle $z \iff R = \infty$.
3. Sie konvergiert absolut für $|z - z_0| < R$ und divergiert für $|z - z_0| > R$ mit

$$R = \left(\overline{\lim}_{n\to\infty} \sqrt[n]{|\alpha_n|}\right)^{-1} , \tag{4.317}$$

$\overline{\lim}$: *limes superior:* Grenzwert mit dem größten Betrag.

4.4.6 **Satz 4.4.6** Eine Potenzreihe konvergiert gleichmäßig in jedem zum Konvergenzkreis konzentrischen und kleineren Kreis.

Beweis Es sei $R > 0,\ 0 < \varrho < R$ und $|z - z_0| \leq \varrho$. Dann ist für diese z:

$$\left|\sum_{\nu=n+1}^{n+p} \alpha_\nu (z - z_0)^\nu\right| \leq \sum_{\nu=n+1}^{n+p} |\alpha_\nu| \varrho^\nu .$$

Da der Punkt $z = z_0 + \varrho$ im Konvergenzkreis liegt, ist nach Definition $\sum |\alpha_\nu|\varrho^\nu$ konvergent. Es gibt also zu jedem $\varepsilon > 0$ ein $n_0(\varepsilon)$, sodass für alle $n \geq n_0$ und alle $p \geq 1$

$$\sum_{\nu=n+1}^{n+p} |\alpha_\nu| \varrho^\nu < \varepsilon$$

gilt. Gerade dies bedeutet gleichmäßige Konvergenz.

Damit können wir für Potenzreihen die Aussagen (4.315) und (4.316) wiederholen:

4.4.7 **Satz 4.4.7**

1. Eine Potenzreihe ist im Inneren ihres Konvergenzkreises analytisch.
2. Alle Ableitungen haben denselben Konvergenzradius.
3. Für die Koeffizienten α_ν gilt:

$$\alpha_\nu = \frac{f^{(\nu)}(z_0)}{\nu!} = \frac{1}{2\pi i} \oint\limits_C \frac{f(z)\,\mathrm{d}z}{(z - z_0)^{\nu+1}} . \tag{4.318}$$

Für C gelten dieselben Voraussetzungen wie in (4.313).

Satz 4.4.8: *Entwicklungssatz (Taylor-Entwicklung):* $f(z)$ in G analytisch; $z_0 \in G$. Dann gibt es **genau eine** Potenzreihe der Form **4.4.8**

$$\sum_{\nu=0}^{\infty} \alpha_\nu (z - z_0)^\nu$$

mit α_ν aus (4.318), die in jedem Kreis um z_0, der noch ganz in G liegt, konvergiert **und dort $f(z)$ darstellt.** (Jede analytische Funktion lässt sich also als Potenzreihe darstellen!)

Beweis K_R: Kreis um $z_0 \in G$ mit Radius R, wobei K_R ganz in G liegt. $z \in K_R$, nicht aus dem Rand $\Rightarrow$ $|z - z_0| = \varrho < R$. Seien $\varrho < \varrho_1 < R$ und z^* ein beliebiger Punkt des Kreises K_{ϱ_1}:

$$\frac{1}{z^* - z} = \frac{1}{(z^* - z_0) - (z - z_0)} = \frac{1}{z^* - z_0} \, \frac{1}{1 - \dfrac{z - z_0}{z^* - z_0}} = \sum_{n=0}^{\infty} \frac{(z - z_0)^n}{(z^* - z_0)^{n+1}} \, .$$

Wegen

$$\left| \frac{z - z_0}{z^* - z_0} \right| = \frac{\varrho}{\varrho_1} < 1$$

ist nach dem Majorantenprinzip die Reihe gleichmäßig konvergent. Dies gilt auch für die Reihe

$$\frac{f(z^*)}{z^* - z} = \sum_{n=0}^{\infty} \frac{f(z^*)}{(z^* - z_0)^{n+1}} (z - z_0)^n \, .$$

Damit folgt ($\sum$ und $\oint$ vertauschbar!):

$$\frac{1}{2\pi\,\mathrm{i}} \oint_{K_{\varrho_1}} \mathrm{d}z^* \frac{f(z^*)}{z^* - z} = \sum_{n=0}^{\infty} \frac{1}{2\pi\,\mathrm{i}} \oint_{K_{\varrho_1}} \frac{f(z^*)}{(z^* - z_0)^{n+1}} (z - z_0)^n \, \mathrm{d}z^* =$$

$$= \sum_{n=0}^{\infty} \frac{1}{n!} f^{(n)}(z_0)(z - z_0)^n \, .$$

Dies bedeutet schließlich:

$$f(z) = \sum_{n=0}^{\infty} \alpha_n (z - z_0)^n \, .$$

Die Eindeutigkeit der Entwicklung übernehmen wir aus dem

4.4.9 **Satz 4.4.9:** *Identitätssatz für Potenzreihen.* Haben die Potenzreihen

$$F_\alpha(z) = \sum_{n=0}^{\infty} \alpha_n (z - z_0)^n ,$$

$$F_\beta(z) = \sum_{n=0}^{\infty} \beta_n (z - z_0)^n$$

einen Konvergenzradius $R > 0$ und gilt

$$F_\alpha(z) = F_\beta(z)$$

1. in einer noch so kleinen Umgebung von z_0
   oder
2. für unendlich viele sich in z_0 häufenden Punkte,

so sind $F_\alpha(z)$ und $F_\beta(z)$ identisch.

Beweis Zu 1. Nach (4.318) gilt:

$$\alpha_\nu = \frac{F_\alpha^{(\nu)}(z_0)}{\nu!} = \frac{1}{2\pi\,\mathrm{i}} \oint_C \frac{F_\alpha(z)\,\mathrm{d}z}{(z - z_0)^{\nu+1}} ,$$

$$\beta_\nu = \frac{1}{2\pi\,\mathrm{i}} \oint_C \frac{F_\beta(z)\,\mathrm{d}z}{(z - z_0)^{\nu+1}} ,$$

C: Kreis, der ganz in der Umgebung liegt. $\Rightarrow$ für $z \in C$: $F_\alpha(z) = F_\beta(z) \Rightarrow \alpha_\nu = \beta_\nu$ für alle ν.

Zu 2. Beweis durch vollständige Induktion:

$\nu = 0$: $z \to z_0$ über die Punkte, für die $F_\alpha(z) = F_\beta(z)$. Potenzreihen stetig $\Rightarrow$ $\alpha_0 = \beta_0$.

$\nu \Rightarrow \nu + 1$: $\alpha_\mu = \beta_\mu$ für $\mu = 0, 1, 2 \ldots, \nu$.

Dann gilt für unendlich viele z:

$$\alpha_{\nu+1} + \alpha_{\nu+2}(z - z_0) + \ldots = \beta_{\nu+1} + \beta_{\nu+2}(z - z_0) + \ldots$$

Mit $z \to z_0$ folgt dann: $\alpha_{\nu+1} = \beta_{\nu+1}$ q.e.d.

Wir beweisen nun einen Satz, der uns die starke innere Gesetzmäßigkeit der analytischen Funktionen wird erkennen lassen, wie sie schon in der cauchyschen Integralformel (4.313) anklang. Allein aus der Forderung der Analytizität, die noch eine sehr große Klasse von recht allgemeinen Funktionen zulässt, z. B. fast alle in physikalischen Anwendungen benötigte Funktionen, kann auf eine sehr intensive Korrelation der Funktionswerte geschlossen werden. Sind diese nur für ein beliebig kleines Teilgebiet der komplexen Ebene bekannt, so auch bereits für die gesamte Ebene.

Satz 4.4.10: *Identitätssatz für analytische Funktionen* $f_1(z)$, $f_2(z)$ analytisch in G; $z_0 \in G$. Es gelte **4.4.10**

$$f_1(z) = f_2(z)$$

1. in einer noch so kleinen Umgebung von z_0
   oder
2. auf einem noch so kleinen von z_0 ausgehenden Wegstück
   oder
3. in unendlich vielen, sich in z_0 häufenden Punkten,

dann ist

$$f_1(z) \equiv f_2(z) \quad \text{in ganz } G\,.$$

Beweis

1. f_1, f_2 seien als analytische Funktionen um z_0 in Potenzreihen entwickelbar. Diese konvergieren mindestens in dem größten Kreis, der noch ganz in G liegt. Nach dem oben bewiesenen Identitätssatz für Potenzreihen sind diese also wegen 1., 2. oder 3. in diesem Kreis identisch und damit auch $f_1(z)$ und $f_2(z)$.
2. Sei nun z^* beliebig $\in G$. Wir zeigen, dass auch dann $f_1(z^*) = f_2(z^*)$ sein muss.

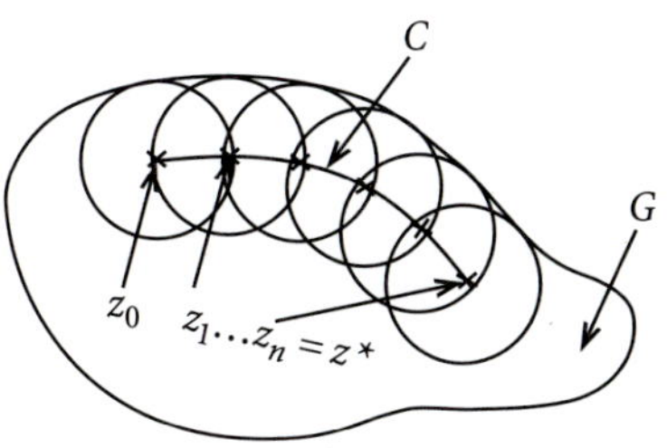

Abb. 4.56. Illustration des Kreiskettenverfahrens

   a) Man verbinde z_0 und z^* durch einen Weg C. Dieser habe einen Mindestabstand ϱ vom Rand von G.

b) Man zerlege C so in

$$z_0, z_1, z_2, \ldots z_n = z^* ,$$

dass die Abstände zwischen benachbarten Punkten auf jeden Fall $< \varrho$ sind.

c) Man beschreibe um jeden Punkt z_ν einen Kreis K_ν, der gerade noch in G hineinpasst. Die Radien dieser Kreise sind dann sicher $\geq \varrho$. Jeder Kreis enthält deshalb sicher den Mittelpunkt des nächsten Kreises.

d) In jedem K_ν sind f_1, f_2 analytisch, also um z_ν in eine Potenzreihe entwickelbar. In K_0 ist die Identität bereits bewiesen.

e) $z_1 \in K_0 \Rightarrow f_1 = f_2$ auch in z_1 und Umgebung. Damit sind die Potenzreihen auch in K_1 identisch.

f) So fortfahren über z_2 bis $z_n = z^*$. Damit gilt schließlich auch:

$$f_1(z^*) = f_2(z^*) \quad \text{q.e.d.}$$

Häufig liegt die Situation vor, dass eine bestimmte Darstellung einer komplexen Funktion, wie z.B. die Taylor-Entwicklung, nur in einem gewissen Teilgebiet der komplexen Ebene konvergiert. Dann kann es aber trotzdem sein, dass die Funktion auch außerhalb dieses Gebietes sinnvoll definiert ist, dass lediglich die spezielle Darstellung nicht mehr erlaubt ist. Mit der Methode der

analytischen Fortsetzung

kann man dann bisweilen den Definitionsbereich erweitern. Diese basiert auf dem soeben bewiesenen Identitätssatz.

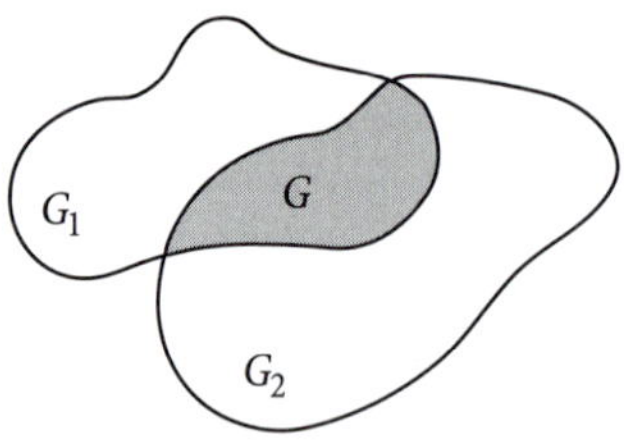

Abb. 4.57. Illustration zur analytischen Fortsetzung einer komplexen Funktion

G_1, G_2 seien zwei Gebiete, die das Teilgebiet G gemeinsam haben mögen. $f_1(z)$ sei eine in G_1 analytische Funktion. Dann gibt es nach dem Identitätssatz **keine oder genau eine** Funktion $f_2(z)$, die in G_2 analytisch ist, und für die

$$f_2(z) \equiv f_1(z) \quad \text{in } G$$

gilt. Gibt es sie, so sagt man, man habe $f_1(z)$ über G_1 hinaus in das Gebiet G_2 **analytisch fortgesetzt.** Genauso gut gilt natürlich die umgekehrte Blickrichtung. $f_2(z)$ ist in G_1 die *analytische Fortsetzung* von $f_2(z)$.

Nach dem Identitätssatz bedingen $f_1(z)$ und $f_2(z)$ einander vollständig. Sie sind als Elemente ein und derselben Funktion $F(z)$ aufzufassen.

Beispiel

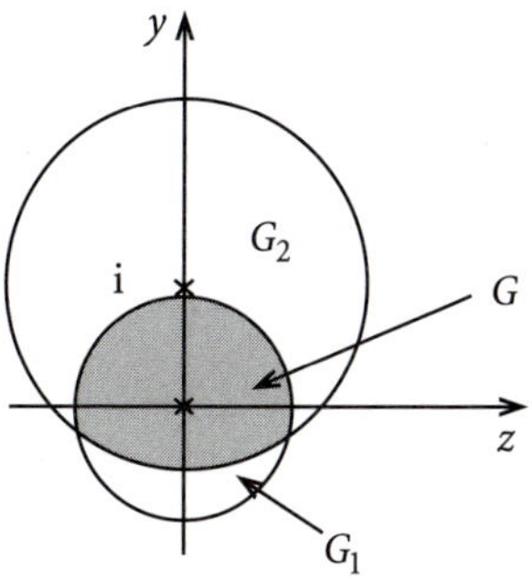

Abb. 4.58. Einheitskreise $|z| < 1$ und $|z - \mathrm{i}| < \sqrt{2}$ in der komplexen Zahlenebene

$$G_1: \quad \text{Einheitskreis: } |z| < 1$$

$$f_1(z) = \sum_n z^n ,$$

$$G_2: \quad \text{Kreis } |z - \mathrm{i}| < \sqrt{2}$$

$$f_2(z) = \sum_n \alpha_n (z - \mathrm{i})^n ,$$

$$\alpha_n = (1 - \mathrm{i})^{-(n+1)} .$$

Wegen

$$|z - \mathrm{i}| < \sqrt{2} \iff \left| \frac{z - \mathrm{i}}{1 - \mathrm{i}} \right| < 1$$

konvergiert $f_2(z)$ in G_2:

$$f_2(z) = \frac{1}{1 - \mathrm{i}} \sum_n \left(\frac{z - \mathrm{i}}{1 - \mathrm{i}} \right)^n = \frac{1}{1 - \mathrm{i}} \frac{1}{1 - \dfrac{z - \mathrm{i}}{1 - \mathrm{i}}} = \frac{1}{1 - z} .$$

Dies gilt wegen $|z| < 1$ auch für $f_1(z)$ in G_1. Im *Überlappungsgebiet* G stimmen also $f_1(z)$ und $f_2(z)$ überein. Sie stellen damit in ihren Konvergenzkreisen G_1 bzw. G_2 die Funktion

$$F(z) = \frac{1}{1 - z}$$

dar. Diese ist in der gesamten komplexen z-Ebene (außer $|z| = 1$) wohldefiniert und analytisch. Die speziellen Potenzreihenentwicklungen gelten allerdings nur in G_1 bzw. G_2.

4.4.5 Residuensatz

Bisher haben wir ausschließlich analytische Funktionen untersucht. Alle Punkte, in denen eine komplexe Funktion **nicht** analytisch ist, nennt man

singuläre Punkte.

Man unterscheidet

1. Pole,
2. Verzweigungspunkte,
3. wesentliche Singularitäten.

Ist $f(z)$ in einer Umgebung von z_0 analytisch, dagegen keine Aussage über die Analytizität in z_0 möglich, dann nennt man

z_0 eine **isolierte singuläre Stelle.**

Ist dagegen $(z - z_0)^n f(z)$ für irgendeine positive ganze Zahl n analytisch in z_0, dann sagt man, $f(z)$ habe an der Stelle z_0 einen **Pol.** Das kleinste n, für das diese Aussage zutrifft, heißt die **Ordnung des Pols.**

Verzweigungspunkt einer Funktion $f(z)$ nennt man einen solchen Punkt z_0, für den $f(z)$ nach einem Umlauf auf einem Weg C, der z_0 umschließt, nicht zum Ausgangswert zurückkehrt.

Wesentliche Singularitäten sind alle anderen isolierten, singulären Stellen einer komplexen Funktion $f(z)$.

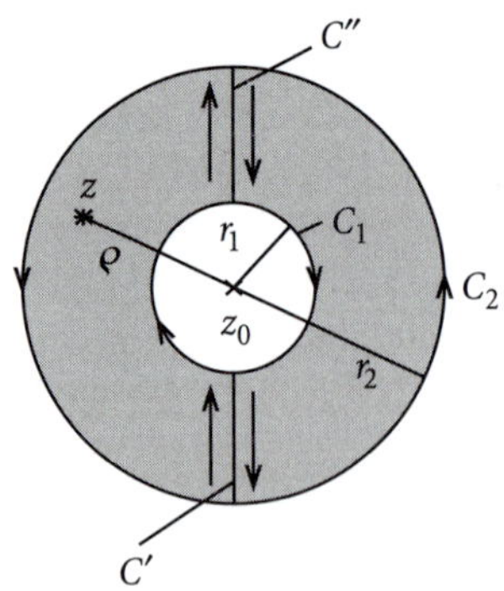

Abb. 4.59. Ringgebiet mit Hilfswegen zur Herleitung der Laurent-Entwicklung

$f(z)$ sei in einem Ringgebiet um z_0 analytisch, innerhalb des kleineren und außerhalb des größeren Kreises sei das Verhalten der Funktion unbekannt. Wir diskutieren deshalb $f(z)$ für z mit

$$r_1 < |z - z_0| = \varrho < r_2 \; .$$

r_1, r_2 seien so gewählt, dass $f(z)$ auch auf den Rändern analytisch ist.

Wir zerlegen das Ringgebiet durch zwei Schnitte C' und C'' in zwei einfach-zusammenhängende Gebiete, die, wie dargestellt, mathematisch positiv durchlaufen werden. Dann ergibt sich mit der cauchyschen Integralformel (4.313):

$$f(z) = \frac{1}{2\pi\mathrm{i}} \oint\limits_{C_2} \frac{f(\xi)\,\mathrm{d}\xi}{\xi - z} - \frac{1}{2\pi\mathrm{i}} \oint\limits_{C_1} \frac{f(\xi)\,\mathrm{d}\xi}{\xi - z} .$$

1. Integral:

$$\frac{1}{\xi - z} \overset{(C_2)}{=} \frac{1}{\xi - z_0} \frac{1}{1 - \dfrac{z - z_0}{\xi - z_0}} \overset{(C_2)}{=} \sum_{n=0}^{\infty} \frac{(z - z_0)^n}{(\xi - z_0)^{n+1}} .$$

Mit

$$a_n = \frac{1}{2\pi\mathrm{i}} \oint\limits_{C_2} \frac{f(\xi)\,\mathrm{d}\xi}{(\xi - z_0)^{n+1}}$$

folgt also:

$$\frac{1}{2\pi\mathrm{i}} \oint\limits_{C_2} \frac{f(\xi)\,\mathrm{d}\xi}{\xi - z} = \sum_{n=0}^{\infty} a_n (z - z_0)^n .$$

2. Integral:

$$\frac{1}{\xi - z} \overset{(C_1)}{=} -\frac{1}{z - z_0} \frac{1}{1 - \dfrac{\xi - z_0}{z - z_0}} \overset{(C_1)}{=} -\frac{1}{z - z_0} \sum_{n=0}^{\infty} \left(\frac{\xi - z_0}{z - z_0} \right)^n =$$

$$= -\sum_{n=1}^{\infty} (\xi - z_0)^{n-1} (z - z_0)^{-n} .$$

Definieren wir nun

$$a_{-n} = \frac{1}{2\pi\mathrm{i}} \oint\limits_{C_1} \frac{f(\xi)\,\mathrm{d}\xi}{(\xi - z_0)^{-n+1}} ,$$

so ergibt sich:

$$-\frac{1}{2\pi\mathrm{i}} \oint\limits_{C_1} \frac{f(\xi)\,\mathrm{d}\xi}{\xi - z} = \sum_{n=1}^{\infty} a_{-n} (z - z_0)^{-n} .$$

Nach Abschn. 4.3.11 darf in den Definitionen für a_n und a_{-n} statt C_1, C_2 auch jeder andere im Ringgebiet liegende, z_0 umlaufende Weg C gewählt werden. Also können wir die Koeffizienten ganz allgemein wie folgt definieren:

$$a_n = \frac{1}{2\pi\,\mathrm{i}} \oint\limits_C \frac{f(\xi)\,\mathrm{d}\xi}{(\xi - z_0)^{n+1}} \tag{4.319}$$

und positive wie negative n zulassen (vgl. (4.318)).

Damit haben wir für $f(z)$ die sogenannte **Laurent-Entwicklung** abgeleitet:

$$f(z) = \sum_{n=-\infty}^{+\infty} a_n (z - z_0)^n \, . \tag{4.320}$$

Man kann zeigen, dass diese Entwicklung eindeutig ist.

Von besonderem Interesse ist der Fall, dass im Inneren des ersten Kreises z_0 die einzige singuläre Stelle von $f(z)$ ist. Die Laurent-Entwicklung konvergiert dann für alle

$$0 < |z - z_0| < r \, ,$$

wobei $r > 0$ der Abstand zur nächstgelegenen singulären Stelle ist.

Liegt ein Pol p-ter Ordnung vor, so beginnt die Reihe bei $n = -p$. Die Werte a_n für $n < -p$ sind dann sämtlich Null. Man nennt

$$\sum_{n=-p}^{-1} a_n (z - z_0)^n \; : \quad \textbf{Hauptteil} \text{ der Funktion } f(z) \, .$$

Von besonderer Bedeutung ist der Koeffizient a_{-1}:

$$a_{-1} = \operatorname{Res} f(z) \; : \quad \textbf{Residuum} \text{ von } f(z) \text{ an der Stelle } z_0 \, .$$

Der Vergleich mit (4.319) führt zum sogenannten **Residuensatz**, der ein mächtiges Hilfsmittel zur Integralbestimmung darstellt:

Sei $f(z)$ in der Umgebung von z_0 analytisch und C ein z_0 umschließender Weg. Dann gilt:

$$\operatorname*{Res}_{z_0} f(z) = a_{-1} = \frac{1}{2\pi\,\mathrm{i}} \oint\limits_C f(z)\,\mathrm{d}z \, . \tag{4.321}$$

Man beweist leicht, dass bei mehreren, im Innengebiet von C liegenden, isolierten singulären Stellen z_i (endlich viele!) die Formel wie folgt zu erweitern ist:

$$\frac{1}{2\pi\,\mathrm{i}} \oint\limits_C f(z)\,\mathrm{d}z = \sum_{i=1}^{N} \operatorname*{Res}_{z_i} f(z) \, . \tag{4.322}$$

Das Residuum eines Poles p-ter Ordnung bestimmt sich häufig zweckmäßig nach der folgenden Formel:

$$\operatorname*{Res}_{z_0} f(z) = \frac{1}{(p-1)!} \lim_{z \to z_0} \frac{\mathrm{d}^{p-1}\left[(z-z_0)^p f(z)\right]}{\mathrm{d}z^{p-1}} . \tag{4.323}$$

Der Residuensatz stellt ein wichtiges Hilfsmittel zur Berechnung **reeller** Integrale dar, was zum Schluss an zwei Beispielen demonstriert werden soll.

1. Beispiel

$$I = \int\limits_{-\infty}^{+\infty} \frac{\mathrm{d}x}{1+x^2} .$$

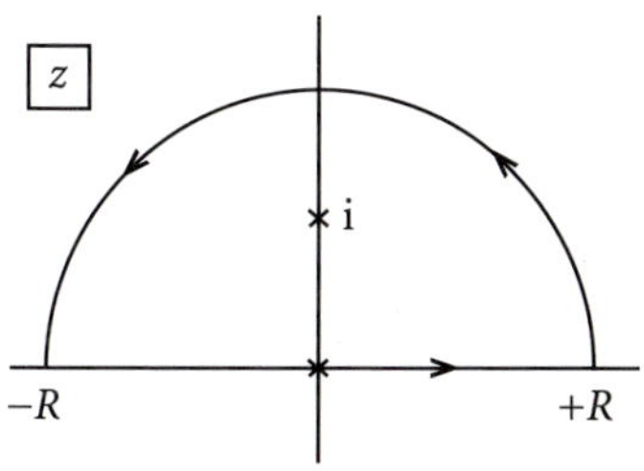

Abb. 4.60. Halbkreis mit Radius R in der oberen komplexen Halbebene

Wir wählen den Weg C wie skizziert und integrieren die Funktion

$$f(z) = \frac{1}{1+z^2}$$

über C. Die Funktion

$$f(z) = \frac{1}{2\mathrm{i}}\left(\frac{1}{z-\mathrm{i}} - \frac{1}{z+\mathrm{i}}\right)$$

hat offenbar zwei Pole erster Ordnung, von denen nur der bei $z = \mathrm{i}$ im von C umschlossenen Gebiet liegt. Das entsprechende Residuum ergibt sich zu $1/2\mathrm{i}$.

Daraus folgt:

$$\int\limits_{C} \frac{\mathrm{d}z}{1+z^2} = 2\pi\mathrm{i}\frac{1}{2\mathrm{i}} = \pi = \int\limits_{-R}^{+R} \frac{\mathrm{d}x}{1+x^2} + \int\limits_{\frown} \frac{\mathrm{d}z}{1+z^2} .$$

Abschätzung des Integrals über den Halbkreis:

$$\left| \int\limits_{\frown} \frac{\mathrm{d}z}{1+z^2} \right| \le \frac{\frac{1}{2}\, 2\pi R}{R^2-1} \underset{R\to\infty}{\longrightarrow} 0 .$$

Für $R \to \infty$ verschwindet der Betrag auf dem Halbkreis. Daraus folgt:

$$I = \int\limits_{-\infty}^{+\infty} \frac{dx}{1+x^2} = \pi \,.$$

2. Beispiel

$$I = \int\limits_{-\infty}^{+\infty} \frac{\sin x}{x}\, dx \,.$$

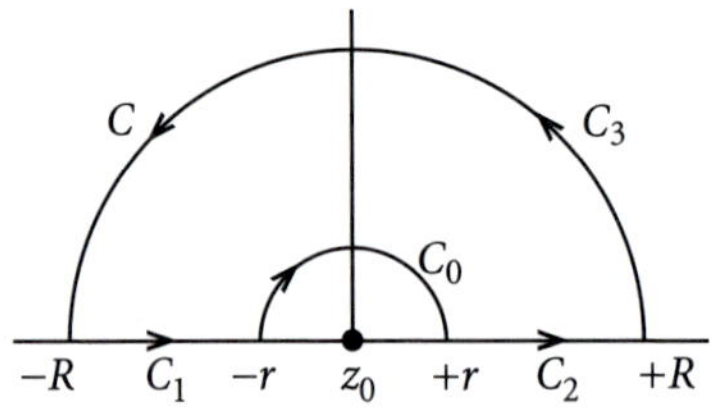

Abb. 4.61. Hilfswege zur Untersuchung von Integranden mit einem Pol auf der reellen Achse

Das ist ein Beispiel für den häufig vorkommenden Fall, dass ein Pol auf der reellen Achse liegt. Diesen umgehen wir auf einem kleinen Halbkreis C_0 mit Radius r. Dann gilt zunächst einmal nach dem Residuensatz (I_i: Beiträge auf den Teilstücken C_i):

$$I_1 + I_0 + I_2 + I_3 = 2\pi\,\mathrm{i} \sum_i \operatorname*{Res}_{z_i} f(z) \,.$$

z_i sind die von C eingeschlossenen Singularitäten.

In der Nähe von z_0 gilt (z_0: Pol erster Ordnung):

$$f(z) = \frac{a_{-1}}{z-z_0} + \sum_{n=0}^{\infty} a_n (z-z_0)^n = \frac{a_{-1}}{z-z_0} + f_1(z) \,.$$

$f_1(z)$ ist in der Umgebung von z_0 analytisch, d. h. stetig und damit beschränkt:

$$|f_1(z)| \leq M \,.$$

Daraus folgt:

$$I_0 = \int\limits_{C_0} \frac{a_{-1}\, dz}{z-z_0} + \int\limits_{C_0} f_1(z)\, dz$$

$$\int\limits_{C_0} f_1(z)\, dz \leq M\,\pi\, r \underset{r\to 0}{\longrightarrow} 0 \,.$$

Also gilt für $r \to 0$:

$$I_0 = a_{\ 1} \int\limits_{C_0} \frac{dz}{z - z_0} = -a_{-1} \pi \, i \,. \tag{4.324}$$

Der letzte Schritt folgt wie in (4.312).

Zurück zu unserem Beispiel. Wir setzen

$$f(z) = \frac{e^{iz}}{z} \,.$$

Diese Funktion hat bei $z = 0$ einen Pol erster Ordnung mit dem Residuum:

$$a_{-1} = \lim_{z \to 0} z f(z) = 1 \,.$$

Im Inneren von C liegt kein Pol:

$$0 = \oint\limits_C \frac{e^{iz} \, dz}{z} = \left(I_1 + I_2 + I_3\right)_{\substack{R \to \infty \\ r \to 0}} - i\pi \,,$$

$$I_1 = \int\limits_{-R}^{-r} \frac{e^{ix}}{x} \, dx \,; \quad I_2 = \int\limits_{r}^{R} \frac{e^{ix}}{x} \, dx \,.$$

Dies bedeutet:

$$\left(I_1 + I_2\right)_{\substack{R \to \infty \\ r \to 0}} = 2i \int\limits_0^\infty \frac{\sin x}{x} \, dx \,.$$

Auf dem Halbkreis ist $z = R(\cos\varphi + i \sin\varphi)$

$$\Rightarrow \quad \frac{dz}{z} = \frac{-\sin\varphi + i\cos\varphi}{\cos\varphi + i\sin\varphi} \, d\varphi = +i \, d\varphi$$

$$\Rightarrow \quad I_3 = i \int\limits_0^\pi d\varphi \; e^{i R(\cos\varphi + i \sin\varphi)}$$

$$\Rightarrow \quad |I_3| \leq \int\limits_0^\pi d\varphi \; e^{-R \sin\varphi}$$

$$\Rightarrow \quad \lim_{R \to \infty} I_3 = 0 \quad \Rightarrow \quad 0 = 2i \int\limits_0^\infty \frac{\sin x}{x} \, dx - i\pi \,.$$

Daraus ergibt sich das Schlussresultat:

$$\int\limits_{-\infty}^{+\infty} \frac{\sin x}{x} \, dx = \pi \,.$$

4.4.6 Aufgaben

4.4.1

Aufgabe 4.4.1

Verifizieren Sie die folgende Darstellung der Stufenfunktion:

$$\Theta(t) = \frac{\mathrm{i}}{2\pi} \int\limits_{-\infty}^{+\infty} \mathrm{d}x \frac{\mathrm{e}^{-\mathrm{i}xt}}{x + \mathrm{i}\,0^+} \,.$$

4.4.2

Aufgabe 4.4.2

Zeigen Sie als Umkehrung zu Aufgabe 4.3.6, dass die Überlagerung ebener Wellen mit den Amplituden

$$\widetilde{\psi}(\overline{\boldsymbol{k}}, \overline{\boldsymbol{\omega}}) = \frac{2}{\overline{k}^2 - k^2} \delta(\overline{\omega} - \omega)$$

die Kugelwelle

$$\psi(\boldsymbol{r}, t) = \frac{1}{r} \mathrm{e}^{\mathrm{i}(kr - \omega t)}$$

ergibt. Wir hatten dazu in Abschn. 4.3.6 angenommen, dass k einen infinitesimal kleinen, positiven Imaginärteil besitzt ($k \to k + i\,0^+$).

4.5

4.5 Erzeugung elektromagnetischer Wellen

4.5.1 Inhomogene Wellengleichung

Bisher haben wir ausschließlich die Ausbreitung elektromagnetischer Wellen diskutiert, ihre Erzeugung dagegen noch ausgespart. Diese wird durch zeitabhängige Ladungs- und Stromverteilungen bewirkt. Wir hatten in Abschn. 4.1.3 gesehen, dass das Problem der Berechnung zeitabhängiger Felder aus vorgegebenen Strom-Ladungs-Verteilungen auf die Lösung gleichartiger inhomogener Wellengleichungen für die elektromagnetischen Potentiale zurückgeführt werden kann. In der Lorentz-Eichung gelten die inhomogenen Differentialgleichungen (4.38) und (4.39):

$$\square\, \boldsymbol{A}(\boldsymbol{r}, t) = -\mu_{\mathrm{r}}\mu_0\, \boldsymbol{j}(\boldsymbol{r}, t) \,; \qquad \left(\square \equiv \Delta - \frac{1}{u^2}\frac{\partial^2}{\partial t^2}\right) ,$$

$$\square\, \varphi(\boldsymbol{r}, t) = -\frac{\varrho(\boldsymbol{r}, t)}{\varepsilon_{\mathrm{r}}\varepsilon_0} \,.$$

Die Lösungen dieser für φ und $\boldsymbol{A}$ vollständig entkoppelten Wellengleichungen haben noch die Lorentz-Bedingung (4.37),

$$\operatorname{div}\boldsymbol{A} + \frac{1}{u^2}\dot{\varphi} = 0\,; \quad u^2 = \frac{1}{\varepsilon_r\varepsilon_0\mu_r\mu_0}\,, \tag{4.325}$$

zu erfüllen. Die mathematische Aufgabe besteht also in der Lösung der Differentialgleichung

$$\Box\,\psi(\boldsymbol{r},t) = -\sigma(\boldsymbol{r},t)\,, \tag{4.326}$$

wobei die Quellfunktion $\sigma(\boldsymbol{r},t)$ bekannt sein soll. Wie bei der Poisson-Gleichung der Elektrostatik werden wir das Problem so angehen, dass wir (4.326) zunächst für eine Punktladung lösen,

$$\underset{r,t}{\Box}\,G(\boldsymbol{r}-\boldsymbol{r}',t-t') = -\delta(\boldsymbol{r}-\boldsymbol{r}')\delta(t-t')\,, \tag{4.327}$$

um mit der so gewonnenen **greenschen Funktion** die vollständige Lösung zu formulieren:

$$\psi(\boldsymbol{r},t) = \int d^3r' \int dt'\, G(\boldsymbol{r}-\boldsymbol{r}',t-t')\,\sigma(\boldsymbol{r}',t')\,. \tag{4.328}$$

Zur Lösung benutzen wir die Methode der Fourier-Transformation (Abschn. 4.3.6):

$$G(\boldsymbol{r}-\boldsymbol{r}',t-t') = \frac{1}{(2\pi)^2}\int d^3k \int d\omega\, G(\boldsymbol{k},\omega)\,e^{i\boldsymbol{k}\cdot(\boldsymbol{r}-\boldsymbol{r}')}\,e^{-i\omega(t-t')}\,,$$

$$\delta(\boldsymbol{r}-\boldsymbol{r}') = \frac{1}{(2\pi)^3}\int d^3k\, e^{i\boldsymbol{k}\cdot(\boldsymbol{r}-\boldsymbol{r}')}\,,$$

$$\delta(t-t') = \frac{1}{2\pi}\int_{-\infty}^{+\infty} d\omega\, e^{-i\omega(t-t')}\,.$$

Einsetzen in (4.327) liefert:

$$\int d^3k \int d\omega\, e^{i\boldsymbol{k}\cdot(\boldsymbol{r}-\boldsymbol{r}')}\,e^{-i\omega(t-t')}\left\{G(\boldsymbol{k},\omega)\left(-k^2+\frac{\omega^2}{u^2}\right)+\frac{1}{4\pi^2}\right\} = 0\,.$$

Die Fourier-Umkehr ergibt:

$$G(\boldsymbol{k},\omega)\left(k^2-\frac{\omega^2}{u^2}\right) = \frac{1}{4\pi^2}\,. \tag{4.329}$$

Die allgemeine Lösung dieser Gleichung lautet:

$$G(\boldsymbol{k},\omega) = G_0(\boldsymbol{k},\omega) + \{a_+(\boldsymbol{k})\,\delta(\omega + uk) + a_-(\boldsymbol{k})\delta(\omega - uk)\}\ , \tag{4.330}$$

$$G_0(\boldsymbol{k},\omega) = \frac{1}{4\pi^2}\,\frac{1}{k^2 - \dfrac{\omega^2}{u^2}}\ . \tag{4.331}$$

Der in der geschweiften Klammer stehende Term ist die schon bekannte Lösung (4.200) der homogenen Gleichung, die stets hinzugezählt werden muss. Wir haben sie in Abschn. 4.3.7 ausgiebig diskutiert, können unsere Betrachtungen hier deshalb auf $G_0(\boldsymbol{k},\omega)$ beschränken:

$$G_0(\boldsymbol{r}-\boldsymbol{r}',t-t') = \frac{u^2}{(2\pi)^4}\int \mathrm{d}^3k \int \mathrm{d}\omega\,\frac{\mathrm{e}^{\mathrm{i}(\boldsymbol{k}\cdot(\boldsymbol{r}-\boldsymbol{r}')-\omega(t-t'))}}{\omega_0^2-\omega^2}\ ,$$

$$\omega_0 = uk\ . \tag{4.332}$$

Das ω-Integral werten wir durch eine komplexe Integration aus. Wegen

$$\frac{1}{\omega_0^2-\omega^2} = \frac{1}{2\omega_0}\left(\frac{1}{\omega+\omega_0} - \frac{1}{\omega-\omega_0}\right)$$

hat der Integrand zwei Pole erster Ordnung bei $\omega = \mp\omega_0$.

Die greensche Funktion G_0 beschreibt eine Störung am Ort $\boldsymbol{r}$ zur Zeit t, die zur Zeit t' am Ort $\boldsymbol{r}'$ *erzeugt* wurde. Aus **Kausalitätsgründen** müssen wir deshalb fordern, dass G_0 nur für $t - t' > 0$ von Null verschieden ist:

$$G_0(\boldsymbol{r}-\boldsymbol{r}',t-t') \;\Rightarrow\; G_0(\boldsymbol{r}-\boldsymbol{r}',t-t')\Theta(t-t')\ .$$

Man nennt diese Lösung die

retardierte greensche Funktion.

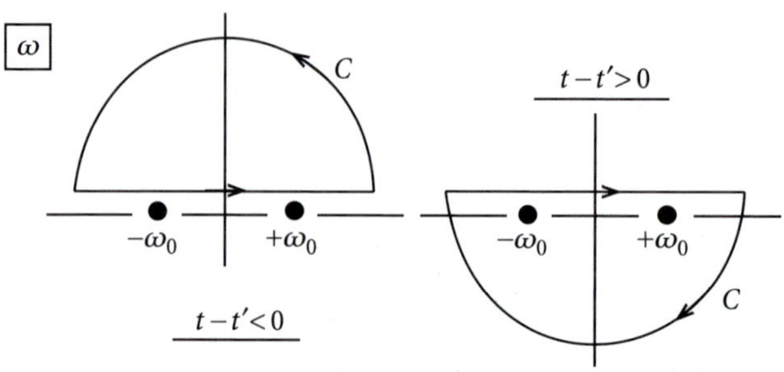

Abb. 4.62. Integrationswege zur Bestimmung der retardierten greenschen Funktion

Bei der komplexen ω-Integration wird der Integrationsweg in der oberen oder unteren Halbebene auf einem Halbkreis mit einem Radius $R \to \infty$ geschlossen. Der Halbkreis muss so gewählt werden, dass sein Beitrag zum Integral verschwindet. Wegen der Exponentialfunktion im Integranden gelingt dies für $t - t' > 0$, wenn ω einen negativen Imaginärteil auf dem Halbkreis annimmt, und für $t - t' < 0$, wenn ω einen positiven Imaginärteil besitzt. Der Integrationsweg C wird also so wie im Bild gezeigt zu wählen sein.

Um die erwähnte Kausalität zu gewährleisten, verschieben wir den Weg längs der reellen ω-Achse infinitesimal in die obere Halbebene, d. h.:

$$\int\limits_{-\infty}^{+\infty} d\omega \ldots \Rightarrow \int\limits_{-\infty+i0^+}^{+\infty+i0^+} d\omega \ldots$$

Für $t - t' < 0$ wird vom Integrationsweg dann **kein** Pol umschlossen, sodass der Residuensatz (4.322)

$$G_0^{\text{ret}}(\boldsymbol{r}-\boldsymbol{r}', t-t') \equiv 0 \quad \text{für } t-t' < 0 \tag{4.333}$$

liefert. Für $t - t' > 0$ werden dagegen beide Pole vom Integrationsweg im mathematisch negativen Sinn umlaufen. Für die Residuen findet man

$$a_{-1}(\pm\omega_0) = \lim_{\omega \to \pm\omega_0} (\omega \mp \omega_0) \frac{e^{-i\omega(t-t')}}{\omega_0^2 - \omega^2} = \mp \frac{1}{2\omega_0} e^{\mp i\omega_0 (t-t')} ,$$

sodass der Residuensatz (4.322) ergibt:

$$\int\limits_{-\infty+i0^+}^{+\infty+i0^+} d\omega \frac{1}{\omega_0^2 - \omega^2} e^{-i\omega(t-t')} = \frac{2\pi i}{2\omega_0} \left(e^{i\omega_0(t-t')} - e^{-i\omega_0(t-t')} \right) .$$

Dies führt zu dem folgenden Zwischenergebnis für die greensche Funktion:

$$G_0^{\text{ret}}(\boldsymbol{r}-\boldsymbol{r}', t-t') = \frac{-iu}{16\pi^3} \int \frac{d^3k}{k} e^{i\boldsymbol{k}\cdot(\boldsymbol{r}-\boldsymbol{r}')} \cdot \left(e^{iku(t-t')} - e^{-iku(t-t')} \right) \quad \text{für } t-t' > 0 .$$

Wir erkennen auf der rechten Seite die im Zusammenhang mit der homogenen Wellengleichung in (4.201) eingeführte Funktion $D(\boldsymbol{r}-\boldsymbol{r}', t-t')$:

$$G_0^{\text{ret}}(\boldsymbol{r}-\boldsymbol{r}', t-t') = u^2 D(\boldsymbol{r}-\boldsymbol{r}', t-t') \quad \text{für } t > t' .$$

Letztere haben wir bereits in (4.203) explizit ausgewertet:

$$G_0^{\text{ret}}(\boldsymbol{r}-\boldsymbol{r}', t-t') = \frac{1}{4\pi|\boldsymbol{r}-\boldsymbol{r}'|}\,\delta\left(\frac{|\boldsymbol{r}-\boldsymbol{r}'|}{u} - t + t'\right) . \tag{4.334}$$

Diese greensche Funktion zeigt offensichtlich ein **kausales** Verhalten. Das Signal, das zur Zeit t am Ort $\boldsymbol{r}$ beobachtet wird, ist bedingt durch eine Störung bei $\boldsymbol{r}'$ in der Entfernung $|\boldsymbol{r}-\boldsymbol{r}'|$ vom Beobachtungsort, die zur früheren, zur sogenannten

$$\textbf{retardierten Zeit}\; t_{\text{ret}} = t - \frac{|\boldsymbol{r}-\boldsymbol{r}'|}{u} \tag{4.335}$$

gewirkt hat. $|\boldsymbol{r}-\boldsymbol{r}'|/u$ ist gerade die Zeit, die das Signal benötigt hat, um von $\boldsymbol{r}'$ nach $\boldsymbol{r}$ zu gelangen:

$$G_0^{\text{ret}}(\boldsymbol{r}-\boldsymbol{r}', t-t') = \frac{\delta(t'-t_{\text{ret}})}{4\pi|\boldsymbol{r}-\boldsymbol{r}'|} . \tag{4.336}$$

Es sei am Rande bemerkt, dass die quasistationäre Näherung (Abschn. 4.2) gerade in einer Vernachlässigung dieser Retardierung besteht.

Hätten wir den Integrationsweg nicht infinitesimal in die obere, sondern in die untere Halbebene verschoben, so wären wir auf die sogenannte **avancierte** greensche Funktion gestoßen, die sich von (4.336) nur dadurch unterscheidet, dass t_{ret} durch

$$t_{\text{av}} = t + \frac{|\boldsymbol{r}-\boldsymbol{r}'|}{u} . \tag{4.337}$$

zu ersetzen ist. (Man überprüfe dies!) In diesem Fall wäre das Kausalitätsprinzip verletzt; nicht die Vergangenheit, wie in (4.336), sondern die Zukunft würde die Gegenwart beeinflussen. Wir diskutieren hier deshalb weiterhin die retardierte Lösung, die wir in den allgemeinen Ansatz (4.328) einsetzen:

$$\psi(\boldsymbol{r}, t) = \int \mathrm{d}^3 r' \,\frac{\sigma(\boldsymbol{r}', t_{\text{ret}})}{4\pi|\boldsymbol{r}-\boldsymbol{r}'|} . \tag{4.338}$$

Dies bedeutet für die elektromagnetischen Potentiale:

$$\varphi(\boldsymbol{r}, t) = \frac{1}{4\pi\,\varepsilon_0\varepsilon_{\text{r}}} \int \mathrm{d}^3 r' \,\frac{\varrho(\boldsymbol{r}', t_{\text{ret}})}{|\boldsymbol{r}-\boldsymbol{r}'|} , \tag{4.339}$$

$$\boldsymbol{A}(\boldsymbol{r}, t) = \frac{\mu_0\mu_{\text{r}}}{4\pi} \int \mathrm{d}^3 r' \,\frac{\boldsymbol{j}(\boldsymbol{r}', t_{\text{ret}})}{|\boldsymbol{r}-\boldsymbol{r}'|} . \tag{4.340}$$

Damit haben die elektromagnetischen Potentiale formal dieselbe Struktur wie in der Elektro- bzw. Magnetostatik. Wegen der Retardierung im Integranden sind die Integrale in der Regel jedoch nur schwer zu lösen.

Mit (4.339) und (4.340) ist das Problem vollständig gelöst, da sich aus den Potentialen über die bekannten Beziehungen

$$\boldsymbol{B} = \operatorname{rot} \boldsymbol{A} \; ; \quad \boldsymbol{E} = -\operatorname{grad} \varphi - \dot{\boldsymbol{A}}$$

die magnetische Induktion $\boldsymbol{B}$ und das elektrische Feld $\boldsymbol{E}$ im ganzen Raum und für alle Zeiten $t > t'$ bestimmen lassen.

Zu den präsentierten Lösungen kann man jeweils noch die Lösung der freien Wellengleichung hinzuaddieren, die ab Gleichung (4.331) unterdrückt wurde. Mit ihr lassen sich vorgegebene Randbedingungen erfüllen.

Wir müssen zum Schluss noch zeigen, dass die so gefundenen elektromagnetischen Potentiale auch tatsächlich die Lorentz-Bedingung (4.325) erfüllen:

$$\begin{aligned}
\frac{1}{u^2}\frac{\partial}{\partial t}\varphi(\boldsymbol{r},t) &= \frac{1}{u^2}\iint \mathrm{d}^3r'\,\mathrm{d}t'\,\frac{\partial}{\partial t}G(\boldsymbol{r}-\boldsymbol{r}',t-t')\frac{\varrho(\boldsymbol{r}',t')}{\varepsilon_{\mathrm{r}}\varepsilon_0} = \\
&= -\mu_{\mathrm{r}}\mu_0\iint \mathrm{d}^3r'\,\mathrm{d}t'\,\frac{\partial}{\partial t'}G(\boldsymbol{r}-\boldsymbol{r}',t-t')\varrho(\boldsymbol{r}',t') = \\
&= \mu_{\mathrm{r}}\mu_0\iint \mathrm{d}^3r'\,\mathrm{d}t'\,G(\boldsymbol{r}-\boldsymbol{r}',t-t')\frac{\partial}{\partial t'}\varrho(\boldsymbol{r}',t') = \\
(\text{Kontinuitätsgleichung}) &= -\mu_{\mathrm{r}}\mu_0\iint \mathrm{d}^3r'\,\mathrm{d}t'\,G(\boldsymbol{r}-\boldsymbol{r}',t-t')\,\operatorname{div}\boldsymbol{j}(\boldsymbol{r}',t') = \\
(\operatorname{div}\boldsymbol{a}\varphi = \varphi\operatorname{div}\boldsymbol{a} + \boldsymbol{a}\cdot\nabla\varphi) &= \mu_{\mathrm{r}}\mu_0\iint \mathrm{d}^3r'\,\mathrm{d}t'\,\nabla_{r'}G(\boldsymbol{r}-\boldsymbol{r}',t-t')\cdot\boldsymbol{j}(\boldsymbol{r}',t') = \\
&= -\mu_{\mathrm{r}}\mu_0\iint \mathrm{d}^3r'\,\mathrm{d}t'\,\nabla_{r}G(\boldsymbol{r}-\boldsymbol{r}',t-t')\cdot\boldsymbol{j}(\boldsymbol{r}',t') = \\
&= -\operatorname{div}\boldsymbol{A}(\boldsymbol{r},t) \quad \text{q.e.d.}
\end{aligned}$$

4.5.2 Zeitlich oszillierende Quellen

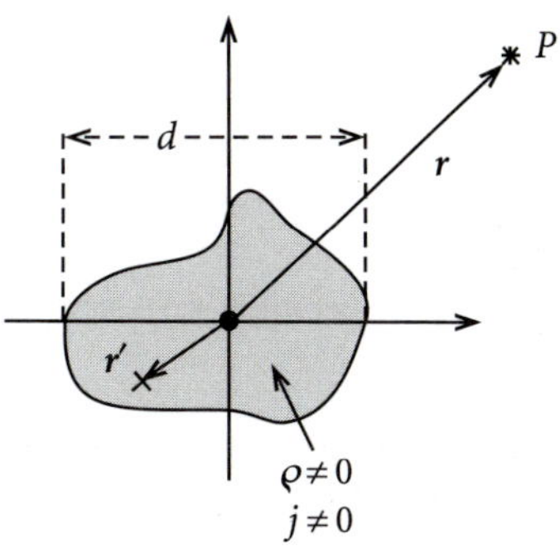

Abb. 4.63. Koordinatensystem für ein räumlich beschränktes, zeitlich oszillierendes System von Ladungen und Strömen

Wir betrachten ein zeitlich oszillierendes System von Ladungen und Strömen in einem abgeschlossenen Raumbereich und wollen dafür die formalen Lösungen (4.339) und (4.340) der inhomogenen Wellengleichung diskutieren. Wir nehmen eine Fourier-Zerlegung nach Frequenzen vor,

$$\varrho(\boldsymbol{r},t) = \frac{1}{\sqrt{2\pi}} \int \mathrm{d}\omega\, \varrho_\omega(\boldsymbol{r})\, \mathrm{e}^{-\mathrm{i}\omega t} ,$$

$$\boldsymbol{j}(\boldsymbol{r},t) = \frac{1}{\sqrt{2\pi}} \int \mathrm{d}\omega\, \boldsymbol{j}_\omega(\boldsymbol{r})\, \mathrm{e}^{-\mathrm{i}\omega t} ,$$

können uns dabei aber wegen der Linearität der Maxwell-Gleichungen auf eine einzelne Fourier-Komponente beschränken:

$$\varrho(\boldsymbol{r},t) = \varrho(\boldsymbol{r})\, \mathrm{e}^{-\mathrm{i}\omega t} ,$$

$$\boldsymbol{j}(\boldsymbol{r},t) = \boldsymbol{j}(\boldsymbol{r})\, \mathrm{e}^{-\mathrm{i}\omega t} . \tag{4.341}$$

$\varrho(\boldsymbol{r})$, $\boldsymbol{j}(\boldsymbol{r})$ werden im Allgemeinen komplex sein. Sie sollen außerhalb eines begrenzten Raumbereichs (Linearabmessung d) verschwinden. Aus den mit (4.341) abgeleiteten Lösungen erhalten wir durch Linearkombination bezüglich ω dann die elektromagnetischen Felder $\boldsymbol{E}$ und $\boldsymbol{B}$.

Im Ausdruck (4.340) benötigen wir für das Vektorpotential:

$$\boldsymbol{j}(\boldsymbol{r}', t_{\mathrm{ret}}) = \boldsymbol{j}(\boldsymbol{r}')\, \mathrm{e}^{-\mathrm{i}\omega t}\, \mathrm{e}^{\mathrm{i}(\omega/u)|\boldsymbol{r}-\boldsymbol{r}'|} . \tag{4.342}$$

Damit ergibt sich:

$$\boldsymbol{A}(\boldsymbol{r},t) = \boldsymbol{A}(\boldsymbol{r})\, \mathrm{e}^{-\mathrm{i}\omega t} , \tag{4.343}$$

$$\boldsymbol{A}(\boldsymbol{r}) = \frac{\mu_0 \mu_{\mathrm{r}}}{4\pi} \int \mathrm{d}^3 r'\, \frac{\mathrm{e}^{\mathrm{i}k|\boldsymbol{r}-\boldsymbol{r}'|}}{|\boldsymbol{r}-\boldsymbol{r}'|} \boldsymbol{j}(\boldsymbol{r}') . \tag{4.344}$$

Über $k = \omega/u$ ist $\boldsymbol{A}(\boldsymbol{r})$ ω-abhängig. Das elektromagnetische Potential oszilliert also mit derselben Frequenz wie die Quelle. Liegt $\boldsymbol{r}$ in dem Raumbereich, in dem keine freien Ströme und Ladungen vorhanden sind, so ist durch $\boldsymbol{A}$ bereits alles bestimmt. Wir brauchen z. B. das skalare Potential $\varphi(\boldsymbol{r},t)$ nicht mehr gesondert zu bestimmen. Dies sieht man wie folgt: Es gilt $\operatorname{rot} \boldsymbol{H} = \dot{\boldsymbol{D}}$ außerhalb des $(\varrho \neq 0, \boldsymbol{j} \neq 0)$-Gebietes und damit:

$$\dot{\boldsymbol{E}} = u^2 \operatorname{rot} \boldsymbol{B} = u^2 \operatorname{rot}\operatorname{rot} \boldsymbol{A}(\boldsymbol{r},t) = u^2\, \mathrm{e}^{-\mathrm{i}\omega t} \operatorname{rot}\operatorname{rot} \boldsymbol{A}(\boldsymbol{r}) .$$

Die elektrische Feldstärke ist also bereits durch das Vektorpotential festgelegt:

$$\boldsymbol{E}(\boldsymbol{r},t) = \mathrm{i}\frac{u^2}{\omega}\, \mathrm{e}^{-\mathrm{i}\omega t} \operatorname{rot}\operatorname{rot} \boldsymbol{A}(\boldsymbol{r}) . \tag{4.345}$$

Die Grundformel (4.344) ist im Allgemeinen nicht direkt integrierbar. Man ist auf Approximationen angewiesen, die allerdings genau definiert sein müssen, da sie häufig nur in einem sehr engen Wertebereich der typischen Parameter *vernünftig* sind.

Erste Vereinfachungen ergeben sich durch die Annahme, dass der die Ladungen und Ströme enthaltende Raumbereich Linearabmessungen d aufweist, die klein gegenüber der Wellenlänge λ der elektromagnetischen Strahlung und klein gegenüber dem Abstand r zum Aufpunkt P sind:

$$\textbf{kleine Quellen} \iff d \ll \lambda, r \,. \tag{4.346}$$

Dabei darf das Verhältnis λ/r zunächst beliebig sein. Es bietet sich die folgende Entwicklung an, wenn $\boldsymbol{r}'$ aus dem ($\varrho \neq 0$, $\boldsymbol{j} \neq 0$)-Gebiet stammt:

$$|\boldsymbol{r}-\boldsymbol{r}'| = \sqrt{r^2 + r'^2 - 2\,\boldsymbol{r}\cdot\boldsymbol{r}'} \approx r\sqrt{1 - \frac{2}{r}\,\boldsymbol{n}\cdot\boldsymbol{r}'} \approx \qquad \left(\boldsymbol{n} = \frac{\boldsymbol{r}}{r}\right)$$

$$\approx r\left(1 - \frac{1}{r}\boldsymbol{n}\cdot\boldsymbol{r}'\right) .$$

Vernachlässigen wir grundsätzlich quadratische Terme in r'^2, so bleibt:

$$\mathrm{e}^{\mathrm{i}k|\boldsymbol{r}-\boldsymbol{r}'|} \approx \mathrm{e}^{\mathrm{i}kr}\,\mathrm{e}^{-\mathrm{i}k\boldsymbol{n}\cdot\boldsymbol{r}'} \approx \mathrm{e}^{\mathrm{i}kr}(1 - \mathrm{i}k\,\boldsymbol{n}\cdot\boldsymbol{r}') \,,$$

$$|\boldsymbol{r}-\boldsymbol{r}'|^{-1} \approx \frac{1}{r}\left(1 + \frac{1}{r}\boldsymbol{n}\cdot\boldsymbol{r}'\right) .$$

Diese beiden Terme kombinieren wir zu:

$$\frac{\mathrm{e}^{\mathrm{i}k|\boldsymbol{r}-\boldsymbol{r}'|}}{|\boldsymbol{r}-\boldsymbol{r}'|} \approx \frac{\mathrm{e}^{\mathrm{i}kr}}{r}\left[1 + (\boldsymbol{n}\cdot\boldsymbol{r}')\left(\frac{1}{r} - \mathrm{i}k\right)\right] . \tag{4.347}$$

Das Vektorpotential besteht damit aus einigen charakteristischen Summanden, die wir in den nächsten Abschnitten nacheinander untersuchen wollen:

$$\boldsymbol{A}(\boldsymbol{r}) \approx \frac{\mu_0\mu_\mathrm{r}}{4\pi}\frac{\mathrm{e}^{\mathrm{i}kr}}{r}\int \mathrm{d}^3r'\,\boldsymbol{j}(\boldsymbol{r}') + \frac{\mu_0\mu_\mathrm{r}}{4\pi}\left(\frac{1}{r} - \mathrm{i}k\right)\frac{\mathrm{e}^{\mathrm{i}kr}}{r}\int \mathrm{d}^3r'\,\boldsymbol{j}(\boldsymbol{r}')(\boldsymbol{n}\cdot\boldsymbol{r}') \,. \tag{4.348}$$

Der erste Term entspricht elektrischer Dipolstrahlung (Abschn. 4.5.3), der zweite magnetischer Dipol- und elektrischer Quadrupolstrahlung (Abschn. 4.5.4).

Eine weitere effektive Möglichkeit für Approximationen bietet die Aufteilung in sogenannte **Zonen:**

$$d \ll r \ll \lambda: \quad \text{Nahzone (statische Zone)} \,,$$

$$d \ll r \sim \lambda: \quad \text{intermediäre Zone} \,,$$

$$d \ll \lambda \ll r: \quad \text{Fernzone (Strahlungszone)} \,.$$

Diese Aufteilung führt zu verschiedenartigen Abschätzungen für das Vektorpotential (4.344). Man findet, dass die elektromagnetischen Felder in den verschiedenen Zonen unterschiedliches Verhalten zeigen:

1) Strahlungszone

Die Entwicklung, die zu (4.347) führte, benutzen wir zunächst in der Form:

$$\frac{e^{ik|\boldsymbol{r}-\boldsymbol{r}'|}}{|\boldsymbol{r}-\boldsymbol{r}'|} \approx \frac{1}{r}\, e^{ikr}\, e^{-ik\,\boldsymbol{n}\cdot\boldsymbol{r}'} \; .$$

Dies ergibt den folgenden vereinfachten Ausdruck für das Vektorpotential:

$$\boldsymbol{A}(\boldsymbol{r}) \approx \frac{e^{ikr}}{r}\left(\frac{\mu_0\mu_r}{4\pi}\int d^3r'\,\boldsymbol{j}(\boldsymbol{r}')\, e^{-ik\,\boldsymbol{n}\cdot\boldsymbol{r}'}\right) \; . \tag{4.349}$$

Der Vektor in der Klammer ist unabhängig von r, das Vektorpotential verhält sich deshalb in der Strahlungszone wie eine auslaufende Kugelwelle (4.169) mit einem winkelabhängigen Koeffizienten.

Nutzt man dann noch $d \ll \lambda$, also $kr' \ll 1$ aus, so kann die Reihenentwicklung der Exponentialfunktion im Integranden nach endlich vielen Termen abgebrochen werden. Im einfachsten Fall bleibt:

$$\boldsymbol{A}(\boldsymbol{r}) \approx \frac{e^{ikr}}{r}\,\frac{\mu_0\mu_r}{4\pi}\int d^3r'\,\boldsymbol{j}(\boldsymbol{r}') \; . \tag{4.350}$$

Dies ist der erste Summand in (4.348).

2) Nahzone

In der Nahzone ist $k|\boldsymbol{r}-\boldsymbol{r}'| \ll 1$, sodass man in guter Näherung die Exponentialfunktion im Integranden von (4.344) gleich 1 setzen kann. Das Vektorpotential ist dann bis auf die harmonische Zeitabhängigkeit $e^{i\omega t}$ mit dem der Magnetostatik identisch. Retardierungseffekte sind vollkommen unterdrückt.

4.5.3 Elektrische Dipolstrahlung

Wir gehen nun zurück zu dem Ausdruck (4.348) und untersuchen den ersten Summanden etwas genauer:

$$\boldsymbol{A}_1(\boldsymbol{r}) = \frac{\mu_0\mu_r}{4\pi}\,\frac{e^{ikr}}{r}\int d^3r'\,\boldsymbol{j}(\boldsymbol{r}') \; . \tag{4.351}$$

V sei das Volumen des ($\varrho \neq 0, \boldsymbol{j} \neq 0$)-Raumbereichs. Für stationäre Stromdichten verschwindet das Volumenintegral, wie wir als Gleichung (3.40) bewiesen haben. Das gilt nun nicht mehr. Es sei x_i' eine kartesische Komponente von $\boldsymbol{r}'$. Damit ist:

$$\operatorname{div}(x_i'\boldsymbol{j}) = x_i' \;\operatorname{div}\boldsymbol{j} + \boldsymbol{j}\cdot\nabla x_i' = x_i' \;\operatorname{div}\boldsymbol{j} + j_i \; .$$

Damit formen wir das Volumenintegral um:

$$\int d^3r'\, j_i(\boldsymbol{r}') = \int d^3r'\ \mathrm{div}(x_i'\boldsymbol{j}) - \int d^3r'\, x_i'\ \mathrm{div}\,\boldsymbol{j}\,.$$

Verwandelt man das erste Integral mithilfe des gaußschen Satzes in ein Oberflächenintegral, so erkennt man, dass dieses auf einer Fläche, die das (endliche) $\boldsymbol{j} \neq 0$-Gebiet umschließt, verschwindet:

$$\int d^3r'\, \boldsymbol{j}(\boldsymbol{r}') = -\int d^3r'\, \boldsymbol{r}'\, \mathrm{div}\,\boldsymbol{j}\,.$$

Die Kontinuitätsgleichung

$$\mathrm{div}\,\boldsymbol{j}(\boldsymbol{r},t) + \frac{\partial}{\partial t}\varrho(\boldsymbol{r},t) = 0$$

$$\Rightarrow\ \mathrm{div}\,\boldsymbol{j}(\boldsymbol{r}) - \mathrm{i}\omega\varrho(\boldsymbol{r}) = 0$$

erlaubt eine weitere Umformung:

$$\int d^3r'\, \boldsymbol{j}(\boldsymbol{r}') = -\mathrm{i}\omega \int d^3r'\, \boldsymbol{r}'\varrho(\boldsymbol{r}')\,.$$

Auf der rechten Seite steht das aus der Elektrostatik (2.92) bekannte **elektrische Dipolmoment $\boldsymbol{p}$** der Ladungsverteilung ϱ,

$$\boldsymbol{p} = \int d^3r'\, \boldsymbol{r}'\varrho(\boldsymbol{r}')\,, \tag{4.352}$$

mit dem das Vektorpotential die folgende Gestalt annimmt:

$$\boldsymbol{A}_1(\boldsymbol{r}) = -\mathrm{i}\omega\frac{\mu_0\mu_r}{4\pi}\boldsymbol{p}\,\frac{e^{ikr}}{r}\,. \tag{4.353}$$

Die Bezeichnung *elektrische Dipolstrahlung* erscheint damit gerechtfertigt.

Wir berechnen mit $\boldsymbol{A}_1(\boldsymbol{r})$ die elektromagnetischen Felder. Mit

$$\mathrm{rot}(\boldsymbol{a}\varphi) = \varphi\ \mathrm{rot}\,\boldsymbol{a} - \boldsymbol{a}\times\nabla\varphi$$

folgt zunächst, da $\boldsymbol{p}$ von $\boldsymbol{r}$ unabhängig ist:

$$\mathrm{rot}\,\boldsymbol{A}_1(\boldsymbol{r}) = \mathrm{i}\omega\frac{\mu_0\mu_r}{4\pi}\boldsymbol{p}\times\left(\nabla\frac{e^{ikr}}{r}\right),$$

$$\nabla\frac{e^{ikr}}{r} = \boldsymbol{n}\frac{d}{dr}\,\frac{e^{ikr}}{r} = \boldsymbol{n}\,ik\left(1-\frac{1}{ikr}\right)\frac{e^{ikr}}{r}\,.$$

Dies ergibt für die **magnetische Induktion:**

$$\boldsymbol{B}_1(\boldsymbol{r}) = \frac{\mu_0\mu_r}{4\pi} u\, k^2 \frac{e^{ikr}}{r}\left(1 - \frac{1}{ikr}\right)(\boldsymbol{n}\times\boldsymbol{p}) \,. \tag{4.354}$$

$\boldsymbol{B}_1$ ist transversal zum Ortsvektor $\boldsymbol{r}$. Legt $\boldsymbol{p}$ die z-Achse fest, so sind die $\boldsymbol{B}$-Feldlinien konzentrische Kreise um die z-Achse. Die magnetische Induktion weist Zylindersymmetrie auf. Die Berechnung des elektrischen Feldes ist etwas umständlicher. Ausgangspunkt ist (4.354):

$$\begin{aligned}\operatorname{rot}\operatorname{rot}\boldsymbol{A}_1(\boldsymbol{r}) = \frac{\mu_0\mu_r}{4\pi} u\, k^2 \Bigg\{ &\frac{e^{ikr}}{r}\left(1 - \frac{1}{ikr}\right)\operatorname{rot}(\boldsymbol{n}\times\boldsymbol{p}) - \\ &-(\boldsymbol{n}\times\boldsymbol{p})\times\left[\nabla\frac{e^{ikr}}{r}\left(1-\frac{1}{ikr}\right)\right]\Bigg\} \,,\end{aligned} \tag{4.355}$$

$$\nabla\frac{e^{ikr}}{r}\left(1-\frac{1}{ikr}\right) = \boldsymbol{n}\frac{e^{ikr}}{r}\left(ik - \frac{2}{r} + \frac{2}{ikr^2}\right) \,,$$

$$\begin{aligned}(\boldsymbol{n}\times\boldsymbol{p})\times\nabla\frac{e^{ikr}}{r}\left(1-\frac{1}{ikr}\right) &= ik\frac{e^{ikr}}{r}(\boldsymbol{n}\times\boldsymbol{p})\times\boldsymbol{n} + e^{ikr}\left(\frac{2}{r^2} - \frac{2}{ikr^3}\right)\cdot \\ &\quad\cdot\left[\boldsymbol{n}(\boldsymbol{n}\cdot\boldsymbol{p}) - \boldsymbol{p}\right] \,,\end{aligned}$$

$$\operatorname{rot}(\boldsymbol{n}\times\boldsymbol{p}) = (\boldsymbol{p}\cdot\nabla)\boldsymbol{n} - \underbrace{(\boldsymbol{n}\cdot\nabla)\boldsymbol{p}}_{=0} + \boldsymbol{n}\underbrace{\operatorname{div}\boldsymbol{p}}_{=0} - \boldsymbol{p}\operatorname{div}\boldsymbol{n} \,,$$

$$\boldsymbol{p}\operatorname{div}\boldsymbol{n} = \frac{2}{r}\boldsymbol{p} \,,$$

$$(\boldsymbol{p}\cdot\nabla)\boldsymbol{n} = \frac{1}{r}\boldsymbol{p} - \frac{1}{r}\boldsymbol{n}(\boldsymbol{p}\cdot\boldsymbol{n}) \,.$$

Dies setzen wir in (4.355) ein:

$$\boldsymbol{E}_1(\boldsymbol{r}) = \frac{1}{4\pi\,\varepsilon_0\varepsilon_r}\frac{e^{ikr}}{r}\left\{k^2\left[(\boldsymbol{n}\times\boldsymbol{p})\times\boldsymbol{n}\right] + \frac{1}{r}\left(\frac{1}{r} - ik\right)\left[3\boldsymbol{n}(\boldsymbol{n}\cdot\boldsymbol{p}) - \boldsymbol{p}\right]\right\} \,. \tag{4.356}$$

Während $\boldsymbol{B}_1$ transversal zum radialen Einheitsvektor $\boldsymbol{n} = \boldsymbol{r}/r$ polarisiert ist, hat $\boldsymbol{E}_1$ sowohl longitudinale als auch transversale Komponenten. Wir wollen die Felder für die verschiedenen Zonen noch etwas genauer untersuchen:

1) Strahlungszone

Für diese gilt $kr \gg 1$ und damit:

$$\frac{k^2}{r} \gg \frac{k}{r^2} \gg \frac{1}{r^3} \,. \tag{4.357}$$

Damit vereinfachen sich die elektromagnetischen Felder wie folgt:

$$\boldsymbol{B}_1(\boldsymbol{r}) \simeq \frac{\mu_0\mu_r}{4\pi} u k^2 \frac{e^{ikr}}{r} (\boldsymbol{n} \times \boldsymbol{p}) , \tag{4.358}$$

$$\boldsymbol{E}_1(\boldsymbol{r}) \simeq u(\boldsymbol{B}_1(\boldsymbol{r}) \times \boldsymbol{n}) . \tag{4.359}$$

In der Strahlungszone ist also auch $\boldsymbol{E}_1(\boldsymbol{r})$ transversal zu $\boldsymbol{n}$. $\boldsymbol{E}_1$, $\boldsymbol{B}_1$ und $\boldsymbol{n}$ bilden lokal ein orthogonales Dreibein.

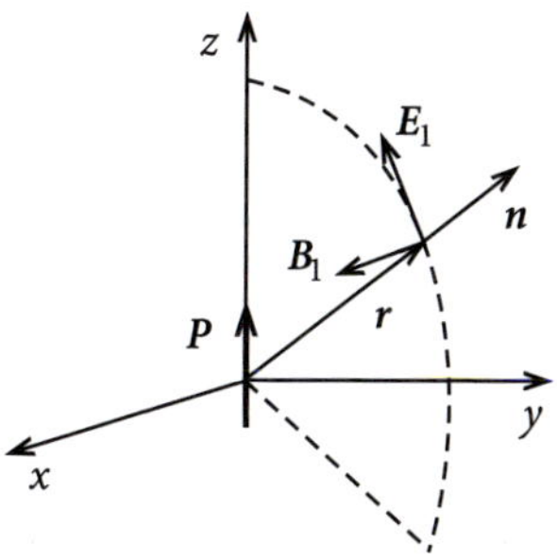

Abb. 4.64. Feldrichtungen der Dipolstrahlung in der Strahlungszone

Typischerweise fallen Felder in der Strahlungszone wie Kugelwellen mit $1/r$ ab:

$$|\boldsymbol{E}_1| \underset{r\to\infty}{\longrightarrow} \frac{1}{r} ,$$

$$|\boldsymbol{B}_1| \underset{r\to\infty}{\longrightarrow} \frac{1}{r} .$$

Für die zeitlich gemittelte **Energiedichte** in diesen Dipolfeldern gilt nach (4.209):

$$\overline{w}_1(\boldsymbol{r}) = \frac{1}{4}\left(\frac{1}{\mu_0\mu_r}|\boldsymbol{B}_1|^2 + \varepsilon_0\varepsilon_r|\boldsymbol{E}_1|^2\right) .$$

Nach (4.359) können wir schreiben,

$$|\boldsymbol{E}_1|^2 = u^2|\boldsymbol{B}_1|^2 ,$$

und damit

$$\overline{w}_1(\boldsymbol{r}) = \frac{1}{2\mu_0\mu_r}|\boldsymbol{B}_1|^2 .$$

Die Energiedichte des elektromagnetischen Dipolfeldes in der Strahlungszone ergibt sich dann mit (4.358) zu:

$$\overline{w}_1(\boldsymbol{r}) = \frac{1}{32\pi^2\varepsilon_0\varepsilon_r}\frac{(k^2p)^2}{r^2}\sin^2\vartheta ,$$

$$\vartheta = \angle(\boldsymbol{n},\boldsymbol{p}) . \tag{4.360}$$

Zur Berechnung der zeitlich gemittelten **Energiestromdichte** verwenden wir (4.210):

$$
\begin{aligned}
\overline{S}_1(\boldsymbol{r}) &= \frac{1}{2\mu_0\mu_\mathrm{r}}\,\mathrm{Re}\,\left(\boldsymbol{E}_1(\boldsymbol{r}) \times \boldsymbol{B}_1^*(\boldsymbol{r})\right) = \\
&= \frac{u}{2\mu_0\mu_\mathrm{r}}\,\mathrm{Re}\,\left[(\boldsymbol{B}_1(\boldsymbol{r}) \times \boldsymbol{n}) \times \boldsymbol{B}_1^*(\boldsymbol{r})\right] = \\
&= \frac{u}{2\mu_0\mu_\mathrm{r}}\,\mathrm{Re}\left[-\boldsymbol{B}_1\underbrace{(\boldsymbol{n}\cdot\boldsymbol{B}_1^*)}_{=0} + \boldsymbol{n}\,|\boldsymbol{B}_1|^2\right] = \\
&= \boldsymbol{n}\frac{u}{2\mu_0\mu_\mathrm{r}}\,|\boldsymbol{B}_1(\boldsymbol{r})|^2 \;.
\end{aligned}
\tag{4.361}
$$

Es gilt also offensichtlich wieder

$$
\overline{S}_1(\boldsymbol{r}) = \boldsymbol{n}\,u\,\overline{w}_1(\boldsymbol{r})
$$

und damit

$$
\overline{S}_1(\boldsymbol{r}) = \frac{u}{32\pi^2\varepsilon_0\varepsilon_\mathrm{r}}\,\frac{\left(k^2p\right)^2}{r^2}\,\sin^2\vartheta\,\boldsymbol{n}\;. \tag{4.362}
$$

Die Energie strömt mit der Wellengeschwindigkeit u in Richtung des Ortsvektors:

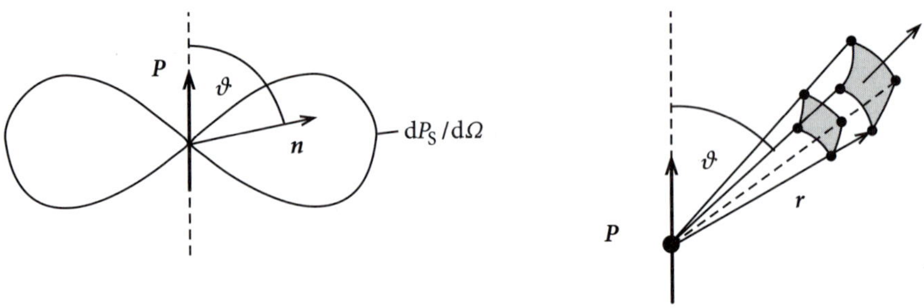

$$
\mathrm{d}\boldsymbol{f} = \mathrm{d}f\,\boldsymbol{n}\,,
$$

$$
\mathrm{d}f = r^2\,\mathrm{d}\Omega\,,
$$

$$
\text{wobei}\quad \mathrm{d}\Omega = \sin^2\vartheta\,\mathrm{d}\vartheta\,\mathrm{d}\varphi
$$

Abb. 4.65. Dipolcharakteristik zur Festlegung der Strahlungsleistung pro Raumwinkelelement

Häufig diskutiert man die pro Raumwinkelelement $d\Omega$ abgestrahlte **Leistung:**

$$dP_S^{(1)} = \overline{S}_1(r) \cdot df \; : \quad \text{Strahlungsleistung durch das Flächenelement } df \text{ bei } \boldsymbol{r}$$

$$\Rightarrow \quad \frac{dP_S^{(1)}}{d\Omega} = r^2\, \overline{S}_1(\boldsymbol{r}) \cdot \boldsymbol{n} = \frac{u}{32\pi^2 \varepsilon_0 \varepsilon_r} k^4 p^2 \sin^2 \vartheta \,. \tag{4.363}$$

Das ist die typische **Dipolcharakteristik.** Der Dipol strahlt am stärksten senkrecht zum Dipolmoment. Keinerlei Abstrahlung erfolgt längs der Dipolachse. Die Charakteristik ist rotationssymmetrisch zur $\boldsymbol{p}$-Achse.

Die gesamte Strahlungsleistung $P_S^{(1)}$ ergibt sich durch Integration über alle Raumwinkel:

$$\int d\Omega \sin^2 \vartheta = 2\pi \int_{-1}^{+1} d\cos\vartheta (1 - \cos^2 \vartheta) = 2\pi \left(\cos\vartheta - \frac{1}{3} \cos^3 \vartheta \right) \Bigg|_{-1}^{+1} = \frac{8\pi}{3}$$

$$\Rightarrow \quad P_S^{(1)} = \frac{u}{12\pi\, \varepsilon_0 \varepsilon_r} k^4 p^2 \quad \left(k = \frac{\omega}{u} \right) \,. \tag{4.364}$$

Wichtig an dieser Formel ist die Proportionalität der Strahlungsleistung zur vierten Potenz der Frequenz und zum Quadrat des Dipolmoments.

2) Nahzone

Für diese gilt $kr \ll 1$ und damit:

$$\frac{k^2}{r} \ll \frac{k}{r^2} \ll \frac{1}{r^3} \,. \tag{4.365}$$

Mit $e^{ikr} \approx 1$ vereinfachen sich die Felder nun zu:

$$\boldsymbol{E}_1(\boldsymbol{r}) \approx \frac{1}{4\pi\, \varepsilon_0 \varepsilon_r} \frac{3\boldsymbol{n}(\boldsymbol{n} \cdot \boldsymbol{p}) - \boldsymbol{p}}{r^3} \,, \tag{4.366}$$

$$\boldsymbol{B}_1(\boldsymbol{r}) \approx \frac{\mu_0 \mu_r}{4\pi} u \frac{ik}{r^2} (\boldsymbol{n} \times \boldsymbol{p}) \,. \tag{4.367}$$

Das elektrische Feld entspricht dem elektrostatischen Dipolfeld (2.73), wenn man einmal von der harmonischen Zeitabhängigkeit $e^{-i\omega t}$ absieht. Da wir in der Nahzone insgesamt $\exp(ik|\boldsymbol{r} - \boldsymbol{r}'|) \approx 1$ setzen konnten, machen sich in der Nahzone **keine** Retardierungseffekte bemerkbar.

Vergleicht man $|\boldsymbol{E}_1|$ mit $|u\boldsymbol{B}_1|$, so stellt man fest, dass wegen $1/r^3 \gg k/r^2$ das elektromagnetische Feld in der Nahzone dominant elektrischen Charakter besitzt.

4.5.4 Elektrische Quadrupol- und magnetische Dipolstrahlung

Wir wollen nun in der Entwicklung (4.348) für das Vektorpotential einen Schritt weitergehen und den nächsthöheren Term diskutieren:

$$\boldsymbol{A}_2(\boldsymbol{r}) = \frac{\mu_0\mu_{\mathrm{r}}}{4\pi}\left(\frac{1}{r} - \mathrm{i}k\right)\frac{\mathrm{e}^{\mathrm{i}kr}}{r}\int \mathrm{d}^3r'\,\boldsymbol{j}(\boldsymbol{r}')(\boldsymbol{n}\cdot\boldsymbol{r}')\,. \tag{4.368}$$

$\boldsymbol{A}_2$ lässt sich noch in zwei charakteristische Summanden zerlegen. Dazu wird der Integrand wie folgt umgeformt:

$$\boldsymbol{n}\times(\boldsymbol{r}'\times\boldsymbol{j}) = \boldsymbol{r}'(\boldsymbol{n}\cdot\boldsymbol{j}) - \boldsymbol{j}(\boldsymbol{n}\cdot\boldsymbol{r}')$$

$$\Rightarrow\quad (\boldsymbol{n}\cdot\boldsymbol{r}')\,\boldsymbol{j}(\boldsymbol{r}') = \frac{1}{2}(\boldsymbol{r}'\times\boldsymbol{j})\times\boldsymbol{n} + \frac{1}{2}\left[(\boldsymbol{n}\cdot\boldsymbol{r}')\,\boldsymbol{j}(\boldsymbol{r}') + \left(\boldsymbol{n}\cdot\boldsymbol{j}(\boldsymbol{r}')\right)\boldsymbol{r}'\right]\,.$$

Damit können wir schreiben:

$$\boldsymbol{A}_2(\boldsymbol{r}) = \boldsymbol{A}_2^{\mathrm{mD}}(\boldsymbol{r}) + \boldsymbol{A}_2^{\mathrm{eQ}}(\boldsymbol{r})\,. \tag{4.369}$$

Der erste Summand entspricht **magnetischer Dipolstrahlung:**

$$\boldsymbol{A}_2^{\mathrm{mD}}(\boldsymbol{r}) = -\frac{\mu_0\mu_{\mathrm{r}}}{4\pi}\left(\frac{1}{r} - \mathrm{i}k\right)\frac{\mathrm{e}^{\mathrm{i}kr}}{r}\left[\boldsymbol{n}\times\frac{1}{2}\int \mathrm{d}^3r'\,\left(\boldsymbol{r}'\times\boldsymbol{j}(\boldsymbol{r}')\right)\right]\,.$$

Mit der Definition (3.43) für das magnetische Moment $\boldsymbol{m}$ schreibt sich dieser Ausdruck:

$$\boldsymbol{A}_2^{\mathrm{mD}}(\boldsymbol{r}) = \mathrm{i}k\frac{\mu_0\mu_{\mathrm{r}}}{4\pi}\frac{\mathrm{e}^{\mathrm{i}kr}}{r}\left(1 - \frac{1}{\mathrm{i}kr}\right)(\neq\times\boldsymbol{m})\,. \tag{4.370}$$

Der zweite Summand in (4.369) entspricht **elektrischer Quadrupolstrahlung:**

$$\boldsymbol{A}_2^{\mathrm{eQ}} = \frac{\mu_0\mu_{\mathrm{r}}}{8\pi}\frac{\mathrm{e}^{\mathrm{i}kr}}{r}\left(\frac{1}{r} - \mathrm{i}k\right)\int \mathrm{d}^3r'\,\left[(\boldsymbol{n}\cdot\boldsymbol{r}')\,\boldsymbol{j}(\boldsymbol{r}') + \left(\boldsymbol{n}\cdot\boldsymbol{j}(\boldsymbol{r}')\right)\boldsymbol{r}'\right]\,.$$

Zur Umformung benutzen wir

$$\int \mathrm{d}^3r'\,\operatorname{div}\left[x'(\boldsymbol{n}\cdot\boldsymbol{r}')\boldsymbol{j}(\boldsymbol{r}')\right] = \int \mathrm{d}^3r'\,x'\operatorname{div}\left[(\boldsymbol{n}\cdot\boldsymbol{r}')\,\boldsymbol{j}(\boldsymbol{r}')\right] + \int \mathrm{d}^3r'\,(\boldsymbol{n}\cdot\boldsymbol{r}')\,\boldsymbol{j}(\boldsymbol{r}')\cdot\nabla x'\,.$$

Die linke Seite ist Null, da $\boldsymbol{j}$ auf einen endlichen Raumbereich beschränkt sein soll (gaußscher Satz!). Es folgt demnach:

$$\int \mathrm{d}^3r'\,(\boldsymbol{n}\cdot\boldsymbol{r}')j_x(\boldsymbol{r}') = -\int \mathrm{d}^3r'\,x'\left[(\boldsymbol{n}\cdot\boldsymbol{r}')\operatorname{div}\boldsymbol{j}(\boldsymbol{r}') + \boldsymbol{j}(\boldsymbol{r}')\cdot\underbrace{\nabla_{r'}(\boldsymbol{n}\cdot\boldsymbol{r}')}_{\boldsymbol{n}}\right]\,.$$

Eine entsprechende Beziehung gibt es auch für die beiden anderen Komponenten:

$$\int \mathrm{d}^3r' \left[(\boldsymbol{n}\cdot\boldsymbol{r}')\,\boldsymbol{j}(\boldsymbol{r}') + \boldsymbol{r}'\left(\boldsymbol{n}\cdot\boldsymbol{j}(\boldsymbol{r}')\right)\right] = -\int \mathrm{d}^3r'\,\boldsymbol{r}'(\boldsymbol{n}\cdot\boldsymbol{r}')\,\operatorname{div}\boldsymbol{j}(\boldsymbol{r}') =$$

$$= -\int \mathrm{d}^3r'\,\boldsymbol{r}'(\boldsymbol{n}\cdot\boldsymbol{r}')\left(\mathrm{i}\omega\varrho(\boldsymbol{r}')\right) .$$

Im letzten Schritt haben wir wieder die Kontinuitätsgleichung ausgenutzt:

$$\boldsymbol{A}_2^{\mathrm{eQ}}(\boldsymbol{r}) = -\frac{1}{2}uk^2\frac{\mathrm{e}^{\mathrm{i}kr}}{r}\left(1-\frac{1}{\mathrm{i}kr}\right)\frac{\mu_0\mu_\mathrm{r}}{4\pi}\int \mathrm{d}^3r'\,\boldsymbol{r}'(\boldsymbol{n}\cdot\boldsymbol{r}')\varrho(\boldsymbol{r}') . \tag{4.371}$$

Im Integranden steht ein Moment zweiter Ordnung für die Ladungsdichte ϱ. Es handelt sich deshalb um einen Quadrupolterm, wie die anschließende Analyse noch weiter verdeutlichen wird.

1) Magnetische Dipolstrahlung

Wir können für diesen Strahlungstyp die elektromagnetischen Felder aus Analogiebetrachtungen zur elektrischen Dipolstrahlung (Abschn. 4.5.3) ohne explizite Rechnung auffinden.

Vergleichen wir (4.370) mit (4.354), so erkennen wir die folgende Zuordnung:

$$\boldsymbol{A}_2^{\mathrm{mD}}(\boldsymbol{r}) \underset{m\leftrightarrow p}{\longleftrightarrow} \frac{\mathrm{i}}{\omega}\boldsymbol{B}_1(\boldsymbol{r}) . \tag{4.372}$$

Wegen

$$\boldsymbol{B}_2^{\mathrm{mD}}(\boldsymbol{r}) = \operatorname{rot}\boldsymbol{A}_2^{\mathrm{mD}}(\boldsymbol{r})$$

und wegen (4.345)

$$\boldsymbol{E}_1(\boldsymbol{r}) = \frac{\mathrm{i}u^2}{\omega}\operatorname{rot}\boldsymbol{B}_1(\boldsymbol{r}) = u^2\operatorname{rot}\left(\frac{\mathrm{i}}{\omega}\boldsymbol{B}_1(\boldsymbol{r})\right)$$

gilt weiter die Zuordnung:

$$\boldsymbol{B}_2^{\mathrm{mD}}(\boldsymbol{r}) \underset{m\leftrightarrow p}{\longleftrightarrow} \frac{1}{u^2}\boldsymbol{E}_1(\boldsymbol{r}) . \tag{4.373}$$

Wir können damit an (4.356) direkt die magnetische Induktion des magnetischen Dipols $\boldsymbol{m}$ der Stromdichte $\boldsymbol{j}$ ablesen:

$$\boldsymbol{B}_2^{\mathrm{mD}}(\boldsymbol{r}) = \frac{\mu_0\mu_\mathrm{r}}{4\pi}\frac{\mathrm{e}^{\mathrm{i}kr}}{r}\left\{k^2\left[(\boldsymbol{n}\times\boldsymbol{m})\times\boldsymbol{n}\right] + \frac{1}{r}\left(\frac{1}{r}-\mathrm{i}k\right)\left[3\boldsymbol{n}(\boldsymbol{n}\cdot\boldsymbol{m})-\boldsymbol{m}\right]\right\} . \tag{4.374}$$

Aus dem Induktionsgesetz

$$\operatorname{rot} \boldsymbol{E}(\boldsymbol{r}, t) = -\dot{\boldsymbol{B}}(\boldsymbol{r}, t)$$

folgt wegen der angenommenen harmonischen Zeitabhängigkeit:

$$\operatorname{rot} \boldsymbol{E}(\boldsymbol{r}) = \mathrm{i}\omega \boldsymbol{B}(\boldsymbol{r}) \; .$$

Dies gilt speziell für die elektrische Dipolstrahlung

$$-\frac{\mathrm{i}}{\omega} \operatorname{rot} \boldsymbol{E}_1(\boldsymbol{r}) = \boldsymbol{B}_1(\boldsymbol{r}) \; .$$

Der Vergleich mit

$$\frac{\mathrm{i}u^2}{\omega} \operatorname{rot} \boldsymbol{B}_2^{\mathrm{mD}}(\boldsymbol{r}) = \boldsymbol{E}_2^{\mathrm{mD}}(\boldsymbol{r})$$

liefert die letzte noch fehlende Zuordnung:

$$\boldsymbol{E}_2^{\mathrm{mD}}(\boldsymbol{r}) \underset{m \leftrightarrow p}{\longleftrightarrow} -\boldsymbol{B}_1(\boldsymbol{r}) \; . \tag{4.375}$$

Mit (4.354) folgt dann:

$$\boldsymbol{E}_2^{\mathrm{mD}}(\boldsymbol{r}) = -\frac{1}{4\pi\,\varepsilon_0\varepsilon_{\mathrm{r}}} \frac{k^2}{u} \frac{\mathrm{e}^{\mathrm{i}kr}}{r} \left(1 - \frac{1}{\mathrm{i}kr}\right) (\boldsymbol{n} \times \boldsymbol{m}) \; . \tag{4.376}$$

Alle Aussagen zur elektrischen Dipolstrahlung können mit den Zuordnungen (4.372), (4.373), (4.375) auf die magnetische Dipolstrahlung übertragen werden, wenn man nur überall das elektrische ($\boldsymbol{p}$) durch das magnetische Dipolmoment ($\boldsymbol{m}$) ersetzt. Es gibt lediglich kleinere Unterschiede. So ist z. B. nach (4.356) das elektrische Feld der elektrischen Dipolstrahlung in der durch $\boldsymbol{n}$ und $\boldsymbol{p}$ aufgespannten Ebene polarisiert, wohingegen das elektrische Feld der magnetischen Dipolstrahlung senkrecht zu der durch $\boldsymbol{n}$ und $\boldsymbol{m}$ definierten Ebene orientiert ist.

Zur Berechnung der Energiestromdichte $\overline{S}_2^{\mathrm{mD}}$ der magnetischen Dipolstrahlung hat man lediglich in dem entsprechenden Ausdruck (4.362) für die elektrische Dipolstrahlung $\boldsymbol{p}$ durch $\boldsymbol{m}$ zu ersetzen. Die Zuordnungen (4.373), (4.375) bewirken insgesamt noch einen Faktor $1/u^2$. Für die in den Raumwinkel dΩ abgestrahlte Leistung gilt deshalb wie in (4.363):

$$\frac{\mathrm{d}P_{\mathrm{S}}^{(2)}}{\mathrm{d}\Omega_{\mathrm{mD}}} = \frac{1}{32\pi^2\varepsilon_0\varepsilon_{\mathrm{r}}} \frac{k^4 m^2}{u} \sin^2\vartheta \; . \tag{4.377}$$

Man kann also aus der Winkelverteilung nicht entscheiden, ob es sich um elektrische oder magnetische Dipolstrahlung handelt.

2) Elektrische Quadrupolstrahlung

Wir diskutieren nun den Term (4.371) für das Vektorpotential, der, wie bereits erwähnt, einer elektrischen Quadrupolstrahlung entspricht. Das Integral ist eine vektorielle Größe,

$$\boldsymbol{I}(\vartheta,\varphi) = \int \mathrm{d}^3r'\, \boldsymbol{r}'(\boldsymbol{n}\cdot\boldsymbol{r}')\varrho(\boldsymbol{r}') \equiv (I_1, I_2, I_3)\ ,$$

für deren Komponenten wir schreiben können:

$$\begin{aligned} I_j(\vartheta,\varphi) &= \int \mathrm{d}^3r'\, x_j' \left(\sum_{i=1}^{3} n_i x_i'\right)\varrho(\boldsymbol{r}') = \\ &= \frac{1}{3}\sum_{i=1}^{3} n_i \int \mathrm{d}^3r' \left(3x_j'x_i' - r'^2\delta_{ij}\right)\varrho(\boldsymbol{r}') + \frac{1}{3}n_j \int \mathrm{d}^3r'\, r'^2\varrho(\boldsymbol{r}')\ . \end{aligned}$$

In diesem Ausdruck erscheint der *Quadrupoltensor* (2.93):

$$\underline{Q} = \left(Q_{ij}\right)_{\substack{i=1,2,3\\ j=1,2,3}}\ ;\quad Q_{ij} = \int \mathrm{d}^3r' \left(3x_i'x_j' - r'^2\delta_{ij}\right)\varrho(\boldsymbol{r}')\ .$$

Wir definieren

$$\boldsymbol{Q}(\boldsymbol{n}) = \big(Q_1(\boldsymbol{n}), Q_2(\boldsymbol{n}), Q_3(\boldsymbol{n})\big) \tag{4.378}$$

mit

$$Q_i(\boldsymbol{n}) = \sum_{j=1}^{3} Q_{ij} n_j\ ,$$

sodass für $\boldsymbol{I}$ folgt:

$$\boldsymbol{I} = \frac{1}{3}\left(\boldsymbol{Q}(\boldsymbol{n}) + \boldsymbol{n}\int \mathrm{d}^3r'\, r'^2\varrho(\boldsymbol{r}')\right)\ .$$

Das Vektorpotential lautet dann:

$$\boldsymbol{A}_2^{\mathrm{eQ}}(\boldsymbol{r}) = -uk^2\frac{\mathrm{e}^{ikr}}{r}\left(1-\frac{1}{ikr}\right)\frac{\mu_0\mu_r}{24\pi}\left(\boldsymbol{Q}(\boldsymbol{n}) + \boldsymbol{n}\int \mathrm{d}^3r'\, r'^2\varrho(\boldsymbol{r}')\right)\ . \tag{4.379}$$

Die daraus abzuleitenden elektromagnetischen Felder sind recht kompliziert. Wir beschränken uns deshalb hier auf eine Diskussion für die **Strahlungszone**. Für diese gilt die Abschätzung (4.357) und damit:

$$\boldsymbol{A}_2^{\mathrm{eQ}}(\boldsymbol{r}) \approx -uk^2\frac{\mathrm{e}^{ikr}}{r}\frac{\mu_0\mu_r}{24\pi}\left(\boldsymbol{Q}(\boldsymbol{n}) + \boldsymbol{n}\int \mathrm{d}^3r'\, r'^2\varrho(\boldsymbol{r}')\right)\ .$$

Man findet:

$$\operatorname{rot} \boldsymbol{n} = 0 \,,$$

$$\operatorname{rot} \boldsymbol{Q}(\boldsymbol{n}) \sim \frac{1}{r} \,,$$

$$\nabla \frac{e^{ikr}}{r} = \boldsymbol{n}\, ik \frac{e^{ikr}}{r} \left[1 + O\left(\frac{1}{r}\right)\right] ,$$

sodass mit der Vektorformel

$$\operatorname{rot}(\boldsymbol{a}\varphi) = \varphi \operatorname{rot} \boldsymbol{a} - \boldsymbol{a} \times \nabla\varphi$$

die magnetische Induktion der elektrischen Quadrupolstrahlung als

$$\boldsymbol{B}_2^{\mathrm{eQ}}(\boldsymbol{r}) \approx ik\,\boldsymbol{n} \times \boldsymbol{A}_2^{\mathrm{eQ}}(\boldsymbol{r}) = -i\frac{\mu_0\mu_r}{24\pi} u k^3 \frac{e^{ikr}}{r} \big(\boldsymbol{n} \times \boldsymbol{Q}(\boldsymbol{n})\big) \tag{4.380}$$

geschrieben werden kann. Vergleicht man dieses Resultat mit dem Ausdruck (4.358) für die magnetische Induktion $\boldsymbol{B}_1(\boldsymbol{r})$ der elektrischen Dipolstrahlung, so hat man dort lediglich das elektrische Dipolmoment $\boldsymbol{p}$ durch $\big(-i(k/6)\boldsymbol{Q}(\boldsymbol{n})\big)$ zu ersetzen, um (4.380) zu erhalten. Wir können mit der entsprechenden Ersetzung deshalb auch den Ausdruck (4.359) für das elektrische Feld übernehmen:

$$\boldsymbol{E}_2^{\mathrm{eQ}}(\boldsymbol{r}) \approx u\left(\boldsymbol{B}_2^{\mathrm{eQ}}(\boldsymbol{r}) \times \boldsymbol{n}\right) \approx -i\frac{k^3}{24\pi\,\varepsilon_0\varepsilon_r} \frac{e^{ikr}}{r} \left[(\boldsymbol{n} \times \boldsymbol{Q}(\boldsymbol{n})) \times \boldsymbol{n}\right] . \tag{4.381}$$

$\boldsymbol{E}_2^{\mathrm{eQ}}$, $\boldsymbol{B}_2^{\mathrm{eQ}}$, $\boldsymbol{n}$ bilden ein lokales, orthogonales Dreibein.

Zu dieser elektrischen Quadrupolstrahlung gehört die zeitgemittelte **Energiedichte**

$$\overline{w}_2^{\mathrm{eQ}}(\boldsymbol{r}) = \frac{1}{2\mu_0\mu_r} \left|\boldsymbol{B}_2^{\mathrm{eQ}}\right|^2 = \frac{1}{4\pi\,\varepsilon_0\varepsilon_r} \frac{k^6}{288\pi} \frac{|\boldsymbol{n} \times \mathbf{Q}|^2}{r^2} \tag{4.382}$$

und die **Energiestromdichte**

$$\overline{\boldsymbol{S}}_2^{\mathrm{eQ}} = \boldsymbol{n}\, u\, \overline{w}_2^{\mathrm{eQ}} \tag{4.383}$$

sowie die pro Raumwinkel ausgesandte **Leistung:**

$$\left(\frac{dP_S^{(2)}}{d\Omega)}\right)_{\mathrm{eQ}} = \frac{1}{4\pi\,\varepsilon_0\varepsilon_r} \frac{uk^6}{288\pi} |\boldsymbol{n} \times \mathbf{Q}|^2 . \tag{4.384}$$

Die Strahlungscharakteristik ist für den allgemeinen Fall recht kompliziert und lässt sich nur für einfache Geometrien in geschlossener Form angeben.

Beispiel Oszillierende Ladungsverteilung mit einem Quadrupolmoment vom Typ (2.102) (*oszillierender, gestreckter Punktquadrupol*):

$$Q_{ij} = 0 \quad \text{für } i \neq j \,,$$

$$Q_{33} = Q \,; \quad Q_{11} = Q_{22} = -\frac{1}{2} Q \,.$$

Der Quadrupoltensor ist spurfrei:

$$|\boldsymbol{n} \times \mathbf{Q}|^2 = \left(n_2 Q_3 - n_3 Q_2\right)^2 + \left(n_3 Q_1 - n_1 Q_3\right)^2 + \left(n_1 Q_2 - n_2 Q_1\right)^2 \,.$$

In unserem Beispiel gilt:

$$Q_1 = -\frac{1}{2} Q n_1 \,; \quad Q_2 = -\frac{1}{2} Q n_2 \,; \quad Q_3 = Q n_3 \,.$$

Es ist also:

$$\begin{aligned} |\boldsymbol{n} \times \mathbf{Q}|^2 &= \\ &= Q^2 \left[\left(n_2 n_3 + \frac{1}{2} n_3 n_2 \right)^2 + \left(\frac{1}{2} n_1 n_3 + n_1 n_3 \right)^2 + \left(-\frac{1}{2} n_1 n_2 + \frac{1}{2} n_1 n_2 \right)^2 \right] = \\ &= \frac{9}{4} Q^2 \left[(n_2 n_3)^2 + (n_1 n_3)^2 \right] = \frac{9}{4} Q^2 \frac{z^2}{r^4} (y^2 + x^2) = \frac{9}{4} Q^2 \cos^2 \vartheta \sin^2 \vartheta \,. \end{aligned}$$

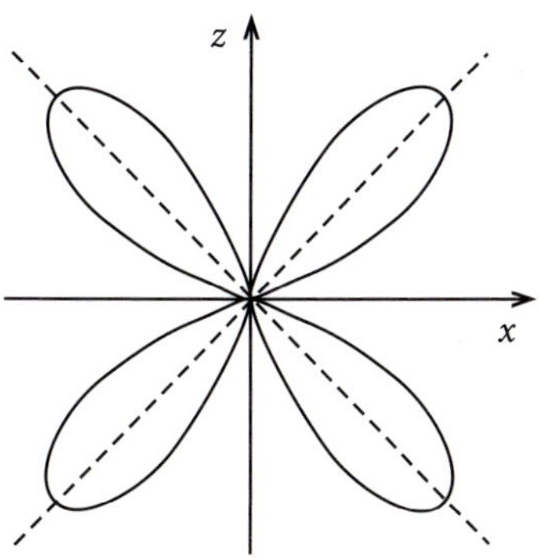

Abb. 4.66. Typische Richtungsabhängigkeit der elektrischen Quadrupolstrahlungsleistung

Damit folgt:

$$\left(\frac{\mathrm{d}P_S^{(2)}}{\mathrm{d}\Omega} \right)_{\mathrm{eQ}} \sim Q^2 \cos^2 \vartheta \sin^2 \vartheta \,. \tag{4.385}$$

Die Strahlungsleistung ist also maximal in den Richtungen $\vartheta = \pi/4$ und $\vartheta = 3\pi/4$. Sie verschwindet für $\vartheta = 0, \pi/2$ und π. Sie ist rotationssymmetrisch zur z-Achse.

Schlussbemerkung:
Höhere Entwicklungen der exakten Grundformel (4.344) als die in (4.348) vollzogene werden immer komplizierter, für die sich dann auch elektrische und magnetische Anteile nicht mehr so ohne weiteres entkoppeln lassen. Ferner ist zu beachten, dass alle durchgeführten Überlegungen streng an die Voraussetzung (4.346) $d \ll \lambda, r$ geknüpft sind.

Eine exakte, hier nicht durchführbare Multipolentwicklung ist möglich, mathematisch nicht ganz einfach, dafür aber unabhängig von jeglichen Beschränkungen.

4.5.5 Bewegte Punktladungen

Wir wollen zum Abschluss eine spezielle Anwendung der retardierten Potentiale (4.339) und (4.340) diskutieren. Eine Punktladung q, die sich längs der Bahn $\boldsymbol{R}(t)$ mit der (momentanen) Geschwindigkeit $\boldsymbol{V}(t)$ bewegt, verursacht ein zeitlich veränderliches elektromagnetisches Feld, das nun berechnet werden soll. Wir untersuchen also die Potentiale zu der **Ladungsdichte**

$$\rho(\boldsymbol{r}, t) = q\,\delta\left(\boldsymbol{r} - \boldsymbol{R}(t)\right) \tag{4.386}$$

und der **Stromdichte**

$$\boldsymbol{j}(\boldsymbol{r}, t) = q\,\boldsymbol{V}(t)\,\delta\left(\boldsymbol{r} - \boldsymbol{R}(t)\right) \ . \tag{4.387}$$

1) Elektromagnetische Potentiale

Wir benutzen für diese den Ausdruck (4.328) mit der retardierten greenschen Funktion (4.336):

$$\psi(\boldsymbol{r}, t) = \int \mathrm{d}^3 r' \int \mathrm{d}t' \, \frac{\sigma(\boldsymbol{r}', t')}{4\pi |\boldsymbol{r} - \boldsymbol{r}'|} \, \delta\left(\frac{|\boldsymbol{r} - \boldsymbol{r}'|}{u} - t + t'\right) \ . \tag{4.388}$$

Hier gilt die Zuordnung:

$$\sigma(\boldsymbol{r}', t') = \frac{\rho(\boldsymbol{r}', t')}{\varepsilon_0 \varepsilon_\mathrm{r}} \iff \psi(\boldsymbol{r}, t) = \varphi(\boldsymbol{r}, t) \ ,$$

$$\sigma(\boldsymbol{r}', t') = \mu_0 \mu_\mathrm{r}\, \boldsymbol{j}(\boldsymbol{r}', t') \iff \psi(\boldsymbol{r}, t) = \boldsymbol{A}(\boldsymbol{r}, t) \ .$$

Die $\boldsymbol{r}'$-Integration lässt sich wegen (4.386) bzw. (4.387) unmittelbar ausführen:

$$\varphi(\boldsymbol{r}, t) = \frac{q}{4\pi\,\varepsilon_0 \varepsilon_\mathrm{r}} \int \mathrm{d}t' \, \frac{\delta\left(\frac{1}{u}|\boldsymbol{r} - \boldsymbol{R}(t')| - t + t'\right)}{|\boldsymbol{r} - \boldsymbol{R}(t')|} \ , \tag{4.389}$$

$$\boldsymbol{A}(\boldsymbol{r}, t) = \frac{\mu_0 \mu_\mathrm{r}}{4\pi} q \int \mathrm{d}t' \, \boldsymbol{V}(t') \, \frac{\delta\left(\frac{1}{u}|\boldsymbol{r} - \boldsymbol{R}(t')| - t + t'\right)}{|\boldsymbol{r} - \boldsymbol{R}(t')|} \ . \tag{4.390}$$

Da $\boldsymbol{R} = \boldsymbol{R}(t')$, ist die t'-Integration nicht so direkt ausführbar. Wir kürzen ab

$$f(t') = \frac{1}{u}|\boldsymbol{r} - \boldsymbol{R}(t')| - t + t' \tag{4.391}$$

und nutzen die Eigenschaft (1.10) der δ-Funktion aus:

$$\delta[f(t')] = \sum_{j=1}^{n} \frac{\delta(t' - t_j)}{\left|\left(\frac{\mathrm{d}f}{\mathrm{d}t'}\right)_{t'=t_j}\right|} .$$

t_j sind die einfachen Nullstellen der Funktion $f(t')$.

$$\frac{\mathrm{d}f}{\mathrm{d}t'} = 1 + \frac{1}{u}\frac{\mathrm{d}}{\mathrm{d}t'}|\boldsymbol{r} - \boldsymbol{R}(t')| = 1 - \frac{1}{u}\frac{\left(\boldsymbol{r} - \boldsymbol{R}(t')\right) \cdot \boldsymbol{V}(t')}{|\boldsymbol{r} - \boldsymbol{R}(t')|} . \tag{4.392}$$

Wegen des Einheitsvektors auf der rechten Seite können wir abschätzen:

$$1 - \frac{V(t')}{u} \leq \frac{\mathrm{d}f}{\mathrm{d}t'} \leq 1 + \frac{V(t')}{u} .$$

Die Teilchengeschwindigkeit V ist auf jeden Fall kleiner als die Lichtgeschwindigkeit u, sodass wegen

$$\frac{\mathrm{d}f}{\mathrm{d}t'} > 0$$

$f(t')$ eine monoton steigende Funktion ist, die deshalb höchstens eine Nullstelle haben kann. Liegt überhaupt keine Nullstelle vor, so folgt der physikalisch unrealistische Fall $\varphi \equiv 0$, $\boldsymbol{A} \equiv 0$. Wir können also davon ausgehen, dass $f(t')$ genau eine Nullstelle $t' = t_{\mathrm{ret}}$ besitzt, die sich als Lösung der Gleichung

$$t_{\mathrm{ret}}(\boldsymbol{r}, t) = t - \frac{1}{u}\left|\boldsymbol{r} - \boldsymbol{R}\left(t_{\mathrm{ret}}\right)\right| \tag{4.393}$$

ergibt. Damit können wir nun die t'-Integration in den Potentialen formal ausführen:

$$\varphi(\boldsymbol{r}, t) = \frac{q}{4\pi\,\varepsilon_0\varepsilon_{\mathrm{r}}\left(|\boldsymbol{r} - \boldsymbol{R}(t_{\mathrm{ret}})| - \frac{1}{u}\left(\boldsymbol{r} - \boldsymbol{R}(t_{\mathrm{ret}})\right) \cdot \boldsymbol{V}(t_{\mathrm{ret}})\right)} , \tag{4.394}$$

$$\boldsymbol{A}(\boldsymbol{r}, t) = \frac{\mu_0\mu_{\mathrm{r}} q\, \boldsymbol{V}(t_{\mathrm{ret}})}{4\pi\left(|\boldsymbol{r} - \boldsymbol{R}(t_{\mathrm{ret}})| - \frac{1}{u}\left(\boldsymbol{r} - \boldsymbol{R}(t_{\mathrm{ret}})\right) \cdot \boldsymbol{V}(t_{\mathrm{ret}})\right)} . \tag{4.395}$$

Das sind die elektromagnetischen Potentiale eines beliebig bewegten Teilchens. Man nennt sie

Liénard-Wiechert-Potentiale.

Sie sind wegen der Retardierung (4.393) für kompliziertere Teilchenbahnen nicht einfach auswertbar. t_{ret} trägt der endlichen Laufzeit der elektromagnetischen Welle vom momentanen Teilchenort $\boldsymbol{R}$ zum Aufpunkt $\boldsymbol{r}$ Rechnung:

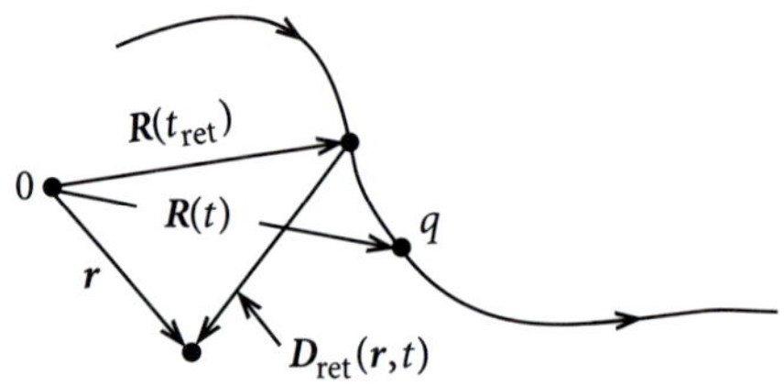

Abb. 4.67. Veranschaulichung des retardierten Abstandsvektors

retardierter Abstandsvektor

$$\boldsymbol{D}_{\text{ret}}(\boldsymbol{r}, t) = \boldsymbol{r} - \boldsymbol{R}(t_{\text{ret}}) \ . \tag{4.396}$$

Mit den weiteren Definitionen,

$$\boldsymbol{n}_{\text{ret}}(\boldsymbol{r}, t) = \frac{\boldsymbol{D}_{\text{ret}}(\boldsymbol{r}, t)}{D_{\text{ret}}(\boldsymbol{r}, t)} \ , \tag{4.397}$$

$$\kappa_{\text{ret}}(\boldsymbol{r}, t) = 1 - \frac{1}{u} \boldsymbol{n}_{\text{ret}} \cdot \boldsymbol{V}(t_{\text{ret}}) \ ,$$

lassen sich die Potentiale kompakter schreiben:

$$\varphi(\boldsymbol{r}, t) = \frac{q}{4\pi\, \varepsilon_0 \varepsilon_r D_{\text{ret}} \kappa_{\text{ret}}(\boldsymbol{r}, t)} \ , \tag{4.398}$$

$$\boldsymbol{A}(\boldsymbol{r}, t) = \frac{\mu_0 \mu_r q\, \boldsymbol{V}(t_{\text{ret}})}{4\pi\, D_{\text{ret}} \kappa_{\text{ret}}(\boldsymbol{r}, t)} \ . \tag{4.399}$$

2) Spezialfälle

a) Ruhende Punktladung:

$$\boldsymbol{V} \equiv \boldsymbol{0} \iff \boldsymbol{R}(t) \equiv \boldsymbol{R}_0 \ .$$

Aus (4.394) bzw. (4.395) ergibt sich dann das aus der Elektrostatik bekannte Ergebnis:

$$\varphi(\boldsymbol{r}, t) = \frac{q}{4\pi\, \varepsilon_0 \varepsilon_r |\boldsymbol{r} - \boldsymbol{R}_0|} \ ; \quad \boldsymbol{A}(\boldsymbol{r}, t) \equiv 0 \ .$$

b) Gleichförmig bewegte Punktladung:

$$V \equiv \boldsymbol{v}_0 = \text{const} \; ; \quad \boldsymbol{R}(t) = \boldsymbol{R}_0 + \boldsymbol{v}_0 t \; .$$

Wir haben zunächst aus der Retardierungsbedingung (4.393) t_{ret} zu bestimmen:

$$D_{\text{ret}}(\boldsymbol{r},t) = u(t - t_{\text{ret}}) = |\boldsymbol{r} - \boldsymbol{R}(t_{\text{ret}})| = |\boldsymbol{r} - \boldsymbol{R}_0 - \boldsymbol{v}_0 t_{\text{ret}}| = \\ = |\boldsymbol{r} - \boldsymbol{R}(t) + \boldsymbol{v}_0(t - t_{\text{ret}})| \; ,$$

$$\boldsymbol{D}(\boldsymbol{r},t) = \boldsymbol{r} - \boldsymbol{R}(t) \tag{4.400}$$

$$\Rightarrow \; \left(u^2 - v_0^2\right)\left(t - t_{\text{ret}}\right)^2 = D^2(\boldsymbol{r},t) + 2\boldsymbol{D} \cdot \boldsymbol{v}_0(t - t_{\text{ret}}) = \\ = D^2(\boldsymbol{r},t) + 2v_0 D(\boldsymbol{r},t) \cos\alpha (t - t_{\text{ret}})$$

$$\Rightarrow \; \left(t - t_{\text{ret}}\right)^2 - 2\,\frac{D\,v_0 \cos\alpha}{u^2 - v_0^2}(t - t_{\text{ret}}) = \frac{D^2}{u^2 - v_0^2}$$

$$\Rightarrow \; t - t_{\text{ret}} = \frac{D\,v_0 \cos\alpha}{u^2 - v_0^2} \pm \sqrt{\frac{D^2}{u^2 - v_0^2} + \frac{D^2 v_0^2 \cos^2\alpha}{(u^2 - v_0^2)^2}} \; .$$

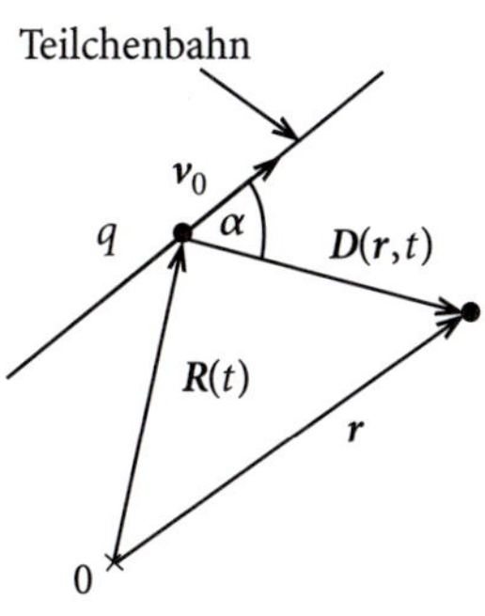

Abb. 4.68. Zur Berechnung der Potentiale einer gleichförmig bewegten Punktladung

Da $u > v_0$ und $t > t_{\text{ret}}$ sein müssen, kann nur das positive Vorzeichen richtig sein, d. h.

$$t - t_{\text{ret}} = \frac{D(\boldsymbol{r},t)}{u^2 - v_0^2}\left(v_0 \cos\alpha + \sqrt{u^2 - v_0^2 \sin^2\alpha}\right) \; . \tag{4.401}$$

Damit folgt weiter:

$$
\begin{aligned}
D_{\text{ret}}(\boldsymbol{r},t) &- \frac{1}{u}\boldsymbol{D}_{\text{ret}}(\boldsymbol{r},t)\cdot\boldsymbol{V}(t_{\text{ret}}) = \\
&= u(t-t_{\text{ret}}) - \frac{1}{u}\boldsymbol{v}_0\cdot\big(\boldsymbol{D}(\boldsymbol{r},t)+\boldsymbol{v}_0(t-t_{\text{ret}})\big) = \\
&= \frac{1}{u}(u^2-v_0^2)(t-t_{\text{ret}}) - \frac{1}{u}\boldsymbol{v}_0\cdot\boldsymbol{D}(\boldsymbol{r},t) = \\
&= \frac{1}{u}D(\boldsymbol{r},t)\left(v_0\cos\alpha+\sqrt{u^2-v_0^2\sin^2\alpha}-v_0\cos\alpha\right) = \\
&= |\boldsymbol{r}-\boldsymbol{R}(t)|\sqrt{1-\frac{v_0^2}{u^2}\sin^2\alpha}\,.
\end{aligned}
$$

Dies bedeutet in (4.394):

$$
\begin{aligned}
\varphi(\boldsymbol{r},t) &= \frac{q}{4\pi\,\varepsilon_0\varepsilon_{\text{r}}|\boldsymbol{r}-\boldsymbol{R}(t)|}\,\frac{1}{\sqrt{1-\frac{v_0^2}{u^2}\sin^2\alpha}}\,, \\
\boldsymbol{A}(\boldsymbol{r},t) &= \frac{1}{u^2}\boldsymbol{v}_0\varphi(\boldsymbol{r},t)\,.
\end{aligned}
\tag{4.402}
$$

3) Elektromagnetische Felder

Analog zu (4.397) definieren wir noch:

$$
\begin{aligned}
\boldsymbol{n}(\boldsymbol{r},t) &= \frac{\boldsymbol{D}(\boldsymbol{r},t)}{D(\boldsymbol{r},t)}\,, \\
\kappa(\boldsymbol{r},t) &= 1-\frac{1}{u}\boldsymbol{n}(\boldsymbol{r},t)\cdot\boldsymbol{V}(t)\,.
\end{aligned}
\tag{4.403}
$$

Damit folgt z. B.:

$$
\begin{aligned}
\frac{\partial}{\partial t'}\delta\left(\frac{1}{u}D(\boldsymbol{r},t')-t+t'\right) &= \left(1+\frac{1}{u}\frac{\partial D}{\partial t'}\right)\delta'(\dots) = \\
&= \left(1-\frac{1}{u}\boldsymbol{n}(\boldsymbol{r},t')\cdot\boldsymbol{V}(t')\right)\delta'(\dots) = \\
&= \kappa(\boldsymbol{r},t')\,\delta'\left(\frac{1}{u}D(\boldsymbol{r},t')-t+t'\right)\,.
\end{aligned}
\tag{4.404}
$$

$\delta'(\dots)$ bedeutet Ableitung der δ-Funktion nach dem gesamten Argument:

$$
\begin{aligned}
\frac{\partial}{\partial t}\boldsymbol{n}(\boldsymbol{r},t) &= -\frac{\dot{D}\boldsymbol{D}}{D^2}+\frac{\dot{\boldsymbol{D}}}{D} = -\frac{\dot{D}}{D}\boldsymbol{n}-\frac{\boldsymbol{V}}{D} = -\frac{1}{D}\big[-\big(\boldsymbol{n}\cdot\boldsymbol{V}(t)\big)\,\boldsymbol{n}+\boldsymbol{V}(t)\big] = \\
&= \frac{1}{D}\boldsymbol{n}\times(\boldsymbol{n}\times\boldsymbol{V})\,.
\end{aligned}
\tag{4.405}
$$

Zur Berechnung des $\boldsymbol{E}$-Feldes benutzen wir zweckmäßig die ursprüngliche, integrale Form (4.389):

$$\boldsymbol{E}(\boldsymbol{r},t) = -\nabla\varphi(\boldsymbol{r},t) - \frac{\partial}{\partial t}\boldsymbol{A}(\boldsymbol{r},t) =$$

$$= \frac{-q}{4\pi\,\varepsilon_0\varepsilon_\mathrm{r}}\int \mathrm{d}t' \left(\nabla_r + \frac{\boldsymbol{V}(t')}{u^2}\frac{\partial}{\partial t}\right)\frac{\delta\left(\frac{1}{u}D(\boldsymbol{r},t') - t + t'\right)}{D(\boldsymbol{r},t')} =$$

$$= \frac{-q}{4\pi\,\varepsilon_0\varepsilon_\mathrm{r}}\int \mathrm{d}t' \left\{-\frac{\boldsymbol{n}(\boldsymbol{r},t')}{D^2(\boldsymbol{r},t')}\,\delta\left(\frac{1}{u}D(\boldsymbol{r},t') - t + t'\right) + \right.$$

$$\left. + \left(\frac{1}{u}\frac{\boldsymbol{n}(\boldsymbol{r},t')}{D(\boldsymbol{r},t')} - \frac{\boldsymbol{V}(t')}{u^2 D(\boldsymbol{r},t')}\right)\delta'\left(\frac{1}{u}D(\boldsymbol{r},t') - t + t'\right)\right\} =$$

$$\stackrel{(4.404)}{=} \frac{-q}{4\pi\,\varepsilon_0\varepsilon_\mathrm{r}}\int \mathrm{d}t' \left[-\frac{\boldsymbol{n}(\boldsymbol{r},t')}{D^2(\boldsymbol{r},t')} + \right.$$

$$\left. + \frac{1}{\kappa(\boldsymbol{r},t')}\left(\frac{\boldsymbol{n}(\boldsymbol{r},t')}{u\,D(\boldsymbol{r},t')} - \frac{\boldsymbol{V}(t')}{u^2 D(\boldsymbol{r},t')}\right)\frac{\partial}{\partial t'}\right]\delta\left(\frac{1}{u}D(\boldsymbol{r},t') - t + t'\right) =$$

$$\stackrel{\text{(part. Integr.)}}{=} \frac{q}{4\pi\,\varepsilon_0\varepsilon_\mathrm{r}}\int \mathrm{d}t' \left[\frac{\boldsymbol{n}(\boldsymbol{r},t')}{D^2(\boldsymbol{r},t')} + \left(\frac{\partial}{\partial t'}\,\frac{\boldsymbol{n}(\boldsymbol{r},t') - \boldsymbol{V}(t')/u}{u\,\kappa(\boldsymbol{r},t')D(\boldsymbol{r},t')}\right)\right]\cdot$$

$$\cdot\,\delta\left(\frac{1}{u}D(\boldsymbol{r},t') - t + t'\right).$$

Die t'-Integration kann nun wie in (4.394) durchgeführt werden:

$$\boldsymbol{E}(\boldsymbol{r},t) = \frac{q}{4\pi\,\varepsilon_0\varepsilon_\mathrm{r}}\left[\frac{1}{\kappa(\boldsymbol{r},t')}\left(\frac{\boldsymbol{n}(\boldsymbol{r},t')}{D^2(\boldsymbol{r},t')} + \frac{1}{u}\frac{\partial}{\partial t'}\,\frac{\boldsymbol{n}(\boldsymbol{r},t') - \boldsymbol{V}(t')/u}{\kappa(\boldsymbol{r},t')D(\boldsymbol{r},t')}\right)\right]_{t'=t_\mathrm{ret}}. \tag{4.406}$$

Dies formen wir mit (4.405) weiter um:

$$\boldsymbol{E}(\boldsymbol{r},t) = \frac{q}{4\pi\,\varepsilon_0\varepsilon_\mathrm{r}}\left[\frac{1}{\kappa(\boldsymbol{r},t')}\left(\frac{\boldsymbol{n}(\boldsymbol{r},t')}{D^2(\boldsymbol{r},t')} + \frac{\left(\boldsymbol{n}(\boldsymbol{r},t')\cdot\boldsymbol{V}(t')\right)\boldsymbol{n} - \boldsymbol{V}(t')}{u\,\kappa(\boldsymbol{r},t')D^2(\boldsymbol{r},t')} - \right.\right.$$

$$\left.\left. - \frac{\boldsymbol{n}(\boldsymbol{r},t') - \boldsymbol{V}(t')/u}{u\,\kappa^2(\boldsymbol{r},t')D^2(\boldsymbol{r},t')}\,\frac{\partial}{\partial t'}\left(\kappa(\boldsymbol{r},t')D(\boldsymbol{r},t')\right) - \frac{1}{u^2}\,\frac{\boldsymbol{a}(t')}{\kappa(\boldsymbol{r},t')D(\boldsymbol{r},t')}\right)\right]_{t'=t_\mathrm{ret}}.$$

Dabei haben wir mit

$$\boldsymbol{a}(t) = \frac{\partial}{\partial t}\boldsymbol{V}(t)$$

die **Teilchenbeschleunigung** eingeführt. Wir brauchen schließlich noch:

$$\frac{\partial}{\partial t}\big(\kappa(\boldsymbol{r},t)\,D(\boldsymbol{r},t)\big) \overset{(4.403)}{=} \frac{\partial}{\partial t}\left(D(\boldsymbol{r},t) - \frac{1}{u}\boldsymbol{D}(\boldsymbol{r},t)\cdot\boldsymbol{V}(t)\right) =$$

$$= \dot{D}(\boldsymbol{r},t) - \frac{1}{u}\dot{\boldsymbol{D}}(\boldsymbol{r},t)\cdot\boldsymbol{V}(t) - \frac{1}{u}\boldsymbol{D}(\boldsymbol{r},t)\cdot\boldsymbol{a}(t) =$$

$$= -\boldsymbol{n}(\boldsymbol{r},t)\cdot\boldsymbol{V}(t) + \frac{1}{u}\boldsymbol{V}^2(t) - \frac{D(\boldsymbol{r},t)}{u}\big(\boldsymbol{n}(\boldsymbol{r},t)\cdot\boldsymbol{a}(t)\big)\;.$$

Dies ergibt für das $\boldsymbol{E}$-Feld:

$$\boldsymbol{E}(\boldsymbol{r},t) =$$

$$= \frac{q}{4\pi\,\varepsilon_0\varepsilon_{\mathrm{r}}}\left\{\frac{1}{\kappa^3(\boldsymbol{r},t')D^2(\boldsymbol{r},t')}\left[\frac{1}{u}\left(\boldsymbol{n}(\boldsymbol{r},t') - \frac{\boldsymbol{V}(t')}{u}\right)\left(\boldsymbol{n}(\boldsymbol{r},t')\cdot\boldsymbol{V}(t') - \frac{1}{u}V^2(t')\right) + \right.\right.$$

$$\left. + \boldsymbol{n}(\boldsymbol{r},t')\kappa^2(\boldsymbol{r},t') + \frac{1}{u}\kappa(\boldsymbol{r},t')\big(\boldsymbol{n}(\boldsymbol{r},t')(\boldsymbol{n}(\boldsymbol{r},t')\cdot\boldsymbol{V}(t')) - \boldsymbol{V}(t')\right] +$$

$$\left. + \frac{1}{u^2\kappa^3(\boldsymbol{r},t')D(\boldsymbol{r},t')}\left[-\boldsymbol{a}(t')\kappa(\boldsymbol{r},t') + \big(\boldsymbol{n}(\boldsymbol{r},t')\cdot\boldsymbol{a}(t')\big)\left(\boldsymbol{n}(\boldsymbol{r},t') - \frac{\boldsymbol{V}(t')}{u}\right)\right]\right\}_{t'=t_{\mathrm{ret}}} =$$

$$= \frac{q}{4\pi\,\varepsilon_0\varepsilon_{\mathrm{r}}}\left\{\frac{1}{\kappa^3 D^2}\left(\boldsymbol{n} - \frac{\boldsymbol{V}}{u}\right)\left(\kappa + \frac{\boldsymbol{n}\cdot\boldsymbol{V}}{u} - \frac{V^2}{u^2}\right) + \right.$$

$$\left. + \frac{1}{u^2\kappa^3 D}\left[-\boldsymbol{a}\left(1 - \frac{1}{u}\boldsymbol{n}\cdot\boldsymbol{V}\right) + (\boldsymbol{n}\cdot\boldsymbol{a})\left(\boldsymbol{n} - \frac{\boldsymbol{V}}{u}\right)\right]\right\}_{t'=t_{\mathrm{ret}}}\;.$$

Dies führt zu dem endgültigen Resultat:

$$\boldsymbol{E}(\boldsymbol{r},t) = \frac{q}{4\pi\,\varepsilon_0\varepsilon_{\mathrm{r}}}\,\frac{1}{\kappa_{\mathrm{ret}}^3(\boldsymbol{r},t)}\left\{\frac{1}{D_{\mathrm{ret}}^2(\boldsymbol{r},t)}\left(\boldsymbol{n}_{\mathrm{ret}}(\boldsymbol{r},t) - \frac{\boldsymbol{V}(t_{\mathrm{ret}})}{u}\right)\left(1 - \frac{V^2(t_{\mathrm{ret}})}{u^2}\right) + \right.$$

$$\left. + \frac{1}{u\,D_{\mathrm{ret}}(\boldsymbol{r},t)}\cdot\left[\boldsymbol{n}_{\mathrm{ret}}(\boldsymbol{r},t)\times\left(\left(\boldsymbol{n}_{\mathrm{ret}}(\boldsymbol{r},t) - \frac{\boldsymbol{V}(t_{\mathrm{ret}})}{u}\right)\times\frac{\boldsymbol{a}(t_{\mathrm{ret}})}{u}\right)\right]\right\}. \tag{4.407}$$

Wir benötigen noch die magnetische Induktion:

$$\boldsymbol{B}(\boldsymbol{r},t) = \operatorname{rot}\boldsymbol{A}(\boldsymbol{r},t) = \frac{\mu_0\mu_{\mathrm{r}}q}{4\pi}\int \mathrm{d}t'\,\nabla_r\times\left[\frac{\boldsymbol{V}(t')}{D(\boldsymbol{r},t')}\,\delta\left(\frac{1}{u}D(\boldsymbol{r},t') - t + t'\right)\right] =$$

$$= -\frac{\mu_0\mu_{\mathrm{r}}q}{4\pi}\int \mathrm{d}t'\,\boldsymbol{V}(t')\times\nabla_r\frac{\delta\left(\frac{1}{u}D(\boldsymbol{r},t') - t + t'\right)}{D(\boldsymbol{r},t')} =$$

$$= -\frac{\mu_0\mu_r q}{4\pi}\int dt'\,\boldsymbol{V}(t')\times\left[-\frac{\boldsymbol{n}(\boldsymbol{r},t')}{D^2(\boldsymbol{r},t')}\,\delta\left(\frac{1}{u}D(\boldsymbol{r},t')-t+t'\right)+\frac{\boldsymbol{n}(\boldsymbol{r},t')}{u\,D(\boldsymbol{r},t')}\cdot\right.$$

$$\left.\cdot\,\delta'\left(\frac{1}{u}D(\boldsymbol{r},t')-t+t'\,/\right]=$$

$$\overset{(4.404)}{=}\frac{\mu_0\mu_r q}{4\pi}\int dt'\left[\frac{\boldsymbol{V}(t')\times\boldsymbol{n}(\boldsymbol{r},t')}{D^2(\boldsymbol{r},t')}+\left(\frac{1}{u}\frac{\partial}{\partial t'}\frac{\boldsymbol{V}(t')\times\boldsymbol{n}(\boldsymbol{r},t')}{\kappa(\boldsymbol{r},t')D(\boldsymbol{r},t')}\right)\right]\cdot$$

$$\cdot\,\delta\left(\frac{1}{u}D(\boldsymbol{r},t')-t+t'\right).$$

Durchführung der t'-Integration ergibt das Zwischenergebnis:

$$\boldsymbol{B}(\boldsymbol{r},t)=\frac{\mu_0\mu_r q}{4\pi}\left[\frac{1}{\kappa(\boldsymbol{r},t')}\left(\frac{\boldsymbol{V}(t')\times\boldsymbol{n}(\boldsymbol{r},t')}{D^2(\boldsymbol{r},t')}+\frac{1}{u}\frac{\partial}{\partial t'}\frac{\boldsymbol{V}(t')\times\boldsymbol{n}(\boldsymbol{r},t')}{\kappa(\boldsymbol{r},t')D(\boldsymbol{r},t')}\right)\right]_{t'=t_{\mathrm{ret}}}. \tag{4.408}$$

Wir wollen einen einfachen Zusammenhang zwischen dem $\boldsymbol{E}$- und dem $\boldsymbol{B}$-Feld ableiten:

$$\boldsymbol{B}(\boldsymbol{r},t)=\frac{\mu_0\mu_r q}{4\pi}\left\{\frac{1}{\kappa}\left[\frac{\boldsymbol{V}\times\boldsymbol{n}}{D^2}+\frac{1}{u}\left(\frac{\partial}{\partial t'}\frac{\boldsymbol{V}}{\kappa D}\right)\times\boldsymbol{n}+\frac{1}{u}\frac{\boldsymbol{V}}{\kappa D}\times\left(\frac{\partial}{\partial t'}\boldsymbol{n}\right)\right]\right\}_{t'=t_{\mathrm{ret}}}=$$

$$\overset{(4.405)}{=}\frac{\mu_0\mu_r q}{4\pi}\left\{\frac{1}{\kappa}\left[\frac{\boldsymbol{V}\times\boldsymbol{n}}{D^2}+\frac{1}{u}\left(\frac{\partial}{\partial t'}\frac{\boldsymbol{V}}{\kappa D}\right)\times\boldsymbol{n}\,+\right.\right.$$

$$\left.\left.+\frac{\boldsymbol{V}}{u\kappa D}\times\frac{1}{D}\left((\boldsymbol{n}\cdot\boldsymbol{V})\boldsymbol{n}-\boldsymbol{V}\right)\right]\right\}_{t'=t_{\mathrm{ret}}}=$$

$$=\frac{\mu_0\mu_r q}{4\pi}\left\{\frac{1}{\kappa}\left[\frac{\boldsymbol{V}\times\boldsymbol{n}}{D^2}\left(1+\frac{\boldsymbol{V}\cdot\boldsymbol{n}}{u\kappa}\right)+\frac{1}{u}\left(\frac{\partial}{\partial t'}\frac{\boldsymbol{V}}{\kappa D}\right)\times\boldsymbol{n}\right]\right\}_{t'=t_{\mathrm{ret}}}.$$

An (4.403) lesen wir ab:

$$1+\frac{\boldsymbol{V}\cdot\boldsymbol{n}}{u\kappa}=1+\frac{1}{u\kappa}(u-u\kappa)=\frac{1}{\kappa}.$$

Damit lautet die magnetische Induktion:

$$\boldsymbol{B}(\boldsymbol{r},t)=$$

$$=\frac{\mu_0\mu_r q}{4\pi}\left\{\left[\frac{\boldsymbol{V}(t')}{D^2(\boldsymbol{r},t')\kappa^2(\boldsymbol{r},t')}+\frac{1}{u\kappa(\boldsymbol{r},t')}\left(\frac{\partial}{\partial t'}\frac{\boldsymbol{V}(t')}{\kappa(\boldsymbol{r},t')D(\boldsymbol{r},t')}\right)\right]\times\boldsymbol{n}(\boldsymbol{r},t')\right\}_{t'=t_{\mathrm{ret}}}. \tag{4.409}$$

Aus (4.406) folgt andererseits:

$$\boldsymbol{n} \times \boldsymbol{E} = \frac{q}{4\pi\,\varepsilon_0\varepsilon_r}\left\{\frac{1}{\kappa\,u}\left(\frac{\partial}{\partial t'}\frac{\boldsymbol{V}(t')/u}{\kappa\,D}\right)\times\boldsymbol{n} + \frac{1}{\kappa\,u}\left[-\frac{1}{(\kappa\,D)^2}(\boldsymbol{n}\times\boldsymbol{n})\frac{\partial}{\partial t'}(\kappa\,D)\right] + \right.$$
$$\left. + \frac{1}{\kappa\,u}\frac{1}{\kappa\,D}\boldsymbol{n}\times\left[\frac{1}{D}\big(\boldsymbol{n}(\boldsymbol{n}\cdot\boldsymbol{V}) - \boldsymbol{V}\big)\right]\right\} =$$
$$= \frac{q}{4\pi\,\varepsilon_0\varepsilon_r}\left[\frac{1}{\kappa\,u^2}\left(\frac{\partial}{\partial t'}\frac{\boldsymbol{V}(t')}{\kappa\,D}\right)\times\boldsymbol{n} + \frac{1}{\kappa^2 D^2 u}(\boldsymbol{V}\times\boldsymbol{n})\right]_{t'=t_{\mathrm{ret}}} .$$

Der Vergleich mit (4.409) ergibt:

$$\boldsymbol{B}(\boldsymbol{r},t) = \frac{1}{u}\left(\boldsymbol{n}_{\mathrm{ret}}(\boldsymbol{r},t)\times\boldsymbol{E}(\boldsymbol{r},t)\right) . \tag{4.410}$$

Mit (4.407) und (4.410) sind die elektromagnetischen Felder der bewegten Punktladung q vollständig bestimmt.

4) Poynting-Vektor

Die elektromagnetischen Felder zerfallen in zwei charakteristische Terme, von denen der eine **unabhängig von der Teilchenbeschleunigung** ist:

$$\boldsymbol{E}_{(0)} = \frac{q}{4\pi\,\varepsilon_0\varepsilon_r}\frac{1}{\kappa_{\mathrm{ret}}^3}\frac{\left(\boldsymbol{n}_{\mathrm{ret}} - \boldsymbol{\beta}_{\mathrm{ret}}\right)\left(1-\beta_{\mathrm{ret}}^2\right)}{D_{\mathrm{ret}}^2} ,$$
$$\boldsymbol{B}_{(0)} = \frac{\mu_0\mu_r q}{4\pi}\frac{1}{\kappa_{\mathrm{ret}}^3}\frac{\left(1-\beta_{\mathrm{ret}}^2\right)\left(\boldsymbol{V}(t_{\mathrm{ret}})\times\boldsymbol{n}_{\mathrm{ret}}\right)}{D_{\mathrm{ret}}^2} . \tag{4.411}$$

Die beiden Felder nehmen in großem Abstand mit dessen Quadrat ab ($\sim 1/D_{\mathrm{ret}}^2$; $\sim 1/r^2$), verhalten sich also wie die statischen bzw. stationären Felder von Punktladungen. In (4.411) haben wir die übliche Abkürzung

$$\boldsymbol{\beta}_{\mathrm{ret}} = \frac{1}{u}\boldsymbol{V}(t_{\mathrm{ret}}) \tag{4.412}$$

benutzt. Bei $\beta \ll 1$ spricht man von **nicht-relativistischer**, bei $\beta \lesssim 1$ von **relativistischer** Teilchenbewegung.

Der zweite Feldanteil ist wesentlich durch die Teilchenbeschleunigung $\boldsymbol{a}$ mitbestimmt:

$$\boldsymbol{E}_{(a)} = \frac{q}{4\pi\,\varepsilon_0\varepsilon_r}\frac{1}{\kappa_{\mathrm{ret}}^3}\frac{\boldsymbol{n}_{\mathrm{ret}}\times\left[\left(\boldsymbol{n}_{\mathrm{ret}} - \boldsymbol{\beta}_{\mathrm{ret}}\right)\times\left(\boldsymbol{a}_{\mathrm{ret}}/u\right)\right]}{u\,D_{\mathrm{ret}}} ,$$
$$\boldsymbol{B}_{(a)} = \frac{\mu_0\mu_r q}{4\pi}\frac{\boldsymbol{n}_{\mathrm{ret}}\times\left\{\boldsymbol{n}_{\mathrm{ret}}\times\left[\left(\boldsymbol{n}_{\mathrm{ret}} - \boldsymbol{\beta}_{\mathrm{ret}}\right)\times\left(\boldsymbol{a}_{\mathrm{ret}}/u\right)\right]\right\}}{\kappa_{\mathrm{ret}}^3\,D_{\mathrm{ret}}} . \tag{4.413}$$

Diese Feldanteile fallen für große Abstände wie $1/D_{\mathrm{ret}}$ ab, dominieren also in der Fernzone gegenüber denen aus (4.411).

Wir wollen nun die **Energieabstrahlung** des bewegten Teilchens diskutieren, die durch den Poynting-Vektor gegeben ist:

$$\boldsymbol{S} = \frac{1}{\mu_0\mu_{\mathrm{r}}}\boldsymbol{E}\times\boldsymbol{B} = \frac{1}{\mu_0\mu_{\mathrm{r}}u}\left[\boldsymbol{n}_{\mathrm{ret}}E^2 - \left(\boldsymbol{n}_{\mathrm{ret}}\cdot\boldsymbol{E}\right)\boldsymbol{E}\right] . \tag{4.414}$$

Setzen wir das elektrische Feld nach (4.407) ein, so ergeben sich wegen (4.411) bzw. (4.413) verschiedene Summanden, die mit wachsendem Abstand D_{ret} des Teilchenorts $\boldsymbol{R}$ zur Zeit t_{ret} vom Aufpunkt $\boldsymbol{r}$ unterschiedlich schnell abklingen. In hinreichend großem Abstand (Fernfeld) können wir uns mit dem $(1/D_{\mathrm{ret}}^2)$-Term zufrieden geben, der aus (4.413) resultiert. Die $(1/D_{\mathrm{ret}}^3)$-Summanden tragen nämlich zur **Energieabstrahlung** nicht bei, da

$$\oint \boldsymbol{S}\cdot\mathrm{d}\boldsymbol{f} \longrightarrow \oint \frac{1}{D_{\mathrm{ret}}^3}r^2\,\mathrm{d}\Omega \longrightarrow \oint \frac{1}{r}\,\mathrm{d}\Omega \longrightarrow \frac{1}{r} \underset{r\to\infty}{\longrightarrow} 0 .$$

Diese Terme führen lediglich zu einer gewissen Umverteilung der elektromagnetischen Energie im Umfeld des bewegten Teilchens. Nur die Feldenergie, die bis ins Unendliche laufen kann, führt zu einem echten Energieverlust des Teilchens, der durch Bewegungsenergie ausgeglichen wird. Alle anderen Beiträge sind in der Nähe des Teilchen gebunden. Für die Energieabstrahlung ist also nur (4.413) in (4.414) interessant:

$$\boldsymbol{S} = \frac{q^2}{\mu_0\mu_{\mathrm{r}}u\,16\pi^2\varepsilon_0^2\varepsilon_{\mathrm{r}}^2}\boldsymbol{n}_{\mathrm{ret}}\frac{\left\{\boldsymbol{n}_{\mathrm{ret}}\times\left[\left(\boldsymbol{n}_{\mathrm{ret}}-\boldsymbol{\beta}_{\mathrm{ret}}\right)\times\left(\boldsymbol{a}_{\mathrm{ret}}/u\right)\right]\right\}^2}{u^2\kappa_{\mathrm{ret}}^6\,D_{\mathrm{ret}}^2} + \mathrm{O}\left(\frac{1}{D^3}\right)$$

$$\Rightarrow\ \boldsymbol{S} = \frac{q^2\boldsymbol{n}_{\mathrm{ret}}}{16\pi^2\varepsilon_0\varepsilon_{\mathrm{r}}u}\,\frac{\left\{\boldsymbol{n}_{\mathrm{ret}}\times\left[\left(\boldsymbol{n}_{\mathrm{ret}}-\boldsymbol{\beta}_{\mathrm{ret}}\right)\times\left(\boldsymbol{a}_{\mathrm{ret}}/u\right)\right]\right\}^2}{\kappa_{\mathrm{ret}}^6\,D_{\mathrm{ret}}^2} + \mathrm{O}\left(\frac{1}{D^3}\right) . \tag{4.415}$$

Die Energieströmung hat also die Richtung vom Teilchenort $\boldsymbol{R}$ zur Zeit t_{ret} zum Aufpunkt $\boldsymbol{r}$. Ferner strahlen nur **beschleunigte** Teilchen ($\boldsymbol{a} \neq \boldsymbol{0}$) Energie ab. Ein gleichförmig bewegtes Teilchen erzeugt zwar $\boldsymbol{E}$- und $\boldsymbol{B}$-Felder, verliert aber keine Energie durch Strahlung.

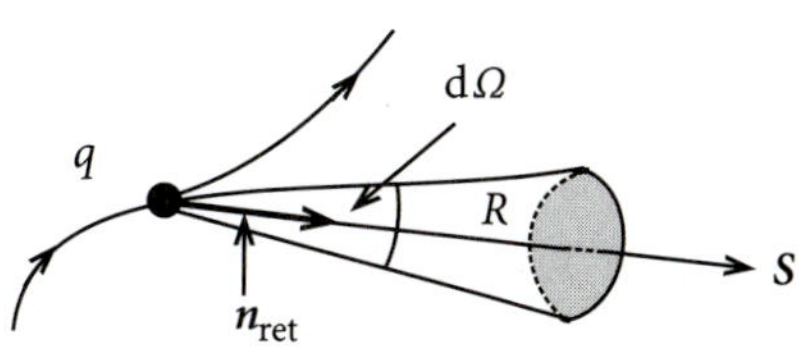

Abb. 4.69. Zur Berechnung der pro Zeiteinheit emittierten Energie eines bewegten geladenen Teilchens

$\left(\boldsymbol{S}\cdot\boldsymbol{n}_{\mathrm{ret}}\right)D_{\mathrm{ret}}^2$ ist die pro Zeiteinheit $\mathrm{d}t$ (am Aufpunkt) in Richtung $\boldsymbol{n}_{\mathrm{ret}}$ in den Raumwinkel $\mathrm{d}\Omega$ emittierte Energie. Interessanter ist die Energie, die das Teilchen auf seiner

Bahn pro Zeiteinheit $\mathrm{d}t_{\mathrm{ret}}$ abstrahlt:

$$\frac{\mathrm{d}P_S}{\mathrm{d}\Omega} = \left(\boldsymbol{S}\cdot\boldsymbol{n}_{\mathrm{ret}}\right) D_{\mathrm{ret}}^2 \left(\frac{\mathrm{d}t}{\mathrm{d}t'}\right)_{t'=t_{\mathrm{ret}}} .$$

Nach (4.393) gilt:

$$\left(\frac{\mathrm{d}t}{\mathrm{d}t'}\right)_{t'=t_{\mathrm{ret}}} = \left(1+\frac{1}{u}\frac{\mathrm{d}}{\mathrm{d}t'}D(\boldsymbol{r},t')\right)_{t'=t_{\mathrm{ret}}} = \left(1-\frac{1}{u}\boldsymbol{n}\cdot\boldsymbol{V}(t')\right)_{t'=t_{\mathrm{ret}}} =$$
$$= \kappa_{\mathrm{ret}}(\boldsymbol{r},t) .$$

Dies ergibt die **Strahlungsleistung:**

$$\frac{\mathrm{d}P_S}{\mathrm{d}\Omega} = \frac{q^2}{16\pi^2\varepsilon_0\varepsilon_r u}\,\frac{\left\{\boldsymbol{n}_{\mathrm{ret}}\times\left[\left(\boldsymbol{n}_{\mathrm{ret}}-\boldsymbol{\beta}_{\mathrm{ret}}\right)\times\left(\boldsymbol{a}_{\mathrm{ret}}/u\right)\right]\right\}^2}{\left(1-\boldsymbol{n}_{\mathrm{ret}}\cdot\boldsymbol{\beta}_{\mathrm{ret}}\right)^5} . \qquad (4.416)$$

Diskussion:

1) nicht-relativistisch

$$\beta_{\mathrm{ret}} \ll 1 .$$

Dann können wir wie folgt abschätzen:

$$\frac{\mathrm{d}P_S}{\mathrm{d}\Omega} \approx \frac{\mu_0\mu_r q^2 a_{\mathrm{ret}}^2}{16\pi^2 u}\sin^2\vartheta . \qquad (4.417)$$

Dabei ist ϑ der Winkel zwischen Beschleunigung $\boldsymbol{a}_{\mathrm{ret}}$ und Ausstrahlungsrichtung $\boldsymbol{n}_{\mathrm{ret}}$. Dieser Strahlungstyp ist in Röntgengeräten realisiert. Wenn Elektronen in Metallen abgebremst werden, führt das zu einer elektromagnetischen Strahlung, die man auch als **Bremsstrahlung** bezeichnet.

2) relativistisch

$$\beta_{\mathrm{ret}} \lesssim 1 .$$

Nehmen wir speziell an, dass das Teilchen in Bewegungsrichtung beschleunigt bzw. abgebremst wird, d.h.

$$\boldsymbol{a}_{\mathrm{ret}} \uparrow\uparrow \boldsymbol{\beta}_{\mathrm{ret}} \quad \text{oder} \quad \boldsymbol{a}_{\mathrm{ret}} \uparrow\downarrow \boldsymbol{\beta}_{\mathrm{ret}} .$$

Dann wird aus (4.416):

$$\frac{\mathrm{d}P_S}{\mathrm{d}\Omega} \approx \frac{\mu_0\mu_r q^2 a_{\mathrm{ret}}^2}{16\pi^2 u}\,\frac{\sin^2\vartheta}{(1-\beta_{\mathrm{ret}}\cos\vartheta)^5} . \qquad (4.418)$$

Die Raumrichtung maximaler Emission ergibt sich aus:

$$\frac{\mathrm{d}}{\mathrm{d}\cos\vartheta}\left(\frac{\mathrm{d}P_S}{\mathrm{d}\Omega}\right) \stackrel{!}{=} 0 \;\Rightarrow\; (\cos\vartheta)_{\max} = \frac{1}{3\beta_{\mathrm{ret}}}\left(\sqrt{1 + 15\,\beta_{\mathrm{ret}}^2} - 1\right) . \tag{4.419}$$

$\vartheta_{\max}$ nimmt mit zunehmender Teilchengeschwindigkeit monoton ab:

$\beta_{\mathrm{ret}} \ll 1 \;\Rightarrow\; \vartheta_{\max}$ $\approx$ Abstrahlung maximal senkrecht zur Vorwärtsrichtung,
$\pi/2$:

$\beta_{\mathrm{ret}} \lesssim 1 \;\Rightarrow\; \vartheta_{\max} \approx 0$: Abstrahlung vornehmlich in Vorwärtsrichtung.

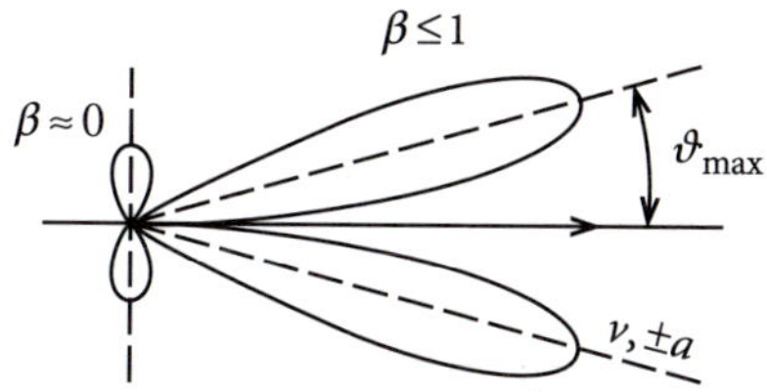

Abb. 4.70. Strahlungscharakteristik eines relativistischen, geladenen Teilchens

Strahlungscharakteristik rotationssymmetrisch zur Bewegungsrichtung.

Weitere Einzelheiten zum Thema „Bewegte Punktladungen“ entnehme man der Spezialliteratur. Stichworte:

1. Grenzen des bohrschen Atommodells,
2. Strahlungsdämpfung,
3. Synchrotronstrahlung.

4.5.6 Aufgaben

4.5.1

Aufgabe 4.5.1

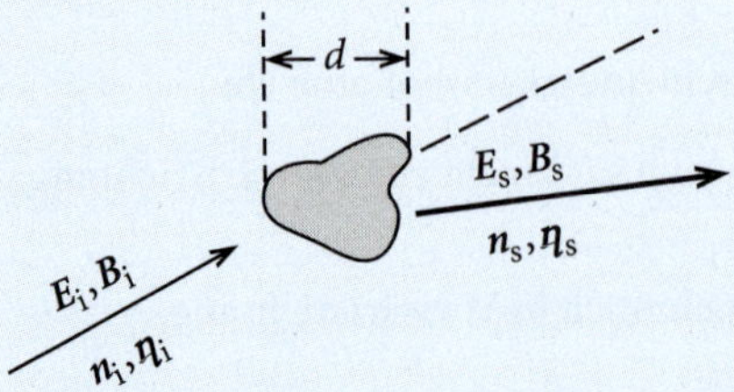

Abb. 4.71. Streuung einer monochromatischen, ebenen elektromagnetischen Welle an einem System mit Linearabmessungen, die klein gegenüber der Wellenlänge sind

Eine monochromatische, ebene Welle ($\boldsymbol{E}_\mathrm{i}$, $\boldsymbol{B}_\mathrm{i}$) falle auf ein System, dessen Ausmaße klein gegenüber der Wellenlänge der Strahlung sind ($d \ll \lambda$). Die Umgebung des streuenden Systems sei Vakuum ($\mu_\mathrm{r} = \varepsilon_\mathrm{r} = 1$). Das elektrische Feld $\boldsymbol{E}_\mathrm{i}$ sei in Richtung $\boldsymbol{\eta}_\mathrm{i}$ linear polarisiert. Das einfallende Feld induziert in dem System elektrische und magnetische Multipole, wodurch dieses zur Quelle *gestreuter* Strahlung ($\boldsymbol{E}_\mathrm{s}$, $\boldsymbol{B}_\mathrm{s}$) wird.

1. Wie lauten die Felder $\boldsymbol{E}_\mathrm{s}$, $\boldsymbol{B}_\mathrm{s}$ in der sogenannten *Strahlungszone* ($kr \gg 1$), wenn man sich auf den elektrischen Dipolbeitrag beschränkt?
2. Berechnen Sie den **differentiellen Wirkungsquerschnitt**

$$\frac{\mathrm{d}\sigma}{\mathrm{d}\Omega}(\boldsymbol{n}_\mathrm{s}, \boldsymbol{\eta}_\mathrm{s}\,; \quad \boldsymbol{n}_\mathrm{i}, \boldsymbol{\eta}_\mathrm{i}) = \frac{\text{gestreuter Energiefluss } (\boldsymbol{n}_\mathrm{s}, \boldsymbol{\eta}_\mathrm{s})}{\mathrm{d}\Omega \cdot \text{einfallende Energieflussdichte } (\boldsymbol{n}_\mathrm{i}, \boldsymbol{\eta}_\mathrm{i})} \,.$$

3. Die einfallende Welle werde speziell an einer dielektrischen Kugel ($\varepsilon_\mathrm{r} =$ const, $\mu_\mathrm{r} = 1$) vom Radius R gestreut. Berechnen Sie $\mathrm{d}\sigma/\mathrm{d}\Omega$. Welche Aussage ist zur Polarisation $\boldsymbol{\eta}_\mathrm{s}$ der gestreuten Strahlung möglich?
4. Im Normalfall ist die einfallende elektromagnetische Welle völlig unpolarisiert, alle Richtungen des Polarisationsvektors $\boldsymbol{\eta}_\mathrm{i}$ sind gleich stark vertreten. Berechnen Sie die **Polarisation** $P(\vartheta)$ der gestreuten Strahlung:

$$P(\vartheta) = \frac{\left(\frac{\mathrm{d}\sigma}{\mathrm{d}\Omega}\right)_\perp - \left(\frac{\mathrm{d}\sigma}{\mathrm{d}\Omega}\right)_\parallel}{\left(\frac{\mathrm{d}\sigma}{\mathrm{d}\Omega}\right)_\perp + \left(\frac{\mathrm{d}\sigma}{\mathrm{d}\Omega}\right)_\parallel} \,.$$

$\left(\mathrm{d}\sigma/\mathrm{d}\Omega\right)_{\parallel(\perp)}$ ist der Streuquerschnitt für eine in der (senkrecht zu der) **Streuebene** linear polarisierten, einfallenden Welle. Unter der Streuebene versteht man die durch $\boldsymbol{n}_\mathrm{i}$ und $\boldsymbol{n}_\mathrm{s}$ aufgespannte Ebene.

4.6 Kontrollfragen

Zu Abschn. 4.1

1. Wie lautet das faradaysche Induktionsgesetz? Welche experimentellen Beobachtungen liegen ihm zugrunde?
2. Was versteht man unter der maxwellschen Ergänzung?
3. Erläutern Sie den Widerspruch zwischen dem ampèreschen Gesetz und der Kontinuitätsgleichung bei zeitabhängigen Phänomenen.
4. Geben Sie den vollständigen Satz der Maxwell-Gleichungen an.
5. Welchen Sinn hat die Einführung der elektromagnetischen Potentiale φ und $\boldsymbol{A}$?
6. Welche Eichtransformation ist für die elektromagnetischen Potentiale erlaubt? Zeigen Sie, dass sich dabei die elektromagnetischen Felder $\boldsymbol{E}$ und $\boldsymbol{B}$ nicht ändern.
7. Was versteht man unter Coulomb-Eichung? Welchen Vorteil bietet sie?
8. Welchen Vorteil bietet die Lorentz-Eichung?
9. Welche Kraft wirkt auf eine Punktladung q im elektromagnetischen Feld?
10. Welche Arbeit leistet das elektromagnetische Feld an einer auf das Volumen V beschränkten Ladungsdichte $\rho(\boldsymbol{r}, t)$?
11. Welche physikalische Bedeutung hat der Poynting-Vektor? Welcher Kontinuitätsgleichung genügt er?
12. Wie ist die Energiedichte des elektromagnetischen Feldes definiert?
13. Formulieren Sie den Energiesatz der Elektrodynamik.
14. Was versteht man unter dem Feldimpuls? Wie lautet der Impulssatz der Elektrodynamik?
15. Definieren und interpretieren Sie den maxwellschen Spannungstensor.

Zu Abschn. 4.2

1. Was versteht man unter quasistationärer Näherung? Wie lauten die Maxwell-Gleichungen in dieser Näherung?
2. Erläutern Sie den Begriff *Induktionsspannung*.
3. Was besagt die lenzsche Regel?
4. Definieren Sie die Selbst- und Gegeninduktivität.
5. Wie lautet die Selbstinduktivität einer langen Spule?
6. Drücken Sie die magnetische Feldenergie eines Systems stromdurchflossener Leiter durch die Induktionskoeffizienten aus. Was gilt im Spezialfall eines einzelnen Leiterkreises?
7. Welcher Differentialgleichung genügt der elektrische Strom I in einem Leiterkreis aus Spule, Kondensator und ohmschem Widerstand?
8. Was bedeuten die Begriffe Impedanz, Wirkwiderstand, Blindwiderstand?
9. Was versteht man unter den Effektivwerten von Strom und Spannung?

10. Geben Sie die Phasenverschiebungen zwischen Strom und Spannung sowie die zeitgemittelte Leistung in einem Wechselstromkreis mit ohmschem Widerstand, Kapazität oder Induktivität an.
11. Was versteht man unter Dämpfung und Eigenfrequenz des elektrischen Schwingkreises?
12. Diskutieren Sie den zeitlichen Verlauf von Strom und Spannung für den Schwingfall, den Kriechfall und den aperiodischen Grenzfall.
13. Welches mechanische Analogon zum elektrischen Schwingkreis kennen Sie?
14. Wie hängt die Stromamplitude I_0 im Serienresonanzkreis von der Frequenz ω der angelegten Spannung ab? Wann spricht man von Resonanz?
15. Wie baut sich der Strom in einem RL-Kreis nach Einschalten einer Gleichspannung auf? Wie verhält er sich nach dem Ausschalten? Was versteht man in diesem Zusammenhang unter der Zeitkonstanten?

Zu Abschn. 4.3

1. Unter welchen Bedingungen erfüllen die Komponenten von $\boldsymbol{E}$ und $\boldsymbol{B}$ die homogene Wellengleichung? Wie lautet diese?
2. Welche Struktur hat die allgemeine Lösung der homogenen Wellengleichung?
3. Was versteht man unter einer ebenen Welle? Definieren Sie für diese die Begriffe Phasengeschwindigkeit, Wellenlänge, Ausbreitungsvektor, Frequenz und Periode.
4. Welche Beziehung besteht zwischen Phasengeschwindigkeit, Wellenlänge und Frequenz?
5. Wie lautet die Lösung der homogenen Wellengleichung, die gleichzeitig die Maxwell-Gleichungen befriedigt? Welcher Zusammenhang besteht zwischen $\boldsymbol{E}$, $\boldsymbol{B}$ und $\boldsymbol{k}$?
6. Was versteht man unter linear, zirkular und elliptisch polarisierten ebenen Wellen?
7. Wann nennt man ein Medium dispersiv?
8. Wie und wann unterscheiden sich Gruppen- und Phasengeschwindigkeit?
9. Was ist ein Wellenpaket?
10. Nennen Sie andere Lösungstypen für die homogene Wellengleichung als ebene Wellen.
11. Beschreiben Sie eine Kugelwelle.
12. Was versteht man unter der Fourier-Reihe einer Funktion $f(x)$?
13. Wie ist die Fourier-Transformierte der Funktion $f(x)$ definiert? Nennen Sie einige ihrer wichtigsten Eigenschaften.
14. Was besagt das Faltungstheorem?
15. Wie kann man mithilfe der Fourier-Transformation die allgemeinste Lösung der homogenen Wellengleichung auffinden?

16. Wie lauten Energiedichte und Energiestromdichte für elektromagnetische Felder mit harmonischer Zeitabhängigkeit? Was gilt insbesondere für ebene Wellen?
17. Wie verteilt sich bei der ebenen Welle im Zeitmittel die Energiedichte auf magnetische und elektrische Anteile?
18. Geben Sie den Zusammenhang zwischen dem Poynting-Vektor und der Energiedichte (zeitgemittelt) für die ebene Welle an.
19. Welche Differentialgleichung ersetzt in einem homogenen, isotropen, ladungsfreien, elektrischen Leiter ($\sigma \neq 0$) die homogene Wellengleichung eines ungeladenen Isolators?
20. Durch welchen Ansatz lässt sich die Telegraphengleichung auf die Gestalt der homogenen Wellengleichung bringen?
21. Wodurch ist die Eindringtiefe einer elektromagnetischen Welle in einen elektrischen Leiter bestimmt?
22. Ist die Phasengeschwindigkeit der Welle im Leiter größer oder kleiner als im Isolator?
23. Welche Ortsabhängigkeit weist die zeitgemittelte Energiestromdichte in einem elektrischen Leiter auf?
24. Wie lauten die Stetigkeitsbedingungen für das elektromagnetische Feld an Grenzflächen in ungeladenen Isolatoren?
25. Wie lauten Reflexions- und Brechungsgesetz für elektromagnetische Wellen an Grenzflächen?
26. Bei welchem Einfallswinkel tritt Totalreflexion auf?
27. Was besagen die fresnelschen Formeln?
28. Wie kann man die Reflexion zur Erzeugung linear polarisierter Wellen ausnutzen?
29. Wie sind Reflexions- und Transmissionskoeffizient definiert?
30. Was geschieht mit der elektromagnetischen Welle bei einem Einfallswinkel, der größer ist als der Grenzwinkel der Totalreflexion?

Zu Abschn. 4.4

1. Wann konvergiert eine komplexe Zahlenfolge $\{z_n\}$ gegen $z_0 \in \mathbb{C}$?
2. Wann wird eine komplexe Funktion als stetig in z_0 bezeichnet? Wann bezeichnet man sie als gleichmäßig stetig?
3. Wie ist die Differenzierbarkeit einer komplexen Funktion definiert? Was besagen die Cauchy-riemannschen Differentialgleichungen?
4. Was versteht man unter einem Gebiet G?
5. Wann ist eine Funktion $f(z)$ analytisch in einem Gebiet G?
6. Wie ist das komplexe Kurvenintegral definiert?
7. Wann heißt ein Gebiet einfach-zusammenhängend?
8. Formulieren Sie den cauchyschen Integralsatz.

9. Was besagt die cauchysche Integralformel? In welchem Zusammenhang steht sie mit dem Satz von Morera?
10. Was versteht man unter dem Konvergenzbereich einer Folge komplexer Funktionen?
11. Was besagt der Cauchy-hadamardsche Satz über die Konvergenz einer Potenzreihe?
12. Worin besteht die Aussage des Entwicklungssatzes?
13. Wie lauten die Identitätssätze für Potenzreihen und analytische Funktionen?
14. Erklären Sie das Prinzip der analytischen Fortsetzung.
15. Was versteht man unter einem Pol n-ter Ordnung, was unter einem Verzweigungspunkt einer Funktion $f(z)$?
16. Definieren Sie die Laurent-Entwicklung einer Funktion $f(z)$.
17. Die Funktion $f(z)$ habe in z^* einen Pol p-ter Ordnung. Wie berechnen Sie dann das Residuum von $f(z)$ an der Stelle z^*?
18. Formulieren Sie den Residuensatz.

Zu Abschn. 4.5

1. Skizzieren Sie den Lösungsweg für die inhomogene Wellengleichung. Wie machen sich Retardierungseffekte in den allgemeinen Lösungen für die elektromagnetischen Potentiale bemerkbar?
2. Was versteht man im Zusammenhang mit elektromagnetischer Strahlung unter den Begriffen Nahzone und Strahlungszone?
3. Wie verhält sich das Vektorpotential in der Strahlungszone?
4. Wie hängt die pro Raumwinkel abgestrahlte Leistung der elektrischen Dipolstrahlung in der Strahlungszone von der Wellenlänge λ und vom Dipolmoment ab?
5. Machen sich Retardierungseffekte auch in der Nahzone bemerkbar?
6. Was versteht man unter den Liénard-Wiechert-Potentialen?
7. Wann strahlt ein geladenes Teilchen Energie ab?
8. Was versteht man unter Bremsstrahlung?

Anhang A: Lösungen der Übungsaufgaben

Abschnitt 1.7

Lösung zu Aufgabe 1.7.1 1.7.1

Zu zeigen ist:

1. $\delta(x-a) = 0 \quad \forall x \neq a,$

2. $$\int\limits_{\alpha}^{\beta} \mathrm{d}x\delta(x-a) = \begin{cases} 1\,, & \text{falls } \alpha < a < \beta\,, \\ 0 & \text{sonst}\,. \end{cases}$$

Zu 1. $x \neq a$:

$$\lim_{\eta \to 0^+} \frac{1}{\sqrt{\pi\eta}}\,\mathrm{e}^{-(x-a)^2/\eta} = 0\,.$$

Zu 2.

a) $\alpha < a < \beta$:

$$F_\eta(a) \equiv \int\limits_{\alpha}^{\beta} \frac{1}{\sqrt{\pi\eta}}\,\mathrm{e}^{-(x-a)^2/\eta}\,\mathrm{d}x\,.$$

Mit $y = (x-a)/\sqrt{\eta}$ folgt:

$$F_\eta(a) = \frac{1}{\sqrt{\pi}} \int\limits_{(\alpha-a)/\sqrt{\eta}}^{(\beta-a)/\sqrt{\eta}} \mathrm{d}y\,\mathrm{e}^{-y^2}\,.$$

Es folgt weiter:

$$\lim_{\eta \to 0^+} F_\eta(a) = \frac{1}{\sqrt{\pi}} \int\limits_{-\infty}^{+\infty} \mathrm{d}y\,\mathrm{e}^{-y^2} = 1\,.$$

b) $a < \alpha < \beta$:

$\alpha - a = \overline{\alpha} > 0\,; \quad \beta - a = \overline{\beta} > 0\,,$

$$F_\eta(a) = \frac{1}{\sqrt{\pi}} \int\limits_{\overline{\alpha}/\sqrt{\eta}}^{\overline{\beta}/\sqrt{\eta}} \mathrm{d}y\,\mathrm{e}^{-y^2} = \frac{1}{\sqrt{\pi}} \left(\int\limits_{\overline{\alpha}/\sqrt{\pi}}^{\infty} \mathrm{d}y\,\mathrm{e}^{-y^2} - \int\limits_{\overline{\beta}/\sqrt{\eta}}^{\infty} \mathrm{d}y\,\mathrm{e}^{-y^2} \right)\,,$$

$$\int\limits_{\overline{\alpha}/\sqrt{\eta}}^{\infty} \mathrm{d}y\, \mathrm{e}^{-y^2} < \int\limits_{\overline{\alpha}/\sqrt{\eta}}^{\infty} \mathrm{d}y\, \mathrm{e}^{-y^2} \frac{\sqrt{\eta}\, y}{\overline{\alpha}} = -\frac{\sqrt{\eta}}{2\overline{\alpha}} \int\limits_{\overline{\alpha}/\sqrt{\eta}}^{\infty} \mathrm{d}y \frac{\mathrm{d}}{\mathrm{d}y} \mathrm{e}^{-y^2} =$$

$$= \frac{\sqrt{\eta}}{2\overline{\alpha}} \mathrm{e}^{-\overline{\alpha}^2/\eta} \underset{\eta \to 0^+}{\longrightarrow} 0 \Rightarrow \lim_{\eta \to 0} F_\eta(a) = 0\,.$$

c) $\alpha < \beta < a$:
$\alpha' = a - \alpha > 0\,; \quad \beta' = a - \beta > 0\,.$

$$F_\eta(a) = \frac{1}{\sqrt{\pi}} \int\limits_{-\alpha'/\sqrt{\eta}}^{-\beta'/\sqrt{\eta}} \mathrm{d}y\, \mathrm{e}^{-y^2} = \frac{1}{\sqrt{\pi}} \left(\int\limits_{-\infty}^{-\beta'/\sqrt{\eta}} \mathrm{d}y\, \mathrm{e}^{-y^2} - \int\limits_{-\infty}^{-\alpha'/\sqrt{\eta}} \mathrm{d}y\, \mathrm{e}^{-y^2} \right)$$

$$\int\limits_{-\infty}^{-\beta'/\sqrt{\eta}} \mathrm{d}y\, \mathrm{e}^{-y^2} < \int\limits_{-\infty}^{-\beta'/\sqrt{\eta}} \mathrm{d}y\, \mathrm{e}^{-y^2} \frac{\sqrt{\eta} y}{-\beta'} = \frac{\sqrt{\eta}}{2\beta'} \int\limits_{-\infty}^{-\beta'/\sqrt{\eta}} \mathrm{d}y \frac{\mathrm{d}}{\mathrm{d}y} \mathrm{e}^{-y^2} =$$

$$= \frac{\sqrt{\eta}}{2\beta'} \mathrm{e}^{-\beta'^2/\eta} \underset{\eta \to 0^+}{\longrightarrow} 0 \Rightarrow \lim_{\eta \to 0^+} F_\eta(a) = 0\,.$$

Aus 2a), 2b) und 2c) folgt:

$$\lim_{\eta \to 0^+} \int\limits_{\alpha}^{\beta} \frac{1}{\sqrt{\pi\eta}} \exp\left[-\frac{(x-a)^2}{\eta} \right] \mathrm{d}x = \begin{cases} 1\,, & \text{falls } \alpha < a < \beta\,, \\ 0 & \text{sonst}\,. \end{cases}$$

Diskussion der *Randpunkte:*
Aus 2a) folgt:

$$\int\limits_{\alpha}^{\beta} \mathrm{d}x\, \delta(x-a) = \frac{1}{2}\,, \quad \text{falls } \alpha = a \text{ oder } \beta = a\,.$$

1.7.2 Lösung zu Aufgabe 1.7.2

Gleichung (1.7):

$$\delta(x-a) = \lim_{\eta \to 0^+} \frac{1}{\pi} \frac{\eta}{\eta^2 + (x-a)^2}\,.$$

Daraus folgt:

$$\lim_{\eta \to 0^+} \operatorname{Im} \frac{1}{(x-a) \pm \mathrm{i}\,\eta} = \lim_{\eta \to 0^+} \operatorname{Im} \frac{(x-a) \mp \mathrm{i}\,\eta}{(x-a)^2 + \eta^2} = \mp \lim_{\eta \to 0^+} \frac{\eta}{(x-a)^2 + \eta^2} =$$

$$= \mp\pi\, \delta(x-a)\,.$$

Lösung zu Aufgabe 1.7.3 1.7.3

1.

$$\delta(g(x)) = \lim_{\eta\to 0^+} \frac{1}{\pi}\,\frac{\eta}{\eta^2 + (g(x))^2} = 0 \quad \text{für } g(x) \neq 0\,.$$

Andererseits:

$$\sum_n \frac{1}{|g'(x_n)|}\,\delta(x - x_n) = 0 \qquad \forall x \neq x_n, \quad \text{d.h. für } g(x) \neq 0\,.$$

2.

$$I \equiv \int_\alpha^\beta \mathrm{d}x\,\delta(g(x))f(x) = \sum_n^{\alpha<x_n<\beta} \int_{x_n-\varepsilon}^{x_n+\varepsilon} \mathrm{d}x\,\delta(g(x))f(x) =$$

$$= \sum_n^{\alpha<x_n<\beta} \int_{x_n-\varepsilon}^{x_n+\varepsilon} \mathrm{d}x\;\delta\left[\frac{g(x)}{x-x_n}(x-x_n)\right] f(x)\,,$$

$$\varepsilon \to 0^+ : \; I = \sum_n^{\alpha<x_n<\beta} \int_{x_n-\varepsilon}^{x_n+\varepsilon} \mathrm{d}x\,\delta\left(g'(x_n)(x-x_n)\right) f(x) =$$

$$= \int_\alpha^\beta \mathrm{d}x\,\sum_n \delta\left(g'(x_n)(x-x_n)\right) f(x)\,.$$

$g'(x_n) > 0$:

$$z = g'(x_n)\,x$$

$$\Rightarrow\; I = \sum_n \int_{\alpha\,g'(x_n)}^{\beta\,g'(x_n)} \mathrm{d}z\,\frac{1}{g'(x_n)}\delta(z - z_n)\,f\left(\frac{z}{g'(x_n)}\right) =$$

$$= \sum_n^{\alpha\,g'(x_n)<z_n<\beta\,g'(x_n)} \frac{1}{g'(x_n)} f\left(\frac{z_n}{g'(x_n)}\right) = \sum_n^{\alpha<x_n<\beta} \frac{1}{g'(x_n)} f(x_n) =$$

$$= \int_\alpha^\beta \mathrm{d}x\,\sum_n \frac{1}{g'(x_n)}\delta(x - x_n)f(x)\,.$$

Vergleich, $f(x)$ beliebig. Daraus folgt:

$$\delta(g(x)) = \sum_n \frac{1}{g'(x_n)}\,\delta(x - x_n)\ .$$

$g'(x_n) < 0$:

$$I = -\sum_n \int\limits_{-\alpha|g'|}^{-\beta|g'|} dz\, \frac{1}{|g'(x_n)|}\,\delta(z - z_n) f\left(\frac{z}{g'(x_n)}\right) =$$

$$= +\sum_n \int\limits_{-\beta|g'|}^{-\alpha|g'|} dz\, \frac{1}{|g'(x_n)|}\,\delta(z - z_n) f\left(\frac{z}{g'(x_n)}\right) =$$

$$= \sum_n^{-\alpha|g'|>z_n>-\beta|g'|} \frac{1}{|g'(x_n)|} f\left(\frac{z_n}{g'(x_n)}\right) =$$

$$= \sum_n^{\alpha<x_n<\beta} \frac{1}{|g'(x_n)|} f(x_n) = \int\limits_\alpha^\beta dx \sum_n \frac{1}{|g'(x_n)|}\,\delta(x - x_n) f(x)\ .$$

Vergleich, $f(x)$ beliebig. Daraus folgt:

$$\delta(g(x)) = \sum_n \frac{1}{|g'(x_n)|}\,\delta(x - x_n)\ .$$

1.7.4 Lösung zu Aufgabe 1.7.4

1. $I = 9 - 15 + 6 = 0$.
2. $I = 0$.
3.

$$f(x) = x^2 - 3x + 2 = (x - 2)(x - 1)\ ,$$

$$\Rightarrow \text{Nullstellen: } x_1 = 2\ , \quad x_2 = 1\ .$$

$$f'(x) = 2x - 3 \ \Rightarrow\ f'(x_1) = 1 = -f'(x_2)$$

$$\Rightarrow\ \delta(x^2 - 3x + 2) = \delta(x - 2) + \delta(x - 1) \ \Rightarrow\ I = 5\ .$$

4.

$$I = -\int\limits_{-\infty}^{+\infty} dx\,(\ln x)'\delta(x - a) = -\frac{1}{a}\ .$$

5.

$$f(\vartheta) = \cos\vartheta - \cos\frac{\pi}{3} \Rightarrow \text{Nullstelle: } \vartheta_1 = \frac{\pi}{3}\,,$$

$$f'(\vartheta) = -\sin\vartheta \;\Rightarrow\; f'(\vartheta_1) = -\sin\frac{\pi}{3} = -\frac{1}{2}\sqrt{3}\,,$$

$$I = \int_0^{\pi} \frac{\sin^3\vartheta}{|\sin\vartheta_1|}\,\delta(\vartheta - \vartheta_1)\,\mathrm{d}\vartheta = \sin^2\vartheta_1 = \frac{3}{4}\,.$$

Lösung zu Aufgabe 1.7.5 1.7.5

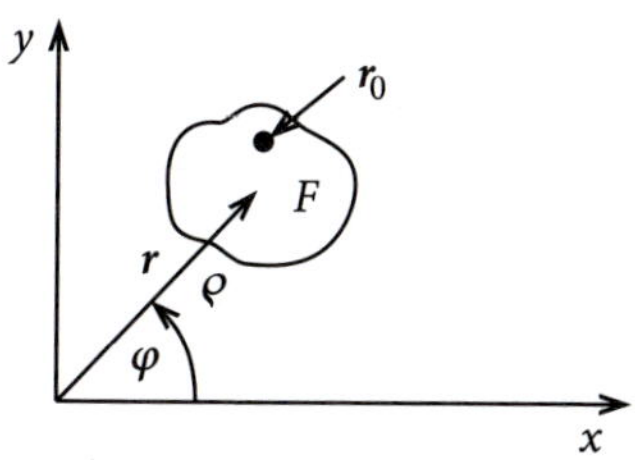

Abb. A.1.

$$\boldsymbol{r} = (x, y)\,; \quad (\varrho, \varphi)\,,$$

$$\boldsymbol{r}_0 = (x_0, y_0)\,; \quad (\varrho_0, \varphi_0)$$

$$\delta(\boldsymbol{r} - \boldsymbol{r}_0) = 0 \quad \text{für } \boldsymbol{r} \neq \boldsymbol{r}_0\,, \tag{A.1}$$

$$\int_F \mathrm{d}f\,\delta(\boldsymbol{r} - \boldsymbol{r}_0) = \begin{cases} 1, & \text{falls } \boldsymbol{r}_0 \in F\,, \\ 0 & \text{sonst}\,. \end{cases} \tag{A.2}$$

1. **Kartesisch**
   Ansatz: $\delta(\boldsymbol{r} - \boldsymbol{r}_0) = \alpha(x, y)\,\delta(x - x_0)\,\delta(y - y_0)$.
   Gleichung (A.1) ist offensichtlich erfüllt.

$$\int_F \mathrm{d}f\,\delta(\boldsymbol{r} - \boldsymbol{r}_0) = \alpha(x_0, y_0) \iint_F \mathrm{d}x\,\mathrm{d}y\,\delta(x - x_0)\,\delta(y - y_0) =$$

$$= \alpha(x_0, y_0) \begin{cases} 1\,, & \text{falls } (x_0, y_0) \in F\,, \\ 0 & \text{sonst}\,. \end{cases}$$

$$\Rightarrow \ \alpha(x_0, y_0) = 1 \ ,$$

$$\text{d.h.,} \quad \delta(\boldsymbol{r} - \boldsymbol{r}_0) = \delta(x - x_0)\,\delta(y - y_0) \ .$$

2. **Ebene Polarkoordinaten**

$$x = \varrho \cos\varphi \ , \qquad y = \varrho \sin\varphi \ ,$$

$$\mathrm{d}f = \mathrm{d}x\,\mathrm{d}y = \frac{\partial(x, y)}{\partial(\varrho, \varphi)}\,\mathrm{d}\varrho\,\mathrm{d}\varphi = \varrho\,\mathrm{d}\varrho\,\mathrm{d}\varphi \ .$$

Ansatz:

$$\delta(\boldsymbol{r} - \boldsymbol{r}_0) = \beta(\varrho, \varphi)\,\delta(\varrho - \varrho_0)\,\delta(\varphi - \varphi_0) \ ,$$

$$\iint\limits_F \mathrm{d}f\,\delta(\boldsymbol{r} - \boldsymbol{r}_0) = \iint\limits_F \varrho\,\mathrm{d}\varrho\,\mathrm{d}\varphi\,\beta(\varrho, \varphi)\,\delta(\varrho - \varrho_0)\,\delta(\varphi - \varphi_0) =$$

$$= \varrho_0 \beta(\varrho_0, \varphi_0) \iint\limits_F \mathrm{d}\varrho\,\mathrm{d}\varphi\,\delta(\varrho - \varrho_0)\,\delta(\varphi - \varphi_0) =$$

$$= \varrho_0 \beta(\varrho_0, \varphi_0) \begin{cases} 1 \ , & \text{falls } (\varrho_0, \varphi_0) \in F \ , \\ 0 & \text{sonst} \ . \end{cases}$$

$$\Rightarrow \ \beta = \frac{1}{\varrho_0} \ ,$$

$$\text{d.h.,} \quad \delta(\boldsymbol{r} - \boldsymbol{r}_0) = \frac{1}{\varrho_0}\,\delta(\varrho - \varrho_0)\,\delta(\varphi - \varphi_0) \ .$$

1.7.6 Lösung zu Aufgabe 1.7.6

Gleichung (1.28):

$$\varphi(\boldsymbol{r}) = \sum_{n=0}^{\infty} \frac{1}{n!} \left(\sum_{j=1}^{3} x_j \frac{\partial}{\partial x_j} \right)^n \varphi(0) = \sum_{n=0}^{\infty} \frac{1}{n!} (\boldsymbol{r} \cdot \nabla)^n \varphi(0) \equiv \exp(\boldsymbol{r} \cdot \nabla)\varphi(0) \ .$$

1.

$$\frac{\partial}{\partial x_j}\,\mathrm{e}^{\mathrm{i}\,\boldsymbol{k}\cdot\boldsymbol{r}} = \mathrm{i}\,k_j\,\mathrm{e}^{\mathrm{i}\,\boldsymbol{k}\cdot\boldsymbol{r}} \ ,$$

$$\sum_{j=1}^{3} x_j \frac{\partial}{\partial x_j}\,\mathrm{e}^{\mathrm{i}\,\boldsymbol{k}\cdot\boldsymbol{r}} = \mathrm{i}\,(\boldsymbol{k} \cdot \boldsymbol{r})\,\mathrm{e}^{\mathrm{i}\,\boldsymbol{k}\cdot\boldsymbol{r}} \ ,$$

$$\left(\sum_j x_j \frac{\partial}{\partial x_j}\right) \varphi(0) = \mathrm{i}\, \boldsymbol{k} \cdot \boldsymbol{r} ,$$

$$\left(\sum_j x_j \frac{\partial}{\partial x_j}\right)^n \varphi(0) = (\mathrm{i}\, \boldsymbol{k} \cdot \boldsymbol{r})^n$$

$$\Rightarrow \quad \varphi(\boldsymbol{r}) = \sum_{n=0}^{\infty} \frac{1}{n!} (\mathrm{i}\, \boldsymbol{k} \cdot \boldsymbol{r})^n .$$

2.

$$\frac{\partial}{\partial x_j} |\boldsymbol{r} - \boldsymbol{r}_0| = \frac{x_j - x_{j0}}{|\boldsymbol{r} - \boldsymbol{r}_0|} .$$

$n = 0$:

$$\varphi_0 = r_0 .$$

$n = 1$:

$$\sum_j x_j \frac{\partial}{\partial x_j} \varphi(0) = \sum_j x_j \frac{(-x_{j0})}{r_0}$$

$$\Rightarrow \quad \varphi_1 = -\frac{\boldsymbol{r} \cdot \boldsymbol{r}_0}{r_0} .$$

$n = 2$:

$$\sum_{j,k} x_j x_k \frac{\partial^2}{\partial x_k \partial x_j} |\boldsymbol{r} - \boldsymbol{r}_0| = \sum_{j,k} x_j x_k \frac{\partial}{\partial x_k} \frac{x_j - x_{j0}}{|\boldsymbol{r} - \boldsymbol{r}_0|} =$$

$$= \sum_{j,k} x_j x_k \left[\frac{\delta_{jk}}{|\boldsymbol{r} - \boldsymbol{r}_0|} - \frac{(x_j - x_{j0})(x_k - x_{k0})}{|\boldsymbol{r} - \boldsymbol{r}_0|^3} \right]$$

$$\Rightarrow \quad \left(\sum_j x_j \frac{\partial}{\partial x_j}\right)^2 \varphi(0) = \frac{r^2}{r_0} - \frac{(\boldsymbol{r} \cdot \boldsymbol{r}_0)^2}{r_0^3}$$

$$\Rightarrow \quad \varphi_2 = \frac{1}{2} \frac{1}{r_0^3} \left[r^2 r_0^2 - (\boldsymbol{r} \cdot \boldsymbol{r}_0)^2 \right] .$$

$$\text{Insgesamt: } \varphi(\boldsymbol{r}) = r_0 - \frac{\boldsymbol{r} \cdot \boldsymbol{r}_0}{r_0} + \frac{r^2}{2 r_0} - \frac{(\boldsymbol{r} \cdot \boldsymbol{r}_0)^2}{2 r_0^3} + \cdots$$

1.7.7 Lösung zu Aufgabe 1.7.7

Mehrfachintegrale (s. Abschn. 4.2, Bd. 1):

1.

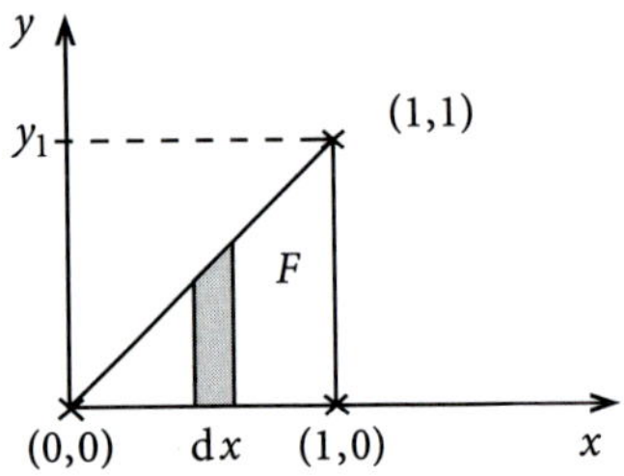

Abb. A.2.

$$I = \iint_F \mathrm{d}x\,\mathrm{d}y\, f(x,y) = \int_0^1 \mathrm{d}x \int_0^x \mathrm{d}y\, x^2 y^3$$

$$\Rightarrow\; I = \int_0^1 \mathrm{d}x\, x^2 \left.\frac{y^4}{4}\right|_0^x = \frac{1}{4}\int_0^1 \mathrm{d}x\, x^6 = \frac{1}{28}\,.$$

2.

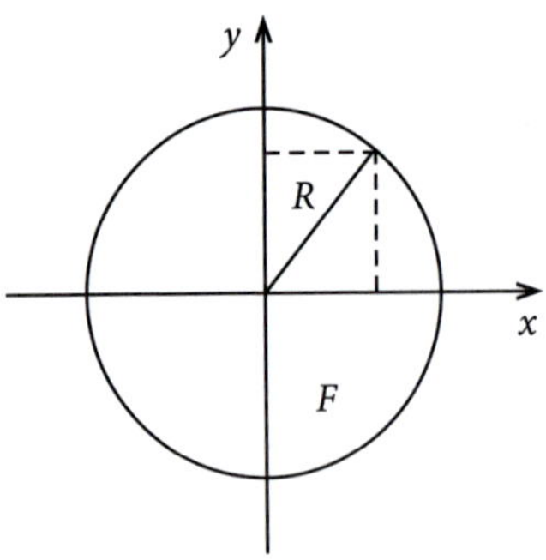

Abb. A.3.

$$I = \int_{-R}^{+R} \mathrm{d}x \int_{-\sqrt{R^2-x^2}}^{+\sqrt{R^2-x^2}} \mathrm{d}y\, x^2 y^3 = \int_{-R}^{+R} \mathrm{d}x\, x^2 \left.\left(\frac{y^4}{4}\right)\right|_{-\sqrt{R^2-x^2}}^{+\sqrt{R^2-x^2}} = 0\,.$$

3.

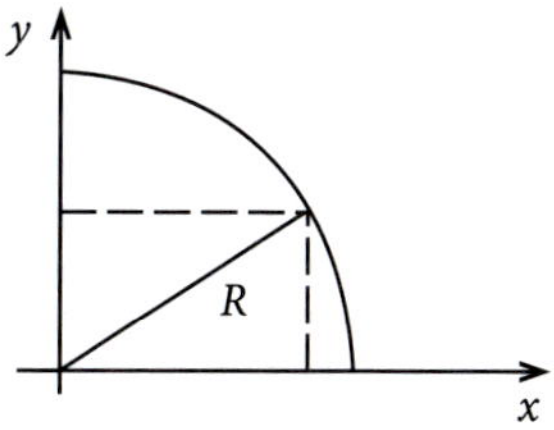

Abb. A.4.

$$I = \int_0^R \mathrm{d}x\, x^2 \left(\frac{y^4}{4}\right)\Bigg|_0^{\sqrt{R^2-x^2}} =$$

$$= \frac{1}{4}\int_0^R \mathrm{d}x\, x^2 \left(R^2 - x^2\right)^2 =$$

$$= \frac{1}{4}\int_0^R \mathrm{d}x \left(R^4 x^2 - 2R^2 x^4 + x^6\right) =$$

$$= \frac{1}{4} R^7 \left(\frac{1}{3} - \frac{2}{5} + \frac{1}{7}\right) .$$

Lösung zu Aufgabe 1.7.8 1.7.8

1.

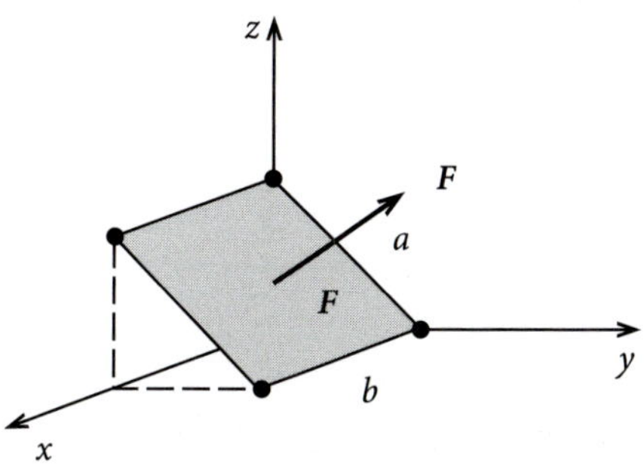

Abb. A.5.

Parameterdarstellung:

$$F = \left\{ \boldsymbol{r} = \left(x, y, z = -y + \frac{a}{\sqrt{2}} \right) ; 0 \leq x \leq b \; ; \quad 0 \leq y \leq \frac{a}{\sqrt{2}} \right\} =$$

$$= F(x, y) \; .$$

Mit Gleichung (1.35) gilt:

$$\mathrm{d}\boldsymbol{f} = \left(\frac{\partial \boldsymbol{r}}{\partial x} \times \frac{\partial \boldsymbol{r}}{\partial y} \right) \mathrm{d}x \, \mathrm{d}y = (1, 0, 0) \times (0, 1, -1) \, \mathrm{d}x \, \mathrm{d}y$$

$$\Rightarrow \quad \mathrm{d}\boldsymbol{f} = (0, 1, 1) \, \mathrm{d}x \, \mathrm{d}y \; .$$

2. Gesamtfläche:

$$\boldsymbol{F} = \iint \mathrm{d}\boldsymbol{f} = (0, 1, 1) \int\limits_0^b \mathrm{d}x \int\limits_0^{a/\sqrt{2}} \mathrm{d}y$$

$$\Rightarrow \quad \boldsymbol{F} = \frac{a\,b}{\sqrt{2}} (0, 1, 1) \; ;$$

$$\Rightarrow |\boldsymbol{F}| = a\,b \; .$$

3. Fluss:

$$\boldsymbol{a} \cdot \mathrm{d}\boldsymbol{f} = (2xy + 3z^2 - x^2) \, \mathrm{d}x \, \mathrm{d}y =$$

$$= \left(2xy - x^2 + 3y^2 - 3\sqrt{2}\,ay + \frac{3}{2}a^2 \right) \mathrm{d}x \, \mathrm{d}y \; ,$$

$$\varphi_F(\boldsymbol{a}) = \int\limits_F \boldsymbol{a} \cdot \mathrm{d}\boldsymbol{f} = \int\limits_0^b \mathrm{d}x \int\limits_0^{a/\sqrt{2}} \mathrm{d}y \left(2xy - x^2 + 3y^2 - 3\sqrt{2}\,ay + \frac{3}{2}a^2 \right) =$$

$$= \int\limits_0^b \mathrm{d}x \left(x\frac{a^2}{2} - x^2 \frac{a}{\sqrt{2}} + \frac{a^3}{2\sqrt{2}} - 3\sqrt{2}\frac{a^3}{4} + \frac{3a^3}{2\sqrt{2}} \right) =$$

$$= \frac{a^2 b^2}{4} - \frac{a\,b^3}{3\sqrt{2}} + \frac{a^3 b}{2\sqrt{2}}$$

$$\Rightarrow \quad \varphi_F(\boldsymbol{a}) = \frac{a\,b}{\sqrt{2}} \left(\frac{1}{2}a^2 - \frac{1}{3}b^2 + \frac{1}{2\sqrt{2}}a\,b \right) \; .$$

Lösung zu Aufgabe 1.7.9 1.7.9

Flächenelement der Kugeloberfläche:

$$\mathrm{d}\boldsymbol{f} = (R^2 \sin\vartheta \, \mathrm{d}\vartheta \, \mathrm{d}\varphi)\, \boldsymbol{e}_r \quad \text{(Gleichung (1.37))} \,.$$

1.

$$\boldsymbol{a}(\boldsymbol{r}) = \frac{3}{r}\boldsymbol{e}_r \,,$$

$$\varphi_1(\boldsymbol{a}) = \int\limits_{S_K} \boldsymbol{a} \cdot \mathrm{d}\boldsymbol{f} = 3R \int\limits_0^{\pi} \mathrm{d}\vartheta \int\limits_0^{2\pi} \mathrm{d}\varphi \sin\vartheta = 12\pi R \,.$$

2.

$$\boldsymbol{a}(\boldsymbol{r}) = \frac{\boldsymbol{r}}{\sqrt{\alpha + r^2}} = \frac{r}{\sqrt{\alpha + r^2}}\, \boldsymbol{e}_r \,,$$

$$\varphi_2(\boldsymbol{a}) = 4\pi \frac{R^3}{\sqrt{\alpha + R^2}} \,.$$

3. Kugelkoordinaten:

$$\boldsymbol{e}_r = (\sin\vartheta\cos\varphi,\ \sin\vartheta\sin\varphi,\ \cos\vartheta) \,,$$

$$\boldsymbol{a}(\boldsymbol{r}) = (3r\cos\vartheta,\ r\sin\vartheta\cos\varphi,\ 2r\sin\vartheta\sin\varphi) \,,$$

$$\varphi_3(\boldsymbol{a}) = R^3 \int\limits_0^{\pi} \mathrm{d}\vartheta \int\limits_0^{2\pi} \mathrm{d}\varphi \sin\vartheta (3\sin\vartheta\cos\vartheta\cos\varphi +$$

$$+ \sin^2\vartheta\sin\varphi\cos\varphi + 2\sin\vartheta\cos\vartheta\sin\varphi) \,,$$

$$\int\limits_0^{2\pi} \mathrm{d}\varphi \cos\varphi = \int\limits_0^{2\pi} \mathrm{d}\varphi \sin\varphi = 0 \,,$$

$$\int\limits_0^{2\pi} \mathrm{d}\varphi \sin\varphi\cos\varphi = \frac{1}{2}\sin^2\varphi\Big|_0^{2\pi} = 0$$

$$\Rightarrow \quad \varphi_3(\boldsymbol{a}) = 0 \,.$$

1.7.10 Lösung zu Aufgabe 1.7.10

1. **Kugel**

Gleichung (1.37):

$$df = (R^2 \sin\vartheta \, d\vartheta \, d\varphi) \, \boldsymbol{e}_r \,,$$

$$\boldsymbol{a}(\boldsymbol{r}) = \alpha \, r \, \boldsymbol{e}_r$$

$$\Rightarrow \boldsymbol{a}(\boldsymbol{r}) \times df \sim \boldsymbol{e}_r \times \boldsymbol{e}_r = 0$$

$$\Rightarrow \psi_K \equiv 0 \,.$$

2. **Zylinder**

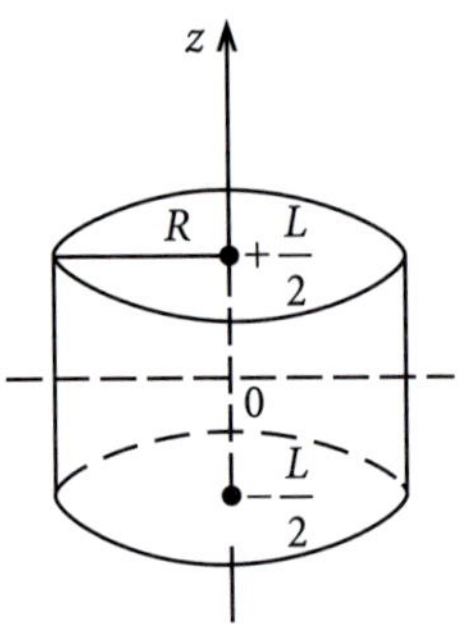

Abb. A.6.

Mantel (1.38):

$$df = (R \, d\varphi \, dz) \, \boldsymbol{e}_\varrho \,.$$

Stirnflächen:

$$F_\pm = \left\{ \boldsymbol{r} = (\varrho\cos\varphi, \, \varrho\sin\varphi, \, \pm L/2) \,; \quad 0 \le \varrho \le R, \quad 0 \le \varphi \le 2\pi \right\} \,.$$

$$df = \left(\frac{\partial \boldsymbol{r}}{\partial \varrho} \times \frac{\partial \boldsymbol{r}}{\partial \varphi} \right) d\varrho \, d\varphi = (\cos\varphi, \, \sin\varphi, \, 0) \times (-\varrho\sin\varphi, \, \varrho\cos\varphi, \, 0) \, d\varrho \, d\varphi =$$

$$= \varrho \, d\varrho \, d\varphi \, \boldsymbol{e}_z \,.$$

Konvention:
Bei geschlossenen Oberflächen zeigt df *nach außen:*

$$\Rightarrow \psi_z = \int_F \boldsymbol{a}(\boldsymbol{r}) \times df = \alpha \int_F (\varrho \, \boldsymbol{e}_\varrho + z \, \boldsymbol{e}_z) \times df =$$

$$= \alpha \int\limits_{\text{Mantel}} (\varrho\, \boldsymbol{e}_\varrho + z\, \boldsymbol{e}_z) \times (R \,\mathrm{d}\varphi \,\mathrm{d}z)\, \boldsymbol{e}_\varrho +$$

$$+ \alpha \int\limits_{\substack{\text{Stirn}\\ +L/2}} (\varrho\, \boldsymbol{e}_\varrho + z\, \boldsymbol{e}_z) \times (\varrho \,\mathrm{d}\varrho \,\mathrm{d}\varphi)\, \boldsymbol{e}_z -$$

$$- \alpha \int\limits_{\substack{\text{Stirn}\\ -L/2}} (\varrho\, \boldsymbol{e}_\varrho + z\, \boldsymbol{e}_z) \times (\varrho \,\mathrm{d}\varrho \,\mathrm{d}\varphi) \boldsymbol{e}_z =$$

$$= \alpha R \int\limits_0^{2\pi} \mathrm{d}\varphi \int\limits_{-L/2}^{+L/2} \mathrm{d}z\, z\, \boldsymbol{e}_\varphi + \alpha \int\limits_0^R \mathrm{d}\varrho \int\limits_0^{2\pi} \mathrm{d}\varphi\, \varrho^2 (-\boldsymbol{e}_\varphi) -$$

$$- \alpha \int\limits_0^R \mathrm{d}\varrho \int\limits_0^{2\pi} \mathrm{d}\varphi\, \varrho^2 (-\boldsymbol{e}_\varphi)\,,$$

$$\int\limits_0^{2\pi} \mathrm{d}\varphi\, \boldsymbol{e}_\varphi = \int\limits_0^{2\pi} \mathrm{d}\varphi (-\sin\varphi, \cos\varphi, 0) = \boldsymbol{0}$$

$$\Rightarrow \quad \psi_z \equiv 0\,.$$

Lösung zu Aufgabe 1.7.11

1.7.11

Ladung:

$$Q = \int \mathrm{d}^3 r\, \rho(\boldsymbol{r}) = \rho_0 \int\limits_{\text{Kugel}} \mathrm{d}^3 r\,,$$

$$\mathrm{d}^3 r = r^2 \,\mathrm{d}r\, \sin\vartheta \,\mathrm{d}\vartheta \,\mathrm{d}\varphi\,,$$

$$Q = \rho_0 \int\limits_0^R r^2 \,\mathrm{d}r \int\limits_0^\pi \sin\vartheta \,\mathrm{d}\vartheta \int\limits_0^{2\pi} \mathrm{d}\varphi = \rho_0 \frac{4\pi}{3} R^3\,.$$

Dipolmoment:

$$\boldsymbol{p} = \varrho_0 \int_0^R \int_0^\pi \int_0^{2\pi} r^2 \,\mathrm{d}r \, \sin\vartheta \,\mathrm{d}\vartheta \,\mathrm{d}\varphi (r \sin\vartheta \cos\varphi,\ r\sin\vartheta \sin\varphi,\ r\cos\vartheta) \, ,$$

$$\int_0^{2\pi} \mathrm{d}\varphi \cos\varphi = \int_0^{2\pi} \mathrm{d}\varphi \sin\varphi = 0$$

$$\Rightarrow \ \boldsymbol{p} = \varrho_0 \int_0^R \int_0^\pi \int_0^{2\pi} r^3 \,\mathrm{d}r \,\mathrm{d}\vartheta \,\mathrm{d}\varphi (0,0,\sin\vartheta\cos\vartheta) =$$

$$= 2\pi\,\varrho_0 \frac{R^4}{4} \int_0^\pi \mathrm{d}\vartheta \left(0,0,\frac{1}{2}\frac{\mathrm{d}}{\mathrm{d}\vartheta}\sin^2\vartheta\right) = \pi\,\varrho_0 \frac{R^4}{4}\left(0,0,\sin^2\vartheta\big|_0^\pi\right) = \boldsymbol{0} \, .$$

1.7.12 Lösung zu Aufgabe 1.7.12

1. Entwicklungssatz:

$$\boldsymbol{b} \times (\nabla \times \boldsymbol{a}) = \nabla(\underset{\uparrow}{\boldsymbol{a}} \cdot \boldsymbol{b}) - (\boldsymbol{b}\cdot\nabla)\boldsymbol{a} \, ,$$

$$\boldsymbol{a} \times (\nabla \times \boldsymbol{b}) = \nabla(\boldsymbol{a} \cdot \underset{\uparrow}{\boldsymbol{b}}) - (\boldsymbol{a}\cdot\nabla)\boldsymbol{b}$$

$$\Rightarrow \ \boldsymbol{b} \times (\nabla \times \boldsymbol{a}) + \boldsymbol{a} \times (\nabla \times \boldsymbol{b}) = \nabla(\underset{\uparrow}{\boldsymbol{a}} \cdot \boldsymbol{b}) + \nabla(\boldsymbol{a} \cdot \underset{\uparrow}{\boldsymbol{b}}) - (\boldsymbol{b}\cdot\nabla)\boldsymbol{a} - (\boldsymbol{a}\cdot\nabla)\boldsymbol{b} \, ,$$

$$\textit{Produktregel:}\ \nabla(\boldsymbol{a}\cdot\boldsymbol{b}) = \nabla(\underset{\uparrow}{\boldsymbol{a}} \cdot \boldsymbol{b}) + \nabla(\boldsymbol{a} \cdot \underset{\uparrow}{\boldsymbol{b}}) \Rightarrow \text{q.e.d.}$$

2. *Produktregel:*

$$\nabla\cdot(\boldsymbol{a}\times\boldsymbol{b}) = \nabla\cdot(\underset{\uparrow}{\boldsymbol{a}}\times\boldsymbol{b}) + \nabla\cdot(\boldsymbol{a}\times\underset{\uparrow}{\boldsymbol{b}}) = \nabla\cdot(\underset{\uparrow}{\boldsymbol{a}}\times\boldsymbol{b}) - \nabla(\underset{\uparrow}{\boldsymbol{b}}\times\boldsymbol{a}) \, .$$

Jetzt zyklische Invarianz des Spatproduktes ausnutzen. Beachten, auf welchen Vektor ∇ wirkt.

$$\nabla\cdot(\underset{\uparrow}{\boldsymbol{a}}\times\boldsymbol{b}) = \boldsymbol{b}\cdot(\nabla\times\boldsymbol{a}) \, ,$$

$$\nabla\cdot(\underset{\uparrow}{\boldsymbol{b}}\times\boldsymbol{a}) = \boldsymbol{a}\cdot(\nabla\times\boldsymbol{b}) \Rightarrow \text{q.e.d.}$$

3. *Produktregel:*

$$\nabla\times(\boldsymbol{a}\times\boldsymbol{b}) = \nabla\times(\underset{\uparrow}{\boldsymbol{a}}\times\boldsymbol{b}) + \nabla\times(\boldsymbol{a}\times\underset{\uparrow}{\boldsymbol{b}}) = \nabla\times(\underset{\uparrow}{\boldsymbol{a}}\times\boldsymbol{b}) - \nabla\times(\underset{\uparrow}{\boldsymbol{b}}\times\boldsymbol{a}) \, .$$

Entwicklungssatz (Wirkung von ∇ beachten!):

$$\nabla \times (\boldsymbol{a} \times \boldsymbol{b}) = (\boldsymbol{b} \cdot \nabla)\, \boldsymbol{a} - \boldsymbol{b}\, (\nabla \cdot \boldsymbol{a}) \,,$$

$$\nabla \times (\boldsymbol{b} \times \boldsymbol{a}) = (\boldsymbol{a} \cdot \nabla)\, \boldsymbol{b} - \boldsymbol{a}\, (\nabla \cdot \boldsymbol{b}) \Rightarrow \text{q.e.d.}$$

Lösung zu Aufgabe 1.7.13

1.7.13

1. (y_1, y_2, y_3) – krummlinig-orthogonal

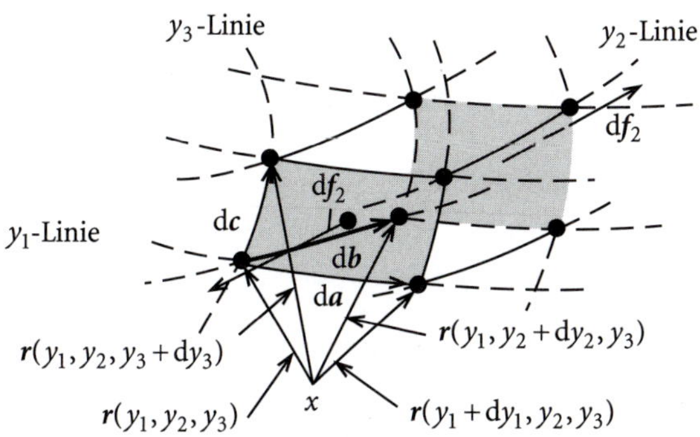

Abb. A.7.

Einheitsvektoren:

$$\boldsymbol{e}_{y_i} = \frac{\partial \boldsymbol{r}/\partial y_i}{\left|\partial \boldsymbol{r}/\partial y_i\right|} = \frac{1}{b_{y_i}} \frac{\partial \boldsymbol{r}}{\partial y_i} \,.$$

Differentieller Spat, gebildet aus den Koordinatenlinien:

$$\Delta V = \mathrm{d}\boldsymbol{a} \cdot (\mathrm{d}\boldsymbol{b} \times \mathrm{d}\boldsymbol{c}) \,.$$

Taylor-Entwicklung:

$$\mathrm{d}\boldsymbol{a} = \boldsymbol{r}(y_1 + \mathrm{d}y_1, y_2, y_3) - \boldsymbol{r}(y_1, y_2, y_3) \approx \frac{\partial \boldsymbol{r}}{\partial y_1} \mathrm{d}y_1 \,,$$

$$\mathrm{d}\boldsymbol{b} = \boldsymbol{r}(y_1, y_2 + \mathrm{d}y_2, y_3) - \boldsymbol{r}(y_1, y_2, y_3) \approx \frac{\partial \boldsymbol{r}}{\partial y_2} \mathrm{d}y_2 \,,$$

$$\mathrm{d}\boldsymbol{c} = \boldsymbol{r}(y_1, y_2, y_3 + \mathrm{d}y_3) - \boldsymbol{r}(y_1, y_2, y_3) \approx \frac{\partial \boldsymbol{r}}{\partial y_3} \mathrm{d}y_3 \,,$$

also:

$$\mathrm{d}\boldsymbol{a} = b_{y_1}\, \mathrm{d}y_1 \boldsymbol{e}_{y_1} \,; \quad \mathrm{d}\boldsymbol{b} = b_{y_2}\, \mathrm{d}y_2 \boldsymbol{e}_{y_2} \,; \quad \mathrm{d}\boldsymbol{c} = b_{y_3}\, \mathrm{d}y_3 \boldsymbol{e}_{y_3} \,; \quad \boldsymbol{e}_{y_1} \cdot \left(\boldsymbol{e}_{y_2} \times \boldsymbol{e}_{y_3}\right) = 1$$

$$\Rightarrow \; \Delta V = b_{y_1} b_{y_2} b_{y_3}\, \mathrm{d}y_1\, \mathrm{d}y_2\, \mathrm{d}y_3 \,,$$

$$\mathrm{d}\bar{f}_2 = \mathrm{d}\boldsymbol{a} \times \mathrm{d}\boldsymbol{c}|_{(y_1,y_2,y_3)} = \left(\boldsymbol{e}_{y_1} \times \boldsymbol{e}_{y_3}\right) b_{y_1} b_{y_3}\, \mathrm{d}y_1\, \mathrm{d}y_3 = -\boldsymbol{e}_{y_2} b_{y_1} b_{y_3}\, \mathrm{d}y_1\, \mathrm{d}y_3 \ ,$$

$$\begin{aligned}\mathrm{d}\boldsymbol{f}_2 &= \mathrm{d}\boldsymbol{c} \times \mathrm{d}\boldsymbol{a}|_{(y_1,y_2+\mathrm{d}y_2,y_3)} = \\ &= \underbrace{\left(\boldsymbol{e}_{y_3} \times \boldsymbol{e}_{y_1}\right)}_{=\,\boldsymbol{e}_{y_2}} b_{y_1}(y_1, y_2 + \mathrm{d}y_2, y_3)\, b_{y_3}(y_1, y_2 + \mathrm{d}y_2, y_3)\, \mathrm{d}y_1\, \mathrm{d}y_3\end{aligned}$$

$$\begin{aligned}\Rightarrow \ \boldsymbol{E} \cdot \mathrm{d}\boldsymbol{f}\Big|_{\substack{\text{Flächen in}\\ y_2\text{-Richtung}}} &= \mathrm{d}y_1\, \mathrm{d}y_3 \big(E_{y_2}(y_1, y_2 + dy_2, y_3) \cdot \\ &\quad \cdot b_{y_1}(y_1, y_2 + \mathrm{d}y_2, y_3) b_{y_3}(y_1, y_2 + \mathrm{d}y_2, y_3) - \\ &\quad - E_{y_2}(y_1, y_2, y_3) b_{y_1}(y_1, y_2, y_3)\, b_{y_3}(y_1, y_2, y_3)\big) = \\ &= \mathrm{d}y_1\, \mathrm{d}y_2\, \mathrm{d}y_3 \frac{\partial}{\partial y_2}\left(E_{y_2} b_{y_1} b_{y_3}\right) \ .\end{aligned}$$

Analog berechnet sich der Beitrag auf den anderen Seitenflächen des Spates:

$$\begin{aligned}\lim_{\Delta V \to 0} \frac{1}{\Delta V} \oint \boldsymbol{E} \cdot \mathrm{d}\boldsymbol{f} &= \frac{1}{b_{y_1} b_{y_2} b_{y_3}} \left[\frac{\partial}{\partial y_1}\left(E_{y_1} b_{y_2} b_{y_3}\right) + \right. \\ &\quad \left. + \frac{\partial}{\partial y_2}\left(E_{y_2} b_{y_1} b_{y_3}\right) + \frac{\partial}{\partial y_3}\left(E_{y_3} b_{y_1} b_{y_2}\right)\right] = \\ &= \mathrm{div}\, \boldsymbol{E} \ .\end{aligned}$$

(Vgl. mit (1.250), Bd 1.)

2. **Zylinderkoordinaten** (ϱ, φ, z)

$$x = \varrho \cos\varphi \ ,$$

$$y = \varrho \sin\varphi \ ,$$

$$z = z \ ,$$

$$\frac{\partial \boldsymbol{r}}{\partial \varrho} = (\cos\varphi,\ \sin\varphi,\ 0) \ \Rightarrow b_\varrho = 1 \ ,$$

$$\frac{\partial \boldsymbol{r}}{\partial \varphi} = (-\varrho \sin\varphi,\ \varrho \cos\varphi,\ 0) \ \Rightarrow \ b_\varphi = \varrho \ ,$$

$$\frac{\partial \boldsymbol{r}}{\partial z} = (0, 0, 1) \ \Rightarrow \ b_z = 1$$

$$\Rightarrow \operatorname{div} \boldsymbol{E} = \frac{1}{\varrho}\left[\frac{\partial}{\partial \varrho}(\varrho E_\varrho) + \frac{\partial}{\partial \varphi}E_\varphi + \frac{\partial}{\partial z}(\varrho E_z)\right]$$

$$\Rightarrow \operatorname{div} \boldsymbol{E} = \frac{1}{\varrho}\frac{\partial}{\partial \varrho}(\varrho E_\varrho) + \frac{1}{\varrho}\frac{\partial}{\partial \varphi}E_\varphi + \frac{\partial}{\partial z}E_z \,.$$

3. **Kugelkoordinaten** (r, ϑ, φ)

$$x = r \sin\vartheta \cos\varphi \,,$$

$$y = r \sin\vartheta \sin\varphi \,,$$

$$z = r \cos\vartheta \,,$$

$$\frac{\partial \boldsymbol{r}}{\partial r} = (\sin\vartheta\cos\varphi, \sin\vartheta\sin\varphi, \cos\vartheta) \;\Rightarrow\; b_r = 1 \,,$$

$$\frac{\partial \boldsymbol{r}}{\partial \vartheta} = r(\cos\vartheta\cos\varphi,\; \cos\vartheta\sin\varphi,\; -\sin\vartheta) \;\Rightarrow\; b_\vartheta = r \,,$$

$$\frac{\partial \boldsymbol{r}}{\partial \varphi} = r(-\sin\vartheta\sin\varphi, \sin\vartheta\cos\varphi, 0) \;\Rightarrow\; b_\varphi = r\sin\vartheta$$

$$\Rightarrow \operatorname{div} \boldsymbol{E} = \frac{1}{r^2\sin\vartheta}\left[\frac{\partial}{\partial r}(r^2\sin\vartheta\, E_r) + \frac{\partial}{\partial \vartheta}(r\sin\vartheta\, E_\vartheta) + \frac{\partial}{\partial \varphi}(r\, E_\varphi)\right] ,$$

$$\Rightarrow \operatorname{div} \boldsymbol{E} = \frac{1}{r^2}\frac{\partial}{\partial r}(r^2 E_r) + \frac{1}{r\sin\vartheta}\frac{\partial}{\partial \vartheta}(\sin\vartheta\, E_\vartheta) + \frac{1}{r\sin\vartheta}\frac{\partial}{\partial \varphi}E_\varphi \,.$$

Lösung zu Aufgabe 1.7.14 1.7.14

1. Betrachten Sie die vordere schraffierte Fläche im Bild A.8 zur Lösung von Aufgabe 1.7.13:

$$\mathrm{d}\bar{f}_2 = -\boldsymbol{e}_{y_2} b_{y_1} b_{y_3}\, \mathrm{d}y_1\, \mathrm{d}y_3$$

$$\Rightarrow \; |\,\mathrm{d}\bar{f}_2| = b_{y_1} b_{y_3}\, \mathrm{d}y_1\, \mathrm{d}y_3 \,,$$

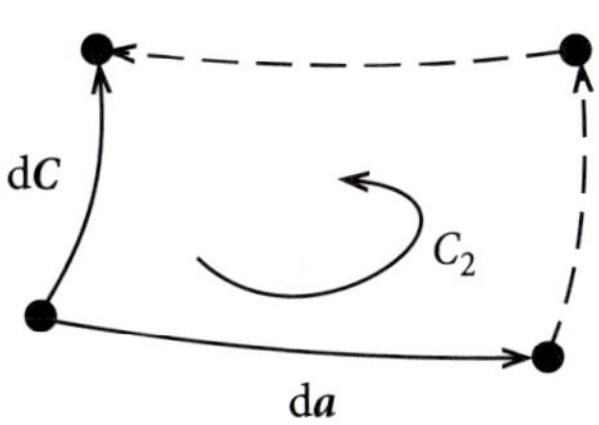

Abb. A.8.

$$\oint_{C_2} \boldsymbol{a}\cdot \mathrm{d}\boldsymbol{r} = \mathrm{d}\boldsymbol{a}\cdot\boldsymbol{a}|_{(y_1,y_2,y_3)} + \mathrm{d}\boldsymbol{c}\cdot\boldsymbol{a}|_{(y_1+\mathrm{d}y_1,y_2,y_3)} -$$

$$- \mathrm{d}\boldsymbol{a}\cdot\boldsymbol{a}|_{(y_1,y_2,y_3+\mathrm{d}y_3)} - \mathrm{d}\boldsymbol{c}\cdot\boldsymbol{a}|_{(y_1,y_2,y_3)} \; .$$

Damit berechnet man:

$$\boldsymbol{n}\cdot \operatorname{rot}\boldsymbol{a}(\boldsymbol{r}) = -\operatorname*{rot}_{y_2}(\boldsymbol{a}(\boldsymbol{r})) = \frac{1}{|\,\mathrm{d}\bar{f}_2|}\oint_{C_2}\boldsymbol{a}\cdot\mathrm{d}\boldsymbol{r} =$$

$$= \frac{1}{b_{y_1}b_{y_3}\,\mathrm{d}y_1\,\mathrm{d}y_3}\big[b_{y_1}\,\mathrm{d}y_1 a_{y_1}(y_1,y_2,y_3) +$$

$$+ b_{y_3}\left(y_1+\mathrm{d}y_1,y_2,y_3\right)\mathrm{d}y_3 a_{y_3}(y_1+\mathrm{d}y_1,y_2,y_3) -$$

$$- b_{y_1}(y_1,y_2,y_3+\mathrm{d}y_3)\,\mathrm{d}y_1 a_{y_1}(y_1,y_2,y_3+\mathrm{d}y_3) -$$

$$- b_{y_3}\,\mathrm{d}y_3 a_{y_3}(y_1,y_2,y_3)\big] =$$

$$= \frac{1}{b_{y_1}b_{y_3}\,\mathrm{d}y_1\,\mathrm{d}y_3}\left[-\mathrm{d}y_1\frac{\partial}{\partial y_3}\left(b_{y_1}a_{y_1}\right)\mathrm{d}y_3 + \mathrm{d}y_3\frac{\partial}{\partial y_1}\left(b_{y_3}a_{y_3}\right)\mathrm{d}y_1\right] .$$

Wir haben also gefunden:

$$\operatorname*{rot}_{y_2}\boldsymbol{a}(\boldsymbol{r}) = \frac{1}{b_{y_1}b_{y_3}}\left[\frac{\partial}{\partial y_3}\left(b_{y_1}a_{y_1}\right) - \frac{\partial}{\partial y_1}\left(b_{y_3}a_{y_3}\right)\right] .$$

Dieselbe Prozedur führt zu den anderen Komponenten:

$$\operatorname*{rot}_{y_1}\boldsymbol{a}(\boldsymbol{r}) = \frac{1}{b_{y_2}b_{y_3}}\left[\frac{\partial}{\partial y_2}\left(b_{y_3}a_{y_3}\right) - \frac{\partial}{\partial y_3}\left(b_{y_2}a_{y_2}\right)\right] ,$$

$$\operatorname*{rot}_{y_3}\boldsymbol{a}(\boldsymbol{r}) = \frac{1}{b_{y_1}b_{y_2}}\left[\frac{\partial}{\partial y_1}\left(b_{y_2}a_{y_2}\right) - \frac{\partial}{\partial y_2}\left(b_{y_1}a_{y_1}\right)\right] .$$

(Vgl. mit (1.252), Bd. 1!)

2. **Zylinderkoordinaten**

Mit $b_\varrho = 1\,,\quad b_\varphi = \varrho\,,\quad b_z = 1$ folgt:

$$\operatorname*{rot}_{\varrho}\boldsymbol{a} = \frac{1}{\varrho}\frac{\partial}{\partial\varphi}a_z - \frac{\partial}{\partial z}a_\varphi ,$$

$$\operatorname*{rot}_{\varphi}\boldsymbol{a} = \frac{\partial}{\partial z}a_\varrho - \frac{\partial}{\partial\varrho}a_z ,$$

$$\operatorname*{rot}_{z}\boldsymbol{a} = \frac{1}{\varrho}\frac{\partial}{\partial\varrho}(\varrho\, a_\varphi) - \frac{1}{\varrho}\frac{\partial}{\partial\varphi}a_\varrho .$$

3. **Kugelkoordinaten**

Mit $b_r = 1\,,\quad b_\vartheta = r\,,\quad b_\varphi = r\sin\vartheta$ folgt:

$$\underset{r}{\operatorname{rot}}\,\boldsymbol{a} = \frac{1}{r\sin\vartheta}\,\frac{\partial}{\partial\vartheta}(\sin\vartheta\, a_\varphi) - \frac{1}{r\sin\vartheta}\,\frac{\partial}{\partial\varphi}a_\vartheta\,,$$

$$\underset{\vartheta}{\operatorname{rot}}\,\boldsymbol{a} = \frac{1}{r\sin\vartheta}\,\frac{\partial}{\partial\varphi}a_r - \frac{1}{r}\,\frac{\partial}{\partial r}(r\,a_\varphi)\,,$$

$$\underset{\varphi}{\operatorname{rot}}\,\boldsymbol{a} = \frac{1}{r}\,\frac{\partial}{\partial r}(r\,a_\vartheta) - \frac{1}{r}\,\frac{\partial}{\partial\vartheta}a_r\,.$$

Lösung zu Aufgabe 1.7.15 1.7.15

1. Gradient in Kugelkoordinaten ((1.267), Bd. 1):

$$\nabla = \boldsymbol{e}_r\frac{\partial}{\partial r} + \boldsymbol{e}_\vartheta\frac{1}{r}\,\frac{\partial}{\partial\vartheta} + \boldsymbol{e}_\varphi\frac{1}{r\sin\vartheta}\,\frac{\partial}{\partial\varphi}\,.$$

$\left(\text{Allgemein: } \nabla = \sum\limits_{i=1}^{3}\boldsymbol{e}_{y_i}b_{y_i}^{-1}\,\frac{\partial}{\partial y_i}\ \text{(1.249), Bd. 1}\right)$.

Mit $\boldsymbol{\alpha}$ als Polarachse folgt:

$$\boldsymbol{\alpha}\cdot\boldsymbol{r} = \alpha\,r\cos\vartheta\,,$$

$$\operatorname{grad}(\boldsymbol{\alpha}\cdot\boldsymbol{r}) = \alpha(\cos\vartheta\,\boldsymbol{e}_r - \sin\vartheta\,\boldsymbol{e}_\vartheta)\,.$$

2.

$$\operatorname{div}\boldsymbol{e}_r = \frac{1}{r^2}\,\frac{\partial}{\partial r}(r^2\cdot 1) = \frac{2}{r}\,,$$

$$\operatorname{grad}\ \operatorname{div}\ \boldsymbol{e}_r = -\frac{2}{r^2}\boldsymbol{e}_r\,,$$

$$\operatorname{rot}\boldsymbol{e}_r = 0\,,$$

$$\operatorname{div}\boldsymbol{e}_\varphi = 0\,,$$

$$\operatorname{rot}\boldsymbol{e}_\vartheta = \boldsymbol{e}_\varphi\frac{1}{r}\,\frac{\partial}{\partial r}(r\cdot 1) = \frac{1}{r}\boldsymbol{e}_\varphi\,.$$

3. $\boldsymbol{\alpha}$: z-Achse $\Rightarrow\ \boldsymbol{\alpha} = \alpha\,\boldsymbol{e}_z\,,\quad \boldsymbol{r} = \varrho\,\boldsymbol{e}_\varrho + z\,\boldsymbol{e}_z$.

Daraus ergibt sich:

$$\boldsymbol{\alpha}\times\boldsymbol{r} = \alpha\varrho\,\boldsymbol{e}_z\times\boldsymbol{e}_\varrho = \alpha\varrho\,\boldsymbol{e}_\varphi\,,$$

$$\underset{z}{\operatorname{rot}}(\boldsymbol{\alpha}\times\boldsymbol{r}) = \frac{1}{\varrho}\,\frac{\partial}{\partial\varrho}(\alpha\,\varrho^2) = 2\alpha\ \Rightarrow\ \operatorname{rot}(\boldsymbol{\alpha}\times\boldsymbol{r}) = 2\alpha\,\boldsymbol{e}_z\,.$$

1.7.16 Lösung zu Aufgabe 1.7.16

$\boldsymbol{F}(\boldsymbol{r})$ konservativ $\Longleftrightarrow$ $\operatorname{rot} \boldsymbol{F}(\boldsymbol{r}) \equiv 0$.

Mit der speziellen Form (1.58) des gaußschen Satzes,

$$\int\limits_V \operatorname{rot} \boldsymbol{b} \; \mathrm{d}^3 r = \oint\limits_{S(V)} \mathrm{d}\boldsymbol{f} \times \boldsymbol{b} \, ,$$

findet man unmittelbar:

$$\oint\limits_{S(V)} \mathrm{d}\boldsymbol{f} \times \boldsymbol{F} \equiv 0 \, .$$

1.7.17 Lösung zu Aufgabe 1.7.17

$$\operatorname{rot} \boldsymbol{E} = -\frac{\partial}{\partial t}\boldsymbol{B} \quad \text{(Maxwell-Gleichung, Induktionsgesetz)} \, ,$$

$$\operatorname{div} \operatorname{rot} \boldsymbol{E} = 0$$

$$\Rightarrow \; \operatorname{div} \frac{\partial}{\partial t}\boldsymbol{B} = \frac{\partial}{\partial t} \operatorname{div} \boldsymbol{B} = 0 \Rightarrow \; \operatorname{div} \boldsymbol{B} = \text{const} \, .$$

Voraussetzung ausnutzen:

$$t = t_0 : \quad \boldsymbol{B}(\boldsymbol{r}, t_0) \equiv 0$$

$$\Rightarrow \; \operatorname{div} \boldsymbol{B}(\boldsymbol{r}, t_0) = 0 \Rightarrow \; \operatorname{div} \boldsymbol{B}(\boldsymbol{r}, t) \equiv 0 \, .$$

1.7.18 Lösung zu Aufgabe 1.7.18

1. Mögliche Parameter-Darstellung ($u = x$, $v = y$):

$$F = \left\{ \boldsymbol{r}(u, v) = \boldsymbol{r}\left(x, y, 6 - 3x - \frac{3}{2}y\right) \; ; \quad 0 \le x \le 2 \, , \quad 0 \le y \le 4 - 2x \right\} \, .$$

Vektorielles Flächenelement:

$$\mathrm{d}\boldsymbol{f} = \left(\frac{\partial \boldsymbol{r}}{\partial u} \times \frac{\partial \boldsymbol{r}}{\partial v}\right) \mathrm{d}u \, \mathrm{d}v \, ,$$

$$\frac{\partial \boldsymbol{r}}{\partial x} = (1, 0, -3) \; ; \quad \frac{\partial \boldsymbol{r}}{\partial y} = \left(0, 1, -\frac{3}{2}\right) \, .$$

Dies ergibt:

$$\frac{\partial \boldsymbol{r}}{\partial x} \times \frac{\partial \boldsymbol{r}}{\partial y} = \left(3, \frac{3}{2}, 1\right) \, ,$$

woraus schließlich folgt:

$$df = \left(3, \frac{3}{2}, 1\right) dx\, dy \, .$$

Flächennormale:

$$\boldsymbol{n} = \frac{1}{7}(6,3,2) \; ; \qquad df = \frac{7}{2} dx\, dy\, \boldsymbol{n} \, .$$

2.

$$\varphi = \int_F df \cdot \boldsymbol{a} = \frac{1}{2} \iint_F dx\, dy\, (6,3,2) \cdot (0,0,y) = \frac{1}{2} \int_0^2 dx \int_0^{4-2x} dy\, 2y =$$

$$= \frac{1}{2} \int_0^2 dx\, (4-2x)^2 = \frac{1}{2} \int_0^2 dx\, (16 - 16x + 4x^2) =$$

$$= \left(8x - 4x^2 + \frac{2}{3} x^3 \right) \Big|_0^2 = \frac{16}{3} \, .$$

3. Das Feld $\boldsymbol{a}(\boldsymbol{r})$ ist quellenfrei!

$$\operatorname{div} \boldsymbol{a}(\boldsymbol{r}) = 0 \, .$$

Aus dem Zerlegungssatz (1.72) folgt dann:

$$\boldsymbol{a}(\boldsymbol{r}) = \operatorname{rot} \boldsymbol{\beta}(\boldsymbol{r}) \, .$$

Die Wahl von $\boldsymbol{\beta}$ ist **nicht** eindeutig, die Eichtransformation

$$\boldsymbol{\beta}(\boldsymbol{r}) \longrightarrow \boldsymbol{\beta}(\boldsymbol{r}) + \operatorname{grad} \chi(\boldsymbol{r})$$

ändert das Resultat nicht, da

$$\operatorname{rot} \operatorname{grad} \chi(\boldsymbol{r}) \equiv 0 \, .$$

Für $\beta(\boldsymbol{r})$ muss gelten:

$$0 = \frac{\partial}{\partial y} \beta_z - \frac{\partial}{\partial z} \beta_y \, ,$$

$$0 = \frac{\partial}{\partial z} \beta_x - \frac{\partial}{\partial x} \beta_z \, ,$$

$$y = \frac{\partial}{\partial x} \beta_y - \frac{\partial}{\partial y} \beta_x \, .$$

Eine mögliche Lösung wäre dann:

$$\beta_x = \beta_z = 0\,; \quad \beta_y = xy\,; \quad \boldsymbol{\beta}(\boldsymbol{r}) = (0, xy, 0)\,.$$

4. Parametrisierung der Teilwege:

C_1:

$$2x + y = 4,\ \boldsymbol{r} = \big(2(1-t), 4t, 0\big)\,; \quad 0 \le t \le 1\,,$$

$$\frac{\partial \boldsymbol{r}}{\partial t} = (-2, 4, 0)\,.$$

C_2 :

$$3y + 2z = 12,\ \boldsymbol{r} = \big(0, 4(1-t), 6t\big)\,; \quad 0 \le t \le 1\,,$$

$$\frac{\partial \boldsymbol{r}}{\partial t} = (0, -4, 6)\,.$$

C_3 :

$$3x + z = 6,\ \boldsymbol{r} = \big(2t, 0, 6(1-t)\big)\,; \quad 0 \le t \le 1\,,$$

$$\frac{\partial \boldsymbol{r}}{\partial t} = (2, 0, -6)\,.$$

Fluss von $\boldsymbol{a}$ durch F:

$$\varphi = \int_F \boldsymbol{a} \cdot \mathrm{d}\boldsymbol{f} = \int_F \mathrm{rot}\,\boldsymbol{\beta} \cdot \mathrm{d}\boldsymbol{f} = \int_{\partial F} \boldsymbol{\beta} \cdot \mathrm{d}\boldsymbol{r}$$

$$\Rightarrow\ \varphi = \underset{(C_1)}{\int_0^1} \mathrm{d}t\,\big(0, 2(1-t)\cdot 4t, 0\big) \cdot (-2, 4, 0) +$$

$$+ \underset{(C_2)}{\int_0^1} \mathrm{d}t\,(0, 0 \cdot 4(1-t), 0) \cdot (0, -4, 6) +$$

$$+ \underset{(C_3)}{\int_0^1} \mathrm{d}t(0, 2t \cdot 0, 0) \cdot \cdot (2, 0, -6) =$$

$$= \int_0^1 \mathrm{d}t\ 32(t - t^2) = \left(16t^2 - \frac{32}{3}t^3\right)\bigg|_0^1 = \frac{16}{3}\,.$$

Die Nicht-Eindeutigkeit von $\boldsymbol{\beta}$ spielt **keine** Rolle, da

$$\int\limits_{\partial F} \operatorname{grad} \chi(\boldsymbol{r}) \cdot \mathrm{d}\boldsymbol{r} = \int\limits_{\partial F} \mathrm{d}\chi = 0 \,.$$

Lösung zu Aufgabe 1.7.19 1.7.19

Mit

$$\begin{aligned} \boldsymbol{b} \cdot \operatorname{rot} \boldsymbol{a} &= \boldsymbol{b} \cdot (\nabla \times \boldsymbol{a}) = \underbrace{\nabla \cdot (\boldsymbol{a}}_{\uparrow} \times \boldsymbol{b}) = \qquad \text{(Spatprodukt)} \\ &= \nabla \cdot (\boldsymbol{a} \times \boldsymbol{b}) - \underbrace{\nabla \cdot (\boldsymbol{a} \times \boldsymbol{b}}_{\uparrow}) = \qquad \text{(Produktregel)} \\ &= \operatorname{div}(\boldsymbol{a} \times \boldsymbol{b}) + \underbrace{\nabla \cdot (\boldsymbol{b}}_{\uparrow} \times \boldsymbol{a}) = \\ &= \operatorname{div}(\boldsymbol{a} \times \boldsymbol{b}) + \boldsymbol{a} \cdot \operatorname{rot} \boldsymbol{b} \qquad \text{(Spatprodukt)} \end{aligned}$$

folgt:

$$\begin{aligned} \int\limits_V \mathrm{d}^3 r \; \boldsymbol{b} \cdot \operatorname{rot} \boldsymbol{a} &= \int\limits_V \mathrm{d}^3 r \; \operatorname{div}(\boldsymbol{a} \times \boldsymbol{b}) + \int\limits_V \mathrm{d}^3 r \; \boldsymbol{a} \cdot \operatorname{rot} \boldsymbol{b} = \\ &= \int\limits_V \mathrm{d}^3 r \; \boldsymbol{a} \cdot \operatorname{rot} \boldsymbol{b} + \oint\limits_{S(V)} \mathrm{d}\boldsymbol{f} \cdot (\boldsymbol{a} \times \boldsymbol{b}) \end{aligned}$$

(gaußscher Satz).

Lösung zu Aufgabe 1.7.20 1.7.20

Stokesscher Satz:

$$\oint\limits_C \boldsymbol{a}(\boldsymbol{r}) \cdot \mathrm{d}\boldsymbol{r} = \int\limits_{F_C} \operatorname{rot} \boldsymbol{a}(\boldsymbol{r}) \cdot \mathrm{d}\boldsymbol{f} \,,$$

$$\begin{aligned} \operatorname{rot} \boldsymbol{a}(\boldsymbol{r}) &= \left(xz, -yz, (x^2 + y^2) + 2x^2 + (x^2 + y^2) + 2y^2\right) = \\ &= \left(xz, -yz, 4(x^2 + y^2)\right) . \end{aligned}$$

Parameterdarstellung der Fläche F_C (Zylinderkoordinaten):

$$F_C = \left\{ \boldsymbol{r} = (\varrho \cos\varphi, \varrho \sin\varphi, z = 0) \,; \quad 0 \le \varrho \le R,\ 0 \le \varphi \le 2\pi \right\} ,$$

$$\frac{\partial \boldsymbol{r}}{\partial \varrho} = (\cos\varphi, \sin\varphi, 0) \,; \qquad \frac{\partial \boldsymbol{r}}{\partial \varphi} = \varrho\,(-\sin\varphi, \cos\varphi, 0)$$

$$\Rightarrow \quad \mathrm{d}f = \left(\frac{\partial \boldsymbol{r}}{\partial \varrho} \times \frac{\partial \boldsymbol{r}}{\partial \varphi}\right) \mathrm{d}\varrho \, \mathrm{d}\varphi = \varrho \, \mathrm{d}\varrho \, \mathrm{d}\varphi \, \boldsymbol{e}_z$$

$$\Rightarrow \quad \operatorname{rot} \boldsymbol{a}(\boldsymbol{r}) \cdot \mathrm{d}\boldsymbol{f} = 4\varrho^3 \, \mathrm{d}\varrho \, \mathrm{d}\varphi$$

$$\Rightarrow \quad \oint_C \boldsymbol{a}(\boldsymbol{r}) \cdot \mathrm{d}\boldsymbol{r} = \int_0^R 4\varrho^3 \, \mathrm{d}\varrho \int_0^{2\pi} \mathrm{d}\varphi = 2\pi R^4 \, .$$

1.7.21 Lösung zu Aufgabe 1.7.21

1. $\boldsymbol{a}(\boldsymbol{r})$: Gradientenfeld

$$\operatorname{div} \boldsymbol{a} = 2 \, ; \qquad \operatorname{rot} \boldsymbol{a} = 0 \, .$$

2. $\boldsymbol{a}(\boldsymbol{r})$: Gradientenfeld

$$\operatorname{div} \boldsymbol{a} = 6\alpha - z^2 \sin yz - y^2 \sin yz \neq 0 \, ,$$

$$\operatorname{rot} \boldsymbol{a} = (\cos yz - yz \sin yz - \cos yz + yz \sin yz, 0 - 0, 0 - 0) =$$

$$= (0, 0, 0) = \boldsymbol{0} \, .$$

3. $\boldsymbol{a}(\boldsymbol{r})$: Rotationsfeld

$$\operatorname{div} \boldsymbol{a} = z - y + x - z + y - x = 0 \, ,$$

$$\operatorname{rot} \boldsymbol{a} = (z + y, x + z, y + x) \neq \boldsymbol{0} \, .$$

4. Weder reines Gradienten- noch reines Rotationsfeld:

$$\operatorname{div} \boldsymbol{a} = 2xy + y \neq 0$$

$$\operatorname{rot} \boldsymbol{a} = (z + 3z^2 \sin z^3, 0 - 0, 0 - x^2) = (z + 3z^2 \sin z^3, 0, -x^2) \neq \boldsymbol{0} \, .$$

1.7.22 Lösung zu Aufgabe 1.7.22

Greensche Identität (1.67):

$$\int_V [\varphi \Delta \psi + (\nabla \psi \cdot \nabla \varphi)] \, \mathrm{d}^3 r = \oint_{S(V)} \varphi \frac{\partial \psi}{\partial n} \, \mathrm{d}f \, .$$

Poisson-Gleichung:

$$\Delta \varphi_{1,2}(\boldsymbol{r}) = f(\boldsymbol{r}) \quad \text{mit } \varphi_1 = \varphi_2 \text{ auf } S(V) \, .$$

Für

$$\psi(\boldsymbol{r}) \equiv \varphi_1(\boldsymbol{r}) - \varphi_2(\boldsymbol{r})$$

gilt dann:

$$\Delta\psi \equiv 0 \quad \text{in } V .$$

Ferner:

$$\psi \equiv 0 \quad \text{auf } S(V) \,;.$$

Setzen Sie in der greenschen Identität $\varphi = \psi$ mit ψ wie oben angegeben:

$$\int\limits_V [\psi \underbrace{\Delta\psi}_{=0} + (\nabla\psi)^2]\,\mathrm{d}^3r = \oint\limits_{S(V)} \underbrace{\psi}_{=0 \text{ auf } S(V)} \frac{\partial\psi}{\partial n}\,\mathrm{d}f .$$

Dies bedeutet:

$$\int\limits_V \mathrm{d}^3r(\nabla\psi)^2 = 0 \;\Rightarrow\; \nabla\psi \equiv 0 \;\Rightarrow\; \psi = \text{const} .$$

Wegen $\psi = 0$ auf $S(V)$ gilt dann:

$$\psi(\boldsymbol{r}) \equiv 0 \quad \text{in } V \text{ und damit } \varphi_1(\boldsymbol{r}) \equiv \varphi_2(\boldsymbol{r}) .$$

Abschnitt 2.1.6

Lösung zu Aufgabe 2.1.1 2.1.1

1. Die Kugel trage insgesamt die Ladung Q:

$$Q = \int \mathrm{d}^3r\,\rho(\boldsymbol{r}) = \rho_0 \int\limits_0^R r^2\,\mathrm{d}r \int\limits_0^\pi \sin\vartheta\,\mathrm{d}\vartheta \int\limits_0^{2\pi} \mathrm{d}\varphi = \rho_0 \frac{4\pi}{3} R^3 ,$$

$$\rho(\boldsymbol{r}) = \begin{cases} \dfrac{Q}{(4\pi/3)R^3} , & \text{falls } 0 \le r \le R , \\ 0 & \text{sonst} . \end{cases}$$

2. Gesamtladung Q auf der Kugeloberfläche:
   Ansatz:

$$\rho(\boldsymbol{r}) = \alpha(\vartheta, \varphi)\,\delta(r - R)$$

$$\Rightarrow \quad Q = \int \mathrm{d}^3r\,\rho(\boldsymbol{r}) = \int\limits_0^\infty \int\limits_0^\pi \int\limits_0^{2\pi} r^2\,\mathrm{d}r\,\sin\vartheta\,\mathrm{d}\vartheta\,\mathrm{d}\varphi\,\alpha(\vartheta, \varphi)\,\delta(r - R) .$$

Homogen heißt hier $\alpha(\vartheta, \varphi) = \alpha$

$$\Rightarrow \quad Q = R^2 \alpha \, 4\pi \;\Rightarrow\; \alpha = \frac{Q}{4\pi R^2} \;\Rightarrow\; \rho(\boldsymbol{r}) = \frac{Q}{4\pi R^2}\delta(r - R) \,.$$

Beachten Sie: $\delta(r - R)$ hat die Dimension 1/Länge!

2.1.2 Lösung zu Aufgabe 2.1.2

1. Gesamtladung:

$$Q = \int d^3r\,\rho(\boldsymbol{r}) = \int\limits_{R_i}^{R_a} r^2\,dr \frac{\alpha}{r^2} \int\limits_0^{\pi} \sin\vartheta\,d\vartheta \int\limits_0^{2\pi} d\varphi = 4\pi\,\alpha(R_a - R_i) \,.$$

2. Gesamtladung:

$$Q = \int d^3r\,\rho(\boldsymbol{r}) = q - q\frac{\alpha^2}{4\pi} \int\limits_0^{\infty} dr\,r^2 \int\limits_0^{\pi} \sin\vartheta\,d\vartheta \int\limits_0^{2\pi} d\varphi\,\frac{e^{-\alpha r}}{r} =$$

$$= q - q\alpha^2 \int\limits_0^{\infty} dr\,r\,e^{-\alpha r} = q + q\alpha^2 \frac{d}{d\alpha} \int\limits_0^{\infty} dr\,e^{-\alpha r} =$$

$$= q + q\alpha^2 \frac{d}{d\alpha}\left(-\frac{1}{\alpha}e^{-\alpha r}\right)\Bigg|_0^{\infty} = q + q\alpha^2 \frac{d}{d\alpha}\frac{1}{\alpha} =$$

$$= q - q = 0 \,.$$

3. Dipolmoment:

$$\boldsymbol{p} = \int\limits_0^{\infty} r^2\,dr \int\limits_0^{\pi} \sin\vartheta\,d\vartheta \int\limits_0^{2\pi} d\varphi\,\sigma_0 \cos\vartheta\,\delta(r - R)\,\boldsymbol{r} =$$

$$= \sigma_0 R^2 \int\limits_{-1}^{+1} d\cos\vartheta \int\limits_0^{2\pi} d\varphi\,\cos\vartheta\,R(\sin\vartheta\,\cos\varphi,\,\sin\vartheta\sin\varphi,\cos\vartheta) =$$

$$= 2\pi\,\sigma_0\,R^3 \int\limits_{-1}^{+1} d\cos\vartheta\,(0, 0, \cos^2\vartheta) = \frac{4\pi}{3}\sigma_0 R^3 \boldsymbol{e}_z \,.$$

Lösung zu Aufgabe 2.1.3 2.1.3

1. Der Draht definiere die z-Achse. Dann ist $\rho(\boldsymbol{r})$ sicher unabhängig von φ und z. Wir wählen deshalb als Ansatz (Zylinderkoordinaten ρ, φ, z):

$$\rho(\boldsymbol{r}) = \alpha(\rho)\,\delta(\rho)\;,$$

(Z_l : Zylinder der Höhe l, Draht = Achse)

$$\Rightarrow\quad \kappa\, l = \int\limits_{Z_l} \mathrm{d}^3 r\,\rho(\boldsymbol{r}) = \int\limits_0^l \mathrm{d}z \int\limits_0^{2\pi} \mathrm{d}\varphi \int\limits_0^R \rho\,\mathrm{d}\rho\,\rho(\boldsymbol{r}) = 2\pi\, l \int\limits_0^R \rho\,\mathrm{d}\rho\,\alpha(\rho)\,\delta(\rho)\;.$$

Nur $\alpha(\rho) = a/\rho$ führt nicht zum Widerspruch:

$$\kappa\, l = 2\pi\, l\, a \int\limits_0^R \mathrm{d}\rho\,\delta(\rho) = \pi\, l\, a \;\Rightarrow\; a = \frac{\kappa}{\pi} \;\Rightarrow\; \rho(\boldsymbol{r}) = \frac{\kappa}{\pi}\,\frac{\delta(\rho)}{\rho}\;.$$

2. Elektrisches Feld:

$$\boldsymbol{E}(\boldsymbol{r}) = \frac{1}{4\pi\,\varepsilon_0}\int \mathrm{d}^3 r'\,\frac{\rho(\boldsymbol{r}')}{|\boldsymbol{r}-\boldsymbol{r}'|^3}(\boldsymbol{r}-\boldsymbol{r}') =$$

$$= \frac{\kappa}{4\pi\,\varepsilon_0}\,\frac{1}{\pi}\int\limits_0^\infty \rho'\,\mathrm{d}\rho'\,\frac{1}{\rho'}\,\delta(\rho')\int\limits_0^{2\pi}\mathrm{d}\varphi'\int\limits_{-\infty}^{+\infty}\mathrm{d}z'\,\frac{\boldsymbol{r}-\boldsymbol{r}'}{|\boldsymbol{r}-\boldsymbol{r}|^3} =$$

$$= \frac{\kappa}{4\pi\,\varepsilon_0}\,\frac{1}{\pi}\,\frac{1}{2}\int\limits_0^{2\pi}\mathrm{d}\varphi'\int\limits_{-\infty}^{+\infty}\mathrm{d}z'\,\frac{\rho\,\boldsymbol{e}_\rho + (z-z')\,\boldsymbol{e}_z}{\left[\rho^2+(z-z')^2\right]^{3/2}} =$$

$$= \frac{\kappa}{4\pi\,\varepsilon_0}\int\limits_{-\infty}^{+\infty}\mathrm{d}y\left[\frac{\rho\,\boldsymbol{e}_\rho}{(\rho^2+y^2)^{3/2}} - \underbrace{\frac{y\,\boldsymbol{e}_z}{(\rho^2+y^2)^{3/2}}}_{\boldsymbol{e}_z\frac{\mathrm{d}}{\mathrm{d}y}\frac{1}{\sqrt{\rho^2+y^2}}}\right] =$$

$$= \frac{\kappa\,\rho}{4\pi\,\varepsilon_0}\,\boldsymbol{e}_\rho\underbrace{\int\limits_{-\infty}^{+\infty}\mathrm{d}y\,\frac{1}{(\rho^2+y^2)^{3/2}}}_{\frac{1}{\rho^2}\left.\frac{y}{\sqrt{y^2+\rho^2}}\right|_{-\infty}^{+\infty} = \frac{2}{\rho^2}}\;.$$

Daraus folgt für die elektrische Feldstärke,

$$\boldsymbol{E}(\boldsymbol{r}) = \frac{\kappa}{2\pi\,\varepsilon_0\,\varrho}\,\boldsymbol{e}_\varrho\,,$$

und für das Potential:

$$\varphi(\boldsymbol{r}) = \frac{-\kappa}{2\pi\,\varepsilon_0}\ln\varrho + \text{const}\,.$$

2.1.4 Lösung zu Aufgabe 2.1.4

Ladungsdichte:

$$\rho(\boldsymbol{r}) = \sigma\,\delta(z)\,.$$

Feldstärke:

$$\boldsymbol{E}(\boldsymbol{r}) = \frac{\sigma}{4\pi\,\varepsilon_0}\iint\limits_{-\infty}^{+\infty} \mathrm{d}x'\,\mathrm{d}y' \frac{(x-x', y-y', z)}{\left[(x-x')^2+(y-y')^2+z^2\right]^{3/2}} =$$

$$= \frac{\sigma}{4\pi\,\varepsilon_0} z\,\boldsymbol{e}_z \int\limits_{-\infty}^{+\infty} d\bar{x} \underbrace{\int\limits_{-\infty}^{+\infty} \mathrm{d}\bar{y} \frac{1}{\left(\bar{x}^2+\bar{y}^2+z^2\right)^{3/2}}}_{\frac{1}{\bar{x}^2+z^2}\left.\frac{\bar{y}}{\sqrt{\bar{x}^2+\bar{y}^2+z^2}}\right|_{-\infty}^{+\infty} = \frac{2}{\bar{x}^2+z^2}}\,,$$

$$\boldsymbol{E}(\boldsymbol{r}) = \frac{\sigma}{2\pi\,\varepsilon_0} z\,\boldsymbol{e}_z \int\limits_{-\infty}^{+\infty} \mathrm{d}\bar{x} \frac{1}{\bar{x}^2+z^2}\,.$$

Für $z \neq 0$ gilt für das Integral:

$$\frac{1}{z}\arctan\left.\frac{\bar{x}}{z}\right|_{-\infty}^{+\infty} = \frac{1}{z}\,\frac{z}{|z|}\pi$$

$$\Rightarrow\ \boldsymbol{E}(\boldsymbol{r}) = \frac{\sigma}{2\varepsilon_0}\,\frac{z}{|z|}\boldsymbol{e}_z\,,$$

$$\varphi(\boldsymbol{r}) = -\frac{\sigma}{2\varepsilon_0}|z| + \text{const}\,.$$

2.1.5 Lösung zu Aufgabe 2.1.5

1. Potential des Dipols:

$$\varphi(\boldsymbol{r}) = \frac{1}{4\pi\,\varepsilon_0}\left\{\frac{-q}{r} + \frac{q}{|\boldsymbol{r}-\boldsymbol{a}|}\right\}\,.$$

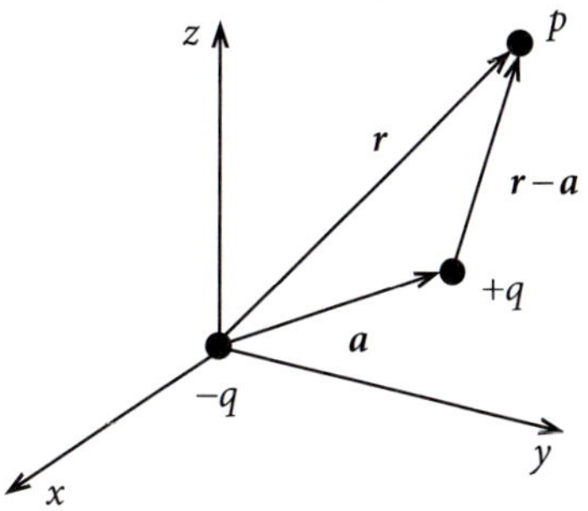

Abb. A.9.

Taylor-Entwicklung (1.33):

$$\frac{1}{|\boldsymbol{r}-\boldsymbol{a}|} = \frac{1}{r} + \frac{\boldsymbol{r}\cdot\boldsymbol{a}}{r^3} + \frac{1}{2}\,\frac{3(\boldsymbol{r}\cdot\boldsymbol{a})^2 - r^2a^2}{r^5} + \cdots$$

$$\Rightarrow \quad \varphi(\boldsymbol{r}) = \frac{q}{4\pi\varepsilon_0}\left\{\frac{\boldsymbol{r}\cdot\boldsymbol{a}}{r^3} + \frac{3(\boldsymbol{r}\cdot\boldsymbol{a})^2 - r^2a^2}{2r^5} + \cdots\right\}.$$

Große Abstände: $r \gg a$,
Dipolmoment: $\boldsymbol{p} = q\,\boldsymbol{a}$:

$$\varphi(\boldsymbol{r}) \approx \frac{1}{4\pi\varepsilon_0}\,\frac{\boldsymbol{r}\cdot\boldsymbol{p}}{r^3}.$$

2. Polarachse $\uparrow\uparrow \boldsymbol{a}$:
Kugelkoordinaten: $\nabla \equiv \left(\frac{\partial}{\partial r}, \frac{1}{r}\,\frac{\partial}{\partial\vartheta}, \frac{1}{r\sin\vartheta}\,\frac{\partial}{\partial\varphi}\right)$.

$$4\pi\varepsilon_0\varphi(\boldsymbol{r}) = -\frac{q}{r} + \frac{q}{|\boldsymbol{r}-\boldsymbol{a}|},$$

$$\boldsymbol{E}(\boldsymbol{r}) = -\nabla\,\varphi(\boldsymbol{r}),$$

$$-\nabla\left(-\frac{q}{r}\right) = -\frac{q}{r^2}\boldsymbol{e}_r,$$

$$|\boldsymbol{r}-\boldsymbol{a}| = \sqrt{r^2 + a^2 - 2ra\,\cos\vartheta},$$

$$\frac{\partial}{\partial r}|\boldsymbol{r}-\boldsymbol{a}| = \frac{r - a\,\cos\vartheta}{\sqrt{r^2 + a^2 - 2ra\,\cos\vartheta}},$$

$$\frac{\partial}{\partial\vartheta}|\boldsymbol{r}-\boldsymbol{a}| = \frac{r\,a\,\sin\vartheta}{\sqrt{r^2 + a^2 - 2ra\,\cos\vartheta}},$$

$$\frac{\partial}{\partial\varphi}|\boldsymbol{r}-\boldsymbol{a}| = 0$$

$$\Rightarrow \frac{\partial}{\partial r}\frac{1}{|\boldsymbol{r}-\boldsymbol{a}|} = -\frac{r - a\cos\vartheta}{(r^2 + a^2 - 2ra\cos\vartheta)^{3/2}} ,$$

$$\frac{1}{r}\frac{\partial}{\partial\vartheta}\frac{1}{|\boldsymbol{r}-\boldsymbol{a}|} = -\frac{a\sin\vartheta}{(r^2 + a^2 - 2ra\cos\vartheta)^{3/2}} ,$$

$$\frac{1}{r\sin\vartheta}\frac{\partial}{\partial\varphi}\frac{1}{|\boldsymbol{r}-\boldsymbol{a}|} = 0 .$$

Damit haben wir die Komponenten des elektrischen Feldes:

$$4\pi\,\varepsilon_0 E_r = -\frac{q}{r^2} + \frac{q(r - a\cos\vartheta)}{(r^2 + a^2 - 2r\,a\cos\vartheta)^{3/2}} ,$$

$$4\pi\,\varepsilon_0 E_\vartheta = \frac{q\,a\sin\vartheta}{(r^2 + a^2 - 2r\,a\cos\vartheta)^{3/2}} ,$$

$$4\pi\,\varepsilon_0 E_\varphi = 0 .$$

2.1.6 Lösung zu Aufgabe 2.1.6

$$\rho(\boldsymbol{r}) = \begin{cases} \dfrac{\alpha}{r^2} & \text{für } R_\mathrm{i} < r < R_\mathrm{a} , \\ 0 & \text{sonst} . \end{cases}$$

Kugelsymmetrische Ladungsverteilung:

$$\boldsymbol{E}(\boldsymbol{r}) = E_r(r,\vartheta,\varphi)\,\boldsymbol{e}_r + E_\vartheta(r,\vartheta,\varphi)\,\boldsymbol{e}_\vartheta + E_\varphi(r,\vartheta,\varphi)\,\boldsymbol{e}_\varphi = E_r(r)\,\boldsymbol{e}_r \quad \text{(Begründung?)} .$$

Gaußscher Satz:

$$\int\limits_V \mathrm{d}^3r\,\operatorname{div}\boldsymbol{E}(\boldsymbol{r}) = \int\limits_{S(V)} \mathrm{d}\boldsymbol{f}\cdot\boldsymbol{E}(\boldsymbol{r}) .$$

Maxwell-Gleichung:

$$\int\limits_V \mathrm{d}^3r\,\operatorname{div}\boldsymbol{E}(\boldsymbol{r}) = \frac{1}{\varepsilon_0}\int\limits_V \mathrm{d}^3r\,\rho(\boldsymbol{r}) .$$

Daraus folgt:

$$\int\limits_{S(V)} \mathrm{d}\boldsymbol{f}\cdot\boldsymbol{E}(\boldsymbol{r}) = \frac{1}{\varepsilon_0}\int\limits_V \mathrm{d}^3r\,\rho(\boldsymbol{r}) ,$$

V_r: konzentrische Kugel mit Radius r

$$\Rightarrow \quad \mathrm{d}\boldsymbol{f} = \boldsymbol{e}_r\, r^2 \sin\vartheta\, \mathrm{d}\vartheta\, \mathrm{d}\varphi$$

$$\Rightarrow \quad 4\pi\, r^2 E_r(r) = \frac{1}{\varepsilon_0} \int\limits_{V_r} \mathrm{d}^3 r' \rho(\boldsymbol{r}') \; .$$

a) $0 \leq r < R_\mathrm{i}$:

$$\rho(\boldsymbol{r}) \equiv 0 \;\Rightarrow\; \boldsymbol{E}(\boldsymbol{r}) = E_r(r)\, \boldsymbol{e}_r \equiv 0 \; .$$

b) $R_\mathrm{i} \leq r \leq R_\mathrm{a}$:

$$\int\limits_V \mathrm{d}^3 r' \rho(\boldsymbol{r}') = 4\pi\,\alpha \int\limits_{R_\mathrm{i}}^{r} r'^2\, \mathrm{d}r' \frac{1}{r'^2} = 4\pi\,\alpha(r - R_\mathrm{i})$$

$$\Rightarrow \quad E_r(r) = \frac{\alpha}{\varepsilon_0 r^2}(r - R_\mathrm{i}) \; .$$

Unter Berücksichtigung von Aufgabe 2.1.2a und der Gesamtladung:

$$Q = 4\pi\,\alpha(R_\mathrm{a} - R_\mathrm{i})$$

folgt:

$$\boldsymbol{E}(\boldsymbol{r}) = \frac{Q}{4\pi\,\varepsilon_0 r^2} \frac{r - R_\mathrm{i}}{R_\mathrm{a} - R_\mathrm{i}} \boldsymbol{e}_r \; .$$

c) $R_\mathrm{a} < r$:

$$\int\limits_V \mathrm{d}^3 r' \rho(\boldsymbol{r}') = 4\pi\,\alpha \int\limits_{R_\mathrm{i}}^{R_\mathrm{a}} r'^2\, \mathrm{d}r' \frac{1}{r'^2} = 4\pi\,\alpha(R_\mathrm{a} - R_\mathrm{i})$$

$$\Rightarrow \quad \boldsymbol{E}(\boldsymbol{r}) = \frac{Q}{4\pi\,\varepsilon_0 r^2}\, \boldsymbol{e}_r \; .$$

Dies ist das Feld einer Punktladung im Koordinatenursprung. Insgesamt haben wir dann:

$$\boldsymbol{E}(\boldsymbol{r}) = \frac{Q}{4\pi\,\varepsilon_0 r^2} \boldsymbol{e}_r \begin{cases} 0 \, , & \text{falls } r < R_\mathrm{i} \, , \\ \dfrac{r - R_\mathrm{i}}{R_\mathrm{a} - R_\mathrm{i}} \, , & \text{falls } R_\mathrm{i} \leq r \leq R_\mathrm{a} \, , \\ 1 \, , & \text{falls } R_\mathrm{a} < r \; . \end{cases}$$

Elektrostatisches Potential:

$$\boldsymbol{E} = -\nabla\varphi \; ; \quad E_r(r) = -\frac{\partial\varphi}{\partial r} \; ; \quad \varphi(\boldsymbol{r}) = \varphi(r) \; .$$

c)

$$\varphi(\boldsymbol{r}) = \frac{Q}{4\pi\,\varepsilon_0 r} + \text{const} \; .$$

const = 0, da $\varphi(\boldsymbol{r}) \underset{r\to\infty}{\longrightarrow} 0$ (*physikalische Randbedingung.*)

b)

$$\varphi(\boldsymbol{r}) = \frac{Q}{4\pi\,\varepsilon_0(R_\mathrm{a} - R_\mathrm{i})}\left(-\ln r - \frac{R_\mathrm{i}}{r} + \text{const}\right) \; .$$

Stetigkeit bei $r = R_\mathrm{a}$:

$$\varphi(r = R_\mathrm{a}) = \frac{Q}{4\pi\,\varepsilon_0(R_\mathrm{a} - R_\mathrm{i})}\left(-\ln R_\mathrm{a} - \frac{R_\mathrm{i}}{R_\mathrm{a}} + \text{const}\right) \overset{!}{=} \frac{Q}{4\pi\,\varepsilon_0 R_\mathrm{a}} \; .$$

Dies gilt nur, wenn

$$\text{const} = \ln R_\mathrm{a} + 1 \; .$$

Damit lautet das elektrostatische Potential:

$$\varphi(\boldsymbol{r}) = \frac{Q}{4\pi\,\varepsilon_0(R_\mathrm{a} - R_\mathrm{i})}\left(1 - \frac{R_\mathrm{i}}{r} - \ln\frac{r}{R_\mathrm{a}}\right) \; .$$

a) $\varphi(\boldsymbol{r}) = \text{const} = \varphi(R_\mathrm{i})$
Stetigkeit:

$$\varphi(\boldsymbol{r}) = \frac{Q}{4\pi\,\varepsilon_0(R_\mathrm{a} - R_\mathrm{i})}\ln\frac{R_\mathrm{a}}{R_\mathrm{i}} \; .$$

Also gilt insgesamt:

$$\varphi(\boldsymbol{r}) = \frac{Q}{4\pi\,\varepsilon_0}\begin{cases} \dfrac{\ln(R_\mathrm{a}/R_\mathrm{i})}{R_\mathrm{a} - R_\mathrm{i}} & \text{für } 0 \le r \le R_\mathrm{i} \; , \\[2ex] \dfrac{1 - R_\mathrm{i}/r - \ln(r/R_\mathrm{a})}{R_\mathrm{a} - R_\mathrm{i}} & \text{für } R_\mathrm{i} \le r \le R_\mathrm{a} \; , \\[2ex] \dfrac{1}{r} & \text{für } R_\mathrm{a} \le r \; . \end{cases}$$

2.1.7 Lösung zu Aufgabe 2.1.7

Wir benutzen den *physikalischen* gaußschen Satz:

$$\int\limits_{S(V)} \boldsymbol{E}\cdot \mathrm{d}\boldsymbol{f} = \frac{1}{\varepsilon_0}\int\limits_{V} \varrho(\boldsymbol{r}')\,\mathrm{d}^3r' \; .$$

Ladungsdichte:

$$\rho(\boldsymbol{r}') = \rho(r') = \underset{\substack{\nearrow \\ \text{punktförmige} \\ \text{Kernladung } (z=1)}}{\frac{e}{4\pi r'^2}\delta(r')} - \underset{\substack{\nwarrow \\ \text{Elektron im} \\ \text{Grundzustand}}}{\frac{e}{\pi a^3}\,\mathrm{e}^{-(2r'/a)}} .$$

Dies ist eine kugelsymmetrische Ladungsverteilung. Deshalb gilt der Ansatz:

$$\boldsymbol{E}(\boldsymbol{r}) = E_r(r)\,\boldsymbol{e}_r .$$

Wir wählen:

V_r: Kugel mit Radius r, Ursprung im Kugelmittelpunkt, $\mathrm{d}\boldsymbol{f} = r^2 \sin\vartheta\,\mathrm{d}\vartheta\,\mathrm{d}\varphi\,\boldsymbol{e}_r$: Flächenelement auf $S(V)$.

Dann gilt:

$$4\pi r^2 E_r(r) = \frac{e}{\varepsilon_0} - \frac{e}{\varepsilon_0 \pi a^3} 4\pi \int\limits_0^r \mathrm{d}r' r'^2\,\mathrm{e}^{-(2r'/a)} ,$$

$$\begin{aligned}
\int\limits_0^r \mathrm{d}x\, x^2\,\mathrm{e}^{-\beta x} &= \frac{\mathrm{d}^2}{\mathrm{d}\beta^2}\int\limits_0^r \mathrm{d}x\,\mathrm{e}^{-\beta x} = \frac{\mathrm{d}^2}{\mathrm{d}\beta^2}\left[-\frac{1}{\beta}\left(\mathrm{e}^{-\beta r}-1\right)\right] = \\
&= \frac{\mathrm{d}}{\mathrm{d}\beta}\left[\frac{1}{\beta^2}\left(\mathrm{e}^{-\beta r}-1\right) + \frac{r}{\beta}\mathrm{e}^{-\beta r}\right] = \\
&= \left[-\frac{2}{\beta^3}\left(\mathrm{e}^{-\beta r}-1\right) - \frac{2r}{\beta^2}\mathrm{e}^{-\beta r} - \frac{r^2}{\beta}\mathrm{e}^{-\beta r}\right] = \\
&= \frac{2}{\beta^3} - \mathrm{e}^{-\beta r}\left(\frac{2}{\beta^3} + \frac{2r}{\beta^2} + \frac{r^2}{\beta}\right) ,
\end{aligned}$$

$$\int\limits_0^r \mathrm{d}r' r'^2\,\mathrm{e}^{-(2r'/a)} = \frac{a^3}{4} - \frac{a}{2}\mathrm{e}^{-(2r/a)}\left(\frac{a^2}{2} + a\,r + r^2\right)$$

$$\begin{aligned}
\Rightarrow\; 4\pi r^2 E_r(r) &= \frac{2e}{\varepsilon_0 a^2}\,\mathrm{e}^{-(2r/a)}\left(\frac{a^2}{2} + a\,r + r^2\right) = \\
&= \frac{e}{\varepsilon_0}\,\mathrm{e}^{-(2r/a)}\left(1 + \frac{2r}{a} + \frac{2r^2}{a^2}\right) .
\end{aligned}$$

Damit haben wir das elektrische Feld:

$$\boldsymbol{E}(\boldsymbol{r}) = \boldsymbol{e}_r \frac{e}{4\pi\varepsilon_0}\,\mathrm{e}^{-(2r/a)}\left(\frac{1}{r^2} + \frac{2}{r\,a} + \frac{2}{a^2}\right) .$$

Das Potential gewinnen wir durch Integration:

$$\varphi(\boldsymbol{r}) = \varphi(r) \quad \text{mit} \quad E_r(r) = -\frac{\mathrm{d}\varphi}{\mathrm{d}r}\,.$$

Daraus folgt:

$$\varphi(r) = -\int\limits_{\infty}^{r} E_r\,\mathrm{d}r\,,$$

$$\int\limits_{\infty}^{r} \mathrm{d}r'\,\mathrm{e}^{-(2r'/a)}\,\frac{2}{a^2} = -\frac{1}{a}\,\left.\mathrm{e}^{-2r'/a}\right|_{\infty}^{r} = -\frac{1}{a}\,\mathrm{e}^{-(2r/a)}\,,$$

$$\int\limits_{\infty}^{r} \mathrm{d}r'\left(\frac{2}{r'a} + \frac{1}{r'^2}\right)\mathrm{e}^{-(2r'/a)} = -\int\limits_{\infty}^{r} \mathrm{d}r'\,\frac{\mathrm{d}}{\mathrm{d}r'}\left[\frac{1}{r'}\,\mathrm{e}^{-(2r'/a)}\right] = -\frac{1}{r}\,\mathrm{e}^{-(2r/a)}\,.$$

Als Resultat ergibt sich ein abgeschirmtes Coulomb-Potential:

$$\varphi(r) = \frac{e}{4\pi\,\varepsilon_0}\,\mathrm{e}^{-(2r/a)}\left(\frac{1}{r} + \frac{1}{a}\right)\,.$$

$r \ll a$:

$$\varphi(r) \approx \frac{e}{4\pi\,\varepsilon_0 r}\,,$$

(reines Coulomb-Potential des Kerns).

$r \gg a$:

$$\varphi(r) \approx \frac{e}{4\pi\,\varepsilon_0 a}\,\mathrm{e}^{-(2r/a)}\,.$$

Das Gesamtpotential des H-Atoms verschwindet exponentiell für große Abstände.

2.1.8 Lösung zu Aufgabe 2.1.8

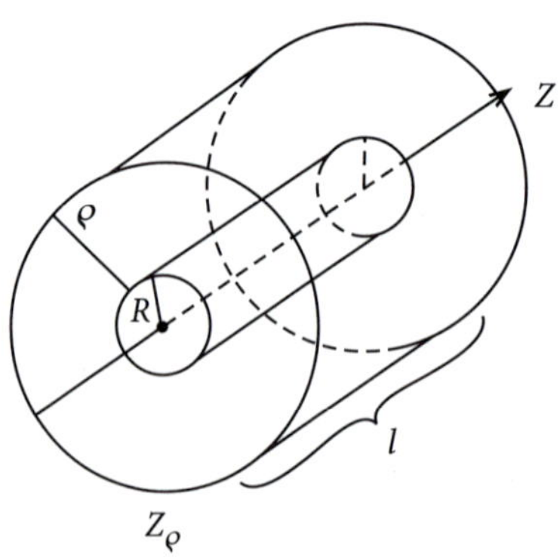

Abb. A.10.

Wir wählen Zylinderkoordinaten,

$$\varrho, \varphi, z \,,$$

und nutzen die Zylindersymmetrie des Problems aus:

$$\boldsymbol{E}(\boldsymbol{r}) = E(\varrho)\, \boldsymbol{e}_\varrho \,.$$

Für die Ladungsdichte soll gelten:

$$\bar{\varrho}(\boldsymbol{r}) = \begin{cases} \varrho_0 & \text{für } \varrho \le R \,, \\ 0 & \text{sonst} \,. \end{cases}$$

Es sei Z_ϱ: Zylinder der Länge l, Zylinderachse: z-Achse, ϱ : Radius. Mit Hilfe des physikalischen gaußschen Satzes folgt:

$$\int\limits_{S(Z_\varrho)} \boldsymbol{E} \cdot \mathrm{d}\boldsymbol{f} = \frac{1}{\varepsilon_0} \int\limits_{Z_\varrho} \bar{\varrho}(\boldsymbol{r})\, \mathrm{d}^3 r \,.$$

Wir berechnen die einzelnen Beiträge separat:

Stirnflächen:

$$\boldsymbol{E} \perp \mathrm{d}\boldsymbol{f} \quad \Rightarrow \quad \text{kein Beitrag zum Fluss} \,,$$

Mantelfläche (1.38):

$$\mathrm{d}\boldsymbol{f} = \varrho \; \mathrm{d}\varphi \; \mathrm{d}z\, \boldsymbol{e}_\varrho$$

$$\Rightarrow \quad \boldsymbol{E} \cdot \mathrm{d}\boldsymbol{f} = \varrho\, E_\varrho(\varrho)\; \mathrm{d}\varphi \; \mathrm{d}z$$

$$\Rightarrow \quad \int\limits_{S(Z_\varrho)} \boldsymbol{E} \cdot \mathrm{d}\boldsymbol{f} = 2\pi\, l\, \varrho\, E_\varrho(\varrho) \,.$$

$\varrho \ge R$:

$$\int\limits_{Z_\varrho} \bar{\varrho}(\boldsymbol{r})\; \mathrm{d}^3 r = \varrho_0 2\pi \int\limits_0^R \varrho' \; \mathrm{d}\varrho' \int\limits_0^l \mathrm{d}z' = \varrho_0 \pi R^2 l \,.$$

$\varrho \le R$:

$$\int\limits_{Z_\varrho} \bar{\varrho}(\boldsymbol{r})\; \mathrm{d}^3 r = \varrho_0 2\pi \int\limits_0^\varrho \varrho' \, \mathrm{d}\varrho' \int\limits_0^l \mathrm{d}z' = \varrho_0 \pi\, \varrho^2 l \,.$$

Dies ergibt schließlich:

$$\boldsymbol{E}(\boldsymbol{r}) = \frac{\varrho_0}{\varepsilon_0}\boldsymbol{e}_\varrho \begin{cases} \dfrac{1}{2}\varrho\,, & \text{falls } \varrho \le R\,, \\[2mm] \dfrac{1}{2}\dfrac{R^2}{\varrho}\,, & \text{falls } \varrho \ge R\,. \end{cases}$$

Typisch ist die $(1/\varrho)$-Abhängigkeit für $\varrho \ge R$.

Potential:

$$\boldsymbol{E} = -\left(\frac{\partial}{\partial\varrho}, \frac{1}{\varrho}\frac{\partial}{\partial\varphi}, \frac{\partial}{\partial z}\right)\varphi = E_\varrho \boldsymbol{e}_\varrho \;\Rightarrow\; \varphi = \varphi(\varrho)\,,$$

innen:

$$\varphi(\varrho) = -\frac{\varrho_0}{4\varepsilon_0}\varrho^2 + \varphi_0\,,$$

außen:

$$\varphi(\varrho) = -\frac{R^2\varrho_0}{2\varepsilon_0}\ln\varrho + \varphi_1\,.$$

Wahl des Bezugspunktes noch frei, z. B.:

$$\varphi(\varrho = R) \stackrel{!}{=} 0\,.$$

Dann ist:

$$\varphi_0 = \frac{\varrho_0}{4\varepsilon_0}R^2\,; \qquad \varphi_1 = \frac{\varrho_0 R^2}{2\varepsilon_0}\ln R\,.$$

Also bleibt:

$$\varphi(\boldsymbol{r}) = \varphi(\varrho) = \frac{\varrho_0 R^2}{2\varepsilon_0}\begin{cases} \dfrac{1}{2}\left(1 - \dfrac{\varrho^2}{R^2}\right) & \text{für } \varrho \le R\,, \\[2mm] \ln\dfrac{R}{\varrho} & \text{für } R \le \varrho\,. \end{cases}$$

2.1.9 Lösung zu Aufgabe 2.1.9

1. **Ladungsdichte** nach Aufgabe 2.1.1:

$$\rho(\boldsymbol{r}) = \frac{Q}{4\pi R^2}\delta(r - R)\,,$$

Q: Gesamtladung, R: Kugelradius.

Elektrisches Feld:

Kugelsymmetrische Ladungsverteilung, deshalb:

$$\boldsymbol{E}(\boldsymbol{r}) = E_r(r)\boldsymbol{e}_r\,,$$

V_r: konzentrische Kugel mit Radius r.

$$\int\limits_{S(V_r)} \mathrm{d}\boldsymbol{f} \cdot \boldsymbol{E} = \int\limits_{S(V_r)} r^2 \sin\vartheta \, \mathrm{d}\vartheta \, \mathrm{d}\varphi \, E_r(r) \, \boldsymbol{e}_r \cdot \boldsymbol{e}_r = 4\pi \, r^2 E_r(r) \stackrel{!}{=} \frac{1}{\varepsilon_0} \int\limits_{V_r} \mathrm{d}^3 r' \varrho(\boldsymbol{r}') =$$

$$= \begin{cases} \dfrac{Q}{\varepsilon_0} \,, & \text{falls } r > R \,, \\ 0 \,, & \text{falls } r < R \,. \end{cases}$$

Dies ergibt:

$$\boldsymbol{E}(\boldsymbol{r}) = \begin{cases} \dfrac{Q}{4\pi \, \varepsilon_0} \dfrac{1}{r^2} \,, & \text{falls } r > R \,, \\ 0 \,, & \text{falls } r < R \,. \end{cases}$$

Energiedichte:

$$w(\boldsymbol{r}) = \begin{cases} \dfrac{Q^2}{32\pi^2 \varepsilon_0} \dfrac{1}{r^4} \,, & \text{falls } r > R \,, \\ 0 \,, & \text{falls } r < R \,. \end{cases}$$

Gesamtenergie:

$$W = \frac{\varepsilon_0}{2} \int \mathrm{d}^3 r |\boldsymbol{E}(\boldsymbol{r})|^2 = \frac{Q^2}{32\pi^2 \varepsilon_0} \, 4\pi \int\limits_R^\infty \mathrm{d}r \, r^2 \frac{1}{r^4} \quad \Rightarrow \quad W = \frac{Q^2}{8\pi \, \varepsilon_0 R} \,.$$

2. **Elektrisches Feld:**
Wir benutzen Aufgabe 2.1.6:

$$\boldsymbol{E}(\boldsymbol{r}) = \boldsymbol{e}_r \frac{Q}{4\pi \, \varepsilon_0 r^2} \begin{cases} 0 \,, & \text{falls } r < R_1 \,, \\ \dfrac{r - R_1}{R_2 - R_1} \,, & \text{falls } R_1 \le r \le R_2 \,, \\ 1 \,, & \text{falls } r > R_2 \,, \end{cases}$$

$Q = 4\pi \, \alpha (R_2 - R_1)$. **Energiedichte:**

$$w(\boldsymbol{r}) = \frac{\varepsilon_0}{2} |\boldsymbol{E}|^2 = \frac{Q^2}{32\pi^2 \varepsilon_0} \frac{1}{r^4} \begin{cases} 0 \,, & \text{falls } r < R_1 \,, \\ \left(\dfrac{r - R_1}{R_2 - R_1} \right)^2 \,, & \text{falls } R_1 \le r \le R_2 \,, \\ 1 \,, & \text{falls } R_2 < r \,. \end{cases}$$

Gesamtenergie:

$$W = \int \mathrm{d}^3 r \, w(\boldsymbol{r}) =$$

$$= \frac{Q^2}{32\pi^2 \varepsilon_0} 4\pi \left[\int\limits_{R_1}^{R_2} \mathrm{d}r \, r^2 \frac{1}{r^4} \frac{1}{(R_2 - R_1)^2} \left(r^2 - 2r R_1 + R_1^2 \right) + \int\limits_{R_2}^{\infty} \mathrm{d}r \, r^2 \frac{1}{r^4} \right] =$$

$$= \frac{Q^2}{8\pi \varepsilon_0} \left\{ \frac{1}{R_2} + \frac{1}{(R_2 - R_1)^2} \left[(R_2 - R_1) - 2R_1 \ln \frac{R_2}{R_1} + R_1^2 \left(\frac{1}{R_1} - \frac{1}{R_2} \right) \right] \right\} =$$

$$= \frac{Q^2}{8\pi \varepsilon_0} \left[\frac{1}{R_2} + \frac{1}{R_2} \frac{R_2 + R_1}{R_2 - R_1} - \frac{2R_1}{(R_2 - R_1)^2} \ln \frac{R_2}{R_1} \right]$$

$$\Rightarrow \; W = \frac{Q^2}{4\pi \varepsilon_0} \left[(R_2 - R_1) - R_1 \ln \frac{R_2}{R_1} \right] \frac{1}{(R_2 - R_1)^2} \, .$$

Abschnitt 2.2.9

2.2.1 Lösung zu Aufgabe 2.2.1

1.

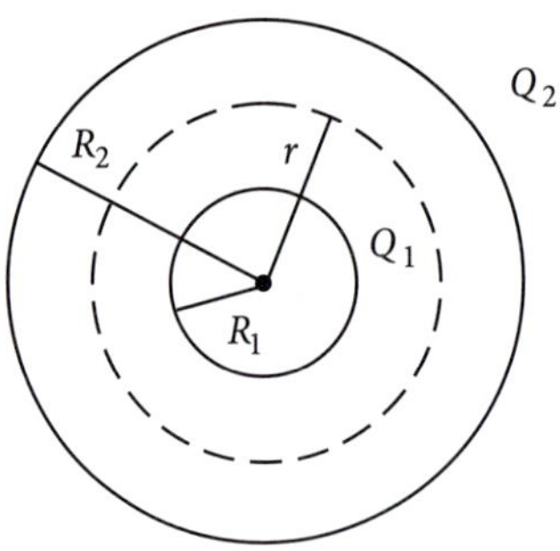

Abb. A.11.

Kugelkondensator:

$$Q_1 = Q \, ; \quad Q_2 = -Q \, .$$

Ladungsdichte:

$$\varrho(\boldsymbol{r}) = \frac{Q_1}{4\pi R_1^2} \delta(r - R_1) + \frac{Q_2}{4\pi R_2^2} \delta(r - R_2) \, .$$

Wegen kugelsymmetrischer Ladungsverteilung gilt:

$$\boldsymbol{E}(\boldsymbol{r}) = E_r(r) \, \boldsymbol{e}_r \, .$$

Es sei V_r das Volumen einer Kugel vom Radius r. Dann berechnet sich das elektrische Feld wie folgt:

$$\int\limits_{S(V_r)} d\boldsymbol{f} \cdot \boldsymbol{E} = 4\pi r^2 E_r(r) = \frac{1}{\varepsilon_0} \int\limits_{V_r} d^3r' \varrho(r') =$$

$$= \frac{4\pi}{\varepsilon_0} \int\limits_0^r dr' r'^2 \left[\frac{Q_1}{4\pi R_1^2} \delta(r' - R_1) + \frac{Q_2}{4\pi R_2^2} \delta(r' - R_2) \right] =$$

$$= \frac{1}{\varepsilon_0} \begin{cases} 0 \,, & \text{falls } r < R_1 \,, \\ Q_1 \,, & \text{falls } R_1 < r < R_2 \,, \\ Q_1 + Q_2 \,, & \text{falls } R_2 < r \,. \end{cases}$$

Es bleibt schließlich:

$$\boldsymbol{E}(\boldsymbol{r}) = \frac{\boldsymbol{e}_r}{4\pi \varepsilon_0 r^2} \begin{cases} 0 \,, & \text{falls } r < R_1 \,, \\ Q_1 \,, & \text{falls } R_1 < r < R_2 \,, \\ Q_1 + Q_2 \,, & \text{falls } R_2 < r \,. \end{cases}$$

Energiedichte:

$$w(\boldsymbol{r}) = \frac{1}{32\pi^2 \varepsilon_0} \frac{1}{r^4} \begin{cases} 0 \,, & \text{falls } r < R_1 \,, \\ Q_1^2 \,, & \text{falls } R_1 < r < R_2 \,, \\ (Q_1 + Q_2)^2 \,, & \text{falls } R_2 < r \,, \end{cases}$$

Kugelkondensator: $Q_1 = Q$; $\quad Q_1 + Q_2 = 0$.

Gesamtenergie:

$$W = \int d^3r\, w(\boldsymbol{r}) = \frac{1}{8\pi \varepsilon_0} \left[Q_1^2 \int\limits_{R_1}^{R_2} dr \frac{1}{r^2} + (Q_1 + Q_2)^2 \int\limits_{R_2}^{\infty} dr \frac{1}{r^2} \right] =$$

$$= \frac{1}{8\pi \varepsilon_0} \left\{ Q_1^2 \left(\frac{1}{R_1} - \frac{1}{R_2} \right) + (Q_1 + Q_2)^2 \frac{1}{R_2} \right\} .$$

Kugelkondensator:

$$W = \frac{Q^2}{8\pi \varepsilon_0} \frac{R_2 - R_1}{R_2 R_1} .$$

2a. $Q_1 = Q\,, \quad Q_2 = -Q/2:$

$$w(\boldsymbol{r}) = \frac{1}{32\pi^2\varepsilon_0}\,\frac{1}{r^4}\begin{cases} 0\,, & \text{falls } r < R_1\,,\\ Q^2\,, & \text{falls } R_1 < r < R_2\,,\\ \dfrac{Q^2}{4}\,, & \text{falls } R_2 < r\,. \end{cases}$$

Die Energiedichte im Inneren des Kugelkondensators bleibt unverändert, da dort dieselben Felder wie in 1. auftreten. Nun gibt es aber noch Beiträge im Außenraum:

$$W = \frac{Q^2}{8\pi\,\varepsilon_0}\left(\frac{R_2 - R_1}{R_2 R_1} + \frac{1}{4R_2}\right).$$

2b. $Q_1 = -Q/2\,; \quad Q_2 = Q:$

$$w(\boldsymbol{r}) = \frac{1}{32\pi^2\varepsilon_0}\,\frac{1}{r^4}\begin{cases} 0\,, & \text{falls } r < R_1\,,\\ \dfrac{Q^2}{4}\,, & \text{falls } R_1 < r < R_2\,,\\ \dfrac{Q^2}{4}\,, & \text{falls } R_2 < r\,. \end{cases}$$

Die Energiedichte ist im Inneren des Kugelkondensators nun kleiner, da dort ein kleineres Feld vorliegt. Im Außenraum bleibt alles wie in 2a.:

$$W = \frac{Q^2}{8\pi\,\varepsilon_0}\left[\frac{1}{4}\,\frac{R_2 - R_1}{R_2 R_1} + \frac{1}{4}\,\frac{1}{R_2}\right] = \frac{Q^2}{32\pi\,\varepsilon_0\,R_1}\,.$$

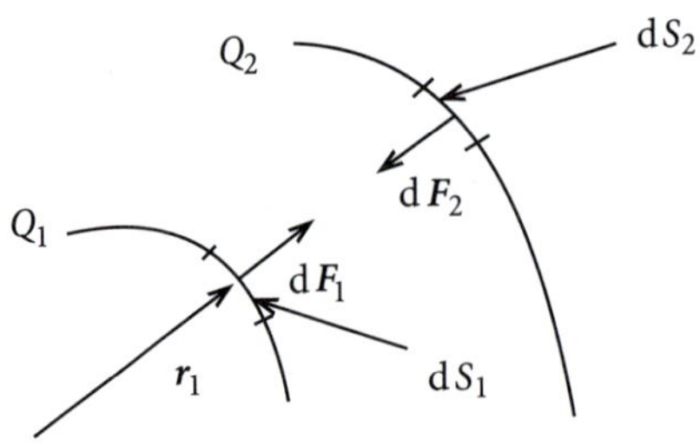

Abb. A.12.

3.

$\mathrm{d}S_1$: Flächenelement der inneren Kugelschale ,

$\mathrm{d}S_2$: Flächenelement der äußeren Kugelschale .

$$\mathrm{d}\boldsymbol{F}_1 = \mathrm{d}S_1\frac{Q_1}{4\pi R_1^2}\boldsymbol{E}(\boldsymbol{r}_1^+)\,,$$

$$\mathrm{d}\boldsymbol{F}_2 = \mathrm{d}S_2\frac{Q_2}{4\pi R_2^2}\boldsymbol{E}(\boldsymbol{r}_2^-)\,.$$

Dies ergibt als Druck:

$$p_1 = \frac{dF_1}{dS_1} = \frac{Q_1^2}{16\pi^2\varepsilon_0 R_1^4}\,,$$

$$p_2 = \frac{dF_2}{dS_2} = \frac{|Q_2\,Q_1|}{16\pi^2\varepsilon_0 R_2^4}\,.$$

1. $Q_1 = Q\,,\quad Q_2 = -Q$:

$$p_{1,2} = \frac{Q^2}{16\pi^2\varepsilon_0\, R_{1,2}^4}\,.$$

2a. $Q_1 = Q\,,\quad Q_2 = -Q/2$:

$$p_1 = \frac{Q^2}{16\pi^2\varepsilon_0 R_1^4}\,,$$

$$p_2 = \frac{Q^2}{32\pi^2\varepsilon_0 R_2^4}\,.$$

2b. $Q_1 = -Q/2\,,\quad Q_2 = Q$:

$$p_1 = \frac{Q^2}{64\pi^2\varepsilon_0 R_1^4}\,,$$

$$p_2 = \frac{Q^2}{32\pi^2\varepsilon_0 R_2^4}\,.$$

Lösung zu Aufgabe 2.2.2 2.2.2

1. Die potentielle Energie eines Dipols im elektrischen Feld beträgt

$$V_\mathrm{D}(\boldsymbol{r}) = -\boldsymbol{p}\cdot\boldsymbol{E}(\boldsymbol{r})\,.$$

Die Punktladung erzeugt das Feld

$$\boldsymbol{E}(\boldsymbol{r}) = \frac{q}{4\pi\,\varepsilon_0}\,\frac{\boldsymbol{r}}{r^3}\,.$$

Dies ergibt:

$$V_\mathrm{D}(\boldsymbol{r}) = -\frac{q}{4\pi\,\varepsilon_0}\,\frac{\boldsymbol{p}\cdot\boldsymbol{r}}{r^3} = \frac{q}{4\pi\,\varepsilon_0}\boldsymbol{p}\cdot\nabla\frac{1}{r}\,.$$

2. Die Kraft auf den Dipol lässt sich aus der potentiellen Energie ableiten:

$$\boldsymbol{F}_\mathrm{D}(\boldsymbol{r}) = -\nabla\,V_\mathrm{D}(\boldsymbol{r}) = -\frac{q}{4\pi\,\varepsilon_0}\nabla\left(\boldsymbol{p}\cdot\nabla\frac{1}{r}\right)\,.$$

Wir benutzen die Formel:

$$\nabla(\boldsymbol{a}\cdot\boldsymbol{b}) = (\boldsymbol{b}\cdot\nabla)\boldsymbol{a} + (\boldsymbol{a}\cdot\nabla)\,\boldsymbol{b} + \boldsymbol{b}\times\operatorname{rot}\boldsymbol{a} + \boldsymbol{a}\times\operatorname{rot}\boldsymbol{b}$$

und erhalten mit $\boldsymbol{p} = \text{const}$:

$$\nabla\left(\boldsymbol{p}\cdot\nabla\frac{1}{r}\right) = (\boldsymbol{p}\cdot\nabla)\nabla\frac{1}{r} + \boldsymbol{p}\times\underbrace{\operatorname{rot}\nabla\frac{1}{r}}_{=0} = -\sum_i p_i\frac{\partial}{\partial x_i}\frac{\boldsymbol{r}}{r^3} =$$

$$= -\sum_i p_i\left(\frac{\boldsymbol{e}_i}{r^3} - 3\frac{\boldsymbol{r}}{r^4}\frac{x_i}{r}\right) = 3\frac{\boldsymbol{r}(\boldsymbol{r}\cdot\boldsymbol{p})}{r^5} - \frac{\boldsymbol{p}}{r^3}\,.$$

Damit folgt:

$$\boldsymbol{F}_{\mathrm{D}}(\boldsymbol{r}) = -\frac{q}{4\pi\,\varepsilon_0}\,\frac{3\boldsymbol{r}(\boldsymbol{r}\cdot\boldsymbol{p}) - \boldsymbol{p}\,r^2}{r^5}\,.$$

3. Für das Feld des Dipols am Ort **0** der Punktladung gilt:

$$\boldsymbol{E}_{\mathrm{D}}(\boldsymbol{r}) = \frac{1}{4\pi\,\varepsilon_0}\,\frac{3(-\boldsymbol{r})[(-\boldsymbol{r})\cdot\boldsymbol{p}] - \boldsymbol{p}\,r^2}{r^5}\,.$$

Daraus resultiert eine Kraft vonseiten des Dipols auf die Punktladung:

$$\boldsymbol{F}_{\mathrm{p}}(\boldsymbol{r}) = q\,\boldsymbol{E}_{\mathrm{D}}(\boldsymbol{r}) = -\boldsymbol{F}_{\mathrm{D}}(\boldsymbol{r})\,.$$

Das dritte Newton-Axiom ist also erfüllt.

2.2.3 Lösung zu Aufgabe 2.2.3

1.

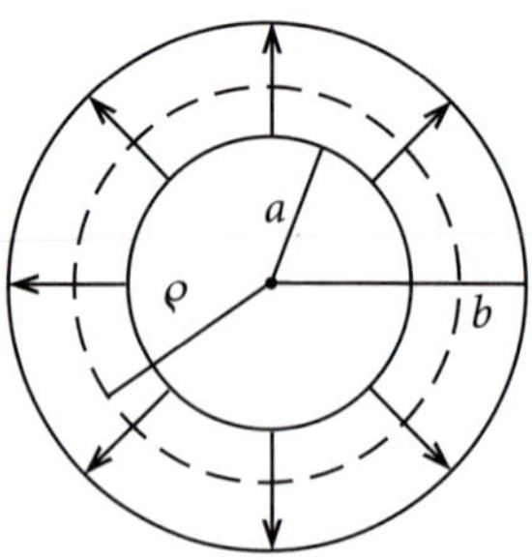

Abb. A.13.

Zylinderkoordinaten:

$$\varrho, \varphi, z\,,$$

Symmetrie:

$$\boldsymbol{E}(\boldsymbol{r}) = E_\varrho(\varrho)\, \boldsymbol{e}_\varrho \,,$$

Z: Zylinder, L: Länge, ϱ: Radius.

$$\int\limits_{S(Z)} \mathrm{d}\boldsymbol{f} \cdot \boldsymbol{E} = E_\varrho(\varrho)\, 2\pi\varrho\, h \stackrel{!}{=} \frac{1}{\varepsilon_0} \int\limits_Z \mathrm{d}^3r'\, \varrho(\boldsymbol{r}') = \frac{1}{\varepsilon_0} \begin{cases} 0\,, & \text{falls } \varrho < a\,, \\ h\,\bar{q}\,, & \text{falls } a < \varrho < b\,, \\ 0\,, & \text{falls } b < \varrho\,, \end{cases}$$

$\bar{q}$: Ladung pro Längeneinheit.
Daraus folgt:

$$E_\varrho(\varrho) = \frac{1}{2\pi\,\varepsilon_0} \frac{\bar{q}}{\varrho} \qquad \text{(im Inneren!)} \,.$$

Nabla-Operator in Zylinderkoordinaten:

$$\nabla \equiv \left(\frac{\partial}{\partial\varrho}, \frac{1}{\varrho} \frac{\partial}{\partial\varphi}, \frac{\partial}{\partial z} \right) .$$

Dies ergibt über das Potential,

$$\varphi(\boldsymbol{r}) = \frac{-\bar{q}}{2\pi\,\varepsilon_0} \ln\varrho + \text{const}\,,$$

am Kondensator die Spannung:

$$U = \varphi(a) - \varphi(b) = \frac{-\bar{q}}{2\pi\,\varepsilon_0} \ln\frac{a}{b} \,.$$

Dies bedeutet für die Ladung pro Längeneinheit:

$$\bar{q} = \frac{2\pi\,\varepsilon_0 U}{\ln(b/a)} \,.$$

Damit sind elektrisches Feld,

$$\boldsymbol{E}(\boldsymbol{r}) = \frac{U}{\ln(b/a)} \frac{1}{\varrho} \boldsymbol{e}_\varrho \,,$$

und skalares Potential bestimmt:

$$\varphi(\boldsymbol{r}) = -\frac{U}{\ln(b/a)} \ln\varrho + \text{const}\,.$$

Die Kapazität pro Längeneinheit ist schließlich:

$$C = \frac{\bar{q}}{U} = \frac{2\pi\,\varepsilon_0}{\ln(b/a)} \,.$$

2. Feld am Innenzylinder:

$$E_\varrho(\varrho = a) = \frac{U}{a \ln(b/a)} ,$$

$$\frac{d\,E_\varrho(a)}{d\,a} = \frac{-U}{\big(a \ln(b/a)\big)^2}(\ln b - 1 - \ln a) \overset{!}{=} 0 .$$

Bei $a_0 = b\,\mathrm{e}^{-1}$ wird das Feld demnach extremal. Wegen

$$\frac{\mathrm{d}^2 E_\varrho(a)}{\mathrm{d}\,a^2} = \left[\frac{2U}{\big(a \ln(b/a)\big)^3}(\ln b - 1 - \ln a)^2 + \frac{U}{a\big(a \ln(b/a)\big)^2}\right]_{a=a_0} =$$

$$= \frac{U}{b\,\mathrm{e}^{-1}(b\,\mathrm{e}^{-1})^2} = \frac{U\,\mathrm{e}^3}{b^3} > 0$$

handelt es sich um ein Minimum.

2.2.4 Lösung zu Aufgabe 2.2.4

$$Q_0 = C\,U_0 = 10^{-4}\frac{\mathrm{As}}{\mathrm{V}}\,10^3\ \mathrm{V} = 10^{-1}\ \mathrm{As} ,$$

$$W_0 = \frac{1}{2}C\,U_0^2 = \frac{1}{2}10^{-4}\frac{\mathrm{As}}{\mathrm{V}}\,10^6\ \mathrm{V}^2 = 50\ \mathrm{Ws} = 50\ \mathrm{J} .$$

Parallelschalten:

$$Q_1 = Q_2 = \frac{1}{2}Q_0 ,$$

$$U_1 = U_2 = \frac{1}{2}U_0 = 500\ \mathrm{V} .$$

Daraus folgt:

$$W = W_1 + W_2 = \frac{1}{2}C\frac{U_0^2}{4} + \frac{1}{2}C\frac{U_0^2}{4} = \frac{W_0}{4} + \frac{W_0}{4} = \frac{1}{2}W_0 .$$

Paradoxon: Die Hälfte der gespeicherten Energie ist *verschwunden*! Wohin?

2.2.5 Lösung zu Aufgabe 2.2.5

Ersatzschaltbild:

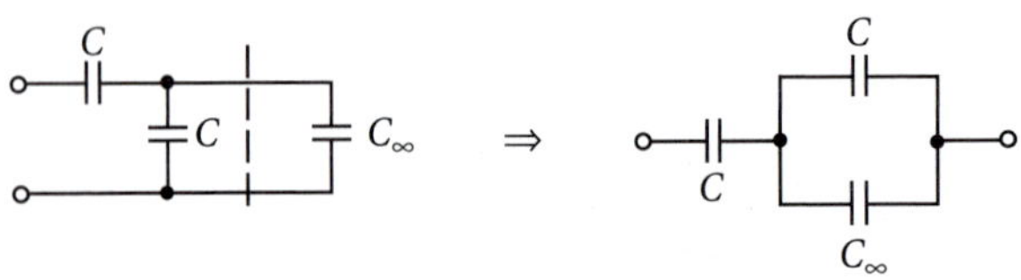

Abb. A.14.

Daraus folgt:

$$\frac{1}{C_\infty} = \frac{1}{C} + \frac{1}{C + C_\infty}$$

$$\Rightarrow \quad C(C + C_\infty) = C_\infty(2C + C_\infty)$$

$$\Rightarrow \quad 0 = C_\infty^2 + C\,C_\infty - C^2 = \left(C_\infty + \frac{1}{2}C\right)^2 - \frac{5}{4}C^2$$

$$\Rightarrow \quad C_\infty = C\left(-\frac{1}{2} + \sqrt{\frac{5}{4}}\right) = 0{,}618\,C\,.$$

Die Kapazität wird also **nicht** unendlich groß!

Lösung zu Aufgabe 2.2.6

2.2.6

Der Dipol $\boldsymbol{p}_1 = p_1 \boldsymbol{e}_z$ bewirkt das Potential

$$\varphi_1(\boldsymbol{r}) = \frac{1}{4\pi\,\varepsilon_0}\,\frac{\boldsymbol{r}\cdot\boldsymbol{p}_1}{r^3} = \frac{1}{4\pi\,\varepsilon_0}\,\frac{p_1 z}{r^3}$$

und damit das elektrische Feld:

$$E_x^{(1)} = -\frac{\partial\varphi_1}{\partial x} = \frac{3p_1}{4\pi\,\varepsilon_0}\,\frac{xz}{r^5}\,,$$

$$E_y^{(1)} = -\frac{\partial\varphi_1}{\partial y} = \frac{3p_1}{4\pi\,\varepsilon_0}\,\frac{yz}{r^5}\,,$$

$$E_z^{(1)} = -\frac{\partial\varphi_1}{\partial z} = \frac{p_1}{4\pi\,\varepsilon_0}\left(\frac{3z^2}{r^5} - \frac{1}{r^3}\right)\,.$$

Die potentielle Energie des Dipols $\boldsymbol{p}_2$ im Feld des Dipols $\boldsymbol{p}_1$ berechnet sich dann aus

$$V_\mathrm{D}^{(2)} = -\boldsymbol{p}_2\cdot\boldsymbol{E}^{(1)}\,.$$

Für die gesuchte Richtung wird die potentielle Energie minimal, d.h., $\boldsymbol{p}_2$ stellt sich parallel zu $\boldsymbol{E}^{(1)}$:

$$E_x^{(1)}(x_0, 0, z_0) = \frac{3p_1}{4\pi\,\varepsilon_0}\,\frac{x_0 z_0}{r_0^5}\,,$$

$$E_y^{(1)}(x_0, 0, z_0) = 0\,,$$

$$E_z^{(1)}(x_0, 0, z_0) = \frac{p_1}{4\pi\,\varepsilon_0}\,\frac{1}{r_0^5}\left(2z_0^2 - x_0^2\right)\,.$$

$$\tan\alpha = \frac{E_z^{(1)}(x_0, 0, z_0)}{E_x^{(1)}(x_0, 0, z_0)} = \frac{2z_0^2 - x_0^2}{3x_0 z_0}\,.$$

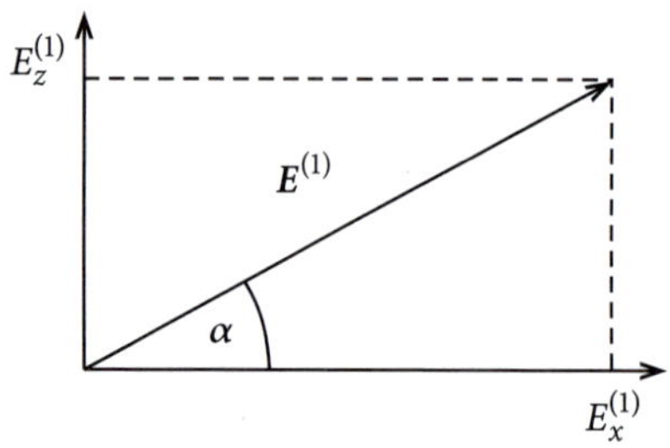

Abb. A.15.

2.2.7 Lösung zu Aufgabe 2.2.7

Ladungsdichte:

$$\varrho(\boldsymbol{r}) = q\left\{\delta(x)\,\delta(z)[\delta(y-d)+\delta(y+d)] + \delta(x)\,\delta(y)[\delta(z-d)+\delta(z+d)] - \right.$$

$$\left. -\delta(y)\,\delta(z)[\delta(x+d)+\delta\left(x+d/2\right)+\delta(x-d)+\delta(x-2d)]\right\} .$$

Dipolmoment:

$$\boldsymbol{p} = \int \mathrm{d}^3r\,\varrho(\boldsymbol{r})\cdot\boldsymbol{r} = q\begin{pmatrix} +d+d/2-d-2d \\ d-d \\ d-d \end{pmatrix}$$

$$\Rightarrow\quad \boldsymbol{p} = -q\,d\begin{pmatrix} 3/2 \\ 0 \\ 0 \end{pmatrix} .$$

Quadrupoltensor:

$$Q_{ij} = \int \mathrm{d}^3r\,\varrho(\boldsymbol{r})\left(3x_ix_j - r^2\delta_{ij}\right) ,$$

$$Q_{ij} = 0 \quad \forall i \neq j ,$$

$$Q_{xx} = \int \mathrm{d}^3r\,\varrho(\boldsymbol{r})\left(2x^2-y^2-z^2\right) =$$

$$= q\left(-d^2-d^2-d^2-d^2-2d^2-2d^2/4-2d^2-8d^2\right) =$$

$$= -q\,d^2\left(16+\frac{1}{2}\right) = -\frac{33}{2}q\,d^2 ,$$

$$Q_{yy} = \int \mathrm{d}^3r\,\varrho(\boldsymbol{r})\left(2y^2-x^2-z^2\right) =$$

$$= q\left(2d^2+2d^2-d^2-d^2+d^2+d^2+d^2/4+d^2+4d^2\right) =$$

$$= q\,d^2\left(8+\frac{1}{4}\right) = \frac{33}{4}q\,d^2 = -\frac{1}{2}Q_{xx} ,$$

$$\begin{aligned}
Q_{zz} &= \int d^3r\, \rho(\mathbf{r}) \left(2z^2 - x^2 - y^2\right) = \\
&= q\left(-d^2 - d^2 + 2d^2 + 2d^2 + d^2 + d^2/4 + d^2 + 4d^2\right) = \\
&= q\, d^2 \left(8 + \frac{1}{4}\right) = Q_{yy} \,.
\end{aligned}$$

Daraus folgt:

$$Q_{zz} = Q_{yy} = -\frac{1}{2} Q_{xx} \,,$$

Spurfreiheit! Axialsymmetrie!

Lösung zu Aufgabe 2.2.8

2.2.8

1. Kugelkoordinaten: r, ϑ, φ,
   Axialsymmetrie: $\rho(\mathbf{r}) = \rho(r, \vartheta)$; $\partial\rho/\partial\varphi = 0$.

$$x = r \sin\vartheta \cos\varphi \,,$$

$$y = r \sin\vartheta \sin\varphi \,,$$

$$z = r \cos\vartheta \,.$$

$$Q_{xy} = \int d^3r\, \rho(\mathbf{r})(3xy) = 3\int_0^\infty dr\, r^4 \int_{-1}^{+1} d\cos\vartheta\, \sin^2\vartheta\, \rho(r,\vartheta) \underbrace{\int_0^{2\pi} d\varphi\, \cos\varphi\, \sin\varphi}_{\frac{1}{2}\sin^2\varphi\big|_0^{2\pi} = 0} =$$

$$= 0 = Q_{yx} \,,$$

$$Q_{xz} = 3\int_0^\infty dr\, r^4 \int_{-1}^{+1} d\cos\vartheta\, \sin\vartheta\, \cos\vartheta\, \rho(r,\vartheta) \underbrace{\int_0^{2\pi} d\varphi\, \cos\varphi}_{=0} =$$

$$= 0 = Q_{zx} \,,$$

$$Q_{yz} = 3\int_0^\infty dr\, r^4 \int_{-1}^{+1} d\cos\vartheta\, \sin\vartheta\, \cos\vartheta\, \rho(r,\vartheta) \underbrace{\int_0^{2\pi} d\varphi\, \sin\varphi}_{=0} =$$

$$= 0 = Q_{zy} \,.$$

2.

$$Q_{xx} = \int d^3r\,\varrho(\boldsymbol{r})(3x^2 - r^2) = \int d^3r\,\varrho(\boldsymbol{r})(2x^2 - y^2 - z^2)\,,$$

$$Q_{yy} = \int d^3r\,\varrho(\boldsymbol{r})(2y^2 - x^2 - z^2)\,.$$

Dies lässt sich zusammenfassen:

$$Q_{xx} - Q_{yy} = 3\int d^3r\,\varrho(\boldsymbol{r})(x^2 - y^2) =$$

$$= 3\int\limits_0^\infty dr\,r^4 \int\limits_{-1}^{+1} d\cos\vartheta\,\sin^2\vartheta\,\varrho(r,\vartheta)\int\limits_0^{2\pi} d\varphi\,\underbrace{(\cos^2\varphi - \sin^2\varphi)}_{\cos 2\varphi}\,,$$

$$\frac{1}{2}\sin 2\varphi\bigg|_0^{2\pi} = 0\,.$$

Es gilt also:

$$Q_{xx} = Q_{yy}\,.$$

Aus der Spurfreiheit (zeigen!) folgt weiter:

$$Q_{zz} = Q_0 = -(Q_{xx} + Q_{yy})\,,$$

$$Q_{xx} = Q_{yy} = -\frac{1}{2}Q_0\,.$$

3.

$$4\pi\,\varepsilon_0\,\varphi_Q(\boldsymbol{r}) = \frac{1}{2r^5}\sum_{i,j} Q_{ij}x_ix_j = \frac{Q_0}{2r^5}\left(z^2 - \frac{1}{2}x^2 - \frac{1}{2}y^2\right) =$$

$$= \frac{Q_0}{2r^3}\left(\cos^2\vartheta - \frac{1}{2}\sin^2\vartheta\right) = -\frac{Q_0}{4r^3}\left(1 - 3\cos^2\vartheta\right)\,.$$

Dies ergibt:

$$\varphi_Q(\boldsymbol{r}) = -\frac{Q_0}{16\pi\,\varepsilon_0}\,\frac{1 - 3\,\cos^2\vartheta}{r^3}\,.$$

Mit dem Nabla-Operator in Kugelkoordinaten,

$$\nabla \equiv \left(\frac{\partial}{\partial r}, \frac{1}{r}\frac{\partial}{\partial\vartheta}, \frac{1}{r\sin\vartheta}\frac{\partial}{\partial\varphi}\right)\,,$$

berechnet man:

$$\frac{\partial}{\partial r} \frac{1 - 3\cos^2\vartheta}{r^3} = -3\,\frac{1 - 3\cos^2\vartheta}{r^4}\,,$$

$$\frac{1}{r}\frac{\partial}{\partial \vartheta} \frac{1 - 3\cos^2\vartheta}{r^3} = +\frac{3}{r^4}\,2\cos\vartheta\,\sin\vartheta = \frac{3\sin 2\vartheta}{r^4}\,.$$

Es ergibt sich als elektrische Feldstärke:

$$\boldsymbol{E}_{\mathrm{Q}}(\boldsymbol{r}) = -\nabla\varphi_{\mathrm{Q}}(\boldsymbol{r}) = -\frac{3\,Q_0}{16\pi\,\varepsilon_0}\,\frac{1}{r^4}\left[(1 - 3\cos^2\vartheta)\,\boldsymbol{e}_r - \sin 2\vartheta\,\boldsymbol{e}_\vartheta\right]\,.$$

Abschnitt 2.3.9

Lösung zu Aufgabe 2.3.1 2.3.1

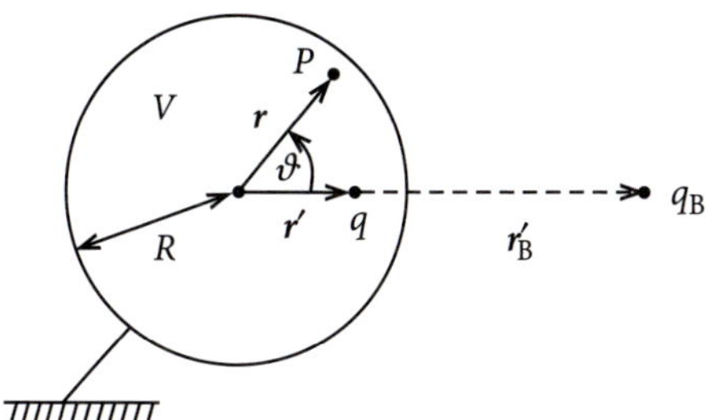

Abb. A.16.

Der *interessierende* Raumbereich ist hier: V: Innenraum der Hohlkugel,
Randbedingung: $\varphi \equiv 0$ auf $S(V)$ (Dirichlet).
Die Poisson-Gleichung für $\boldsymbol{r} \in V$:

$$\Delta_r\varphi(\boldsymbol{r}) = -\frac{q}{\varepsilon_0}\,\delta(\boldsymbol{r} - \boldsymbol{r}')$$

wird gelöst durch

$$\varphi(\boldsymbol{r}) = \frac{q}{4\pi\,\varepsilon_0}\,\frac{1}{|\boldsymbol{r} - \boldsymbol{r}'|} + f(\boldsymbol{r}, \boldsymbol{r}')$$

mit $\Delta_r f(\boldsymbol{r}, \boldsymbol{r}') = 0$ in V,

$f(\boldsymbol{r}, \boldsymbol{r}')$: Potential einer außerhalb V liegenden *Bildladung*, mit der wir die Randbedingungen simulieren. Aus Symmetriegründen ist zu erwarten:

Bildladung = Punktladung q_{B},

$\boldsymbol{r}_{\mathrm{B}'} \uparrow\uparrow \boldsymbol{r}'$ $(r_{\mathrm{B}'} > R)$.

Der Ansatz

$$4\pi\,\varepsilon_0\varphi(\boldsymbol{r}) = \frac{q}{|\boldsymbol{r}-\boldsymbol{r}'|} + \frac{q_B}{|\boldsymbol{r}-\boldsymbol{r}_{B'}|}$$

erfüllt in V die Poisson-Gleichung:

$$4\pi\,\varepsilon_0\varphi(\boldsymbol{r}) = \frac{q/r}{\left|\boldsymbol{e}_r-(r'/r)\boldsymbol{e}_{r'}\right|} + \frac{q_B/r_{B'}}{\left|(r/r_{B'}\,\boldsymbol{e}_r-\boldsymbol{e}_{r'}\right|}\,.$$

Die Randbedingung

$$\varphi(r=R) \overset{!}{=} 0$$

ist erfüllt, falls gilt:

$$0 = \frac{q}{R}\left(1+\frac{r'^2}{R^2}-2\frac{r'}{R}\,\boldsymbol{e}_r\cdot\boldsymbol{e}_{r'}\right)^{-1/2} + \frac{q_B}{r_{B'}}\left(\frac{R^2}{r_B'^2}+1-2\frac{R}{r_{B'}}\,\boldsymbol{e}_r\cdot\boldsymbol{e}_{r'}\right)^{-1/2}\,.$$

Diese Gleichung wird gelöst durch:

$$\frac{q_B}{r_{B'}} = -\frac{q}{R}\,;\qquad \frac{R}{r_{B'}} = \frac{r'}{R}$$

$$\Rightarrow\ r_{B'} = \frac{R^2}{r'} > R\,;\qquad q_B = -q\frac{R}{r'}$$

$$\Rightarrow\ \varphi(\boldsymbol{r}) = \frac{q}{4\pi\,\varepsilon_0}\left(\frac{1}{|\boldsymbol{r}-\boldsymbol{r}'|} - \frac{R/r'}{\left|\boldsymbol{r}-(R^2/r'^2)\boldsymbol{r}'\right|}\right)\,.$$

Die Lösung erfüllt in V die Poisson-Gleichung und auf $S(V)$ Dirichlet-Randbedingungen, ist somit als Lösung eindeutig.

Wir berechnen die Flächenladungsdichte:

$$\sigma = \varepsilon_0\,\boldsymbol{n}\cdot(\underbrace{\boldsymbol{E}_a}_{=0}-\boldsymbol{E}_i) = \varepsilon_0\boldsymbol{n}\cdot\nabla\varphi_i = \varepsilon_0\left.\frac{\partial\varphi}{\partial r}\right|_{r=R}\,,$$

$$\frac{\partial}{\partial r}\frac{1}{|\boldsymbol{r}-\boldsymbol{r}'|} = \frac{\partial}{\partial r}\left(r^2+r'^2-2rr'\cos\vartheta\right)^{-1/2} = -\frac{r-r'\cos\vartheta}{|\boldsymbol{r}-\boldsymbol{r}'|^3}$$

$$\Rightarrow\ \left.\frac{\partial}{\partial r}\frac{1}{|\boldsymbol{r}-\boldsymbol{r}'|}\right|_{r=R} = -\frac{R-r'\cos\vartheta}{(R^2+r'^2-2Rr'\cos\vartheta)^{3/2}}\,,$$

$$\frac{\partial}{\partial r}\frac{R/r'}{\left|\boldsymbol{r}-(R^2/r'^2)\boldsymbol{r}'\right|} = -\frac{r-(R^2/r')\cos\vartheta}{\left(r^2+R^4/r'^2-2r(R^2/r')\cos\vartheta\right)^{3/2}}\,\frac{R}{r'}\,,$$

$$\frac{\partial}{\partial r}\,\frac{R/r'}{\left|\boldsymbol{r}-(R^2/r'^2)\boldsymbol{r}'\right|}\Bigg|_{r=R} = -\frac{R}{r'}\,\frac{R-(R^2/r')\cos\vartheta}{(R^3/r'^3)\left(r'^2+R^2-2R\,r'\cos\vartheta\right)^{3/2}} =$$

$$= -\frac{r'^2/R - r'\cos\vartheta}{\left(r'^2+R^2-2R\,r'\cos\vartheta\right)^{3/2}}\,.$$

Daraus folgt:

$$\sigma = \frac{q}{4\pi}\,\frac{-R+r'\cos\vartheta+r'^2/R-r'\cos\vartheta}{r'^3\left(1+R^2/r'^2-2(R(r')\cos\vartheta\right)^{3/2}}\,,$$

$$\sigma = \frac{q}{4\pi R^2}\left(\frac{R}{r'}\right)\frac{1-R^2/r'^2}{\left(1+R^2/r'^2-2(R/r')\cos\vartheta\right)^{3/2}}\,.$$

Die gesamte influenzierte Ladung ergibt sich durch Integration über die Kugeloberfläche:

$$\bar{q} = \frac{q}{2}\left(\frac{R}{r'}\right)\left(1-\frac{R^2}{r'^2}\right)\underbrace{\int\limits_{-1}^{+1}\mathrm{d}\cos\vartheta\,\frac{\mathrm{d}}{\mathrm{d}\cos\vartheta}\,\frac{1}{\left(1+R^2/r'^2-2(R/r')\cos\vartheta\right)^{1/2}}\left(\frac{r'}{R}\right)}_{\frac{r'}{R}\left(\frac{1}{|1-R/r'|}-\frac{1}{1+R/r'}\right)}\,.$$

Dies ergibt schließlich:

$$\bar{q} = -q\,.$$

Lösung zu Aufgabe 2.3.2 2.3.2

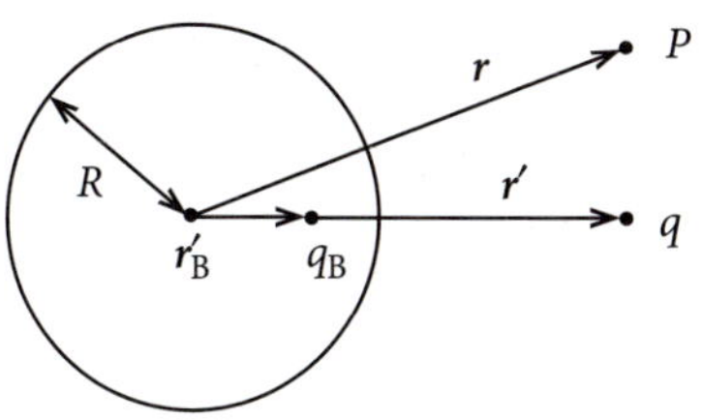

Abb. A.17.

Ohne Punktladung:
Q verteilt sich gleichmäßig über die Metalloberfläche. Wirkung nach außen so, als ob Q im Kugelmittelpunkt konzentriert wäre.

Mit Punktladung:
q_B wird als Flächenladung zur Erfüllung der Randbedingungen benötigt. Der Rest $Q - q_B$ verteilt sich gleichmäßig über die Oberfläche. Wir können also ansetzen:

$$\varphi(\boldsymbol{r}) = \varphi_1(\boldsymbol{r}) + \varphi_2(\boldsymbol{r}) ,$$

$\varphi_1(\boldsymbol{r})$: wie bei der geerdeten Metallkugel, $\varphi_2(\boldsymbol{r})$: Potential der Punktladung

$$Q - q_B = Q + q\frac{R}{r'}$$

im Kugelmittelpunkt,

$$4\pi\,\varepsilon_0\varphi_1(\boldsymbol{r}) = q\left(\frac{1}{|\boldsymbol{r}-\boldsymbol{r}'|} - \frac{R/r'}{\left|\boldsymbol{r}-(R^2/r'^2)\boldsymbol{r}'\right|}\right) ,$$

$$4\pi\,\varepsilon_0\varphi_2(\boldsymbol{r}) = \left(Q + q\frac{R}{r'}\right)\frac{1}{r} .$$

Kraft auf Punktladung:

$$\boldsymbol{F} = \boldsymbol{F}_1 + \boldsymbol{F}_2 .$$

Mit Gleichung (2.138) folgt:

$$\boldsymbol{F}_1 = \boldsymbol{e}_{r'}\frac{-q^2R/r'}{\left(r' - R^2/r'\right)^2} ,$$

$\boldsymbol{F}_1$ ist stets anziehend!

$$\boldsymbol{F}_2 = \boldsymbol{e}_{r'}\frac{q\left(Q + q(R/r')\right)}{4\pi\,\varepsilon_0 r'^2} .$$

Wenn q und Q gleichnamig, dann
a) große Abstände $\Rightarrow$ Abstoßung; $\boldsymbol{F}_2$ dominiert,
b) $r' \overset{>}{\to} R$ $\Rightarrow$ Anziehung; F_1 dominiert.

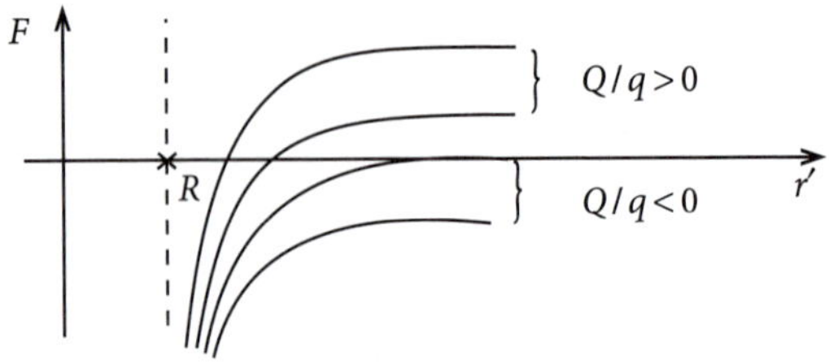

Abb. A.18.

Dieses Ergebnis erklärt, warum die Ladungen der Metallkugel diese trotz elektrostatischer Abstoßung nicht verlassen (*Austrittsarbeit*). Es ist Energie notwendig, unabhängig davon, ob Q und q gleich- oder ungleichnamige Ladungen sind.

Lösung zu Aufgabe 2.3.3 2.3.3

1. Greensche Funktion: Lösung der Poisson-Gleichung für eine Punktladung $q = 1$:

$$\Delta G = -\frac{1}{\varepsilon_0}\delta(\boldsymbol{r}) \, ,$$

$$G(\boldsymbol{r}) = G(\varrho, \varphi) = G(\varrho) \, .$$

↑ keine Randbedingungen

$\varrho \neq 0$: Laplace-Gleichung:

$$0 = \Delta G = \frac{1}{\varrho}\frac{\partial}{\partial \varrho}\left(\varrho \frac{\partial G}{\partial \varrho}\right)$$

$$\Longleftrightarrow \quad \varrho \frac{\partial G}{\partial \varrho} = C_1 \quad \Longleftrightarrow \quad \frac{\partial G}{\partial \varrho} = \frac{C_1}{\varrho}$$

$$\Longleftrightarrow \quad G(\varrho) = C_1 \ln C_2 \varrho \, .$$

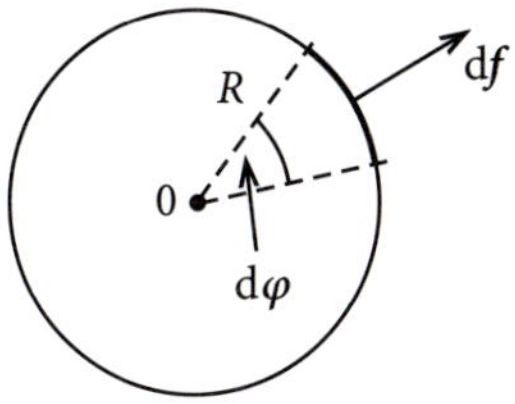

Abb. A.19.

Zweidimensionaler gaußscher Satz zur Festlegung der Konstante C_1:
F_R: Kreisfläche um Ursprung, R: Radius, Flächenelement: $\mathrm{d}\boldsymbol{f} = R \, \mathrm{d}\varphi \, \boldsymbol{e}_\varrho$.

$$\int\limits_{F_R} \mathrm{d}\tau \, \mathrm{div}(\nabla G) = \int\limits_{\partial F_R} \mathrm{d}\boldsymbol{f} \cdot \nabla G \, ,$$

$$\nabla \equiv \left(\frac{\partial}{\partial \varrho}, \frac{1}{\varrho}\frac{\partial}{\partial \varphi}\right) \; ; \quad \nabla G = \frac{C_1}{\varrho}\, \boldsymbol{e}_\varrho,$$

$$\int\limits_{F_R} \mathrm{d}\tau \, \mathrm{div}(\nabla G) = -\frac{1}{\varepsilon_0} \int\limits_{F_R} \mathrm{d}\tau \, \delta(\boldsymbol{r}) = -\frac{1}{\varepsilon_0} \, ,$$

$$\int\limits_{\partial F_R} \mathrm{d}\boldsymbol{f} \cdot \nabla G = R \frac{C_1}{R} \int\limits_0^{2\pi} \mathrm{d}\varphi \, \boldsymbol{e}_\varrho \cdot \boldsymbol{e}_\varrho = 2\pi C_1$$

$$\Rightarrow \quad C_1 = -\frac{1}{2\pi \varepsilon_0} \quad \Rightarrow \quad G(\varrho) = -\frac{1}{2\pi \varepsilon_0} \ln C_2 \varrho \, .$$

2.

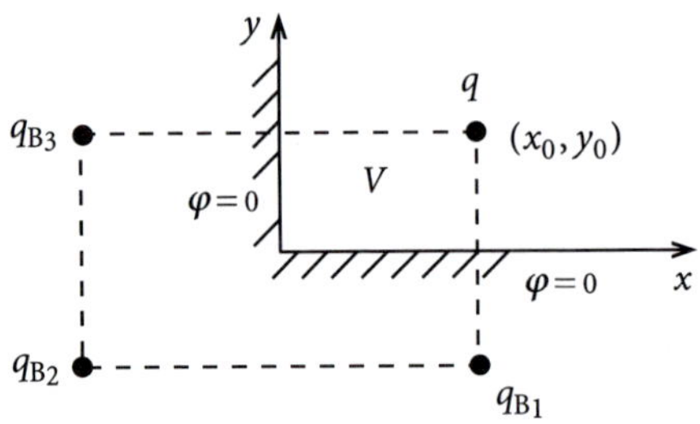

Abb. A.20.

Interessierender Raumbereich:

$$V = \{\boldsymbol{r} = (x, y) \; ; \quad x \geq 0, \, y \geq 0\} \, .$$

Randbedingungen mit Bildladungen **außerhalb** V realisieren!
q_{B_1}: kompensiert q auf $y = 0$:

$$\boldsymbol{r}_{B_1} = (x_0, -y_0) \; ; \quad q_{B_1} = -q \, ,$$

q_{B_3}: kompensiert q auf $x = 0$:

$$\boldsymbol{r}_{B_3} = (-x_0, y_0) \; ; \quad q_{B_3} = -q \, ,$$

q_{B_2}: kompensiert q_{B_1} auf $x = 0$ und q_{B_3} auf $y = 0$:

$$\boldsymbol{r}_{B_2} = (-x_0, -y_0) \; ; \quad q_{B_2} = q \, .$$

Daraus folgt:

$$\varphi(x, y) =$$

$$= -\frac{q}{2\pi\,\varepsilon_0} \left[\ln\left(C_2 \sqrt{(x - x_0)^2 + (y - y_0)^2} \right) - \ln\left(C_2 \sqrt{(x + x_0)^2 + (y + y_0)^2} \right) + \right.$$

$$\left. + \ln\left(C_2 \sqrt{(x + x_0)^2 + (y + y_0)^2} \right) - \ln\left(C_2 \sqrt{(x + x_0)^2 + (y - y_0)^2} \right) \right]$$

$$\Rightarrow \; \varphi(x, y) = -\frac{q}{4\pi\,\varepsilon_0} \ln \frac{\left[(x - x_0)^2 + (y - y_0)^2\right]\left[(x + x_0)^2 + (y + y_0)^2\right]}{\left[(x - x_0)^2 + (y + y_0)^2\right]\left[(x + x_0)^2 + (y - y_0)^2\right]} \, .$$

Man überprüfe:
1) φ löst in V die Poisson-Gleichung $\Delta\varphi(x, y) = -(q/\varepsilon_0)\,\delta(x - x_0)\,\delta(y - y_0)$,
2) $\varphi(x = 0, y) = \varphi(x, y = 0) = 0$.

Lösung zu Aufgabe 2.3.4

2.3.4

Zweckmäßig sind ebene Polarkoordinaten: ϱ, φ,

Laplace-Operator: $\Delta = \frac{1}{\varrho}\frac{\partial}{\partial\varrho}\left(\varrho\frac{\partial}{\partial\varrho}\right) + \frac{1}{\varrho^2}\frac{\partial^2}{\partial\varphi^2}$,

Separationsansatz:

$$\Phi(\varrho, \varphi) = \Pi(\varrho)\Theta(\varphi) ,$$

G ladungsfrei $\Rightarrow$ Laplace-Gleichung: $\Delta\Phi = 0$:

$$0 = \Theta(\vartheta)\frac{1}{\varrho}\frac{\partial}{\partial\varrho}\left(\varrho\frac{\partial\Pi}{\partial\varrho}\right) + \frac{\Pi(\varrho)}{\varrho^2}\frac{\partial^2\Theta}{\partial\varphi^2} .$$

Gleichung mit ϱ^2/Φ multiplizieren:

$$0 = \frac{\varrho}{\Pi(\varrho)}\frac{\mathrm{d}}{\mathrm{d}\varrho}\left(\varrho\frac{\mathrm{d}\Pi}{\mathrm{d}\varrho}\right) + \frac{1}{\Theta(\varphi)}\frac{\mathrm{d}^2\Theta}{\mathrm{d}\varphi^2} \Rightarrow \frac{\varrho}{\Pi}\frac{\mathrm{d}}{\mathrm{d}\varrho}\left(\varrho\frac{\mathrm{d}\Pi}{\mathrm{d}\varrho}\right) = \nu^2 ,$$

$$\frac{1}{\Theta}\frac{\mathrm{d}^2\Theta}{\mathrm{d}\varphi^2} = -\nu^2 .$$

Der Fall $\nu = 0$ kann ausgeschlossen werden. Wir setzen deshalb $\nu > 0$:

$$\Pi_\nu = a_\nu\varrho^\nu + b_\nu\varrho^{-\nu} ,$$

$$\Theta_\nu = \bar{a}_\nu \sin(\nu\varphi) + \bar{b}_\nu \cos(\nu\varphi) .$$

Randbedingungen:

$$\Phi(\varrho, \varphi = 0) = 0 \;\Rightarrow\; \bar{b}_\nu = 0 ,$$

$$\Phi(\varrho, \varphi = \alpha) = 0 \;\Rightarrow\; \nu = \frac{n\pi}{\alpha} ; \quad n \in \mathbb{N} .$$

$$\Phi \text{ regulär bei } \varrho = 0 \;\Rightarrow\; b_\nu = 0 .$$

Dies führt zu der allgemeinen Lösung:

$$\Phi(\varrho, \varphi) = \sum_{n=1}^{\infty} c_n \varrho^{n\pi/\alpha} \sin\left(\frac{n\pi}{\alpha}\varphi\right) .$$

Mit der Orthogonalitätsrelation

$$\frac{2}{\alpha}\int_0^\alpha \mathrm{d}\varphi \sin\left(\frac{n\pi}{\alpha}\varphi\right)\sin\left(\frac{m\pi}{\alpha}\varphi\right) = \delta_{nm}$$

folgt aus der letzten Randbedingung:

$$\frac{2}{\alpha}\int\limits_0^\alpha \mathrm{d}\varphi\,\Phi_0(\varphi)\sin\left(\frac{m\pi}{\alpha}\varphi\right) = \sum_{n=1}^\infty c_n R^{n\pi/\alpha}\delta_{nm} = c_m R^{m\pi/\alpha}$$

$$\Rightarrow\quad c_n = R^{-(n\pi/\alpha)}\,\frac{2}{\alpha}\int\limits_0^\alpha \mathrm{d}\varphi\,\Phi_0(\varphi)\sin\frac{n\pi}{\alpha}\varphi\,.$$

2.3.5 Lösung zu Aufgabe 2.3.5

Bis auf die Kugeloberfläche ist der Raum ladungsfrei:

$$\Delta\varphi = 0\,.$$

Randbedingungen haben azimutale Symmetrie, deswegen auch das Potential $\varphi(r,\vartheta,\varphi) = \varphi(r,\vartheta)$. Allgemeine Lösung (s. (2.165)):

$$\varphi(r,\vartheta) = \sum_{l=0}^\infty (2l+1)\left(A_l r^l + B_l r^{-(l+1)}\right) P_l(\cos\vartheta)\,,$$

φ_i: Potential im Inneren der Kugel, φ_a: Potential außerhalb der Kugel.

Regularität im Ursprung:

$$B_l^{(\mathrm{i})} = 0$$

$$\Rightarrow\quad \varphi_\mathrm{i}(r,\vartheta) = \sum_{l=0}^\infty A_l^{(\mathrm{i})}(2l+1)\,r^l P_l(\cos\vartheta)\,.$$

Verschwinden im Unendlichen:

$$A_l^{(\mathrm{a})} = 0$$

$$\Rightarrow\quad \varphi_\mathrm{a}(r,\vartheta) = \sum_{l=0}^\infty (2l+1) B_l^{(\mathrm{a})} r^{-(l+1)} P_l(\cos\vartheta)\,.$$

Stetigkeit bei $r = R$:

$$\varphi_\mathrm{i}(R,\vartheta) = \varphi_\mathrm{a}(R,\vartheta)$$

$$\Rightarrow\quad B_l^{(\mathrm{a})} = A_l^{(\mathrm{i})} R^{2l+1}\,.$$

Flächenladungsdichte:

$$\sigma(\vartheta) = -\varepsilon_0 \left(\frac{\partial \varphi_a}{\partial r} - \frac{\partial \varphi_i}{\partial r} \right)_{r=R} =$$

$$= -\varepsilon_0 \sum_{l=0}^{\infty} (2l+1) P_l(\cos\vartheta) \left[-(l+1) B_l^{(a)} R^{-l-2} - l A_l^{(i)} R^{l-1} \right]$$

$$\Rightarrow \quad \sigma(\vartheta) = \varepsilon_0 \sum_{l=0}^{\infty} (2l+1)^2 A_l^{(i)} R^{l-1} P_l(\cos\vartheta) \stackrel{!}{=}$$

$$\stackrel{!}{=} \sigma_0 (3\cos^2\vartheta - 1) = 2\sigma_0 P_2(\cos\vartheta) \, ,$$

$$\int_{-1}^{+1} \mathrm{d}\cos\vartheta \, \sigma(\vartheta) P_m(\cos\vartheta) = 2\sigma_0 \int_{-1}^{+1} \mathrm{d}\cos\vartheta \; P_2(\cos\vartheta) P_m(\cos\vartheta) =$$

$$= 2\sigma_0 \frac{2}{2m+1} \delta_{m2} = \frac{4}{5} \sigma_0 \delta_{m2} \, ,$$

$$\int_{-1}^{+1} \mathrm{d}\cos\vartheta \; \sigma(\vartheta) P_m(\cos\vartheta) = \varepsilon_0 \sum_{l=0}^{\infty} (2l+1)^2 A_l^{(i)} R^{l-1} \underbrace{\int_{-1}^{+1} \mathrm{d}\cos\vartheta \, P_m(\cos\vartheta) P_l(\cos\vartheta)}_{\frac{2}{2m+1}\delta_{lm}} =$$

$$= 2\varepsilon_0 (2m+1) A_m^{(i)} R^{m-1}$$

$$\Rightarrow \quad A_m^{(i)} = \frac{4}{5} \sigma_0 R^{1-m} \frac{1}{2\varepsilon_0 (2m+1)} \delta_{m2}$$

$$\Rightarrow \quad A_2^{(i)} = \frac{2\sigma_0}{25\varepsilon_0 R} \, ; \qquad A_m^{(i)} = 0 \quad \text{für } m \neq 2 \, .$$

Lösung:

$$\varphi_i(r, \vartheta) = \frac{2\sigma_0}{5\varepsilon_0 R} r^2 P_2(\cos\vartheta) \, ,$$

$$\varphi_a(r, \vartheta) = \frac{2\sigma_0}{5\varepsilon_0} R^4 \frac{P_2(\cos\vartheta)}{r^3} \, .$$

2.3.6 Lösung zu Aufgabe 2.3.6

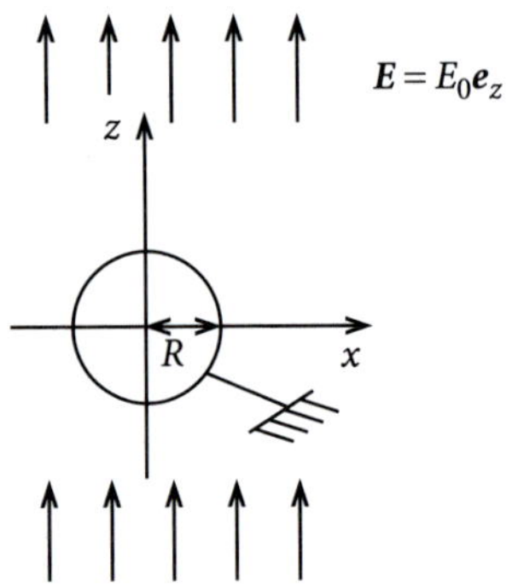

Abb. A.21.

Azimutale Symmetrie:

$$\varphi(r,\vartheta) = \sum_{l=0}^{\infty}(2l+1)\left[A_l r^l + B_l r^{-(l+1)}\right] P_l(\cos\vartheta)\,.$$

Leitende, geerdete Kugel:

$$\varphi(R,\vartheta) = 0 \;\Rightarrow\; B_l = -A_l R^{2l+1}\,.$$

Feld im Inneren der Kugel:

$$\text{Regularität bei } r = 0 \;\Rightarrow\; B_l^{(\mathrm{i})} = 0 \quad \forall l$$

$$\Rightarrow\; A_l^{(\mathrm{i})} = 0 \quad \forall l$$

$$\Rightarrow\; \varphi \equiv 0 \quad \text{im Inneren}\,.$$

E-Feld asymptotisch homogen:

$$\varphi \underset{r\to\infty}{\longrightarrow} -E_0 z = -E_0 r \cos\vartheta = -E_0 r\, P_1(\cos\vartheta)\,,$$

$$\sum_{l=0}^{\infty}(2l+1)\left[A_l r^l + B_l r^{-(l+1)}\right] P_l(\cos\vartheta) \underset{r\to\infty}{\longrightarrow} -E_0 r\, P_1(\cos\vartheta)$$

$$\Rightarrow\; A_1 = -\frac{1}{3}E_0\,; \quad A_l = 0 \quad \text{für } l \neq 1$$

$$\Rightarrow\; B_1 = -A_1 R^3 = +\frac{1}{3}E_0 R^3\,.$$

Potential außerhalb der Kugel:

$$\varphi(r, \vartheta) = -E_0 R \left(\frac{r}{R} - \frac{R^2}{r^2} \right) \cos \vartheta \, .$$

Flächenladungsdichte:

$$\sigma = -\varepsilon_0 \left. \frac{\partial \varphi}{\partial r} \right|_{r=R} = 3\varepsilon_0 E_0 \cos \vartheta \, .$$

Lösung zu Aufgabe 2.3.7

2.3.7

1a. Gleichung (2.71):

$$4\pi\,\varepsilon_0 \varphi_D(\boldsymbol{r}) = \frac{\boldsymbol{r} \cdot \boldsymbol{p}}{r^3} \, .$$

Gleichung (2.73):

$$4\pi\,\varepsilon_0 \boldsymbol{E}_D(\boldsymbol{r}) = \frac{3(\boldsymbol{r} \cdot \boldsymbol{p})\boldsymbol{r}}{r^5} - \frac{\boldsymbol{p}}{r^3} \, .$$

1b.

$$4\pi\,\varepsilon_0 \varphi_D(\boldsymbol{r}) = \frac{(\boldsymbol{r} - \boldsymbol{a}) \cdot \boldsymbol{p}}{|\boldsymbol{r} - \boldsymbol{a}|^3} \, ,$$

$$4\pi\,\varepsilon_0 \boldsymbol{E}_D(\boldsymbol{r}) = \frac{3[(\boldsymbol{r} - \boldsymbol{a}) \cdot \boldsymbol{p}](\boldsymbol{r} - \boldsymbol{a})}{|\boldsymbol{r} - \boldsymbol{a}|^5} - \frac{\boldsymbol{p}}{|\boldsymbol{r} - \boldsymbol{a}|^3} \, .$$

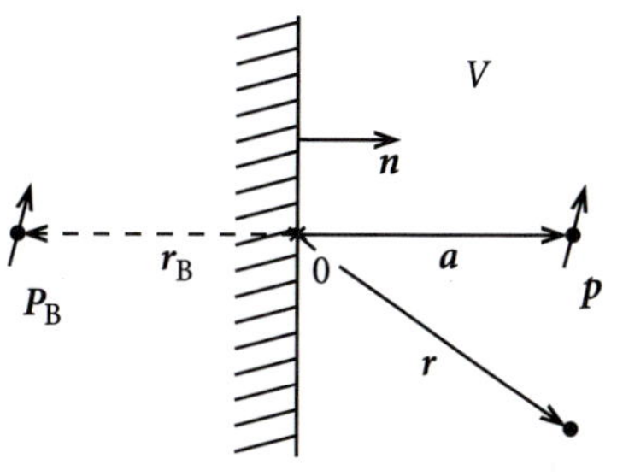

Abb. A.22.

2. Koordinatenursprung auf der Metalloberfläche, senkrecht gegenüber $\boldsymbol{p}$. Auf der Metalloberfläche gilt:

$$\boldsymbol{r} \cdot \boldsymbol{n} = 0 \, .$$

„Bild-Dipol" $\boldsymbol{p}_B$ außerhalb V

$$\Rightarrow \quad 4\pi\,\varepsilon_0 \varphi(\boldsymbol{r}) = \frac{1}{|\boldsymbol{r} - \boldsymbol{a}|^3} (\boldsymbol{r} - \boldsymbol{a}) \cdot \boldsymbol{p} + \frac{1}{|\boldsymbol{r} - \boldsymbol{r}_B|^3} (\boldsymbol{r} - \boldsymbol{r}_B) \cdot \boldsymbol{p}_B \, .$$

Symmetrie: $\boldsymbol{r}_B = -r_B \boldsymbol{n}$.

Metalloberfläche:

$$|\boldsymbol{r}-\boldsymbol{a}| = \sqrt{r^2+a^2-2a\,\boldsymbol{r}\cdot\boldsymbol{n}} = \sqrt{r^2+a^2}\,,$$

$$|\boldsymbol{r}-\boldsymbol{r}_\mathrm{B}| = \sqrt{r^2+r_\mathrm{B}^2+2r_\mathrm{B}\,\boldsymbol{r}\cdot\boldsymbol{n}} = \sqrt{r^2+r_\mathrm{B}^2}\,,$$

$$4\pi\,\varepsilon_0\varphi(\boldsymbol{r}) = \frac{\boldsymbol{r}\cdot\boldsymbol{p}-\boldsymbol{a}\cdot\boldsymbol{p}}{(r^2+a^2)^{3/2}} + \frac{\boldsymbol{r}\cdot\boldsymbol{p}_\mathrm{B}-\boldsymbol{r}_\mathrm{B}\cdot\boldsymbol{p}_\mathrm{B}}{\sqrt{r^2+r_\mathrm{B}^2}} \stackrel{!}{=} 0$$

$$\Rightarrow\; r_\mathrm{B}=a, \quad \text{d.h.} \quad \boldsymbol{r}_\mathrm{B} = -\boldsymbol{a} = -a\,\boldsymbol{n}\,,$$

$$\left.\begin{aligned} \boldsymbol{p}_\mathrm{B}\cdot\boldsymbol{n} &= \boldsymbol{p}\cdot\boldsymbol{n} \\ \boldsymbol{r}\cdot\boldsymbol{p} &= -\boldsymbol{r}\cdot\boldsymbol{p}_\mathrm{B} \end{aligned}\right\} \begin{aligned} \boldsymbol{p} &= \boldsymbol{p}_\perp+\boldsymbol{p}_\parallel\,, \\ \boldsymbol{p}_\mathrm{B} &= \boldsymbol{p}_\perp-\boldsymbol{p}_\parallel\,. \end{aligned}$$

Daraus folgt das Potential in V:

$$4\pi\,\varepsilon_0\varphi(\boldsymbol{r}) = \boldsymbol{p}_\perp\left(\frac{(\boldsymbol{r}-\boldsymbol{a})}{|\boldsymbol{r}-\boldsymbol{a}|^3}+\frac{(\boldsymbol{r}+\boldsymbol{a})}{|\boldsymbol{r}+\boldsymbol{a}|^3}\right) + (\boldsymbol{p}_\parallel\cdot\boldsymbol{r})\left(\frac{1}{|\boldsymbol{r}-\boldsymbol{a}|^3}-\frac{1}{|\boldsymbol{r}+\boldsymbol{a}|^3}\right)\,.$$

Da auf der Metalloberfläche

$$|\boldsymbol{r}-\boldsymbol{a}| = |\boldsymbol{r}+\boldsymbol{a}| = \sqrt{r^2+a^2} \quad \text{und} \quad \boldsymbol{p}_\perp\cdot\boldsymbol{r}=0$$

gilt, ist die Randbedingung

$$0=\varphi(\boldsymbol{r})$$

auf der Metalloberfläche offensichtlich erfüllt.

3. $\boldsymbol{E}_\mathrm{i}\equiv 0$ im Metall
in V:

$$\begin{aligned} 4\pi\,\varepsilon_0\boldsymbol{E}_\mathrm{a}(\boldsymbol{r}) = {} & \frac{3\left[(\boldsymbol{r}-\boldsymbol{a})\cdot\boldsymbol{p}_\perp\right](\boldsymbol{r}-\boldsymbol{a})}{|\boldsymbol{r}-\boldsymbol{a}|^5} - \frac{\boldsymbol{p}_\perp}{|\boldsymbol{r}-\boldsymbol{a}|^3} + \\ & + \frac{3\left[(\boldsymbol{r}+\boldsymbol{a})\cdot\boldsymbol{p}_\perp\right](\boldsymbol{r}+\boldsymbol{a})}{|\boldsymbol{r}+\boldsymbol{a}|^5} - \frac{\boldsymbol{p}_\perp}{|\boldsymbol{r}+\boldsymbol{a}|^3} + \\ & + \frac{3(\boldsymbol{r}\cdot\boldsymbol{p}_\parallel)(\boldsymbol{r}-\boldsymbol{a})}{|\boldsymbol{r}-\boldsymbol{a}|^5} - \frac{\boldsymbol{p}_\parallel}{|\boldsymbol{r}-\boldsymbol{a}|^3} - \frac{3(\boldsymbol{r}\cdot\boldsymbol{p}_\parallel)(\boldsymbol{r}+\boldsymbol{a})}{|\boldsymbol{r}+\boldsymbol{a}|^5} + \frac{\boldsymbol{p}_\parallel}{|\boldsymbol{r}+\boldsymbol{a}|^3}\,. \end{aligned}$$

Oberflächenladungsdichte:

$$\begin{aligned} \sigma = \varepsilon_0\,\boldsymbol{E}_\mathrm{a}\cdot\boldsymbol{n}|_{\boldsymbol{r}\cdot\boldsymbol{n}=0} = \varepsilon_0 \Bigg[& \frac{3(-\boldsymbol{a}\cdot\boldsymbol{p}_\perp)(-\boldsymbol{a}\cdot\boldsymbol{n})}{(r^2+a^2)^{5/2}} - \\ & - \frac{\boldsymbol{p}_\perp\cdot\boldsymbol{n}}{(r^2+a^2)^{3/2}} + \frac{3(\boldsymbol{a}\cdot\boldsymbol{p}_\perp)(\boldsymbol{a}\cdot\boldsymbol{n})}{(r^2+a^2)^{5/2}} - \frac{\boldsymbol{p}_\perp\cdot\boldsymbol{n}}{(r^2+a^2)^{3/2}} + \\ & + \frac{3(\boldsymbol{r}\cdot\boldsymbol{p}_\parallel)(-\boldsymbol{a}\cdot\boldsymbol{n})}{(r^2+a^2)^{5/2}} - \frac{3(\boldsymbol{r}\cdot\boldsymbol{p}_\parallel)(\boldsymbol{a}\cdot\boldsymbol{n})}{(r^2+a^2)^{5/2}} \Bigg] \end{aligned}$$

$$\Rightarrow \quad \sigma = \varepsilon_0 \frac{3a^2 p_\perp - p_\perp(r^2 + a^2) + 3a^2 p_\perp - p_\perp(r^2 + a^2) - 6a(\boldsymbol{r} \cdot \boldsymbol{p}_\parallel)}{(r^2 + a^2)^{5/2}}$$

$$\Rightarrow \quad \sigma(r) = \varepsilon_0 \frac{(4a^2 - 2r^2)\, p_\perp - 6a(\boldsymbol{r} \cdot \boldsymbol{p}_\parallel)}{(r^2 + a^2)^{5/2}} ,$$

$$\boldsymbol{r} \in \text{ Metalloberfläche} .$$

4a. $p_\parallel = 0 , \quad p_\perp = p :$

$$\sigma = 2\varepsilon_0 \frac{p(2a^2 - r^2)}{(r^2 + a^2)^{5/2}} ,$$

$$\sigma = 0 \quad \text{für} \quad r = r_0 = \sqrt{2}a ,$$

$$\left.\begin{array}{lll} \sigma > 0 & \text{für} & r < r_0 , \\ \sigma < 0 & \text{für} & r > r_0 \end{array}\right\} \quad \begin{array}{c} \text{falls } p > 0, \text{ d.h. Dipol} \\ \text{vom Metall weggerichtet} . \end{array}$$

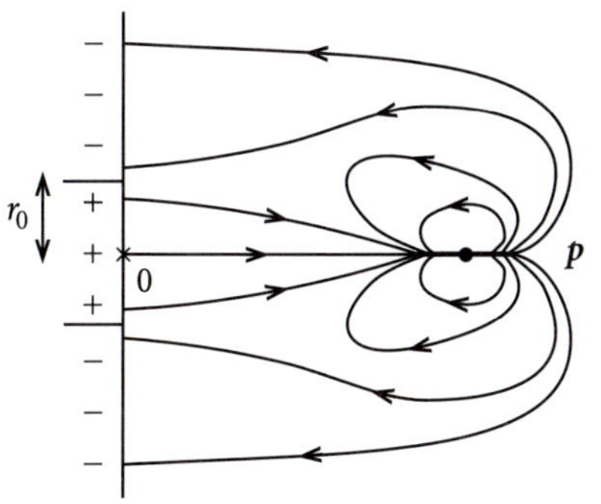

Abb. A.23.

4b. $p_\parallel = p, \; p_\perp = 0 :$

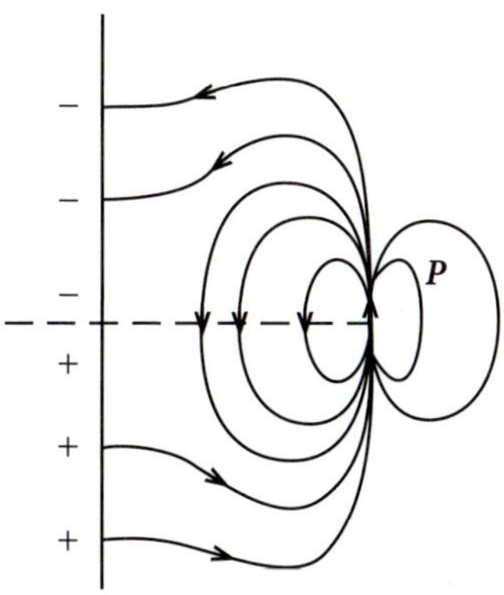

Abb. A.24.

$$\sigma = -\varepsilon_0 \frac{6a\,(\boldsymbol{r}\cdot\boldsymbol{p})}{(r^2+a^2)^{5/2}}\,,$$

$$\sigma > 0:\ \boldsymbol{r}\cdot\boldsymbol{p} < 0\,,$$

$$\sigma < 0:\ \boldsymbol{r}\cdot\boldsymbol{p} > 0\,.$$

5. **Zu 4a.:**
Q_+: gesamte Ladung innerhalb des Kreises mit dem Radius $r_0 = \sqrt{2}a$:

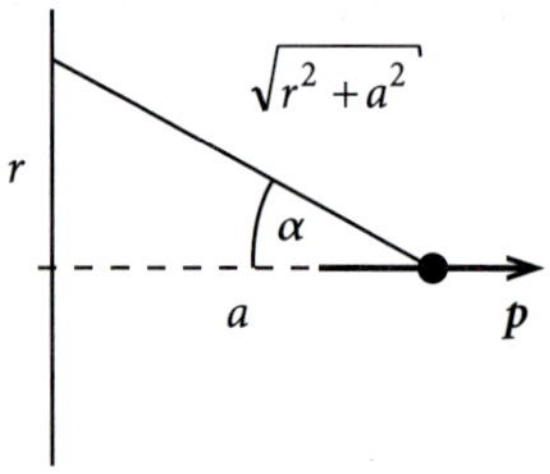

Abb. A.25.

$$Q_+ = \int_0^{r_0} \sigma(r) 2\pi r\, \mathrm{d}r = 4\pi\,\varepsilon_0 p \int_0^{r_0} \mathrm{d}r\, \frac{r(2a^2-r^2)}{(r^2+a^2)^{5/2}}\,,$$

$$\cos\alpha = \frac{a}{(r^2+a^2)^{1/2}}\,;\quad \sin\alpha\, \frac{r}{(r^2+a^2)^{1/2}}\,,$$

$$\tan\alpha = \frac{r}{a}\,;\quad \mathrm{d}r = \frac{a}{\cos^2\alpha}\,\mathrm{d}\alpha$$

$$\Rightarrow\ Q_+ = 4\pi\,\varepsilon_0 p \int_0^{r_0} \mathrm{d}r \left(2\frac{a^2}{r^2+a^2} - \frac{r^2}{r^2+a^2}\right) \frac{1}{r^2+a^2}\, \frac{r}{(r^2+a^2)^{1/2}} =$$

$$= 4\pi\,\varepsilon_0 p \int_0^{\alpha_0} \frac{a}{\cos^2\alpha}\, \mathrm{d}\alpha (2\cos^2\alpha - \sin^2\alpha) \frac{\cos^2\alpha}{a^2} \sin\alpha =$$

$$= \frac{4\pi\,\varepsilon_0 p}{a} \int_1^{\cos(\alpha_0)} \mathrm{d}\cos\alpha (1 - 3\cos^2\alpha) = \frac{4\pi\varepsilon_0 p}{a} (\cos\alpha - \cos^3\alpha)\Big|_1^{\cos\alpha_0} =$$

$$= \frac{4\pi\,\varepsilon_0 p}{a} \cos\alpha_0 \sin^2\alpha_0 = \frac{4\pi\,\varepsilon_0 p}{a}\, \frac{a}{(r_0^2+a^2)^{1/2}}\, \frac{r_0^2}{(r_0^2+a^2)} =$$

$$= \frac{4\pi\,\varepsilon_0 p}{a}\, \frac{2a^3}{(3a^2)^{3/2}}$$

$$\Rightarrow\ Q_+ = \frac{8\pi\varepsilon_0}{3\sqrt{3}}\, \frac{p}{a}\,.$$

Analog:

$$Q_- = \int\limits_{r_0}^{\infty} \sigma(r) 2\pi\, r \,\mathrm{d}r = \frac{4\pi\,\varepsilon_0 p}{a} \left(\cos\alpha - \cos^3\alpha\right)\Big|_{\cos\alpha_0}^{\cos(\pi/2)=0} = -Q_+$$

$$\Rightarrow \quad \text{Gesamtladung} = 0\,.$$

Zu 4b.:
Q: Betrag der positiven Ladung in der unteren Hälfte bzw. negativen Ladung in der oberen Hälfte des Bildes. Beide Beträge sind aus Symmetriegründen gleich; die Gesamtladung ist also ebenfalls Null:

$$Q = \int\limits_0^{\infty} r \,\mathrm{d}r \int\limits_{-\pi/2}^{+\pi/2} d\beta\, \sigma(r,\beta)\,,$$

$$\boldsymbol{p}_{\|} \cdot \boldsymbol{r} = r\,p\,\cos\beta, \quad \int\limits_{-\pi/2}^{+\pi/2} \cos\beta \,\mathrm{d}\beta = 2\,.$$

$$Q = 12a\,\varepsilon_0 p \int\limits_0^{\infty} \mathrm{d}r \frac{r^2}{(r^2+a^2)^{5/2}} = 12a\,\varepsilon_0 p \int\limits_0^{\infty} \underbrace{\mathrm{d}r}_{\frac{a\,\mathrm{d}\alpha}{\cos^2\alpha}} \underbrace{\frac{r^2}{r^2+a^2}}_{\sin^2\alpha} \underbrace{\frac{1}{(r^2+a^2)^{3/2}}}_{\frac{\cos^3\alpha}{a^3}} =$$

$$= \frac{12\varepsilon_0 p}{a} \int\limits_0^{\pi/2} \underbrace{\mathrm{d}\alpha\,\cos\alpha}_{\mathrm{d}\,\sin\alpha} \sin^2\alpha = \frac{4\varepsilon_0 p}{a} \sin^3\alpha\Big|_0^1$$

$$\Rightarrow Q = \frac{4p\,\varepsilon_0}{a}\,.$$

Lösung zu Aufgabe 2.3.8 2.3.8

Laplace-Gleichung in zwei Dimensionen:

$$\Delta\varphi = \left(\frac{\partial^2}{\partial x^2} + \frac{\partial^2}{\partial y^2}\right)\varphi = 0\,.$$

Separationsansatz:

$$\varphi(x,y) = f(x)\,g(y)\,.$$

Einsetzen in Laplace-Gleichung:

$$\underbrace{\frac{1}{f}\,\frac{\mathrm{d}^2 f}{\mathrm{d}x^2}}_{\substack{\text{nur von}\\ x\text{ abhängig}}} + \underbrace{\frac{1}{g}\,\frac{\mathrm{d}^2 g}{\mathrm{d}y^2}}_{\substack{\text{nur von}\\ y\text{ abhängig}}} = 0$$

$$\Rightarrow \quad \frac{1}{f}\,\frac{\mathrm{d}^2 f}{\mathrm{d}x^2} = \alpha^2 = -\frac{1}{g}\,\frac{\mathrm{d}^2 g}{\mathrm{d}y^2}\ .$$

Lösungsstruktur:

$$f(x) = a\,\mathrm{e}^{\alpha x} + b\,\mathrm{e}^{-\alpha x}\ ,$$

$$g(y) = \bar{a}\,\cos(\alpha y) + \bar{b}\,\sin(\alpha y)\ .$$

Randbedingungen:

$$\varphi(x=0, y) = 0 \;\Rightarrow\; b = -a\ ,$$

$$\varphi(x, y=0) = 0 \;\Rightarrow\; \bar{a} = 0\ ,$$

$$\varphi(x, y=y_0) = 0 \Rightarrow\; \alpha \to \alpha_n = \frac{n\pi}{y_0}\ ; \quad n \in \mathbb{N}\ .$$

Zwischenergebnis:

$$\varphi(x,y) = \sum_n c_n \sin\left(\frac{n\pi}{y_0}y\right)\sinh\left(\frac{n\pi}{y_0}x\right)\ .$$

Weitere Randbedingung:

$$\varphi_0 = \varphi(x=x_0, y) = \sum_n c_n \sin\left(\frac{n\pi}{y_0}y\right)\sinh\left(\frac{n\pi}{y_0}x_0\right) \stackrel{!}{=} \sin\left(\frac{\pi}{y_0}y\right)\ .$$

Orthogonalitätsrelation:

$$\frac{2}{y_0}\int\limits_0^{y_0} \sin\left(\frac{m\pi}{y_0}y\right)\sin\left(\frac{\pi}{y_0}y\right)\mathrm{d}y = \delta_{m1} =$$

$$= \sum_n c_n \sinh\left(\frac{n\pi}{y_0}x_0\right)\frac{2}{y_0}\int\limits_0^{y_0} \sin\left(\frac{n\pi}{y_0}y\right)\sin\left(\frac{m\pi}{y_0}y\right)\mathrm{d}y =$$

$$= \sum_n c_n \sinh\left(\frac{n\pi}{y_0}x_0\right)\delta_{nm}$$

$$\Rightarrow \; c_m = \frac{\delta_{m1}}{\sinh\left(\frac{m\pi}{y_0}x_0\right)}\ .$$

Lösung:

$$\varphi(x,y) = \frac{\sinh\left(\frac{\pi}{y_0}x\right)}{\sinh\left(\frac{\pi}{y_0}x_0\right)} \sin\left(\frac{\pi}{y_0}y\right) .$$

Lösung zu Aufgabe 2.3.9

2.3.9

1. Zylinderkoordinaten: ϱ, φ, z,
   ϱ : Abstand vom Drahtzentrum.
   Symmetrien:

$$\boldsymbol{E}(\boldsymbol{r}) = E(\varrho)\, \boldsymbol{e}_\varrho .$$

   Gaußscher Satz:
   V_ϱ: Zylinder mit Radius ϱ und Höhe L; konzentrisch um Draht:

$$\int\limits_{V_\varrho} \mathrm{d}^3 r \,\operatorname{div} \boldsymbol{E} = \frac{1}{\varepsilon_0} q(V_\varrho) = \frac{1}{\varepsilon_0}\lambda\, L = \int\limits_{S(V_\varrho)} \mathrm{d}\boldsymbol{f} \cdot \boldsymbol{E} = E(\varrho) 2\pi\, \varrho\, L .$$

   Elektrisches Feld:

$$\boldsymbol{E}(\boldsymbol{r}) = \frac{\lambda}{2\pi\,\varepsilon_0} \frac{1}{\varrho}\, \boldsymbol{e}_\varrho .$$

   Potential:

$$\varphi(\boldsymbol{r}) = -\frac{\lambda}{2\pi\,\varepsilon_0} \ln \varrho .$$

2. *Bilddraht:*
   Links der Platte, im Abstand $(-x_0)$, parallel zur Platte, Ladung pro Länge $(-\lambda)$.
   Potential:

$$\text{Draht} \Rightarrow \quad \varphi_\mathrm{D}(\boldsymbol{r}) = -\frac{\lambda}{2\pi\,\varepsilon_0} \ln \sqrt{(x-x_0)^2 + y^2} ,$$

$$\text{Bilddraht} \quad \Rightarrow \quad \varphi_\mathrm{B}(\boldsymbol{r}) = +\frac{\lambda}{2\pi\,\varepsilon_0} \ln \sqrt{(x+x_0)^2 + y^2} .$$

   Gesamtpotential:

$$\varphi(\boldsymbol{r}) = \frac{\lambda}{2\pi\,\varepsilon_0} \ln \sqrt{\frac{(x+x_0)^2 + y^2}{(x-x_0)^2 + y^2}} .$$

   Randbedingung:

$$\varphi(x=0,y,z) = \frac{\lambda}{2\pi\,\varepsilon_0} \ln 1 = 0 .$$

3. Induzierte Flächenladungsdichte:

$$\sigma = -\varepsilon_0 \left.\frac{\partial \varphi}{\partial x}\right|_{x=0} ,$$

$$\frac{\partial \varphi}{\partial x} = \frac{\lambda}{2\pi\,\varepsilon_0}\,\frac{1}{2}\left[\frac{2(x+x_0)}{(x+x_0)^2+y^2} - \frac{2(x-x_0)}{(x-x_0)^2+y^2}\right] ,$$

$$\left.\frac{\partial \varphi}{\partial x}\right|_{x=0} = \frac{\lambda}{\pi\,\varepsilon_0}\,\frac{x_0}{x_0^2+y^2} \;\Rightarrow\; \sigma = -\frac{\lambda}{\pi}\,\frac{x_0}{x_0^2+y^2} .$$

Abschnitt 2.4.4

2.4.1 **Lösung zu Aufgabe 2.4.1**

1. Ladungsdichte Elektron plus Kern:

$$\rho(\boldsymbol{r}) = e\,\delta(\boldsymbol{r}) - \frac{e}{\pi\,a^3}\,\exp\left(-\frac{2r}{a}\right) \quad (\textbf{ohne}\ \text{Feld}) ,$$

$$\rho_{\mathrm{E}}(\boldsymbol{r}) = e\,\delta(\boldsymbol{r}) - \frac{e}{\pi\,a^3}\,\exp\left(-\frac{2|\boldsymbol{r}-\boldsymbol{r}_0|}{a}\right) \quad (\textbf{mit}\ \text{Feld}) .$$

Dipolmoment:

$$\boldsymbol{p} = \int \mathrm{d}^3r\,\boldsymbol{r}\,\rho_{\mathrm{E}}(\boldsymbol{r}) = \int \mathrm{d}^3r'(\boldsymbol{r}'+\boldsymbol{r}_0)\rho_{\mathrm{E}}(\boldsymbol{r}'+\boldsymbol{r}_0) =$$

$$= \boldsymbol{r}_0 \underbrace{\int \mathrm{d}^3r'\rho_{\mathrm{E}}(\boldsymbol{r}'+\boldsymbol{r}_0)}_{\text{(I)}} + \underbrace{\int \mathrm{d}^3r'\boldsymbol{r}'\rho_{\mathrm{E}}(\boldsymbol{r}'+\boldsymbol{r}_0)}_{\text{(II)}} ,$$

$$\text{(I)} := \left(e - \frac{4e}{a^3}\underbrace{\int_0^\infty \mathrm{d}r'\,r'^2\,\mathrm{e}^{-2r'/a}}_{=a^3/4}\right) =$$

$= 0$; einzusehen, da Gesamtladung,

$$\text{(II)} := -e\,\boldsymbol{r}_0 - \frac{e}{\pi\,a^3}\int \mathrm{d}^3r'\,\boldsymbol{r}'\,\mathrm{e}^{-2r'/a} =$$

$$= -e\,\boldsymbol{r}_0 - \frac{e}{\pi\,a^3}\int_0^\infty \mathrm{d}r'\,r'^3\,\mathrm{e}^{-2r'/a}\int_0^{2\pi}\mathrm{d}\varphi'\int_{-1}^{+1}\mathrm{d}\cos\vartheta'\begin{pmatrix}\sin\vartheta'\cos\varphi'\\ \sin\vartheta'\sin\varphi'\\ \cos\vartheta'\end{pmatrix} =$$

$$= -e\,\boldsymbol{r}_0 - \boldsymbol{0} \;\Rightarrow\; \boldsymbol{p} = -e\,\boldsymbol{r}_0 .$$

2. Rückstellkraft:

$$\boldsymbol{F}_{\mathrm{R}} = e\,\boldsymbol{E}_{\mathrm{e}}(\boldsymbol{r} = 0)\,.$$

$\uparrow$ Feld des Elektrons

Zunächst: Elektron im Ursprung

$$\varrho_e(\boldsymbol{r}) = -\frac{e}{\pi a^3}\,\exp\left(-\frac{2r}{a}\right)\,.$$

Feld mithilfe des gaußschen Satzes berechnen:

$$4\pi r^2 E(\boldsymbol{r}) = -\frac{4e}{\varepsilon_0 a^3}\underbrace{\int\limits_0^r \mathrm{d}r'\,r'^2\,\mathrm{e}^{-2r'/a}}_{\frac{a^3}{4}-\frac{a}{2}\mathrm{e}^{-2r/a}\left(\frac{a^2}{2}+a\,r+r^2\right)}$$

$$\Rightarrow\ \boldsymbol{E}(\boldsymbol{r}) = -\frac{e}{4\pi\varepsilon_0}\left[\frac{1}{r^2}-\frac{\mathrm{e}^{-2r/a}}{r^2}\left(1+\frac{2r}{a}+\frac{2r^2}{a^2}\right)\right]\boldsymbol{e}_r\,.$$

Jetzt: Elektron am Ort $\boldsymbol{r}_0$

$$\Rightarrow\ \boldsymbol{E}_e(\boldsymbol{r}) = -\frac{e}{4\pi\varepsilon_0}\,\frac{\boldsymbol{r}-\boldsymbol{r}_0}{|\boldsymbol{r}-\boldsymbol{r}_0|^3}\left[1-\mathrm{e}^{(-2|\boldsymbol{r}-\boldsymbol{r}_0|)/a}\left(1+\frac{2|\boldsymbol{r}-\boldsymbol{r}_0|}{a}+\frac{2|\boldsymbol{r}-\boldsymbol{r}_0|^2}{a^2}\right)\right]\,.$$

Rückstellkraft:

$$\boldsymbol{F}_{\mathrm{R}} = \frac{e^2}{4\pi\varepsilon_0 r_0^2}\,\boldsymbol{e}_{r_0}\left[1-\mathrm{e}^{-2r_0/a}\left(1+\frac{2r_0}{a}+\frac{2r_0^2}{a^2}\right)\right]\approx$$

$$\approx\frac{e^2}{3\pi\varepsilon_0 a^3}\boldsymbol{r}_0 = -\frac{e}{3\pi\varepsilon_0 a^3}\,\boldsymbol{p}\,,$$

denn für $r_0 \ll a$ gilt:

$$\left[1-\mathrm{e}^{-2r_0/a}\left(1+\frac{2r_0}{a}+\frac{2r_0^2}{a^2}\right)\right]=$$

$$=1-\left(1-\frac{2r_0}{a}+\frac{2r_0^2}{a^2}-\frac{4}{3}\frac{r_0^3}{a^3}+\dots\right)\left(1+\frac{2r_0}{a}+\frac{2r_0^2}{a^2}\right)=$$

$$=1-\left(1+\frac{2r_0}{a}+\frac{2r_0^2}{a^2}\right)+\left(\frac{2r_0}{a}+\frac{4r_0^2}{a^2}+\frac{4r_0^3}{a^3}\right)-$$

$$-\left(\frac{2r_0^2}{a^2}+\frac{4r_0^3}{a^3}+\frac{4r_0^4}{a^4}\right)+\left(\frac{4}{3}\frac{r_0^3}{a^3}+\frac{8}{3}\frac{r_0^4}{a^4}+\frac{8}{3}\frac{r_0^5}{a^5}\right)+\dots=$$

$$=\frac{4}{3}\frac{r_0^3}{a^3}+0\left(\frac{r_0^4}{a^4}\right)\,.$$

Gleichgewichtsbedingung:

$$e\,\boldsymbol{E}_0 \stackrel{!}{=} -\boldsymbol{F}_{\mathrm{R}} = \frac{e}{3\pi\,\varepsilon_0\,a^3}\boldsymbol{p} \;\Rightarrow\; \boldsymbol{p} = 3\pi\,\varepsilon_0\,a^3\boldsymbol{E}_0\;.$$

3.

$$n = \frac{N}{V}$$

ist so klein, dass sich Elektronenwolken in erster Näherung nicht *stören*.
Daraus folgt:
Polarisation:

$$\boldsymbol{P} = 3\pi\,\varepsilon_0\,n\,a^3\,\boldsymbol{E}_0\;,$$

elektrisches Feld:

$$\boldsymbol{E} = \boldsymbol{E}_0 - \frac{1}{\varepsilon_0}\boldsymbol{P} = (1 - 3\pi\,n\,a^3)\boldsymbol{E}_0\;,$$

dielektrische Verschiebung:

$$\boldsymbol{D} = \varepsilon_0\varepsilon_r\boldsymbol{E} = \varepsilon_0\boldsymbol{E}_0 = \varepsilon_0\boldsymbol{E} + \boldsymbol{P}\;,$$

Dielektrizitätskonstante:

$$\varepsilon_{\mathrm{r}} = \frac{1}{1 - 3\pi\,n\,a^3}\;.$$

2.4.2 Lösung zu Aufgabe 2.4.2

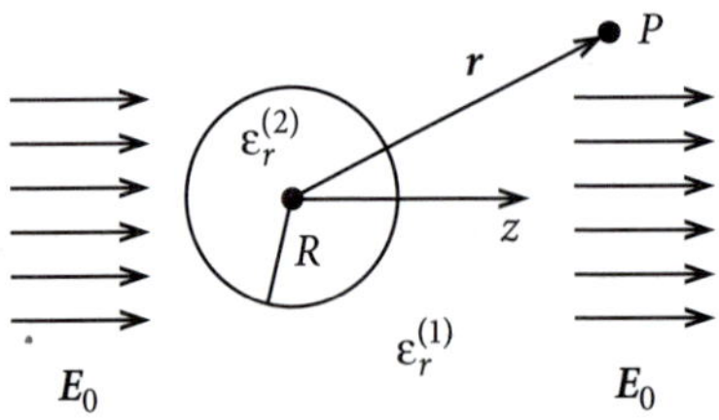

Abb. A.26.

Da keine **freien** Ladungen vorhanden sind, ist die **Laplace**-Gleichung zu lösen:

$$\Delta\,\varphi = 0\;.$$

a) Azimutale Symmetrie:

$$\varphi(r,\vartheta) = \sum_{l=0}^{\infty}(2l+1)\left(A_l r^l + B_l r^{-(l+1)}\right)P_l(\cos\vartheta) \quad \text{(s. (2.165))}\;.$$

b) Regularität bei $r = 0$:

$$\varphi_{\rm i}(r,\vartheta) = \sum_{l=0}^{\infty}(2l+1)A_l r^l P_l(\cos\vartheta) .$$

c) Asymptotisch homogenes Feld:

$$\varphi_{\rm a}(r,\vartheta) \underset{r\to\infty}{\longrightarrow} -E_0 z = -E_0 r \cos\vartheta = -E_0 r\, P_1(\cos\vartheta)$$

$$\Rightarrow \varphi_{\rm a}(r,\vartheta) = -E_0 r\, P_1(\cos\vartheta) + \sum_{l=0}^{\infty}(2l+1)B_l r^{-(l+1)} P_l(\cos\vartheta) .$$

d) Stetigkeit bei $r = R$:

$$\varphi_{\rm i}(r = R,\vartheta) \overset{!}{=} \varphi_{\rm a}(r = R,\vartheta)$$

$$\Rightarrow A_0 = \frac{B_0}{R} ,$$

$$3A_1 R = -E_0 R + \frac{3B_1}{R^2} ,$$

$$A_l = \frac{B_l}{R^{2l+1}} \quad \text{für } l \geq 2 .$$

e) D_n stetig:

$$\varepsilon_{\rm r}^{(2)} \left(\frac{\partial\varphi_{\rm i}}{\partial r}\right)_{r=R} = \varepsilon_{\rm r}^{(1)} \left(\frac{\partial\varphi_{\rm a}}{\partial r}\right)_{r=R} ,$$

$$\varepsilon_{\rm r}^{(2)} \sum_l l(2l+1)A_l R^{l-1} P_l(\cos\vartheta) =$$

$$= -E_0 \varepsilon_{\rm r}^{(1)} P_1(\cos\vartheta) - \varepsilon_{\rm r}^{(1)} \sum_l (l+1)(2l+1)B_l R^{-(l+2)} P_l(\cos\vartheta) .$$

Koeffizientenvergleich (orthogonale Funktionen!):

$$0 = B_0 ,$$

$$3\varepsilon_{\rm r}^{(2)} A_1 = -E_0\, \varepsilon_{\rm r}^{(1)} - 6\varepsilon_{\rm r}^{(1)} B_1 \frac{1}{R^3} ,$$

$$\varepsilon_{\rm r}^{(2)} l(2l+1)A_l = -\varepsilon_{\rm r}^{(1)} (l+1)(2l+1)B_l \frac{1}{R^{2l+1}} \quad \text{für } l \geq 2 .$$

Vergleich mit d):

$$A_l = B_l = 0 \quad \text{für } l \neq 1\,,$$

$$A_1 = -E_0 \frac{\varepsilon_r^{(1)}}{2\varepsilon_r^{(1)} + \varepsilon_r^{(2)}}\,,$$

$$B_1 = \frac{1}{3} R^3 E_0 \frac{\varepsilon_r^{(2)} - \varepsilon_r^{(1)}}{2\varepsilon_r^{(1)} + \varepsilon_r^{(2)}}\,.$$

f) Lösung:

$$\varphi_i(\boldsymbol{r}) = -\frac{3\varepsilon_r^{(1)}}{2\varepsilon_r^{(1)} + \varepsilon_r^{(2)}} E_0 r \cos\vartheta\,,$$

$$\varphi_a(\boldsymbol{r}) = -E_0 r \cos\vartheta + E_0 R^3 \frac{\varepsilon_r^{(2)} - \varepsilon_r^{(1)}}{2\varepsilon_r^{(1)} + \varepsilon_r^{(2)}} \frac{\cos\vartheta}{r^2}\,.$$

g) Elektrisches Feld:
Innen:

$$\boldsymbol{E}_i = \frac{3\varepsilon_r^{(1)}}{2\varepsilon_r^{(1)} + \varepsilon_r^{(2)}} E_0 \boldsymbol{e}_z\,.$$

Im Kugelinneren verläuft das resultierende elektrische Feld parallel zum äußeren Feld $\boldsymbol{E}_0$ in z-Richtung. Nach (2.191) gilt für die Polarisation der Kugel:

$$\boldsymbol{P} = \left(\varepsilon_r^{(2)} - 1\right) \varepsilon_0 \boldsymbol{E}_i = \frac{3\varepsilon_r^{(1)} \left(\varepsilon_r^{(2)} - 1\right)}{2\varepsilon_r^{(1)} + \varepsilon_r^{(2)}} \varepsilon_0 \boldsymbol{E}_0\,.$$

Außen:
Man setze

$$\boldsymbol{p} = 4\pi\,\varepsilon_0 R^3 E_0 \frac{\varepsilon_r^{(2)} - \varepsilon_r^{(1)}}{2\varepsilon_r^{(1)} + \varepsilon_r^{(2)}}\, \boldsymbol{e}_z\,.$$

Dann gilt:

$$\varphi_a(\boldsymbol{r}) = -\boldsymbol{E}_0 \cdot \boldsymbol{r} + \underbrace{\frac{1}{4\pi\,\varepsilon_0} \frac{\boldsymbol{p} \cdot \boldsymbol{r}}{r^3}}_{\text{Dipolpotential (2.71)}}\,.$$

Daraus folgt wie in (2.73):

$$\boldsymbol{E}_a = \boldsymbol{E}_0 + \frac{1}{4\pi\,\varepsilon_0} \left[\frac{3(\boldsymbol{r} \cdot \boldsymbol{p})\boldsymbol{r}}{r^5} - \frac{\boldsymbol{p}}{r^3}\right]\,.$$

Dem äußeren homogenen Feld $\boldsymbol{E}_0$ überlagert sich also das Feld eines Dipols $\boldsymbol{p}$, der im Kugelmittelpunkt angebracht ist und in z-Richtung weist.

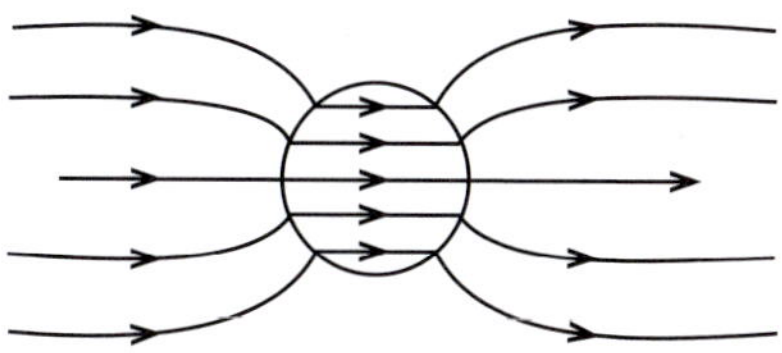

Abb. A.27.

Lösung zu Aufgabe 2.4.3

2.4.3

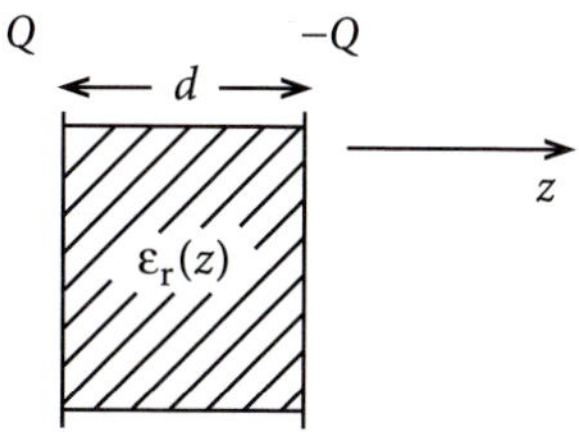

Abb. A.28.

Die Verschiebungsdichte $\boldsymbol{D}$ hat nur eine z-Komponente, bestimmt durch die *wahren, freien* Überschussladungen, deshalb:

$$D_z = \frac{Q}{F} \, .$$

Ferner gilt:

$$D_z = \varepsilon_0 \varepsilon_r(z) E_z(z) \, .$$

Damit folgt für das ortsabhängige elektrische Feld:

$$E_z(z) = \frac{Q}{F\,\varepsilon_r(z)\varepsilon_0} \, .$$

Potentialdifferenz zwischen den Platten durch Integration:

$$U = \varphi(z=0) - \varphi(z=d) = \frac{Q}{F\varepsilon_0} \int\limits_0^d \frac{\mathrm{d}z}{\varepsilon_r(z)} \, .$$

Daraus folgt die Kapazität:

$$C = \frac{Q}{U} = \frac{F\varepsilon_0 +}{\int\limits_0^d \frac{\mathrm{d}z}{\varepsilon_r(z)}} = \frac{C_0}{\frac{1}{d}\int\limits_0^d \frac{\mathrm{d}z}{\varepsilon_r(z)}} \, ,$$

$C_0 = \varepsilon_0 F/d$: Kapazität des Plattenkondensators im Vakuum.

Spezialfall: Dielektrikum aus zwei Schichten mit Dicken d_1, d_2 und Dielektrizitätskonstanten $\varepsilon_r^{(1)}$, $\varepsilon_r^{(2)}$:

$$\int_0^d \frac{dz}{\varepsilon_r(z)} = \frac{d_1}{\varepsilon_r^{(1)}} + \frac{d_2}{\varepsilon_r^{(2)}} = \frac{d_1\varepsilon_r^{(2)} + d_2\varepsilon_r^{(1)}}{\varepsilon_r^{(1)}\varepsilon_r^{(2)}} \,.$$

Daraus folgt die Kapazität:

$$C = \frac{\varepsilon_0\varepsilon_r^{(1)}\varepsilon_r^{(2)}F}{d_1\varepsilon_r^{(2)} + d_2\,\varepsilon_r^{(1)}} = C_0\frac{\varepsilon_r^{(1)}\varepsilon_r^{(2)}d}{d_1\,\varepsilon_r^{(2)} + d_2\,\varepsilon_r^{(1)}} \,.$$

2.4.4 Lösung zu Aufgabe 2.4.4

1.

$$D_{\mathrm{I}} = \varepsilon_r\varepsilon_0 E_{\mathrm{I}}\,; \quad D_{\mathrm{II}} = \varepsilon_0 E_{\mathrm{II}}\,;$$

$$\boldsymbol{D}_{\mathrm{I,II}} = D_{\mathrm{I,II}}\;\boldsymbol{e}_z\,; \quad \boldsymbol{E}_{\mathrm{I,II}} = E_{\mathrm{I,II}}\;\boldsymbol{e}_z\,.$$

2.

$$E_{\mathrm{I}} = E_{\mathrm{II}} = E\,,$$

da sich wegen rot $\boldsymbol{E} = 0$ die Tangentialkomponente **nicht** ändert,

$$D_{\mathrm{I}} = \varepsilon_r D_{\mathrm{II}}\,.$$

3.

$$D_{\mathrm{I}} = \sigma_{\mathrm{I}}\,; \quad D_{\mathrm{II}} = \sigma_{\mathrm{II}} \quad \text{wegen div}\,\boldsymbol{D} = \varrho\,.$$

4.

$$Q = \sigma_{\mathrm{I}}F_{\mathrm{I}} + \sigma_{\mathrm{II}}F_{\mathrm{II}} = D_{\mathrm{I}}F_{\mathrm{I}} + D_{\mathrm{II}}F_{\mathrm{II}} = \varepsilon_0 E(\varepsilon_r F_{\mathrm{I}} + F_{\mathrm{II}}) =$$

$$= \varepsilon_0 E\,b\,[\varepsilon_r x + (a - x)] = \varepsilon_0 E\,b\,[a + (\varepsilon_r - 1)x]\,.$$

Daraus folgt:

$$\boldsymbol{E} = \frac{Q}{\varepsilon_0 b\,[a + (\varepsilon_r - 1)x]}\,\boldsymbol{e}_z\,,$$

$$\boldsymbol{D}_{\mathrm{I}} = \varepsilon_r\varepsilon_0\boldsymbol{E}\,; \quad \boldsymbol{D}_{\mathrm{II}} = \varepsilon_0\boldsymbol{E}\,.$$

5.

$$W = \frac{1}{2}\int d^3r\, \boldsymbol{E}\cdot\boldsymbol{D} = \frac{1}{2}\left(E\,D_{\mathrm{I}}F_{\mathrm{I}}d + E\,D_{\mathrm{II}}F_{\mathrm{II}}d\right) =$$
$$= \frac{1}{2}E\,d\,\varepsilon_0 E\left(\varepsilon_{\mathrm{r}}F_{\mathrm{I}} + F_{\mathrm{II}}\right) = \frac{1}{2}\varepsilon_0 E^2 d\,b\left[a + (\varepsilon_{\mathrm{r}} - 1)x\right] =$$
$$= \frac{\varepsilon_0}{2}\,\frac{Q^2 d\,b}{\varepsilon_0^2 b^2\left[a + (\varepsilon_{\mathrm{r}} - 1)x\right]}\;.$$

Dies ergibt:

$$W = \frac{1}{2}\,\frac{d\,Q^2}{\varepsilon_0 b\left(a + (\varepsilon_{\mathrm{r}} - 1)x\right)}\;.$$

6.

$$\boldsymbol{F} = F\,\boldsymbol{e}_x\;,$$

$$F = -\frac{dW}{dx} = \frac{1}{2}\,\frac{d\,Q^2(\varepsilon_{\mathrm{r}} - 1)}{\varepsilon_0 b\left[a + (\varepsilon_{\mathrm{r}} - 1)x\right]^2} \ge 0\;.$$

Das Dielektrikum wird in den Kondensator hineingezogen!

Abschnitt 3.5

Lösung zu Aufgabe 3.5.1 3.5.1

1.

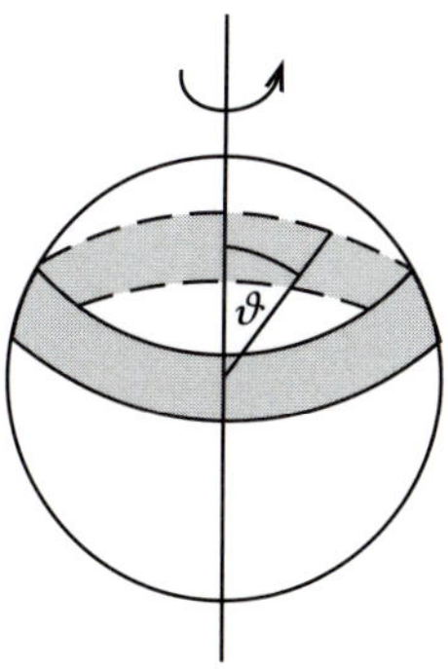

Abb. A.29.

Ladungsdichte:

$$\rho(\boldsymbol{r}) = \frac{q}{4\pi R^2}\delta(r - R)\;.$$

Stromdichte:

$$\boldsymbol{j}(\boldsymbol{r}) = \rho(\boldsymbol{r})\boldsymbol{v}(\boldsymbol{r}) = \rho(\boldsymbol{r})[\boldsymbol{\omega}\times\boldsymbol{r}]\;.$$

Oberfläche:

$$\boldsymbol{r} = R\,\boldsymbol{e}_r = R(\sin\vartheta\,\cos\varphi,\ \sin\vartheta\,\sin\varphi,\ \cos\vartheta)\ ,$$

$$\boldsymbol{\omega} = \omega\,\boldsymbol{e}_z = \omega(0,0,1)$$

$$\Rightarrow\ \boldsymbol{e}_z \times \boldsymbol{e}_r = (-\sin\vartheta\,\sin\varphi,\ \sin\vartheta\,\cos\varphi,\ 0) =$$

$$= \sin\vartheta(-\sin\varphi,\ \cos\varphi, 0) = \sin\vartheta\,\boldsymbol{e}_\varphi\ .$$

Daraus folgt die Stromdichte:

$$\boldsymbol{j}(\boldsymbol{r}) = \frac{q\,\omega}{4\pi\,R}\sin\vartheta\,\delta(r-R)\,\boldsymbol{e}_\varphi\ .$$

2. Magnetisches Moment
Definition:

$$\boldsymbol{m} = \frac{1}{2}\int (\boldsymbol{r}\times\boldsymbol{j}(\boldsymbol{r}))\,\mathrm{d}^3r\ ,$$

$$\left(\boldsymbol{e}_r \times \boldsymbol{e}_\varphi\right) = (-\cos\vartheta\,\cos\varphi,\ -\cos\vartheta\,\sin\varphi,\ \sin\vartheta) = -\boldsymbol{e}_\vartheta$$

$$\Rightarrow\ \boldsymbol{m} = \frac{q\omega}{8\pi R}\int\limits_0^\infty \mathrm{d}r\,r^3\delta(r-R)\int\limits_0^{2\pi}\mathrm{d}\varphi\int\limits_{-1}^{+1}\mathrm{d}\cos\vartheta\,(-\sin\vartheta\,\boldsymbol{e}_\vartheta) =$$

$$= \frac{1}{4}q\,\omega\,R^2\int\limits_{-1}^{+1}\underbrace{\mathrm{d}\cos\vartheta(1-\cos^2\vartheta)}_{2-\frac{2}{3}}(0,0,1)$$

$$\Rightarrow\ \boldsymbol{m} = \frac{1}{3}q\,\omega\,R^2\boldsymbol{e}_z = \frac{1}{3}q\,R^2\,\boldsymbol{\omega}\ .$$

3. Vektorpotential
Definition:

$$\boldsymbol{A}(\boldsymbol{r}) = \frac{\mu_0}{4\pi}\int \mathrm{d}^3r'\,\frac{\boldsymbol{j}(\boldsymbol{r}')}{|\boldsymbol{r}-\boldsymbol{r}'|}\ ,$$

$$\boldsymbol{A}(\boldsymbol{r}) = \frac{\mu_0}{4\pi}\,\frac{q}{4\pi\,R^2}\boldsymbol{\omega}\times\int \mathrm{d}^3r'\delta(r'-R)\frac{\boldsymbol{r}'}{|\boldsymbol{r}-\boldsymbol{r}'|}\ .$$

Polarachse $\uparrow\uparrow$ $\boldsymbol{r}$:

$$\boldsymbol{r} = r(0,0,1)\ ,$$

$$\boldsymbol{r}' = r'(\sin\vartheta'\,\cos\varphi',\ \sin\vartheta'\,\sin\varphi',\ \cos\vartheta')\ .$$

Daraus folgt:

$$A(r) = \frac{\mu_0 q}{8\pi R^2}\omega \times \int_0^\infty dr' r'^3 \delta(r' - R) \int_{-1}^{+1} dx \frac{x(0,0,1)}{\sqrt{r^2 + r'^2 - 2rr'x}} =$$

$$= \frac{\mu_0 q R}{8\pi}(\omega \times \underbrace{e_z}_{= e_r}) \int_{-1}^{+1} dx \frac{x}{\sqrt{r^2 + R^2 - 2rRx}} ,$$

$$I = \int_{-1}^{+1} dx \frac{x}{\sqrt{r^2 + R^2 - 2rRx}} = -\frac{1}{rR} x \sqrt{r^2 + R^2 - 2rRx}\Big|_{-1}^{+1} +$$

$$+ \frac{1}{rR}\int_{-1}^{+1} dx \sqrt{r^2 + R^2 - 2rRx} =$$

$$= -\frac{1}{rR}\left(|r - R| + |r + R|\right) + \frac{1}{rR}\left(-\frac{2}{3}\frac{1}{2rR}\right)\left(r^2 + R^2 - 2rRx\right)^{3/2}\Big|_{-1}^{+1} =$$

$$= -\frac{1}{rR}(|r - R| + |r + R|) - \frac{1}{3r^2R^2}\left(|r - R|^3 - |r + R|^3\right) .$$

$r > R$:

$$I = -\frac{1}{rR}(r - R + r + R) -$$

$$- \frac{1}{3r^2R^2}\left(r^3 - 3r^2R + 3rR^2 - R^3 - r^3 - 3r^2R - 3rR^2 - R^3\right) =$$

$$= -\frac{2}{R} - \frac{1}{3r^2R^2}\left(-6r^2R - 2R^3\right) = +\frac{2R}{3r^2} .$$

$r < R$:

$$I = -\frac{2}{r} - \frac{1}{3r^2R^2}\left(-6rR^2 - 2r^3\right) = +2\frac{r}{3R^2} .$$

Daraus folgt das Vektorpotential:

$$A(r) = \begin{cases} \mu_0 \dfrac{qR^2}{12\pi r^2}(\omega \times e_r) , & \text{falls } r > R , \\ \mu_0 \dfrac{qr}{12\pi R}(\omega \times e_r) , & \text{falls } r < R . \end{cases}$$

Im Außenraum gilt also:

$$A(r) = \frac{\mu_0}{4\pi}\frac{m \times r}{r^3} .$$

Damit folgt:

$$B(r) = \frac{\mu_0}{4\pi}\,\frac{3e_r(e_r \cdot m) - m}{r^3} \,.$$

3.5.2 Lösung zu Aufgabe 3.5.2

1. Maxwell-Gleichungen der Magnetostatik:

$$\operatorname{rot} \boldsymbol{H} = \boldsymbol{j}\,; \qquad \operatorname{div} \boldsymbol{B} = 0\,.$$

In Gebieten G, in denen $\boldsymbol{j} = 0$ ist, gilt:

$$\operatorname{rot} \boldsymbol{H} = 0\,,$$

sodass sich wegen $\operatorname{rot}\,\operatorname{grad} \varphi_{\mathrm{m}} = 0$

$$\boldsymbol{H} = -\operatorname{grad} \varphi_{\mathrm{m}}$$

setzen lässt.

2. Gleichungen (3.33) und (3.85):

$$\boldsymbol{A}(\boldsymbol{r}) = \frac{\mu_{\mathrm{r}}\mu_0}{4\pi}\int \mathrm{d}^3r'\,\frac{\boldsymbol{j}(\boldsymbol{r}')}{|\boldsymbol{r} - \boldsymbol{r}'|}\,,$$

$\boldsymbol{j}(\boldsymbol{r}') = j(r')\,\boldsymbol{e}_z$ (Zylinderkoordinaten!). Daraus folgt:

$$\boldsymbol{A}(\boldsymbol{r}) = A_z(r, \varphi, z)\,\boldsymbol{e}_z\,.$$

Symmetrie:

$$A_z(r, \varphi, z) = A_z(r)$$

$$\Rightarrow\ \operatorname{rot} \boldsymbol{A} = \boldsymbol{e}_r\left(\frac{1}{r}\frac{\partial A_z}{\partial \varphi} - \frac{\partial A_\varphi}{\partial z}\right) + \boldsymbol{e}_\varphi\left(\frac{\partial A_r}{\partial z} - \frac{\partial A_z}{\partial r}\right) + \boldsymbol{e}_z\left[\frac{1}{r}\frac{\partial}{\partial r}(r A_\varphi) - \frac{1}{r}\frac{\partial A_r}{\partial \varphi}\right] =$$

$$= -\frac{\partial A_z}{\partial r}\boldsymbol{e}_\varphi = \mu_{\mathrm{r}}\mu_0 \boldsymbol{H}$$

$$\Rightarrow\ \boldsymbol{H} = H(r)\,\boldsymbol{e}_\varphi\,.$$

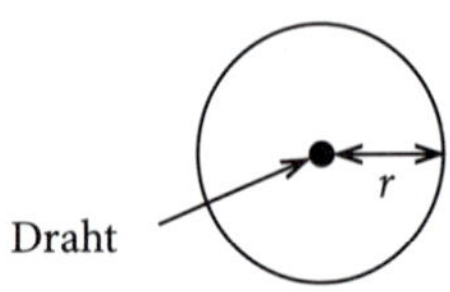

Abb. A.30.

F_r: Kreisfläche $\perp$ Draht, Radius r.

Daraus folgt:

$$I = \int_{F_r} \boldsymbol{j} \cdot d\boldsymbol{f} = \int_{F_r} \operatorname{rot} \boldsymbol{H} \cdot d\boldsymbol{f} = \int_{\partial F_r} \boldsymbol{H} \cdot d\boldsymbol{r} = H(r)\, 2\pi r \,.$$

Daraus folgt das Magnetfeld bei fehlender Platte:

$$\boldsymbol{H}(\boldsymbol{r}) = \frac{I}{2\pi\, r} \boldsymbol{e}_\varphi \,.$$

Zylinderkoordinaten:

$$\nabla \equiv \left(\frac{\partial}{\partial r}, \frac{1}{r} \frac{\partial}{\partial \varphi}, \frac{\partial}{\partial z} \right) ,$$

$$\boldsymbol{H} = -\nabla \varphi_{\mathrm{m}} = -\boldsymbol{e}_\varphi \frac{1}{r} \frac{\partial}{\partial \varphi} \varphi_{\mathrm{m}} \stackrel{!}{=} \frac{I}{2\pi\, r} \boldsymbol{e}_\varphi$$

$$\Rightarrow \quad \frac{\partial}{\partial \varphi} \varphi_{\mathrm{m}} = -\frac{I}{2\pi} \quad (r \neq 0)$$

$$\Rightarrow \quad \varphi_{\mathrm{m}} = -\frac{I}{2\pi} \varphi + \text{const} \,.$$

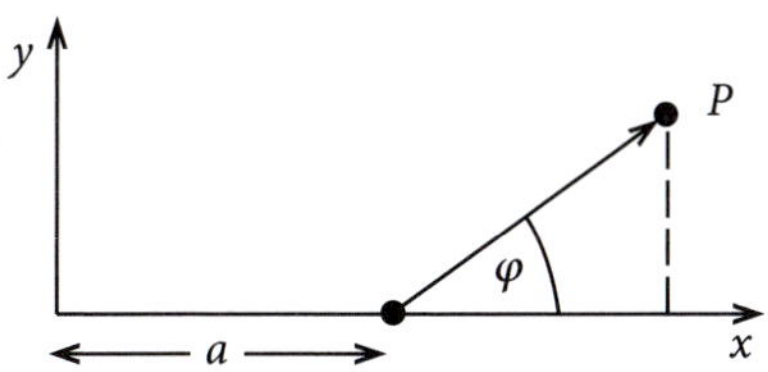

Abb. A.31.

Fläche senkrecht zum Draht:

$$\tan \varphi = \frac{y}{x-a}$$

$$\Rightarrow \quad \varphi = \arctan \frac{y}{x-a}$$

$$\Rightarrow \quad \varphi_{\mathrm{m}} = -\frac{I}{2\pi} \arctan \frac{y}{x-a} \,,$$

wobei die Konstante gleich Null gesetzt wurde.

3. **Randwertproblem** für Anordnung mit Platte
   a) $\Delta \varphi_{\mathrm{m}} = 0$ für $r \neq 0$.
   b) Stetigkeitsbedingungen für die Felder:

$$H_{\mathrm{t}} \text{ stetig} \iff \left. \frac{\partial \varphi_{\mathrm{m}}}{\partial y} \right|_{x=0^-} = \left. \frac{\partial \varphi_{\mathrm{m}}}{\partial y} \right|_{x=0^+} ,$$

$$B_{\mathrm{n}} \text{ stetig} \iff \mu_{\mathrm{r}}^{(1)} \left. \frac{\partial \varphi_{\mathrm{m}}}{\partial x} \right|_{x=0^-} = \mu_{\mathrm{r}}^{(2)} \left. \frac{\partial \varphi_{\mathrm{m}}}{\partial x} \right|_{x=0^+} .$$

4. **Bildströme**
Bereich 2:

$$\varphi_{\mathrm{m}}^{(2)} = -\frac{I}{2\pi} \arctan \frac{y}{x-a} - \frac{I_1}{2\pi} \arctan \frac{y}{x+a} \; .$$

Bereich 1:

$$\varphi_{\mathrm{m}}^{(1)} = -\frac{I_2}{2\pi} \arctan \frac{y}{x-a} \; .$$

Magnetische Feldstärke
Bereich 2:

$$H_x^{(2)} = -\frac{\partial}{\partial x} \varphi_{\mathrm{m}}^{(2)} =$$

$$= +\frac{I}{2\pi} \frac{1}{1+\left(\frac{y}{x-a}\right)^2} \left[-\frac{y}{(x-a)^2} \right] + \frac{I_1}{2\pi} \frac{1}{1+\left(\frac{y}{x+a}\right)^2} \left[-\frac{y}{(x+a)^2} \right] =$$

$$= \frac{1}{2\pi} \frac{I}{(x-a)^2+y^2} (-y) + \frac{1}{2\pi} \frac{I_1}{(x+a)^2+y^2} (-y) \; ,$$

$$H_y^{(2)} = -\frac{\partial}{\partial y} \varphi_{\mathrm{m}}^{(2)} = \frac{I}{2\pi} \frac{1}{1+\left(\frac{y}{x-a}\right)^2} \frac{1}{(x-a)} + \frac{I_1}{2\pi} \frac{1}{1+\left(\frac{y}{x+a}\right)^2} \frac{1}{(x+a)} =$$

$$= \frac{1}{2\pi} \frac{I}{(x-a)^2+y^2} (x-a) + \frac{1}{2\pi} \frac{I_1}{(x+a)^2+y^2} (x+a) \; ,$$

$$H_z^{(2)} = -\frac{\partial}{\partial z} \varphi_{\mathrm{m}}^{(2)} = 0 \; ,$$

also:

$$\boldsymbol{H}^{(2)} = \frac{1}{2\pi} \frac{I}{(x-a)^2+y^2} (-y, x-a, 0) + \frac{1}{2\pi} \frac{I_1}{(x+a)^2+y^2} (-y, x+a, 0) \; .$$

Bereich 1:
Ganz analog:

$$\boldsymbol{H}^{(1)} = \frac{1}{2\pi} \frac{I_2}{(x-a)^2+y^2} (-y, x-a, 0) \; ,$$

$$\boldsymbol{B}^{(1)} = \mu_{\mathrm{r}}^{(1)} \mu_0 \boldsymbol{H}^{(1)} \; ; \quad \boldsymbol{B}^{(2)} = \mu_{\mathrm{r}}^{(2)} \mu_0 \boldsymbol{H}^{(2)} \; .$$

5. I_1, I_2 aus den Randbedingungen für die Felder:

$$H_{\mathrm{t}} \text{ stetig} \iff H_y^{(1)}(x=0) = H_y^{(2)}(x=0)$$

$$\iff \frac{-a\,I_2}{a^2+y^2} = \frac{-a\,I}{a^2+y^2} + \frac{a\,I_1}{a^2+y^2}$$

$$\iff I_2 = I - I_1 \; ,$$

$$B_n \text{ stetig} \iff \mu_r^{(1)} H_x^{(1)}(x=0) = \mu_r^{(2)} H_x^{(2)}(x=0)$$

$$\iff \mu_r^{(1)} \frac{-yI_2}{a^2+y^2} = \mu_r^{(2)} \frac{-yI}{a^2+y^2} + \mu_r^{(2)} \frac{-yI_1}{a^2+y^2}$$

$$\iff \mu_r^{(1)} I_2 = \mu_r^{(2)} (I + I_1) ,$$

also:

$$I_1 = \frac{\mu_r^{(1)}}{\mu_r^{(2)}} I_2 - I$$

$$\Rightarrow I_2 = 2I - \frac{\mu_r^{(1)}}{\mu_r^{(2)}} I_2$$

$$\Rightarrow I_2 = \frac{2\mu_r^{(2)}}{\mu_r^{(1)} + \mu_r^{(2)}} I ; \quad I_1 = \frac{\mu_r^{(1)} - \mu_r^{(2)}}{\mu_r^{(1)} + \mu_r^{(2)}} I .$$

6. Nach (3.24) gilt:

$$\boldsymbol{F} = \int \left(\boldsymbol{j}(\boldsymbol{r}) \times \boldsymbol{B}(\boldsymbol{r}) \right) \, \mathrm{d}^3 r .$$

Daraus folgen die Kraftdichte

$$\boldsymbol{f} = \boldsymbol{j} \times \boldsymbol{B}$$

und die Kraft pro Länge:

$$\frac{\boldsymbol{F}}{L} = \boldsymbol{I} \times \boldsymbol{B} .$$

Feld von I_1 am Ort des Drahtes (ohne Platte!):

$$H_x^{(2)}(I_1) = \frac{1}{2\pi} \frac{-y\, I_1}{(x+a)^2 + y^2} \underset{\substack{\text{Draht} \\ (x=a, y=0)}}{\longrightarrow} 0 ,$$

$$H_y^{(2)}(I_1) = \frac{1}{2\pi} \frac{(x+a) I_1}{(x+a)^2 + y^2} \underset{\text{Draht}}{\longrightarrow} \frac{I_1}{2\pi} \frac{1}{2a} ,$$

$$H_z^{(2)}(I_1) \equiv 0$$

$$\Rightarrow \boldsymbol{B}^{(I_1)}(x=a, y=0) = \mu_0 \mu_r^{(2)} \frac{I_1}{4\pi a} \boldsymbol{e}_y ,$$

$$\boldsymbol{I} = I\, \boldsymbol{e}_z$$

$$\Rightarrow \frac{\boldsymbol{F}}{L} = -\frac{I^2}{4\pi a} \frac{\mu_0 \mu_r^{(2)} \left(\mu_r^{(1)} - \mu_r^{(2)} \right)}{\mu_r^{(1)} + \mu_r^{(2)}} \boldsymbol{e}_x .$$

3.5.3 Lösung zu Aufgabe 3.5.3

a) **Stromdichte**

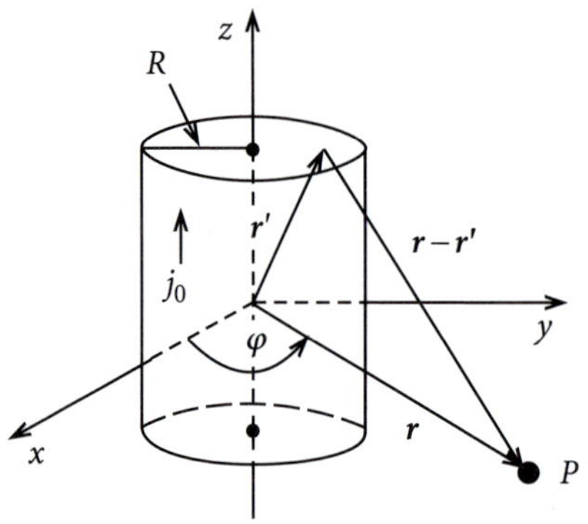

Abb. A.32.

Zylinderkoordinaten: ϱ, φ, z.

$$\boldsymbol{j}(\boldsymbol{r}) = j_0(\varrho)\, \boldsymbol{e}_z \,,$$

$$j_0(\varrho) = \frac{I}{\pi R^2} \Theta(R - \varrho) \,.$$

b) **Vektorpotential**
Allgemeine Lösung:

$$\boldsymbol{A}(\boldsymbol{r}) = \frac{\mu_0}{4\pi} \int d^3 r' \frac{\boldsymbol{j}(\boldsymbol{r}')}{|\boldsymbol{r} - \boldsymbol{r}'|}$$

$$\Rightarrow \boldsymbol{A}(\boldsymbol{r}) \sim \boldsymbol{e}_z \Rightarrow A_\varrho = A_\varphi = 0 \,.$$

$$A_z = A_z(\varrho, \varphi, z)$$

$$\text{Zylindersymmetrie} \Rightarrow A_z = A_z(\varrho, z) \,,$$

$$\textit{unendlich lang} \Rightarrow A_z = A_z(\varrho) \,.$$

c) **Poisson-Gleichung**
Nach (3.37):

$$\Delta \boldsymbol{A} = -\mu_0 \boldsymbol{j} \,,$$

$$\Delta = \frac{1}{\varrho} \frac{\partial}{\partial \varrho} \left(\varrho \frac{\partial}{\partial \varrho} \right) + \frac{1}{\varrho^2} \frac{\partial^2}{\partial \varphi^2} + \frac{\partial^2}{\partial z^2} \,.$$

Daher ist zu lösen:

$$\frac{1}{\varrho}\frac{\partial}{\partial\varrho}\left(\varrho\frac{\partial}{\partial\varrho}A_z(\varrho)\right) = -\mu_0 j_0(\varrho)\,.$$

Außen ($\varrho > R$):

$$\begin{aligned}
&\frac{1}{\varrho}\frac{\partial}{\partial\varrho}\left(\varrho\frac{\partial}{\partial\varrho}A_z(\varrho)\right) = 0\\
\Longleftrightarrow\quad &\varrho\frac{\partial}{\partial\varrho}A_z(\varrho) = c\\
\Longleftrightarrow\quad &\frac{\partial}{\partial\varrho}A_z(\varrho) = \frac{c}{\varrho}\\
\Rightarrow\quad &A_z(\varrho) = c\ln\varrho + A_z^{(0)}\,.
\end{aligned}$$

Innen ($\varrho < R$):

$$\begin{aligned}
&\frac{\partial}{\partial\varrho}\left(\varrho\frac{\partial}{\partial\varrho}A_z(\varrho)\right) = -\mu_0\frac{I}{\pi R^2}\varrho\\
\Longleftrightarrow\quad &\varrho\frac{\partial}{\partial\varrho}A_z(\varrho) = -\mu_0\frac{I}{2\pi R^2}\varrho^2 + c_1\\
\Longleftrightarrow\quad &\frac{\partial}{\partial\varrho}A_z(\varrho) = -\mu_0\frac{I}{2\pi R^2}\varrho + \frac{c_1}{\varrho}\\
\Longleftrightarrow\quad &A_z(\varrho) = -\mu_0\frac{I}{4\pi R^2}\varrho^2 + c_1\ln\varrho + c_2\,.
\end{aligned}$$

O. B. d. A.: $c_2 = 0$,
Regularität im Ursprung: $c_1 = 0$

$$\Rightarrow\quad A_z(\varrho) = -\mu_0\frac{I}{4\pi R^2}\varrho^2\,,$$

Stetigkeit bei $\varrho = R$:

$$c\ln R + A_z^{(0)} = -\mu_0\frac{I}{4\pi}$$

$$\Rightarrow\quad \boldsymbol{A}(\boldsymbol{r}) = A_z(\varrho)\,\boldsymbol{e}_z\,,$$

$$A_z(\varrho) = \begin{cases} -\mu_0\dfrac{I}{4\pi R^2}\varrho^2\,, & \text{falls } \varrho \le R\,,\\ c\ln\dfrac{\varrho}{R} - \mu_0\dfrac{I}{4\pi}\,, & \text{falls } \varrho \ge R\,.\end{cases}$$

d) **Magnetisches Feld** ($\mu_r = 1$)

$$\mu_0 \boldsymbol{H} = \operatorname{rot} \boldsymbol{A} = \left(\frac{1}{\varrho}\frac{\partial}{\partial\varphi}A_z - \frac{\partial}{\partial z}A_\varphi\right)\boldsymbol{e}_\varrho + \left(\frac{\partial}{\partial z}A_\varrho - \frac{\partial}{\partial\varrho}A_z\right)\boldsymbol{e}_\varphi +$$

$$+ \left(\frac{1}{\varrho}\frac{\partial}{\partial\varrho}(\varrho A_\varphi) - \frac{1}{\varrho}\frac{\partial}{\partial\varphi}A_\varrho\right)\boldsymbol{e}_z$$

$$\boldsymbol{H} = -\frac{1}{\mu_0}\frac{\partial}{\partial\varrho}A_z(\varrho)\boldsymbol{e}_\varphi = H_\varphi(\varrho)\,\boldsymbol{e}_\varphi\,,$$

$$H_\varphi(\varrho) = \begin{cases} \dfrac{I}{2\pi R^2}\varrho\,, & \text{falls } \varrho \le R\,, \\ -\dfrac{c}{\mu_0\varrho}\,, & \text{falls } \varrho \ge R\,. \end{cases}$$

Stetigkeit bei $\varrho = R$:

$$-\frac{c}{\mu_0} = \frac{I}{2\pi}$$

$$\Rightarrow \quad \boldsymbol{H} = H_\varphi(\varrho)\,\boldsymbol{e}_\varphi\,,$$

$$H_\varphi(\varrho) = \frac{I}{2\pi}\begin{cases} \dfrac{\varrho}{R^2}\,, & \text{falls } \varrho \le R\,, \\ \dfrac{1}{\varrho}\,, & \text{falls } \varrho \ge R\,. \end{cases}$$

e) **Probe durch stokesschen Satz**
K_ϱ : Kreis mit Radius $\varrho \perp \boldsymbol{e}_z$:

$$\oint\limits_{K_\varrho} \boldsymbol{H}\cdot \mathrm{d}\boldsymbol{r} \xrightarrow{\text{direkt}} H_\varphi(\varrho)\,2\pi\varrho \quad (\mathrm{d}\boldsymbol{r}\uparrow)$$

$$\oint\limits_{K_\varrho} \boldsymbol{H}\cdot \mathrm{d}\boldsymbol{r} \xrightarrow{\text{Stokes}} \int\limits_{F_{K_\varrho}} \mathrm{d}\boldsymbol{f}\cdot\operatorname{rot}\boldsymbol{H} = \int\limits_{F_{K_\varrho}} \mathrm{d}\boldsymbol{f}\cdot\boldsymbol{j}(\boldsymbol{r}) =$$

$$= 2\pi\frac{I}{\pi R^2}\int\limits_0^\varrho \mathrm{d}\varrho'\varrho'\Theta(R-\varrho') =$$

$$= \frac{2I}{R^2}\begin{cases} \dfrac{R^2}{2}\,, & \text{falls } \varrho \ge R\,, \\ \dfrac{\varrho^2}{2}\,, & \text{falls } \varrho \le R\,. \end{cases}$$

Daraus folgt:

$$H_\varphi(\varrho) = \begin{cases} \dfrac{I}{2\pi}\dfrac{1}{\varrho}\,, & \text{falls } \varrho \geq R\,,\\[2mm] \dfrac{I}{2\pi}\dfrac{\varrho}{R^2}\,, & \text{falls } \varrho \leq R \quad \text{q.e.d.} \end{cases}$$

Abschnitt 4.1.6

Lösung zu Aufgabe 4.1.1 4.1.1

Allgemein:

$\sum$: Lorentz-Kraft auf Ladung q:

$$\boldsymbol{F} = q\left(\boldsymbol{E} + \boldsymbol{v} \times \boldsymbol{B}\right) \,.$$

$\sum'$: $\boldsymbol{r}' = \boldsymbol{r} - \boldsymbol{R}\,; \quad \boldsymbol{R} = \boldsymbol{v}_0 t\,.$

Hieraus folgt:

$$\boldsymbol{v}' = \boldsymbol{v} - \boldsymbol{v}_0 : \quad \text{Teilchengeschwindigkeit in } \textstyle\sum' \,.$$

Lorentz-Kraft:

$$\boldsymbol{F}' = q(\boldsymbol{E}' + \boldsymbol{v}' \times \boldsymbol{B}') = q[\boldsymbol{E}' + (\boldsymbol{v} - \boldsymbol{v}_0) \times \boldsymbol{B}'] \,.$$

$\sum, \sum'$: Inertialsysteme $\Longleftrightarrow$ $\boldsymbol{F} = \boldsymbol{F}'$. Hieraus folgt:

$$\boldsymbol{E} + \boldsymbol{v} \times \boldsymbol{B} = \boldsymbol{E}' + (\boldsymbol{v} - \boldsymbol{v}_0) \times \boldsymbol{B}' \,.$$

Speziell:

$\sum$: Teilchen in Ruhe, d. h. $\boldsymbol{v} = 0$

$$\Rightarrow \quad \boldsymbol{E}' = \boldsymbol{E} + \boldsymbol{v}_0 \times \boldsymbol{B}' \,.$$

Nach Voraussetzung: $\boldsymbol{v}_0 \uparrow\uparrow \boldsymbol{E} \quad \Longleftrightarrow \quad \boldsymbol{v}_0 = \alpha\,\boldsymbol{E}$

$$\Rightarrow \quad \boldsymbol{E}' = \boldsymbol{E} + \alpha\,\boldsymbol{E} \times \boldsymbol{B}' \,.$$

Hieraus folgt für die Komponente von $\boldsymbol{E}'$ in Richtung von $\boldsymbol{E}$:

$$\frac{\boldsymbol{E}' \cdot \boldsymbol{E}}{E} = \frac{E^2}{E} = E \,.$$

4.1.2 Lösung zu Aufgabe 4.1.2

1. Allgemein gilt:

$$E(r,t) = -\nabla\varphi(r,t) - \dot{A}(r,t)\ ,$$

$$B(r,t) = \operatorname{rot} A(r,t)\ .$$

Man benutze

$$\Box\ \frac{\partial}{\partial t}\ldots = \frac{\partial}{\partial t}\ \Box\ldots\ ,$$

$$\Box\ \nabla\ldots = \nabla\ \Box\ldots\ ,$$

$$\Box\ \operatorname{rot}\ldots = \operatorname{rot}\ \Box\ldots\ ,$$

und erhält dann:

$$\Box\ E(r,t) = -\nabla\ \underbrace{\Box\ \varphi(r,t)}_{=0} - \frac{\partial}{\partial t}\ \underbrace{\Box\ A(r,t)}_{=0} = 0\ ,$$

$$\Box\ B(r,t) = \operatorname{rot}\underbrace{\Box\ A(r,t)}_{=0} = 0\ .$$

2.

$$\frac{\partial^2}{\partial x^2}\sin(k\cdot r - \omega t) = -k_x^2\sin(k\cdot r - \omega t)\ .$$

Analog die anderen Komponenten:

$$\Delta\sin(k\cdot r - \omega t) = -k^2\sin(k\cdot r - \omega t)\ ,$$

$$\frac{\partial^2}{\partial t^2}\sin(k\cdot r - \omega t) = -\omega^2\sin(k\cdot r - \omega t)$$

$$\Rightarrow\ \Box\ E(r,t) = \left(k^2 - \frac{\omega^2}{c^2}\right)E_0\sin(k\cdot r - \omega t) \equiv 0\ ,$$

$$\Box\ B(r,t) = \left(k^2 - \frac{\omega^2}{c^2}\right)B(r,t) \equiv 0$$

$$\Rightarrow\ \omega = \pm c|k|\ .$$

Keine Ladungen:

$$\operatorname{div} E \equiv 0 = -\cos(k\cdot r - \omega t)\left\{E_0^x k_x + E_0^y k_y + E_0^z k_z\right\}$$

$$\Rightarrow\ E_0\cdot k = 0;\quad E_0\perp k\ .$$

Analog:

$$\operatorname{div} \boldsymbol{B} \equiv 0 \;\Rightarrow\; \boldsymbol{B}_0 \cdot \boldsymbol{k} = 0\,; \quad \boldsymbol{B}_0 \perp \boldsymbol{k}\,.$$

Ferner:

$$\operatorname{rot} \boldsymbol{E} = -\dot{\boldsymbol{B}}$$

$$\Longleftrightarrow \; -\cos(\boldsymbol{k}\cdot\boldsymbol{r} - \omega t)\left[\boldsymbol{e}_x\left(k_y E_0^z - k_z E_0^y\right) + \boldsymbol{e}_y\left(k_z E_0^x - k_x E_0^z\right) + \right.$$

$$\left. + \boldsymbol{e}_z\left(k_x E_0^y - k_y E_0^x\right)\right] = -\omega\, \boldsymbol{B}_0 \cos(\boldsymbol{k}\cdot\boldsymbol{r} - \omega t)$$

$$\Longleftrightarrow \; \boldsymbol{k} \times \boldsymbol{E}_0 = \omega\, \boldsymbol{B}_0\,; \quad \boldsymbol{B}_0 \perp \boldsymbol{E}_0\,.$$

3. Energiestromdichte $\widehat{=}$ Poynting-Vektor:

$$\boldsymbol{S}(\boldsymbol{r},t) = \boldsymbol{E}(\boldsymbol{r},t) \times \boldsymbol{H}(\boldsymbol{r},t)$$

$$\Rightarrow\; \boldsymbol{S} = \frac{1}{\mu_0}\boldsymbol{E} \times \boldsymbol{B} = \frac{1}{\mu_0}\boldsymbol{E}_0 \times \boldsymbol{B}_0 \sin^2(\boldsymbol{k}\cdot\boldsymbol{r} - \omega t)\,,$$

$$\boldsymbol{E}_0 \times \boldsymbol{B}_0 = \omega\, \boldsymbol{E}_0 \times (\boldsymbol{k} \times \boldsymbol{E}_0) = \omega\, \boldsymbol{k}\, E_0^2 - \omega\, \boldsymbol{E}_0(\boldsymbol{E}_0 \cdot \boldsymbol{k}) = \omega\, E_0^2\, \boldsymbol{k}$$

$$\Rightarrow\; \boldsymbol{S} = \frac{\omega}{\mu_0} \sin^2(\boldsymbol{k}\cdot\boldsymbol{r} - \omega t) E_0^2\, \boldsymbol{k}$$

$$\Rightarrow\; S_{\parallel} = S,\; S_{\perp} = 0\,; \quad \text{Energiefluss nur in } \boldsymbol{k}\text{-Richtung.}$$

4. Feldenergiedichte:

$$w(\boldsymbol{r},t) = \frac{1}{2}(\boldsymbol{E}(\boldsymbol{r},t)\, \boldsymbol{D}(\boldsymbol{r},t) + \boldsymbol{H}(\boldsymbol{r},t) \cdot \boldsymbol{B}(\boldsymbol{r},t))\,.$$

Hier:

$$w(\boldsymbol{r},t) = \frac{1}{2}\varepsilon_0 \boldsymbol{E}^2(\boldsymbol{r},t) + \frac{1}{2\mu_0}\boldsymbol{B}^2(\boldsymbol{r},t) =$$

$$= \frac{1}{2}\sin^2(\boldsymbol{k}\cdot\boldsymbol{r} - \omega t)\left(\varepsilon_0 E_0^2 + \frac{1}{\mu_0}B_0^2\right)\,,$$

$$B_0^2 = \frac{1}{\omega^2}k^2 E_0^2 = \frac{1}{c^2}E_0^2 = \mu_0 \varepsilon_0 E_0^2$$

$$\Rightarrow\; w(\boldsymbol{r},t) = \varepsilon_0 E_0^2 \sin^2(\boldsymbol{k}\cdot\boldsymbol{r} - \omega t) = \frac{1}{\mu_0} B_0^2 \sin^2(\boldsymbol{k}\cdot\boldsymbol{r} - \omega t)\,.$$

4.1.3 Lösung zu Aufgabe 4.1.3

1.

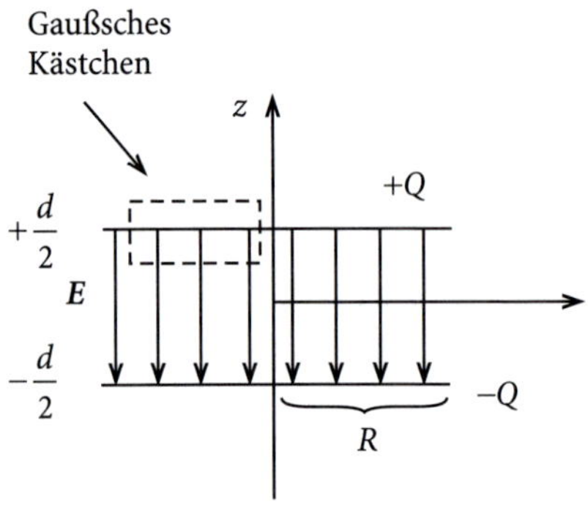

Abb. A.33.

Nach (2.211) gilt:

$$\sigma = \boldsymbol{D}^{(a)} \cdot \boldsymbol{e}_z - \boldsymbol{D}^{(i)} \cdot \boldsymbol{e}_z \,,$$

$$\boldsymbol{D}^{(a)} = \boldsymbol{0} \,,$$

$$\boldsymbol{D}^{(i)} = (0, 0, -D)$$

$$\Rightarrow \quad D = \pm\sigma\left(\pm\frac{d}{2}\right) = \frac{Q}{\pi R^2} \,.$$

Elektrisches Feld:

$$\boldsymbol{E} = E(z)\boldsymbol{e}_z \,; \quad E(z) = \frac{-D}{\varepsilon_0\varepsilon_r(z)} = \frac{-1}{\varepsilon_0\varepsilon_r(z)}\,\frac{Q}{\pi R^2} \,.$$

Spannung:

$$U = -\int\limits_{-d/2}^{+d/2} E(z)\,\mathrm{d}z = \frac{Q}{\varepsilon_0\pi R^2}\int\limits_{-d/2}^{+d/2}\frac{\mathrm{d}z}{\varepsilon_1 + (1/2)\Delta\varepsilon\left(1 + 2z/d\right)} =$$

$$= \frac{Q}{\varepsilon_0\pi R^2}\,\frac{d}{\Delta\varepsilon}\ln\left[\varepsilon_1 + \frac{1}{2}\Delta\varepsilon\left(1 + 2\frac{z}{d}\right)\right]\Bigg|_{-d/2}^{+d/2} =$$

$$= \frac{Q}{\varepsilon_0\pi R^2}\,\frac{d}{\Delta\varepsilon}\ln\frac{\varepsilon_1 + \Delta\varepsilon}{\varepsilon_1} \,.$$

Kapazität:

$$C = \frac{\varepsilon_0\pi R^2}{d}\,\frac{\Delta\varepsilon}{\ln\left(1 + \Delta\varepsilon/\varepsilon_1\right)} \,.$$

Dichte der im Dielektrikum gebundenen Ladungen:
Polarisation:

$$\boldsymbol{P} = \boldsymbol{D} - \varepsilon_0 \boldsymbol{E} = \left(1 - \frac{1}{\varepsilon_r(z)}\right) \boldsymbol{D} \, .$$

Polarisationsladungsdichte (2.189):

$$\varrho_p = - \operatorname{div} \boldsymbol{P} \, .$$

Daraus folgt die Flächendichte der gebundenen Ladungen:

$$\sigma_p \left(\pm \frac{d}{2}\right) = \mp P \left(\pm \frac{d}{2}\right) = \mp \frac{Q}{\pi R^2} \left(1 - \frac{1}{\varepsilon_r\left(\pm d/2\right)}\right)$$

↖ ↗
ortsabhängig

$$\Rightarrow \quad \sigma_p \left(+\frac{d}{2}\right) = -\frac{Q}{\pi R^2} \left(1 - \frac{1}{\varepsilon_1 + \Delta\varepsilon}\right) ,$$

$$\sigma_p \left(-\frac{d}{2}\right) = +\frac{Q}{\pi R^2} \left(1 - \frac{1}{\varepsilon_1}\right) .$$

σ_p kompensiert teilweise die tatsächliche Oberflächenladung auf den Platten, sodass das Feld zwischen den Platten durch das Dielektrikum geschwächt wird.
Volumendichte:

$$\varrho_p = \operatorname{div}(-\boldsymbol{P}) = - \operatorname{div} \left[\left(1 - \frac{1}{\varepsilon_r(z)}\right) \boldsymbol{D}\right] = -\frac{Q}{\pi R^2} \frac{\mathrm{d}}{\mathrm{d}z} \frac{1}{\varepsilon_r(z)}$$

$$\Rightarrow \quad \varrho_p = 0 \, , \qquad \text{falls } \varepsilon_r \neq \varepsilon_r(z) \, ,$$

$$\varrho_p = \frac{Q}{\pi R^2} \frac{\Delta\varepsilon}{d\left[\varepsilon_1 + (1/2)\Delta\varepsilon\left(1 + 2z/d\right)\right]^2} \, .$$

2. Gleichung (4.53):

$$\frac{\mathrm{d}}{\mathrm{d}t} \left(\boldsymbol{p}_V^{(\text{mech})} + \boldsymbol{p}_V^{(\text{Feld})}\right) = \sum_{i=1}^{3} \boldsymbol{e}_i \int_V \mathrm{d}^3 r \sum_{j=1}^{3} \frac{\partial}{\partial x_j} T_{ij} \, ,$$

$$T_{ij} = \varepsilon_r \varepsilon_0 E_i E_j + \frac{1}{\mu_r \mu_0} B_i B_j - \frac{1}{2} \delta_{ij} \left(\varepsilon_r \varepsilon_0 E^2 + \frac{1}{\mu_r \mu_0} B^2\right) \, .$$

In dieser Aufgabe ist innerhalb des Kondensators

$$\boldsymbol{B} \equiv 0 \, ; \qquad \boldsymbol{E} \equiv (0, 0, E(z)) \, .$$

Daraus folgt:

$$\overline{T} = \frac{1}{2}\varepsilon_r(z)\varepsilon_0 E^2(z)\begin{pmatrix} -1 & 0 & 0 \\ 0 & -1 & 0 \\ 0 & 0 & 1 \end{pmatrix} =$$

$$= \left(\frac{Q}{\pi R^2}\right)^2 \frac{1}{2\varepsilon_r(z)\varepsilon_0}\begin{pmatrix} -1 & 0 & 0 \\ 0 & -1 & 0 \\ 0 & 0 & 1 \end{pmatrix}$$

Kraftdichte:

$$f^{(\text{total})} = \sum_{i=1}^{3} e_i \sum_{j=1}^{3} \frac{\partial}{\partial x_j} T_{ij} = \sum_{i=1}^{3} e_i \frac{\partial}{\partial z} T_{iz} \,,$$

nur von z abhängig

$$f^{(\text{total})} = \left(0, 0, \frac{\partial}{\partial z} T_{zz}\right) ,$$

$$f_z^{(\text{total})} = \frac{\partial}{\partial z} T_{zz} = -\frac{1}{2\varepsilon_0}\left(\frac{Q}{\pi R^2}\right)^2 \frac{\Delta\varepsilon}{d\left[\varepsilon_1 + (1/2)\Delta\varepsilon\left(1 + 2z/d\right)\right]^2} \,.$$

Kraft auf Kondensatorplatten:

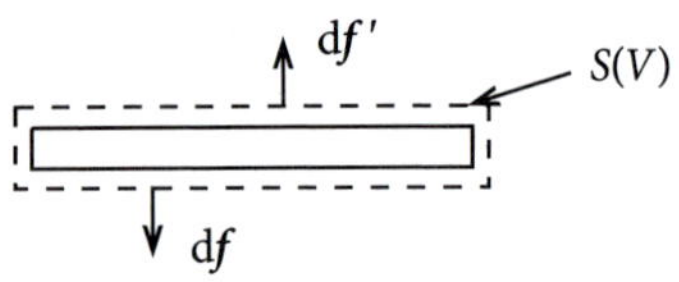

Abb. A.34.

Kraftkomponenten:

$$F_i = \int_{S(V)} \mathrm{d}f \cdot T_i = \int_{S(V)} \mathrm{d}f \cdot \sum_j T_{ij} e_j = \int_{S(V)} \mathrm{d}f \sum_j T_{ij} n_j \,.$$

$T_{ij} \neq 0$ nur innerhalb des Kondensators:

$$n = (0, 0, -1) \quad \text{obere Platte} ,$$

$$n = (0, 0, +1) \quad \text{untere Platte} .$$

Kraft auf obere Platte:

$$F_z\left(+\frac{d}{2}\right) = -\pi R^2 T_{zz}\left(+\frac{d}{2}\right) = -\frac{Q^2}{\pi R^2} \frac{1}{2\varepsilon_0(\varepsilon_1 + \Delta\varepsilon)} \,.$$

Kraft auf untere Platte:

$$F_z\left(-\frac{d}{2}\right) = +\pi R^2\, T_{zz}\left(-\frac{d}{2}\right) = \frac{Q}{\pi R^2}\,\frac{1}{2\varepsilon_0\varepsilon_1}\,.$$

Wegen der Ortsabhängigkeit der Dielektrizitätskonstanten $\varepsilon_r = \varepsilon_r(z)$ sind die Kräfte auf die beiden Kondensatorplatten unterschiedlich!

Abschnitt 4.2.7

Lösung zu Aufgabe 4.2.1 4.2.1

1. **Stromdichte** (Zylinderkoordinaten)

$$\boldsymbol{j}(\boldsymbol{r}) = j(\varrho)\,\boldsymbol{e}_z\,,$$

$$j(\varrho) = j_i\delta(\varrho - R_i) + j_a\,\delta(\varrho - R_a)\,,$$

K_R: Kreis mit Radius R senkrecht zur z-Achse.
$R_i < R < R_a$:

$$I = \int\limits_{K_R} \boldsymbol{j}(\boldsymbol{r})\cdot \mathrm{d}\boldsymbol{f} = 2\pi \int\limits_{K_R} \mathrm{d}\varrho\,\varrho\, j_i\delta(\varrho - R_i) = 2\pi\, R_i j_i$$

$$\Rightarrow\; j_i = \frac{I}{2\pi\, R_i}\,.$$

$R_a < R$:

$$0 = \int\limits_{K_R} \boldsymbol{j}(\boldsymbol{r})\cdot \mathrm{d}\boldsymbol{f} = 2\pi(R_i j_i + R_a j_a) = I + 2\pi\, R_a j_a$$

$$\Rightarrow\; j_a = -\frac{I}{2\pi\, R_a}$$

$$\Rightarrow\; \boldsymbol{j}(\boldsymbol{r}) = \frac{I}{2\pi\varrho}\big(\delta(\varrho - R_i) - \delta(\varrho - R_a)\big)\,\boldsymbol{e}_z\,.$$

Quasistationäre Näherung:

$$\operatorname{rot}\boldsymbol{B} \approx \mu_r\mu_0\boldsymbol{j} \iff \oint\limits_C \boldsymbol{B}\cdot \mathrm{d}\boldsymbol{r} \approx \mu_r\mu_0 \int\limits_{F_c} \boldsymbol{j}\cdot \mathrm{d}\boldsymbol{f}\,.$$

Aus Symmetriegründen:

$$\boldsymbol{B} = B(\varrho)\,\boldsymbol{e}_\varphi\,,$$

$$\oint_{K_\varrho} \boldsymbol{B}\cdot \mathrm{d}\boldsymbol{r} = B(\varrho)2\pi\,\varrho = \begin{cases} 0\,, & \text{falls } \varrho < R_\mathrm{i}\,,\\ \mu_\mathrm{r}\mu_0 I\,, & \text{falls } R_\mathrm{i} < \varrho < R_\mathrm{a}\,,\\ 0\,, & \text{falls } R_\mathrm{a} < \varrho\,,\end{cases}$$

$$\Rightarrow\quad B(\varrho) = \begin{cases} \mu_\mathrm{r}\mu_0 \dfrac{I}{2\pi\,\varrho}\,, & \text{falls } R_\mathrm{i} < \varrho < R_\mathrm{a}\,,\\ 0 & \text{sonst}\,.\end{cases}$$

2. Magnetischer Fluss

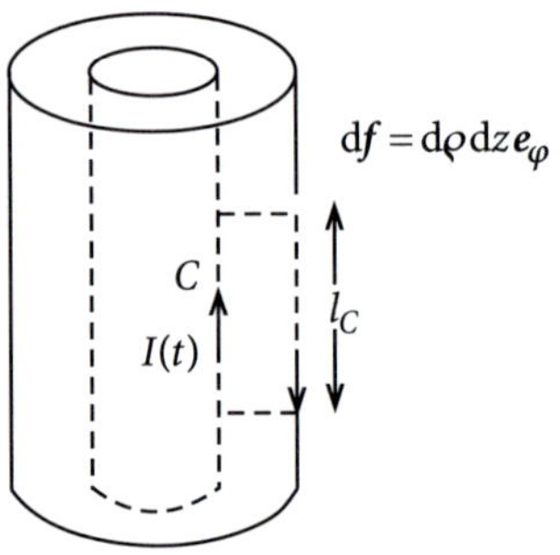

Abb. A.35.

Tritt nur zwischen Innen- und Außenleiter auf. Dort ist

$$\Phi_c = \int_{F_c} \boldsymbol{B}\cdot \mathrm{d}\boldsymbol{f} = \int_{R_\mathrm{i}}^{R_\mathrm{a}} \mathrm{d}\varrho \int \mathrm{d}z\, B(\varrho) = l_c \mu_\mathrm{r}\mu_0 \frac{I}{2\pi}\int_{R_\mathrm{i}}^{R_\mathrm{a}} \mathrm{d}\varrho \frac{1}{\varrho} =$$

$$= l_c\mu_\mathrm{r}\mu_0 \frac{I}{2\pi}\ln\frac{R_\mathrm{a}}{R_\mathrm{i}}\,.$$

Hieraus folgt:
Der den Raum $R_\mathrm{i} < \varrho < R_\mathrm{a}$ durchsetzende magnetische Fluss pro Längeneinheit beträgt:

$$\Phi = \frac{\Phi_c}{l_c} = \mu_\mathrm{r}\,\mu_0 \frac{\ln(R_\mathrm{a}/R_\mathrm{i})}{2\pi} I\,.$$

Hieraus folgt:
Selbstinduktion pro Längeneinheit des Hohlrohrsystems:

$$L = \mu_\mathrm{r}\mu_0 \frac{\ln(R_\mathrm{a}/R_\mathrm{i})}{2\pi}\,.$$

Lösung zu Aufgabe 4.2.2

4.2.2

1. **Magnetfeld des Drahtes**

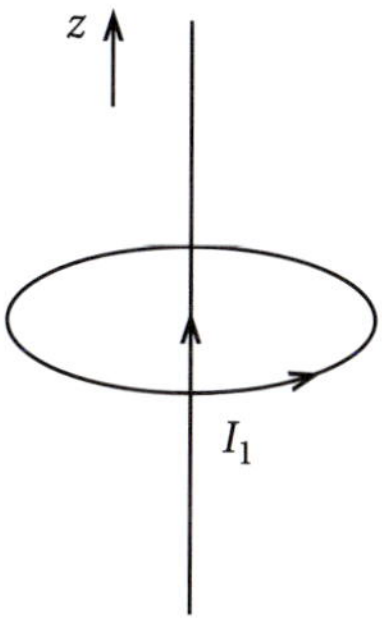

Abb. A.36.

Quasistationäre Näherung:

$$\operatorname{rot} \boldsymbol{H} \approx \boldsymbol{j} \, .$$

Zylinderkoordianten (ϱ, φ, z).
Symmetrie $\Rightarrow$ Ansatz:

$$\boldsymbol{H}_1 = H(\varrho)\, \boldsymbol{e}_\varphi^{(1)} \, .$$

K_ϱ: Kreis in der Ebene senkrecht zum Draht mit Radius ϱ:

$$\int\limits_{K_\varrho} \operatorname{rot} \boldsymbol{H} \cdot \mathrm{d}\boldsymbol{f} = \int\limits_{\partial K_\varrho} \boldsymbol{H} \cdot \mathrm{d}\boldsymbol{r} = 2\pi\, \varrho\, H(\varrho) \approx \int\limits_{K_\varrho} \boldsymbol{j} \cdot \mathrm{d}\boldsymbol{f} = I_1$$

$$\Rightarrow \quad \boldsymbol{H}_1 = \frac{I_1}{2\pi\, \varrho}\, \boldsymbol{e}_\varphi^{(1)} \, .$$

Fluss durch Leiterschleife
Flächenelement: $\mathrm{d}\boldsymbol{f}_2 = -\,\mathrm{d}x\, \mathrm{d}y\, \boldsymbol{e}_z$. Dort ist offenbar $\boldsymbol{e}_\varphi^{(1)} = \boldsymbol{e}_z$; $\varrho = y$.
Daraus folgt der magnetische Fluss:

$$\Phi_{21} = \int \boldsymbol{B}_1\, \mathrm{d}\boldsymbol{f}_2 = -\mu_0 \frac{I_1}{2\pi} \int\limits_0^a \mathrm{d}x \int\limits_d^{d+b} \frac{\mathrm{d}y}{y} = -\mu_0 \frac{I_1}{2\pi} a \ln\left(1 + \frac{b}{d}\right) = L_{21} I_1$$

$$\Rightarrow \quad L_{21} = -\mu_0 \frac{a}{2\pi} \ln\left(1 + \frac{b}{d}\right) \, .$$

2. Magnetische Wechselwirkungsenergie

$$L_{12} = L_{21}$$

$$\Rightarrow \quad W_\mathrm{m} = L_{21} I_1\, I_2 \, .$$

Änderung des Abstandes d bei I_1, I_2 = const:

$$\mathrm{d}W_\mathrm{m} = I_1 I_2 \,\mathrm{d}L_{21} = -\mu_0 \frac{a}{2\pi} I_1 I_2 \frac{-b/d^2}{1 + b/d}\,\mathrm{d}d = I_1 I_2 \frac{\mu_0 a\, b}{2\pi\, d(d+b)}\,\mathrm{d}d\,,$$

$$\mathrm{d}W_\mathrm{mech} = -\,\mathrm{d}W_\mathrm{m} = -F_y\,\mathrm{d}d$$

$$\Rightarrow F_y = I_1 I_2 \frac{\mu_0 a\, b}{2\pi\, d(d+b)}\,.$$

4.2.3 Lösung zu Aufgabe 4.2.3

1. **Einschaltvorgang**

Zu lösende Differentialgleichung:

$$L\,\dot{I}(t) + R(t) I(t) = U\,.$$

Diese lautet für $0 \le t \le \tau$:

$$L\,\dot{I}(t) + R_0 \tau \frac{I(t)}{t} = U\,.$$

Naheliegender Ansatz:

$$I(t) = \alpha\, t\,.$$

Dies führt zu:

$$L\alpha + R_0 \tau\,\alpha = U \;\Rightarrow\; \alpha = \frac{U}{L + R_0\tau}\,.$$

Es gilt also:

$$I(t) = \frac{U}{L + R_0\tau}\,t \qquad 0 \le t \le \tau\,.$$

Für $t \ge \tau$ ist $R(t) \equiv R_0$.
Dann ist zu lösen:

$$L\,\dot{I}(t) + R_0 I(t) = U$$

$$\Rightarrow\; L\,\dot{I}(t) + R_0 \left(I(t) - \frac{U}{R_0} \right) = 0$$

$$\Rightarrow\; L \frac{\mathrm{d}}{\mathrm{d}t} \left(I(t) - \frac{U}{R_0} \right) + R_0 \left(I(t) - \frac{U}{R_0} \right) = 0\,.$$

Lösung:

$$I(t) - \frac{U}{R_0} = \left(I(\tau) - \frac{U}{R_0} \right) \exp\left[-\frac{R_0}{L}(t - \tau) \right]\,.$$

Stetigkeit von $I(t)$:

$$I(\tau) = \frac{U\tau}{L + R_0\tau} = \frac{U}{R_0} \frac{\tau}{L/R_0 + \tau} ,$$

$$I(\tau) - \frac{U}{R_0} = \frac{U}{R_0} \left(\frac{\tau}{L/R_0 + \tau} - 1 \right) = \frac{U}{R_0} \frac{-L/R_0}{L/R_0 + \tau}$$

$$\Rightarrow \quad I(t) = \frac{U}{R_0} \left\{ 1 - \frac{L/R_0}{L/R_0 + \tau} \exp\left[-\frac{R_0}{L}(t - \tau) \right] \right\} \qquad \tau \le t .$$

Der Endwert U/R_0 wird exponentiell erreicht.
Zeitkonstante des Einschaltvorganges: L/R_0
$\Rightarrow$ *schnelles* Einschalten: $\tau \ll L/R_0 \;\Rightarrow\; I(\tau) \ll U/R_0$,
langsames Einschalten: $\tau \gg L/R_0 \;\Rightarrow\; I(\tau) \approx U/R_0$.

2. **Ausschaltvorgang**

$$L\dot{I}(t) + R(t)I(t) = U .$$

Dies ist eine inhomogene Differentialgleichung erster Ordnung!
Für $0 \le t < \tau$ definieren wir:

$$\alpha = \frac{R_0\tau}{L} .$$

Homogene Differentialgleichung:

$$\dot{I}(t) + \frac{\alpha}{\tau - t} I = 0 \;\Rightarrow\; \frac{\dot{I}}{I} = -\frac{\alpha}{\tau - t} ,$$

$$\Rightarrow \quad \frac{\mathrm{d}}{\mathrm{d}t} \ln I = \frac{\mathrm{d}}{\mathrm{d}t} \ln(\tau - t)^\alpha$$

$$\Rightarrow \quad I_{\mathrm{hom}}(t) = c(\tau - t)^\alpha .$$

Spezielle Lösung:
Ansatz: $I_{\mathrm{S}}(t) = \beta(\tau - t)$.
Einsetzen:

$$-\beta L + \frac{R_0\tau}{\tau - t}\beta(\tau - t) = U$$

$$\Rightarrow \quad \beta = \frac{U}{L(\alpha - 1)} \qquad (\alpha \neq 1)$$

$$\Rightarrow \quad I_{\mathrm{S}}(t) = \frac{U}{L(\alpha - 1)}(\tau - t) .$$

Allgemeine Lösung der inhomogenen Differentialgleichung:

$$I(t) = c(\tau - t)^\alpha + \frac{U}{L(\alpha - 1)}(\tau - t) .$$

Randbedingung:

$$I(0) = \frac{U}{R_0} = c\,\tau^\alpha + \frac{U\,\tau}{L(\alpha-1)}$$

$$\Rightarrow\; c = \frac{U}{R_0}\tau^{-\alpha} - \frac{U\,\tau^{1-\alpha}}{L(\alpha-1)}$$

$$\Rightarrow\; I(t) = \frac{U}{R_0}\left(1-\frac{t}{\tau}\right)^\alpha - \frac{U\,\tau}{L(\alpha-1)}\left(1-\frac{t}{\tau}\right)^\alpha + \frac{U\,\tau}{L(\alpha-1)}\left(1-\frac{t}{\tau}\right) =$$

$$= U\left(1-\frac{t}{\tau}\right)^\alpha\left(\frac{1}{R_0} - \frac{\tau}{R_0\tau - L}\right) + \frac{U\,\tau}{\alpha\,L}\,\frac{\alpha}{\alpha-1}\left(1-\frac{t}{\tau}\right) =$$

$$= \frac{U}{R_0}\left(1-\frac{t}{\tau}\right)^\alpha \frac{-1}{\alpha-1} + \frac{U}{R_0}\,\frac{\alpha}{\alpha-1}\left(1-\frac{t}{\tau}\right)\,.$$

Dies bedeutet:

$$I(t) = \frac{U}{R_0}\,\frac{\alpha\left(1-t/\tau\right) - \left(1-t/\tau\right)^\alpha}{\alpha-1}\,.$$

Spezialfälle:

$$I(t=0) = \frac{U}{R_0}\,;\qquad I(t=\tau) = 0\,.$$

4.2.4 Lösung zu Aufgabe 4.2.4

1. $t > t_0$:

$$U_0 = U_C + U_R\,,$$

$$I = \dot{Q} = C\,\dot{U}_C$$

$$\Rightarrow\; U_0 = U_C + RC\,\dot{U}_C\,.$$

Allgemeine Lösung der homogenen Differentialgleichung:

$$\dot{U}_C + \frac{1}{RC}U_C = 0$$

$$\Rightarrow\; U_C^{(\mathrm{hom})}(t) = A\,\mathrm{e}^{-t/RC}\,.$$

Spezielle Lösung:

$$U_C = U_0 \quad \text{(nach der Einschwingphase)}\,.$$

Allgemeine Lösung der inhomogenen Differentialgleichung:

$$U_C(t) = U_0 + A\ \mathrm{e}^{-t/RC}\ .$$

Anfangsbedingungen:

$$U_C(t = t_0) = 0 \ \Rightarrow\ A = -U_0\ \mathrm{e}^{-t_0/RC}\ .$$

Lösung:

$$I(t) = C\,\dot{U}_C(t) = \frac{U_0}{R}\ \mathrm{e}^{-(t-t_0)/RC}\ ,$$

$$U_R(t) = R\,I(t) = U_0\ \mathrm{e}^{-(t-t_0)/RC}\ .$$

2.

$$t > t_1 : \quad 0 = U_C + RC\dot{U}_C\ ,$$

$$t = t_1 : \quad U_0 = U_C$$

$$\Rightarrow\ U_C(t) = A\ \mathrm{e}^{-t/RC}\ ; \quad U_0 = A\ \mathrm{e}^{-t_1/RC}\ .$$

Lösung:

$$U_C(t) = U_0\ \mathrm{e}^{-(t-t_1)/RC}\ ,$$

$$I(t) = -\frac{U_0}{R}\ \mathrm{e}^{-(t-t_1)/RC}\ ,$$

$$U_R(t) = -U_0\ \mathrm{e}^{-(t-t_1)/RC}\ .$$

Lösung zu Aufgabe 4.2.5 4.2.5

1. $\boldsymbol{n}$: Einheitsvektor senkrecht zur Drahtfläche:

$$\mathrm{d}\boldsymbol{f} = \mathrm{d}f\,\boldsymbol{n}\ ,$$

$$\sphericalangle(\boldsymbol{n}, \boldsymbol{B}) = \varphi(t) = \omega(t - t_0)\ ,$$

$$U_{\mathrm{ind}} = -\frac{\partial}{\partial t}\Phi\ ,$$

$$\Phi = \int\limits_{\mathrm{Ring}} \mathrm{d}\boldsymbol{f} \cdot \boldsymbol{B} = \int\limits_{\mathrm{Ring}} \mathrm{d}f\,\boldsymbol{n} \cdot \boldsymbol{B} = B\,\cos[\omega(t - t_0)] \int\limits_{\mathrm{Ring}} \mathrm{d}f = B\,\pi\,R^2\,\cos[\omega(t - t_0)]$$

$$\Rightarrow\ U_{\mathrm{ind}} = B\,\pi\,R^2\,\omega\,\sin[\omega(t - t_0)]\ .$$

2.

$$U_{\text{ind}} = \oint\limits_{\text{Ring}} \boldsymbol{E} \cdot \mathrm{d}\boldsymbol{r} = \frac{1}{\sigma} \oint\limits_{\text{Ring}} \boldsymbol{j} \cdot \mathrm{d}\boldsymbol{r} \,, \qquad \boldsymbol{j} \uparrow\uparrow \mathrm{d}\boldsymbol{r} \,,$$

$$U_{\text{ind}} = \frac{1}{\sigma} \oint\limits_{\text{Ring}} j \,\mathrm{d}r = \frac{I}{\sigma A} \oint\limits_{\text{Ring}} \mathrm{d}r = \frac{2\pi R}{\sigma A} I$$

$$\Rightarrow \quad I(t) = \frac{1}{2} \sigma B A R \omega \sin\big(\omega(t - t_0)\big) \,.$$

Abschnitt 4.3.11

4.3.1 Lösung zu Aufgabe 4.3.1

1. Lorentz-Kraft:

$$\boldsymbol{F} = q\big[\boldsymbol{E} + (\boldsymbol{v} \times \boldsymbol{B})\big] \,.$$

Bewegungsgleichung:

$$m\ddot{\boldsymbol{r}} = q\big[\boldsymbol{E} + (\dot{\boldsymbol{r}} \times \boldsymbol{B})\big] \,.$$

Zeitliche Änderung der Teilchenenergie:

$$\dot{W} = \boldsymbol{v} \cdot \boldsymbol{F} = q\, \boldsymbol{v} \cdot \boldsymbol{E} \,.$$

2. Maxwell-Gleichungen ($\varrho_f = 0,\ \boldsymbol{j}_f = 0,\ \sigma = 0$) :

$$\operatorname{div} \boldsymbol{E} = 0 \,; \quad \operatorname{div} \boldsymbol{B} = 0 \,;$$

$$\operatorname{rot} \boldsymbol{E} = -\dot{\boldsymbol{B}} \,; \quad \operatorname{rot} \boldsymbol{B} = \frac{1}{u^2} \dot{\boldsymbol{E}} \,,$$

wobei $u = 1/\sqrt{\varepsilon_r \varepsilon_0 \mu_r \mu_0}$.

$$\begin{aligned}
\operatorname{rot} \boldsymbol{E} &= \boldsymbol{e}_x \left(\frac{\partial E_z}{\partial y} - \frac{\partial E_y}{\partial z} \right) + \boldsymbol{e}_y \left(\frac{\partial E_x}{\partial z} - \frac{\partial E_z}{\partial x} \right) + \boldsymbol{e}_z \left(\frac{\partial E_y}{\partial x} - \frac{\partial E_x}{\partial y} \right) = \\
&= -\frac{\partial E_y}{\partial z} \boldsymbol{e}_x + \frac{\partial E_x}{\partial z} \boldsymbol{e}_y + \left(\frac{\partial E_y}{\partial x} - \frac{\partial E_x}{\partial y} \right) \boldsymbol{e}_z = \\
&= -k\,E\big(\cos(kz - \omega t), \sin(kz - \omega t), 0\big) = -k\,\boldsymbol{E} \;\Rightarrow\; \dot{\boldsymbol{B}} = k\,\boldsymbol{E} \,.
\end{aligned}$$

Dies bedeutet:

$$\boldsymbol{B} = k\,E \left(-\frac{1}{\omega} \sin(kz - \omega t),\ \frac{1}{\omega} \cos(kz - \omega t), 0 \right) \,.$$

Magnetische Induktion:

$$\boldsymbol{B} = -\frac{1}{u}(E_y, -E_x, 0) = \frac{1}{u}\boldsymbol{e}_z \times \boldsymbol{E} \, ,$$

$$\boldsymbol{B} = \frac{1}{\omega}\boldsymbol{k} \times \boldsymbol{E} \, .$$

3. Bewegungsgleichung:

$$m\ddot{\boldsymbol{r}} = q[\boldsymbol{E} + (\dot{\boldsymbol{r}} \times \boldsymbol{B})] = q\left\{\boldsymbol{E} + \frac{1}{u}[\dot{\boldsymbol{r}} \times (\boldsymbol{e}_z \times \boldsymbol{E})]\right\} =$$

$$= q[\boldsymbol{E} + \frac{1}{u}\,\boldsymbol{e}_z(\dot{\boldsymbol{r}} \cdot \boldsymbol{E}) - \frac{1}{u}\boldsymbol{E}(\dot{\boldsymbol{r}} \cdot \boldsymbol{e}_z)] \, .$$

Komponenten:

$$m\ddot{x} = q\,E_x\left(1 - \frac{\dot{z}}{u}\right) = q\,E\left(1 - \frac{\dot{z}}{u}\right)\cos(kz - \omega t) \, ,$$

$$m\ddot{y} = q\,E_y\left(1 - \frac{\dot{z}}{u}\right) = q\,E\left(1 - \frac{\dot{z}}{u}\right)\sin(kz - \omega t) \, ,$$

$$m\ddot{z} = \frac{q}{u}(\dot{\boldsymbol{r}} \cdot \boldsymbol{E}) \, .$$

4.

$$\dot{W} = 0 \iff \dot{\boldsymbol{r}} \cdot \boldsymbol{E} = 0 \quad \text{zu } \textbf{allen} \text{ Zeiten } t$$

$$\Rightarrow \ddot{z} = 0 \Rightarrow \dot{z} = \text{const} = v_0 \, .$$

Bewegungsgleichungen:

$$\dot{x}(t) = -\frac{q\,E}{m\,\omega}\left(1 - \frac{v_0}{u}\right)\sin(kz - \omega t) + \dot{x}_0 \, ,$$

$$\dot{y}(t) = \frac{q\,E}{m\,\omega}\left(1 - \frac{v_0}{u}\right)\cos(kz - \omega t) + \dot{y}_0$$

$$\Rightarrow \dot{\boldsymbol{r}}(t) \cdot \boldsymbol{E}(\boldsymbol{r}, t) = E_x\,\dot{x}_0 + E_y\,\dot{y}_0 \stackrel{!}{=} 0 \qquad \forall(\boldsymbol{r}, t) \, .$$

Wahl der Anfangsbedingungen also so, dass $\dot{x}_0 = \dot{y}_0 = 0$, d. h. wegen $z(t = 0) = 0$:

$$\dot{\boldsymbol{r}}(t = 0) = \left(0, \frac{q\,E}{m\,\omega}\left(1 - \frac{v_0}{u}\right), v_0\right) \qquad v_0 \text{ beliebig!}$$

5.

$$\boldsymbol{p} = \begin{pmatrix} -\frac{q\,E}{\omega}\left(1-\frac{v_0}{u}\right)\sin(kz-\omega t) \\ \frac{q\,E}{\omega}\left(1-\frac{v_0}{u}\right)\cos(kz-\omega t) \\ m\,v_0 \end{pmatrix}$$

$$\Rightarrow \; \boldsymbol{p}_\perp = \frac{q}{k}\left(1-\frac{v_0}{u}\right)\boldsymbol{B}\,.$$

6.

$$x(t) = -\frac{q\,E}{m\,\omega^2}\left(1-\frac{v_0}{u}\right)\cos(kz-\omega t) + x_0,\;\; x(t=0) = 0 = x_0 - \frac{q\,E}{m\,\omega^2}\left(1-\frac{v_0}{u}\right)\,,$$

$$y(t) = -\frac{q\,E}{m\,\omega^2}\left(1-\frac{v_0}{u}\right)\sin(kz-\omega t) + y_0,\;\; y(t=0) = 0 = y_0\,,$$

$$z(t) = v_0 t + z_0,\;\; z(t=0) = 0 = z_0$$

Lösung:

$$\boldsymbol{r}(t) = \left(\frac{q\,E}{m\,\omega^2}\left(1-\frac{v_0}{u}\right)\left[1-\cos(kz-\omega t)\right],\; -\frac{q\,E}{m\,\omega^2}\left(1-\frac{v_0}{u}\right)\sin(kz-\omega t),\;\; v_0 t\right)\,.$$

7.

$$R = \frac{q\,E}{m\,\omega^2}\left(1-\frac{v_0}{u}\right)$$

$$\Rightarrow \; \left(x(t)-R\right)^2 + \left(y(t)\right)^2 = R^2\,.$$

Die Bahn ist also ein Kreis mit dem Radius R und dem Mittelpunkt in $(R,0)$.

4.3.2 Lösung zu Aufgabe 4.3.2

1. **Magnetische Induktion**

$$\operatorname{rot}\boldsymbol{E} = -\dot{\boldsymbol{B}}\,.$$

a)

$$\operatorname{rot}\boldsymbol{E} = \left(\frac{\partial E_z}{\partial y} - \frac{\partial E_y}{\partial z}, \frac{\partial E_x}{\partial z} - \frac{\partial E_z}{\partial x}, \frac{\partial E_y}{\partial x} - \frac{\partial E_x}{\partial y}\right) =$$

$$= \left(-\frac{\partial}{\partial z}E_y, \frac{\partial}{\partial z}E_x, 0\right) = k(-E_{0y}, E_{0x}, 0)\cos(kz-\omega t)$$

$$\Rightarrow \quad \dot{\boldsymbol{B}} = (E_{0y}, -E_{0x}, 0)k\,\cos(kz - \omega t)$$

$$\Rightarrow \quad \boldsymbol{B} = \frac{k}{\omega}(-E_{0y}, E_{0x}, 0)\sin(kz - \omega t) = \frac{1}{\omega}(\boldsymbol{k} \times \boldsymbol{E})\,.$$

b)

$$\operatorname{rot}\boldsymbol{E} = \left(-\frac{\partial}{\partial z}E_y, \frac{\partial}{\partial z}E_x, 0\right) = -E_0 k\left[\cos(kz - \omega t)\,\boldsymbol{e}_x + \sin(kz - \omega t)\,\boldsymbol{e}_y\right]$$

$$\Rightarrow \quad \dot{\boldsymbol{B}} = E_0 k\left[\cos(kz - \omega t)\,\boldsymbol{e}_x + \sin(kz - \omega t)\,\boldsymbol{e}_y\right]$$

$$\Rightarrow \quad \boldsymbol{B} = E_0\frac{k}{\omega}\left[-\sin(kz - \omega t)\boldsymbol{e}_x + \cos(kz - \omega t)\,\boldsymbol{e}_y\right] =$$

$$= \frac{k}{\omega}(-E_y, E_x, 0) = \frac{1}{\omega}(\boldsymbol{k} \times \boldsymbol{E})\,.$$

2. **Poynting-Vektor**

$$\boldsymbol{S}(\boldsymbol{r}, t) = \boldsymbol{E} \times \boldsymbol{H} = \frac{1}{\mu_r\mu_0}\boldsymbol{E} \times \boldsymbol{B} \quad \textit{(Energiestromdichte)}$$

$$\Rightarrow \quad \boldsymbol{S}(\boldsymbol{r}, t) = \frac{1}{\mu_r\mu_0}\,\frac{1}{\omega}\boldsymbol{E} \times (\boldsymbol{k} \times \boldsymbol{E}) =$$

$$= \frac{1}{\omega\mu_r\mu_0}(\boldsymbol{k}E^2 - \boldsymbol{E}\underbrace{(\boldsymbol{E}\cdot\boldsymbol{k})}_{=0}) = \frac{1}{u\mu_r\mu_0}E_0^2\boldsymbol{e}_z$$

$$\Rightarrow \quad \boldsymbol{S}(\boldsymbol{r}, t) = \sqrt{\frac{\varepsilon_r\varepsilon_0}{\mu_r\mu_0}}E_0^2\boldsymbol{e}_z \quad \text{für b)}\,.$$

3. **Strahlungsdruck**

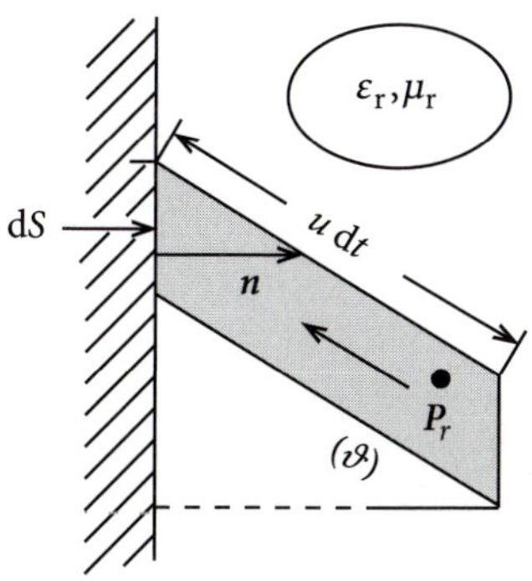

Abb. A.37.

Strahlungsdruck ≙ Impulsübertrag auf Fläche ≙ Normalkomponente $(\boldsymbol{n}\cdot\boldsymbol{F})$ der auf die Ebene ausgeübten Kraft $\boldsymbol{F}$ pro Fläche.

Dichte des Feldimpulses:

$$\widehat{\boldsymbol{p}}_{\text{Feld}} = \boldsymbol{D} \times \boldsymbol{B} = \varepsilon_r \mu_r \varepsilon_0 \mu_0 \, \boldsymbol{S} = \frac{1}{u^2} \boldsymbol{S} \, ,$$

u: Phasengeschwindigkeit der elektromagnetischen Welle.
Alle Wellenfronten in dem schiefen Zylinder, dessen Volumen

$$\Delta V = u \, \mathrm{d}t \, \cos\vartheta \, \mathrm{d}S$$

beträgt, erreichen in der Zeit $\mathrm{d}t$ das Flächenelement $\mathrm{d}S$. Die Ebene sei total absorbierend, d. h. Feldimpuls auf $\mathrm{d}S$ in $\mathrm{d}t = \widehat{\boldsymbol{p}}_{\text{Feld}} \Delta V$.
Kraft = Impuls pro Zeit:

$$\boldsymbol{F} = \widehat{\boldsymbol{p}}_{\text{Feld}} \; u \, \cos\vartheta \, \mathrm{d}S \, .$$

Strahlungsdruck:

$$p_S = \frac{\boldsymbol{n} \cdot \boldsymbol{F}}{\mathrm{d}S} = u \, \cos\vartheta \, \boldsymbol{n} \cdot \widehat{\boldsymbol{p}}_{\text{Feld}} = \frac{\cos\vartheta}{u} \boldsymbol{n} \cdot \boldsymbol{S} \, .$$

Lösung:

$$p_S = \frac{1}{u} |\boldsymbol{S}| \cos^2\vartheta = \varepsilon_r \varepsilon_0 E_0^2 \cos^2\vartheta \, .$$

4.3.3 Lösung zu Aufgabe 4.3.3

1. Linear, homogen: $\boldsymbol{B} = \mu_r \mu_0 \boldsymbol{H}$; $\boldsymbol{D} = \varepsilon_r \varepsilon_0 \boldsymbol{E}$.
   Ungeladener Isolator: $\varrho_f \equiv 0$, $\boldsymbol{j}_f \equiv 0$, $\sigma = 0$.
   Maxwell-Gleichungen:

$$\operatorname{div} \boldsymbol{E} = 0 \, , \quad \operatorname{div} \boldsymbol{B} = 0 \, ,$$

$$\operatorname{rot} \boldsymbol{E} = -\dot{\boldsymbol{B}} \, , \quad \operatorname{rot} \boldsymbol{B} = \varepsilon_r \varepsilon_0 \mu_r \mu_0 \dot{\boldsymbol{E}} = \frac{1}{u^2} \dot{\boldsymbol{E}} \, .$$

2.

$$\operatorname{rot}\operatorname{rot} \boldsymbol{B} = \operatorname{grad}(\underbrace{\operatorname{div} \boldsymbol{B}}_{=0}) - \Delta \boldsymbol{B} = \frac{1}{u^2} \operatorname{rot} \dot{\boldsymbol{E}} = -\frac{1}{u^2} \ddot{\boldsymbol{B}} \, ,$$

$$\square \boldsymbol{B} = 0 \, , \quad \textit{wobei} \quad \square = \Delta - \frac{1}{u^2} \frac{\partial^2}{\partial t^2} \, .$$

3.

$$\operatorname{rot} \boldsymbol{E} = -\dot{\boldsymbol{B}}$$

$$\Rightarrow \mathrm{i}\,\boldsymbol{k} \times \boldsymbol{E} = \mathrm{i}\,\omega\,\boldsymbol{B}$$

$$\Rightarrow \boldsymbol{B} = \frac{1}{\omega}\boldsymbol{k} \times \boldsymbol{E} = \frac{k}{\omega}\,\frac{E_0}{5}(\boldsymbol{e}_z \times \boldsymbol{e}_x - 2\boldsymbol{e}_z \times \boldsymbol{e}_y)\,\mathrm{e}^{\mathrm{i}(\boldsymbol{k}\cdot\boldsymbol{r}-\omega t)}\,.$$

B ist linear polarisiert:

$$\boldsymbol{B} = \frac{E_0 k}{5w}(2\boldsymbol{e}_x + \boldsymbol{e}_y)\,\mathrm{e}^{\mathrm{i}(\boldsymbol{k}\cdot\boldsymbol{r}-\omega t)}$$

4.

$$\operatorname{rot} \boldsymbol{B} = \frac{1}{u^2}\dot{\boldsymbol{E}} = \boldsymbol{e}_x[-B_0 k\,\cos(kz-\omega t)] + \boldsymbol{e}_y[-B_0 k\,\sin(kz-\omega t)]$$

$$\Rightarrow \dot{\boldsymbol{E}} = -u\,\omega\,B_0[\boldsymbol{e}_x\,\cos(kz-\omega t) + \boldsymbol{e}_y\,\sin(kz-\omega t)]$$

$$\Rightarrow \boldsymbol{E} = u\,B_0[\boldsymbol{e}_x\,\sin(kz-\omega t) - \boldsymbol{e}_y\,\cos(kz-\omega t)]\,,$$

d. h., **E** ist zirkular polarisiert.

Lösung zu Aufgabe 4.3.4

4.3.4

1.

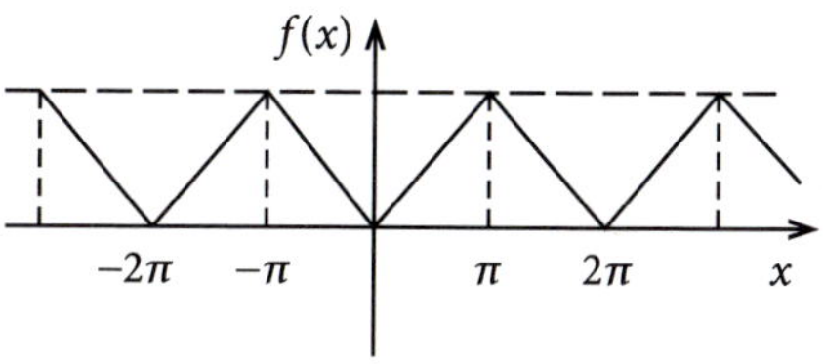

Abb. A.38.

$$f(x) = \begin{cases} -x: & -\pi \le x \le 0\,, \\ +x: & 0 \le x \le \pi\,. \end{cases}$$

Allgemeine Fourier-Reihe:

$$f(x) = f(x+2a), \quad \text{quadratintegrabel in } [-a, a]$$

$$\Rightarrow f(x) = f_0 + \sum_{n=1}^{\infty}\left[a_n\,\cos\left(\frac{n\,\pi}{a}x\right) + b_n\,\sin\left(\frac{n\,\pi}{a}x\right)\right]\,.$$

Hier:

$$a = \pi\,,$$

$$f(x) \quad \text{gerade} \;\Rightarrow\; b_n = 0 \quad \forall n\,.$$

$$f_0 = \frac{1}{2a}\int\limits_{-a}^{+a} f(x)\,\mathrm{d}x = \frac{1}{2\pi}\int\limits_{-\pi}^{+\pi} f(x)\,\mathrm{d}x = \frac{1}{2\pi}\left(\int\limits_{0}^{\pi} x\,\mathrm{d}x + \int\limits_{-\pi}^{0} (-x)\,\mathrm{d}x\right)$$

$$\Rightarrow\; f_0 = \frac{\pi}{2}\,,$$

$$a_n = \frac{1}{a}\int\limits_{-a}^{+a} f(x)\,\cos\left(\frac{n\,\pi}{a}x\right)\mathrm{d}x = \frac{1}{\pi}\int\limits_{-\pi}^{+\pi} f(x)\,\cos(n\,x)\,\mathrm{d}x =$$

$$= \frac{1}{\pi}\int\limits_{0}^{\pi} x\,\cos(nx)\,\mathrm{d}x - \frac{1}{\pi}\int\limits_{-\pi}^{0} x\,\cos(nx)\,\mathrm{d}x = \frac{2}{\pi}\int\limits_{0}^{\pi} x\,\cos(nx)\,\mathrm{d}x$$

$$\Rightarrow\; a_n = \frac{2}{n\pi}x\,\sin(nx)\Big|_0^\pi - \frac{2}{n\pi}\int\limits_{0}^{\pi}\sin(nx)\,\mathrm{d}x =$$

$$= \frac{2}{n^2\pi}\cos(nx)\Big|_0^\pi = \frac{2}{n^2\pi}\left((-1)^n - 1\right) =$$

$$= \begin{cases} \dfrac{-4}{n^2\pi}\,, & \text{falls } n \text{ ungerade,} \\ 0, & \text{falls } n \text{ gerade}\,. \end{cases}$$

Fourier-Reihe:

$$f(x) = \frac{\pi}{2} - \frac{4}{\pi}\sum_{k=0}^{\infty}\frac{\cos[(2k+1)x]}{(2k+1)^2}\,.$$

2.

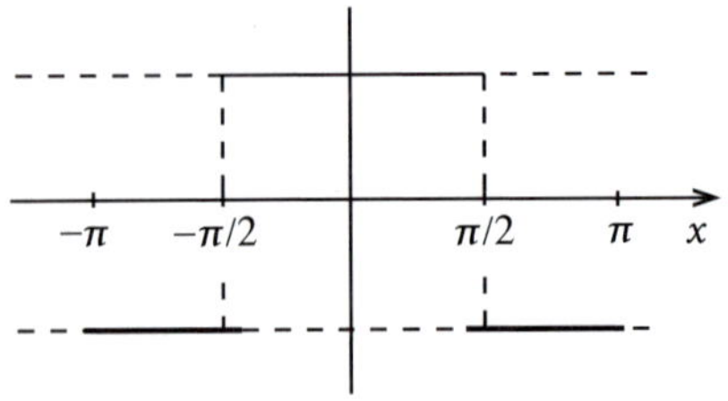

Abb. A.39.

$$f(x) \text{ gerade } \Rightarrow b_n = 0 \quad \forall n\,.$$

$$f_0 = \frac{1}{2\pi}\int\limits_{-\pi}^{+\pi} f(x)\,\mathrm{d}x = \frac{1}{2\pi}\left[(-x)\big|_{-\pi}^{-\pi/2} + (x)\big|_{-\pi/2}^{+\pi/2} + (-x)\big|_{\pi/2}^{\pi}\right] = 0\,,$$

$$a_n = \frac{1}{\pi}\int\limits_{-\pi}^{+\pi} f(x)\cos(nx)\,\mathrm{d}x =$$

$$= \frac{1}{n\pi}\left[-\sin(nx)\big|_{-\pi}^{-\pi/2} + \sin(nx)\big|_{-\pi/2}^{+\pi/2} - \sin(nx)\big|_{\pi/2}^{\pi}\right] =$$

$$= \frac{1}{n\pi}\left[\sin\left(\frac{n\pi}{2}\right) + 2\sin\left(\frac{n\pi}{2}\right) + \sin\left(\frac{n\pi}{2}\right)\right] = \frac{4}{n\pi}\sin\left(\frac{n\pi}{2}\right)\,.$$

Fourier-Reihe:

$$f(x) = \frac{4}{\pi}\sum_{n=1}^{\infty}\frac{\sin(n\pi/2)}{n}\cos(nx) = \frac{4}{\pi}\sum_{k=0}^{\infty}\frac{(-1)^k}{2k+1}\cos[(2k+1)x]\,.$$

Lösung zu Aufgabe 4.3.5

4.3.5

1.

$$\bar{g}(k) = \frac{1}{\sqrt{2\pi}}\int\limits_{-\infty}^{+\infty}\mathrm{d}x\,\mathrm{e}^{-\mathrm{i}kx} f_1(x) f_2(x) =$$

$$= \frac{1}{(2\pi)^{3/2}}\int\limits_{-\infty}^{+\infty}\mathrm{d}x\int\limits_{-\infty}^{+\infty}\mathrm{d}k_1\int\limits_{-\infty}^{+\infty}\mathrm{d}k_2\,\tilde{f}_1(k_1)\tilde{f}_2(k_2)\,\mathrm{e}^{-\mathrm{i}kx}\,\mathrm{e}^{\mathrm{i}(k_1+k_2)x} =$$

$$= \frac{1}{\sqrt{2\pi}}\int\limits_{-\infty}^{+\infty}\int\limits_{-\infty}^{+\infty}\mathrm{d}k_1\,\mathrm{d}k_2\,\tilde{f}_1(k_1)\tilde{f}_2(k_2)\,\frac{1}{2\pi}\int\limits_{-\infty}^{+\infty}\mathrm{d}x\,\mathrm{e}^{-\mathrm{i}(k-k_1-k_2)x}\,.$$

δ-Funktion:

$$\frac{1}{\sqrt{2\pi}}\int\limits_{-\infty}^{+\infty}\mathrm{d}k\,\delta(k)\,\mathrm{e}^{\mathrm{i}kx} = \frac{1}{\sqrt{2\pi}}\,.$$

Fourier-Umkehr:

$$\delta(k) = \frac{1}{2\pi}\int\limits_{-\infty}^{+\infty}\mathrm{d}x\,\mathrm{e}^{-\mathrm{i}kx}\,.$$

Damit folgt:

$$\bar{g}(k) = \frac{1}{\sqrt{2\pi}} \int\limits_{-\infty}^{+\infty} \int\limits_{-\infty}^{+\infty} dk_1 \, dk_2 \, \tilde{f}_1(k_1) \, \tilde{f}_2(k_2) \, \delta(k - k_1 - k_2) \, ,$$

$$\bar{g}(k) = \frac{1}{\sqrt{2\pi}} \int\limits_{-\infty}^{+\infty} dk_1 \, \tilde{f}_1(k_1) \tilde{f}_2(k - k_1) \, .$$

2a. $f(x) = e^{-|x|}$:

$$\tilde{f}(k) = \frac{1}{\sqrt{2\pi}} \int\limits_{-\infty}^{+\infty} dx \, e^{-|x|} \, e^{-ikx}, \qquad e^{-|x|} \text{ gerade} \, .$$

$$\tilde{f}(k) = \frac{1}{\sqrt{2\pi}} \int\limits_{-\infty}^{+\infty} dx \, e^{-|x|} \, \cos kx = \frac{2}{\sqrt{2\pi}} I \, ,$$

$$I = \int\limits_0^{\infty} dx \, e^{-|x|} \cos kx = \int\limits_0^{\infty} dx \, e^{-x} \cos kx =$$

$$= \frac{1}{k} e^{-x} \sin kx \Big|_0^{\infty} + \frac{1}{k} \int\limits_0^{\infty} dx \, e^{-x} \sin kx =$$

$$= 0 - \frac{1}{k^2} \cos kx \; e^{-x} \Big|_0^{\infty} - \frac{1}{k^2} I$$

$$\Rightarrow I \left(1 + \frac{1}{k^2} \right) = \frac{1}{k^2} \Rightarrow I = \frac{1}{1 + k^2}$$

$$\Rightarrow \tilde{f}(k) = \sqrt{\frac{2}{\pi}} \frac{1}{1 + k^2} \qquad \text{(Lorentz-Kurve)} \, .$$

2b. $f(x) = \exp\left(-x^2/\Delta x^2\right)$:

$$\tilde{f}(k) = \frac{1}{\sqrt{2\pi}} \int\limits_{-\infty}^{+\infty} dx \, e^{-(x^2/\Delta x^2)} \, e^{-ikx} \, ,$$

$$\frac{x^2}{\Delta x^2} + ikx = \left(\frac{x}{\Delta x} + \frac{i}{2} k \Delta x \right)^2 + \frac{1}{4} k^2 \Delta x^2 \, ,$$

$$y = \frac{x}{\Delta x} + \frac{i}{2} k \Delta x \Rightarrow dy = \frac{dx}{\Delta x}$$

$$\Rightarrow \widetilde{f}(k) = \frac{\Delta x}{\sqrt{2\pi}} e^{-(1/4)k^2\Delta x^2} \int\limits_{-\infty+i\ldots}^{+\infty+i\ldots} dy\, e^{-y^2}$$

$$\Rightarrow \widetilde{f}(k) = \frac{\Delta x}{\sqrt{2}} e^{-(1/4)k^2\Delta x^2} \quad \text{ebenfalls } \textit{gaußförmig} \,.$$

3. Beweis durch Einsetzen:

$$\int\limits_{-\infty}^{+\infty} dx |f(x)|^2 = \frac{1}{2\pi} \int\limits_{-\infty}^{+\infty} dx \int\limits_{-\infty}^{+\infty} dk \widetilde{f}^*(k)\, e^{-ikx} \int\limits_{-\infty}^{+\infty} dk' \widetilde{f}(k')\, e^{ik'x} =$$

$$= \iint\limits_{-\infty}^{+\infty} dk\, dk' \widetilde{f}^*(k)\widetilde{f}(k') \underbrace{\frac{1}{2\pi} \int\limits_{-\infty}^{+\infty} dx\, e^{i(k'-k)x}}_{\delta(k'-k)} =$$

$$= \int\limits_{-\infty}^{+\infty} dk\, |\widetilde{f}(k)|^2 \,.$$

Lösung zu Aufgabe 4.3.6 4.3.6

$$\widetilde{\Psi}(\bar{\boldsymbol{k}}, \bar{\omega}) = \frac{1}{\left(\sqrt{2\pi}\right)^4} \int d^3r \int\limits_{-\infty}^{+\infty} dt\, e^{-i(\bar{\boldsymbol{k}}\cdot\boldsymbol{r} - \bar{\omega}t)} \frac{e^{i(kr-\omega t)}}{r} =$$

$$= \underbrace{\frac{1}{2\pi} \int\limits_{-\infty}^{+\infty} dt\, e^{i(\bar{\omega}-\omega)t}}_{\delta(\bar{\omega}-\omega)\ (\text{s. } (4.189))} \frac{1}{2\pi} \int d^3r \frac{1}{r} e^{i(kr - \bar{\boldsymbol{k}}\cdot\boldsymbol{r})} =$$

$$= \delta(\bar{\omega} - \omega)\widehat{\Psi}(\bar{\boldsymbol{k}}) \,,$$

$$\widehat{\Psi}(\bar{\boldsymbol{k}}) = \frac{1}{2\pi} \int d^3r \frac{1}{r} e^{i(kr - \bar{\boldsymbol{k}}\cdot\boldsymbol{r})} \,,$$

(Kugelkoordinaten ($\bar{\boldsymbol{k}}$: Polarachse)),

$$\Rightarrow \quad \widehat{\Psi}(\bar{\boldsymbol{k}}) = \int\limits_0^\infty \mathrm{d}r\, r \int\limits_{-1}^{+1} \mathrm{d}x\, \mathrm{e}^{\mathrm{i}(kr - \bar{k}rx)} =$$

$$= \int\limits_0^\infty \mathrm{d}r\, r\, \mathrm{e}^{\mathrm{i}kr} \frac{\mathrm{i}}{\bar{k}r}\left(\mathrm{e}^{-\mathrm{i}\bar{k}r} - \mathrm{e}^{\mathrm{i}\bar{k}r}\right) = \frac{\mathrm{i}}{\bar{k}} \int\limits_0^\infty \mathrm{d}r \left[\mathrm{e}^{\mathrm{i}(k-\bar{k})r} - \mathrm{e}^{\mathrm{i}(k+\bar{k})r}\right] =$$

$$= \frac{\mathrm{i}}{\bar{k}}\left[\frac{1}{\mathrm{i}(k-\bar{k})}\, \mathrm{e}^{\mathrm{i}(k-\bar{k})r}\Big|_0^\infty - \frac{1}{\mathrm{i}(k+\bar{k})}\, \mathrm{e}^{\mathrm{i}(k+\bar{k})r}\Big|_0^\infty\right] .$$

An der oberen Grenze ist die Gleichung eigentlich nicht definiert, deshalb *konvergenzerzeugender Faktor:*

$$k \longrightarrow k + \mathrm{i}\, 0^+ ,$$

d. h., Kugelwelle beliebig schwach exponentiell gedämpft.

$$\Rightarrow \quad \widehat{\Psi}(\bar{\boldsymbol{k}}) = \frac{1}{\bar{k}}\left(\frac{1}{k+\bar{k}} - \frac{1}{k-\bar{k}}\right) = \frac{2}{\bar{k}^2 - k^2}$$

$$\Rightarrow \quad \widetilde{\Psi}(\bar{\boldsymbol{k}}, \bar{\omega}) = \frac{2}{\bar{k}^2 - k^2}\, \delta(\bar{\omega} - \omega) .$$

Entwicklung der Kugelwelle nach ebenen Wellen:

$$\Psi(\boldsymbol{r}, t) = \frac{1}{r}\, \mathrm{e}^{\mathrm{i}(kr - \omega t)} = \frac{1}{2\pi^2} \int \mathrm{d}^3\bar{k}\, \frac{\mathrm{e}^{\mathrm{i}(\bar{\boldsymbol{k}}\cdot\boldsymbol{r} - \omega t)}}{\bar{k}^2 - k^2} .$$

4.3.7 Lösung zu Aufgabe 4.3.7

1. Ausbreitung in z-Richtung:

$$\boldsymbol{k} = \pm k\, \boldsymbol{e}_z .$$

Linear polarisiert in x-Richtung:

$$\boldsymbol{E}_0 = E_0\, \boldsymbol{e}_x .$$

Maxwell-Gleichungen:

$$\Rightarrow \quad \boldsymbol{B}_0 = \frac{1}{\omega} \boldsymbol{k} \times \boldsymbol{E}_0 = \pm \underset{\nwarrow \text{ Vakuum}}{\frac{1}{c}} E_0\, \boldsymbol{e}_y .$$

Im Halbraum $z \geq 0$:

$$\sigma = \infty \Rightarrow \text{Extinktionskoeffizient} ,$$

$$(4.228): \; \gamma^2 = \frac{1}{2} n^2 \left[-1 + \sqrt{1 + \left(\frac{\sigma}{\varepsilon_0 \varepsilon_r \omega} \right)^2} \right] \underset{\sigma \to \infty}{\longrightarrow} \infty .$$

Die Welle kann in das Gebiet $z \geq 0$ nicht eindringen, d. h. Totalreflektion. Stetigkeitsbedingung:

$$\boldsymbol{n} \times (\boldsymbol{E}_> - \boldsymbol{E}_<)|_{z=0} = 0 \quad (\boldsymbol{n} = \boldsymbol{e}_z) ,$$

$$\boldsymbol{E}_> \equiv 0 ; \quad \boldsymbol{E} \sim \boldsymbol{e}_x \Rightarrow \boldsymbol{E} = 0 \quad \text{bei } z = 0 .$$

Ansatz:

$$\boldsymbol{E} = \boldsymbol{e}_x \left(E_0 \, \mathrm{e}^{\mathrm{i}kz} + \widehat{E}_0 \, \mathrm{e}^{-\mathrm{i}kz} \right) \mathrm{e}^{-\mathrm{i}\omega t} ,$$

$$\boldsymbol{B} = \frac{1}{c} \boldsymbol{e}_y \left(E_0 \, \mathrm{e}^{\mathrm{i}kz} - \widehat{E}_0 \, \mathrm{e}^{-\mathrm{i}kz} \right) \mathrm{e}^{-\mathrm{i}\omega t} ,$$

$$\boldsymbol{E} = 0 \quad \text{bei } z = 0 \Rightarrow \widehat{E}_0 = -E_0 .$$

Dies ergibt **stehende Wellen:**

$$\boldsymbol{E}(\boldsymbol{r}, t) = 2\mathrm{i} \, E_0 \, \sin(kz) \, \mathrm{e}^{-\mathrm{i}\omega t} \, \boldsymbol{e}_x ,$$

$$\boldsymbol{B}(\boldsymbol{r}, t) = 2 \frac{E_0}{c} \cos(kz) \, \mathrm{e}^{-\mathrm{i}\omega t} \, \boldsymbol{e}_y .$$

Die Felder sind reell:

$$\mathrm{Re} \, \boldsymbol{E}(\boldsymbol{r}, t) = 2E_0 \, \sin(kz) \, \sin(\omega t) \, \boldsymbol{e}_x ,$$

$$\mathrm{Re} \, \boldsymbol{B}(\boldsymbol{r}, t) = 2 \frac{E_0}{c} \cos(kz) \, \cos(\omega t) \, \boldsymbol{e}_y .$$

Sie sind räumlich und zeitlich jeweils um $\pi/2$ phasenverschoben!

2. $t = 0$:

3. Randbedingung:

$$\boldsymbol{n} \times (\boldsymbol{H}_> - \boldsymbol{H})|_{z=0} = \boldsymbol{j}_F ;$$

$\boldsymbol{H}_> \equiv 0$ wegen $\sigma = \infty$.

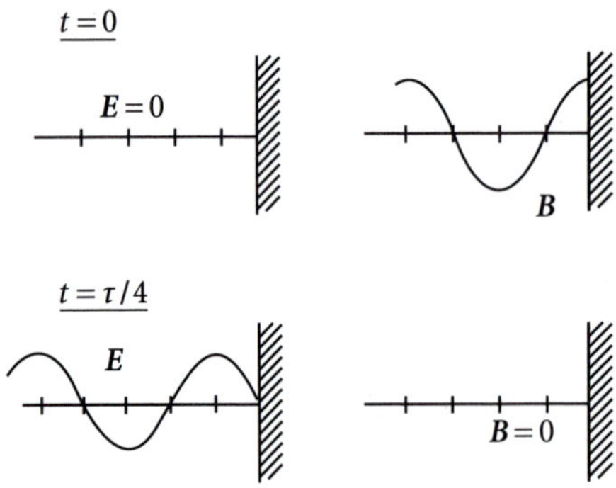

Abb. A.40.

Hieraus folgt:

$$j_F = -\frac{1}{\mu_0}\,\boldsymbol{e}_z \times \boldsymbol{B}(z=0) = -2E_0\sqrt{\frac{\varepsilon_0}{\mu_0}}\cos\omega t\ (\boldsymbol{e}_z \times \boldsymbol{e}_y)$$

$$\Rightarrow\ j_F = 2E_0\sqrt{\frac{\varepsilon_0}{\mu_0}}\cos\omega t\,\boldsymbol{e}_x\,,$$

Wechselstrom in x-Richtung!

4. **Energiedichte**

$$w(\boldsymbol{r},t) = \frac{1}{2}(\mathrm{Re}\,\boldsymbol{H}\cdot\mathrm{Re}\,\boldsymbol{B} + \mathrm{Re}\,\boldsymbol{E}\cdot\mathrm{Re}\,\boldsymbol{D}) =$$

$$= \frac{1}{2}\left[\frac{1}{\mu_0}(\mathrm{Re}\,\boldsymbol{B})^2 + \varepsilon_0(\mathrm{Re}\,\boldsymbol{E})^2\right] =$$

$$= 2E_0^2\varepsilon_0(\sin^2 kz\,\sin^2\omega t + \cos^2 kz\,\cos^2\omega t) =$$

$$= 2E_0^2\varepsilon_0\left[\frac{1}{2}(1-\cos 2kz)\sin^2\omega t + \frac{1}{2}(1+\cos 2kz)\cos^2\omega t\right] =$$

$$= \varepsilon_0E_0^2\left[1 + \cos 2kz(\cos^2\omega t - \sin^2\omega t)\right]\,,$$

$$w(\boldsymbol{r},t) = \varepsilon_0E_0^2(1 + \cos 2kz\,\cos 2\omega t)\,.$$

Zeitgemittelt:

$$\bar{w}(\boldsymbol{r}) = \frac{1}{\tau}\int\limits_0^\tau \mathrm{d}t\,w(\boldsymbol{r},t) = \varepsilon_0E_0^2\,.$$

Die Energiedichte hat eine örtliche Periode von $\Delta z = \pi/k = \lambda/2$ und oszilliert zeitlich mit 2ω um den Mittelwert $\varepsilon_0E_0^2$.

Energiestromdichte:

$$S(\mathbf{r},t) = \operatorname{Re}\mathbf{E}(\mathbf{r},t) \times \operatorname{Re}\mathbf{H}(\mathbf{r},t) = 4E_0^2\sqrt{\frac{\varepsilon_0}{\mu_0}}\sin kz\,\cos kz\,\sin\omega t\,\cos\omega t\,\mathbf{e}_z$$

$$\Rightarrow\quad S(\mathbf{r},t) = E_0^2\sqrt{\frac{\varepsilon_0}{\mu_0}}\sin 2kz\,\sin 2\omega t\;.$$

Zeitgemittelt:

$$\bar{S}(\mathbf{r},t) \equiv 0 \quad \textit{(stehende Welle)}\;.$$

Lösung zu Aufgabe 4.3.8 4.3.8

1. Telegraphengleichung (4.218):

$$\left[\left(\Delta - \frac{1}{u^2}\frac{\partial^2}{\partial t^2}\right) - \mu_r\mu_0\sigma\frac{\partial}{\partial t}\right]\mathbf{E}(\mathbf{r},t) = 0\;.$$

Ansatz:

$$\mathbf{E}(\mathbf{r},t) \sim \mathrm{e}^{\mathrm{i}(\mathbf{k}\cdot\mathbf{r}-\omega t)}$$

$$\Rightarrow\quad -k^2 + \frac{1}{u^2}\omega^2 + \mathrm{i}\,\mu_r\,\mu_0\sigma\,\omega = 0$$

$$\Rightarrow\quad k^2 = \frac{\omega^2}{u^2} + \mathrm{i}\,\mu_r\mu_0\sigma\,\omega\;.$$

2. Einzelnes Elektron: Masse m, Ladung $-e$
Bewegungsgleichung:

$$m\,\dot{\mathbf{v}} = -e\,\widehat{\mathbf{E}}_0\,\mathrm{e}^{-\mathrm{i}\omega t}$$

$$\Rightarrow\quad m\,\mathbf{v}(t) = \frac{e\,\widehat{\mathbf{E}}_0}{\mathrm{i}\omega}\,\mathrm{e}^{-\mathrm{i}\omega t} + \text{const}\;.$$

Hieraus ergibt sich die Stromdichte zu:

$$\mathbf{j} = -e\,n_0\,\mathbf{v} = \frac{\mathrm{i}\,e^2 n_0}{m\,\omega}\mathbf{E} + \text{const}\;.$$

Ohmsches Gesetz:

$$\mathbf{j} = \mathbf{0} \quad \text{für } \mathbf{E} = \mathbf{0} \Rightarrow \text{const} = 0\;.$$

$$\mathbf{j} = \mathrm{i}\frac{e^2 n_0}{m\,\omega}\mathbf{E} \;\Rightarrow\; \sigma = \mathrm{i}\frac{e^2 n_0}{m\,\omega}\;.$$

3. σ imaginär, da $\boldsymbol{E}$ komplex angesetzt wurde:

$$k^2 = \frac{\omega^2}{u^2} - \frac{\mu_r \mu_0\, e^2 n_0}{m}\,,$$

$$k^2(\omega_p) \stackrel{!}{=} 0 \iff \omega_p^2 \mu_r \mu_0 \varepsilon_r \varepsilon_0 - \frac{\mu_r \mu_0\, e^2 n_0}{m} = 0$$

$$\Rightarrow\ \omega_p^2 = \frac{n_0\, e^2}{\varepsilon_r \varepsilon_0 m}\,.$$

$$k^2 \geq 0 \quad \text{für}\ \omega \geq \omega_p\,, \quad \omega \ll \omega_p\ \Rightarrow\ k^2 \approx -\mu_r \mu_0 \frac{e^2 n_0}{m} = (\mathrm{i}\bar{\boldsymbol{k}})^2$$

$$\Rightarrow\ \bar{k}^2 = \mu_r \mu_0 \frac{e^2 n_0}{m}$$

$$\Rightarrow\ \boldsymbol{E}(\boldsymbol{r}, t) \sim \mathrm{e}^{-\bar{k}z - \mathrm{i}\omega t} \quad (\boldsymbol{k}\,||\,z - \text{Achse})\,.$$

Eindringtiefe $\bar{k}\,\delta = 1$:

$$\Rightarrow\ \delta = \sqrt{\frac{m}{\mu_r \mu_0 e^2 n_0}} = \frac{u}{\omega_p}\,,$$

u: Wellengeschwindigkeit im Elektronengas.

4. Eigentliche Gesamtkraft:

$$\boldsymbol{F} = \boldsymbol{F}_1 + \boldsymbol{F}_2\,,$$

$$\boldsymbol{F}_1 = -e\,\boldsymbol{E}\,,$$

$$\boldsymbol{F}_2 = -e\,\boldsymbol{v} \times \boldsymbol{B}$$

$$\Rightarrow\ |\boldsymbol{F}_2| \ll |\boldsymbol{F}_1|\,, \quad \text{falls}\ v|\boldsymbol{B}| \ll |\boldsymbol{E}|\,.$$

Aus 2. erhält man:

$$v = \frac{e}{m\,\omega}|\boldsymbol{E}|\,.$$

Aus dem Induktionsgesetz erhält man:

$$\operatorname{rot}\boldsymbol{E} = -\dot{\boldsymbol{B}}\ \Rightarrow\ \boldsymbol{B} = \frac{1}{\omega}\boldsymbol{k} \times \boldsymbol{E}\,, \quad |\boldsymbol{B}| = \frac{1}{\omega}k|\boldsymbol{E}|$$

$$\Rightarrow\ v|\boldsymbol{B}| = \frac{e}{m\,\omega}|\boldsymbol{E}|\,\frac{1}{\omega}k|\boldsymbol{E}| \stackrel{!}{=} k\,|\boldsymbol{E}|$$

$$\Rightarrow\ |\boldsymbol{E}| \ll \frac{m\,\omega^2}{e\,k} = \frac{m\,\omega^2}{e\sqrt{\dfrac{\omega^2}{u^2} - \dfrac{\mu_r \mu_0 e^2 n_0}{m}}} = \frac{m\,\omega}{e\sqrt{\varepsilon_r \varepsilon_0 \mu_r \mu_0}\sqrt{1 - \dfrac{e^2 n_0}{\omega^2 m \varepsilon_r \varepsilon_0}}}\,.$$

5. Brechungsindex: $k = (\omega/c)n$

$$\Rightarrow \quad n = c\frac{k}{\omega} \quad \Rightarrow \quad n^2 = \frac{k^2}{\varepsilon_0\mu_0\omega^2}\,.$$

Wir suchen die $k^2 - \omega^2$-Beziehung bei Anwesenheit des äußeren Feldes $\boldsymbol{B}_0$ als Verallgemeinerung zu 1.:

$$m\,\dot{\boldsymbol{v}} = -e\,\boldsymbol{E}(t) - e\,\boldsymbol{v} \times \boldsymbol{B}_0 \quad (\boldsymbol{B}_0 = B_0\,\boldsymbol{e}_z)\,.$$

Zirkular polarisierte Welle, **komplexer** Ansatz (vgl. (4.150)):

$$\boldsymbol{E}(t) = \widehat{E}_0(\boldsymbol{r})(\boldsymbol{e}_x \pm \mathrm{i}\,\boldsymbol{e}_y)\,\mathrm{e}^{-\mathrm{i}\omega t}\ :,$$

$$\boldsymbol{j} = \sigma\,\boldsymbol{E} \sim \boldsymbol{v} \ \Rightarrow\ \boldsymbol{v} \sim \boldsymbol{E}\,.$$

Deshalb der folgende Ansatz:

$$\boldsymbol{v}(\boldsymbol{r},t) = v_{\pm}(\boldsymbol{r})(\boldsymbol{e}_x \pm \mathrm{i}\,\boldsymbol{e}_y)\,\mathrm{e}^{-\mathrm{i}\omega t}$$

$$\Rightarrow \quad -\mathrm{i}\,m\,\omega\,v_{\pm}(\boldsymbol{r})(\boldsymbol{e}_x \pm \mathrm{i}\,\boldsymbol{e}_y) = -e\,\widehat{E}_0(\boldsymbol{r})(\boldsymbol{e}_x \pm \mathrm{i}\,\boldsymbol{e}_y) - e\,B_0(-\boldsymbol{e}_y \pm \mathrm{i}\,\boldsymbol{e}_x)v_{\pm}(\boldsymbol{r})$$

$$\Rightarrow \quad v_{\pm}(\boldsymbol{r})\,\{-\mathrm{i}\,m\,\omega \pm \mathrm{i}\,e\,B_0\}\,(\boldsymbol{e}_x \pm \mathrm{i}\,\boldsymbol{e}_y) = -e\,\widehat{E}_0(\boldsymbol{r})(\boldsymbol{e}_x \pm \mathrm{i}\,\boldsymbol{e}_y)$$

$$\Rightarrow \quad v_{\pm}(\boldsymbol{r}) = \frac{-\mathrm{i}\,e\,\widehat{E}_0(\boldsymbol{r})}{m\,\omega \mp e\,B_0} = \frac{-\mathrm{i}\,e\,\widehat{E}_0(\boldsymbol{r})}{m(\omega \mp \omega_\mathrm{c})}\,,$$

$\omega_\mathrm{c} = e\,B_0/m$: Zyklotronfrequenz.
Jetzt weiter wie in 2.:

$$\boldsymbol{j} = -e\,n_0\boldsymbol{v} = -e\,n_0\frac{v_{\pm}(\boldsymbol{r})}{\widehat{E}_0(\boldsymbol{r})}\boldsymbol{E}(\boldsymbol{r},t) \stackrel{!}{=} \sigma\,\boldsymbol{E}$$

$$\Rightarrow \quad \sigma = \frac{\mathrm{i}\,e^2 n_0}{m(\omega \mp \omega_\mathrm{c})}\,.$$

Wie in 1. folgt aus der Telegraphengleichung:

$$k^2 = \frac{\omega^2}{u^2} + \mathrm{i}\,\mu_\mathrm{r}\mu_0\sigma\,\omega = \mu_\mathrm{r}\mu_0\varepsilon_\mathrm{r}\varepsilon_0\omega^2\left[1 - \frac{e^2 n_0}{m\,\varepsilon_\mathrm{r}\varepsilon_0\omega(\omega \mp \omega_\mathrm{c})}\right].$$

Plasma:

$$k^2 = \mu_\mathrm{r}\mu_0\varepsilon_\mathrm{r}\varepsilon_0\omega^2\left(1 - \frac{\omega_\mathrm{p}^2}{\omega(\omega \mp \omega_\mathrm{c})}\right),$$

$$k_{\pm}^2 = \frac{\omega^2}{u^2}\left(1 - \frac{\omega_\mathrm{p}^2}{\omega(\omega \mp \omega_\mathrm{c})}\right)$$

$$\Rightarrow \quad n_{\pm}^2 = \varepsilon_\mathrm{r}\mu_\mathrm{r}\left(1 - \frac{\omega_\mathrm{p}^2}{\omega(\omega \mp \omega_\mathrm{c})}\right).$$

$n_+ \neq n_-$ für $B_0 \neq 0$, d. h., der Brechungsindex im Plasma ist für rechts- und linkszirkulare Wellen unterschiedlich. Hieraus folgt die *zirkulare Doppelbrechung.*

4.3.9 Lösung zu Aufgabe 4.3.9

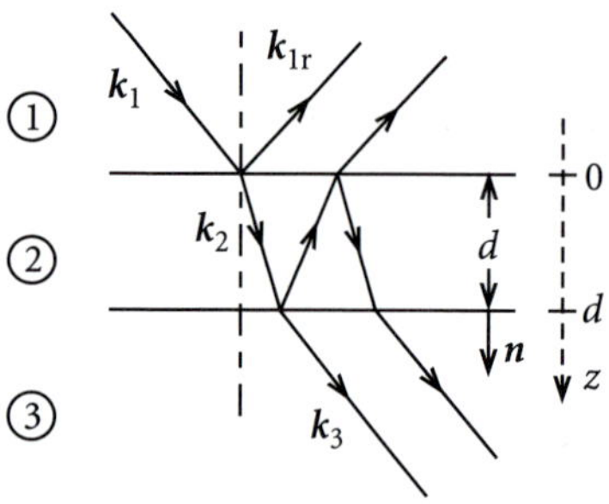

Abb. A.41.

Für alle drei Medien gelte

$$\mu_r^{(1)} = \mu_r^{(2)} = \mu_r^{(3)} = 1 \ .$$

Dann gilt für die Brechungsindizes:

$$n_i = \sqrt{\varepsilon_r^{(i)}} \ ; \quad i = 1, 2, 3 \ .$$

Grenzflächen: xy–Ebene.
Hieraus folgt:
Normale der Grenzflächen: $\boldsymbol{n} = \boldsymbol{e}_z$,
Einfallsebene: $(\boldsymbol{n}, \boldsymbol{k}_1)$-Ebene.

Allgemein:
Einfallende Welle $\boldsymbol{E}_1$ zerlegen in zwei linear polarisierte Wellen, die eine senkrecht, die andere parallel zur Einfallsebene.

Hier:
Senkrechter Einfall ⇒ Einfallsebene nicht definiert; Unterscheidung zwischen *parallel* und *senkrecht* unerheblich.

Deshalb o. B. d. A.: $\boldsymbol{E}_1 = E_1 \, \boldsymbol{e}_x$.

Medium 1:

Einfallende Welle:

$$\boldsymbol{E}_1 = E_{01} \, \mathrm{e}^{\mathrm{i}(k_1 z - \omega t)} \, \boldsymbol{e}_x \ ,$$

$$\boldsymbol{B}_1 = \frac{1}{u_1}(\boldsymbol{\kappa}_1 \times \boldsymbol{E}_1) = \frac{n_1}{c} E_{01} \, \mathrm{e}^{\mathrm{i}(k_1 z - \omega t)} \, \boldsymbol{e}_y \ \Rightarrow \ \boldsymbol{\kappa}_1 = \frac{\boldsymbol{k}_1}{k_1} = \boldsymbol{e}_z \ .$$

Reflektierte Welle:

$$\boldsymbol{E}_{1r} = E_{01r}\, \mathrm{e}^{\mathrm{i}(-k_1 z - \omega t)}\, \boldsymbol{e}_x \qquad \left(k_{1r} = \frac{\omega}{c} n_1 = k_1\right) ,$$

$$\boldsymbol{B}_{1r} = \frac{1}{u_1} \left(\underbrace{\boldsymbol{\kappa}_{1r}}_{-\boldsymbol{e}_z} \times \boldsymbol{E}_{1r} \right) = -\frac{n_1}{c} E_{01r}\, \mathrm{e}^{-\mathrm{i}k_1 z - \mathrm{i}\omega t}\, \boldsymbol{e}_y .$$

Die Summe aus beiden Beiträgen liefert das jeweilige Gesamtfeld im Medium 1.

Medium 2:

$$\boldsymbol{E}_2 = E_{02}\, \mathrm{e}^{\mathrm{i}(k_2 z - \omega t)}\, \boldsymbol{e}_x ,$$

$$\boldsymbol{B}_2 = \frac{n_2}{c} E_{02}\, \mathrm{e}^{\mathrm{i}(k_2 z - \omega t)}\, \boldsymbol{e}_y ,$$

$$\boldsymbol{E}_{2r} = E_{02r}\, \mathrm{e}^{-\mathrm{i}k_2 z - \mathrm{i}\omega t}\, \boldsymbol{e}_x ,$$

$$\boldsymbol{B}_{2r} = -\frac{n_2}{c} E_{02r}\, \mathrm{e}^{-\mathrm{i}k_2 z - \mathrm{i}\omega t}\, \boldsymbol{e}_y .$$

Medium 3:

Hier nun eine gebrochene Welle:

$$\boldsymbol{E}_3 = E_{03}\, \mathrm{e}^{\mathrm{i}(k_3 z - \omega t)} \boldsymbol{e}_x ,$$

$$\boldsymbol{B}_3 = \frac{n_3}{c} E_{03}\, \mathrm{e}^{\mathrm{i}(k_3 z - \omega t)}\, \boldsymbol{e}_y .$$

Randbedingungen:

Tangentialkomponenten von $\boldsymbol{E}$ und $\boldsymbol{H}$ stetig an den Grenzflächen.

$z = 0$:

$$E_{01} + E_{01r} = E_{02} + E_{02r} ,$$

$$n_1 (E_{01} - E_{01r}) = n_2 (E_{02} - E_{02r}) .$$

$z = d$:

$$E_{02}\, \mathrm{e}^{\mathrm{i}k_2 d} + E_{02r}\, \mathrm{e}^{-\mathrm{i}k_2 d} = E_{03}\, \mathrm{e}^{\mathrm{i}k_3 d} ,$$

$$n_2 \left(E_{02}\, \mathrm{e}^{\mathrm{i}k_2 d} - E_{02r}\, \mathrm{e}^{-\mathrm{i}k_2 d} \right) = n_3 E_{03}\, \mathrm{e}^{\mathrm{i}k_3 d} .$$

Vergütungsschicht so, dass

$$E_{01r} \stackrel{!}{=} 0 .$$

Dann bleibt zu lösen:

$$E_{01} - E_{02} - E_{02r} = 0\ ,$$

$$n_1 E_{01} - n_2 E_{02} + n_2 E_{02r} = 0\ ,$$

$$(n_2 - n_3)E_{02}\,\mathrm{e}^{\mathrm{i}k_2 d} - (n_2 + n_3)E_{02r}\,\mathrm{e}^{-\mathrm{i}k_2 d} = 0\ ,$$

$$-(n_2 - n_1)E_{02} + (n_2 + n_1)E_{02r} = 0\ .$$

Die Koeffizientendeterminante muss verschwinden:

$$(n_2 - n_3)\,\mathrm{e}^{\mathrm{i}k_2 d}(n_2 + n_1) = (n_2 - n_1)(n_2 + n_3)\,\mathrm{e}^{-\mathrm{i}k_2 d}$$

$$\Rightarrow\quad \mathrm{e}^{2\mathrm{i}k_2 d} = \frac{(n_2 - n_1)(n_2 + n_3)}{(n_2 + n_1)(n_2 - n_3)}\ .$$

Die rechte Seite ist reell, deshalb auch die linke Seite.

a) $\mathrm{e}^{2\mathrm{i}k_2 d} = 1$

$$\Longleftrightarrow\quad k_2 d = m\pi \quad\Longleftrightarrow\quad d = \frac{m\lambda_2}{2}$$

und

$$(n_2 + n_1)(n_2 - n_3) \stackrel{!}{=} (n_2 - n_1)(n_2 + n_3)$$

$$\Longleftrightarrow\quad n_2^2 + n_1 n_2 - n_2 n_3 - n_1 n_3 \stackrel{!}{=} n_2^2 + n_2 n_3 - n_1 n_3 - n_1 n_2$$

$$\Longleftrightarrow\quad 2n_1 n_2 \stackrel{!}{=} 2n_2 n_3$$

$$\Longleftrightarrow\quad n_1 = n_3 \quad \text{uninteressant!}$$

b) $\mathrm{e}^{2\mathrm{i}k_2 d} = -1$

$$\Longleftrightarrow\quad k_2 d = \frac{2m+1}{2}\pi \quad\Longleftrightarrow\quad d = (2m+1)\frac{\lambda_2}{4}$$

und

$$n_2^2 + n_1 n_2 - n_2 n_3 - n_1 n_3 = -n_2^2 - n_2 n_3 + n_1 n_3 + n_1 n_2$$

$$\Longleftrightarrow\quad 2n_2^2 = 2n_1 n_3$$

$$\Longleftrightarrow\quad n_2^2 = n_1 n_3\ .$$

Brechungsgesetz:

$$\frac{k_2}{k_1} = \frac{n_2}{n_1} = \frac{\lambda_1}{\lambda_2}\ .$$

Hieraus folgt die **Vergütungsschicht:**

$$n_2 = \sqrt{n_1 n_3}\ ; \quad d = (2m+1)\frac{n_1}{n_2}\frac{\lambda_1}{4}\ .$$

Lösung zu Aufgabe 4.3.10

4.3.10

ϑ_g : Grenzwinkel für Totalreflexion

$$\vartheta_1 = \vartheta_g \ \Rightarrow\ \vartheta_2 = \frac{\pi}{2}\ .$$

Brechungsgesetz:

$$\Rightarrow\ \sin\vartheta_g = \frac{n_2}{n_1} \quad (n_2 < n_1)\ .$$

$\vartheta_1 > \vartheta_g$: Senkrecht und parallel zur Einfallsebene linear polarisierte Komponenten der **reflektierten** Welle sind relativ zueinander um δ phasenverschoben. Deshalb:

$$\tan\frac{\delta}{2} = \frac{\cos\vartheta_1\sqrt{\sin^2\vartheta_1 - \sin^2\vartheta_g}}{\sin^2\vartheta_1}\ .$$

1. Totalreflexion:

$$\left|\left(\frac{E_{01r}}{E_{01}}\right)_\perp\right| = \left|\left(\frac{E_{01r}}{E_{01}}\right)_\|\right| = 1 \ \Rightarrow\ \left|E^\perp_{01r}\right| = \left|E^\|_{01r}\right|\ .$$

Zirkular polarisiert

$$\Longleftrightarrow\ \delta = \frac{\pi}{2}\ ; \quad \left|E^\perp_{01r}\right| = \left|E^\|_{01r}\right|\ .$$

Es ist also noch zu fordern:

$$\tan\frac{\delta}{2} \overset{!}{=} 1\ .$$

Dies bedeutet:

$$1 = \frac{\cos^2\vartheta_1}{\sin^4\vartheta_1}(\sin^2\vartheta_1 - \sin^2\vartheta_g)$$

$$\Longleftrightarrow\ \sin^2\vartheta_g = \left(\frac{n_2}{n_1}\right)^2 = \sin^2\vartheta_1 - \frac{\sin^4\vartheta_1}{\cos^2\vartheta_1}\ .$$

Wir suchen das größte Verhältnis n_2/n_1, für das diese Gleichung noch eine Lösung hat. Das kann man als Extremwertaufgabe auffassen:

$$y = x - \frac{x^2}{1-x}$$

$$\Rightarrow \quad \frac{dy}{dx} = 1 - \frac{x^2}{(1-x)^2} - \frac{2x}{1-x} = \frac{1 - 2x + x^2 - x^2 - 2x + 2x^2}{(1-x)^2} =$$

$$= \frac{1 - 4x + 2x^2}{(1-x)^2} \overset{!}{=} 0$$

$$\Longleftrightarrow \quad x_0^2 - 2x_0 = -\frac{1}{2} \, ,$$

$$(x_0 - 1)^2 = \frac{1}{2} \quad \Rightarrow \quad x_0^{\pm} = 1 \pm \frac{1}{\sqrt{2}} \, .$$

Wegen $x_0 \leq 1$ kann nur

$$x_0 = 1 - \frac{1}{\sqrt{2}}$$

infrage kommen!
Hiermus folgt:

$$y_{\max} = 3 - 2\sqrt{2} \Rightarrow \left(\frac{n_2}{n_1}\right)^2_{\max} \approx 0{,}18 \, .$$

2.

$$\tan \frac{\delta}{2} \overset{!}{=} 1$$

$$\Rightarrow \quad \left(\frac{n_2}{n_1}\right)^2 = \frac{\sin^2 \vartheta_1 (1 - 2\sin^2 \vartheta_1)}{1 - \sin^2 \vartheta_1}$$

$$\Leftrightarrow \quad \left(\frac{n_2}{n_1}\right)^2 = -2\sin^4 \vartheta_1 + \sin^2 \vartheta_1 \left[1 + \left(\frac{n_2}{n_1}\right)^2\right]$$

$$\Rightarrow \quad \left\{\sin^2 \vartheta_1 - \frac{1}{4}\left[1 + \left(\frac{n_2}{n_1}\right)^2\right]\right\}^2 = -\frac{1}{2}\left(\frac{n_2}{n_1}\right)^2 + \frac{1}{16}\left[1 + \left(\frac{n_2}{n_1}\right)^2\right]^2$$

$$\Rightarrow \quad \sin^2 \vartheta_1 = \frac{1}{4}\left[1 + \left(\frac{n_2}{n_1}\right)^2 \pm \sqrt{1 - 6\left(\frac{n_2}{n_1}\right)^2 + \left(\frac{n_2}{n_1}\right)^4}\right] .$$

Abschnitt 4.4.6

Lösung zu Aufgabe 4.4.1 4.4.1

a) $t > 0$:

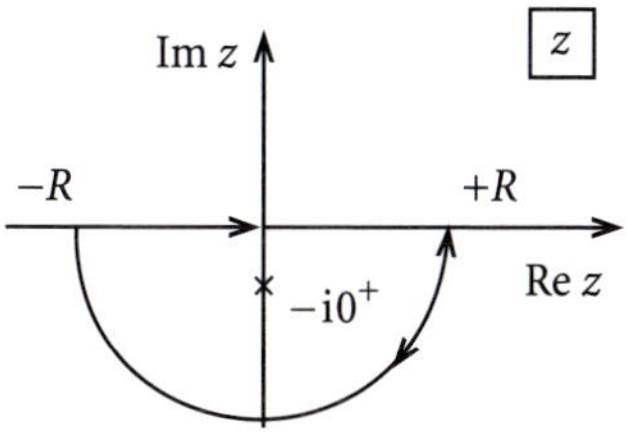

Abb. A.42.

Den Halbkreis in der unteren Halbebene schließen, dann wird dort für $R \to \infty$ kein Beitrag zum Integral geleistet:

$$\Rightarrow \int_{-\infty}^{+\infty} \mathrm{d}x \, \frac{\mathrm{e}^{-\mathrm{i}xt}}{x + \mathrm{i}\,0^+} = \int_{\circlearrowleft} \mathrm{d}z \, \frac{\mathrm{e}^{-\mathrm{i}zt}}{z + \mathrm{i}\,0^+} \, .$$

Bei $z_0 = -\mathrm{i}\,0^+$ Pol erster Ordnung.
Residuum:

$$\operatorname*{Res}_{z_0} f(z) = \lim_{z \to z_0} (z - z_0) \, \frac{\mathrm{e}^{-\mathrm{i}zt}}{z + \mathrm{i}\,0^+} = 1 \, .$$

Residuensatz:

$$\int_{\circlearrowleft} \mathrm{d}z \frac{\mathrm{e}^{-\mathrm{i}zt}}{z + \mathrm{i}0^+} = -\, 2\pi\mathrm{i} \cdot 1 \, .$$

↑ Pol wird mathematisch negativ umfahren.

Also folgt:

$$\Theta(t) = \frac{\mathrm{i}}{2\pi}(-2\pi\,\mathrm{i}) = 1 \quad \text{für } t > 0 \, .$$

b) $t < 0$:

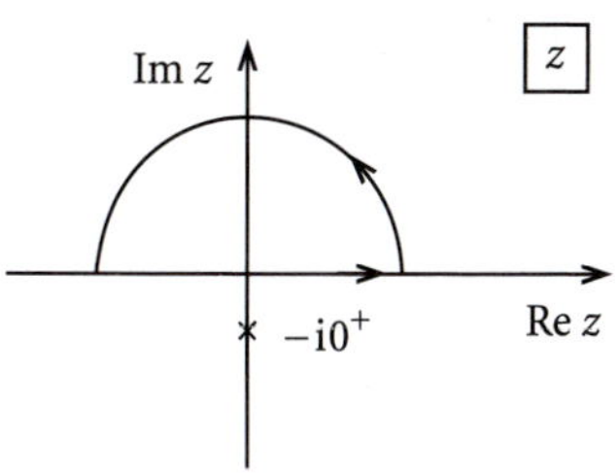

Abb. A.43.

Den Halbkreis in der oberen Halbebene schließen, d. h. kein Pol im Inneren

$$\Rightarrow \quad \Theta(t) = 0 \quad \text{für } t < 0 \, .$$

4.4.2

Lösung zu Aufgabe 4.4.2

$$\Psi(\boldsymbol{r}, t) = \frac{1}{4\pi^2} \int d^3\bar{k} \int\limits_{-\infty}^{+\infty} d\bar{\omega} \; e^{i(\bar{\boldsymbol{k}}\cdot\boldsymbol{r} - \bar{\omega} t)} \widetilde{\Psi}(\bar{\boldsymbol{k}}, \bar{\omega}) = \frac{1}{2\pi^2} \int d^3\bar{k} \, \frac{e^{i\bar{\boldsymbol{k}}\cdot\boldsymbol{r}}}{\bar{k}^2 - k^2} \, e^{-i\omega t} \, ,$$

$\bar{\boldsymbol{k}}$-Integration in Kugelkoordianten, $\boldsymbol{r}$ = Polarachse, $\vartheta = \sphericalangle(\bar{\boldsymbol{k}}, \boldsymbol{r})$, $d^3\bar{k} = \bar{k}^2 \, d\bar{k} \cdot \sin\vartheta \, d\vartheta \, d\varphi$.

$$\Psi(\boldsymbol{r}, t) = e^{-i\omega t} \frac{1}{\pi} \int\limits_0^\infty \bar{k}^2 \, d\bar{k} \, \frac{1}{\bar{k}^2 - k^2} \int\limits_{-1}^{+1} d\cos\vartheta \; e^{i\bar{k} r \cos\vartheta} =$$

$$= \frac{e^{-i\omega t}}{i\,\pi r} \int\limits_0^\infty d\bar{k} \, \frac{\bar{k}}{\bar{k}^2 - k^2} \left(e^{i\bar{k}r} - e^{-i\bar{k}r} \right) .$$

Der Integrand ist eine gerade Funktion von $\bar{k}$

$$\Rightarrow \int\limits_0^\infty d\bar{k} \, \frac{\bar{k}}{\bar{k}^2 - k^2} \left(e^{i\bar{k}r} - e^{-i\bar{k}r} \right) = \frac{1}{2} \int\limits_{-\infty}^{+\infty} d\bar{k} \, \frac{\bar{k}}{\bar{k}^2 - k^2} \left(e^{i\bar{k}r} - e^{-i\bar{k}r} \right) .$$

Ferner:

$$\frac{\bar{k}}{\bar{k}^2 - k^2} = \frac{1}{2} \left(\frac{1}{\bar{k} - k} + \frac{1}{\bar{k} + k} \right)$$

$$\Rightarrow \quad \Psi(\boldsymbol{r}, t) = \frac{e^{-i\omega t}}{r} \, \frac{1}{4\pi\, i} \left(I_+ - I_- \right) ,$$

$$I_\pm = \int\limits_{-\infty}^{+\infty} d\bar{k} \left(\frac{1}{\bar{k} - k} + \frac{1}{\bar{k} + k} \right) e^{\pm i\bar{k}r} .$$

I_+ :

Kein Beitrag auf dem Halbkreis. Im Inneren liegt nur ein Pol erster Ordnung: $\bar{k}_+ = +(k + i\,0^+)$.

$$\operatorname*{Res}_{k_+} \left[\left(\frac{1}{\bar{k} - k} + \frac{1}{\bar{k} + k} \right) e^{i\bar{k}r} \right] = e^{ikr}$$

$$\Rightarrow \quad I_+ = 2\pi\, i \; e^{ikr} \, .$$

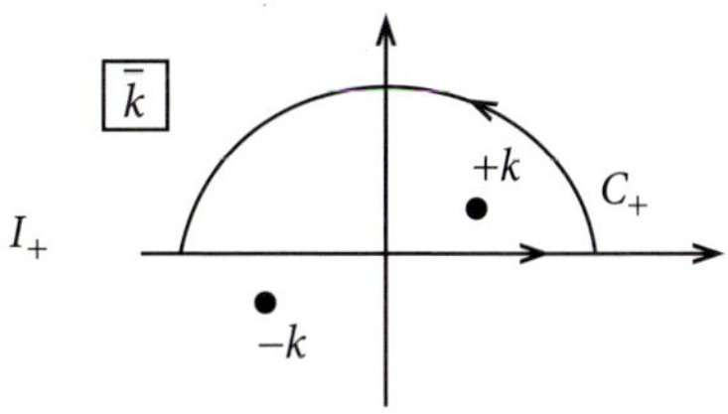

Abb. A.44.

I_-:

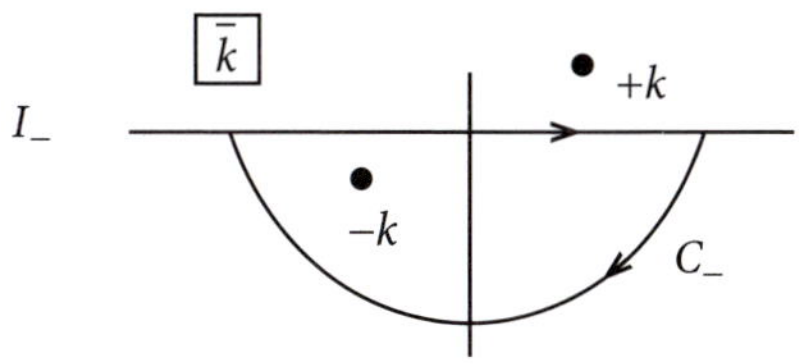

Abb. A.45.

Beim Schließen des Halbkreises in der unteren Halbebene erfolgt auf ihm kein Beitrag. Im Inneren von C_- nun der Pol:

$$\bar{k}_- = -(k + \mathrm{i}\,0^+) \; ,$$

$$\operatorname*{Res}_{k_-}\left[\left(\frac{1}{\bar{k}-k} + \frac{1}{\bar{k}+k}\right)\,\mathrm{e}^{-\mathrm{i}\bar{k}r}\right] = \mathrm{e}^{\mathrm{i}kr}$$

$$\Rightarrow \; I_- = -2\pi\,\mathrm{i}\,\mathrm{e}^{\mathrm{i}kr} \; .$$

Dies bedeutet insgesamt:

$$\Psi(\boldsymbol{r}, t) = \frac{1}{r}\,\mathrm{e}^{\mathrm{i}(kr-\omega t)} \qquad \text{q.e.d.}$$

Abschnitt 4.5.6

Lösung zu Aufgabe 4.5.1 4.5.1

1. Strahlungszone: $d \ll \lambda \ll r$

$$\boldsymbol{B}_\mathrm{S}(\boldsymbol{r}) \approx \frac{\mu_0}{4\pi} c\,k^2 \frac{\mathrm{e}^{\mathrm{i}kr}}{r} (\boldsymbol{n}_\mathrm{S} \times \boldsymbol{p}) \; ,$$

$$\boldsymbol{E}_\mathrm{S}(\boldsymbol{r}) \approx c(\boldsymbol{B}_\mathrm{S}(\boldsymbol{r}) \times \boldsymbol{n}_\mathrm{S}) \; ,$$

$(\boldsymbol{E}_\mathrm{S}, \boldsymbol{B}_\mathrm{S}, \boldsymbol{n}_\mathrm{S})$: orthogonales Dreibein, $\boldsymbol{p} = \int \mathrm{d}^3r\,\boldsymbol{r}'\,\varrho(\boldsymbol{r}')$: elektrisches Dipolmoment.

Zeitabhängigkeiten:

$$\boldsymbol{B}_\mathrm{S}(\boldsymbol{r}, t) = \boldsymbol{B}_\mathrm{S}(\boldsymbol{r})\,\mathrm{e}^{-\mathrm{i}\omega t} \; , \ldots$$

2. Einfallende Welle

$$E_\mathrm{i} = \boldsymbol{\eta}_\mathrm{i} E_0 \,\mathrm{e}^{\mathrm{i}k\,\boldsymbol{n}_\mathrm{i}\cdot\boldsymbol{r}} \,,$$

$$\boldsymbol{B}_\mathrm{i} = \frac{1}{c}(\boldsymbol{n}_\mathrm{i} \times \boldsymbol{E}_\mathrm{i}) \,.$$

Der Streuquerschnitt hat die Dimension einer Fläche:

$$\frac{\mathrm{d}\sigma}{\mathrm{d}\Omega}(\boldsymbol{n}_\mathrm{S}, \boldsymbol{\eta}_\mathrm{S}\,; \boldsymbol{n}_\mathrm{i}, \boldsymbol{\eta}_\mathrm{i}) = \frac{\left(\boldsymbol{n}_\mathrm{S} \cdot \overline{\boldsymbol{S}_\mathrm{S}(\boldsymbol{n}_\mathrm{S}, \boldsymbol{\eta}_\mathrm{S})}\right) r^2\,\mathrm{d}\Omega}{\mathrm{d}\Omega \cdot \boldsymbol{n}_\mathrm{i}\,\overline{\boldsymbol{S}_\mathrm{i}(\boldsymbol{n}_\mathrm{i}, \boldsymbol{\eta}_\mathrm{i})}} \,.$$

Wir benutzen:

$$\overline{\boldsymbol{S}} = \frac{1}{2\mu_0}\,\mathrm{Re}\,(\boldsymbol{E} \times \boldsymbol{B}^*) = \frac{1}{2\mu_0 c}\,\mathrm{Re}\,\big(\boldsymbol{E} \times (\boldsymbol{n} \times \boldsymbol{E}^*)\big) =$$

$$= \frac{1}{2\mu_0 c}\Big[\mathrm{Re}\,(\boldsymbol{n}|\boldsymbol{E}|^2) - \mathrm{Re}\,(\boldsymbol{E}^*(\underbrace{\boldsymbol{E} \cdot \boldsymbol{n}}_{=0}))\Big] = \boldsymbol{n}\frac{|\boldsymbol{E}|^2}{2\mu_0 c} \,.$$

Damit gilt speziell:

$$\overline{\boldsymbol{S}_\mathrm{S}(\boldsymbol{n}_\mathrm{S}, \boldsymbol{\eta}_\mathrm{S})} = \boldsymbol{n}_\mathrm{S}\frac{|\boldsymbol{\eta}_\mathrm{S} \cdot \boldsymbol{E}_\mathrm{S}|^2}{2\mu_0 c} \,,$$

$$\overline{\boldsymbol{S}_\mathrm{i}(\boldsymbol{n}_\mathrm{i}, \boldsymbol{\eta}_\mathrm{i})} = \boldsymbol{n}_\mathrm{i}\frac{|\boldsymbol{\eta}_\mathrm{i} \cdot \boldsymbol{E}_\mathrm{i}|^2}{2\mu_0 c} = \boldsymbol{n}_\mathrm{i}|E_0|^2\frac{1}{2\mu_0 c} \,,$$

$$\boldsymbol{\eta}_\mathrm{S} \cdot \boldsymbol{E}_\mathrm{S} = \frac{k^2}{4\pi\varepsilon_0}\,\frac{\mathrm{e}^{\mathrm{i}kr}}{r}\,\boldsymbol{\eta}_\mathrm{S} \cdot [(\boldsymbol{n}_\mathrm{S} \times \boldsymbol{p}) \times \boldsymbol{n}_\mathrm{S}] =$$

$$= \frac{k^2}{4\pi\varepsilon_0}\,\frac{\mathrm{e}^{\mathrm{i}kr}}{r}[(\boldsymbol{\eta}_\mathrm{S} \cdot \boldsymbol{p}) - (\boldsymbol{\eta}_\mathrm{S} \cdot \boldsymbol{n}_\mathrm{S})(\boldsymbol{p} \cdot \boldsymbol{n}_\mathrm{S})] \,.$$

In der Strahlungszone sind die Felder transversal polarisiert, deswegen:

$$\boldsymbol{\eta}_\mathrm{S} \cdot \boldsymbol{n}_\mathrm{S} = 0$$

$$\Rightarrow\ \left|\boldsymbol{\eta}_\mathrm{S} \cdot \boldsymbol{E}_\mathrm{S}\right|^2 = \frac{k^4}{16\pi^2\varepsilon_0^2}\,\frac{1}{r^2}\,\left|\boldsymbol{\eta}_\mathrm{S} \cdot \boldsymbol{p}\right|^2$$

$$\Rightarrow\ \frac{\mathrm{d}\sigma}{\mathrm{d}\Omega}(\boldsymbol{n}_\mathrm{S}, \boldsymbol{\eta}_\mathrm{S}; \boldsymbol{n}_\mathrm{i}, \boldsymbol{\eta}_\mathrm{i}) = \frac{1}{16\pi^2\varepsilon_0^2}\,\frac{k^4}{|E_0|^2}(\boldsymbol{\eta}_\mathrm{S} \cdot \boldsymbol{p})^2 \,.$$

Die Abhängigkeit von $(\boldsymbol{n}_\mathrm{i}, \boldsymbol{\eta}_\mathrm{i})$ steckt natürlich implizit im induzierten Dipolmoment $\boldsymbol{p}$.

Rayleigh-Gesetz:

$$\frac{\mathrm{d}\sigma}{\mathrm{d}\Omega} \sim k^4 \sim \lambda^{-4}$$

(blauer Himmel, Abendröte).

3.

$$\lambda \gg d: \quad \text{Feld } \boldsymbol{E}_\text{i} \text{ im Inneren der Kugel praktisch homogen,}$$

$$\tau \sim \lambda: \quad \textit{quasistatisch.}$$

Das Ergebnis aus Aufgabe 2.4.2 kann übernommen werden:

$$\boldsymbol{p} = 4\pi\,\varepsilon_0 R^3 \left(\frac{\varepsilon_\text{r}-1}{\varepsilon_\text{r}+2}\right) \boldsymbol{E}_\text{i}$$

$$\Rightarrow \quad \frac{\text{d}\sigma}{\text{d}\Omega} = k^4 R^6 \left|\frac{\varepsilon_\text{r}-1}{\varepsilon_\text{r}+2}\right|^2 (\boldsymbol{\eta}_\text{S}\cdot\boldsymbol{\eta}_\text{i})^2 \,.$$

Polarisation:

$$\boldsymbol{\eta}_\text{S} \sim [(\boldsymbol{n}_\text{S}\times\boldsymbol{p})\times\boldsymbol{n}_\text{S}] \sim [(\boldsymbol{n}_\text{S}\times\boldsymbol{\eta}_\text{i})\times\boldsymbol{n}_\text{S}] = \boldsymbol{\eta}_\text{i} - \boldsymbol{n}_\text{S}(\boldsymbol{n}_\text{S}\cdot\boldsymbol{\eta}_\text{i}) \,.$$

Die gestreute Welle ist in der von $\boldsymbol{\eta}_\text{i}$ und $\boldsymbol{n}_\text{S}$ aufgespannten Ebene senkrecht zu $\boldsymbol{n}_\text{S}$ linear polarisiert!

4.

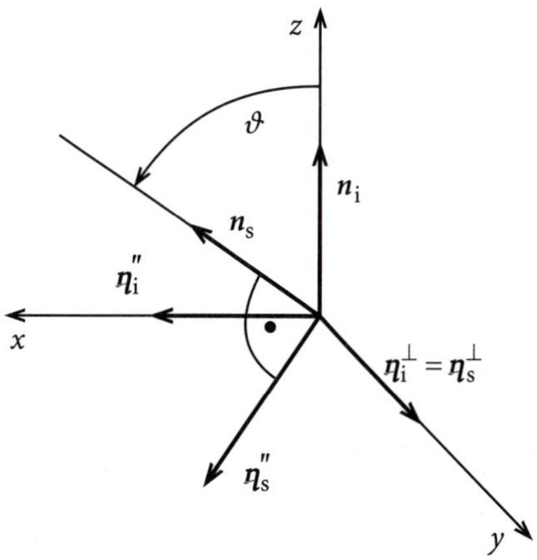

Abb. A.46.

Das Bild erklärt sich mit vorausgegangenen Teilergebnissen:

$$(\boldsymbol{\eta}_\text{i}\cdot\boldsymbol{\eta}_\text{S})_\parallel = \cos\vartheta,$$

$$(\boldsymbol{\eta}_\text{i}\cdot\boldsymbol{\eta}_\text{S})_\perp = 1$$

$$\Rightarrow \quad P(\vartheta) = \frac{1-\cos^2\vartheta}{1+\cos^2\vartheta} \,.$$

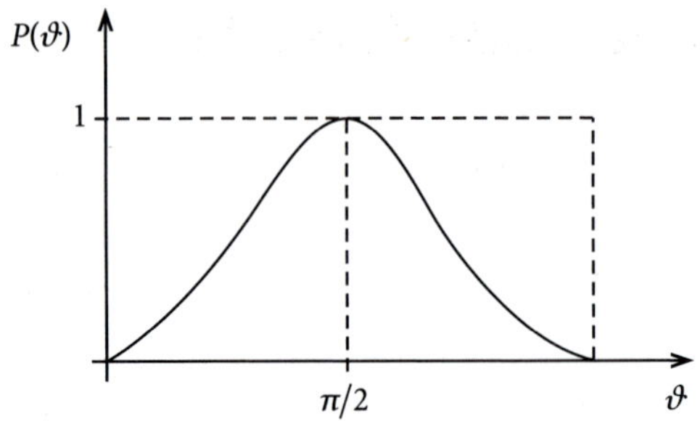

Abb. A.47.

Für $\vartheta = \pi/2$ hat P sein Maximum. In dieser Richtung ist aus der unpolarisiert einfallenden Strahlung eine vollständig linear polarisierte Welle geworden.

Anhang B: Gleichungen aus Band 1

$$\varepsilon_{ijk} = \boldsymbol{e}_i \cdot (\boldsymbol{e}_j \times \boldsymbol{e}_k) = (\boldsymbol{e}_i \times \boldsymbol{e}_j) \cdot \boldsymbol{e}_k \tag{1.65}$$

$$\sum_{j=1}^{3} \frac{\partial a_j}{\partial x_j} \equiv \operatorname{div} \boldsymbol{a}(\boldsymbol{r}) \equiv \nabla \cdot \boldsymbol{a}(\boldsymbol{r}) \tag{1.150}$$

$$\operatorname{div}(\boldsymbol{a} + \boldsymbol{b}) = \operatorname{div} \boldsymbol{a} + \operatorname{div} \boldsymbol{b} \tag{1.151}$$

$$\operatorname{div}(\gamma\, \boldsymbol{a}) = \gamma \operatorname{div} \boldsymbol{a}\,; \quad \gamma \in \mathbb{R} \tag{1.152}$$

$$\operatorname{div}(\varphi\, \boldsymbol{a}) = \varphi \operatorname{div} \boldsymbol{a} + \boldsymbol{a} \cdot \operatorname{grad} \varphi \tag{1.153}$$

$$\Delta \equiv \frac{\partial^2}{\partial x_1^2} + \frac{\partial^2}{\partial x_2^2} + \frac{\partial^2}{\partial x_3^2} \tag{1.154}$$

$$\operatorname{div} \boldsymbol{r} = \sum_{j=1}^{3} \frac{\partial x_j}{\partial x_j} = 3 \tag{1.156}$$

$$\begin{aligned} \operatorname{div}(\boldsymbol{r} \times \boldsymbol{\alpha}) &= \sum_{k=1}^{3} \frac{\partial}{\partial x_k}(\boldsymbol{r} \times \boldsymbol{\alpha})_k = \sum_{i,j,k} \frac{\partial}{\partial x_k} \left(\varepsilon_{ijk} x_i \alpha_j\right) = \\ &= \sum_{i,j,k} \varepsilon_{ijk} \delta_{ik} \alpha_j = \sum_{i,j} \varepsilon_{iji} \alpha_j = 0 \end{aligned} \tag{1.157}$$

$$\operatorname{rot} \boldsymbol{a} \equiv \nabla \times \boldsymbol{a} = \sum_{i,j,k} \varepsilon_{ijk} \left(\frac{\partial}{\partial x_i} a_j \right) \boldsymbol{e}_k \tag{1.158}$$

$$\operatorname{rot}(\boldsymbol{a} + \boldsymbol{b}) = \operatorname{rot} \boldsymbol{a} + \operatorname{rot} \boldsymbol{b} \tag{1.159}$$

$$\operatorname{rot}(\alpha \boldsymbol{a}) = \alpha \operatorname{rot} \boldsymbol{a}\,; \quad \alpha \in \mathbb{R} \tag{1.160}$$

$$\operatorname{rot}(\varphi \boldsymbol{a}) = \varphi \operatorname{rot} \boldsymbol{a} + (\operatorname{grad} \varphi) \times \boldsymbol{a} \tag{1.161}$$

$$\operatorname{rot}(\operatorname{grad} \varphi) = 0 \quad (\varphi \text{ zweimal stetig differenzierbar}) \tag{1.162}$$

$$\operatorname{div} \operatorname{rot} \boldsymbol{a} = 0 \quad (\boldsymbol{a}: \text{ zweimal stetig differenzierbar}) \tag{1.163}$$

$$\operatorname{rot}[f(r)\boldsymbol{r}] = 0 \tag{1.164}$$

$$\operatorname{rot}(\operatorname{rot} \boldsymbol{a}) = \operatorname{grad}(\operatorname{div} \boldsymbol{a}) - \Delta \boldsymbol{a} \tag{1.165}$$

$$\mathrm{d}V = \begin{vmatrix} \frac{\partial x_1}{\partial y_1}\,\mathrm{d}y_1 & \frac{\partial x_2}{\partial y_1}\,\mathrm{d}y_1 & \frac{\partial x_3}{\partial y_1}\,\mathrm{d}y_1 \\ \frac{\partial x_1}{\partial y_2}\,\mathrm{d}y_2 & \frac{\partial x_2}{\partial y_2}\,\mathrm{d}y_2 & \frac{\partial x_3}{\partial y_2}\,\mathrm{d}y_2 \\ \frac{\partial x_1}{\partial y_3}\,\mathrm{d}y_3 & \frac{\partial x_2}{\partial y_3}\,\mathrm{d}y_3 & \frac{\partial x_3}{\partial y_3}\,\mathrm{d}y_3 \end{vmatrix} =$$

$$\overset{(1.200)}{=} \mathrm{d}y_1\,\mathrm{d}y_2\,\mathrm{d}y_3 \begin{vmatrix} \frac{\partial x_1}{\partial y_1} & \frac{\partial x_2}{\partial y_1} & \frac{\partial x_3}{\partial y_1} \\ \frac{\partial x_1}{\partial y_2} & \frac{\partial x_2}{\partial y_2} & \frac{\partial x_3}{\partial y_2} \\ \frac{\partial x_1}{\partial y_3} & \frac{\partial x_2}{\partial y_3} & \frac{\partial x_3}{\partial y_3} \end{vmatrix} =$$

$$\overset{(1.203)}{=} \frac{\partial(x_1, x_2, x_3)}{\partial(y_1, y_2, y_3)}\,\mathrm{d}y_1\;\mathrm{d}y_2\;\mathrm{d}y_3 \;=\; \mathrm{d}x_1\;\mathrm{d}x_2\;\mathrm{d}x_3 \tag{1.239}$$

$$\boldsymbol{e}_1 = \begin{pmatrix} 1 \\ 0 \\ 0 \end{pmatrix} \;;\quad \boldsymbol{e}_2 = \begin{pmatrix} 0 \\ 1 \\ 0 \end{pmatrix} \;;\quad \boldsymbol{e}_3 = \begin{pmatrix} 0 \\ 0 \\ 1 \end{pmatrix} \tag{1.240}$$

$$\operatorname{div} \boldsymbol{a} = \frac{1}{b_{y_1} b_{y_2} b_{y_3}} \left[\frac{\partial}{\partial y_1} \left(b_{y_2} b_{y_3} a_1 \right) + \frac{\partial}{\partial y_2} \left(b_{y_3} b_{y_1} a_2 \right) + \frac{\partial}{\partial y_3} \left(b_{y_1} b_{y_2} a_3 \right) \right] \tag{1.250}$$

$$\begin{aligned} x_1 &= \varrho \cos \varphi \,, \\ x_2 &= \varrho \sin \varphi \,, \\ x_3 &= z \end{aligned} \tag{1.253}$$

$$\mathrm{d}V = \varrho\;\mathrm{d}\varrho\;\mathrm{d}\varphi\;\mathrm{d}z \tag{1.255}$$

$$\begin{aligned} x_1 &= r \sin \vartheta \cos \varphi \,, \\ x_2 &= r \sin \vartheta \sin \varphi \,, \\ x_3 &= r \cos \vartheta \end{aligned} \tag{1.261}$$

$$\mathrm{d}V = \frac{\partial(x_1, x_2, x_3)}{\partial(r, \vartheta, \varphi)}\;\mathrm{d}r\;\mathrm{d}\vartheta\;\mathrm{d}\varphi = r^2 \sin \vartheta\;\mathrm{d}r\;\mathrm{d}\vartheta\;\mathrm{d}\varphi \tag{1.263}$$

$$\begin{aligned} \boldsymbol{e}_r &= (\sin \vartheta \cos \varphi,\; \sin \vartheta \sin \varphi,\; \cos \vartheta) \,, \\ \boldsymbol{e}_\vartheta &= (\cos \vartheta \cos \varphi,\; \cos \vartheta \sin \varphi,\; -\sin \vartheta) \,, \\ \boldsymbol{e}_\varphi &= (-\sin \varphi,\; \cos \varphi,\; 0) \end{aligned} \tag{1.265}$$

$$\boldsymbol{r} = \boldsymbol{v}_0 t + \bar{\boldsymbol{r}}\,; \quad t = \bar{t} \tag{2.63}$$

$$e^{i\varphi} = \cos\varphi + i\sin\varphi \tag{2.147}$$

$$\ddot{x} + 2\beta\dot{x} + \omega_0^2 x = 0\,; \quad \beta = \frac{\alpha}{2m} \tag{2.170}$$

$$x(t) = A\,e^{-\beta t}\sin(\omega t + \varphi) \tag{2.178}$$

$$x(t) = \varphi(t)\,e^{-\beta t} \tag{2.182}$$

$$L\ddot{I} + R\dot{I} + \frac{1}{C}I = U_0\,\overline{\omega}\cos\overline{\omega}t \tag{2.189}$$

$$\boldsymbol{F} = \boldsymbol{F}(\boldsymbol{r}) = -\operatorname{grad} V(\boldsymbol{r}) \tag{2.234}$$

Sachverzeichnis